普通高等教育“十一五”国家级规划教材
2008年度普通高等教育精品教材
高等学校工程管理专业规划教材

建筑工程定额原理与概预算

（含工程量清单编制与计价）

重庆大学 曹小琳 景星蓉 主编
毛鹤琴 主审

中国建筑工业出版社

图书在版编目（CIP）数据

建筑工程定额原理与概预算/曹小琳，景星蓉主编.
北京：中国建筑工业出版社，2007
普通高等教育“十一五”国家级规划教材. 高等学
校工程管理专业规划教材
ISBN 978-7-112-09411-0

Ⅰ.建… Ⅱ.①曹…②景… Ⅲ.①建筑经济定额-
高等学校-教材②建筑概算定额-高等学校-教材③建筑
预算定额-高等学校-教材 Ⅳ.TU723.3

中国版本图书馆 CIP 数据核字（2007）第 187600 号

普通高等教育“十一五”国家级规划教材
2008 年度普通高等教育精品教材
高等学校工程管理专业规划教材
建筑工程定额原理与概预算
（含工程量清单编制与计价）
重庆大学 曹小琳 景星蓉 主编
毛鹤琴 主审
*
中国建筑工业出版社出版、发行（北京西郊百万庄）
各地新华书店、建筑书店经销
北京红光制版公司制版
北京云浩印刷有限责任公司印刷
*
开本：787×1092 毫米 1/16 印张：29 字数：704 千字
2008 年 1 月第一版 2015 年 8 月第十二次印刷
定价：**48.00** 元
ISBN 978-7-112-09411-0
（20786）

本书较为完整系统地介绍了建筑安装工程劳动定额、企业定额、预算定额、概算定额以及概算指标的编制原理与制定方法；并融建筑工程预算造价；电气安装工程预算造价（强、弱电）；水暖与燃气安装工程预算造价；通风与空调安装工程预算造价；工程量清单的编制与计价以及工程计价预算软件等几门课程为一体。尤其是阐述了地方消耗量定额与计价规范接轨的计价方法、计价特点、计价程序和计价步骤等内容。

全书共分十三章，其内容主要有工程造价基础知识；工程建设定额；建筑与安装工程预算造价费用构成；工程量清单编制与计量；工程量清单计价；电气安装工程施工图预算；水暖与燃气安装工程施工图预算；通风与空调安装工程施工图预算；工程量清单编制与报价案例；设计概算的编制；工程结算和竣工决算；工程量清单报价中模糊数学的应用；计算机在工程量清单计价中的应用以及为配合工程量清单计价使用的现行消耗量定额、综合单价的应用和组价。介绍了建设部建标206号文推出的最新计费程序和造价计算。对我国工程造价的构成作了最新的解释。教材在工程造价基础知识一章中，介绍了英、美、日等国家较先进的计价模式和工程造价管理与思维方式。

本书通俗易懂、插图丰富、可操作性强。可作为高等院校土木工程、工程管理、工程造价及相关专业本科教学教材，亦可作为在职工程造价管理人员的培训教材、工程技术人员的自学用书等。

为更好地支持相应课程的教学，我们向采用本书作为教材的教师赠送教学课件，如有需要可与出版社联系，邮箱：cabpkejian@126. com。

* * *

责任编辑：张　晶　王　跃
责任设计：董建平
责任校对：安　东　兰曼利

序 言

随着我国经济的快速发展和“十一五”期间工业化、城市化进程的不断推进，全社会固定资产投资急剧增加，大量耗资巨大的工程项目加速投入建设。同时，自1996年国家人事部、建设部在工程建设领域推行造价工程师执业资格制度以来，极大地促进了我国工程造价管理工作改革的不断深入。面临新的发展机遇和激烈挑战，培养和造就一批高素质的工程造价人才队伍，优化造价人才资源的配置与组合，乃是实现我国工程造价事业与国际接轨的根本保证和当务之急。

目前，国内能够全面、系统反映最新工程造价文件、造价理论进展、计价模式、企业定额、快速报价等内容的教材为数不多。本教材按照突出应用性、实践性的原则重组课程结构，更新教学内容，注重教学内容改革与教学方法、教学手段改革相结合，突出基础理论知识的应用能力和实践能力的综合培养，以期为我国工程建设领域有效控制工程成本、提高投资效率、提升管理水平，促进国民经济持续、健康发展起到推动和借鉴作用。

作者结合有关工程造价的主要精神和最新思想，根据专业教学计划和课程教学基本要求，重新构建了教材结构，更新整合了教材内容；突出了教材的特色，并拓展了教材的深度、广度以及适用性。其主要特点为：

1. 作者把原“建筑工程预算”、“管道安装工程预算”、“电气安装工程预算”以及工程量清单编制与计价、工程造价预算软件等多门课程的主要内容整合为一体，合编为《建筑工程定额原理与概预算》(含工程量清单编制与计价)。教材在编写中把前后相关联的专业基础课、专业课融合为一体，是课程体系设置和教学内容改革的重要突破。

2. 该教材在工程计价方面，将定额计价和工程量清单计价两种模式以相互对比的方式展示给读者，同时配套介绍了大量综合案例加以佐证，并介绍了美、英、日等国家的工程造价计价模式，为我国工程造价体系进一步与国际惯例接轨奠定了基础。

3. 工程造价的费用构成，采用了建设部建标［2004］206号文《建筑安装工程费用项目组成》中的规定，以及现行的［2000］《全国统一安装工程预算定额》，作为工程造价计算有关费用的依据，使该教材更新了新知识、新方法和新规定。

4. 作者将收集、整理和绘制的约300余幅插图列入教材中，使该教材具有“图文并茂”的特色，增强了教材的可读性。

5. 作者在深入调查研究的基础上，收集整理了大量“建筑安装工程施工图预算”和“工程量清单编制与计价”的实例，并专门用一章介绍工程量清单编制与报价案例以供读者参详。

综上所述，教材突出了理论知识的应用，体现了本科教学厚基础、宽口径的特色和宗旨，加强了实践能力的培养。鉴于教材具有很强的针对性、应用性和通读性，因此，它是适用于高等院校工程造价、工程管理、土木工程及相关专业本科教学的一本好教材。

高校工程管理专业指导委员会主任 任宏

前　言

本书根据建设部高等学校工程管理专业指导委员会编制有关工程造价和工程管理专业《工程估价》教学大纲的要求，并结合作者长期从事《建筑与装饰工程定额与预算》、《安装工程定额与预算》、《工程项目管理》、《工程造价确定与控制》等相关课程的教学经验和体会编撰而成。

自中国加入WTO以后，全球经济一体化的趋势促使国内经济更多地融入世界经济中。在工程建设领域，许多国际资本进一步进入我国建筑市场，竞争日益激烈，而我国建筑市场也必然会更多地走向世界。因此，要在激烈的竞争中占有一席之地，必须熟悉其运作规律、游戏规则，以便适应建筑市场行业管理发展趋势，与国际惯例接轨。所以，我国工程造价价格体系发生的剧烈变化以及工程量清单计价模式的实施，是融入国际先进的计价模式的需要，是时代发展的需要。工程量清单计价的实行，正是遵循工程造价管理的国际惯例，亦是实现我国工程造价管理改革的终极目标——建立适合市场经济的计价模式的需要。同时亦是建筑市场化和国际化的需要。

教材包容并提炼出传统的工程概预算与定额原理中最精华部分的知识体系，但在传承和延续本门及其相关课程历史脉络的基础上，重新审视相关课程的教学大纲、重点内容、乃至工程造价专业的未来培养模式，较完整地介绍了工程量清单编制和计量以及工程计价的较新知识结构体系；阐述了地方消耗量定额与计价规范接轨的计价方法、计价特点、计价程序和计价步骤等内容。

教材尝试将两种计价模式的计价方法以对比的方式推出，使初学者既容易掌握传统的定额计价方式，又能掌握在此基础上通过变革，且发展形成同国际接轨的工程量清单计价方式。其创意颇为新颖，可为构建工程造价专业体系，并设置和界定相关课程及其新知识结构体系的重点内容提出新的思维。

教材在工程造价基础知识一章中，介绍了英、美、日等国家较先进的计价模式和工程造价管理与思维方式；在工程建设定额中“企业定额”章节和“工程量清单报价中模糊数学的应用”等内容的介绍，为正在探索和思考中的企业提供了良好的测算思路和前进的方向，为工程数学在工程造价及其造价管理中的应用提供参详。同时期望提高相关课程知识结构体系建设中的技术含量，为决策部门提供参考。“计算机在工程量清单计价中的应用”一章的介绍，使本教材结构和内容更趋完善，适于未来建筑市场化的发展趋势。

全书共分为十三章，由重庆大学建设管理与房地产学院的曹小琳老师（教授）和景星蓉老师（副教授）共同主编，并进行统稿。其中第一、三、五和第十一章由曹小琳老师编写；第六、七、八章由景星蓉老师编写；第二、十章由武育秦教授编写；第四章由景星蓉和曹小琳老师共同编写；第九章由晏永刚、景星蓉、武育秦老师共同编写；第十二章由晏永刚、张亮老师共同编写；第十三章由景星蓉、李太奇老师共同编写。

本教材主要特点如下：

1. 创新性：教材在内容的介绍中，大胆改革与实践，扬弃了本门课程以往将教材的重心放在定额介绍上，并编写冗长内容的老套路，对定额章节的叙述，另辟蹊径，注重理性思维与工程实际案例的有机结合，并对内容加以高度浓缩。工程造价管理正处于转轨时期，对“工程建设定额”中企业定额章节的介绍，可同时满足定额计价和工程量清单计价两种计价模式的现状，并为在探索中的许多企、事业单位真正领会工程量清单计价与现行“定额”计价方式共存于招标投标计价活动中的现象，提供了指导。为学生适应社会实践奠定了坚实的基础。教材内容，均以国家最新颁布的规范、标准为准则，体现了创新性的编写原则。

2. 整合性：本教材在结构体系的构建中，重点突出、详略得当，内容较为完整和严谨，涉及一般土建工程造价、给排水和采暖、燃气工程造价、通风与空调工程造价、建筑强电以及弱电工程造价，同时强化了智能建筑工程造价专业相关知识的介绍，将满足工程造价与工程管理专业所需知识结构设置要求。此外还注意到相关知识的融贯性，体现了整合性的编写原则。本教材可适合各层次(本科生、专科生、工程造价管理工作者等)使用。

3. 针对性：教材的内容完全按照工程管理学科与相关专业教改的思路编写，并注意改变以往教材写法上文字叙述多于案例、图形的弊病，选用了大量具有代表性的案例、实例、习题和丰富的图形（选用图片三百多张），其大多来自于国家标准、工程实践和施工过程中，在科学整合的基础上，加强了理论和实践的联系。便于学生动手操作、实践、并系统、全面地掌握本门课程及相关知识结构和内容。体现了有所针对即适用性的编写原则，也构成本书的特色之一。

本教材可作为高等院校土木工程、工程管理、工程造价及相关专业本科教学教材，亦可作为在职工程造价管理人员的培训教材、工程技术人员的自学用书等。

对本书的编写，高等学校工程管理专业指导委员会主任委员任宏教授给予了大力的支持并撰写了序言，重庆大学毛鹤琴教授进行了审稿，分别给予了悉心的指导和帮助；武育秦教授在参与编写的同时，提出了宝贵的建设性意见，此外重庆大学建设管理与房地产学院的杨宇副院长、张仕廉副院长和教学培训中心的刘世平主任等均给予了热心的帮助，在此对他们表示最诚挚的感谢。

因编者水平有限，书中存在的一些缺点和错误在所难免，敬请广大读者和同行专家批评指正。

目　录

第一章　概　　论

第一节　工程建设项目的生命期和建设程序

一、工程建设项目的生命期

工程建设项目是指需要一定的投资，在一定的约束条件下（时间、质量、成本等），经过决策、设计、施工等一系列程序，以形成固定资产为明确目标的一次性事业。

工程建设项目的时间限制和一次性决定了它有确定的开始和结束时间，具有一定的生命期。工程建设项目的生命期是指从项目的构思到整个项目竣工验收交付使用为止所经历的全部时间，它可以分为概念、规划设计、实施和收尾四个阶段，如图 1-1 所示。

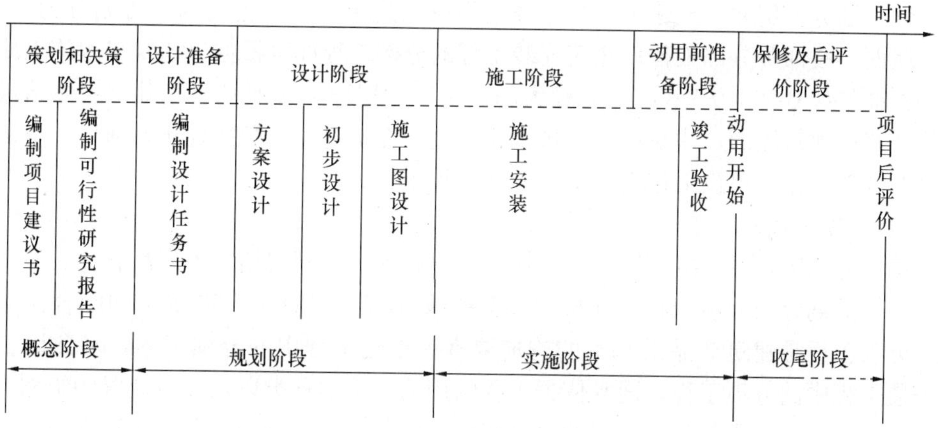

时间
策划和决策阶段
设计准备阶段
设计阶段
施工阶段
动用前准备阶段
保修及后评价阶段
编制项目建议书
编制可行性研究报告
编制设计任务书
方案设计
初步设计
施工图设计
施工安装
竣工验收
动用开始
项目后评价
概念阶段
规划阶段
实施阶段
收尾阶段

图 1-1　工程建设项目的生命期阶段划分

（一）概念阶段

概念阶段包括项目前期策划和决策阶段，是从项目的构思到批准立项为止。

（二）规划设计阶段

规划设计阶段包括设计准备和设计阶段，是从项目批准立项到现场开工为止。

（三）实施阶段

实施阶段即施工阶段，是从项目现场开工到工程竣工并通过验收为止。

（四）收尾阶段

收尾阶段是从项目的动用开始到进行项目的后评价为止。

二、建设项目的划分

建设项目指具有设计任务书和总体设计，经济上实行独立核算，行政上有独立组织形式的建设单位所从事的工程建设活动总体。如某一个工厂、一所医院的建设均可以称作建设项目。为适应工程管理和经济核算的需要，可将建设项目由大到小分解为单项工程、单位工程、分部工程和分项工程。了解建设项目的组成对研究工程计量与工程造价的确定具有重要意义。

（一）单项工程

单项工程一般指具有独立的设计文件，建成后能独立发挥生产能力或效益的工程。单项工程中一般包括建筑工程和安装工程，例如工厂建设中的一个车间，学校建设中的一幢教学楼等。一个建设项目可包括多个单项工程，但也可能仅有一个单项工程，即该单项工程就是建设项目的全部内容。

（二）单位工程

单位工程是指可以单独进行设计、独立组织施工，但竣工后不能单独形成生产能力或使用效益的工程，它是单项工程的组成部分。例如工厂某一个车间建设中的土建工程、电气照明工程、给排水与采暖工程、通风与空调工程等。一个单项工程由若干个单位工程组成。

（三）分部工程

在每一单位工程中，按工程部位、设备种类和型号、使用材料和工种不同进行的分类叫分部工程。分部工程是单位工程的组成部分，在建设工程中分部工程常按照工程结构的部位或性质划分。例如，土建工程的分部工程按照建筑工程的主要部位可划分为：基础、主体、屋面、装饰等分部工程；建筑安装工程的分部工程亦可根据《建筑工程施工质量验收统一标准》（CB 50300—2001）将较大的建筑工程划分为：地基与基础；主体结构；建筑装饰装修；建筑屋面；建筑给水、排水及采暖；建筑电气；智能建筑；通风与空调，电梯等九个分部工程。单位工程由若干个分部工程组成。

（四）分项工程

在每一分部工程中，按不同施工方法、不同材料、不同规格、不同配合比、不同计量单位等进行的划分叫分项工程。如按照水泥砂浆 M25、混凝土 C30 等不同配合比进行的划分。分项工程是建筑产品最基本的构成要素。土建工程中的分项工程，多数以工种确定；安装工程中的分项工程，通常依据工程的用途、工程种类以及设备装置的组别、系统特征等确定。分项工程是分部工程的组成部分，分部工程由若干个分项工程组成。

某建设项目划分过程及其相互关系如图 1-2 所示。

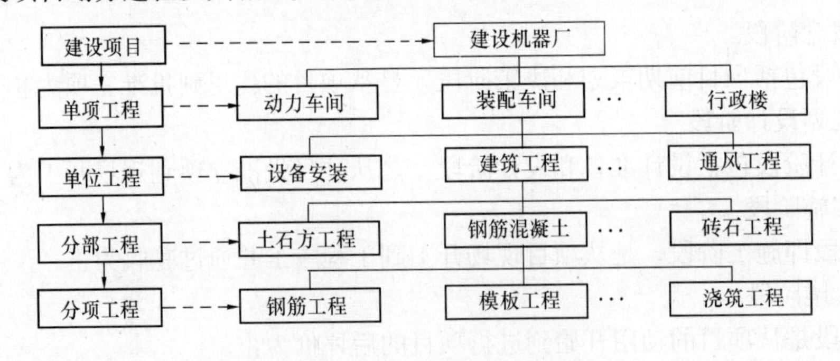

图 1-2 某建设项目划分示意图

三、工程建设项目的建设程序

建设程序是指工程建设项目从构思选择、评估、决策、设计、施工到竣工验收、交付使用等整个建设过程中，各项工作必须遵循的先后顺序和相互关系。建设程序是工程建设项目的技术经济规律的要求和工程建设过程客观规律的反映，亦是工程建设项目科学决策和顺利进行的重要保证。

按照我国现行规定及工程建设项目生命期的特点，政府投资项目的建设程序可以分为以下几个阶段：

（一）项目建议书阶段

项目建议书是拟建项目单位向有关决策部门提出要求建设某一项目的建议文件，是投资决策前通过对拟建项目建设的必要性、建设条件的可行性和获利的可能性的宏观性初步分析与轮廓设想。其主要作用是推荐一个具体项目，供有关决策部门选择并确定是否进行下一步工作。项目建议书的内容视项目的不同情况有简有繁，一般主要包括以下内容：

1. 项目提出的背景、项目概况、项目建设的必要性和依据；

2. 产品方案、拟建规模和建设地点的初步设想；

3. 资源情况、建设条件与周边协调关系的初步分析；

4. 投资估算、资金筹措及还贷方案设想；

5. 项目的进度安排；

6. 经济效益、社会效益的初步估计和环境影响的初步评价。

对于政府投资项目，项目建议书按要求编制完后应根据建设规模和投资限额划分分别报送有关部门审批。项目建议书经批准后并不表明项目可以马上建设，还需要展开详细的可行性研究。

根据《国务院关于投资体制改革的决定》（国发［2004］20号文），对于企业不使用政府投资建设的项目，一律不再实行投资决策性质的审批，根据项目不同情况实行核准制和备案制，企业不需要编制项目建议书而可以直接编制项目的可行性研究报告。

（二）可行性研究阶段

可行性研究是项目建议书批准后，对拟建项目在技术、工程和外部协作条件等方面的可行性、经济（包括宏观和微观经济）合理性进行全面分析和深入论证，为项目决策提供依据。

可行性研究的主要任务是通过多方案比较，提出评价意见，推荐最佳方案。可行性研究的主要内容可概括为：建设必要性研究、技术可行性研究和经济合理性研究三项。一般工业项目可行性研究的主要内容如下：

1. 项目提出的背景、投资的必要性和经济意义、工作依据与范围；

2. 市场需求预测、拟建规模和产品方案的技术经济分析；

3. 资源、原材料、燃料和公用设施等情况分析；

4. 建设条件与项目选址（建设地点）方案；

5. 项目设计方案及协作配套工程；

6. 环境影响评价，人文、绿色生态环境保护措施等；

7. 企业组织机构设计与人力资源配置；

8. 项目建设工期及实施进度计划；

9. 投资估算和融资方案；

10. 经济效益、社会效益评价及风险分析。

在可行性研究的基础上编制可行性研究报告，它是确定建设项目和编制设计文件的重要依据，应按国家规定达到一定的深度和准确性。根据《国务院关于投资体制改革的决定》，对政府投资项目和非政府投资项目的可行性研究报告分别实行审批制、核准制和备案制。

（三）设计工作阶段

设计是对拟建项目的实施在技术上和经济上所做的详尽安排，是建设目标、水平的具体化和组织施工的依据，它直接关系着工程质量和将来的使用效果，是工程建设中的重要环节。

一般项目进行两阶段设计，即初步设计和施工图设计。重大项目和技术上复杂而又缺乏设计经验的项目需进行三阶段设计，即初步设计、技术设计和施工图设计。

1. 初步设计。是根据可行性研究报告的要求所做的具体实施方案，其目的是为了阐明在指定地点、时间和投资控制数额内，拟建项目在技术上的可行性和经济上的合理性，并通过对项目所作出的技术经济规定，编制项目总概算。

2. 技术设计。应根据初步设计和更详细的调查研究资料编制，以进一步解决初步设计中的重大技术问题。例如，建筑结构、工艺流程、设备选型及数量确定等，使工程建设项目的设计更具体、更完善，技术经济指标更好。在此阶段需要编制项目的修正概算。

3. 施工图设计。是按照批准的初步设计和技术设计的要求，完整地表现建筑物外形、内部空间分割、结构体系以及建筑群的组合和周围环境的配合关系等的设计文件，并由建设行政主管部门委托有关审查机构，进行结构安全、强制标准和规范执行情况等内容的审查。施工图一经审查批准，不得擅自进行修改，否则必须重新报请审查后再批准实施。在施工图设计阶段需要编制施工图预算。

（四）建设准备阶段

初步设计已经批准的项目可列为预备项目。在项目开工建设之前要切实做好各项准备工作，其主要内容包括：

1. 征地、拆迁和场地平整；

2. 完成施工用水、电、道路，通信等接通工作；

3. 组织招标，择优选定建设监理单位、施工承包单位及设备、材料供应商；

4. 准备必要的施工图纸；

5. 办理工程质量监督手续和施工许可证，作好施工队伍进场前的准备工作。

（五）建设实施阶段

建设项目经批准开工建设，项目便进入了建设施工阶段。本阶段的主要任务是将“蓝图”变成工程项目实体，实现投资决策意图。本阶段的主要工作是针对建设项目或单项工程的总体规划安排施工活动；按照工程设计要求、施工合同条款、施工组织设计及投资预算等，在保证工程质量、工期、成本、安全目标的前提下进行施工；加强环境保护，处理好人、建筑、绿色生态建筑三者之间的协调关系，满足可持续发展的需要；项目达到竣工验收标准后，由施工承包单位移交给建设单位。

对于生产性建设项目，在建设实施阶段还要进行生产准备，它是建设程序中的重要环节，是衔接建设和生产的桥梁，是建设阶段转入生产经营的必要条件。在项目投产前建设单位应适时组成专门班子或机构，做好生产准备工作，以确保项目建成后能及时投产。

生产准备工作的内容根据项目或企业的不同而异，但一般包括以下主要内容：

1. 组建管理机构，制定管理制度和有关规定；

2. 招收并培训生产人员，组织生产人员参加设备的安装、调试和工程验收；

3. 签订原料、材料、燃料、水、电等供应及运输的协议；

4. 进行工器具、备品、备件等的制造或订货及其他必须的生产准备。

（六）竣工验收阶段

建设项目依据设计文件所规定的内容全部施工完成后，便可组织竣工验收。竣工验收是投资成果转入生产或使用的标志，也是全面考核建设成果、检验设计和工程质量的重要步骤，它对促进建设项目及时投产或使用，发挥投资效益及总结建设经验具有重要作用。

竣工验收工作的主要内容包括：整理技术资料、绘制竣工图、编制竣工决算等。通过竣工验收，可以检查建设项目实际形成的生产能力或效益，也可避免项目建成后继续耗费建设费用。

（七）项目后评价阶段

项目后评价是指项目建成投产、生产运营一段时间后，再对项目的立项决策、设计施工、竣工投产、生产运营等全过程进行系统分析；对项目实施过程，实际所取得的效益（经济、社会环境等）与项目前期评估时预测的有关经济效果值（如净现值、内部收益率、投资回收期等）相对比，评价与原预期效益之间的差异及其产生的原因。项目后评价是建设项目投资管理的最后一个环节，通过项目后评价可达到肯定成绩、总结经验、吸取教训、改进工作、提高决策水平的目的，并为制定科学的建设计划提供依据。

四、建设程序与工程造价体系

根据我国的建设程序，工程造价的确定应与工程建设各阶段的工作深度相适应，由粗到细逐渐形成一个完整的造价体系。以政府投资项目为例，工程造价体系的形成一般分为以下几个阶段：

1. 在项目建议书阶段，按照有关规定应编制初步投资估算，经主管部门批准，作为拟建项目列入国家中长期计划和开展前期工作的控制造价；本阶段所作出的初步投资估算误差率应控制在±20%左右；

2. 在项目可行性研究阶段，按照有关规定编制投资估算，经主管部门批准作为国家对该项目的计划控制造价，其误差率应控制在±10%以内；

3. 在初步设计阶段，按照有关规定编制初步设计总概算，经主管部门批准后即为控制拟建项目工程投资的最高限额，未经批准不得随意突破；

4. 在施工图设计阶段，按规定编制施工图预算，用以核实其造价是否超过批准的初步设计总概算，并作为结算工程价款的依据。若项目进行三阶段设计，即增加技术设计阶段，在设计概算的基础上编制修正概算；

5. 施工准备阶段，按照有关规定编制招标工程的标底，参与合同谈判，确定工程承包合同价；

6. 在工程施工阶段，根据施工图预算、合同价格，编制资金使用计划，作为工程价款支付、确定工程结算价的计划目标；

7. 在竣工验收阶段，根据竣工图编制竣工决算，作为反映建设项目实际造价和建设成果的总结性文件，也是竣工验收报告的重要组成部分。

建设程序与各阶段工程造价体系的形成如图 1-3 所示。

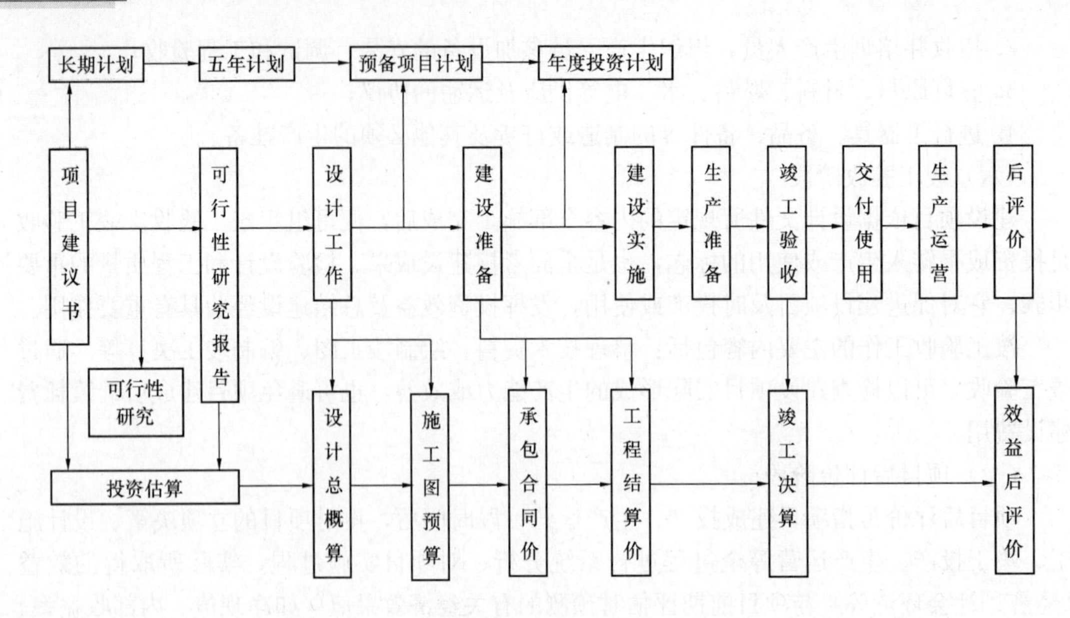

图 1-3 建设程序与工程造价体系示意图

第二节 工程造价基础知识

一、工程造价的起源与发展

(一) 国内工程造价的起源与发展

工程造价的起源可以追溯到我国远古时期。早在我国东周中期，被土木工匠尊奉为“祖师”的鲁班，利用他的智慧创造出许多灵巧的工具，使木工工匠的劳动效率成倍提高。同时，鲁班对工料的计算能力也是无与伦比的，据历史记载，他负责建造的某项大型土木工程，在工程完工后仅剩余一块砖；北宋时期的土木建筑学家李诫所编著的《营造法式》被称为中国古代建筑行业的权威性巨著。《营造法式》共 34 卷，它全面、准确地反映了中国在 11 世纪末到 12 世纪初，整个建筑行业的科学技术水平和管理经验，其中对工程识图、施工工艺与工程量计算规则和工料定额等均有详细说明，汇集了北宋以前建筑造价管理技术的精华，宋徽宗将此书颁行天下，从此国内建筑工程有了统一的标准；清朝时期，清工部《工程做法则例》中亦有许多关于工程量与工程造价计算方法的内容，是一部优秀的工料计算著作。

新中国成立以来，全国面临着大规模的工程兴建工作，为了用好有限的建设资金，合理地确定工程造价，我国建立了概预算定额管理制度，设立了概预算管理部门，建立了概预算工作制度，有效地促进了建设资金的合理安排和节约使用；改革开放以后，中国建设工程造价管理协会成立，为推动工程造价计价方式的改革和发展发挥了巨大作用。近年来，我国建设项目的工程造价管理日趋完善，并逐步向与国际惯例接轨的工程造价管理新模式转变。

(二) 国外工程造价管理的发展

1. 工程造价管理的起源与发展

19 世纪初，以英国为首的资本主义国家在工程建设中为了有效地控制工程费用的支出、加快工程进度，开始推行项目的招投标制度。这一制度需要工料测量师在设计完成后，开展建设施工前为业主或承包商进行整个工程工作量的测算和工程造价的预算，以便确定标底或投标报价，于是出现了正式的工程预算专业；随着人们对工程造价确定和工程造价控制理论与方法不断深入的研究，一种独立的职业和一门专门的学科——工程造价管理首先在英国诞生了；1868年，英国皇家测量师学会（RICS）成立，其中最大的一个分会是工料测量师分会，这一工程造价管理专业协会的创立，标志着现代工程造价管理专业的正式诞生，是工程造价及其造价管理发展史上的一次飞跃；到了20世纪80年代末和90年代初，人们对工程造价管理理论与实践的研究进入了综合与集成的阶段。各国纷纷在改进现有工程造价确定与控制理论和方法的基础上，借助其他管理领域在理论与方法上最新的发展，开始对工程造价管理进行更为深入而全面的研究。在这一时期中，以英国工程造价管理学界为主，提出了"全生命周期造价管理"（Life Cycle Costing，LCC）工程项目投资与造价管理的理论与方法；以美国工程造价管理学界为主则提出了"全面造价管理"（Total Cost Management，TCM）这一涉及工程项目战略资产管理、工程造价管理的概念和理论；从此，国际上的工程造价管理研究与实践进入了一个全新的阶段。

2. 工程造价的计价模式

目前，国际上在工程造价管理过程中，工程造价的确定普遍采用英、美、日三种计价模式。

（1）英国工程造价的计价模式。英国是国际上实行工程造价管理最早的国家之一，其组织管理体系亦较完整。在英国，确定工程造价实行统一的工程量计算规则、相关造价信息指数和通用合同文本，进行自主报价，依据合同确定价格。英国的QS（工料测量）学会通常采用比较法、系数法估价等计价方法；承包商则建立起自己的成本库（信息数据库）、定额库等进行风险估计、综合报价。

（2）美国工程造价的计价模式。美国对规范造价的管理，体现出高度的市场化和信息化。美国自身并没有统一的计价依据和计价标准，计价体系靠高度的信息化造价信息网络支撑，据此确定的工程造价是典型的市场化价格。即由各地区咨询公司制定本地区的单位建筑面积消耗量、基价和费用估算格式等信息，提供给业内人士使用，政府也定期发布相关的造价信息，用以实施宏观调控。

在美国，通常将工程造价称为"建设工程成本"，美国工程造价工程师协会（AACE）将工程成本分为两部分。其一由设计范围内涉及到的费用构成，通常称为"造价估算"。诸如勘察设计费、人工、材料和机械费用等；其二是业主方涉及到的费用，通常称为"工程预算"。诸如场地使用费、资金的筹措费、执照费、保险费等等。确定工程造价一般由设计单位或工程估价公司承担。在工程估价中不仅要对工程项目进行风险评估，而且还要贯彻"全面造价管理"（TCM）的思想。在工程施工中，根据工程特点对项目进行WBS分解并编制详细的成本控制计划进行造价控制。

（3）日本工程造价的计价模式。日本的工程造价管理具有三大特点，即行业化、系统化和规范化。日本在昭和五十年（1945年）民间就成立了"建筑积算事物所协会"，对工程造价实行行业化管理；20世纪90年代，政府有关部门认可积算协会举办的全国统考，并对通过考试人员授予"国家建筑积算师"资格；日本对工程造价的管理拥有完整的法规、规章以及标准化体系，工程造价通常采取招标方式与合同方式确定，对其实行规范化管理。

二、工程造价的含义和特点

(一)工程造价的含义

工程造价通常指一个工程项目的建造价格。其含义有两种:

其一是从投资者(业主)的角度而言,工程造价是指一个建设项目从筹建到竣工验收、交付使用的整个建设过程所花费的全部固定资产投资费用。固定资产系指新建、改建、扩建和恢复工程及其附属的工作,其价值形态主要包括:建筑安装工程费、设备及工器具购置费和工程建设其他费用、预备费、建设期贷款利息等。

其二是从市场交易的角度而言,工程造价是指为建成一项工程,预计或实际在土地市场、设备市场、技术劳务市场以及工程承发包市场等交易活动中形成的建筑安装工程价格和建设工程总价格。这里的工程既可以是一个建设项目,也可以是其中的一个单项工程,甚至可以是整个工程建设中的某个阶段,如土地开发工程、建筑安装工程、装饰工程等。

通常,人们将工程造价的第二种含义认定为工程承发包价格,它是工程造价中一种重要的、典型的价格形式。它是在建筑市场通过招投标,由需求主体(投资者)和供给主体(承包商)共同认可的价格。由于建安工程价格在项目固定资产投资中占有50%~60%的份额,且建筑企业又是建设工程的实施者并具有重要的市场主体地位,因此,工程承发包价格被界定为工程造价的第二种含义具有重要的现实意义。

工程造价的两种含义是从不同角度把握同一事物的本质。对工程投资者而言,在市场经济条件下的工程造价就是项目投资,是投资者作为市场需求主体购买项目需要付出的价格;对承包商、供应商、规划设计等机构而言,工程造价是他们作为市场供给主体出售商品和劳务价格的总和,或者是特指范围的工程造价,如建筑安装工程造价。区别工程造价的两种含义可以为投资者和以承包商为代表的供应商的市场行为提供理论依据,为其不断充实工程造价的管理内容,完善管理方法及更好地实现各自的目标服务。

(二)工程造价的特点

由于工程建设项目具有一次性、产品的固定性、生产的流动性、有一定的生命期等特点,导致工程造价具有以下特点:

1. 大额性

工程建设项目实物形体庞大,尤其是现代工程建设项目更是具有建设规模日趋庞大,组成结构日趋复杂化、多样化,资金密集,建设周期长等特点。因此,工程项目在建设中消耗大量资源,造价高昂。其中特大型建设项目的工程造价可高达数百亿、千亿元人民币,对国民经济影响重大。

2. 个别性

任何一项工程都有其特定的用途、功能、建设规模和建设地点。因而使每项工程的建设内容、产品的实物形态等诸多方面千差万别,不重复,具有唯一性。产品的唯一性决定了工程造价的个别性,尤其每项工程所处的建设地区、地段不同,使得工程造价的个别性更加突出。

3. 动态性

建设项目产品的固定性、生产的流动性、费用的变异性和建设周期长等特点决定了工程造价具有动态性。项目在不同的建设地点和较长的建设周期内,工程造价将受到材料价格、工资标准、地区差异及汇率变化等多种因素的影响，始终处于不确定的状态，直到工程竣工决算后才能最终确定工程的实际造价。

4. 复杂性

工程造价的复杂性表现在其涉及的因素十分复杂。例如，工程造价的费用构成就较其他行业复杂、繁琐。除了建筑安装工程费用外，还涉及到环境保护、资源再生利用、循环经济、水文地质条件、古建筑文物的保护、绿色生态建筑、社会效益、税收、金融政策等众多方面。工程造价的复杂性导致其必须具有相应的兼容性，即工程造价具有两重含义。

5. 阶段性

工程造价的阶段性十分明确，在工程建设项目生命期的不同阶段所确定的工程造价，其作用、费用名称及内容均不同。例如，在项目决策阶段，拟建工程的工程量还不具体，工程造价不可能做到十分准确，故此阶段确定的工程造价被称为投资估算；在设计阶段初期，对应初步设计编制的是设计总概算；在施工图设计阶段确定的是施工图预算，且规定其不能突破设计总概算。这是长期大量工程实践的总结，也是工程造价管理的规定。

三、工程造价的职能

工程造价除具有一般商品的价格职能外，还具有其特殊的职能。

（一）预测职能

由于工程造价具有大额性和动态性的特点，无论是投资者还是承包商都要对拟建工程进行预先测算。投资者预先测算工程造价，可为项目决策提供科学依据，同时也是筹措资金、控制造价的需要。承包商测算工程造价，可为其投标决策、投标报价和成本管理提供依据。

（二）控制职能

工程造价的控制职能一方面体现在对业主投资的控制，即在项目投资的各个阶段根据对造价的多次性预估，对造价进行全过程、多层次的控制；另一方面是承包商在工程项目实施期间对成本进行控制，在价格一定的条件下，企业实际成本开支决定企业的盈利水平，成本越低盈利越高。

（三）评价职能

工程造价既是评价项目投资合理性和投资效益的主要依据，也是评价项目的偿贷能力、盈利能力、宏观效益、企业管理水平和经营成果的重要依据。

（四）调控职能

工程建设直接关系到国家的经济增长、资源分配和资金流向，对国计民生将产生重大影响。故工程造价作为经济杠杆，可以对工程建设中的物质消耗水平、建设规模和投资方向等进行调控和管理。

四、工程造价的作用和影响因素

建设项目工程造价涉及到国民经济中的多个部门、多个行业及社会再生产中的多个环节，也直接关系到人们的生活和居住条件，其作用范围广、影响程度大。

（一）作用

1. 是项目决策的依据

建设项目具有投资巨大、资金密集、建设周期长等特点，故在不同的建设阶段工程造价皆可作为投资者或承包商进行项目投资或报价的决策依据。

2. 是制定投资计划和控制投资的依据

制定正确的投资计划有利于合理、有效地使用建设资金。建设项目的投资计划是按照项目的建设工期、工程进度及建造价格等制定的。工程造价可作为制定项目投资计划及对计划的实施过程进行动态控制的主要依据，并可作为控制投资的内部约束机制。

3. 是筹集建设资金的依据

随着我国投资体制的改革和市场经济体制的建立，要求项目投资者具有很强的筹资能力，为工程建设提供资金保证。合理地确定工程造价也基本决定了建设资金的需要量，从而为项目投资者筹集建设资金提供了较准确的依据。当建设资金来源于金融机构的贷款时，金融机构在对项目的偿贷能力进行评估的基础上，也需要依据工程造价来确定给予投资者的贷款数额。

4. 是评价投资效果的重要指标

工程造价既是建设项目的总造价，又包含单项工程和单位工程的造价，还包含单位生产能力的造价或单位建筑面积的造价等，它能够为评价投资效果提供多种评价指标，并能够作为新的价格信息，对今后类似项目的投资具有参考借鉴价值。

5. 是合理分配利润的手段

工程造价的高低涉及到国民经济各部门和企业之间的利益分配。合理地确定工程造价可成为项目投资者、承包商等合理分配利润并适时调节产业结构的手段。

（二）影响因素

由于构成工程造价的因素复杂，涉及人工、材料、施工机具设备、建设用地、工程地质、生态环境等多个方面，决定了工程造价将受到众多因素的影响。例如，获得建设用地支出的费用，既有征地、拆迁、安置补偿等方面的费用，又有通过招标、拍卖、挂牌等方式获得土地的费用，这些费用将受到政府一定时期的产业政策、税收政策和地方性收费规定等的直接影响；此外，项目在不同的建设地区和建设时期，工程造价将受到地区差异、材料价格波动、工资标准、设备购置或租赁等费用的影响。对影响工程造价的有利因素和不利因素进行全面、细致地分析和预测，方能更加准确地确定工程造价和有效地控制建设项目投资。

五、工程造价的计价特征

（一）单件性

由于建筑产品具有固定性、实物形态上的差异性和生产的单件性等特征，导致每一项工程均需根据其特定的用途、功能、建设规模、建设地区和建设地点等单独进行计价。

（二）多次性

工程项目建设规模庞大、组成结构复杂、建设周期长、在工程建设中消耗资源多，造价高昂。因此，从项目的可行性论证到竣工验收、交付使用的整个过程需要按建设程序决策和分阶段实施。工程造价也需要在不同建设阶段多次进行计价，以保证工程造价计算的准确性和控制的有效性。多次计价是一个由粗到细、由浅入深，逐步接近工程实际造价的过程。如大型工程建设项目的计价过程如图 1-4 所示。

（三）组合性

工程建设项目是一个工程综合体，它可以从大到小分解为若干有内在联系的单项工程、单位工程、分部工程和分项工程。建设项目的这种组合性决定了其工程造价的计算也

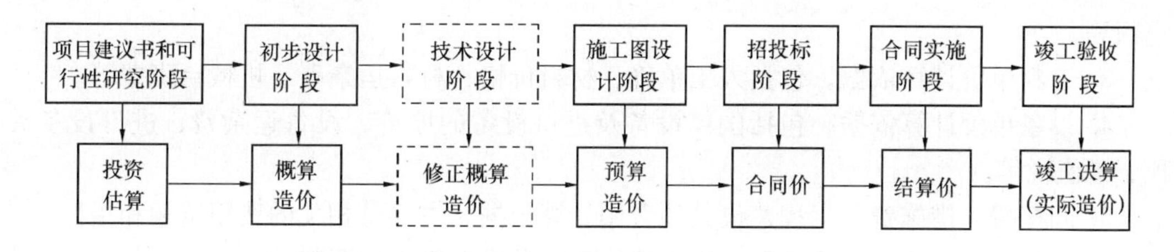

图 1-4　建设项目不同时期多次性计价示意图

是分部组合而成的，它既反映出确定概算造价和预算造价的逐步组合过程，亦反映出合同价和结算价的确定过程。通常工程造价的计算顺序为：分部分项工程造价→单位工程造价→单项工程造价→建设项目总造价，如图 1-5 所示。

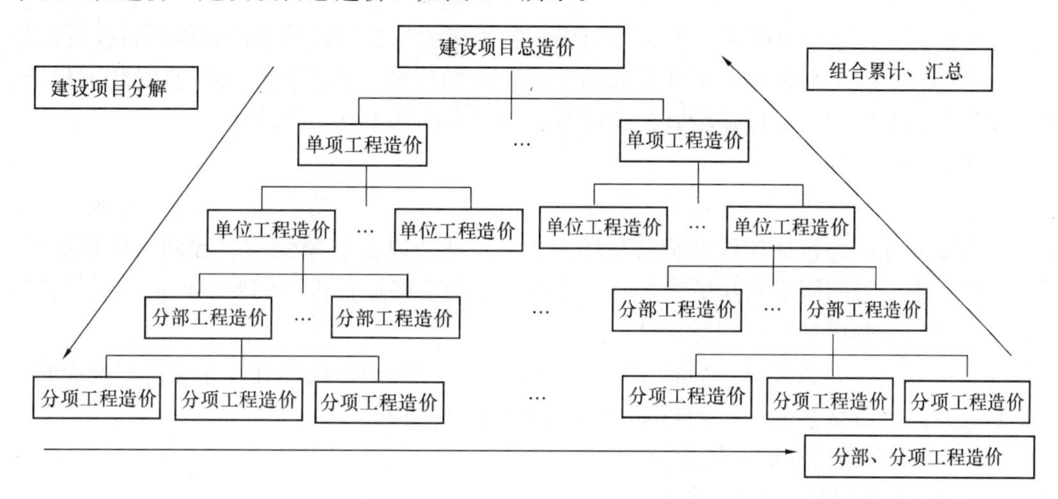

图 1-5　项目分部组合计价过程

（四）方法的多样性

在工程建设的不同阶段确定工程造价的计价依据、精度要求均不同，由此决定了计价方法的多样性。例如，当建设项目处于可行性研究阶段时，确定投资估算的方法主要有：生产能力指数法、系数估算法、比例估算法等，其精度要求能满足对初步设计概算的控制；在项目的设计阶段，可采用单价法和实物法来确定项目的总概算和预算造价，且对其精度要求较高；而建设部在 2003 年 7 月 1 日颁布了《建设工程工程量清单计价规范》(GB 50500—2003）后，在编制标底和投标报价时，可以采用工程量清单计价和定额计价两种方式确定工程造价。不同的计价方法各有利弊，其适用条件也有所不同，计价时应根据具体情况加以选择。

（五）计价依据的复杂性

由于影响工程造价的因素多，计价依据复杂，种类繁多，因此，在确定工程造价时，必须熟悉各类计价依据，并加以正确利用。计价依据主要可分为以下七类：

1. 设备和工程量计算依据。包括项目建议书、可行性研究报告、设计文件、全国建筑工程基础定额、全国统一安装工程定额的工程量计算规则、有关专业标准图、施工组织设计等。

2. 人工、材料、机械等实物消耗量计算依据。包括投资估算指标、概算定额、预算定额等。

3. 工料单价计算依据。包括人工单价、材料价格、材料运杂费、机械台班费等。

4. 设备单价计算依据。包括国产设备及进口设备的原价、设备运杂费、进口设备关税、增值税等。

5. 间接费、措施费、工程建设其他费用计算依据。主要是相关的费用定额和指标。

6. 物价指数、工程造价指数、工程造价信息及类似工程的资料等。

7. 政府规定的有关税、费标准计算依据。

六、工程造价的分类

（一）按静态投资和动态投资分类

1. 静态投资

静态投资指以某一基准年、月的建筑要素的价格为依据所计算出的建设项目投资的瞬时值。它包含了因工程量误差可能引起的工程造价的增减。静态投资由建筑安装工程费、设备和工器具购置费、工程建设其他费以及预备费中的基本预备费组成。

2. 动态投资

动态投资指为完成一个工程项目的建设，预计投资需要量的总和。它除了包括静态投资所含内容之外，还包括建设期贷款利息、涨价预备费以及汇率变动引起的费用增加等。动态投资考虑了时间因素对投资的影响，适应了市场价格运行机制的要求，使项目的投资估算、计划与控制更加符合实际。

动态投资包含静态投资，静态投资是动态投资最主要的构成部分，亦是动态投资的计算基础。并且二者概念的产生均与工程造价的确定直接相关。

（二）按建设项目构成的层次分类

1. 建设项目总投资和固定资产投资

建设项目总投资是指投资主体为获取预期收益，在拟建项目上所需要投入的全部资金。固定资产投资是投资主体为达到预期收益的资金垫付行为。建设项目按用途可分为生产性和非生产性建设项目。生产性建设项目总投资包括固定资产投资和流动资产投资两部分；非生产性建设项目总投资只有固定资产投资，不包含流动资产投资。建设项目总造价是指建设项目总投资中的固定资产投资总额，即建设项目的固定资产投资与其工程造价在量上相等。

2. 建筑安装工程造价

建筑安装工程造价亦称建筑安装工程产品价格，由建筑工程和安装工程投资两部分构成。建筑工程投资主要包括用于建筑物的建造及有关准备、清理等工程的费用；安装工程投资指用于需要安装设备的安置、装配工程的费用等。

3. 单项工程造价

单项工程造价指建筑单位工程造价、设备及安装单位工程造价及工程建设其他费用之和。当建设项目由若干个单项工程构成时，单项工程造价则不含工程建设其他费用。

4. 单位工程造价

单位工程造价指单位工程中的各分部分项工程造价之和，其中只包括建筑安装工程费，不包括设备及工器具购置费。无论是编制施工图预算、工程量清单、还是工程投标报价书，均是以单位工程为对象编制的。

（三）按建设顺序分类

按建设顺序可以将工程造价进行如下划分：

1. 投资估算———可行性研究报告阶段；
2. 设计总概算——初步设计阶段；
3. 修正概算——技术设计阶段；
4. 施工图预算——施工图设计阶段；
5. 承包合同价——招投标阶段；
6. 竣工结算价——竣工阶段；
7. 竣工决算价——业主编制决算文件阶段。

从不同角度对工程造价进行分类，以便有针对性地进行造价管理，并提高管理水平。

复 习 思 考 题

1. 工程建设项目的生命期分为几个阶段？
2. 简述建设项目的组成。
3. 简述工程造价的两种含义及其区别。
4. 工程造价具有哪些特点？
5. 简述工程造价的计价特点。
6. 什么是工程造价的职能？
7. 工程造价可以从哪些角度进行分类？

第二章　建设工程定额

第一节　定　额　概　述

一、定额及定额的产生

（一）定额

1. 定额的概念

所谓定，就是规定；额就是额度或限额。从广义理解，定额就是规定的额度或限额，又称为标准或尺度。

2. 建设工程定额

建设工程定额是由国家授权部门和地区统一组织编制、颁发并实施的工程建设标准。

（二）定额的产生

定额是一定时期社会生产力发展的反映。

根据我国史书记载，在《大唐六典》中就有各种用工量的计算方法。北宋时期，分行业将工料限量与设计、施工、材料结合在一起的《营造法式》，是由国家所制定的一部建筑工程定额。到了清朝时期，为适应营造业的发展，专门设置了“洋房”和“算房”两个部门，“洋房”负责图样设计，“算房”则专门负责施工预算。可见，定额的使用范围被逐渐扩大，定额的功能也在不断增加。

19 世纪末至 20 世纪初，西方资本主义国家生产日益扩大，生产技术迅速发展，劳动分工和协作也越来越细，对生产消耗进行科学管理的要求更加迫切。当时在美、法、英等国家中都有企业科学管理的活动开展，并逐渐形成了系统的经济管理理论。现在被称为“古典管理理论”的代表人物是美国人泰罗、法国人法约尔和英国人威克等。

实际上企业管理成为科学是从泰罗制开始的。当时美国资本主义正处于上升时期，工业发展迅速，传统的企业管理已不适应生产能力的需要，阻碍着社会经济的发展，因此，改善企业管理成为生产发展的迫切需要。泰罗为适应当时的客观要求，首先开始了关于企业管理的研究，以解决提高工人劳动生产效率问题。泰罗把工作时间分为若干组成部分，并测定每一操作过程的时间消耗，制定出工时定额，作为衡量工人工作效率的尺度。同时还研究工人劳动中的操作和动作，制定出工作时间的标准操作方法，从而制定出较高的工时定额。通过工时定额的制定，实行标准的操作方法，以及采用差别的计件工资，构成了泰罗制的主体。工时定额由此出现。

随着现代科学和技术的不断发展，运筹学、系统工程、电子计算机等科学技术作为管理手段的应用，并从社会学和心理学的角度研究管理，强调重视社会环境、人际关系对人行为的影响，主张采用诱导的方法鼓励工人发挥主动性和积极性，而不是对工人采用管束和强制的方法。20 世纪 70 年代产生了系统论，从而把管理科学和行为科学结合起来，并通过对企业的人、物和环境等生产要素进行全面系统的分析研究，以实现企业管理的最优化。

综上所述，可知定额的产生是随着管理科学而产生，也将随着管理科学的不断进步而发展，是企业实行科学管理的重要基础。

二、建设工程定额的作用与特性

（一）建设工程定额的作用

定额是科学管理的产物，是实行科学管理的基础，它在社会主义市场经济中具有以下的重要地位与作用：

1. 定额是投资决策和价格决策的依据。定额可以对建筑市场行为进行有效的规范，如投资者可以利用定额提供的信息提高项目决策的科学性，优化投资行为，还可以利用定额权衡自己的财务状况、支付能力，预测资金投入和预期回报；并在投标报价时作出正确的价格决策，以获取更多的经济效益。

2. 定额是企业实行科学管理的基础。企业利用定额促使工人节约社会劳动时间和提高劳动生产效率，获取更多利润；计算工程造价，把生产的各类消耗控制在规定的限额内，以降低工程成本。

3. 定额有利于完善建筑市场信息系统。它的可靠性和灵敏性是市场成熟和效率的标志。实行定额管理可对大量建筑市场信息进行加工整理，也可对建筑市场信息进行传递，同时还可对建筑市场信息进行反馈。

（二）建设工程定额的特性

在社会主义市场经济的条件下，定额一般具有以下几方面的特性：

1. 定额的科学性：主要表现为定额的编制是自觉遵循客观规律的要求，通过对施工生产过程进行长期的观察、测定、综合、分析，在广泛搜集资料和总结的基础上，实事求是地运用科学的方法制定出来的。定额的编制技术和方法上吸取了现代管理的成就，具有一整套既严密又科学的确定定额水平和行之有效的方法。

2. 定额的权威性：主要表现在定额是由国家主管机关或它授权的各地管理部门组织编制的，定额一经批准颁发，任何单位都必须严格遵守和贯彻执行。

3. 定额的群众性：主要表现在定额来源于群众，因此，定额的制定和执行都具有广泛的群众基础，并能为广大群众所接受。

4. 定额的时效性：定额的时效性主要表现在定额所规定的各种工料消耗量是由一定时期的社会生产力水平确定。当生产条件发生较大变化时，定额制定授权部门必须对定额进行修订与补充。因此，定额具有一定的时效性。

5. 定额的相对稳定性：定额的相对稳定性主要表现在定额制定颁发后，有一个相对稳定的执行时期，通常为5～10年左右。

三、建设工程定额的分类

建设工程定额的种类较多，有多种分类方法：按生产要素分类；按编制单位与使用范围分类；按专业性质与适用对象分类等如图2-1所示。

（一）按生产要素分类

物质资料生产所必须具备的三要素是劳动者、劳动手段和劳动对象。劳动者是指从事生产活动的生产工人，劳动手段是指劳动者使用的生产工具和机械设备，劳动对象是指原材料、半成品和构配件。按此三要素进行分类可以分为劳动定额、材料消耗定额和机械台班使用定额。

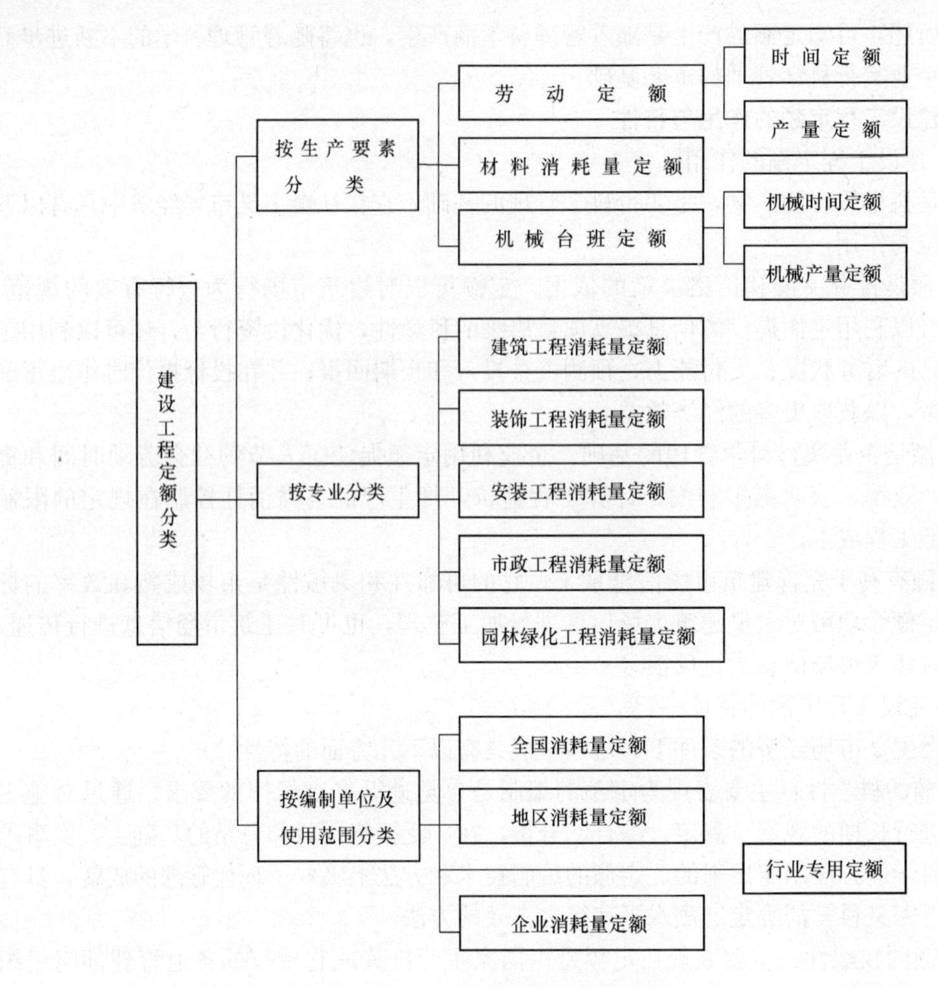

图 2-1　建筑工程定额分类图

1. 劳动定额

劳动定额又称人工定额。是规定在一定生产技术装备、合理的劳动组织与合理使用材料的条件下，完成质量合格的单位产品所需劳动消耗量标准，或规定单位时间内完成质量合格产品的数量标准。劳动定额按其表示形式的不同又可分为时间定额和产量定额。

（1）时间定额　时间定额又称工时定额。就是指在一定的技术装备、合理的劳动组织与合理使用材料的条件下，规定完成质量合格的单位产品所需消耗的劳动时间。时间定额一般是以“工日”或“工时”为计量单位。

（2）产量定额　产量定额又称每工产量。是指在一定的技术装备、合理的劳动组织与合理使用材料的条件下，规定某工种某技术等级的工人（或工人班组）在单位时间内应完成质量合格的产品数量。由于建筑产品多种多样，产量定额一般是以 m、m^2、m^3、kg、t、块、套、组、台等为计量单位。

2. 材料消耗定额

材料消耗定额是指在节约与合理使用材料的条件下，完成质量合格的单位产品所需消耗各种建筑材料（包括各种原材料、燃料、成品、半成品、构配件、周转材料的摊销等）的数量标准。

3. 机械台班使用定额

机械台班使用定额又称机械台班消耗定额。就是指在合理施工组织与合理使用机械的正常施工条件下，规定施工机械完成质量合格的单位产品所需消耗机械台班的数量标准，或规定施工机械在单位台班时间内应完成质量合格产品的数量标准。机械台班使用定额按其表示形式的不同，亦可分为机械台班时间定额与机械台班产量定额。

（1）机械台班时间定额

机械台班时间定额是指在合理施工组织与合理使用机械的正常施工条件下，规定某类施工机械完成质量合格的单位产品所需消耗的机械工作时间。一台施工机械工作一个工作班（即8小时）称为一个台班，一般是以“台班”为计量单位。

（2）机械台班产量定额

机械台班产量定额是指在合理施工组织与合理使用机械的正常施工条件下，规定某种施工机械在单位台班时间内应完成质量合格的产品数量。

（二）按编制单位与使用范围分类

建筑工程定额按编制单位与使用范围可分为全国统一定额、省（市）地区定额、行业专用定额和企业定额。

1. 全国统一定额

全国统一定额是指由国家主管部门（建设部）编制，作为各省（市）编制地区定额依据的各种定额。如《全国建筑安装工程统一劳动定额》、《全国统一建筑工程基础定额》、《全国统一建筑装饰工程消耗量定额》等。

2. 省（市）地区定额

省（市）地区定额是指由各省、市、自治区建设主管部门制定的各种定额，如《××市建设工程消耗量定额》。可以作为该地区建设工程项目标底编制的依据，施工企业在没有自己的企业定额时也可以作为投标计价的依据。

3. 行业专用定额

行业专用定额是指由国家所属的主管部、委制定而行业专用的各种定额，如《铁路工程消耗量定额》、《交通工程消耗量定额》等。

4. 企业定额

企业定额是指建筑施工企业根据本企业的施工技术水平和管理水平，以及各地区有关工程造价计算的规定，并供本企业使用的《工程消耗量定额》。

（三）按专业分类

《建设工程消耗量定额》按其专业的不同分类如下：

1. 建筑工程消耗量定额

建筑工程即指房屋建筑的土建工程。建筑工程消耗量定额是指各地区（或企业）编制确定的完成每一建筑分项工程（即每一土建分项工程）所需人工、材料和机械台班消耗量标准的定额。它是业主或建筑施工企业（承包商）计算建筑工程造价主要的参考依据。

2. 装饰工程消耗量定额

装饰工程即指房屋建筑室内外的装饰装修工程。装饰工程消耗量定额是指各地区（或企业）编制确定的完成每一装饰分项工程所需人工、材料和机械台班消耗量标准的定额。它是业主或装饰施工企业（承包商）计算装饰工程造价主要的参考依据。

3. 安装工程消耗量定额

安装工程即指房屋建筑室内外各种管线、设备的安装工程。安装工程消耗量定额是指各地区（或企业）编制确定的完成每一安装分项工程所需人工、材料和机械台班消耗量标准的定额。它是业主或安装施工企业（承包商）计算安装工程造价主要的参考依据。

4. 市政工程消耗量定额

市政工程即指城市道路、桥梁等公共公用设施的建设工程。市政工程消耗量定额是指各地区（或企业）编制确定的完成每一市政分项工程所需人工、材料和机械台班消耗量标准的定额。它是业主或市政施工企业（承包商）计算市政工程造价主要的参考依据。

5. 园林绿化工程消耗量定额

园林绿化工程即指城市园林、房屋环境等的绿化通称。园林绿化工程消耗量定额是指各地区（或企业）编制确定的完成每一园林绿化分项工程所需人工、材料和机械台班消耗量标准的定额。它也是业主或园林绿化施工企业（承包商）计算园林绿化工程造价主要的参考依据。

此外，建设工程定额还可按建设用途和费用定额进行划分，前者包括施工定额、预算定额、概算定额和概算指标等，后者包括间接费用定额、其他工程费用定额等。

第二节 建筑工程消耗量定额

一、建筑工程消耗量定额概述

（一）建筑工程消耗量定额的概念

建筑工程消耗量定额指在正常组织施工生产的条件下，规定完成质量合格的单位建筑产品（即分项工程）所需人工、材料和机械台班的消耗量标准。

（二）建筑工程消耗量定额的作用

建筑工程消耗量定额的作用主要包括以下几个方面：

1. 它是计算和确定工程项目的人工、材料和机械台班消耗数量的依据；

2. 它是建筑施工企业编制施工组织设计，制定施工作业计划，确定人工、材料和机械台班使用量计划的依据；

3. 它亦是业主编制工程标底、承包商计算投标报价的依据。

（三）建筑工程消耗量定额的组成

完成单位建筑产品必须消耗一定数量的人工、材料和机械台班，而建筑工程消耗量定额属于生产性定额，按照生产性定额的构成，它应由劳动定额、材料消耗定额和机械台班消耗定额三部分组成。

二、劳动定额

（一）劳动定额的概念

劳动定额是指在一定的技术装备、合理的劳动组织与合理使用材料的条件下，规定完成质量合格的单位产品所需劳动消耗量的标准，或规定在单位时间内完成质量合格产品的数量标准。

劳动定额的研究对象是生产过程中活劳动的消耗量，即劳动者所付出的劳动量。具体来说，它所要考虑的是完成质量合格单位产品的活劳动消耗量，是指产品生产过程的有效劳动，对产品有规定的质量要求，是符合质量规定要求的劳动消耗量。

（二）劳动定额的表现形式

劳动定额是衡量劳动消耗量的计量尺度。生产单位产品的劳动消耗量可以用劳动时间来表示，同样在单位时间内劳动消耗量也可以用生产的产品数量来表示。因此，劳动定额按其表示形式的不同，可分为时间定额和产量定额。

1. 时间定额：时间定额又称工时定额。是指在一定的生产技术装备、合理的劳动组织与合理使用材料的条件下，规定完成质量合格的单位产品所需消耗的劳动时间。时间定额一般是以“工日”或“工时”为计量单位。计算公式如下：

$$\text{时间定额} = \frac{\text{消耗的总工日数}}{\text{产品数量}} \tag{2-1}$$

2. 产量定额：产量定额又称每工产量。指在一定生产技术装备、合理的劳动组织与合理使用材料的条件下，规定某工种某技术等级的工人（或工人班组）在单位时间内应完成质量合格的产品数量。由于建筑产品的多样性，产量定额一般是以 m、m^2、m^3、kg、t、块、套、组、台等为计量单位。计算公式如下：

$$\text{产量定额} = \frac{\text{产品数量}}{\text{消耗的总工日数}} \tag{2-2}$$

时间定额和产量定额是同一劳动定额的不同表现形式，它们都表示同一劳动定额，但各有其用途。时间定额因为计量单位统一，便于进行综合，计算劳动量比较方便；而产量定额具有形像化的特点，目标直观明确，便于班组分配工作任务。

（三）时间定额与产量定额的关系

时间定额与产量定额，它们之间的关系可用下式来表示：

$$\text{时间定额} \times \text{产量定额} = 1 \tag{2-3}$$

$$\text{时间定额} = \frac{1}{\text{产量定额}} \quad \text{或} \quad \text{产量定额} = \frac{1}{\text{时间定额}}$$

也就是说，当时间定额减少时，产量定额就会增加；反之，当时间定额增加时，产量定额就会减少，然而其增加和减少的比例是不相同的。

（四）劳动定额的表示方法

劳动定额的表示方法，不同于其他行业的劳动定额，其表示方法有单式表示法、复式表示法及综合与合计表示法。

1. 单式表示法　在劳动定额表中，单式表示法一般只列出时间定额，或产量定额，即两者不同时列出。

2. 复式表示法　在劳动定额表中，复式表示法既列出时间定额，又列出产量定额。

3. 综合与合计表示法　在劳动定额表中，综合定额与合计定额都表示同一产品的各单项（工序或工种）定额的综合或合计，按工序合计的定额称为综合定额，按工种综合的定额称为合计定额。计算公式如下：

$$\text{综合时间定额} = \sum \text{各单项工序时间定额} \tag{2-4}$$

$$\text{合计时间定额} = \sum \text{各单项工种时间定额} \tag{2-5}$$

$$综合产量定额=\frac{1}{综合时间定额} \tag{2-6}$$

$$合计产量定额=\frac{1}{合计时间定额} \tag{2-7}$$

【例 2-1】　《××市建筑（装饰）安装工程劳动定额》中规定，每砌 $1m^3$ 的 1 砖半厚砖基础，其各工序时间定额如下：砌砖是 0.354 工日，运输是 0.449 工日，调制砂浆是 0.102 工日，试计算该分项工程的综合时间定额是多少？

【解】

$$\sum 各单项工序时间定额=综合时间定额$$

$$(0.354+0.449+0.102)工日/m^3=0.905\ 工日/m^3$$

（五）劳动定额的作用

劳动定额的作用，主要表现在为企业组织施工生产和实行按劳分配提供依据。企业组织施工生产、下达施工任务、合理组织劳动力、推行经济责任制、实行计件工资和人工费承包等都是以劳动定额为基础。

1. 劳动定额是企业管理的基础

建筑施工企业施工计划的编制、施工作业计划和签发施工任务书的编制与管理，都以劳动定额为依据。当造价人员根据施工图纸计算出分部分项工程量，再根据劳动定额计算出各分项工程所需要的劳动量，然后按照本企业拥有的各种工人数量安排施工工期及相应的施工管理。

2. 劳动定额是科学组织施工和合理组织劳动的依据

建筑施工企业要科学地组织施工生产，就要在施工过程中对劳动力、劳动工具和劳动对象做到科学有效的组合，以求获得最大的经济效益。现代施工企业的施工生产过程分工精细、协作密切。为确保施工过程紧密衔接和均衡，施工企业需要在时间和空间上合理组织劳动者协作与配合。因此，要以劳动定额为依据准确计算出每个工人的劳动量，规定不同工种工人之间的比例关系等。

3. 劳动定额是衡量劳动生产率的尺度

劳动生产率是指人们在生产过程中的劳动效率，是劳动者的生产成果与规定劳动消耗量的比率。劳动生产率增长的实质是指在相应计量单位内所完成质量合格产品数量的增加，或完成质量合格单位产品所需消耗劳动量的减少，最终可归结为劳动消耗量的节省。其计算公式如下：

$$L=\frac{W}{T}\times 100\% \tag{2-8}$$

式中　L——劳动生产率；

W——完成某单位产品的实际消耗时间；

T——时间定额。

4. 劳动定额是企业实行经济核算的基础

单位工程的用工数量与人工成本是企业经济核算的一项重要内容。为了考核、计算和分析工人在生产过程中的劳动消耗，必须以劳动定额为基础进行人工及其费用的核算。

（六）劳动定额的制定

1. 劳动定额的制定原则

劳动定额能否在企业管理中发挥其组织施工生产和按劳分配的双重作用，关键在于定额水平的高低和定额的制定质量。因此，在劳动定额制定时必须遵循以下制定原则：

(1) 定额水平要体现先进合理的原则，定额水平是指定额所规定的劳动消耗量额度的高低，它是生产技术水平、企业管理水平、劳动生产率水平的综合反映。所谓先进合理，就是指在正常的生产技术组织条件下，经过努力部分工人可以超额、多数工人可以达到或接近的定额水平。

(2) 定额结构要体现简明适用的原则，所谓简明适用，是指结构合理，步距长短适当。建筑业是劳动密集型的产业部门，分布地域辽阔，工程结构复杂，露天施工，影响因素颇多。建筑施工生产的这些特点，客观上要求劳动定额的结构形式与内容必须简明适用。

2. 劳动定额的制定依据

劳动定额既是技术定额，又是重要的经济法规。因此，劳动定额的制定必须以国家有关的技术、经济政策和可靠的科学技术资料为依据。其依据按性质可以分为以下两大类：

(1) 国家的经济政策和劳动制度。经济政策和劳动制度主要有：

1)《建筑安装工人技术等级标准》和工资标准；

2) 工资奖励制度、劳动保护制度和8小时工作制度。

(2) 科学技术资料。科学技术资料可分为技术规范和技术测定、统计资料两部分：

1) 技术规范类如《建筑安装工程施工验收规范》、《建筑安装工程操作规程》、国家建筑材料标准、机械设备说明书；

2) 技术测定和统计资料如施工现场测定的有关技术数据、日常建筑产品完成情况和工时消耗的单项或综合统计资料。

3. 劳动定额的制定方法

劳动定额的制定随着建筑施工技术水平的不断提高而不断改进。目前采用的制定方法有技术测定法、统计分析法、比较类推法和经验估计法。

(1) 技术测定法

该方法是根据技术测定资料制定。目前已发展成为一个多种技术测定体系，它包括计时观察测定法、工作抽样测定法、回归分析测定法和标准时间资料法四种，现分述如下：

1) 计时观察测定法。该方法是一种最基本的技术测定方法，它是指在一定的时间内，对特定作业进行直接的连续观测、记录，从而获得工时消耗数据，并据以分析制定劳动定额的方法。按其测定的具体方法又分为秒表时间研究法和工作日写实法。计时观测法的优点是对施工作业过程的各种情况记录比较详细，数据比较准确，分析研究比较充分。但缺点是技术测定工作量大，一般适用于重复程度比较高的工作过程或重复性手工作业。

2) 工作抽样测定法。该方法又称瞬间观测法，它是通过对操作者或机械设备进行随机瞬时观测，记录各种作业项目在生产活动中发生的次数和发生率，由此取得工时消耗资料，推断各观测项目的时间结构及其演变情况，从而掌握工作状况的一种测定方法。同计时观察测定方法比较，工作抽样测定法无须观测人员连续在现场记录，具有省力、省时、适应性广的优点。其缺点是不宜测定周期很短的作业，不能详细记录操作方法，观测结果不直观等。一般适用于测定间接生产工人的工时利用率和设备利用率。

3) 回归分析测定法。该法是应用数理统计中的回归与相关原理，对施工过程中从事多种作业的一个或几个操作者的工作成果与工时消耗进行分析的一种工作测定方法。其优点是测定速度比较快，工作量小。

4）标准时间资料法。该方法是利用计时观察测定法所获得的大量数据，通过分析、综合、整理出用于同类工作的基本数据而制定劳动定额的一种方法。其优点是不进行大量的直接测定即可制定劳动定额，节约大量的观察工作量，加快定额制定的速度。由于标准资料是过去多次研究的成果，是衡量不同作业水平统一的标准，可提高制定定额的准确性。因而具有极大的适用性。

（2）统计分析法

统计分析法是在过去完成同类产品或完成同类工序实际耗用工时的统计资料，以及根据当前生产技术组织条件的变化因素相结合的基础上，进行分析研究而制定劳动定额的一种方法。

由于统计资料反映的是工人过去已达到的水平，在统计时并没有剔除施工活动中的不合理因素，因而这个水平一般偏于保守。为了克服这个缺陷，可采用二次平均法作为确定定额水平的依据。其确定步骤如下：

1）剔除统计资料中明显偏高、偏低的不合理数据。

2）计算一次平均值

$$\bar{t} = \sum_{i=1}^{n} \frac{t_i}{n} \tag{2-9}$$

式中　$\bar{t}$——一次平均值；

t_i——统计资料的各个数据；

n——统计资料的数据个数。

3）计算平均先进值

$$\bar{t}_{\min} = \sum_{i=1}^{x} t_{\min}/x \tag{2-10}$$

式中　$\bar{t}_{\min}$——平均先进值；

$t_{\min}$——小于一次平均值的统计数据；

x——小于一次平均值的统计数据个数。

4）计算二次平均值

$$\bar{t}_0 = (\bar{t} + \bar{t}_{\min})/2 \tag{2-11}$$

【例 2-2】　某种产品工时消耗的资料为 21、40、60、70、70、70、60、50、50、60、60、105 工时/台，试用二次平均法制定该产品的时间定额。

【解】　①剔除明显偏高、偏低值，即 21、105。

②计算一次平均值

$$\bar{t}=\frac{(40+60+70+70+70+60+50+50+60+60)}{10}=59\text{（工时/台）}$$

③计算平均先进值　$\bar{t}_{\min}=\frac{(40+50+50)}{3}=46.67$（工时/台）

④计算二次平均值　$\bar{t}_0=\frac{(59+46.67)}{2}=52.84$（工时/台）

（3）比较类推法

比较类推法又称典型定额法，指以生产同类产品（或工序）的定额为依据，经过分析比较，类推出同一组定额中相邻项目定额水平的方法。这种方法简便，工作量小，只要典型定额选择恰当，具有代表性，类推出的定额水平一般比较合理。采用这种方法要特别注意工序和产品的施工工艺和劳动组织“类似”或“近似”的特征，防止将差别大的项目作为同类型产品项目进行比较类推。通常的方法是首先选择好典型定额项目，并通过技术测定或统计分析确定相邻项目或类似项目的比较关系，然后再算出定额水平。计算公式如下：

$$t = pt_0 \tag{2-12}$$

式中 t——所求项目的时间定额；

t_0——典型项目的时间定额；

p——比例系数。

人工挖地槽时间定额见表 2-1。

【例 2-3】 已知挖地槽的一类土的时间定额与二、三、四类土的比例关系，求二、三、四类土的时间定额。

【解】 当地槽上口宽度在 0.8m 以内时，其比例系数见表 2-1。

二类土的时间定额 $t=pt_0=$（1.43×0.133）=0.190（工日/m^3）

三类土的时间定额 $t=pt_0=$（2.50×0.133）=0.333（工日/m^3）

四类土的时间定额 $t=pt_0=$（3.76×0.133）=0.500（工日/m^3）

地槽上口宽度在 1.5m 以内、3.0m 以内的二、三、四类土挖地槽的时间定额计算方法同上。

人工挖地槽时间定额表 **表 2-1**

工日/m^3

项目	比例系数	地槽深度<1.5m		
		上口宽度（m）		
		<0.8	1.5	3.0
一类土	1.00	0.133	0.115	0.106
二类土	1.43	0.190	0.164	0.154
三类土	2.50	0.333	0.286	0.270
四类土	3.76	0.500	0.431	0.396

（4）经验估计法

该方法是由相关专业人员，按照施工图纸和技术规范，通过座谈讨论反复平衡而确定定额水平的一种方法。应用经验估计法制定定额，应以工序（或单项产品）为对象，分别估算出工序中每一操作的基本工作时间，然后考虑辅助工作时间、准备与结束时间和休息时间，经过综合处理，并对处理结果予以优化处理，即得出该项产品（工作）的时间定额。

经验估计法只适用于不易计算工作量的施工作业，通常是作为一次性定额使用。其方法一般可用以下的经验公式进行优化处理：

$$t = \frac{a + 4m + b}{6} \tag{2-13}$$

式中　t——优化定额时间；

　　　a——先进作业时间；

　　　m——一般作业时间；

　　　b——后进作业时间。

（七）劳动定额的应用

1. 劳动定额手册的内容组成

劳动定额手册是劳动定额的集中汇编，不仅包括所有的定额子目，还对影响定额水平的各种因素都做出了明确的规定与说明。《全国建筑安装工程统一劳动定额》的内容由目录、文字说明、分册（章、节）定额表、附录等内容组成。

（1）文字说明：文字说明由总说明、分册说明和章、节说明所构成。

（2）总说明：总说明是对全册定额中带共性的问题与规定进行解释说明。包括定额的适用范围、编制依据、工作内容、表现形式、计量单位、地面水平运距的计算、人力垂直运输的划分、建筑物高度的取定、各种系数的用法以及定额在实际应用中应掌握和注意的问题等。

（3）分册说明：分册说明主要综合说明本册共性方面的内容与问题。主要包括工作内容、施工方法、质量安全要求、工程量计算规则、技术等级以及其他有关规定的说明等。

（4）章、节说明：章、节说明主要是对本章、本节的某些项目作更详细的说明。

（5）分册（章、节）定额表：《全国建筑安装工程统一劳动定额》共计有18分册，第1分册～第14分册是“土建工程”部分，第15分册～第18分册是“机械施工”部分。分册（章、节）定额表是劳动定额的核心内容组成，它详细列出了各个子项目的人工消耗量指标（工日），以及每个工日应完成质量合格产品的数量额度，并标明了定额的计量单位及定额编号等。

（6）附录：主要包括对定额中的专业术语或名词所作的解释，专用名词的图示说明，以及增降工作量换算表等。

2. 劳动定额的具体应用

建筑产品的特点导致劳动定额的子项目繁多，而且针对性很强。因此，在实际应用时必须熟悉建筑施工技术和施工工艺，熟悉劳动定额手册的有关内容、说明及规定。

（1）劳动定额的直接套用　当设计图纸（或施工组织设计）的内容要求与劳动定额子项目的工作内容一致时，可以直接套用定额中的各种消耗量指标，并据此计算出该项目的人工消耗量。

下面以《××市建筑（装饰）安装工程劳动定额》为例，说明劳动定额的使用方法（以后各例均采用该定额）。

【例2-4】　××工程钢筋混凝土独立基础（单个体积在$2m^3$以内），按工程量计算规则已计算出木模板工程量为$187m^2$，试计算该项目木模板制作、安装、拆除各工序的用工数量及综合用工数量。

【解】

第一步：确定定额编号　7—2—134

第二步：查找定额综合用工量　2.70（工日/$10m^2$）

第三步：计算木模板工程人工消耗量

$$187m^2 \times 2.70\ 工日/10\ m^2 = 50.49\ (工日)$$

第四步：查找制作工序定额用工量　0.909 工日/$10m^2$

第五步：计算制作工序人工消耗量

$$187m^2 \times 0.909\ 工日/10m^2 = 17\ (工日)$$

第六步：查找安装工序定额用工量　1.41 工日/$10m^2$

第七步：计算安装工序人工消耗量

$$187m^2 \times 1.41\ 工日/10\ m^2 = 26.37\ (工日)$$

第八步：查找拆除工序定额用工量　0.385 工日/$10m^2$

第九步：计算拆除工序人工消耗量

$$187mm^2 \times 0.385\ 工日/10m^2 = 7.2\ (工日)$$

（2）附注、系数及附注增（减）工日的应用：该部分通常在分册说明或定额表下端予以注明，是对本节部分定额项目的工作内容、操作方法、材料和半成品规格等做进一步明确。系数及附注增加（减少）工日实际上是劳动定额另一种表现形式，系数在实际使用中针对性更强，因此，在劳动定额使用过程中一定要注意增（减）系数应乘在什么基数上。

【例 2-5】　××住宅，设计图纸要求地面为 C10 混凝土面层 8cm 厚，最大房间面积为 14.8m^2，该分项工程量为 12.1m^3，试计算该分项工程的用工数量（施工采用机械搅拌、机械捣固、双轮车运输，混凝土搅拌机容量为 250L）。

【解】

第一步：确定定额编号　9—1—32

第二步：查找定额用工量　0.671 工日/m^3

第三步：根据分册说明 2.3.5 条及附注第 1 条的规定，每 m^3 混凝土应增加 0.033 工日，并乘以 1.3 的系数。

第四步：计算该分项工程用工数量

$$12.1m^3 \times (0.671 + 0.033)工日/m^3 \times 1.3 = 11.07(工日)$$

三、机械台班消耗定额

（一）机械台班消耗定额的概念

机械台班消耗定额又称机械台班使用定额。有的工作是由人工完成的，有的则是由施工机械完成的，还有的是由人工和机械共同完成的。由施工机械完成的或由人工和施工机械共同完成的建筑产品，都需要消耗一定的施工机械工作时间。

机械台班消耗定额是指在合理施工组织与合理使用施工机械的正常施工条件下，规定完成质量合格的单位产品所需消耗施工机械台班的数量标准，或规定施工机械在单位台班内应完成质量合格产品的数量标准。一台施工机械工作一个工作班（即 8h）称为一个台班。

（二）机械台班消耗定额的表现形式

机械台班消耗定额按其表示形式的不同，亦可分为机械时间定额与机械产量定额。

1. 机械时间定额

机械时间定额是指在合理施工组织与合理使用机械的正常施工条件下，规定某类施工机械完成质量合格的单位产品所需消耗的机械工作时间。一般是以“台班”或“台时”为计量单位。

2. 机械产量定额

机械产量定额是指在合理施工组织与合理使用机械的正常施工条件下，规定某种施工机械在单位台班时间内应完成质量合格的产品数量。

机械时间定额与机械产量定额亦互为倒数或反比例关系。

计算公式如下：

$$机械时间定额=\frac{1}{机械产量定额} \tag{2-14}$$

$$机械产量定额=\frac{1}{机械时间定额} \tag{2-15}$$

3. 操作机械或配合机械的人工时间定额

操作机械或配合机械的人工时间定额又称机械人工时间定额。是指规定操作或配合施工机械完成某一质量合格单位产品所必须消耗人工工作时间的数量标准。

计算公式如下：

$$人工时间定额=\frac{小组成员工日数总和}{机械产量定额} \tag{2-16}$$

$$机械产量定额=\frac{小组成员工日数总和}{人工时间定额} \tag{2-17}$$

在机械台班消耗定额中，一般未标明机械时间定额，而标明的是人工时间定额。此定额包括操作或配合施工机械作业全部小组人员的工时消耗量，因此，在实际应用时要特别注意这一点。

【例 2-6】　一台 6t 塔式起重机吊装钢筋混凝土板，配合机械作业的小组成员有司机 1 人，起重和安装工 7 人，电焊工 2 人。查定额已知该机械产量定额为 40 块/台班，试计算吊装一块板的机械时间定额和机械人工时间定额。

【解】

$$机械时间定额=\frac{1}{机械产量定额}=\frac{1}{40块/台班}=0.025（台班/块）$$

$$人工时间定额=\frac{小组成员工日数总和}{机械产量定额}=\frac{(1+7+2)工日/台班}{40块/台班}=0.25（工日/块）$$

或　　(1＋7＋2) 工日/台班×0.025 台班/块＝0.25（工日/块）

从上式可以看出，机械时间定额与配合机械作业的人工时间定额之间的关系以下：

人工时间定额 ＝ 配合机械作业的人数×机械时间定额

（三）机械台班消耗定额的应用

1. 机械台班消耗定额的直接套用　当设计图纸（含施工组织设计）的内容与机械台班消耗定额的工作内容完全一致时，则可以直接套用定额。现举例说明。

【例 2-7】　××单层工业厂房型钢吊车梁，质量为 6.75t/根，现有 48 根型钢吊车梁需要吊装在钢筋混凝土柱上，按施工组织设计规定，采用一台履带式起重机吊装，试计算该型钢吊车梁吊装所需的机械台班数。

【解】

第一步：确定定额编号　15—4—68（三）

第二步：查找吊装人工时间定额　1.385 工日/根

第三步：根据分册说明 2.2.2.15 条的规定，吊装小组成员为 18 人。

第四步：$机械产量定额=\frac{小组成员工日数总和}{人工时间定额}=\frac{18\ 工日/台班}{1.385\ 工日/根}=12.996$（根/台班）

第五步：$所需机械台班数=\frac{工程量}{机械产量定额}=\frac{48\ 根}{12.996\ 根/台班}=3.694$（台班）

2. 附注、系数及附注增（减）工日的应用　附注是对本节部分定额项目的工作内容、操作方法等作进一步针对性的说明，实质上是机械台班消耗定额的另一种表现形式，它仅与机械台班产量有关。现举例说明。

【例 2-8】　××工程平基土方量 1830m^3（砂质黏土，含水率经测定为 25%），施工方案中规定，采用 120 马力的推土机施工，推土距离为 60m，试计算完成该平基土方的推土任务所需推土机的台班数。

【解】

第一步：确定定额编号　12—1—13（一）

第二步：查找推土机人工时间定额　0.681 工日/100m^3

第三步：根据分册说明 2.2.5 条的规定，砂质黏土的含水率超过 22%时，其推土机人工时间定额乘以系数 1.11。

第四步：在该项目中机械时间定额等同于人工时间定额，故

$$机械时间定额=0.681\ 台班/100m^3\times1.11=0.756\ (台班/100m^3)$$

第五步：$机械产量定额=\frac{1}{机械时间定额}=\frac{1}{0.756\ 台班/100m^3}=132.3$（m^3/台班）

第六步：计算推土机所需的台班数量

$$\frac{1830m^3}{132.3m^3/台班}=13.83\ (台班)$$

四、材料消耗定额

（一）材料消耗定额的概念

材料消耗定额指在节约与合理使用材料的条件下，完成质量合格的单位产品所需消耗各种建筑材料（包括各种原材料、燃料、成品、半成品、构配件、周转材料的摊销等）的数量标准。

（二）材料消耗定额量的组成

完成质量合格单位产品所需消耗的材料数量，由材料净用量和材料损耗量两部分组成。即：

$$材料消耗量 = 材料净用量+材料损耗量 \tag{2-18}$$

材料净用量指构成产品实体的（即产品本身必须占有的）理论用量。材料损耗量是指完成单位产品过程中各种材料的合理损耗量，它包括各种材料从现场仓库（或堆放地）领出到完成质量合格单位产品过程中的施工操作损耗量、场内运输损耗量和加工制作损耗量（半成品加工）。计入材料消耗定额内的材料损耗量，应当是在正常施工条件下，采用合理施工方法时所需而不可避免的合理损耗量。

在建筑产品施工过程中，某种材料损耗量的多少，常用材料损耗率来表示。建筑材料损耗率表见表 2-2。材料损耗率计算公式如下：

材料损耗率表（摘录）　　表 2-2

材料名称	产品名称	损耗率（%）
（一）砖、瓷砖、砌块类	1. 地面、屋面、空花空斗墙	1
红、青砖	2. 基础	0.4
	3. 实砌墙	1
	4. 方砖柱	3
	5. 圆砖柱	7
瓷砖		1.5
加气混凝土块		2
（二）块类、粉类		
炉渣、矿渣		1.5
碎砖		1.5
水泥		10
（三）砂浆、混凝土、毛石		
方石类	1. 砖砌体	1
	2. 空斗墙	5
	3. 黏土空心砖	10
	4. 泡沫混凝土墙	2
	5. 毛石、方石砌体	1
天然砂		2
抹灰砂浆	1. 抹墙及墙裙	2
	2. 抹梁、柱、腰线	2.5
	3. 抹混凝土天棚	16
	4. 抹板条天棚	26
现浇混凝土地面		1

$$材料损耗率=\frac{材料损耗量}{材料消耗量}\times 100\% \tag{2-19}$$

则材料消耗量的计算公式如下：

$$材料消耗量=材料净用量\times(1+材料损耗率) \tag{2-20}$$

（三）材料消耗定额的制定方法

1. 直接性材料消耗定额的制定方法

直接构成工程实体所需的材料消耗称为直接性材料消耗。施工中直接性材料消耗的损耗量可分为两类，一类是完成质量合格产品所需各种材料的合理消耗；另一类则是可以避免的材料损失，而材料消耗定额中不应包括可以避免的材料损失。

直接性材料消耗定额的制定方法有理论计算法、观察法、实验法和统计法等。现分述如下：

（1）理论计算法：理论计算法是利用理论计算公式计算出某种建筑产品所需的材料净用量，然后根据建筑材料损耗率表查找所用材料的损耗率，从而制定材料消耗定额的一种方法。

理论计算法主要用于砌块、板材类等不易产生损耗，容易确定废料的材料消耗定额。如砖、钢材、玻璃、镶贴材料、混凝土块（板）等。

（2）观察法：该方法属于技术测定法的一种方法，是指在施工现场对完成某一建筑产品的材料消耗量进行实际的观察测定。

(3) 实验法：该方法指在实验室内通过专门的仪器设备测定材料消耗量的一种方法。这种方法主要是对材料的结构、物理性能和化学成分进行科学测试和分析，通过整理计算制定材料消耗定额的方法。该方法适用于实验测定的混凝土、砂浆、沥青膏、油漆、涂料等的材料消耗定额。

(4) 统计法：该方法指以已完工程实际用料的大量统计资料为依据，包括预付工程材料数量、竣工后工程材料剩余数量和完成建筑产品数量等，通过分析计算从而获得材料消耗的各项数据，然后制定出材料消耗定额。

2. 利用理论计算法计算材料消耗量

利用理论计算法计算材料消耗量，有以下常见的几种方法：

每立方米砖砌体（砖墙）材料消耗量计算

在砌砖工程中，每立方米砖砌体的标准砖和砌筑砂浆消耗量，可用以下公式进行计算（仅用于实砌墙体）。

1）每立方米砖砌体标准砖消耗量的计算

每立方米砖砌体标准砖净用量计算公式如下：

$$\text{每 }1\text{m}^3\text{ 砖砌体标准砖净用量}=\frac{2\times\text{墙厚砖数}}{\text{墙厚}\times(\text{砖长}+\text{灰缝})\times(\text{砖厚}+\text{灰缝})}\text{（块）} \quad (2\text{-}21)$$

上式中墙厚砖数是指用标准砖的长度标明墙体厚度，如半砖墙是指 115 厚墙，3/4 砖墙是指 180 厚墙，1 砖墙是指 240 厚墙等。

每立方米砖砌体标准砖消耗量计算公式如下：

$$\text{每 }1\text{m}^3\text{ 砖砌体标准砖消耗量}=1\text{m}^3\text{ 砌体标准砖净用量}\times(1+\text{损耗率})\text{(块)} \quad (2\text{-}22)$$

2）每立方米砖砌体砌筑砂浆消耗量计算

每立方米砖砌体砌筑砂浆净用量计算公式如下：

$$\text{每 }1\text{m}^3\text{ 砖砌体砌筑砂浆净用量}=(1\text{m}^3\text{ 标准砖砌体}-\text{标准砖净用量}\times\text{单块标准砖体积})(\text{m}^3) \quad (2\text{-}23)$$

每立方米砖砌体砌筑砂浆消耗量计算公式如下：

$$\text{每 }1\text{m}^3\text{ 砖砌体砌筑砂浆消耗量}=1\text{m}^3\text{ 砖砌体砌筑砂浆净用量}\times(1+\text{损耗率})(\text{m}^3) \quad (2\text{-}24)$$

【例 2-9】 试计算 1 砖半厚墙每 1m^3 砌体中标准砖和砌筑砂浆的净用量及消耗量（损耗率查表 2-2 可知：砖为 1%，砌筑砂浆为 1%）。

【解】 每 1m^3 砖砌体中标准砖消耗量计算

$$\text{则：每 }1\text{m}^3\text{ 砖砌体中标准砖净用量}=\frac{2\times1.5}{0.365\times(0.24+0.01)\times(0.053+0.01)}=521.8\text{(块)}$$

而每 1m^3 砖砌体中标准砖消耗量 $=521.8$ 块 $\times(1+0.01)=527.02$（块）

每 1m^3 砖砌体中砌筑砂浆消耗量计算

则每 1m^3 砖砌体中砌筑砂浆净用量 $=(1-521.8\times0.24\times0.115\times0.053)=0.2365\ (\text{m}^3)$

所以每 1m^3 砖砌体中砌筑砂浆消耗量 $=0.2365\text{m}^3\times(1+0.01)=0.2389(\text{m}^3)$

3）块料面层消耗量计算

块料面层中的块料是指瓷砖、锦砖、缸砖、大理石板、花岗石板、预制水磨石板等。块料面层定额是以 $100m^2$ 作为计量单位。

①$100m^2$ 块料面层中块料消耗量计算

$$100m^2\ \text{块料面层中块料净用量}=\frac{100}{(\text{块料长}+\text{灰缝})(\text{块料宽}+\text{灰缝})} \tag{2-25}$$

$$100m^2\ \text{块料面层中块料消耗量}=\text{块料净用量}\times(1+\text{损耗率}) \tag{2-26}$$

②$100m^2$ 块料面层中砂浆消耗量计算

$$100m^2\ \text{块料面层中砂浆净用量}=(100-\text{块料净用量}\times\text{块料长}\times\text{块料宽})\times\text{灰缝厚度} \tag{2-27}$$

$$100m^2\ \text{块料面层中砂浆消耗量}=\text{砂浆净用量}\times(1+\text{损耗率}) \tag{2-28}$$

【例 2-10】 ××工程卫生间墙面贴瓷砖，瓷砖规格为 150mm×150mm×8mm，灰缝宽 1mm，试计算 $100m^2$ 墙面的瓷砖消耗量（损耗率查表 2-2 可知：瓷砖为 1.5%，砂浆为 2%）。

【解】

（1）$100m^2$ 墙面瓷砖中瓷砖消耗量计算

$$100m^2\ \text{墙面瓷砖中瓷砖净用量}=\frac{100}{(0.15+0.001)\times(0.15+0.001)}=4385.77\ (\text{块})$$

$$100m^2\ \text{墙面瓷砖中瓷砖消耗量}=4385.77\ (1+0.015)\ =4451.56\ (\text{块})$$

（2）$100m^2$ 墙面瓷砖中砂浆消耗量计算

$$100m^2\ \text{墙面瓷砖中砂浆净用量}=(100-4385.77\times0.15\times0.15)\times0.008=0.0106(m^3)$$

$$100m^2\ \text{墙面瓷砖中砂浆消耗量}=0.0106\times(1+0.02)=0.011(m^3)$$

3. 周转性材料消耗量计算

周转性材料指在施工过程中多次周转使用而逐渐消耗的工具性材料。如脚手架、临时支撑、混凝土工程的模板等。因其在周转使用过程中，多次反复地使用。因此，周转性材料消耗量，应按多次使用、分次摊销的方法进行计算。根据现行的工程量清单计价方法，周转性材料的部分消耗支付已列入措施项目清单计价表中。

（1）现浇混凝土构件模板摊销量计算

1）一次使用量：一次使用量是指周转性材料在建筑产品第一次制作时（不再重复使用）的材料消耗量计算。计算公式如下：

$$\text{一次使用量}=\frac{10m^3\ \text{混凝土构件模板接触面积}\times1m^2\ \text{接触面积模板材料净用量}}{(1-\text{制作消耗量})} \tag{2-29}$$

2）周转使用量：周转使用量是指周转性材料，在生产后所需补充新材料的平均数量。计算公式如下：

$$\text{周转使用量}=\text{一次使用量}\times k_1 \tag{2-30}$$

式中 k_1——周转使用系数，见表 2-3。计算公式如下：

$$k_1=\frac{1+(\text{周转次数}-1)\text{补损率}}{\text{周转次数}} \tag{2-31}$$

3）周转使用次数：周转使用次数是指材料多次反复使用的次数，一般可用观测法或统计法来确定。

4）回收量：回收量是指周转性材料在规定的周转次数下，平均每周转一次可以回收的材料数量。计算公式如下：

$$\text{回收量}=\frac{\text{一次使用量}\times(1-\text{补损率})}{\text{周转次数}} \tag{2-32}$$

5）摊销量：摊销量是指周转性材料使用一次应分摊在单位产品上的消耗量。计算公式如下：

$$\text{摊销量}=\text{一次使用量}\times k_2 \tag{2-33}$$

式中　k_2——摊销系数，见表 2-3。计算公式如下：

$$k_2=k_1\frac{(1-\text{补损率})\times\text{回收折价率}}{\text{周转次数}} \tag{2-34}$$

k_1、k_2 表　　　　**表 2-3**

模板周转次数	每次补损率（%）	k_1	k_2	模板周转次数	每次补损率（%）	k_1	k_2
4	15	0.3625	0.2726	8	10	0.2125	0.1649
5	10	0.2800	0.2039	8	15	0.2563	0.2114
5	15	0.3200	0.2481	9	15	0.2444	0.2044
6	10	0.2500	0.1866	10	10	0.1900	0.1519
6	15	0.2917	0.2318				

注：表中系数回收折价率按 42.3%计算，间接费率按 18.2%计算。

【例 2-11】　××商住楼现浇钢筋混凝土圈梁，根据选定的模板设计图纸，每 10m³ 混凝土模板接触面积为 96m²，每 10m² 接触面积需要木枋板材共计 0.705m³，损耗率 5%，周转次数为 8 次，每次周转补损率 10%，试计算模板摊销量。

【解】

木枋板材一次使用量计算

$$\text{一次使用量}=96\text{m}^2\times0.705\text{m}^3/10\text{m}^2\times(1+0.05)=7.106(\text{m}^3)$$

木枋板材周转使用量计算（查表 2-3，$k_1=0.2125$）：

$$\text{周转使用量}=\text{一次使用量}\times k_1=7.106\text{m}^3\times0.2125=1.51(\text{m}^3)$$

木枋板材摊销量计算（查表 2-3，$k_2=0.1649$）：

$$\text{摊销量}=\text{一次使用量}\times k_2=7.106\text{m}^3\times0.1649=1.17(\text{m}^3)$$

（2）预制混凝土构件模板摊销量计算

预制混凝土构件模板在使用过程中，虽然也是多次周转、反复使用，但由于每次周转损耗量极少，可以不考虑每次周转的补损（即可忽略不计），直接按多次使用平均分摊的办法计算。计算公式如下：

$$\text{摊销量}=\frac{\text{一次使用量}}{\text{周转次数}} \tag{2-35}$$

【例 2-12】　××住宅预制钢筋混凝土过梁，根据选定的模板设计图纸，每 10m³ 混凝土模板接触面积为 85m²，每 10m² 接触面积需要木枋 0.14m³，板材 1.063m³，制作损耗率为 5%，周转次数为 30 次，试计算模板摊销量。

【解】

木枋板材一次使用量计算

木枋一次使用量＝[0.14m³/10m²×85m²×(1＋0.05)]＝1.2495(m³)

板材一次使用量＝[1.063m³/10m²×85m²×(1＋0.05)]＝9.4873(m³)

木枋板材摊销量计算

$$木枋摊销量=\frac{1.2495}{30}=0.0417(m^3)$$

$$板材摊销量=\frac{9.4673}{30}=0.3162(m^3)$$

该项目模板摊销量＝0.0417＋0.3162＝0.3579(m³)

第三节 企 业 定 额

一、企业定额概述

（一）企业定额的概念

《建筑工程施工发包与承包计价管理办法》（中华人民共和国建设部令第107号）第七条第二款规定："投标报价应当依据企业定额和市场价格信息，并按照国务院和省、自治区、直辖市人民政府建设行政主管部门发布的工程造价计价办法进行编制。"所谓企业定额，指建筑安装企业根据企业自身的技术水平和管理水平所确定的完成单位合格产品必需的人工、材料和施工机械台班的消耗量，以及其他生产经营要素消耗的数量标准。

企业定额反映了企业的施工生产与生产消费之间的数量关系，能体现企业个别的劳动生产率和技术装备水平。每个企业均应拥有反映自己企业能力的企业定额，企业定额的企业水平与企业的技术和管理水平相适应。从一定意义上讲，企业定额是企业的商业秘密，是企业参与市场竞争的核心竞争能力的具体表现。

（二）企业定额的特点

企业定额具有以下特点：

(1) 企业定额的各项平均消耗量指标要比社会平均水平低，以体现企业定额的先进性；

(2) 企业定额可以体现本企业在某些方面的技术优势；

(3) 企业定额可以体现本企业局部或全面管理方面的优势；

(4) 企业所有的各项单价都是动态的、变化的，具有市场性；

(5) 企业定额与施工方案能全面接轨。

（三）企业定额的作用

1. 企业定额是施工企业进行建设工程投标报价的重要依据

自2003年7月1日起，我国开始实行《建设工程工程量清单计价规范》（以下简称《计价规范》)。工程量清单计价，是一种与市场经济适应、通过市场形成建设工程价格的计价模式，它要求各投标企业必须通过能综合反映企业的施工技术、管理水平、机械设备工艺能力、工人操作能力的企业定额来进行投标报价——这样才能真正体现出个别成本间的差距，实现市场竞争。因此，实现工程量清单计价的关键及核心就在于企业定额的编制和使用。

企业定额反映出企业的生产力水平、管理水平和市场竞争力。按照企业定额计算出的工程费用是企业生产和经营所需的实际成本。在投标过程中，企业首先按本企业的企业定额计算出完成拟建工程的成本，在此基础上考虑预期利润和可能的工程风险费用，制定出建设工程项目的投标报价。由此可见，企业定额是形成企业个别成本的基础，根据企业定额进行的投标报价具有更大的合理性，能有效提升企业投标报价的竞争力。

2. 企业定额可提高企业的管理水平和生产力水平

随着我国加入 WTO 以及经济全球化的加剧，企业要在激烈的市场竞争中占据有利的地位，就必须降低管理成本。企业定额能直接对企业的技术、经营管理水平及工期、质量、价格等因素进行准确地测算和控制。而且，企业定额作为企业内部生产管理的数据库，能够结合企业自身技术力量和科学的管理方法，使企业的管理水平不断提高。编制企业定额是企业促进其科学管理水平提高的一个重要环节。同时，企业定额是企业生产力的综合反映。发挥优势，企业编制定额是加强企业内部监控、进行成本核算的依据，是有效控制造价的手段。

3. 企业定额是业内推广先进技术和鼓励创新的工具

企业定额代表企业先进施工技术水平、施工机具和施工方法。它实际上也是企业推动技术和管理创新的一种重要手段。

4. 企业定额可规范建筑市场秩序以及发承包方行为

施工企业的经营活动应通过工程项目的承建，谋求质量、工期、信誉的最优化。企业走向良性循环的发展道路，建筑业也才能走向可持续发展的道路。企业定额的应用，促使企业在市场竞争中按实际消耗水平报价。避免施工企业为在竞标中取胜，无节制的压价，造成企业效率低下、生产亏损，避免业主在招投标中腐败现象发生。

二、企业定额的编制

（一）企业定额编制情况的调查分析

在企业是否编制了企业定额的调查中，我们发现 34 家（85%）被调查企业没有编制企业定额。但是这并不表示这些企业对企业定额不重视，相反地，有 28 家（70%）的被调查企业对企业定额非常重视；12 家（30%）企业重视程度一般；28 家（70%）被调查企业已经明确表示以后要尽快编制企业定额。

在没有编制企业定额的原因调查上，有 24 家（60%）的被调查企业选择了“工作难度大”作为他们的回答；8 家（20%）的被调查企业回答“成本方面的原因”；另外，4 家（10%）被调查企业回答“领导方面的原因”；4 家（10%）被调查企业回答是其他原因。

我国现阶段预算定额计价方法和工程量清单计价方法同时使用，一部分建筑承包商依赖政府职能部门制定的计价依据，这也是建筑承包商不制定企业定额的重要原因。随着建筑市场竞争的不断加剧，工程量清单计价方法的深入使用，企业定额已经变成了建筑承包商的核心竞争力，建筑承包商编制企业定额已经成为了一种趋势。

综上所述，多数建筑承包商没有编制企业定额，编制企业定额，是建筑承包商需要首先解决的问题。为此，我们通过访谈调查了一些建筑承包商编制企业定额的过程以及政府职能部门对建筑承包商编制企业定额的有关规定，为即将编制企业定额的建筑承包商提供指导。企业定额的制定需要考虑企业的经营规模和能力。访谈调查了三类建筑承包商。一类是跨地区（国家、省、直辖市）经营的建筑工程总承包企业；第二类是在某一地区（省、直辖市）范围内经营的建筑承包商；第三类是专业施工公司。我们根据调查收集的数据，在参考《建设工程工程量清单计价规范》、《××市工程消耗量定额》和编制企业定额的一些理论、规定和要求，确定了我国建筑承包商企业定额的编制原则、编制依据、编制方法和编制过程。现分述如下。

（二）企业定额的编制原则

1. 执行国家、行业的有关规定，适应《计价规范》的原则。各类相关法律、法规、标准等是制订企业内部定额的前提和必备条件，在建立企业定额的过程中，细分工程项目、明确工艺组成、确定定额消耗构成均必须以此为前提。同时，企业定额的建立必须与《建设工程工程量清单计价规范》的具体要求相统一，以保证投标报价的实用性和可操作性。

2. 真实、平均先进性原则。企业定额应当能够真实地反映企业管理现状，真实地反映企业人工、机械装备、材料储备情况。同时还要依据成熟的以及推广应用的先进技术和先进经验确定定额水平，以促使生产者努力提高技术操作水平，节约工、料消耗。

3. 简明适用原则。是指企业定额必须满足适用于企业内部管理和对外投标报价等多种需要。简明是指企业定额必须做到项目齐全、划分恰当、步距合理，正确选择产品和材料的计量单位，适当确定系数，提供必要的说明和附注，达到便于查阅、便于计算、便于携带的目的。简明适用是方便定额的执行。

4. 时效性和相对稳定性原则。企业定额是一定时期内技术发展和管理水平的反映，所以在一段时期内表现出稳定的状态。这种稳定性又是相对的，它还有显著的时效性。当企业定额不再适应市场竞争和成本监控的需要时，就要重新编制和修订，同时，及时地将新技术、新结构、新材料、新工艺的应用编入定额中，满足实际施工需要也体现了时效性原则。

5. 独立自主编制原则。施工企业作为具有独立法人地位的经济实体，应根据企业的具体情况，结合价格政策和产业导向，自行编制企业定额。这有利于减少对施工企业过多的行政干预，使企业更好地面对建筑市场的竞争环境。

6. 以专为主、专群结合的原则。编制施工企业定额的人员结构，应以专家、专业人员为主，并吸收工人和工程技术人员参与。这样既有利于制定出高质量的企业定额，也为定额的实施奠定了良好的群众基础。

（三）企业定额的编制依据

1. 现行劳动定额和施工定额；

2. 现行设计规范、施工及验收规范、质量评定标准和安全操作规程；

3. 国家统一的工程量计算规则、分部分项工程项目划分、工程量计算单位；

4. 新技术、新工艺、新材料和先进的施工方法等；

5. 有关的科学试验、技术测定和统计、经验资料；

6. 市场人工、材料、机械价格信息；

7. 各种费用、税金的确定资料。

（四）企业定额的编制内容

企业定额的编制内容包括：编制方案、总说明、工程量计算规则、定额项目划分、定额水平的测定（工、料、机消耗水平和管理成本费的测算和制定）、定额水平的测算（类似工程的对比测算）、定额编制基础资料的整理归类和编写。

按《计价规范》要求，编制的内容包括：

1. 工程实体消耗定额，即构成工程实体的分部（项）工程的工、料、机定额消耗量。实体消耗量就是构成工程实体的人工、材料、机械台班的消耗量，其中人工消耗量要根据本企业工人的操作水平确定。材料消耗量不仅包括施工材料的净消耗量，还应包括施工损耗。机械消耗量应考虑机械的摊销率。

2. 措施性消耗定额，即有助于工程实体形成的临时设施、技术措施等定额消耗量。措施性消耗量是指为保证工程正常施工所采用的措施的消耗，是根据工程当时当地的情况以及施工经验进行的合理配置。应包括模板的选择、配置与周转，脚手架的合理使用与搭拆，各种机械设备的合理配置等措施性项目。

3. 由计费规则、计价程序、有关规定及相关说明组成的编制规定。各种费用标准，是为施工准备、组织施工生产和管理所需的各项费用。企业管理人员的工资，各种基金、保险费、办公费、工会经费、财务费用、经常费用等。

企业定额的构成及表现形式应视编制的目的而定，可参照统一定额，也可以采用灵活多变的形式，以满足需要和便于使用为准。例如企业定额的编制目的如果是为了控制工耗和计算工人劳动报酬，应采取劳动定额的形式；如果是为了企业进行工程成本核算，以及为投标报价提供依据，应采取施工定额或定额估价表的形式。

（五）企业定额消耗量指标的确定

1. 人工消耗量的确定

(1) 搜集资料、整理分析，计算预算定额与企业实际人工消耗水平；

(2) 用预算定额人工消耗量与企业实际人工消耗量对比，计算工效增长率；

(3) 计算施工方法及企业技术装备对人工消耗量的影响；

(4) 计算施工技术规范及施工验收标准对人工消耗量的影响；

(5) 计算新材料、新工艺对人工消耗量的影响；

(6) 其他因素的影响；

(7) 对于关键项目和工序的调研；

(8) 确定企业定额项目水平，编制人工消耗量指标。

2. 材料消耗量的确定

(1) 以预算定额为基础，计算企业施工过程中材料消耗水平；

(2) 计算使用新型材料与老旧材料的数量，以备编制具体的企业定额子目时进行调整；

(3) 对重点项目和工序消耗的材料进行计算和调研；

(4) 周转性材料的计算。周转性材料的消耗量有一部分被综合在具体的定额子目中，有一部分作为措施项目费用的组成部分单独计取；

(5) 计算企业施工过程中材料消耗水平与定额水平的差异

$$材料消耗差异率=（预算材料消耗量/实际材料消耗量）\times 100\%-1 \tag{2-36}$$

(6) 调整预算定额材料的种类和消耗量，编制施工材料消耗量指标。

3. 施工机械台班消耗量的确定

(1) 计算预算定额机械台班消耗量水平和企业实际机械台班消耗量的水平；

(2) 对本企业采用的新型施工机械进行统计分析；

(3) 计算设备综合利用指标，分析影响企业机械设备利用率的各种原因；

(4) 计算机械台班消耗的实际水平与预算水平的差异

$$机械台班消耗差异率=(预算机械台班消耗量/实际机械台班消耗量)\times 100\%-1 \tag{2-37}$$

(5) 调整预算定额机械台班使用的种类和消耗量，编制施工机械台班消耗量指标。

4. 措施性消耗指标的确定

措施费用指标的编制方法一般采用方案测算法。即根据具体的施工方案，进行技术经济分析，将方案分解，对其每一步的施工过程所消耗的人、材、机等资源进行定性和定量分析，最后整理汇总编制。

5. 费用定额的确定

费用定额（即管理费指标）的制定方法一般采用方案测算法，其制定过程是选择有代表性的工程，将工程中实际发生的各项管理费用支出金额进行核实，剔除其中不合理的开支项目后汇总，然后与本工程生产工人实际消耗的工日数进行对比，计算每个工日应支付的管理费用。

6. 利润率的确定

利润率的确定是根据某些有代表性工程的利润水平，通过对比分析，结合建筑市场同类企业的利润水平以及本企业目前工作量的饱满程度进行综合取定。

（六）企业定额的编制方法

企业定额编制的方法很多，与其他类型定额的编制方法基本一致。概括起来，主要有如下四种：

1. 技术测定法。是根据先进合理的生产技术、操作工艺、劳动组织和正常的施工条件，对施工过程中的具体活动进行实地观察，详细地记录施工中工人和机械的工作时间消耗、完成产品的数量以及有关影响因素，将记录的结果加以整理，客观地分析各种因素对产品的消耗的影响，从而制定定额的方法；

2. 统计分析法。是利用过去施工中同类工程或同类产品工时消耗的统计资料，并考虑当前生产技术组织条件的变化因素，进行科学地分析研究后制定定额的方法；

3. 比较类推法。是借助同类型或相似类型的产品或工序已经精确测定好的典型定额项目的定额水平，经过分析比较，类推出同类相邻项目定额水平的方法；

4. 经验估计法。是由有丰富经验的定额人员、工程技术人员和工人，根据个人或集体的实践经验，经过分析图纸和现场观察，了解施工的生产技术组织条件和操作方法的繁简、难易程度等，通过座谈讨论制定定额的方法。

（七）企业定额的编制程序

企业定额的编制需要工程技术、工程预算、工程财务、工程造价管理、工程项目管理等技术业务比较过硬的人员参与，需要投入大量的人力、物力、财力才能编制成形，初步成形以后还要经过多次反复检查与验证其合理后，才能最后确定。建筑施工企业（承包商）经过努力完全可以在短期内，经过筹备、积累、调研、编制、审核、试行等阶段，达到建立企业定额的目的。其编制的主要程序可分为以下五个阶段：

1. 规划阶段

首先，应把建立企业定额作为提高企业管理水平和竞争能力的大事，提到领导团队的议事日程中。确定组成由 1 名副总经理或总经济师负责的，有财务、材料设备、造价、劳资、技术等专业人员 5～7 人的工作团队，具体实施企业定额的编制工作。工作团队应根据要求，提出建立企业定额的整体计划和各阶段的具体计划，确定编制的原则和方法。

2. 积累阶段

由各专业人员负责收集、积累本专业有关定额调研和测定内容的资料，了解企业劳动生产率、执行劳动定额情况、一线工人比例、项目、公司管理人员、材料人员、劳保人员等比例等；一线工人的工资情况、项目和公司管理费用收支情况、利润、技术措施费、文明施工费、劳保支出情况等；常用材料的采购成本，包括材料供应价格、运杂费、采购保管费情况；周转材料和现场材料的使用，包括领退料情况以及损耗等；技术设备水平、设备完好率及折旧情况、设备净值、设备维修费用及工器具情况等；采用新技术、新工艺、新材料和推广技术革新降低成本的情况等。

3. 调研阶段

整体研究分析企业最近几年的工程承包经济效益，调研企业的人工费、材料费、机械设备使用费、现场经费、企业管理费、施工技术措施费、施工组织措施费、社会保险费用、利润、税金等费用的收支情况和现行定额相应费用的差异及原因分析。

4. 编制阶段

应根据编制的原则和方法进行，以能实事求是计算实际成本满足施工需要和投标报价需要为前提，按照国家《计价规范》的要求，统一工程量计算规则、统一项目划分、统一计量单位、统一编码并参照造价管理部门发布的工、料、机消耗量标准进行编制。

5. 审核、试行阶段

试行前的审核，只是停留在领导的书面审核阶段，试行阶段才是付诸实践的审核阶段。试行一般应该选择管理水平较高的一两个项目部的两三个工程，重点应该考察分部分项工程的工、料、机消耗量和费用，周转材料使用费，项目部和公司机关应分摊在工程上的管理费，利润等。

第四节　预　算　定　额

一、预算定额概述

（一）预算定额的概念

预算定额指完成一定计量单位质量合格的分项工程或结构构件所需消耗的人工、材料和机械台班的数量标准。

预算定额是由国家主管部门或被授权的省、市有关部门组织编制并颁发的一种法令性指标，也是一项重要的经济法规。预算定额中的各项消耗量指标，反映了国家或地方政府对完成单位建筑产品基本构造要素（即每一单位分项工程或结构构件）所规定的人工、材料和机械台班等消耗的数量限额。

（二）预算定额与企业定额的区别

编制预算定额的目的主要是确定建筑工程中每一单位分项工程或结构构件的预算基

价。而任何产品价格的确定都应按照生产该产品的社会必要劳动量来确定。因此，预算定额中的人工、材料、机械台班的消耗量指标，应体现社会平均水平的消耗量指标。编制企业定额的目的主要是为了提高建筑施工企业的管理水平，进而推动社会生产力向更高的水平发展。企业定额中的人工、材料、机械台班的消耗量指标，应是平均先进水平的消耗量指标。

预算定额和企业定额虽然都是一种综合性生产定额，但是企业定额比预算定额的项目划分要细，而预算定额比企业定额综合的内容要多。预算定额不仅考虑了企业定额中未包含的多种因素，如材料在现场内的超运距、人工幅度差用工等，而且还包括了为完成该分项工程或结构构件全部工序的内容。

（三）预算定额的作用

在按定额计价模式的条件下，预算定额体现了国家、业主和建筑施工企业（承包商）之间的一种经济关系。按预算定额所确定的工程造价，为拟建工程提供必要的投资资金，施工企业（承包商）则在预算定额的范围内，通过施工活动，按照质量、工期完成工程任务。因此，预算定额在建筑工程施工活动中具有以下的重要作用：

1. 预算定额是编制施工图预算，合理确定工程造价的依据；

2. 预算定额是建设工程招标投标中确定标底和标价的主要依据；

3. 预算定额是施工企业编制人工、材料、机械台班需要量计划，统计完成工程量，考核工程成本，实行经济核算，加强施工管理的基础；

4. 预算定额是编制计价定额（即单位估价表）的依据；

5. 预算定额是编制概算定额和概算指标的基础。

二、预算定额的编制

（一）预算定额的编制原则

1. 社会平均必要劳动量确定定额水平的原则

在社会主义市场经济条件下，确定预算定额的各种消耗量指标，应遵循价值规律的要求，按照产品生产中所消耗的社会平均必要劳动量确定其定额水平。即在正常施工的条件下，以平均的劳动强度、平均的劳动熟练程度、平均的技术装备水平，确定完成每一单位分项工程或结构构件所需要的劳动消耗量，并据此作为确定预算定额水平的主要原则。

2. 简明扼要，适用方便的原则

预算定额的内容与形式，既要体现简明扼要、层次清楚、结构严谨、数据准确，还应满足各方面使用的需要，如编制施工图预算、办理工程结算、编制各种计划和进行成本核算等的需要，使其具有多方面的适用性，且使用方便。

（二）预算定额的编制依据

预算定额的编制依据如下：

1.《全国统一建筑工程基础定额》和《全国统一建筑装饰装修工程消耗量定额》；

2. 现行的设计规范、施工验收规范、质量评定标准和安全操作规程；

3. 通用的标准图集、定型设计图纸和有代表性的设计图纸；

4. 有关科学实验、技术测定和可靠的统计资料；

5. 已推广的新技术、新材料、新结构和新工艺等资料；

6. 现行的预算定额基础资料、人工工资标准、材料预算价格和机械台班预算价格等。

（三）预算定额各项消耗量指标的确定

1. 定额计量单位与计算精度的确定

（1）定额计量单位的确定。定额计量单位应与定额项目内容相适应，要能确切反映各分项工程产品的形态特征、变化规律与实物数量，并便于计算和使用。

1）当物体的断面形状一定而长度不定时，宜采用长度“m”或延长米为计量单位，如木装饰、落水管安装等；

2）当物体有一定的厚度而长与宽变化不定时，宜采用面积“m^2”为计量单位，如楼地面、墙面抹灰、屋面工程等；

3）当物体的长、宽、高均变化不定时，宜采用体积“m^3”作为计量单位，如土方、砖石、混凝土和钢筋混凝土工程等；

4）当物体的长、宽、高均变化不大，但其重量与价格差异却很大时，宜采用“kg”或“t”为计量单位，如金属构件的制作、运输等；

在预算定额项目表中，一般都采用扩大的计量单位，如 100m、100m^2、10m^3 等，以便于预算定额的编制和使用。

（2）计算精度的确定。预算定额项目中各种消耗量指标的数值单位和计算时小数位数的取定如下：

1）人工以“工日”为单位，取小数后 2 位；

2）机械以“台班”为单位，取小数后 2 位；

3）木材以“m^3”为单位，取小数后 3 位；

4）钢材以“t”为单位，取小数后 3 位；

5）标准砖以“千匹”为单位，取小数后 2 位；

6）砂浆、混凝土、沥青膏等半成品以“m^3”为单位，取小数后 2 位。

2. 人工消耗量指标的确定

预算定额中的人工消耗量指标，包括完成该分项工程所必需的基本用工和其他用工数量。这些人工消耗量是根据多个典型工程综合取定的工程量数据和《全国统一建筑工程劳动定额》计算求得。

（1）基本用工：基本用工指完成质量合格单位产品所必需消耗的技术工种用工。可按技术工种相应劳动定额的工时定额计算，以不同工种列出定额工日数。

（2）其他用工：其他用工包括辅助用工、超运距用工和人工幅度差。

1）辅助用工　辅助用工指技术工种劳动定额内不包括而在预算定额内又必须考虑的用工。如机械土方工程配合、材料加工（包括筛砂子、洗石子、淋石灰膏等）模板整理等用工。

2）超运距用工：超运距用工指预算定额中材料及半成品的场内水平运距超过了劳动定额规定的水平运距部分所需增加的用工。

超运距＝预算定额取定的运距－劳动定额已包括的运距

3）人工幅度差：人工幅度差指预算定额与劳动定额的定额水平不同而产生的差异。它是劳动定额作业时间之外，预算定额内应考虑的、在正常施工条件下所发生的各种工时损失。其内容包括：

① 工种间的工序搭接、交叉作业及互相配合所发生停歇的用工；

② 现场内施工机械转移及临时水电线路移动所造成的停工；

③ 质量检查和隐蔽工程验收工作而影响工人操作的时间；

④ 工序交接时对前一工序不可避免的修整用工；

⑤ 班组操作地点转移而影响工人操作的时间；

⑥ 施工中不可避免的其他零星用工。

人工幅度差计算公式如下：

$$人工幅度差=(基本用工+超运距用工+辅助用工)\times 人工幅度差系数 \tag{2-38}$$

式中　人工幅度差系数一般取 10%～15%。

3. 材料消耗量指标的确定

预算定额中的材料消耗量指标由材料净用量和材料损耗量构成。其中材料损耗量包括材料的施工操作损耗、场内运输损耗、加工制作损耗和场内管理损耗。

(1) 主材净用量的确定：预算定额中主材净用量的确定，应结合分项工程的构造做法，按照综合取定的工程量及有关资料进行计算确定。关于材料净用量的具体计算方法详见本教材第二节所述。

(2) 主材损耗量的确定：预算定额中主材损耗量的确定，是在计算出主材净用量的基础上乘以损耗率系数就可求得损耗量。在已知主材净用量和损耗率的条件下，要计算出主材损耗量就需要找出它们之间的关系系数，这个关系系数称为损耗率系数。主材损耗量和损耗率系数的计算公式如下：

$$主材损耗量=主材净用量\times 损耗系数 \tag{2-39}$$

$$损耗系数=\frac{1}{1-损耗率} \tag{2-40}$$

【例 2-13】　现以 1 砖墙为例，已知每 $10m^3$ 的砖墙砌体中的标准砖净用量为 5143 块、砌筑砂浆 $2.2603m^3$，从材料损耗表 2-2 查得，砖墙中的标准砖及砂浆的损耗率均为 1%。试计算每 $10m^3$ 的 1 砖厚墙砌体中标准砖和砌筑砂浆的损耗量和消耗量。

【解】　损耗系数计算

$$损耗系数=\frac{1}{1-损耗率}$$

每 $10m^3$ 的 1 砖厚墙体中标准砖损耗量和消耗量计算

$$标准砖损耗量=5143(块)\times 0.01=51.43(块)$$

$$标准砖消耗量=5143(块)+51(块)=5194(块)$$

每 $10m^3$ 的 1 砖厚砌体中砌筑砂浆损耗量和消耗量计算

$$砌筑砂浆损耗量=2.2603(m^3)\times 0.01=0.023(m^3)$$

$$砌筑砂浆消耗量=2.2603(m^3)+0.023=2.283(m^3)$$

(3) 次要材料消耗量的确定：预算定额中对于用量很少、价值又不大的建筑材料，在估算其用量后，合并成“其他材料费”，以“元”为单位列入预算定额表内。

(4) 周转性材料摊销量的确定：预算定额中的周转性材料，是按多次使用、分次摊销的方式计入预算定额表内，其具体计算方法见本章第二节的计算。

(四) 人工工资标准、材料预算价格和机械台班预算单价的确定

工程造价费用的多少，除取决于预算定额中的人工、材料和机械台班消耗量以外，还

取决于人工工资标准、材料预算价格和机械台班预算单价。因此，合理确定人工工资标准、材料预算价格和机械台班预算单价，是正确计算工程造价的重要依据。

1. 人工工资标准的确定

人工工资标准又称为人工工日单价。指一个建筑工人在一个工作日内应计入预算定额中的全部人工费用。合理确定人工工资标准，是正确计算人工费和工程造价的前提和基础。

（1）人工工日单价的构成

人工工日单价的构成内容如下：

1）生产工人基本工资：生产工人基本工资指发放给建安工人的基本工资。现行的生产工人基本工资执行岗位工资和技能工资制度。根据《全民所有制大中型建筑安装企业的岗位技能工资试行方案》中的规定，其基本工资是按岗位工资、技能工资和年限工资（按职工工作年限确定的工资）计算的。工人岗位工资标准设 8 个岗次，技能工资按初级工、中级工、高级工、技师和高级技师五类工资标准分 33 个档次。计算公式如下：

$$\text{基本工资}(G_1)=\frac{\text{生产工人平均月工资}}{\text{年平均每月法定工作日}} \tag{2-41}$$

式中　年平均每月法定工日作=(全年日历日数－法定假日数)/12。

2）生产工人工资性补贴：生产工人工资性补贴指按规定标准发放的物价补贴，煤、燃气补贴，交通费补贴，住房补贴，流动施工津贴和地区津贴等。计算公式如下：

$$\text{工资性补贴}(G_2)=\frac{\Sigma\text{年发放标准}}{\text{全年日历日}-\text{法定假日}}+\frac{\Sigma\text{月发放标准}}{\text{年平均每月法定工作日}}+\text{每工作日发放标准} \tag{2-42}$$

式中　法定假日是指双休日和法定节日。

3）生产工人辅助工资：生产工人辅助工资指生产工人年有效施工天数以外非作业天数的工资，包括职工学习、培训期间的工资，调动工作、探亲、休假期间的工资，因天气影响的停工工资，女工哺乳时间的工资，病假在 6 个月以内的工资及产、婚、丧假期的工资。计算公式如下：

$$\text{生产工人辅助工资}(G_3)=\frac{\text{全年无效工作日}\times(G_1+G_2)}{\text{全年日历日}-\text{法定假日}} \tag{2-43}$$

4）职工福利费：该费用指按规定计提的职工福利费。计算公式如下：

$$\text{职工福利费}(G_4)=(G_1+G_2+G_3)\times\text{福利费计提比例}(\%) \tag{2-44}$$

5）生产工人劳动保护费：生产工人劳动保护费指按规定标准发放的劳动保护用品的购置费及修理费，徒工服装补贴，防暑降温费，在有碍身体健康的环境中施工的保健费用等。计算公式如下：

$$\text{生产工人劳动保护费}(G_5)=\frac{\text{生产工人年平均支出劳动保护费}}{\text{全年日历日}-\text{法定假日}} \tag{2-45}$$

（2）人工工日单价的确定

人工工日单价等于上述各项费用之和。计算公式如下：

$$\text{人工工日单价}(G)=(G_1+G_2+G_3+G_4+G_5) \tag{2-46}$$

近年来，国家陆续出台了养老保险、医疗保险、失业保险、住房公积金等社会保障的改革措施，新的人工工资标准会逐步将上述费用纳入人工预算单价中。

2. 材料预算价格的确定

在建筑工程费用中，材料费大约占工程总造价的60%左右，在金属结构工程费用中所占的比重还要大，它是工程造价直接费的主要组成部分。因此，合理确定材料预算价格，正确计算材料费用，有利于工程造价的计算、确定与控制。

(1) 材料预算价格的概念与组成内容

1) 材料预算价格的概念

材料预算价格指材料（包括成品、半成品及构配件等）从其来源地（或交货地点、仓库提货地点）运至施工工地仓库（或施工现场材料存放地点）后的出库价格。

2) 材料预算价格的组成内容

从上述概念可知，材料从来源地到材料出库这段时间与空间内，必然会发生材料的运杂费、运输损耗费、采购及保管费等。在计价时，材料费用中还应包括单独列项计算的材料检验试验费。因此，材料预算价格应由以下费用组成：

① 材料原价；

② 材料运杂费；

③ 材料运输损耗费；

④ 材料采购及保管费；

⑤ 材料检验试验费。

(2) 材料预算价格的确定

1) 材料原价的确定。材料原价指材料的出厂价、交货地价、市场批发价、进口材料抵岸价或销售部门的批发价、市场采购价或市场信息价。

在确定材料原价时，凡同一种材料，因来源地、交货地、生产厂家、供货单位不同而有几种原价（价格）时，应根据不同来源地的不同单价、供货数量（或供货比例），采用加权平均的方法确定其综合原价（即加权平均原价）。计算公式如下：

$$C=(K_1C_1+K_2C_2+\cdots+K_nC_n)/(K_1+K_2+\cdots+K_n) \tag{2-47}$$

式中 C——综合原价或加权平均原价；

K_1，K_2，$\cdots K_n$——材料不同来源地的供货数量或供货比例；

C_1，C_2，$\cdots C_n$——材料不同来源地的不同单价（或价格）。

2) 材料运杂费的确定。材料运杂费指材料自来源地（或交货地）运至工地仓库或指定堆放地点所发生的全部费用。并含外埠中转运输过程中所发生的一切费用和过境过桥费用。包括调车和驳船费、装卸费、运输费及附加工作费等。

同一品种的材料有若干个来源地时，应采用加权平均的方法计算材料运杂费。计算公式如下：

$$T=(K_1T_1+K_2T_2+\cdots K_nT_n)/(K_1+K_2+\cdots+K_n) \tag{2-48}$$

式中 T——加权平均运杂费；

K_1，K_2，$\cdots K_n$——材料不同来源地的供货数量；

T_1，T_2，$\cdots T_n$——材料不同运输距离的运费。

在材料运杂费中需要考虑便于材料运输和保护而实际发生的包装费（但不包括已计入材料原价的包装费，如水泥纸袋等），则应计入材料预算价格内。

3) 材料运输损耗费的确定。材料运输损耗费指材料在装卸、运输过程中不可避免的损耗费用。计算公式如下：

材料运输损耗费 ＝（材料原价＋材料运杂费）×相应材料运输损耗率　(2-49)

4）材料采购保管费。材料采购及保管费是指各材料供应管理部门在组织采购、供应和保管材料过程中所需的各项费用。包括材料的采购费、仓储管理费和仓储损耗费。计算公式如下：

材料采购保管费 ＝(材料原价＋材料运杂费＋材料运输损耗费)×材料采购保管费率　(2-50)

建筑材料的种类、规格繁多，采购保管费不可能按每种材料在采购保管过程中所发生的实际费用计算，只能规定几种综合费率进行计算。目前现行的是由国家经委规定的综合费率为2.5%，各地区可根据不同的情况确定其费率。如有的地区规定：钢材、木材、水泥为2.5%，水电材料为1.5%，其余材料为3%。由建设单位（业主）供应到现场仓库的材料，施工企业（承包商）不收采购费，只收保管费。

5）材料检验试验费。材料检验试验费是指建筑材料、构件和建筑安装物进行一般鉴定、检查所发生的费用，包括自设试验室进行试验所耗用的材料和化学药品等费用。不包括新结构、新材料的试验费和建设单位对具有出厂合格证明的材料进行检验，对构件做破坏性试验及其他特殊要求检验试验的费用。计算公式如下：

材料检验试验费＝单位材料量检验试验费×材料消耗量　(2-51)

或　材料检验试验费＝材料原价×材料检验试验费率

6）材料预算价格计算及案例。

材料预算价格的计算公式如下：

材料预算价格＝(材料原价＋材料运杂费＋材料运输损耗费)
×(1＋材料采购保管费率)＋材料原价×材料检验试验费率　(2-52)

【例2-14】　××教学楼磨石楼地面工程需要白石子材料（见表2-4），试计算白石子的材料预算价格。

白石子材料采购情况表　**表2-4**

材料来源地	数量（t）	出厂价（元/t）	运杂费（元/t）
A	20	160	96
B	30	140	104
C	50	120	112

注：运输损耗率为1.5%，采购保管费率为2.5%，检验试验费率为2%。

【解】　材料原价计算

$$材料原价=\frac{160\times20+140\times30+120\times50}{20+30+50}=\frac{13400}{100}=134.00\ (元/t)$$

材料运杂费计算

$$材料运杂费=\frac{96\times20+104\times30+112\times50}{20+30+50}=\frac{10640}{100}=106.40(元/t)$$

材料运输损耗费计算

材料运输损耗费 ＝(134.00＋106.40)×1.5%＝3.61(元/t)

材料采购保管费计算

材料采购保管费 =(134.00+106.40+3.61)×2.5%=6.10(元/t)

材料检验试验费计算

材料检验试验费=134.00×2%=2.68 (元/t)

材料预算价格计算

材料预算价格=134.00+106.40+3.61+6.10+2.68=252.79 (元/t)

3. 施工机械台班单价的确定

(1) 施工机械台班单价的概念

施工机械台班单价指一台施工机械在正常运转条件下一个工作台班所需支出和分摊的各项费用之总和。施工机械台班费的比重，将随着施工机械化水平的提高而增加，相应人工费也随之逐步减少。

(2) 施工机械台班单价的组成

施工机械台班单价按其规定由七项费用组成，这些费用按其性质不同划分为第一类费用（即需分摊费用），第二类费用（即需支出费用）和其他费用。

1) 第一类费用（又称不变费用）

第一类费用指不分施工地点和条件的不同，也不管施工机械是否开动运转都需要支付，并按该机械全年的费用分摊到每一个台班的费用。内容包括折旧费、大修理费、经常修理费、安拆费及场外运输费。

2) 第二类费用（又称可变费用）

第二类费用指常因施工地点和条件的不同而有较大变化的费用。内容包括机上人员工资、动力燃料费、养路费及车船使用税、保险费。

(3) 施工机械台班单价的确定

1) 第一类费用的确定

①台班折旧费：台班折旧费指施工机械在规定使用期限内收回施工机械原值及贷款利息而分摊到每一台班的费用。计算公式如下：

$$台班折旧费=\frac{施工机械预算价格\times(1-残值率)+贷款利息}{耐用总台班} \tag{2-53}$$

式中 施工机械预算价格是按照施工机械原值、购置附加费、供销部门手续费和一次运杂费之和计算。

施工机械原值可按施工机械生产厂家或经销商的销售价格计算。

供销部门手续费和一次运杂费可按施工机械原值的5%计算。

残值率指施工机械报废时回收的残值占施工机械原值的百分比。残值率按目前有关规定执行：即运输机械2%，掘进机械5%，特大型机械3%，中小型机械4%。

耐用总台班指施工机械从开始投入使用到报废前使用的总台班数。计算公式如下：

$$耐用总台班=修理间隔台班\times大修理周期$$

②台班大修理费：台班大修理费指施工机械按规定的大修理间隔台班必须进行的大修理，以恢复施工机械正常功能所需的费用。计算公式如下：

$$台班大修理费=\frac{一次大修理费\times(大修理周期-1)}{耐用总台班} \tag{2-54}$$

③台班经常修理费：经常修理费指施工机械除大修理以外的各级保养和临时故障排除所需的费用。包括为保障施工机械正常运转所需替换设备，随机使用工具，附加的摊销和维护费用；机械运转与日常保养所需润滑与擦拭材料费用；以及机械停置期间的正常维护和保养费用等。为简化起见一般可用以下公式计算：

$$台班经常修理费=台班大修理费\times K \tag{2-55}$$

式中 K 值为施工机械台班经常维修系数，K 等于台班经常维修费与台班大修理费的比值。如载重汽车 6t 以内为 5.61，6t 以上为 3.93；自卸汽车 6t 以内为 4.44，6t 以上为 3.34；塔式起重机为 3.94 等。

④安拆费及场外运费：安拆费指施工机械在现场进行安装与拆卸所需的人工、材料、机械和试运转费，以及机械辅助设施的折旧、搭设、拆除等费用。

场外运费指施工机械整体或分体，从停放地点运至施工现场或由一个施工地点运至另一个施工地点，运输距离在 25km 以内的施工机械进出场及转移费用。包括施工机械的装卸、运输辅助材料及架线等费用。

安拆费及场外运费根据施工机械的不同，可分为计入台班单价、单独计算和不计算三种类型。

2）第二类费用的确定

①机上人员工资。机上人员工资指施工机械操作人员（如司机、司炉等）及其他操作人员的工资、津贴等。

②动力燃料费。该费用指施工机械在运转作业中所耗用的固体燃料（煤、木柴）、液体燃料（汽油、柴油）及水、电等费用。计算公式如下：

$$台班动力燃料费=台班动力燃料消耗量\times 相应单价 \tag{2-56}$$

③养路费及车船使用税。养路费及车船使用税指施工机械按照国家有关规定应缴纳的养路费和车船使用税。计算公式如下：

$$台班养路费=\frac{核定吨位\times 每月每吨养路费\times 12\text{ 个月}}{年工作台班} \tag{2-57}$$

$$台班车船使用税=\frac{每年每吨车船使用税}{年工作台班} \tag{2-58}$$

④保险费。该费用指按照有关规定应缴纳的第三者责任险、车主保险费等。

三、预算定额的应用

由于预算定额的形式和内容与计价定额（即单位估价表）的形式和内容基本相同，所以将预算定额的应用与单位估价表的应用统称为预算定额的应用。要正确使用预算定额，首先必须熟悉预算定额手册的结构形式和内容组成。

（一）预算定额手册的内容组成

预算定额手册由目录、总说明、分部工程说明、工程量计算规则、定额项目表、附注和附录等内容组成。具体内容可归纳为文字说明、定额项目表和附录三大主要部分。

1. 文字说明

1）总说明：在总说明中主要阐述预算定额的用途、编制依据、适用范围、定额中考虑和未考虑的因素、使用时应注意的事项和相关问题说明。

2）分部工程说明：它是预算定额手册的重要组成部分，主要阐述本分部工程所包括的定额项目、有关挖土的说明、定额使用时的具体规定和处理方法等。

3）分节说明：它是对本节所包含的工程内容及使用的有关规定。

上述文字说明是预算定额手册正确使用的重要依据和原则，使用前必须仔细阅读，熟悉定额内容和使用规定，否则在套用定额时就会造成错套、漏套及重套定额项目。

2. 定额项目表

定额项目表列有每一单位分项工程中人工、材料、机械台班消耗量及相应的各项费用，它是预算定额手册的核心内容。其主要内容有分项工程内容，定额计量单位，定额编号，预算单价（基价），人工、材料、机械台班消耗量及相应的人工费、材料费、机械台班使用费等。

3. 附录

附录一般列在预算定额手册的最后部分，主要有建筑施工机械台班预算价格，混凝土、砂浆和沥青膏的配合比，门窗五金用量表及钢筋用量参考表等。这些资料可给定额使用和定额换算提供依据，是预算定额应用时的重要补充资料。

（二）预算定额的直接套用

当设计图纸与定额项目的内容相一致时，可直接套用预算定额中的预算单价（基价）的工料消耗量，并据此计算该分项工程的工程直接费及工料需用量。

现以1999年《全国统一建筑工程基础定额××市基价表》为例，说明预算定额手册的具体使用方法（后面各例均采用该《基价表》）。

【例2-15】　××招待所工程现浇C10毛石混凝土条形基础$80m^3$，试计算完成该分项工程所需要的工程直接费及主要材料消耗量。

【解】　第一步：确定定额编号　1E0001

第二步：分项工程直接费计算

分项工程直接费＝预算定额单价×工程量

$$1162.55\text{元}/10m^3 \times 80m^3 = 93004\text{（元）}$$

第三步：主要材料消耗量计算

主要材料消耗量＝定额耗用量×工程量

水泥原325号　$2554.48kg/10m^3 \times 80m^3 = 20435.84\text{（kg）}$

特细砂　$4.57t/10m^3 \times 80m^3 = 36.56\text{（t）}$

碎石5～40　$12.48t/10m^3 \times 80m^3 = 99.84\text{（t）}$

毛石　$2.72m^3/10m^3 \times 80m^3 = 21.76\text{（}m^3\text{）}$

（三）预算定额的换算

1. 预算定额换算的原因

当设计图纸要求与定额项目的内容不相一致时，为了能计算出设计图纸内容要求项目的工程直接费及工料消耗量，必须对预算定额项目与设计内容要求之间的差异进行调整。这种使预算定额项目内容适应设计内容要求的差异调整就是产生预算定额换算的原因。

2. 预算定额换算的依据

预算定额的换算实际上是预算定额应用的进一步扩展和延伸，为保持预算定额水平，在定额说明中规定了若干条预算定额换算的具体规定，该规定是预算定额换算的主要依据。

3. 预算定额换算的内容

预算定额换算包括人工费和材料费的换算。人工费换算主要是由用工量的增减而引起的，而材料费换算则是由材料消耗量的改变及材料代换所引起的，特别是材料费和材料消耗量的换算占预算定额换算相当大的比重。预算定额换算内容的一般规定如下：

（1）当设计图纸要求的砂浆、混凝土强度等级与预算定额不同时，可按附录中半成品（即砂浆、混凝土）的配合比进行换算。

（2）预算定额规定抹灰厚度不得调整。如果设计内容要求的砂浆种类或配合比与预算定额不同时可以换算，但定额中的人工、机械消耗量不得调整。

（3）木楼地楞定额是按中距40cm、断面5cm×18cm、每100m² 木地板的楞木313.3m计算的，如果设计内容要求与预算定额不同时，楞木料可以换算，其他不变。

（4）预算定额中木地板厚度是按2.5cm毛料计算的，如果设计内容要求与预算定额不同时，可按比例进行换算，其他不变。

（5）设计内容要求与预算定额规定不同的其他情况，若与定额分部说明中所列的情况相同时，则按预算定额分部说明中的各种系数及工料增减进行换算。

4. 预算定额换算的类型

（1）混凝土强度等级的换算；

（2）砂浆强度等级的换算；

（3）木材材积的换算；

（4）系数换算；

（5）其他换算。

5. 预算定额换算的方法

（1）混凝土的换算

混凝土的换算分为构件混凝土和楼地面混凝土的换算。

1）构件混凝土的换算

构件混凝土的换算主要是混凝土强度和石子品种不同的换算，其特点是：当混凝土用量不发生变化，只换算强度或石子品种时，换算公式如下：

换算价格＝原定额单价＋定额混凝土用量×(换入混凝土单价－换出混凝土单价)

换算步骤如下：

第一步：选择换算定额编号及单价，确定混凝土品种、粗骨料粒径及水泥强度等级。

第二步：确定混凝土品种（即是塑性混凝土还是低流动性混凝土、石子粒径、混凝土强度），从附录中查出换入与换出混凝土的单价。

第三步：换算价格计算。

第四步：确定换入混凝土品种须考虑以下因素：

即是塑性混凝土还是低流动性混凝土，以及混凝土强度；

可根据规范要求确定混凝土中石子的最大粒径；

再按照设计要求确定采用的是砾石混凝土还是碎石混凝土，以及水泥强度等级。

【例 2-16】 ××商会大厦工程框架薄壁柱，设计要求采用现浇C35钢筋混凝土，试计算框架薄壁柱的换算价格及单位材料用量。

【解】 第一步：确定换算定额编号 1E0045

（该项定额规定：采用的是低流动性、特细砂、C30 碎石混凝土，其定额单价为 2007.62 元/10m³，混凝土用量 10.15m³/10m³）

第二步：确定换入、换出混凝土的单价（低流动性、特细砂、碎石混凝土）

查附录 2 可知：C35 混凝土单价 163.41 元 /m³（采用 42.5 级水泥）

C30 混凝土单价 151.41 元 /m³（采用 32.5 级水泥）

第三步：价格换算计算

换算单价＝2007.62 元/10m³＋10.15m³/10m³×(163.41 元/m³－151.41 元/m³)

＝(2007.62＋121.80)元/10m³＝2129.42 元/10m³

第四步：换算后材料用量分析

水泥 42.5 级　472.00kg/m³×10.15m³/10m³＝4790.80kg/10m³

特细砂　0.383t/m³×10.15m³/10m³＝3.887t/10m³

碎石 5～20　1.377tm³×10.15m³/10m³＝13.977t/10m³

2）楼地面混凝土的换算

当楼地面混凝土面层厚度和强度的设计要求，与预算定额规定不同时，应首先按设计要求的厚度确定石子的粒径，然后以整体面层中的某一项定额以增加减少厚度定额为依据，进行混凝土面层厚度及强度的换算。换算方法及公式与构件混凝土的换算方法及公式相同。

(2) 砂浆的换算

砂浆换算包括砌筑砂浆的换算和抹灰砂浆的换算。

1）砌筑砂浆的换算

砌筑砂浆的换算方法及计算公式与构件混凝土的换算方法及计算公式基本相同。

2）抹灰砂浆的换算

在预算定额装饰分部说明第 1 条中规定：本分部定额中规定的抹灰厚度不得调整。如设计图纸规定的砂浆种类或配合比不同时可以换算，但定额中的人工、机械消耗量不变。这里所说的抹灰厚度是指抹灰的总厚度，也就是说当各层的砂浆厚度与定额中的相应砂浆厚度不同时，亦可进行换算。在这种条件下的砂浆换算，可以归纳为以下 3 种情况：

第 1 种情况是当设计要求的各层砂浆抹灰厚度与定额相同，只是砂浆品种或配合比与定额不同，这种情况的换算与砌筑砂浆的换算相同；

第 2 种情况是当设计要求的各层砂浆抹灰厚度与定额不同，但砂浆品种和配合比与定额相同，这种情况的换算特点是：由于不同品种的砂浆用量发生变化，从而引起材料费的变化；

第 3 种情况是上述两种情况同时出现，其特点是砂浆品种和砂浆用量都需要进行换算。

以上 3 种情况的通用换算公式如下：

$$换算价格＝原定额价格＋\sum(换入砂浆单价×换入砂浆用量) －(换出砂浆单价×换出砂浆用量) \quad (2\text{-}59)$$

式中

$$换入砂浆用量＝\frac{定额用量}{定额厚度}×设计厚度 \quad (2\text{-}60)$$

换出砂浆用量＝定额规定的砂浆用量

【例 2-17】　××住宅工程砖墙面抹灰，设计要求为一般抹灰，底层采用 1∶0.5∶2.5 混合砂浆，厚度为 9mm；中间层用 1∶2.5 石灰膏砂浆加 1.5%麻刀，厚度 9mm；面层用纸筋石灰膏浆，厚度 2mm。试计算该分项工程的换算价格及单位材料用量。

【解】　第一步：确定换算定额编号　1K0001

该项定额规定：

定额单价：432.43 元/$100m^2$

底层：采用 1∶3 石灰膏砂浆（加 5%麻刀），厚度 8mm，用量为 0.905m^3/$100m^2$；

中间层：同底层；

面层：纸筋石灰膏浆，厚度 2mm，用量为 0.22m^3/$100m^2$。

第二步：计算换入砂浆的用量

底层：1∶0.5∶2.5 混合砂浆用量($100m^2$)$=\frac{0.905m^3}{8mm}\times 9mm=1.018(m^3)$

中间层：1∶2.5 石灰膏砂浆用量($100m^2$)$=\frac{0.905m^3}{8mm}\times 9mm=1.018(m^3)$

面层：纸筋石灰膏浆设计厚度 2mm 与定额规定的厚度 2mm 相同，不需进行换算。

第三步：确定换入与换出砂浆的单价

查附录 2 可知：1∶0.5∶2.5 混合砂浆单价为 129.78 元/m^3

1∶2.5 石灰膏砂浆（加 5%麻刀）的单价为 67.47 元/m^3

1∶3 石灰膏砂浆（加 5%麻刀）的单价为 62.36 元/m^3

第四步：换算价格计算（每 $100m^2$ 中）

换算单价＝432.43 元 ＋(129.78 元/m^3×1.018m^3＋67.47 元/m^3×1.018m^3

－62.36 元/m^3×0.905m^3－62.36 元/m^3×0.905m^3)

＝520.36(元)(即 520.36 元/$100m^2$)

第五步：换算后的材料用量分析（每 $100m^2$ 中）

水泥原 325 号　　463kg/m^3×1.018m^3＋635kg/m^3×0.03m^3＝490.38（kg）

石灰膏　0.166m^3/m^3×1.018m^3＋0.458m^3/m^3×1.018m^3＋1.143m^3/m^3×0.22m^3

＝0.887（m^3）

特细砂　1.161t/m^3×1.018m^3 ＝1.399t/m^3×1.018m^3＋1.273t/m^3×0.03m^3

＝2.644（t）

麻刀　　4.410kg /m^3×1.018m^3＝4.49（kg）

纸筋　　8.36（kg）（用量不变）

（3）系数换算

系数换算是按预算定额说明中所规定的系数乘以相应的定额基价（或定额中工、料之一部分）后，得到一个新单价的换算。

【例 2-18】　××工程平基土石方，施工组织设计规定采用机械开挖，在机械不能施工的死角有湿土 121m^3 需要人工开挖，试计算完成该分项工程的直接费。

【解】　根据土石方工程分部说明中的规定，人工挖湿土时，按相应定额项目乘以系数 1.18 计算；机械不能施工死角的土方，按相应人工挖土方定额乘以系数 1.5。

第一步：确定换算定额编号　1A0001

定额单价 699.60元/$100m^3$

第二步：换算单价计算

$$699.60元/100m^3 \times 1.18 \times 1.5 = 1238.29\ (元/100m^3)$$

第三步：完成该分项工程直接费计算

$$1238.29元/100m^3 \times 121m^3 = 1498.33\ (元)$$

(4) 其他换算

其他换算是指不包括上述几种换算类型的定额换算，如水泥砂浆中加防水粉，混凝土中加掺合剂等。现举例说明其换算过程。

【例 2-19】 ××工程墙基防潮层，设计要求采用1：2水泥砂浆加8%的防水粉进行施工，试计算该分项工程的换算价格。

【解】

第一步：确定换算定额单价 1I0058

定额单价为 585.76元/$100m^2$

第二步：换入与换出防水粉计算

换入用量 1295.40kg×8%=103.63（kg）

换出用量 55.00（kg）（查定额可知）

防水粉单价 1.17（元/kg）

第三步：换算价格计算（每$100m^2$中）

换算单价=585.76元+1.17元/kg×(103.63kg−55kg)=642.66(元)

虽然其他换算没有固定的换算公式，但其换算的方法仍然是在原定额价格的基础上，加上换入部分的费用，减去换出的费用。

预算定额手册中规定，还有部分费用需要单独进行计算，如预应力钢筋的人工时效费、建筑物超高人工、机械降效费、钢筋价差调整等，具体应用时可按照预算定额手册中的有关说明与规定进行计算。

第五节 安装工程预算定额概述

一、安装工程预算定额

1. 安装工程预算定额的概念

安装工程预算定额指由国家或授权单位组织编制并颁发执行的具有法令性的数量指标。它反映出国家对完成单位安装产品基本构造要素（即每一单位安装分项工程）所规定的人工、材料和机械台班消耗的数量额度。

2. 全国统一安装工程预算定额的种类

目前，由建设部批准，机械工业部主编，2000年3月17日颁布的《全国统一安装工程预算定额》共分12册：

第一册 机械设备安装工程 GYD-201—2000；

第二册 电气设备安装工程 GYD-202—2000；

第三册 热力设备安装工程 GYD-203—2000；

第四册 炉窑砌筑工程 GYD-204—2000；

第五册　静置设备与工艺金属结构制作安装工程 GYD-205—2000；

第六册　工业管道工程 GYD-206—2000；

第七册　消防及安全防范设备安装工程 GYD-207—2000；

第八册　给排水、采暖、燃气工程 GYD-208—2000；

第九册　通风空调工程 GYD-209—2000；

第十册　自动化控制仪表安装工程 GYD-210—2000；

第十一册　刷油、防腐蚀、绝热工程 GYD-211—2000；

第十二册　通信设备及线路工程 GYD-212—2000（另行发布）。

此外，还有《全国统一安装工程施工仪器仪表台班费用定额》（GFD-201—1999）和《全国统一安装工程预算工程量计算规则》（GYD_{GZ}-201—2000）作为第一册～第十一册定额的配套使用。

3. 安装工程预算定额的组成

全国统一安装工程预算定额通常由以下内容组成：

（1）册说明

介绍关于定额的主要内容、适用范围、编制依据、适用条件、工作内容以及工料、机械台班消耗量和相应预算价格的确定方法、确定依据等。

（2）目录

目录是为查、套定额提供索引。

（3）各章说明

介绍本章定额的适用范围、内容、计算规则以及有关定额系数的规定等。

（4）定额项目表

它是每册安装定额的核心内容。其中包括：分节工作内容、各分项定额的人工、材料和机械台班消耗量指标以及定额基价、未计价材料等内容。

（5）附录

一般置于各册定额表的后面，其内容主要有材料、元件等重量表、配合比表、损耗率表以及选用的一些价格表等。

二、安装工程预算定额消耗量指标的确定

（一）定额人工消耗量指标的确定

安装工程预算定额人工消耗量指标，是在劳动定额基础上确定的完成单位分项工程必须消耗的劳动量。其表达式如下：

分项工程人工消耗量＝基本用工＋其他用工

＝(技工用工＋辅助用工＋超运距用工)

×(1＋人工幅度差率)　　(2-61)

式中，技工指某分项工程的主要用工；辅助用工指现场材料加工等用工；超运距用工指材料运输中，超过劳动定额规定距离外增加的用工；人工幅度差率指预算定额所考虑的工作场地的转移、工序交叉、机械转移以及零星工程等用工。国家规定在10％左右。

（二）定额材料消耗量指标的确定

安装工程施工，进行设备安装时要消耗材料，有些安装工程就是由施工加工的材料组装而成。构成安装工程主体的材料称为主要材料，其次要材料则称为辅助材料（或计价材料)。完成定额分项工程必须消耗的材料可以按本章第四节介绍的方法计算，所不同的是要计算计价材料。

(三) 定额机械台班消耗量的确定

安装工程定额中的机械费通常为配备在作业小组中的中、小型机械，与工人小组产量密切相关，可按下式确定，不考虑机械幅度差。

$$\text{机械台班消耗量}=\frac{\text{分项定额计量单位值}}{\text{小组总产量}} \tag{2-62}$$

三、安装工程预算定额基价的确定

(一) 预算定额基价

预算定额基价指预算定额中确定消耗在工程基本构造要素上的人工、材料、机械台班消耗量，在定额中以价值形式反映，其组成有三部分，即：

1. 定额人工费

表达式为：

$$\text{定额人工费}=\text{分项工程消耗的工日总数}\times\text{相应等级日工资标准} \tag{2-63}$$

日工资标准应根据目前《全国统一建筑工程基础定额》中规定的完成单位合格的分项工程或结构构件所需消耗的各工种人工工日数量乘以相应的人工工资标准确定。但在具体执行中要注意地方规定，尤其是地区调整系数的处理。

2. 定额材料费

定额材料费指施工过程中耗用的构成工程实体的原材料、辅助材料、构配件、零件、半成品的费用和周转材料的摊销费，按相应的价格计算的费用之和。

安装工程材料分计价材料和未计价材料，定额材料费表达式如下：

$$\text{定额材料费}=\text{计价材料费}+\text{未计价材料费} \tag{2-64}$$

式中 计价材料费$=\sum$分项项目计价材料消耗量$\times$相应材料预算价格

未计价材料费$=\sum$分项项目未计价材料消耗量$\times$材料预算价格

3. 定额机械费

定额机械台班费指使用施工机械作业所发生的机械使用费以及机械安、拆和进出场费用。其表达式为：

$$\text{定额机械台班费}=\sum\text{分项项目机械台班消耗量}\times\text{相应机械台班单价} \tag{2-65}$$

所以，安装工程预算定额基价的表达式为：

$$\text{预算定额基价}=\text{人工费}+\text{材料费}+\text{机械台班费} \tag{2-66}$$

(二) 单位估价表

执行预算定额地区，根据定额中三个消耗量（人工、材料、机械台班）标准与本地区相应三个单价相乘计算得到分项工程（子目工程），预算价格称为“估价表单价”或工程预算“单价”。若将以上单价、基价等列入定额项目表中，并且汇总、分类成册，即为单位估价表。

预算定额与估价表的关系是，前者为确定三个消耗量的数量标准，是执行定额地区编制单位估价表的依据，后者则是“量、价”结合的产物。

四 、安装工程预算定额的应用

(一) 材料与设备的划分

安装工程材料与设备界限的划分，目前国家尚未正式规定，通常凡是经过加工制造，由多种材料和部件按各自用途组成独特结构，具有功能、容量及能量传递或转换性能的机器、容器和其他机械、成套装置等均称为设备。但在工艺生产过程中不起单元工艺生产作用的设备本体以外的零配件、附件、成品、半成品等均称为材料。

（二）计价材料和未计价材料的区别

计价材料指编制定额时，把所消耗的辅助性或次要材料费用，计入定额基价中，主要材料指构成工程实体的材料，又称为未计价材料，该材料规定了其名称、规格、品种及消耗数量，它的价值是根据本地区定额，按地区材料预算单价（即材料预算价格）计算后汇总在工料分析表中。计算方法为：

某项未计价材料数量＝工程量×某项未计价材料定额消耗量　　(2-67)

未计价材料定额消耗量通常列在相应定额项目表中。而未计价材料费用的计算式为：

某项未计价材料费＝工程量×某项未计价材料定额消耗量×材料预算价格　(2-68)

（三）运用系数计算的费用

预算造价计价表或计费程序表中某些费用，要经过定额规定的系数来计算。有些系数在费用定额中不便列出，而是通过在原定额基础上乘以一个规定系数计算，计算后属于直接费系数的有章节系数、子目系数、综合系数三种。

1. 章节系数

有些子目（分项工程项目）需要经过调整，方能符合定额要求。其方法是在原子目基础上乘以一个系数即可。该系数通常放在各章说明中，称为章、节系数。

2. 子目系数

子目系数是费用计算中最基本的系数，又是综合系数的计算基础，也构成工程直接费，子目系数由于工程类别不同，各自的要求亦不同，列在各册说明中。如象高层建筑工程增加系数、单层房屋工程超高增加系数以及施工操作超高增加系数等。计取方法可按地方规定执行。

3. 综合系数

它是列入各册说明或总说明内，通常出现在计费程序表中，如象脚手架搭拆系数、采暖工程中的系统调试计算系数、安装与生产同时进行时的降效增加系数、在有害健康环境中施工时要收取的降效增加系数、以及在特殊地区施工中应收取的施工增加系数等。

（四）安装工程预算定额表的查阅

预算定额表的查阅，就是指定额的使用方法，即熟练套用定额。其步骤为：

1. 确定工程名称，要与定额中各章、节工程名称相一致。

2. 根据分项工程名称、规格，从定额项目表中确定定额编号。

3. 按照所查定额编号，找出相应工程项目单位产品的人工费、材料费、机械台班费和未计价材料数量。

在查阅定额时，应注意除了定额可直接套用外，定额的使用中，还存在定额的换算问题。安装工程中如出现换算定额时，一般有定额的人工、材料、机械台班及其费用的换算，多数情况下，采用乘以一个系数的办法解决。但各地区可根据具体情况酌情处理。

4. 将套用的单位产品的人工费、材料费、机械台班费、未计价材料数量和定额编号，按照施工图预算表的格式及要求，填写清楚。

至于定额中查阅不到的项目，业主和施工方可根据工艺和图纸的要求，编制补充定额，双方必须经当地造价站仲裁后方可执行。

（五）定额各册（地方定额为篇）的联系和交叉性

1. 第二册（篇）没有的项目应执行其他册（篇）定额

(1) 金属支架除锈、刷油、防腐执行第十一册（篇）《刷油、防腐蚀、绝热工程》中第一章、第二章、第三章定额有关子目。

(2) 火灾自动报警系统中的探测器、报警控制器、联动控制器、报警联动一体机、重复显示器、警报装置、远程控制器、火灾事故广播、消防通讯、报警备用电源安装等执行第七册（篇）《消防及安全防范设备安装工程》中第一章定额有关子目。水灭火系统、气体灭火系统和泡沫灭火系统分别执行第七册（篇）第二章、第三章、第四章相应子目。自动报警系统装置、水灭火系统控制装置、火灾事故广播、消防通讯等系统调试可套用第七册（篇）第五章定额相应子目。

(3) 设备安装用的地脚螺栓按土建预埋考虑，不包括二次灌浆。

2. 第二册（篇）与其他册（篇）定额的分界

(1) 与第一册（篇）“机械设备”定额的分界

1) 各种电梯的机械设备部分主要指：轿箱、配重、厅门、导向轨道、牵引电机、钢绳、滑轮、各种机械底座和支架等，均执行第一册（篇）有关子目。而电气设备安装主要指：线槽、配管配线、电缆敷设、电机检查接线、照明装置、风扇和控制信号装置的安装和调试均执行第二册（篇）《电气设备安装工程》定额。

2) 起重运输设备的轨道、设备本体安装、各种金属加工机床等的安装均执行第一册（篇）《机械设备安装工程》定额有关子目。而其中的电气盘箱、开关控制设备、配管配线、照明装置以及电气调试执行第二册（篇）定额相应子目。

3) 电机安装执行第一册（篇）定额有关子目，电机检查接线则执行第二册（篇）定额相应子目。

(2) 与第六册（篇）“工艺管道”定额的分界

大型水冷变压器的水冷系统，以冷却器进出口的第一个法兰盘划界。法兰盘开始的一次阀门以及供水母管与回水管的安装执行第六册（篇）《工业管道工程》定额有关子目。而工业管道中的电控阀、电磁阀等执行第六册（篇）定额，至于其电机检查接线、调试等项目，分别执行第二篇、第七篇以及第十篇定额相应子目。

3. 注意定额各册（篇）之间的关系

在编制单位工程施工图预算中，除需要使用本专业定额及有关资料外，还涉及其他专业定额的套用。而具体应用中，有时不同册（篇）定额所规定的费用等计算有所不同时，应该如何解决这一类问题呢？原则上按各定额册（篇）规定的计算规则计算工程量及有关费用。并且套用相应定额子目。如果定额各册（篇）规定不一样，此时要分清工程主次，采用“以主代次”的原则计算有关费用。比如主体工程使用的是第二册（篇）《电气设备安装工程》定额，而电气工程中支架的除锈、刷油等工程量需要套用第十一册（篇）《刷油、防腐蚀、绝热工程》中的相应子目，所以只能按第二册（篇）定额规定计算有关费用。

第六节　概算定额与概算指标

一、概算定额

（一）概算定额的概念

概算定额是指规定完成合格的单位扩大分项工程或单位扩大结构构件所需消耗的人工、材料和施工机械台班的数量标准。概算定额又称为扩大结构定额。

概算定额是在预算定额所确定的各种消耗量的基础上制定的，概算定额是预算定额的合并与扩大。如砌砖基础这个概算定额项目，就是以砌砖基础为主，综合了平整场地、挖地槽（坑）、铺设垫层、砌砖基础、铺设防潮层、回填土及运土等预算定额中的分项工程项目。又如砌砖墙这个概算定额项目，就是以砌砖墙为主，综合了砌砖墙，钢筋混凝土过梁制作、运输、安装，勒脚、内外墙面抹灰、内墙面刷白等预算定额中的分项工程项目。

（二）概算定额的作用

从1957年我国开始在全国试行统一的《建筑工程扩大结构定额》之后，各省、市、自治区都根据本地区的特点，相继制定了本地区的概算定额。为了适应建筑业的改革与发展，国家计委和建设部规定，概算定额和概算指标由各省、市、自治区在所制定的预算定额基础上组织编制，分别由各地主管部门审批，报国家计委和建设部备案。概算定额的主要作用如下：

1. 是初步设计阶段编制设计概算，技术设计阶段编制设计修正概算的依据；

2. 是对建设项目设计进行技术经济分析比较的基础资料之一；

3. 是建设项目主要材料需要量计划编制的依据；

4. 是编制概算指标的依据。

（三）概算定额的编制依据

概算定额的编制依据包括：

1. 现行的设计规范和建筑安装工程预算定额；

2. 具有代表性的标准设计图纸和其他设计资料；

3. 现行的人工工资标准、材料预算价格、机械台班预算价格及概算定额。

（四）概算定额的编制步骤

概算定额的编制一般分三阶段进行，即准备阶段、编制初稿阶段和审查定稿阶段。

1. 准备阶段

该阶段主要是确定编制机构和人员组成，进行调查研究，了解现行概算定额执行情况和存在的问题，明确编制的目的，制定概算定额的编制方案和确定概算定额的项目。

2. 编制初稿阶段

该阶段是根据已确定的编制方案和概算定额项目，收集和整理各种编制依据，对各种资料进行深入细致的测算和分析，确定人工、材料和机械台班的消耗量指标，最后编制出概算定额初稿。

3. 审查定稿阶段

该阶段的主要工作是测算概算定额的水平，即测算新编概算定额与原概算定额及现行预算定额之间的水平差距。测算的方法既要分项进行测算，又要通过编制单位工程概算，并以单位工程为对象进行综合测算。概算定额水平与预算定额水平之间应有一定的幅度差，幅度差一般在5%以内。

概算定额经测算比较后，即可报送国家授权机关审批。

（五）概算定额手册的内容

1. 文字说明部分

文字说明部分有总说明和各章说明。在总说明中，主要阐述概算定额的编制依据、使用范围、包括的内容及作用、及建筑面积计算规则等。各章说明主要阐述本章包括的综合工作内容及工程量计算规则等。

2. 定额项目表

（1）定额项目的划分：概算定额项目一般按以下两种方法划分：

1）按工程结构划分：通常按基础、墙体、梁板柱、门窗、楼地面、屋面、装饰、构筑物等工程结构划分。

2）按工程部位划分：通常是按基础、墙体、梁柱、楼地面、屋面、其他工程部位等划分。各工程部位又可作具体项目细分，如基础工程中可划分为砖基础、条石基础、混凝土基础等项目。

（2）定额项目表：定额项目表是概算定额手册的主要内容，由若干分节定额组成。各分节定额由工程内容、定额表及附注说明组成。定额表中有定额编号、计量单位、概算价格、人工、材料、机械台班消耗量指标。概算定额表见表2-5。

基 础 工 程 **表2-5**

项目名称		单位	砖基础深2m内		毛石基础M15水泥砂浆		C10混凝土带形基础	C15钢筋混凝土柱基
			M5.0混合砂浆	M5.0水泥砂浆	深2m内	深4m内		
			2-18	2-19	2-20	2-21	2-24	2-28
概算价格		元	40.13	43.26	31.94	37.15	52.84	101.25
人工、机械及主要材料	工资	元	6.64	6.64	5.89	10.94	7.21	7.34
	机械	元	0.34	0.34	0.4	0.57	1.39	1.90
	水泥	kg	68.74	73.36	92.74	92.74	205.00	257.80
	石灰	kg	17.55					
	中砂	m^3	0.02	0.32	0.43	0.43	0.50	0.50
	细砂	m^3	0.31					
	标砖	块	510	510				
	锯材	m^3					0.020	0.011
	钢筋	kg						
	砾石20～80	m^3					1.01	0.714
	砾石5～50	m^3						0.36

综合项目	编号	项目名称	单位	单价	2-18	2-19	2-20	2-21	2-24	2-28
	2—4	基础土方深4m以内	m^3	2.12						
	2—3	基础土方深2m以内	m^3	1.74	2.50			4.10		2.00
	81	M5.0混合砂浆砖基础	m^3	34.44	1	2.56	2.00		2.00	
	82	M5.0水泥砂浆砖基础	m^3	35.67						
	180	M5.0水泥砂浆毛石基础	m^3	27.12		1				
	127	水泥砂浆防潮层	m^2	1.68	0.8		1	1		
	209	C10混凝土带形基础	m^3	49.36		0.8	0.8	0.8	1	
	207	C15钢筋混凝土带形基础	m^3	97.77						1

二、概算指标

（一）概算指标的概念

概算指标是指以每 100m² 建筑物面积或每 1000m³ 建筑物体积（如是构筑物，则以座为单位）为对象，确定其所需消耗人工、材料和机械台班的数量标准。

从上述概念可以看出，概算定额与概算指标的主要区别如下：

1. 确定各种消耗量指标的对象不同，概算定额是以单位扩大分项工程或单位扩大结构构件为对象，而概算指标则是以整个建筑物（如 100m² 或 1000m³ 建筑物）和构筑物（如座）为对象。因此，概算指标比概算定额更加综合与扩大。

2. 确定各种消耗量指标的依据不同，概算定额是以现行预算定额为基础，通过计算之后才综合确定出各种消耗量指标，而概算指标中各种消耗量指标的确定，则主要来自各种预算或结算资料。

（二）概算指标的表现形式

1. 综合概算指标

综合概算指标是指按工业或民用建筑及其结构类型而制定的概算指标。综合概算指标的概括性较大，其准确性、针对性不如单项指标。表 2-6、表 2-7、表 2-8、表 2-9、表 2-10、表 2-11 均是按某省的预算和结算资料确定的一些综合概算指标。

2. 单项概算指标

单项概算指标是指为某种建筑物或构筑物编制的概算指标。其针对性较强，故指标中对工程结构形式要作介绍。只要工程项目的结构形式及工程内容与单项指标中的工程概况相吻合，编制出的设计概算就比较准确。单项工程概算指标形式见表 2-6～2-13（摘自北京建筑工程单项概算指标）。

某砖混结构住宅概算指标

建筑面积：2785.78m²　　　　建筑层数：6 层

工程概况：钢筋混凝土钻孔灌注桩基础；后外墙 37cm，与之钢筋混凝土空心楼板 13cm 厚，水泥焦渣保温层，二毡三油防水层；钢窗、木门；水泥砂浆地面；室内墙、顶一般抹灰；室外装修清水墙勾缝和干粘石、水刷石；闭式散热器采暖；户厕，座式便器，浴盆和脸盆；塑料管暗配电线，白炽灯、日光灯照明。

宿舍工程建筑实物量综合指标　　表 2-6

序号	项　目	单位	工 程 量		直 接 费		
			每 km²	每万元	元/ km²	占直接费比率（%）	占造价比率（%）
1	土方工程	m³	364	32	1009	1.21	0.89
2	基础工程	m³	131	11.58	9030	10.87	7.96
3	砖砌体工程	m³	427	37.67	21531	25.94	18.98
4	混凝土工程	m³	120	10.66	21252	25.61	18.74
	其中：预制构件制作	m³	96	8.50	(170927)	(15.54)	(11.37)
5	木作工程	m²			11309	13.63	9.97
	其中：门制作	m²	278	25	(6264)	(7.55)	(5.52)

续表

序号	项　　目	单位	工　程　量		直　接　费		
			每 km^2	每万元	元/ km^2	占直接费比率（%）	占造价比率（%）
	窗制作	m^2	107	9.48	（1735）	（2.09）	（1.53）
6	楼地面工程	m^2	899	79.51	2678	3.28	2.36
7	屋面工程	m^2	216	19.10	1851	2.25	1.63
8	装饰工程	m^2			8095	7.74	7.13
	其中：顶棚抹灰	m^2	1078	95.34	（936）	（1.23）	（0.38）
	内墙抹灰	m^2	2898	256	（9793）	（4.57）	（3.34）
	外墙抹灰	m^2	1704	151	（3196）	（3.85）	（2.82）
9	金属工程	t	0.61	0.54	547	0.70	0.48
10	其他（包括调价）	元		503	5694	6.84	5.02
11	直接费	元		7316	82996	100	73.16
12	间接费	元		2864	30438	—	26.84
13	合计	元		10000	113434	—	100.00

宿舍工程直接费、间接费占工程总造价的综合指标　　　　**表 2-7**

费用名称	人工费	材料费	机械费	间接费	合　计
占直接费比率（%）	10～8	80～85	5～8	31～36	100
占总造价比率（%）	6～9	60～63	4～5	12～26	100

注：建筑特征：6层，层高 3m，带形基础，木门，木窗，磋砂外抹，混合砂浆内抹，刚性屋面。

单层工业建筑实物量综合指标　　　　**表 2-8**

序　号	项　　目	单　位	工　程　量		工　作　量	
			每 km^2	每万元	占造价比率（%）	占直接费比率（%）
1	土方工程	m^3	833	42	2.09	2.84
2	基础工程	m^3	84	4	2.44	3.31
3	砖砌体工程	m^3	644	32	14.49	19.64
4	混凝土工程	m^3	200	10	18	24.4
5	门工程	m^2	146	7.3	2.56	3.46
6	窗工程	m^2	640	32	11.22	15.13
7	楼地面工程	m^2	957	48	2.29	3.11
8	屋面工程	m^2	1077	54	4.68	6.35
9	装饰工程	m^2	7673	384	6.90	9.36
	其中：抹灰、粉刷	m^2	（6418）	（521）	（5.37）	（7.29）
10	金属工程	t	1.98	0.1	0.89	1.21
11	其他工程	元	16414	821	8.21	11.13
12	直接费	元	147535	7377	73.77	100
13	间接费	元	52465	2623	26.23	
14	合计	元		10000	100.00	

按用途、结构分的房屋建筑单方造价资料 **表 2-9**

序号	项目名称	本年竣工房屋单方造价（元·m^{-2}）	按结构分				
			钢结构	钢筋混凝土结构	混合结构	砖木结构	其他结构
1	高层建筑	266	259	282	205		247
2	住宅	205		225	145		207
3	厂房	247	484	245	213	123	188
4	多层厂房	246	560	241	220	151	239
5	仓库	174	150	198	147	134	126
6	多层仓库	186	254	193	149	83	144
7	商业服务业	199		232	173	143	180
8	住宅	141		165	140	152	144
9	集体宿舍	126		188	123	136	109
10	家属宿舍	144		167	143	156	142
11	办公室	168		218	150	172	125
12	文化教育用房	179	369	208	170	145	273
13	医疗用房	226		284	198	172	183
14	科学实验用房	208	275	288	179	267	286

宿舍工程每 1000m^2 建筑面积主要材料消耗量综合参考指标 **表 2-10**

序号	材料名称	单位	每 1000m^2 数量	序号	材料名称	单位	每 1000m^2 数量
1	钢材	t	16～19	6	石子	m^3	180～200
2	锯材	m^3	30～40	7	油毡	m^2	560
	其中：木门窗	m^3	15～20	8	玻璃	m^2	210～250
3	水泥	t	130～150	9	油漆	kg	150～200
4	标砖	千块	240～280	10	沥青	t	1.2～1.6
	其中：基础	千块	50～60	11	铁钉	kg	100～150
5	砂	m^3	280～350	12	生石灰	t	25～30

多层现浇框架建筑每 1000m^2 建筑面积主要材料消耗量综合参考指标 **表 2-11**

序号	材料名称	单位	每 1000m^2 数量	序号	材料名称	单位	每 1000m^2 数量
1	钢材	t	40～45	6	石 子	m^3	550～650
2	锯 材	m^3	60～70	7	油 毡	m^2	600
	其中：木门	m^3	10～15	8	玻 璃	m^2	280～310
3	水 泥	t	184～200	9	油 漆	kg	200～300
4	标 砖	千块	146～190	10	沥 青	t	1.3～1.7
5	砂	m^3	700～800	11	铁 钉	kg	120～160

工程造价及工程费用组成 **表 2-12**

项目		单方指标（元·m^{-2}）	其中各种费用占造价比率（%）							
			直接费					施工管理费	成本外独立费	法定利润
			人工费	材料费	机械费	其他直接费	直接费小计			
工程造价		164.68	6.35	66.53	3.02	4.36	83.26	9.13	5.66	1.95
其中	土建工程	141.74	6.35	68.07	3.46	4.80	82.86	9.30	5.84	2.00
	采暖工程	5.45	4.69	80.78	0.33	1.50	87.30	7.17	4.13	1.40
	上下水工程	11.53	3.77	84.34	0.26	1.20	89.57	5.75	3.55	1.13
	电照工程	5.96	8.69	65.38	0.61	2.78	77.46	13.30	6.63	2.61

土建工程预算分部构成比率及主要工程量见表 2-13，工料消耗指标见表 2-14。

土建工程预算分部构成比率及主要工程量表 表 2-13

项　　目	单位	每 m^2 工程量	占直接费比率（%）	说　明
一、基础工程			18.14	
挖土	m^3	0.332		
现浇钢筋混凝土桩基础	m^3	0.137		
现浇钢筋混凝土承台梁	m^3	0.024		
混凝土垫层	m^3	0.0003		包括室外平台
砖基础	m^3	0.054		
钢筋混凝土基础圈梁	m^3	0.005		
钢筋混凝土构造柱基础	m^3	0.002		
回填土	m^3	0.324		
二、结构工程			44.79	
砖砌外墙	m^3	0.158		
砖砌内墙	m^3	0.187		
砖砌隔墙	m^3	0.032		包括女儿墙
加气混凝土墙	m^3	0.005		
其他砌砖	m^3	0.0002		
现浇钢筋混凝土构造柱	m^3	0.02		包括水箱间
现浇钢筋混凝土圈梁	m^3	0.021		
现浇钢筋混凝土平板	m^3	0.002		
现浇钢筋混凝土阳台锚固梁	m^3	0.0004		
现浇钢筋混凝土叠合梁	m^3	0.006		包括压顶
板缝混凝土	m^3	0.012		
其他现浇混凝土	m^3	0.001		
预制钢筋混凝土构件	m^3	0.078		
预制钢筋混凝土阳台栏板	m^3	0.003		
三、屋面工程			1.86	
水泥焦渣保温层	m^3	0.031		
二毡三油防水层	m^2	0.183		
四、门窗工程			19.23	
木门	m^2	0.25		
木窗	m^2	0.001		
钢窗	m^2	0.170		
五、楼地面工程			2.26	
灰土垫层	m^2	0.013		包括楼梯
混凝土地面	m^2	0.672		
水泥砂浆地面	m^2	0.241		
六、室内装修工程			7.41	
墙面抹灰	m^2	0.203		
顶板抹灰	m^2	0.796		
墙裙抹灰	m^2	0.318		
窗台抹灰	m^2	0.027		
水磨石台板	m^2	0.009		
浴盆贴瓷砖	m^2	0.013		
楼梯栏杆	kg	0.535		

续表

项目	单位	每 m^2 工程量	占直接费比率（%）	说明
七、外墙装饰工程			6.31	
墙面勾缝	m^2	0.619		
墙面干粘石	m^2	0.039		包括室外平台
勒脚水刷石	m^2	0.039		包括女儿墙
门套水刷石	m^2	0.009		包括室外平台
腰线干粘石	m^2	0.024		
窗台抹灰	m^2	0.038		
檐下抹灰	m^2	0.024		
雨棚干粘石	m^2	0.005		
阳台干粘石	m^2	0.107		
阳台隔板抹灰	m^2	0.042		
阳台抹灰	m^2	0.061		
其他抹灰	m^2	0.048		包括室外平台
台阶抹灰	m^2	0.007		包括室外平台
散水抹灰	m^2	0.02		

工料消耗指标 表 2-14

项目	单位	每 m^2 耗用量	每万元耗用量	备注	项目	单位	每 m^2 耗用量	每万元耗用量	备注
一、定额用工	工日	4.11	249.27		加气混凝土	m^3	0.003	0.19	
土建工程	工日	3.57	216.55		石碴	kg	1.396	84.15	
设备工程	工日	0.54	32.72		焦渣	m^3	0.013	0.81	
二、材料消耗					陶瓷锦砖	m^2	0.013	0.78	
标准砖	千块	0.231	14.02		镀锌铁皮	kg	0.014	0.84	
砂	t	0.45	27.35		钢板	kg	0.045	0.74	
石子	t	0.314	19.06		型钢	kg	0.505	30.64	
石灰	t	0.03	1.80		散热器	kg	0.044	2.70	
钢筋	t	0.139	8.47		焊接钢管	kg	0.843	51.19	闭式
木材	m^3	0.01	0.63		镀锌钢管	kg	0.512	31.09	
玻璃	m^2	0.01	0.58		铸铁管	kg	0.252	197.48	
沥青	kg	0.182	11.04		穿线钢管	m	0.004	0.22	
油毡	m^2	1.07	64.96		硬塑料管	m	0.121	7.37	
各种油漆	kg	0.462	26.03		塑料软管	m	0.95	57.71	
纤维板	m^2	0.285	19.47		电线	m	2.819	171.34	

注：本表不包括外加工预制钢筋 0.154t 混凝土构件 9.37m^3、钢木门窗工料。

（三）概算指标的应用

1. 概算指标的直接套用

直接套用概算指标时，应注意以下问题：

（1）拟建工程的建设地点与概算指标中的工程地点在同一地区；

（2）拟建工程的外形特征和结构特征与概算指标中的工程外形、结构大体相同；

（3）拟建工程的建筑面积、层数与概算指标中工程的建筑面积、层数相差不大。

2. 概算指标的调整

用概算指标编制工程概算时，不易选到与概算指标中工程结构特征完全相同的概算指标，实际工程与概算指标的内容存在一定的差异。此时，需对概算指标进行调整，调整的方法如下：

(1) 每 $100m^2$ 造价调整思路：同定额换算，即从原每 $100m^2$ 概算造价中，减去每 $100m^2$ 造价调整指标，再将每 $100m^2$ 造价调整指标乘以设计对象的建筑面积，得到拟建工程的概算造价。

(2) 每 $100m^2$ 造价调整公式：

每 $100m^2$ 建筑面积造价调整指标＝所选概算造价－每 $100m^2$ 换出结构构件的价值
＋每 $100m^2$ 换入结构构件的价值 (2-69)

式中 换入结构构件的价值＝原指标中结构构件工程量×地区概算定额基价 (2-70)

换入结构构件的价值＝拟建工程中结构构件的工程量×地区概算定额基价 (2-71)

【例 2-20】 某拟建工程，建筑面积为 $3580m^2$，按图算出一砖外墙为 $646.97m^3$，木窗 $613.72m^2$。所选定的概算指标中，每 $100m^2$ 建筑面积有一砖半外墙 $25.71m^3$，钢窗 $15.50m^2$，每 $100m^2$ 概算造价为 29767 元，试求调整后每 $100m^2$ 概算造价及拟建工程的概算造价。

【解】 概算指标调整详见表 2-15。

概算指标调整计算表 **表 2-15**

序号	概算定额编号	构 件	单位	数 量	单 价	复 价	备 注
	换入部分						
1	2—78	1 砖外墙	m^3	18.07	88.31	1596	$\frac{646.97}{35.8}=18.07$
2	4—68	木窗	m^2	17.148	39.45	676	$\frac{613.72}{35.8}=17.148$
						2272	
	换出部分						
3	2—78	1.5 砖外墙	m^3	25.71	87.20	2242	
4	4—90	钢窗	m^2	15.5	74.2	1150	
	小计					3392	

建筑面积调整概算造价＝(29767＋2272－3392)(元/$100m^2$)＝28647(元/$100m^2$)

拟建工程的概算造价为

$$35.8\times100(m^2)\times(28647\ 元/100m^2)=1025562(元)$$

(3) 每 $100m^2$ 中工料数量的调整：调整的思路是，从所选定指标的工料消耗量中，换出与拟建工程不同的结构构件的工料消耗量，换入所需结构构件的工料消耗量。

关于换出换入的工料数量，是根据换入结构全部的工程量乘以相应的概算定额中工程消耗量指标而得出的。

根据调整后的工料消耗量和地区材料预算价格，人工工资标准，机械台班预算单价，计算每 $100m^2$ 的概算基价，然后依据有关取费规定，计算每 $100m^2$ 的概算造价。

单项工程指标一般以单项工程生产能力单位投资，如元/t 或其他单位表示。如：变配电站：元/kW；锅炉房（按蒸汽计量）：元/t；供水站：元/m^3；办公室、仓库、住宅等房屋则区别不同结构形式以元/m^2 表示。

复习思考题

1. 什么是定额？什么是建设工程定额？定额有何特性？

2. 建设工程定额是怎样进行分类的？它们各分为哪几种？

3. 什么是劳动定额？有哪几种表示方法？相互之间有何关系？

4. 劳动定额的制定方法有哪几种？各有哪些优缺点？

5. 什么是机械台班使用定额？有哪几种表示方法？相互之间有何关系？

6. 人工挖 1m^3 地槽（深 1m，槽宽 0.8m，三类土）的时间定额和产量定额是多少？如果槽深在 3m 时，时间定额和产量定额又是多少？

7. 某瓦工班 12 人砌双面清水 1 砖外墙 120m^3（运输采用机吊）。已知定额规定技工每工日砌 1.8m^3，运输每工日 2.11m^3，调制砂浆每工日 12.2m^3。试计算该班需要几天完成，技工、普工各需要多少人？

8. 88.2kW 推土机平整场地 500m^3 土方，推土距离 60m 以内，三类土，试计算需要多少台班才能完成？

9. 什么是材料消耗定额？它由哪几部分组成？它们之间有何关系？

10. 材料消耗定额的编制方法有哪几种？它们各有哪些优缺点？

11. 什么是周转性材料？编制其材料消耗量时需要考虑哪些因素？

12. 采用 1∶1 水泥砂浆贴 150mm×150mm×5mm 瓷砖墙面，结合层厚度 10mm。试计算每 100m^2 墙面瓷砖和砂浆的总消耗量（灰缝宽 2mm）。瓷砖损耗率为 1.5%，砂浆损耗率为 1%。

13. 什么是企业定额？它有何特点？有哪些重要作用？

14. 企业定额的编制包括哪些主要内容？其主要消耗量是如何确定的？

15. 编制企业定额的方法有哪几种？编制程序是什么？

16. 什么是预算定额？其作用有哪些？

17. 预算定额中人工消耗量指标包括哪些用工？主要材料消耗用量是如何确定的？

18. 什么是周转性材料？它的消耗量是怎样计算的？

19. 预算定额中的人工工资标准由哪几部分组成？

20. 材料预算价格由哪些费用构成？如何正确确定材料的原价？

21. 什么是机械台班使用费？它由哪些费用构成？

22. 按照各地区预算定额的规定，试计算 120 水泥砂浆砖基础的预算价值（直接费）、人工费、材料费、机械费和主要材料用量。

23. 某工字柱断面最小处为 80mm，每根混凝土柱体积在 2m^3 以内，设计要求用 C25 号碎石混凝土预制。试计算每 10m^3 的换算价格。

24. 某车间混凝土墙面抹灰工程，设计图纸要求用 1∶0.5∶2.5 水泥石灰砂浆 20mm 厚，麻刀灰面层 2mm 厚。试计算该项 100m^2 抹灰面积的换算价格。

25. 什么叫概算定额？它有哪些作用？

26. 什么叫概算指标？有何特点？

27. 概算定额与概算指标区别在哪里？

第三章　建筑与安装工程预算造价

第一节　总 费 用 构 成

一、工程造价的理论构成

价格是以货币形式表现的商品价值。价值是价格形成的基础。商品的价值是由社会必要劳动所耗费的时间来确定的。商品生产中社会必要劳动时间消耗越多，商品中所含的价值量就越大；反之，商品中凝结的社会必要劳动时间就越少，商品的价值量就越低。工程造价包含下列三方面：

1. 建设工程物质消耗转移价值的货币表现。包括建筑材料、燃料、设备等物化劳动和建筑机械台班、工具的消耗。

2. 建设工程中，劳动工资报酬支出即劳动者为自己的劳动创造的价值的货币表现。包括劳动者的工资和奖金等费用。

3. 盈利即劳动者为社会创造价值的货币表现。如设计、施工、建设单位的利润和税金等。理论上工程造价的基本构成如图 3-1 所示。

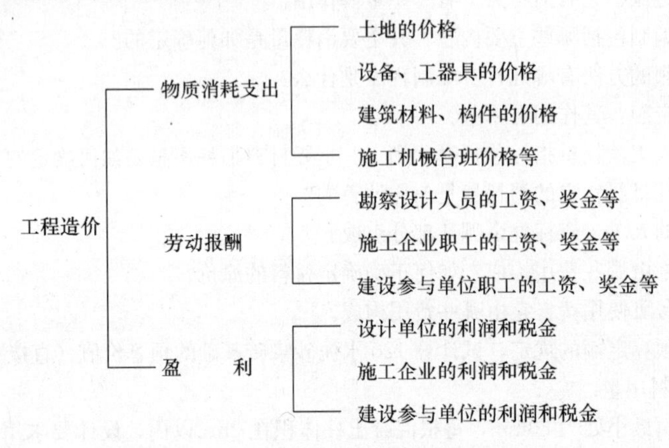

图 3-1　理论上工程造价的基本构成

二、我国现行建设项目总投资与工程造价构成

建设项目总投资包括固定资产投资和流动资产投资两部分，建设项目总投资中的固定资产投资与建设项目的工程造价在量上相等，具体内容见图 3-2。

我国现行工程造价的构成主要划分为：设备及工器具购置费用、建筑安装工程费用、工程建设其他费用、预备费、建设期贷款利息等。其中设备及工器具购置费用是指业主购置设备的原价及运杂费和工器具的购置费用。建筑安装工程费用是业主支付给承包商的全部生产费用，包括建筑物或构筑物的建造及相关准备、清理工程的费用、设备的安装费用等。工程建设其他费用系指工程建设期间为确保工程顺利进行，未纳入上述两项的有关费用，主要包含三类：第一类是土地使用费；第二类是与工程建设有关的其他费用；第三类是与未来企业生产经营有关的其他费用。工程造价中的预备费在世界银行和国际咨询工程师联合会中将其称为“应急费”。我国现行规定的预备费主要由基本预备费和涨价预备费两项构成。基本预备费是指因设计发生重大变更、一般性自然灾害或对隐蔽工程进行必要的修复及挖掘造成损失等所增加的费用；涨价预备费则是在建设期间因价格变化所引起的工程造价增减的预测预留费用，例如：人工、设备、材料、机械台班的价差费、建安工程费用及工程建设其他费用的调整，利率、汇率等的调整所增加的费用。建设期贷款利息指项目在建设期间借贷工程建设资金所产生的全部利息总和，可按规定的利率进行计算。固定资产投资方向调节税，是为了引导投资方向，调节投资结构，对国内进行固定资产投资的单位和个人征收的固定资产投资方向调节税（目前暂时停止征收）。

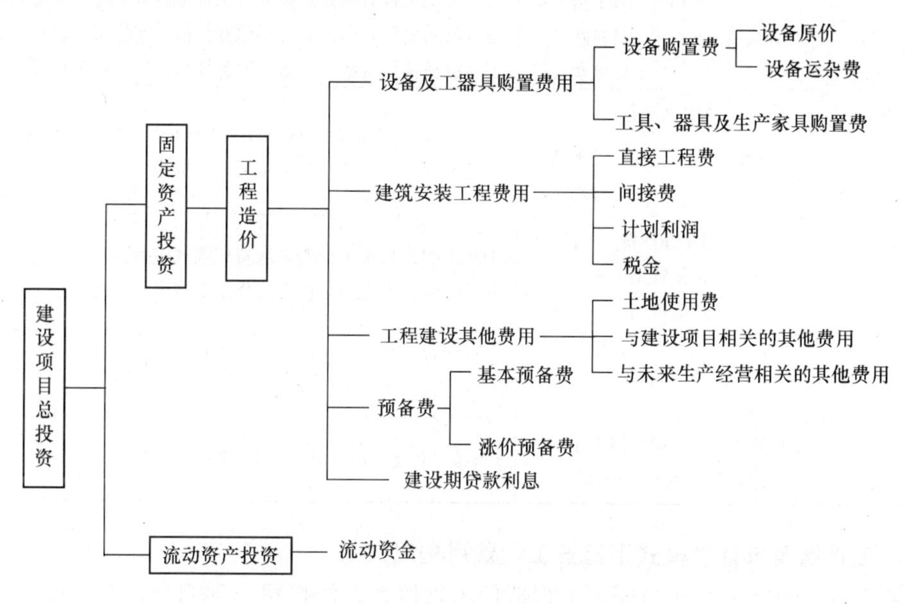

图 3-2 建设项目总投资构成

第二节 两种计价模式的费用构成比较

一、定额计价模式下建安工程费用构成

我国传统定额计价模式下，建筑安装工程造价由直接工程费、间接费、计划利润和税金组成。工程量清单计价模式，就费用构成与定额计价模式费用构成具有相当大的差异。定额计价模式下费用构成包括：

（一）直接工程费

定额计价模式下直接工程费是由直接费和现场经费组成。其中，直接费包括人工费、材料费和机械费。

（二）间接费

建筑安装工程间接费指建筑安装企业为组织施工和从事经营管理，以及间接为建筑安装工程生产服务的各项费用。间接费用主要包括企业管理费、财务费和其他费用。

（三）计划利润

建筑安装工程费用中的计划利润指按规定应计入建筑安装工程造价的利润，是按相应的计费基础乘以利润率确定。

（四）税金

建筑安装工程费用中的税金指国家税法规定的应计入建筑安装工程费用的营业税、城市维护建设税及教育费附加。

定额计价模式下建安工程费用的构成见表 3-1。

建安工程预算造价的构成　　**表 3-1**

费用项目			参考计算方法
直接工程费（一）	直接费	人工费	∑（人工工日概预算定额×日工资单价×实物工程量）
		材料费	∑（材料概预算定额×材料预算价格×实物工程量）
		机械费	∑（机械预算定额×机械台班预算单价×实物工程量）
	其他直接费		土建工程：（人工费＋材料费＋机械费）×取费定额规定费率 安装工程：人工费×取费定额规定费率
	现场经费	临时设施费 现场管理费	
间接费（二）	企业管理费 财务费用 其他费用		土建工程：直接工程费×取费定额规定费率 安装工程：人工费×取费定额规定费率
（三）	计划利润		土建工程：直接工程费×取费定额规定费率 安装工程：人工费×计划利润率
（四）	税金（含营业税、城市维护建设税、教育费附加）		（直接工程费＋间接费＋计划利润）×税率

二、工程量清单计价模式下建安工程费用构成

按照表 3-2 的规定，建筑安装工程造价由直接费、间接费、利润和税金组成。

我国工程量清单模式下建安工程预算造价的构成　　**表 3-2**

费用项目			参考计算方法
直接费（一）	直接工程费	人工费	∑(人工工日概预算定额×日工资单价×实物工程量)
		材料费	∑(材料概预算定额×材料预算价格×实物工程量)
		机械费	∑(机械预算定额×机械台班预算单价×实物工程量)
	措施费	环境保护费；文明施工费；安全施工费；临时设施费；夜间施工费；二次搬运费； 大型机械设备进出场及安拆费；混凝土、钢筋混凝土模板及支架费；脚手架费；已完工程及设备保护费；施工排水、降水费	通用措施费项目的计算方法 建标[2003]206 号文

续表

费用项目		参考计算方法
间接费（二）	规费	工程排污费；工程定额测定费；社会保障费（①养老保险费②失业保险费③医疗保险费）；住房公积金；危险作业意外伤害保险
	企业管理费	管理人员工资；办公费；差旅交通费；固定资产使用费；工具用具使用费；劳动保险费；工会经费；职工教育经费；财产保险费；财务费；税金；其他
（三）	利润	土建工程：直接工程费×取费定额规定费率 安装工程：人工费×利润率
（四）	税金（含营业税、城市维护建设税、教育费附加）	（直接工程费＋间接费＋计划利润）×税率或（税前造价＋利润）×税率

注：安装工程仍以人工费为计费基础。

（一）直接费

工程量清单计价模式下，建筑安装工程直接费由直接工程费和措施费组成。

1. 直接工程费

直接工程费指施工过程中构成工程实体的直接耗费和有助于工程形成的各项费用。包括人工费、材料费和施工机械使用费。

（1）人工费：指直接从事建筑安装工程施工的生产工人开支的各项费用。

（2）材料费：是指施工过程中耗费的构成工程实体的原材料、辅助材料、构配件、零件、半成品的费用。内容包括：材料原价（或供应价）；材料运杂费；运输损耗费；采购及保管费；检验试验费等五项。其计算公式为：

材料费＝∑（材料消耗量×材料基价）＋检验试验费　　(3-1)

1）材料基价

材料基价＝（供应价格＋运杂费）×［1＋运输损耗率（％）］
×［1＋采购保管费率（％）］　　(3-2)

2）检验试验费

检验试验费＝∑（单位材料量检验试验费×材料消耗量）　　(3-3)

（3）施工机械使用费：指施工机械作业所发生的机械使用费以及机械安拆费和场外运费。

施工机械使用费＝∑（施工机械台班消耗量×机械台班单价）　　(3-4)

机械台班单价

台班单价＝台班折旧费＋台班大修费＋台班经常修理费＋台班安拆费及场外运费
＋台班人工费＋台班燃料动力费＋台班养路费及车船使用税　　(3-5)

2. 措施费

措施费是指为完成工程项目施工，发生在该工程施工前和施工过程中非工程实体项目的费用。此处只列通用措施费项目的计算方法，各专业工程的专用措施费项目的计算方法由各地区或国务院有关专业主管部门的工程造价管理机构自行制定。其内容如下：

（1）环境保护费：指施工现场为达到环保部门要求所需要的各项费用。

$$环境保护费=直接工程费\times环境保护费费率(\%) \tag{3-6}$$

$$环境保护费费率(\%)=\frac{本项费用年度平均支出}{全年建安产值\times直接工程费占总造价比例(\%)} \tag{3-7}$$

(2) 文明施工费：指施工现场文明施工所需要的各项费用。

$$文明施工费=直接工程费\times文明施工费费率(\%) \tag{3-8}$$

$$文明施工费费率(\%)=\frac{本项费用年度平均支出}{全年建安产值\times直接工程费占总造价比例(\%)} \tag{3-9}$$

(3) 安全施工费：指施工现场安全施工所需要的各项费用。

$$安全施工费=直接工程费\times安全施工费费率(\%) \tag{3-10}$$

$$安全施工费费率(\%)=\frac{本项费用年度平均支出}{全年建安产值\times直接工程费占总造价比例(\%)} \tag{3-11}$$

(4) 临时设施费：指施工企业为进行建筑工程施工所必须搭设的生活和生产用的临时建筑物、构筑物和其他临时设施费用等。包括临时宿舍、文化福利以及公用事业房屋与构筑物、仓库、办公室、加工厂以及规定范围内道路、水、电、管线等临时设施和小型临时设施。其费用包括临时设施的搭设、维修、拆除费或摊销费。具体费用有周转使用临建（如活动房屋）；一次性使用临建（如简易建筑）；其他临时设施（如临时管线）三部分。

$$临时设施费=(周转使用临建费+一次性使用临建费)\times(1+其他临时设施所占比例(\%)) \tag{3-12}$$

其中：

1) 周转使用临建费

$$周转使用临建费=\frac{\sum[临建面积\times每平方米造价\times工期(天)]}{使用年限\times365\times利用率(\%)}+一次性拆除费 \tag{3-13}$$

2) 一次性使用临建费

$$一次性使用临建费=\sum临建面积\times每平方米造价\times[1-残值率(\%)]+一次性拆除费 \tag{3-14}$$

3) 其他临时设施在临时设施费中所占比例，可由各地区造价管理部门依据典型施工企业的成本资料经分析后综合测定。

(5) 夜间施工增加费：指因夜间施工所发生的夜间补助费、夜间施工降效、夜间施工照明设备摊销以及照明用电等费用。

$$夜间施工增加费=\frac{(1-合同工期)}{定额工期}\times\frac{直接工程费中的人工费合计}{平均日工资单价}\times每工日夜间施工费开支 \tag{3-15}$$

(6) 二次搬运费：指因施工场地狭小等特殊情况而发生的二次搬运费用。

$$二次搬运费=直接工程费\times二次搬运费费率(\%) \tag{3-16}$$

$$二次搬运费费率(\%)=\frac{年平均二次搬运费开支额}{全年建安产值\times直接工程费占总造价的比例(\%)} \tag{3-17}$$

(7) 大型机械进出场及安拆费：指机械整体或分体自停放场地运至施工现场或由一个施工地点运至另一个施工地点，所发生的机械进出场运输及转移费用及机械在施工现场进行安装、拆卸所需要的人工费、材料费、机械费、试运转费和安装所需的辅助设施的费用。

$$大型机械进出场及安拆费=\frac{一次进出场及安拆费\times年平均安拆次数}{年工作台班} \tag{3-18}$$

（8）混凝土、钢筋混凝土模板及支架：指混凝土施工过程中需要的各种钢模板、木模板、支架等的支、拆、运输费用及模板、支架的摊销或租赁费用。

1）模板及支架费＝模板摊销量×模板价格＋支、拆、运输费　(3-19)

摊销量＝一次使用量×(1＋施工损耗)×[1＋(周转次数－1)

×补损率/周转次数－(1－补损率)×50%/周转次数]　(3-20)

2）租赁费＝模板使用量×使用日期×租赁价格＋支、拆、运输费　(3-21)

（9）脚手架搭拆费：指施工需要的各种脚手架搭、拆、运输费用及脚手架的摊销或租赁费用。

1）脚手架搭拆费＝脚手架摊销量×脚手架价格＋搭、拆、运输费　(3-22)

$$脚手架摊销量=\frac{单位一次使用量\times(1-残值率)}{耐用期/一次使用期} \tag{3-23}$$

2）租赁费＝脚手架每日租金×搭设周期＋搭、拆、运输费　(3-24)

（10）已完工程及设备保护费：指竣工验收前，对已完工程及设备进行保护所需费用。

已完工程及设备保护费＝成品保护所需机械费＋ 材料费＋人工费　(3-25)

（11）施工排水、降水费：指为确保工程在正常条件下施工，采取各种排水、降水措施所发生的各种费用。

排水降水费＝∑排水降水机械台班费×排水降水周期

＋排水降水使用材料费、人工费　(3-26)

（二）间接费

工程量清单计价模式下，间接费由规费和企业管理费组成。

1. 规费

规费是指政府和有关权利部门规定必须缴纳的费用。内容原则上有五项：

（1）工程排污费：指施工现场按规定缴纳的工程排污费。

（2）工程定额测定费：指按规定支付工程造价管理部门的定额测定费。

（3）社会保险费，包括以下内容：

1）养老保险费：指企业按规定标准为职工缴纳的基本养老保险费。

2）失业保险费：指企业按照国家规定标准为职工缴纳的失业保险费。

3）医疗保险费：指企业按照规定标准为职工缴纳的基本医疗保险费。

（4）住房公积金：指企业按照规定标准为职工缴纳的住房公积金。

（5）危险作业意外伤害保险：指按照建筑法规定，企业为从事危险作业的建筑安装施工人员支付的意外伤害保险费。

规费费率可根据地区典型工程发承包价的分析资料综合取定规费计算中所需数据。可以每万元发承包价中人工费含量和机械费含量；或以人工费占直接费的比例；亦可以每万元发承包价中所含规费缴纳标准的各项基数。

以直接费为计算基础时，规费费率计算公式如下：

$$规费费率(\%)=\frac{\sum 规费缴纳标准\times 每万元发承包价计算基数}{每万元发承包价中的人工费含量}\times 人工费占直接费的比例(\%) \tag{3-27}$$

2. 企业管理费

指建筑安装企业组织施工生产和经营管理所需费用。内容包括：

（1）管理人员工资：指管理人员的基本工资、工资性补贴、职工福利费、劳动保护费等。

（2）办公费：指企业管理办公用的文具、纸张、账表、印刷、邮电、书报、会议、水电、烧水和集体取暖（包括现场临时宿舍取暖）用煤等费用。

（3）差旅交通费：指职工因公出差、调动工作的差旅费、住勤补助费，市内交通费和误餐补助费，职工探亲路费，劳动力招募费，职工离退休、退职一次性路费，工伤人员就医路费，工地转移费以及管理部门使用的交通工具的油料、燃料、养路费及牌照费。

（4）固定资产使用费：指管理和试验部门及附属生产单位使用的属于固定资产的房屋、设备仪器等的折旧、大修、维修或租赁费。

（5）工具用具使用费：指管理使用的不属于固定资产的生产工具、器具、家具、交通工具和检验、试验、测绘、消防用具等的购置、维修和摊销费。

（6）劳动保护费：指由企业支付离退休职工的易地安家补助费、职工退休金、六个月以上的病假人员工资、职工死亡丧葬补助费、抚恤费、按规定支付给离休干部的各项经费。

（7）工会经费：指企业按照职工工资总额计提的工会经费。

（8）职工教育经费：指企业为职工学习先进技术和提高文化水平，按照职工工资总额计提的费用。

（9）财产保险费：指施工管理用财产、车辆保险。

（10）财务费：指企业为筹集资金而发生的各种费用。

（11）税金：指企业按照规定缴纳的房产税、车船使用税、土地使用税、印花税等。

（12）其他：包括技术转让费、技术开发费、业务招待费、绿化费、广告费、公证费、法律顾问费、审计费、咨询费等。

以直接费为计算基础时，企业管理费费率计算公式如下：

$$企业管理费费率(\%)=\frac{生产工人年平均管理费}{年有效施工天数\times 人工单价}\times 人工费占直接费比例(\%) \tag{3-28}$$

$$间接费=直接费合计\times 间接费费率(\%) \tag{3-29}$$

$$间接费费率(\%)=规费费率(\%)+企业管理费费率(\%) \tag{3-30}$$

（三）利润

建筑安装工程费中的利润和税金是建筑安装企业职工为社会所创造的那部分价值在建筑安装工程造价中的体现。建筑安装工程利润随着计算基础的不同，利润计算式可分别表示如下：

1. 以直接费为计算基础时，其利润计算式为：

$$利润=(直接费+间接费)\times 规定利润率，或：$$

$$=（直接工程费+措施费+间接费）\times 利润率 \tag{3-31}$$

2. 以人工费为计算基础时，其利润计算式为：

$$利润 = 人工费合计 \times 规定利润率 \tag{3-32}$$

（四）税金

指国家税法规定的应计入建筑安装工程费用内的营业税、城市维护建设税以及教育费附加等。税金计算公式如下：

$$税金 =（税前造价 + 利润）\times 税率(\%) \tag{3-33}$$

当纳税地点在市区的企业：

$$税率(\%) = \frac{1}{1-3\%-(3\%\times 7\%)-(3\%\times 3\%)}-1 \tag{3-34}$$

当纳税地点在县城、镇的企业：

$$税率(\%) = \frac{1}{1-3\%-(3\%\times 1\%)-(3\%\times 3\%)}-1 \tag{3-35}$$

当纳税地点不在市区、县城、镇的企业：

$$税率(\%) = \frac{1}{1-3\%-(3\%\times 3\%)-(3\%\times 3\%)}-1 \tag{3-36}$$

注：上述费用组成见建标［2004］206号文。

第三节　两种计价模式的计价方法

一、传统计价模式下施工图预算的计价

（一）施工图预算的概念

以施工图为依据，按现行预算定额、费用定额、材料预算价格、地区工资标准以及有关技术、经济文件编制的确定工程造价的文件称为施工图预算。

（二）施工图预算的作用

在社会主义市场经济条件下，施工图预算的主要作用有：

1. 根据施工图预算调整建设投资

施工图预算根据施工图和现行预算定额等规定编制，所确定的单位工程造价是该工程的计划成本，投资方或业主按照施工图预算调整筹集建设资金，并控制资金的合理使用。

2. 根据施工图预算确定标底

对于采用施工招标的工程，施工图预算是编制标底的依据，亦是承包企业投标报价的基础文件。

3. 根据施工图预算拨付和结算工程价款

业主向银行贷款、银行拨款、业主同承包商签定承包合同，双方进行工程结算、决算等均要依据施工图预算。

4. 施工企业根据施工图预算进行运营和经济核算

施工企业进行施工准备，编制施工计划和建筑安装工作量的统计工作，进行经济内部核算，其主要的依据便是施工图预算。

（三）计价依据

建筑与安装工程施工图预算的计价依据主要有：

1. 经会审后的施工图纸（包含施工说明书）；

2. 现行建筑和安装工程预算定额和配套使用的各省、市、自治区的单位计价表；

3. 地区材料预算价格；

4. 费用定额，亦称为安装工程取费标准；

5. 施工图会审纪要；

6. 工程施工及验收规范；

7. 工程承包合同或协议书；

8. 施工组织设计或施工方案；

9. 国家标准图集和相关技术经济文件、预算或工程造价手册、工具书等。

（四）计价条件

建筑与安装工程施工图预算的计价条件主要有：

1. 施工图纸已经会审；

2. 施工组织设计或施工方案已经审批；

3. 工程承包合同已经签订生效。

（五）计价步骤

建筑与安装工程施工图预算的计价步骤主要有：

1. 熟悉施工图纸（读图）；

2. 熟读施工组织设计或施工方案；

3. 熟悉工程合同所划分的内容及范围；

4. 按照施工图纸计算工程量（列项）；

5. 汇总工程量，套用相应定额（填写工、料分析表）；

6. 计算直接工程费；

7. 计算间接费；

8. 计算计划利润；

9. 计算按规定计取的有关税费；

10. 计算含税工程造价；

11. 计算相关技术、经济指标（如单方造价：元/m^2，单方消耗量：钢材 t/ m^2、水泥 kg/ m^2、原木 m^3/m^2）；

12. 写编制说明（内容包括本单位工程施工图预算编制依据、价差的处理、工程图纸中存在的问题等）；

13. 对施工图预算进行校核、审核、审查、签字并盖章。

（六）施工图预算书的装订顺序

施工图预算书的装订顺序为：封面→编制说明→费用计算程序表→工程计价表等。

（七）施工图预算价差的调整

价差产生原因是由于各地区在执行统一定额基价时，执行地区相应同编制地区产生一个“价格上的差异”，可经过测算后用“价差”调整处理，从而形成执行地区的预算单价。价差种类如下：

1. 人工工资价差的调整

长期以来我国各省、市、自治区编制的预算定额或基价表中对日工资单价通常采用工资调整系数进行调整。可由各地区造价部门在某段时期，根据实际情况，经测算后发布执行。其调整公式通常为：

$$日工资单价=基价人工费\times人工工资地区调整系数 \tag{3-37}$$

2. 材料预算单价价差的调整

安装工程预算在使用材料预算价格时，因材料种类繁多，规格亦复杂，尤其在1992年企业转轨后，企业经营机制发生很大变化，市场经济对材料价格的影响更大，故材料调价必须适应形势需要。价差一般分为四种情况。即：

(1) 地区差，反映省与各市、县地区基价的差异，由省、直辖市造价部门测算后公布执行。如成、渝价差。市区内分区价差等一般由本市造价站测算后公布执行。其调整公式为：

$$分区价差额 = 主材数量\times分区价差值\times(1+采购保管费率)$$

(2) 时差（时间差），指定额编制的年度与执行的年度，因时间变化，市场价格波动而产生的材料价差。一般由造价站测算调整系数来计算价差。

(3) 制差（制度差），指在现行管理体制，实行双轨制度下，计划价格（预算价格）同市场价格之差。通常由物价局公布调差系数。

(4) 势差，因供求关系引起市场价格波动，从而形成的价差。

上述材料价差对于地方材料或定额中的辅助性材料（计价材料）的调整多数情况下采用综合系数法。故应及时测算出综合系数，以便进行价差的调整。其测算公式一般为：

$$材料综合调差系数 = \frac{\sum(某材料地区预算价-基价)\times比重\times100\%}{基价} \tag{3-38}$$

单位工程计价材料综合调差额=单位工程计价材料费×材料综合调差系数

对工程进度款进行动态结算时，按照国际惯例，亦可采用调值公式法实行合同总价调整价差。并在双方签订工程合同时就加以明确。其调值公式如下：

$$P = P_0(a_0 + a_1A/A_0 + a_2B/B_0 + a_3C/C_0 + a_4D/D_0 + \cdots) \tag{3-39}$$

式中　P——调值后合同价款或工程实际结算价款；

P_0——合同价款中工程预算进度款；

a_0——固定要素，合同支付中不能调整部分的权重；

a_1、a_2、a_3、a_4——代表合同价款或工程进度款中分别需要调整的因子（如人工费、钢材费用、水泥费用、未计价材料费用、机械台班费用等）在合同总价中所占的比重，其和 $a_0+a_1+a_2+a_3+a_4+\cdots\cdots+a_n$ 应为1；

A_0、B_0、C_0、D_0——投标截止日期前28天与 a_1、a_2、a_3、a_4……相对应的各项费用的基期价格指数或价格；

A、B、C、D——在工程结算月份（报告期）与 a_1、a_2、a_3、a_4……相对应的各项费用的现行价格指数或价格。

在采用该调值公式进行工程价款价差的调整时，首先需要注意固定要素一般的取值范围为0.15～0.35左右；其次各部分成本的比重系数，在招标文件中要求承包方在投标中提出，但亦可由发包方（业主）在招标文件中加以规定，由投标人在一定范围内选定。此外还需注意调整有关各项费用要与合同条款规定相一致，以及调整有关费用的时效性。举一例加以说明。

【例 3-1】 某市建筑工程，合同规定结算款为 100 万元，合同原始报价日期为 1995 年 3 月，工程于 1996 年 5 月建成并交付使用。根据表 3-3 所列数据，计算工程实际结算款。

【解】 实际结算价款＝100(0.15＋0.45×110.1/100＋0.11×98.0/100.8＋0.11×112.9/102.0＋0.05×95.9/93.6＋0.06×98.9/100.2＋0.03×91.1/95.4＋0.04×117.9/93.4)＝100×1.064＝106.4(万元)

经过调值，1996 年 5 月实际结算的工程价款为 106.4 万元，比原始合同价多 6.4 万元。安装工程中对于主要材料，也就是未计价材料，采取"单项调差法"逐项按实调整价差。即：

工程人工费、材料构成比例以及有关造价指数 **表 3-3**

项　目	人工费	钢　材	水　泥	集　料	一级红砖	砂	木　材	不调值费用
比　例	45%	11%	11%	5%	6%	3%	4%	15%
1995 年 3 月指数	100	100.8	102.0	93.6	100.2	95.4	93.4	
1996 年 5 月指数	110.1	98.0	112.9	95.9	98.9	91.1	117.9	

某项材料价差额＝某项材料预算总消耗量×(某项材料地区指导价－某项材料定额预算价) (3-40)

其中，材料指导价，是指"结算指导价"，通常是当地工程造价部门和物价部门共同测定公布的当时某项材料的市场平均价格。

3. 机械台班单价价差的调整

施工机械台班单价价差的调整，是由当地工程造价部门测算出涨跌百分比，并公布执行。其调差公式为：

施工机械台班单价价差＝单位工程机械台班数量×机械台班预算价格×机械台班调差率 (3-41)

二、工程量清单计价模式下工程造价的计价

建设部建标 2003 年颁布的 206 号文颁布后，各地区可依据其精神相应调整费用计算程序。

根据建设部建标 2003 年颁布的 206 号文中第 107 号部令《建筑工程施工发包与承包计价管理办法》的规定，发包与承包价的计算方法分为工料单价法和综合单价法。因此可按这两种计价方法确定计价程序。

(一) 工料单价法计价程序

工料单价法是以分部分项工程量乘以单价后的合计为直接工程费，直接工程费以人工、材料、机械的消耗量及其相应价格确定。直接工程费汇总后另加间接费、利润、税金生成工程发承包价，其计算程序分为三种：

1. 以直接费为计算基础时，其工程造价计算程序见表 3-4。

工程造价计算程序表 **表 3-4**

序号	费用项目	计算方法	备　注
1	直接工程费	按预算表	
2	措施费	按规定标准计算	

续表

序　号	费　用　项　目	计　算　方　法	备　　注
3	小计	1+2	
4	间接费	3×相应费率	
5	利润	(3+4)×相应利润率	
6	合计	3+4+5	
7	含税造价	6×(1+相应税率)	

2. 以人工费和机械费为计算基础时，其工程造价计算程序见表3-5。

工程造价计算程序表　　**表3-5**

序　号	费　用　项　目	计　算　方　法	备　　注
1	直接工程费	按预算表	
2	其中人工费和机械费	按预算表	
3	措施费	按规定标准计算	
4	其中人工费和机械费	按规定标准计算	
5	小计	1+3	
6	人工费和机械费小计	2*	
7	间接费	6×相应费率	
8	利润	6×相应利润率	
9	合计	5+7+8	
10	含税造价	9×(1+相应税率)	

3. 以人工费为计算基础时，其工程造价计算程序见表3-6。

工程造价计算程序表　　**表3-6**

序　号	费　用　项　目	计　算　方　法	备　　注
1	直接工程费	按预算表	
2	直接工程费中人工费	按预算表	
3	措施费	按规定标准计算	
4	措施费中人工费	按规定标准计算	
5	小计	1+3	
6	人工费小计	2*	
7	间接费	6×相应费率	
8	利润	6×相应利润率	
9	合计	5+7+8	
10	含税造价	9×(1+相应税率)	

（二）综合单价法计价程序

综合单价法是以全费用单价作为分部分项工程单价的计算方法，全费用单价经综合计算后生成，其内容包括直接工程费、间接费和利润（措施费也可按照此方法生成全费用价格）。

各分项工程量乘以综合单价的合价汇总后，生成工程发承包价。由于各分部分项工程中的人工、材料、机械含量的比例不同，各分项工程可根据其材料占人工费、材料费、机械费合计的比例（以字母“C”代表该项比值），在以下三种计算程序中选择一种计算其综合单价。

1. 当$C>C_0$（C_0为本地区原费用定额测算所选典型工程材料费占人工费、材料费和机械费合计的比例）时，可采用以人工费、材料费和机械费合计为基数计算该分项的间接费和利润。其工程造价计算程序见表3-7。

工程造价计算程序表　　**表3-7**

序　号	费　用　项　目	计　算　方　法	备　　注
1	分项直接工程费	人工费＋材料费＋机械费	
2	间接费	1×相应费率	
3	利润	（1＋2）×相应利润率	
4	合计	1＋2＋3	
5	含税造价	4×（1＋相应税率）	

2. 当$C<C_0$值的下限时，可采用以人工费和机械费合计为基数计算该分项的间接费和利润。其工程造价计算程序见表3-8。

工程造价计算程序表　　**表3-8**

序　号	费　用　项　目	计　算　方　法	备　　注
1	分项直接工程费	人工费＋材料费＋机械费	
2	其中人工费和机械费	人工费＋机械费	
3	间接费	2×相应费率	
4	利润	2×相应利润率	
5	合计	1＋3＋4	
6	含税造价	5×（1＋相应税率）	

3. 当该分项的直接费仅为人工费，无材料费和机械费时，可采用以人工费为基数计算该分项的间接费和利润。其工程造价计算程序见表3-9。

工程造价计算程序表　　**表3-9**

序　号	费　用　项　目	计　算　方　法	备　　注
1	分项直接工程费	人工费＋材料费＋机械费	
2	直接工程费中人工费	人工费	
3	间接费	2×相应费率	
4	利润	2×相应利润率	
5	合计	1＋3＋4	
6	含税造价	5×（1＋相应税率）	

三、预算书与报价书的内容组成

（一）预算书内容组成

1. 封面：见表 3-10；

2. 编制说明：见表 3-11；

3. 费用计算程序表见表 3-12；

4. 价差调整表（可自行设计）；

5. 工程计价表（亦称工、料分析表，它是施工图预算表格中的核心内容），见表 3-13；

6. 材料、设备数量汇总表（可自行设计）；

7. 工程量计算表（它是施工图预算书的最原始数据、基础资料，预算人员要留底，以便备查），见表 3-14。

封　面　　**表 3-10**

建设工程造价预（结）算书

建设单位：________　单位工程名称：________　建设地点：________

施工单位：________　施工单位取费等级：________　工程类别：________

工程规模：________　工程造价：________　单位造价：________

建设（监理）单位：________　施工（编制）单位：________

技术负责人：________　技术负责人：________

审核人：________　编制人：________

资格证章：　资格证章：

年　月　日

编　制　说　明　　**表 3-11**

编制依据	施工图号	
	合　同	
	使用定额	
	材料价格	
	其　他	
说　明		

建筑工程造价计算程序　　**表 3-12**

序　号	费　用　名　称	计　算　式
1	基价直接费	按基价表计算
2	综合费	1×规定费率
3	劳动保险费	1×规定费率
4	利润	1×规定费率
5	允许按实计算的费用及材料价差	按规定
6	定额编制管理费和劳动定额测定费	(1+2+3+4+5)×规定费率
7	税金	(1+2+3+4+5+6)×规定费率
8	工程造价	1+2+3+4+5+6+7

工　程　计　价　表　　　　表 3-13

序号	定额编号	项目名称	单位	工程量	单价	复价	人工费	机械费	水泥 32.5级 kg	水泥 42.5级 kg	

工程量计算表　　　　表 3-14

序　　号	分项工程名称	单　　位	数　　量	计　　算　　式

其他基础表格（国家没有统一的规定，自行设计）：如基数计算表；门窗统计表；混凝土构件统计表；钢筋计算表。

（二）报价书的内容组成

1. 封面；

2. 投标总价；

3. 工程项目总价表；

4. 单项工程费汇总表；

5. 单位工程费汇总表；

6. 分部分项工程量清单计价表；

7. 措施项目清单计价表；

8. 其他项目清单计价表；

9. 零星工作项目计价表；

10. 分部分项工程量清单综合单价分析表；

11. 措施项目费分析表；

12. 主要材料价格表。

上述表格及内容见第五章。

四、传统费用定额费率等的拟定

（一）工程类别划分

以重庆市为例，建筑与安装工程取费是以工程类别为标准的。表 3-15、表 3-16 即为该市建筑和安装工程类别划分标准。

建筑工程类别划分标准　　　　表 3-15

项　　目				一　类	二　类	三　类	四　类
工业建筑	单层厂房	跨度	m	＞24	＞18	＞12	≤12
		檐高	m	＞20	＞15	＞9	≤9
	多层厂房	面积	m^2	＞8000	＞5000	＞3000	≤3000
		檐高	m	＞36	＞24	＞12	≤12
民用建筑	住宅	层数	层	＞24	＞15	＞7	≤7
		面积	m^2	＞12000	＞8000	＞3000	≤3000
		檐高	m	＞67	＞42	＞20	≤20
	公共建筑	层数	层	＞20	＞13	＞5	≤5
		面积	m^2	＞12000	＞8000	＞3000	≤3000
		檐高	m	＞67	＞42	＞17	≤17
	特殊建筑			Ⅰ级	Ⅱ级	Ⅲ级	Ⅳ级
构筑物		烟囱	高度 m	＞100	＞60	＞30	≤30
		水塔	高度 m	＞40	＞30	≤30	砖水塔
		筒仓	高度 m	＞30	＞20	≤20	砖筒仓
		贮池	容量 m^3	＞2000	＞1000	＞500	≤500

安装工程类别划分标准　　　　表 3-16

编号	一　类	二　类	三　类
一	1. 切削、锻压、铸造、压缩机设备工程 2. 电梯设备工程	1. 起重（含轨道）、输送设备工程 2. 风机、泵设备工程	1. 工业炉设备工程 2. 煤气发生设备工程
二	1. 变配电装置工程 2. 电梯电气装置工程 3. 发电机、电动机、电气装置工程 4. 全面积的防爆电气工程 5. 电气调试	1. 动力控制设备、线路工程 2. 起重设备电气装置工程 3. 舞台照明控制设备、线路、照明器具工程	1. 防雷、接地装置工程 2. 照明控制设备、线路、照明器具工程 3. 10kV 以下架空线路及外线电缆工程
三	各类散装锅炉及配套附属辅助设备工程	各类快装锅炉及配套附属、辅助设备工程	
四	1. 各类专业窑炉工程 2. 含有毒气体的窑炉工程	1. 一般工业窑炉工程 2. 室内烟、风道砌筑工程	室外烟、风道砌筑工程
五	1. 球形罐组对安装工程 2. 气柜制作安装工程 3. 金属油罐制作安装工程 4. 静置设备制作安装工程 5. 跨度 25m 以上桁架制安工程	金属结构制作安装工程，总量 5t 以上	零星金属结构（支架、梯子、小型平台、栏杆）制作安装工程，总量 5t 以下
六	1. 中、高压工艺管道工程 2. 易燃、易爆、有毒、有害介质管道工程	低压工艺管道工程	工业排水管道工程

续表

编号	一 类	二 类	三 类
七	1. 火灾自动报警系统工程 2. 安全防范设备工程	1. 水灭火系统工程 2. 气体灭火系统工程 3. 泡沫灭火系统工程	
八	1. 燃气管道工程 2. 采暖管道工程	1. 室内给排水管道工程 2. 空调循环水管道工程	室外给排水管道工程
九	1. 净化工程 2. 恒温恒湿工程 3. 特殊工程（低温低压）	1. 一类范围的成品管道、部件安装工程 2. 一般空调工程 3. 不锈钢风管工程 4. 工业送、排风工程	1. 二类范围的成品管道、部件安装工程 2. 民用送、排风工程
十	仪表安装、调试工程	1. 仪表线路、管路工程 2. 单独仪表安装不调试工程	
十一		单独防腐蚀工程	1. 单独刷油工程 2. 单独绝热工程
十二	通信设备安装工程	通信线路安装工程	

（二）费用项目及计算顺序的拟定

各个地区按照国家规定的建筑安装工程费用划分和计算，还要根据本地区具体情况拟定需要计算的费用项目。建安工程费用中的直接工程费、间接费、计划利润和税金四个部分是费用计算程序中最基本的组成部分。各地区可结合当地实际情况，在此基础上增加按实际计算的费用以及材料价差调整费用等项目，然后根据确定的项目来排列计算顺序。

（三）费用计算基础和费率的拟定

1. 建筑工程是以直接工程费为基础计算间接费用和计划利润的。安装工程是以人工费为基础计算间接费用和利润的。

工程费用费率的拟定，各地区不尽相同，但多数地区是按照工程的类别规定费用费率。如重庆市的建筑安装工程费率的计取，就是如此。

2. 建筑和安装工程费用标准

重庆市建筑工程综合费、利润标准见表3-17、表3-18，建筑工程综合费构成见表3-19，安装工程综合费、利润标准见表3-20，安装工程综合费构成见表3-21。

建筑工程综合费用标准　　表3-17

工程类别	建筑工程				机械土石方	人工土石方
	一类	二类	三类	四类		
取费基础	基价直接费					基价人工费
取费标准（%）	20.21	18.42	15.73	12.61	17.30	68.82

建筑工程利润标准　　表3-18

工程类别	建筑工程				机械土石方	人工土石方
	一类	二类	三类	四类		
取费基础	基价直接费+综合费					基价人工费
取费标准（%）	10	8.5	5.6	3.8	5.70	17.72
取费基础	基价直接费					基价人工费
取费标准（%）	12.45	10.37	6.64	4.35	6.77	17.72

建筑工程综合费构成比例　　表 3-19

比例(%) 工程名称 / 费用名称	建筑工程				机械土石方	人工土石方
	一　类	二　类	三　类	四　类		
其他直接费	18.56	18.57	16.53	16.34	18.61	18.58
临时设施费	12.37	12.49	13.67	14.67	12.43	12.35
现场管理费	22.51	22.15	23.39	22.52	22.14	22.62
企业管理费	40.28	40.55	40.31	41.24	40.17	40.01
财务费用	6.28	6.24	6.10	5.23	6.65	6.44

安装工程综合费、计划利润标准　　表 3-20

工程项目	取费基础	费用名称	工程类别标准		
			一　类	二　类	三　类
安装工程	基价人工费	综合费	137.92	128.01	113.09
		利　润	65.20	52.16	32.98
炉窑砌筑工程	基价直接费	综合费	21.17	19.69	18.17
		利　润	12.19	9.58	5.88

安装工程综合费构成　　表 3-21

费率(%) / 费用名称	安装工程类别		
	一　类	二　类	三　类
其他直接费	47.12	43.86	39.34
临时设施费	24.90	23.70	22.49
现场管理费	20.67	19.28	16.21
企业管理费	38.83	35.61	30.42
财　务　费	6.40	5.56	4.63
合　　计	137.92	128.01	113.09

复习思考题

1. 简述工程造价的理论构成?
2. 简述我国现行建设项目总投资与工程造价构成?
3. 简述两种计价模式的费用构成与比较?
4. 简述传统计价模式下施工图预算的计价?
5. 简述施工图预算的概念及其作用?
6. 简述施工图预算的计价依据、计价条件与计价步骤?

7. 简述施工图预算书的装订顺序?
8. 简述施工图预算价差的调整?
9. 工程量清单计价模式下工程造价的计价采用什么方法?
10. 预算书与报价书的内容组成有哪些?
11. 传统费用定额对于工程类别划分、费用项目及计算顺序的拟定有哪些规定?
12. 传统费用定额计算基础和费率的拟定有哪些规定?

第四章　工程量清单编制与计量

第一节　概　　述

一、工程量清单及其计价规范

1. 工程量清单

工程量清单是表现拟建工程的分部分项工程项目、措施项目、其他项目名称和相应数量的明细清单，由招标人按照《建筑工程工程量清单计价规范》(GB 50500—2003) 以下简称《计价规范》附录中统一的项目编码、项目名称、计量单位和工程量计算规则、招标文件以及施工图、现场条件计算出的构成工程实体，可供编制标底及投标报价的实物工程量的汇总清单。其内容包括分部分项工程量清单、措施项目清单、其他项目清单。

工程量清单（BOQ）产生于19世纪30年代，当时西方一些国家将工程量的计算、提供工程量清单专业化作为业主估价师的职责。对于所有的投标均要以业主提供的工程量清单为基础，这样可使得最终投标结果具有可比性。

我国如今已加入WTO，必须与国际惯例接轨，在2001年10月25日建设部召开的第四十九次常务会议审议通过，自2001年12月1日起施行的《建筑工程发包与承包计价管理办法》标志着工程量清单报价的开始。国家标准《建设工程工程量清单计价规范》(GB 50500—2003) 于2003年2月17日经建设部第119号公告批准颁布，于2003年7月1日正式实施。此外，《建设工程工程量清单计价规范》和宣贯辅导教材的推出，介绍了计价规范的编制情况、内容以及依据和在招标投标中如何应用上述规范编制工程量清单、编制标底、投标报价。

2.《计价规范》

《计价规范》是统一工程量清单编制，调整建设工程工程量清单计价活动中发包人与承包人各种关系的规范文件。其内容包括五章和五个附录。第一章总则，第二章术语，第三章工程量清单编制，第四章工程量清单计价，第五章工程量清单及其计价格式。附录A为建设工程工程量清单项目以及计算规则，附录B为装饰装修工程工程量清单项目以及计算规则，附录C为安装工程工程量清单项目以及计算规则，附录D为市政工程工程量清单项目以及计算规则，附录E为园林绿化工程工程量清单项目以及计算规则。

《计价规范》的总则共有6条，规定了本规范制订的目的、依据、适用范围、工程量清单计价活动应遵循的基本原则以及附录的作用等。

广义讲《计价规范》适用于建设工程工程量清单计价活动，但就承发包方式而言，主要适用于建设工程招标投标的工程量清单计价活动。工程量清单计价是与现行“定额”计价方式共存于招标投标计价活动中的另一种计价方式。本规范所称建设工程是指建筑工程、装饰装修工程、安装工程、市政工程和园林绿化工程。凡是建设工程招标投标实行工程量清单计价，不论招标主体是政府、国有企事业单位、集体企业、私人企业和外商投资企业，还是资金来源是国有资金、外国政府贷款以及援助资金、私人资金等都应遵守本规范。

二、工程量清单的作用

1. 工程量清单可作为编制标底和投标报价的依据

工程量清单作为信息的载体，为潜在的投标者提供必要的信息，可作为计价、询价、评标和编制标底价和投标报价书的依据。

2. 工程量清单亦可作为支付工程进度款和办理工程结算的依据

工程量清单作为招标文件的重要组成部分，为工程招投标合同价的确定奠定了基础，同时也为合同的签定和未来工程形象进度款的支付、工程完工后办理竣工结算提供了重要依据。

3. 工程量清单还可作为调整工程量以及工程索赔的依据

当工程量清单出现漏项或误算，或者由于设计更改引发新的工程量项目时，承包人可将因工程设计的变更，导致实际发生量与合同规定的用量产生增加或减少，提出索赔，并提供所测算的综合单价，在同业主方和业主委托的工程师商议确认后，由业主方给予经济补偿，即产生索赔。但前提是应扣除合同部分的价值，所以，工程量清单可作为调整工程量以及工程索赔的依据。

三、工程量清单的编制原则

1. 政府宏观调控、企业自主报价、市场竞争形成价格

工程量清单的编制应遵循《计价规范》中附录所规定的工程量计算规则、各分部分项工程分类、项目编码以及计量单位、项目名称统一的原则。企业自主进行报价，反映企业自身的施工方法、人工材料、机械台班消耗量水平以及价格、取费等由企业自定或自选，在政府宏观控制下，由市场全面竞争形成，从而形成工程造价的价格运行机制。

既要统一工程量清单的工程量计算规则，规范建筑安装工程的计价行为，亦要统一建筑安装工程量清单的计算方法。

2. 与现行预算定额既有结合又有所区别的原则

《计价规范》在编制过程中，以现行的建筑工程基础定额、“全国统一安装工程预算定额”、相应的机械台班定额、施工与设计规范、相应标准等为基础，尤其在项目划分、计量单位、工程量计算规则等方面，尽可能的与预算定额衔接。因为预算定额是我国工程造价工作者经过几十年总结得到的，其内容具有一定的科学性和实用性。与工程预算定额有区别的地方是：预算定额是按照计划经济的要求制订发布贯彻执行的，主要表现在其一，定额项目是国家规定以单一的工序为划分项目的原则；其二，施工工艺、施工方法是根据大多数企业的施工方法综合取定的；其三，人工、材料、机械台班消耗量是根据“社会平均水平”综合测定的；其四，取费标准是根据不同地区平均测算的；因此，企业的报价难免表现出平均主义，不利于充分调动企业自主管理的积极性。而工程量清单项目的划分，一般是以一个“综合实体”考虑的，通常包括了多项工程内容，依次规定了相应的工程量计算规则。因此，两者的工程量计算规则是有区别的。

3. 利于进入国际市场竞争，并规范建筑市场计价管理行为

《计价规范》是根据我国当前工程建设市场发展的形势，逐步解决定额计价中与当前

工程建设市场不相适应的因素，适应我国市场经济的发展需要，适应与国际接轨的需要，积极稳妥地推行工程量清单计价，是借鉴了世界银行、FIDIC、英联邦诸多国家以及香港等的一些做法，同时，亦结合了我国现阶段的具体情况。如实体项目的设置，就结合了当前按专业设置的一些情况。

4. 按照统一的格式实行工程量清单计价

工程量清单项目的设置、计量规则、工程量清单编制或报价书（编制标底）等均推行统一格式化。按照计价规范的要求通常工程量清单表格为 7 张，工程量清单计价表格为 12 张。工程量清单的编制与提供通常为业主方负责；而工程量清单计价表格的填写（投标报价书的编制）为承包方完成。

四、工程量清单的编制依据

1. 计价规范及相配套宣贯辅导教材

依据国家标准《计价规范》以及相配套的宣贯辅导教材、建设部 206 号文件；依据统一工程量计算规则和标准格式。

2. 招标文件规定的相关内容

依据招标文件规定的内容进行工程量清单的编制。

3. 现行定额、规范

依据 1999 年建筑工程基础定额、2000 年《全国统一安装工程预算定额》结合地方现行建筑与安装工程预算定额或现行综合定额、《全国统一安装工程施工仪器、仪表台班定额》、现行劳动定额及其相关专业定额；依据现行设计、施工验收规范、安全操作规程、质量评定标准等。

4. 依据设计图纸，现行标准图集

依据施工设计图纸，现行标准图集可同时满足工程量清单计价和定额计价两种模式；依据《计价规范》所规定的标准计价格式。

五、消耗量定额划分

定额作为确定工程造价的基础，尤其在我国，推行采用国际通用的工程量清单计价的通式，不能全盘否定预算定额计价，根据《计价规范》的特征（强制性、实用性、竞争性和通用性），目前许多省、市是采取现行的预算定额体系同工程量清单计价办法相结合的方式，进行工程量清单的报价。因为《计价规范》中对人工、材料和机械台班无具体消耗量描述，投标企业可根据企业的定额和市场价格信息，也可参照建设行政主管部门发布的社会平均消耗量定额进行报价，就是说《计价规范》将报价权交给了企业。投标企业可结合自身的生产率、消耗量水准以及管理能力与已储备的本企业的报价资料，按照《计价规范》规定的原则和方法，进行投标报价。工程造价的最终确定，由承发包双方在市场竞争中按价值规律通过合同来确定。如重庆市为贯彻计价规范的精神，适应工程量清单编制与报价而制定了建筑工程消耗量定额、安装工程消耗量定额等。现以建筑工程消耗量定额为例（该定额从 2003 年 7 月 1 号开始执行），划分为 12 章：第一章为土石方工程；第二章为基础工程；第三章为脚手架工程；第四章为砌筑工程；第五章为混凝土及钢筋混凝土工程；第六章为金属结构工程；第七章为门窗、木结构工程；第八章为楼地面工程；第九章为屋面工程；第十章为防腐、隔热、保温工程；第十一章为抹灰工程；第十二章为垂直运输工程。

六、工程量清单编制综合案例

【例 4-1】 某多层砖混结构住宅楼基础施工图如图 4-1、图 4-2 所示（包括基础平面布置图、基础断面图）。

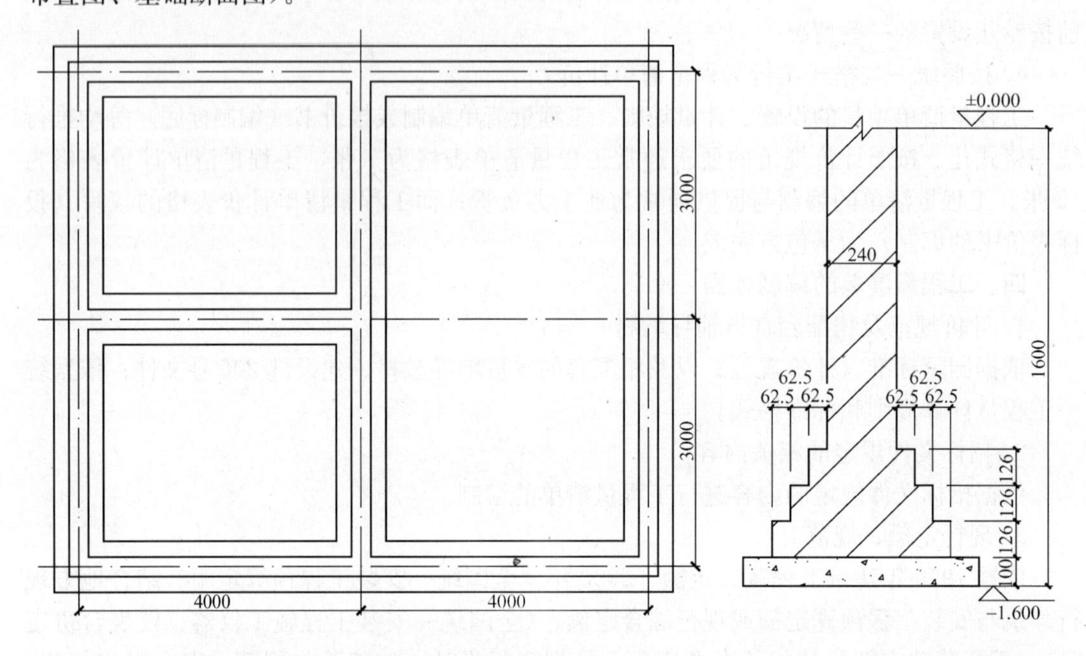

图 4-1 砖基础平面布置　　图 4-2 砖基础断面图

本工程采用条形基础，建筑内外墙及基础为 M5 水泥石灰砂浆砌筑，且内外墙厚均为 240mm，无防潮层，条形基础为三级等高大放脚砖基础，砖基础深 1.5m。砖基础垫层为 C10 混凝土（现场搅拌），厚 100mm，垫层底宽 815mm，垫层底标高为－1.6m。

试编制砖基础工程量清单。

【解】 编制砖基础工程量清单

1. 业主根据条形砖基础断面图和平面布置图、以及《计价规范》求出砖基础的工程量。

$$V_{砖基} = 基础长度(L_{中} + L_{内}) \times 宽度 \times (设计高度 + 大放脚折加高度)$$

$$L = L_{内} + L_{中} = (4 - 0.24) + (6 - 0.24) + (6 + 8) \times 2 = 37.52\text{m}$$

$$大放脚折加高度 = 增加断面面积(大放脚两边) / 基顶宽度(墙厚)$$

$$= 2 \times (126 \times 62.5 \times 3 + 126 \times 62.5 \times 2 + 126 \times 62.5)/240$$

$$= 393.75\text{mm}$$

$$故 V_{砖基} = 37.52 \times 0.24 \times (1.5 + 0.394) = 17.06\text{m}^3$$

$$V_{垫层} = [(4 - 0.815) + (6 - 0.815) + (6 + 8) \times 2] \times 0.815 \times 0.1$$

$$= 36.37 \times 0.815 \times 0.1 = 2.96\text{m}^3$$

2. 根据《计价规范》，进行砖基础项目编码、项目特征描述、编制砖基础工程量清单砖基础分部分项工程量清单，如表 4-1 所示。

分部分项工程量清单 **表 4-1**

工程名称：某多层砖混结构住宅楼（建筑工程） 第1页 共1页

项目编码	项目名称	计量单位	工程数量
010301001001	A.3 砌筑工程 砖基础 垫层材料种类、厚度：C10混凝土垫层、厚100 砖品种、规格、强度等级：MU10机制红砖 基础类型：砖大放脚条形基础 基础深度：1.5m 砂浆强度等级：M5水泥石灰砂浆	m^3	17.06

【例 4-2】 某电话机房照明系统中一回路，如图 4-3 所示。此照明工程相关费用按表 4-2 规定计算。

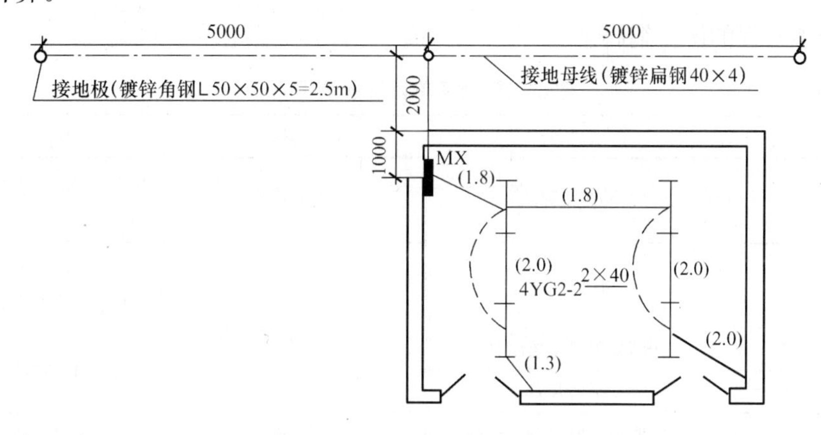

图 4-3 电话机房照明平面图

工程说明：

1. 照明配电箱 MX 为嵌入式安装，箱体尺寸：600mm×400mm×200mm（宽×高×厚），安装高度为下口离地 1.60m。

2. 管路均为电线管 ϕ20 沿砖墙、顶板内暗配，顶板内管标高为 4m。

3. 接地母线采用－40×4 镀锌扁钢，埋深 0.7m，由室外进入外墙皮后的水平长度为 1m，进入配电箱后预留 0.5m。室内外地坪无高差。

4. 单联单控暗开关安装高度为下口离地 1.4m。

5. 接地电阻要求小于 4Ω。

6. 配管水平长度见图示括号内数字，单位为 m。

照明工程相关费用表 **表 4-2**

序号	项目名称	单位	安装费单价（元）					主材	
			人工费	材料费	机械费	管理费	利润	单价	损耗率
1	镀锌钢管 ϕ20 沿砖、混凝土结构暗配	m	1.98	0.58	0.20	1.09	0.89	4.5	1.03
2	管内穿阻燃绝缘导线为 ZR-BV1.5mm^2	m	0.30	0.18	0.00	0.17	0.14	1.20	1.16

续表

序号	项目名称	单位	安装费单价（元）					主材	
			人工费	材料费	机械费	管理费	利润	单价	损耗率
3	接线盒暗装	个	1.20	2.20	0.00	0.66	0.54	2.40	1.02
4	开关盒暗装	个	1.20	2.20	0.00	0.66	0.54	2.40	1.02
5	角钢接地极制作与安装	根	14.51	1.89	14.32	7.98	6.53	42.40	1.03
6	接地母线敷设	m	7.14	0.09	0.21	9.92	3.21	6.30	1.05
7	接地电阻测试	系统	30.00	1.49	14.52	25.31	20.71		
8	配电箱 MX	台	18.22	3.50	0.00	10.02	8.20	58.50	
	荧光灯 4YG2-2 2×40	套	4	2.50	0.00	2.20	1.80	120.00	1.02

分部分项工程的统一编码见表 4-3。

建设工程量清单计价规范编码 **表 4-3**

项目编码	项目名称	项目编码	项目名称
030204018	配电箱	030212001	电气配管（镀锌钢管 ϕ20 沿砖、混凝土结构暗配）
030204019	控制开关	030212003	电气配线（管内穿阻燃绝缘导线 ZRBV1.5mm²）
030204031	小电器(单联单控暗开关)	030213004	荧光灯 4YG2-2 2×40
030209001	接地装置		
030211008	接地装置电阻调整试验	030209002	避雷针装置

要求根据图示内容和《计价规范》的规定，计算相关工程量和编制分部分项工程量清单。

【解】 列表计算工程量，编制电话机房电气照明分部分项工程量清单。见表 4-4。

分部分项工程量清单 **表 4-4**

工程名称：电话机房电气照明

序号	项目编码	项目名称	计量单位	工程数量	计算公式
1	030204018001	配电箱	台	1	
2	030204031001	小电器(单联单控暗开关)	个	2	
3	030209001001	接地装置(角钢接地极 3 根，接地母线 16.42m)	项	1	接地母线＝(5＋5＋2＋1＋0.7＋1.6＋0.5)×1.039＝16.42m
4	030211008001	接地装置电阻调整试验	组	1	
5	030212001001	电气配管(镀锌钢管 ϕ20 沿砖、混凝土结构、暗配)含接线盒 4 个，开关盒 2 个	m	18.10	配管长＝(4－1.6－0.4＋1.8×2＋2×3＋(4－1.4) × 2 ＋ 1.3＝18.10m

续表

序号	项目编码	项 目 名 称	计量单位	工程数量	计 算 公 式
6	030212003001	电气配线（管内穿阻燃绝缘导线 ZRBV1.5mm^2）	m	42.20	配线长＝(4－1.6－0.4＋1.8×2)×2＋(2＋2)×3＋(4－1.4)×2×2＋(2＋1.3)×2＋(0.6＋0.4)×2＝42.20m 或配线长＝[18.10＋(0.6＋0.4)]×2＋2×2＝42.20m
7	030213004001	荧光灯 4YG2-2 2×40	套	4	

第二节　工程量清单的内容

一、计价规范颁布期间

在计价规范颁布期间，各省、直辖市采用的工程量清单报价内容组成中，大多由以下内容组成：

（一）分部分项工程名称以及相应的计量单位和工程数量

（二）说明

1. 分部分项工程工作内容的补充说明；
2. 分部分项工程施工工艺特殊要求的说明；
3. 分部分项工程中主要材料规格、型号以及质量要求的说明；
4. 现场施工条件、自然条件；
5. 其他。

二、计价规范颁布之后

（一）工程量清单编制人

即工程量清单由具有编制招标文件能力的招标人或委托具有资质的工程造价咨询机构、招标代理机构编制。工程量清单包括由承包人完成工程施工的全部项目。

（二）强制性规定

在《计价规范》推出以后，各地区要采用统一的工程量清单格式（封面、填表须知、总说明、分部分项工程量清单、措施项目清单、其他项目清单、零星工作项目表等）。详见《计价规范》第7～14页。工程量清单组成格式如下：

以《计价规范》为例，工程量清单可按照以下格式组成：封面、填表须知、总说明、分部分项工程量清单、措施项目清单、其他项目清单、零星工作项目表。

1. 封面见表4-5。
2. 填表须知见表4-6。
3. 总说明见表4-7。
4. 分部分项工程量清单见表4-8。
5. 措施项目清单见表4-9。
6. 其他项目清单见表4-10。
7. 零星工作项目表见表4-11。

封 面 **表 4-5**

________________工程
工 程 量 清 单
招 标 人：___（略）___（单位签字盖章）
法 定 代 表 人：___（略）___（签字盖章）
造价工程师及注册证号：___（略）___（签字盖执业专用章）
编 制 时 间：2005年4月30日

填 表 须 知 **表 4-6**

填 表 须 知

1. 工程量清单及其计价格式中所有要求签字、盖章的地方，必须由规定的单位和人员签字、盖章。
2. 工程量清单及其计价格式中的任何内容不得随意删除或涂改。
3. 工程量清单计价格式中所列明的所有需要填报的单价和合价，投标人均应填报，未填报的单价和合价，视为此项费用已包含在工程量清单的其他单价和合价中。
4. 金额（价格）均应以___人民币___表示。

总 说 明 **表 4-7**

工程名称：1号宿舍楼建筑工程 第 页 共 页

1. 工程概况：建筑面积5000m^2，8层，砖混结构。热水集中供热采暖，普通照明灯具，镀锌钢管给水，铸铁管排水，施工工期6个月，施工现场邻近公路，交通运输方便。
2. 招标范围：建筑工程、电气、给排水、采暖和燃气工程。
3. 清单编制依据：建设工程量清单计价规范、施工设计图文件，施工组织设计等。
4. 工程质量应达到优良标准：1号宿舍楼工程竣工后，再进行2号宿舍楼的施工。
5. 考虑施工中可能发生的设计变更或清单有误，预留金额6万元。
6. 随清单附有"主要材料价格表"，投标人应按其规定内容填写。

总说明的填写应包括工程概况，如建设规模、工程特征、计划工期、施工现场实际情况、交通运输情况、自然地理条件、环境保护要求等；工程招标和分包范围；工程量清单编制依据；工程质量、材料、施工等特殊要求；招标人自行采购材料的名称、规格型号、数量等；预留金、自行采购材料的金额数量；其他需说明的问题。

分部分项工程量清单 **表 4-8**

工程名称：1号宿舍楼建筑工程 第 页 共 页

序号	项目编码	项 目 名 称	计量单位	工程数量
		土石方工程		
1	010101003001	挖带形基础，二类土，槽宽0.6m，深0.8m，弃土运距50.00m	m^3	300.00
2	010101003002	挖带形基础，二类土，槽宽1.00m，深2.10m，弃土运距150.00m	m^3	500.00

续表

序号	项目编码	项　目　名　称	计量单位	工程数量
3		以下略		
		砌筑工程		
4	010301003001	垫层，3∶7灰土厚15cm	m^3	80.00
5	010305001001	毛石带形基础，M5水泥砂浆砌筑，深2.10m	m^3	480.00
6		以下略		
		混凝土及钢筋混凝土工程		
7	010412002001	预制钢筋混凝土空心楼板，C30，350×50×18，最大安装高度21.00m		
8		以下略		

分部分项工程量清单所包含的内容，需满足两方面的要求，一是规范管理，二是满足计价要求。计价规范提出了分部分项工程量清单的四个统一，即项目编码统一、项目名称统一、计量单位统一、工程量计算统一。而分部分项工程量清单项目编码以12位阿拉伯数字表示，前9位是全国统一编码，可按附录中的相应编码设置，不得变动，后3位是清单项目名称编码，由清单编制人根据设置的清单项目编制。分部分项工程量清单项目名称的设置，应考虑三个因素，一是附录中的项目名称；二是附录中的项目特征；三是拟建工程的实际情况。并以附录中的项目名称为实体工程名称，考虑项目的规格、型号、数量和材质诸特征要求。

措施项目清单　　**表4-9**

工程名称：1号宿舍楼建筑工程　　第　页　共　页

序　号	项　目　名　称
1	临时设施费
2	安全施工
3	（其他略）

措施项目清单反映为完成分项实体工程所必须进行的措施性工作。以“项”为计量单位。其内容设置可按照建设部206号文件规定的项目列入。若在措施项目一览表中未能列出的措施项目，可进行补充，列入清单项目最后，并在序号栏中以“补”标出。

其他项目清单　　**表4-10**

工程名称：　　第4页　共5页

序　号	项　目　名　称

其他项目清单是表现招标人提出的一些与拟建工程有关的特殊要求。并且招标人部分的金额可估算确定；投标人部分的总承包服务费应根据招标人提出的所发生的费用确定。

其他项目清单主要内容为预留金、材料购置费、总承包服务费、零星工作项目费等。其不足部分，可进行补充，补充项目列入清单项目最后，并在序号栏中以“补”标出。

零星工作项目表　　　　**表 4-11**

工程名称：

序号	名　　称	计　量　单　位
1		
2		
3		

第三节　建筑工程计量

一、工程量的概念

工程量是以物理计量单位或自然计量单位，所表示的各个具体工程和构配件的数量。物理计量单位是指以公制度量表示的长度、面积、体积和质量等。如建筑面积用平方米（m^2）表示、砖石砌体以及混凝土和钢筋混凝土等用立方米（m^3）表示。而“m”、“m^2”、“m^3”通常可用来表示电气和管道安装工程中管线的敷设长度，管道的展开面积，管道的绝热、保温厚度等。用“t”或“kg”作单位来表示电气安装工程中一般金属构件的制作安装质量等。自然计量单位，通常指用物体的自然形态表示的计量单位，如电气和管道设备通常以“台”；各种开关、元器件以“个”；电气装置或卫生器具以“套”或“组”等单位表示。

二、工程量计量依据和条件

（一）工程量计量依据

1. 经会审后的施工图纸、标准图集、现行预算定额或单位基价表；

2. 现行施工及技术验收规范、规程、施工组织设计或施工方案等；

3. 有关建筑安装工程施工、计算和预算手册、造价资料等，如数学手册、建材手册、五金手册、工长手册等；

4. 其他有关技术、经济资料。如招、投标工程文件或合同、协议等，应注意划分计算范围和内容。

（二）工程量计量应具备的条件

1. 图纸已经会审；

2. 施工组织设计或施工方案已经审批；

3. 工程承包合同已签订生效；

4. 工程项目划分范围已经明确，特别是实施工程建设监理的项目各方责任已落实。

三、工程量计量的基本要求

（一）计量口径一致

计量口径一致指根据现行预算定额计算出的工程量必须同定额规定的子目口径统一，这需要预算人员对定额和图纸非常熟悉，对定额中子目所包括的工作范围和工作内容必须清楚。

（二）计量单位一致

在计算建筑安装工程量时，按照施工图列出的项目的计量单位，要同定额中相应的计量单位相一致，以加强工程量计算的准确性。特别要注意建筑安装工程中扩大计量单位的含义和用法。

（三）计量内容一致

工程量的计量内容必须以施工图和合同界定的内容和范围为准，同时还要与现行预算定额的册（篇）、章、节、子目等保持一致。要注意定额各册（篇）的具体规定。

四、工程量计量的一般原理

1. 熟悉图纸、定额及有关技术经济资料，按图算量；

2. 执行工程量计算规则；

3. 尽量采用统筹法，安排计算顺序，并利用如下基数：

$L_{中}$——外墙中心线、$L_{内}$——内墙净长、$L_{外}$——外墙外边线合称为“三线”，另外与$S_{建}$——建筑面积，合称“三线一面”。

由$S_{建}$可引伸出$S_{结}$——结构面积和$S_{净}$——净面积，其关系是$S_{建}-S_{结}=S_{净}$。

五、工程量计量方法

1. 按工艺顺序列项：如基础工程包括平场—挖地槽、地坑—基础垫层—砌砖、石基础—现浇混凝土基础—基础防潮层—基础回填土—余土外运等。

2. 按定额顺序列项：如土石方、砖石、脚手架、混凝土及钢筋混凝土等。

3. 利用统筹法计算工程量。

统筹法作用如下：

利用$L_{中}$计算外槽及其垫层、基础、外墙、防潮层和圈梁等；

利用$L_{内}$计算内槽及其垫层、基础、内墙、防潮层和圈梁等；

利用$L_{外}$计算人工平场、散水和外抹灰等；

利用$S_{建}$计算综合脚手架等；

利用$S_{净}$计算地、楼面及顶棚抹灰等。

六、工程量计量的总体步骤

工程量计量的总体步骤以建筑工程为例，应是先结构，后建筑；先平面，后立面；先室内，后室外。

七、建筑工程主要工程量计量规则及计算式

（一）建筑面积计量

1. 建筑面积的概念

建筑面积即建筑展开面积，是建筑物各层面积之和。建筑面积包括使用面积、结构面积、辅助面积等。使用面积指建筑物各层平面中直接为生产或生活使用的净面积之和。如建筑住宅中的各个居室、客厅等；结构面积指建筑物各层平面中的樯、柱等结构占用的面积；辅助面积是为辅助生产或辅助生活所占净面积之和。如建筑住宅中的楼梯、走道、厕等。使用面积和辅助面积之和称为有效面积。

2. 计量建筑面积的作用

(1) 计量建筑面积对于建设项目进行投资估算、可行性研究、勘察设计、项目评估、进行建筑施工和工程竣工以及工程建设全过程的造价确定与控制、工程造价信息管理等诸多方面产生重要的作用。因此，建筑面积是工程造价管理中一项重要的指标。

（2）计量建筑面积为计算开工面积、竣工面积、优良工程率等提供重要指标依据。

（3）计量建筑面积是计算出单方造价（单位面积造价）、单方消耗量指标（人工、材料、机械台班、工程量）的依据。上述消耗量指标计算如下式：

$$\text{工程单位面积造价} = \frac{\text{工程造价}}{\text{建筑面积}} \tag{4-1}$$

$$\text{人工单方消耗量指标} = \frac{\text{工程人工工日消耗量}}{\text{建筑面积}} \tag{4-2}$$

$$\text{材料单方消耗量指标} = \frac{\text{工程材料消耗量}}{\text{建筑面积}} \tag{4-3}$$

3. 建筑面积计算规则

按照建设部曾发布的《全国统一建筑工程预算工程量计算规则》中关于“建筑面积计算规则”的规定以及建设部第326号文规定，建筑面积的计算应包括应计算建筑面积的范围和不计算建筑面积的范围两大组成部分。以某市现行消耗量定额为例，应计量建筑面积部分有16条；不应计量建筑面积部分有8条。其计算要点如下。

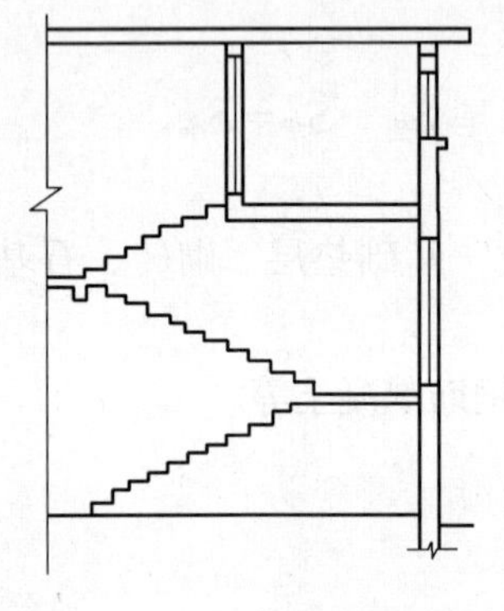

图4-4 隔楼建筑示意图

4. 应计算建筑面积范围

（1）单层建筑。高度在2.2m及以上者计算全部面积；不足2.2m者计算$\frac{1}{2}$面积。按一层水平投影面积计算；按外墙勒脚外边线所围面积；楼隔层单独计量。如图4-4所示。高低联跨的单层建筑，分别计量，并以高跨结构外边线为界分别计量。

高低跨建筑如果需要分别计量建筑面积时，当高跨为边跨时，其建筑面积应按勒脚以上两端山墙外表面间的水平投影长度乘以勒脚以上外墙表面至高跨中柱外边线水平宽度计量，如图4-5中(a)所示，其高跨宽为b_1；如果高跨为中跨时，其建筑面积应按勒脚以上两端山墙外表面水平投影长度，乘以中柱外边线水平宽度计量，如图4-5中(b)所示的高跨宽为b_4。

（2）多层建筑面积。首层为外墙勒脚以上外围面积计量；二层及以上按外墙外围水平面积计量；各层水平投影面积之和计量。层高在2.2m及以上者计算全部面积；不足2.2m者计算$\frac{1}{2}$面积。

【例4-3】 计算如图4-6中多层建筑面积（六层，层高3.0m）。

【解】 根据计算规则第二条，二层及以上按外墙外围水平面积计量，并以各层水平投影面积之和计量。则：

$$S_{建}=18.24\times12.24\times6=1339.55\ (\text{m}^2)$$

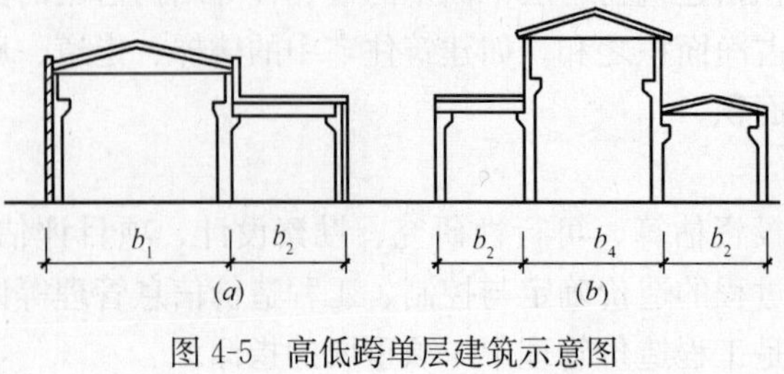

图4-5 高低跨单层建筑示意图

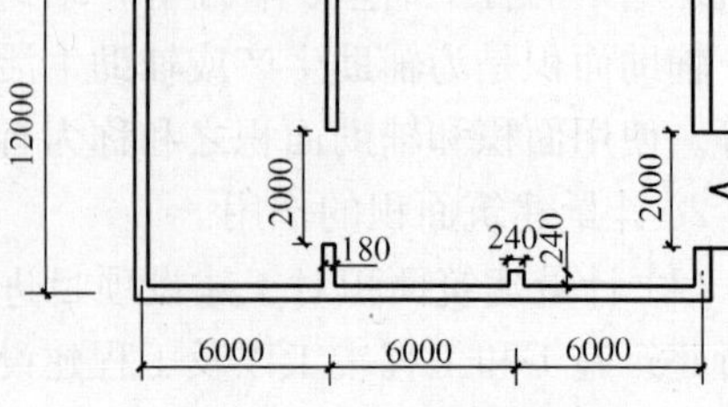

图4-6 多层建筑示意图

（3）地下室、仓库、商店等及有顶盖的相应出入口建筑面积。

其以上可按上口外墙（不包括采光井、防潮层及保护墙）外围水平面积计量。如图4-7所示。

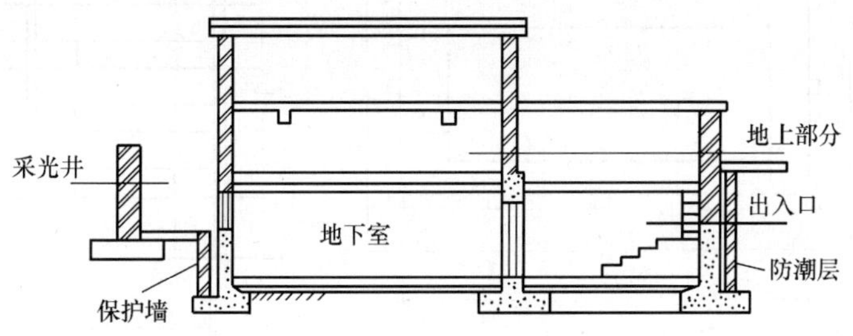

图4-7　地下室剖面图

（4）坡地建筑或深基础为地下架空层。

当层高在2.2m及以上者全部计算面积；不足2.2m者计算$\frac{1}{2}$面积。按围护结构外围水平面积计量。如图4-8所示。

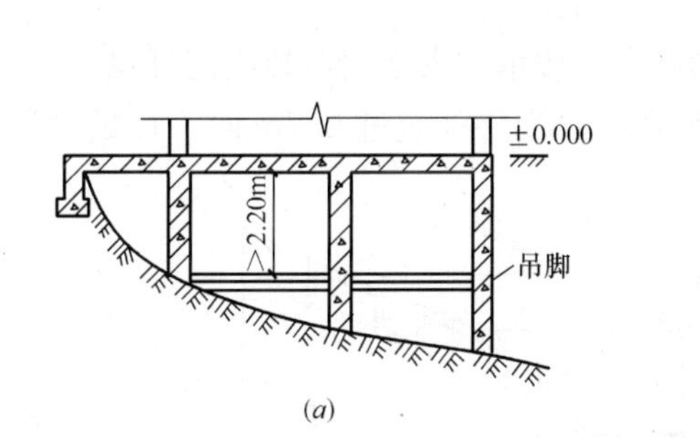

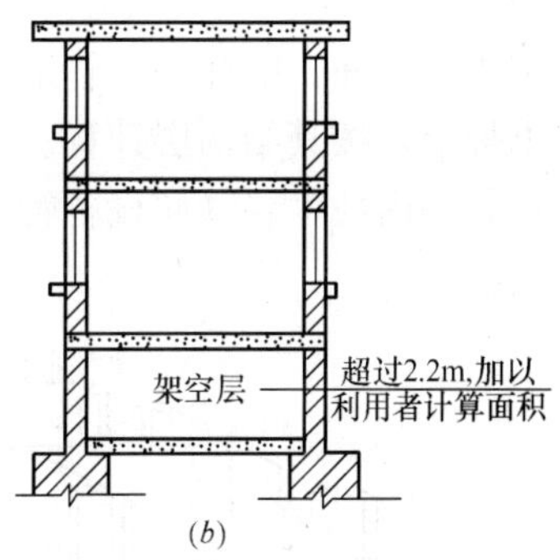

(a)　(b)

图4-8　坡地和深基础地下架空层剖面图

（a）坡地架空层；（b）深基础地下架空层

（5）穿过建筑物的通道、门厅、大厅、有顶盖的天井。

门厅、大厅按一层计算面积。厅内回廊按结构底板水平面积计算。如图4-9所示。层高2.2m及以上者计算全部面积；不足2.2m者计算$\frac{1}{2}$面积。

【例4-4】　计算如图4-10中大厅和回廊的建筑面积（五层，层高3.0m）。

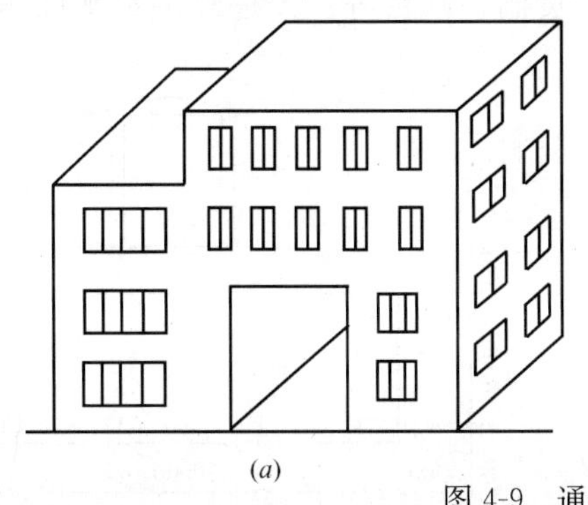

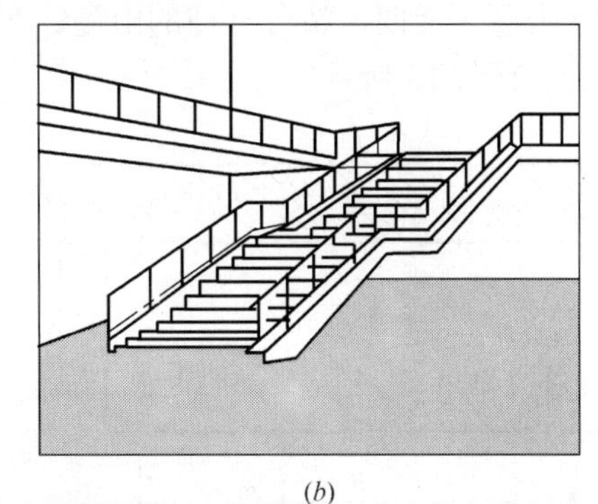

(a)　(b)

图4-9　通道、回廊透视图

（a）穿过建筑物的通道；（b）回廊

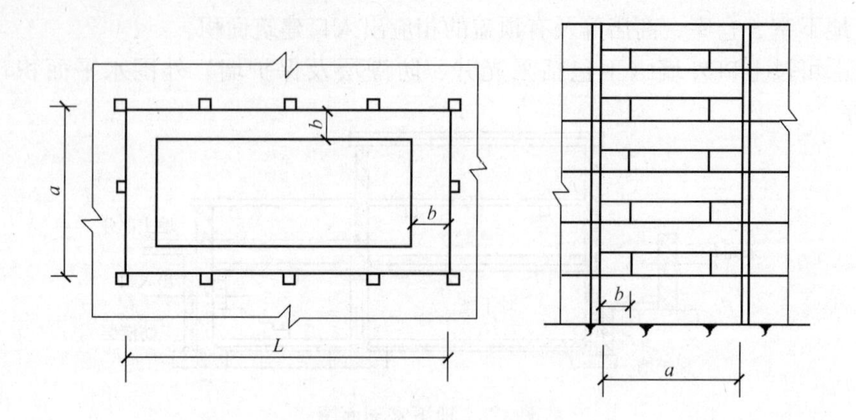

图 4-10　大厅带回廊

【解】　根据计算规则第六条，穿过建筑物的通道、门厅按一层计算；厅内回廊，按自然层的水平投影面积计量

$$S_{建} = S_{大厅} + S_{回廊} = aL + (L + a - 2b) \times 2 \times b \times 5(\mathrm{m}^2) \tag{4-4}$$

（6）室内楼梯间、电梯井、管道井等按建筑物自然层计量。

（7）书架层，按其结构层计算。无结构层者，按承重书架层或货架层计量。

（8）建筑物内技术层（如设备管道、储藏室），当层高超过 2.2m 时，计量建筑面积。如图 4-11 所示。

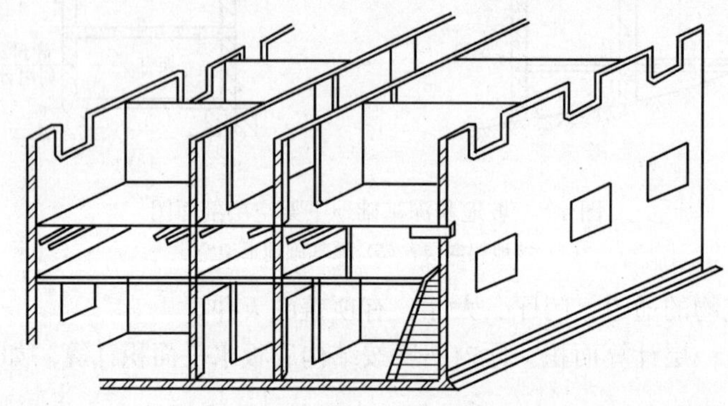

图 4-11　建筑物技术层透视图

（9）雨篷、货棚、站台有柱的雨篷、车棚、货棚、站台等：按柱外围水平面积计算，如图 4-12、图 4-13 所示。

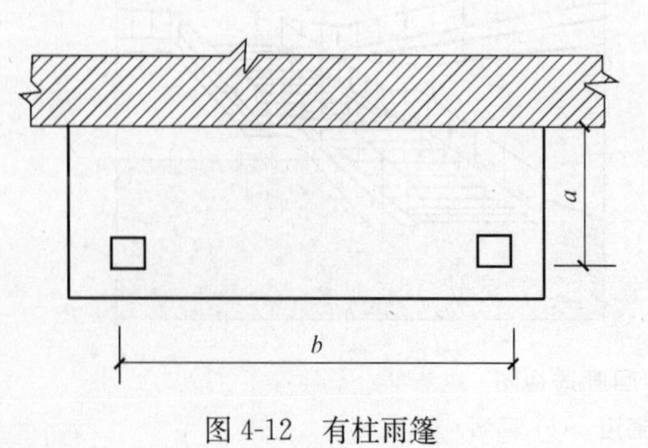

图 4-12　有柱雨篷

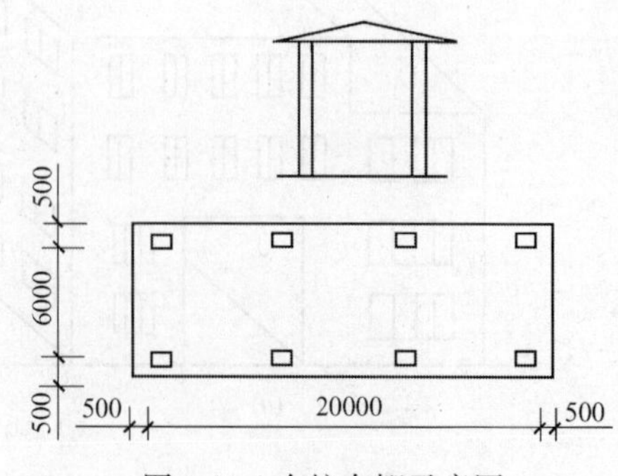

图 4-13　有柱车棚示意图

单排柱、独立柱的车棚、货棚、站台等：按顶盖水平投影面积的一半计算建筑面积，如图 4-14、图 4-15 所示。

【例 4-5】 计算如图 4-12 中有柱雨棚的建筑面积。

【解】 根据计算规则第十一条，有柱的雨篷、车棚、货棚、站台等：按柱外围水平面积计算，则：

$$S_{建}=a\times b\ (\mathrm{m}^2) \tag{4-5}$$

【例 4-6】 计算如图 4-14 中单排柱站台的建筑面积。

【解】 根据计算规则第十一条，单排柱、独立柱的车棚、货棚、站台等，按顶盖水平投影面积的一半计算建筑面积，则：

$$S_{建}=1/2\times2.0\times5.50\ (\mathrm{m}^2)$$

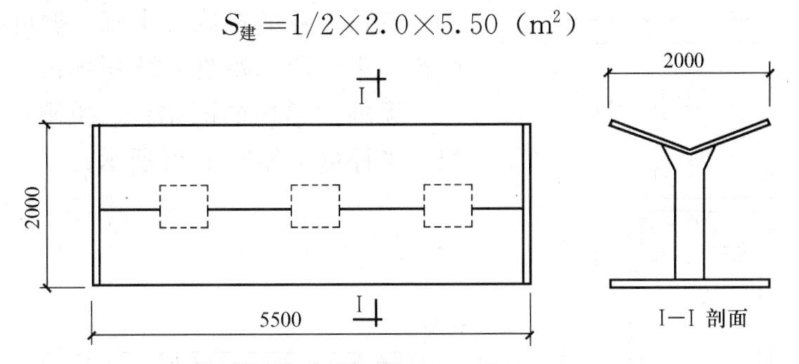

图 4-14　单排柱站台平面图

【例 4-7】 计算如图 4-15 独立柱车棚的建筑面积。

【解】 根据计算规则第十一条，单排柱站台独立柱的车棚、货棚、站台等：按顶盖水平投影面积的一半计算建筑面积。则：

$$S_{建}=1/2\times12.0\times12.0\ (\mathrm{m}^2)$$

（10）突出屋面的楼梯间、水箱间、电梯机房等：若层高在 2.20m 及以上者计算全部面积；不足者计算$\frac{1}{2}$面积。按围护结构外围面积计算。如图 4-16 所示。

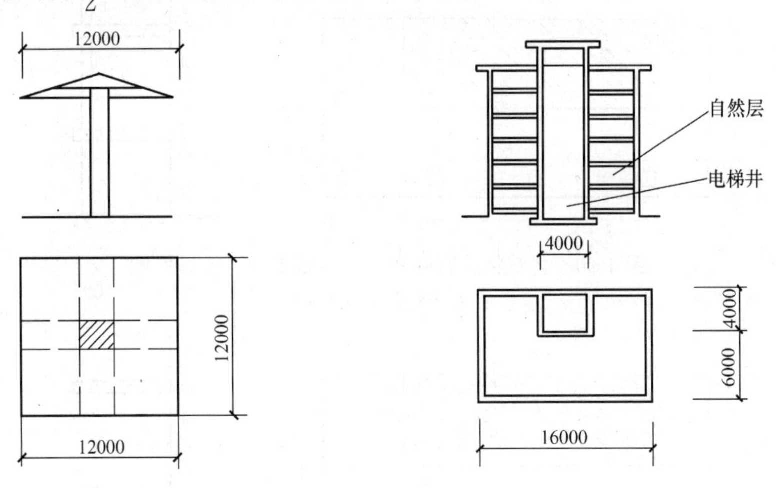

图 4-15　独立柱车棚示意　　图 4-16　带楼梯间的建筑示意图

【例 4-8】 计算如图 4-16 中带楼梯间的建筑面积（突出屋面的电梯井高度 ＞2.20m）。

【解】 根据计算规则第十二条，突出屋面的楼梯间、水箱间、电梯机房等：若层高

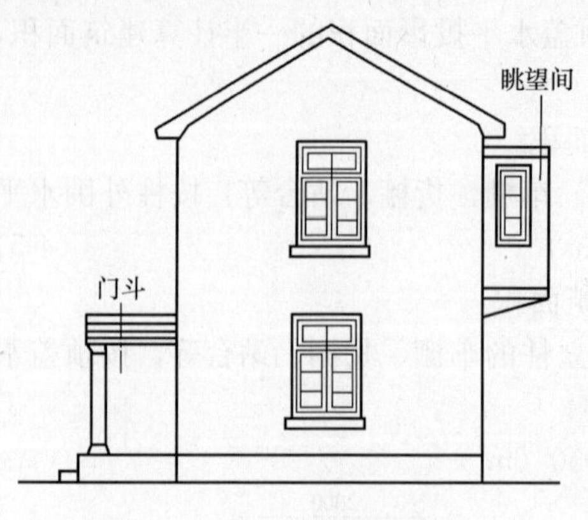

图 4-17　门斗、眺望间示意图

≥2.20m，按围护结构外围面积计算，则：

$S_{建}=16.0\times(6+4)\times6$ 层 $+4\times4=976.00(m^2)$

（11）门斗、眺望间、观望电梯间、阳台、挑廊、走廊和高于2.20m的橱窗等。

按围护结构外围水平面积计算。如图4-17、图4-18、图4-19所示。

（12）廊、阳台：建筑物外有柱和顶盖的走廊、檐廊，按柱外边线水平面积计量，如图4-20所示；

有盖无柱的挑廊、走廊、檐廊按其顶盖投影面积一半计量，如图4-21所示；

无围护结构的凹阳台、挑阳台，按其水平面积一半计量，如图4-22所示；

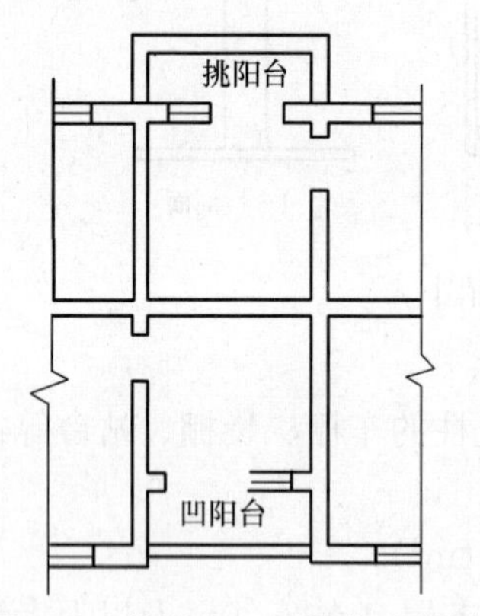

图 4-18　挑阳台、凹阳台示意图

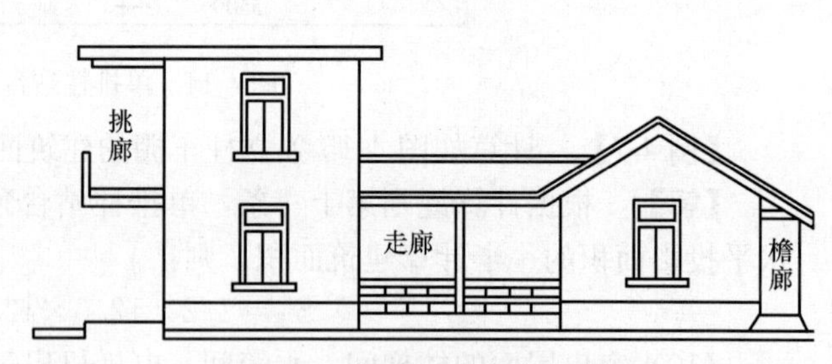

图 4-19　挑廊、走廊等示意图

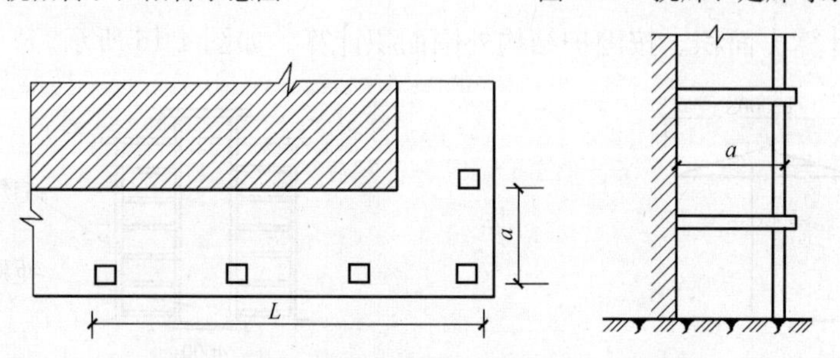

图 4-20　建筑物外有柱和顶盖下做走廊、上做檐廊

$S_{建}=aL$（L 为柱长边外边线）×层数

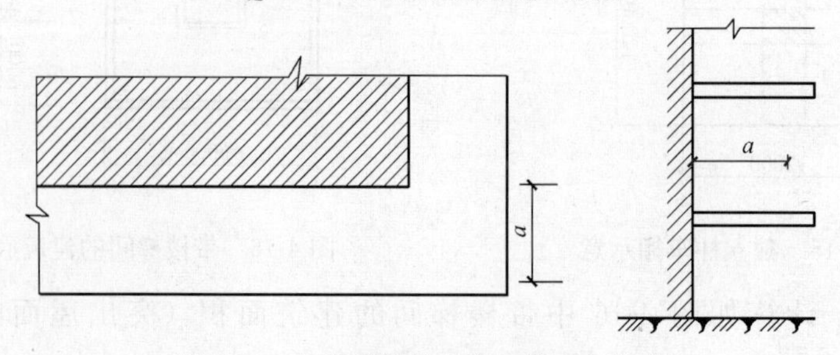

图 4-21　有盖无柱的走廊、檐廊（挑廊）

$S_{建}=aL$（L 为顶盖外边线长）×1/2×层数

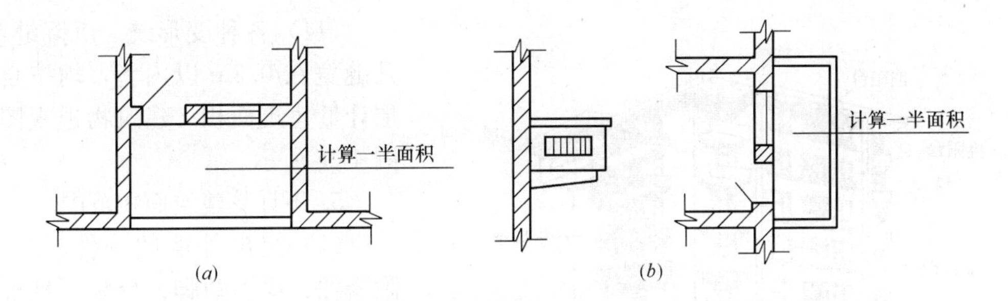

图 4-22　无围护结构的凹阳台、挑阳台
(a) 凹阳台示意图（敞开式）；(b) 挑阳台示意图

阳台两端壁柜按水平投影面积，并入阳台面积，如图 4-23 所示；
建筑物间有顶盖的架空走廊，按走廊水平投影面积计量建筑面积，如图 4-24 所示。

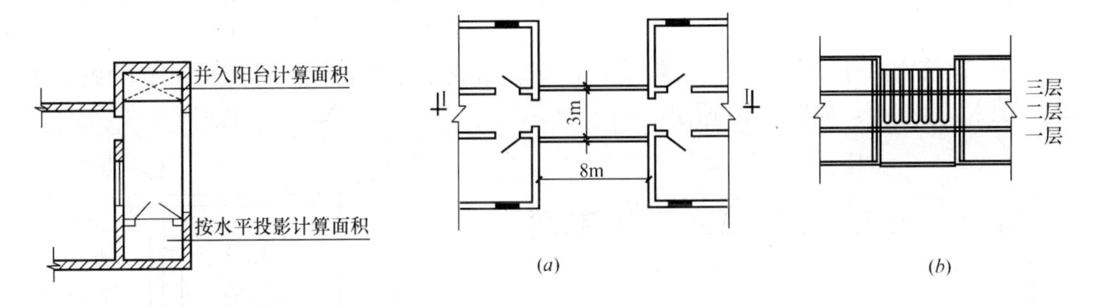

图 4-23　阳台两端壁柜示意图

图 4-24　架空走廊（通廊）

【例 4-9】　计算如图 4-24 中架空走廊的建筑面积。

【解】　根据计算规则第十四条，建筑物间有顶盖的架空走廊，按走廊水平投影面积计算建筑面积，有盖无柱的挑廊、走廊、檐廊按其顶盖投影面积一半计量，则：

$$S_{二} = 8 \times 3 = 24(\mathrm{m}^2)(二层)$$

$$S_{三} = 8 \times 3 \times 0.5 = 12(\mathrm{m}^2)(三层无柱走廊)$$

$$S_{建} = 24 + 12 = 36(\mathrm{m}^2)$$

(13) 有永久性顶盖的室外楼梯，按其自然层投影面积$\frac{1}{2}$计算，如图 4-25 所示。

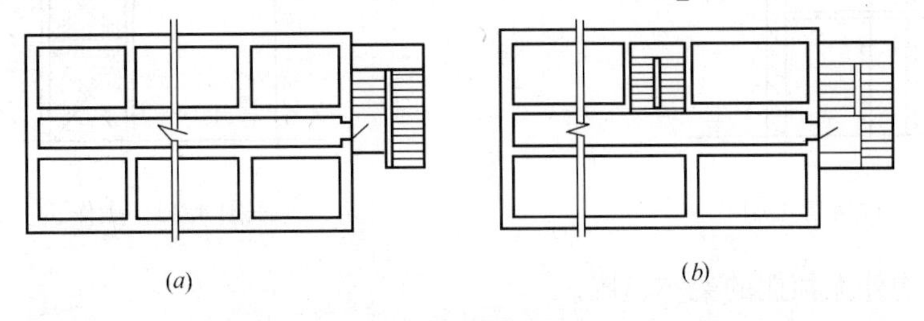

图 4-25　建筑物楼梯
(a) 室内无楼梯；(b) 室内有楼梯

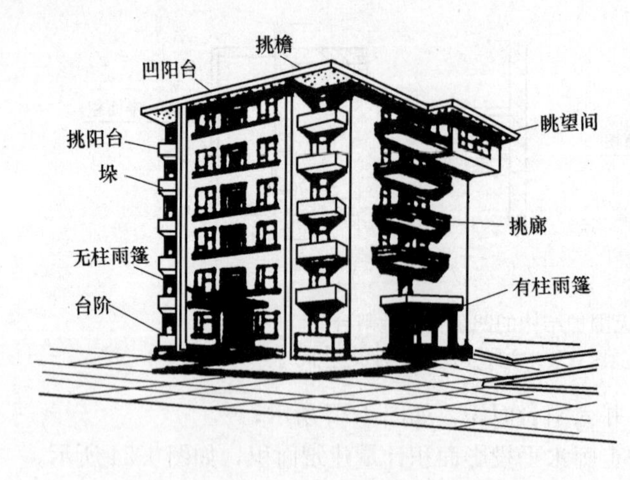

图 4-26　建筑物透视图

(14) 各种变形缝、沉降缝等，凡缝宽在 0.3m 以内者，均按自然层计量建筑面积。建筑物透视图如图 4-26 所示。

5. 不计算建筑面积范围

(1) 突出外墙的构件、配件、附墙柱、垛、勒脚、台阶、悬挑雨篷、墙面抹灰、镶贴块材、装饰面等，如图 4-27、图 4-28 所示。

(2) 用于检修、消防等室外爬梯，如图 4-28 所示。

(3) 层高≤2.20m 技术层（设备管道层、贮藏室）等。如图 4-29 所示。

(4) 建筑物内外操作平台、上料平台、安装箱或罐体平台；没有围护结构的屋顶水箱、花架、凉棚等，如图 4-30 所示。

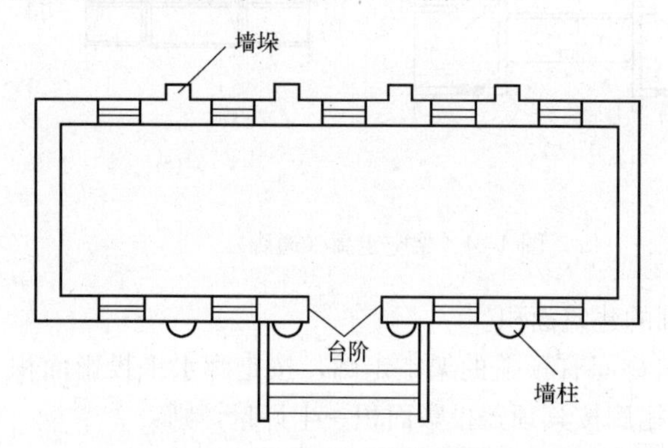

图 4-27　柱、垛、台阶

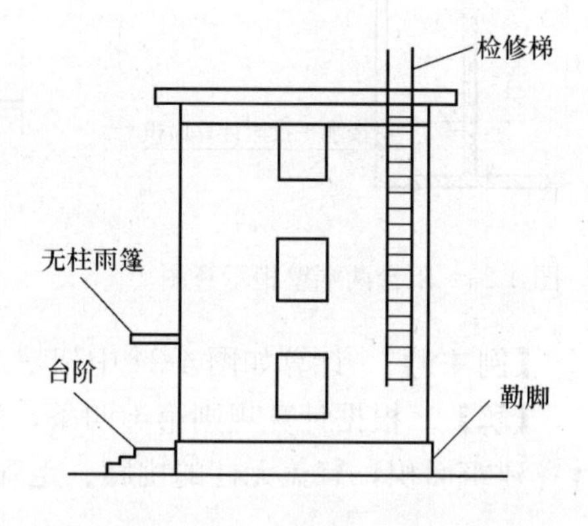

图 4-28　台阶、勒脚、雨篷、钢梯

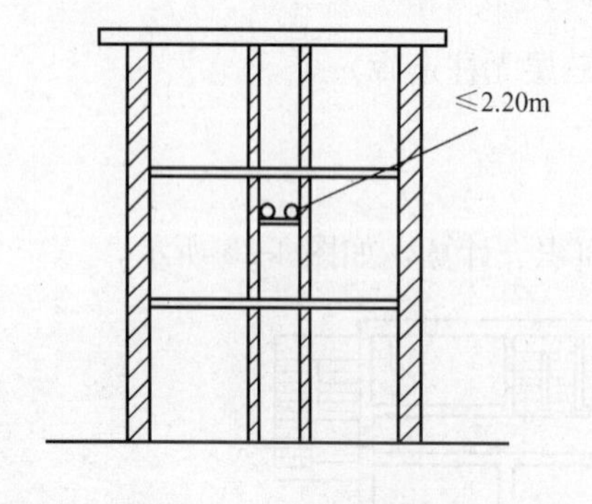

图 4-29　设备管道层

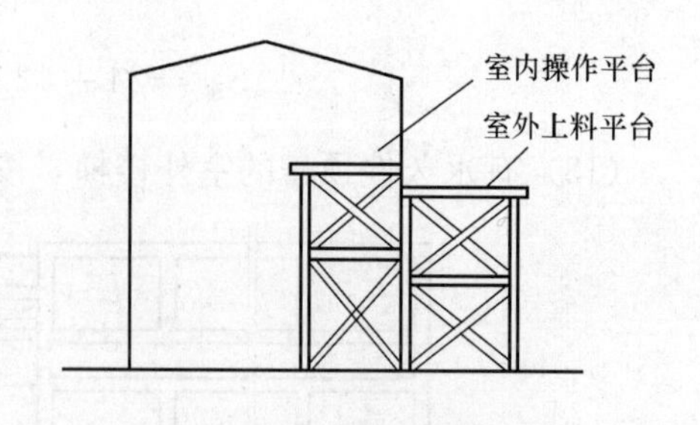

图 4-30　操作、上料平台

(5) 建筑物外无顶棚的架空通廊。

(6) 独立烟囱、烟道、地沟、油（水）罐、气柜、水塔、贮油（水）池、贮仓、栈桥以及地下人防通道等构筑物。

(7) 单层建筑物内分隔单层房间（如操作室、控制室等）、舞台及后台悬挂的布幕、布景天桥、挑台，如图 4-31、图 4-32 所示。

(8) 建筑物内宽度＞0.3m 的变形缝、沉降缝。

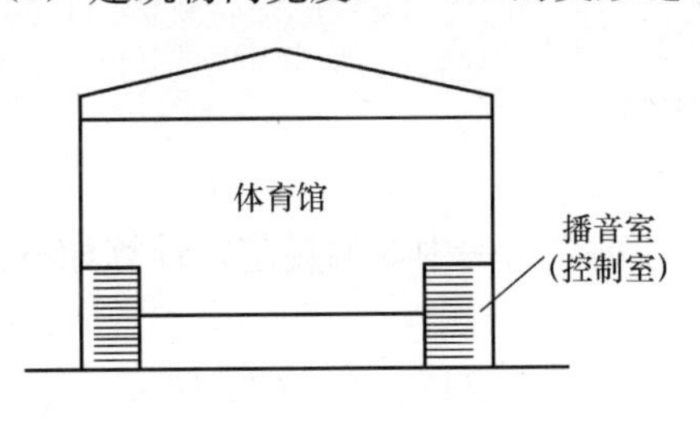

图 4-31　控制室

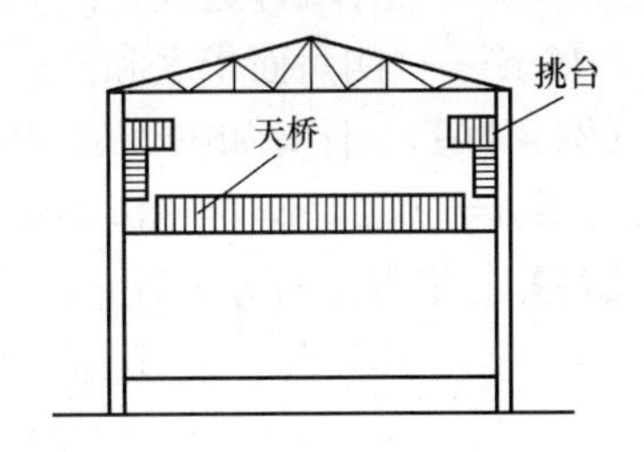

图 4-32　天桥、挑台

（二）土石方工程计量

1. 土石方工程常列主要项目：有平整场地(m^2)；人工挖基槽(坑)土方或石方(m^3)；挖土方(m^3)；人工平基石方(m^3)；回填土(m^3)；人工运土(m^3)；石方爆破(m^3)；支挡土板等。

2. 计量规定及相关信息综合确认

(1) 土壤类别分为 12 个级别，预算定额中采用的土及岩石分类是根据普氏分类法编制的，原苏联地质教授 M.M 普罗括吉亚柯诺夫提出，将岩石的极限压碎强度 R 除以 100，得出岩石的坚固系数 (f)，(f) $= R/100$。例如，第Ⅶ级岩石的极限压碎强度为 400～600，其坚固系数 (f) $= \frac{400 \sim 600}{100} = 4 \sim 6\text{kPa}$。

普氏同时认为，虽然无法测出土的极限压碎强度，但可在岩石的级别下把土分为 4 级，故土及岩石共分为 16 级。预算定额将其综合为普通土、坚土、松石、次坚石、普坚石和特坚石等，分类可见消耗量定额第一章说明。

(2) 施工方法，如人工开挖、机械挖土、地下水位及排水方法，技术措施如放坡或支挡土板、挖、填、运土等方式，这些均关系到量的计量和选套定额。

(3) 干、湿土的划分，亦关系到选套定额和系数的计算，当含水率＞25％时，为湿土；当含水率≤25％时，为干土。

(4) 确定挖土放坡否，机械挖土或人工挖土，放坡系数 k 值的选用不同。

(5) 确定起点标高：挖土一律按设计室外地坪标高为准计算。

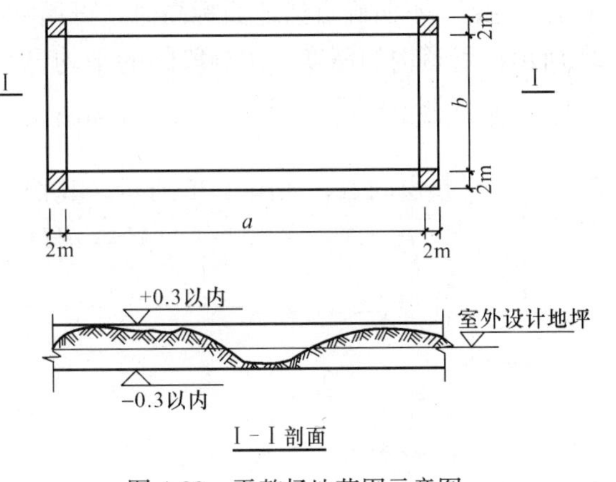

图 4-33　平整场地范围示意图

3. 计算规则、说明与计算式

(1) 平整场地，厚度在±30cm 内的就地挖、填、找平，其工程量按建筑物（构筑物）底面积的外边线每边各加 2m 计算，如图 4-33 所示，计算式为：

$$S_{平场} = S_{底面积} + L_{外} \times 2 + 16\text{m}^2 \quad (4\text{-}6)$$

或 $$S_{平场} = (L_{外长边} + 4) \times (L_{外宽边} + 4) \quad (4\text{-}7)$$

式中　$S_{底面积} = a \times b$；

$L_{外}$——外墙外边线；

$16m^2$——四角面积之和。

【例 4-10】　计算如图 4-33 中平整场地的工程量。

如果 $a=30.24m$，$b=15.24m$。

【解】　根据土石方工程章说明二中 2 和本章计算规则一中 3 的规定，计算如下：

$$\begin{aligned} S_{平场} &= S_{底面积} + L_{外} \times 2 + 16m^2 \\ &= (30.24 \times 15.24) + (30.24 + 15.24) \times 2 \times 2 + 16m^2 \\ &= 460.86 + 181.92 + 16 \\ &= 658.78(m^2) \end{aligned}$$

请同学们采用公式（4-7）练习计算以上平场工程量。

（2）人工土石方

1）槽长>槽底宽 3 倍，槽底宽<3m(不含加宽工作面)，按挖地槽土、石方计量，套相应消耗量定额项目；

2）槽底宽>3m(不含加宽工作面)，按平基计量，套相应消耗量定额项目；

3）坑底面积 $20m^2$ 以内(不含加宽工作面)，按挖地坑土、石方计量；

4）坑底面积 $20m^2$ 以上(不含加宽工作面)，按平基计量(如水池、游泳池)。

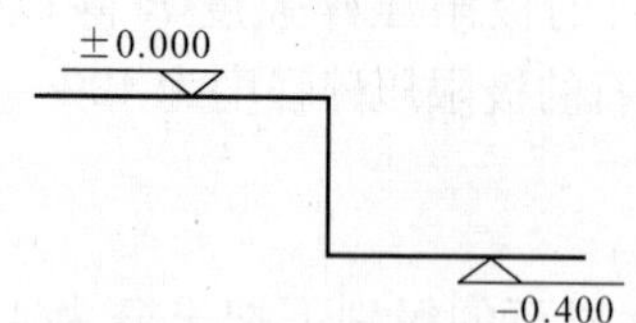

图 4-34　室外设计地面标高

上述列项需要注意：确定沟槽长度，外墙沟槽及管道沟槽按槽底中心线长度 $L_{中}$ 计算；内墙沟槽按槽底净长 $L_{内}$ 计算；确定挖土深度，不明确自然地面标高时，可用室外设计地面标高代替自然地面标高，如图 4-34 所示；管道沟的深度，按分段间的平均自然地面标高减去管底皮或基础底的平均标高计算，即：$\frac{(360+365+370)}{3} - 350$，如图 4-35 所示；确定挖地槽(坑)宽度，若原槽做基础垫层，与垫层同宽，如图 4-36 所示，其挖土方计算公式为：

$$V = aH(L_{中} + L_{内}) \quad (4\text{-}8)$$

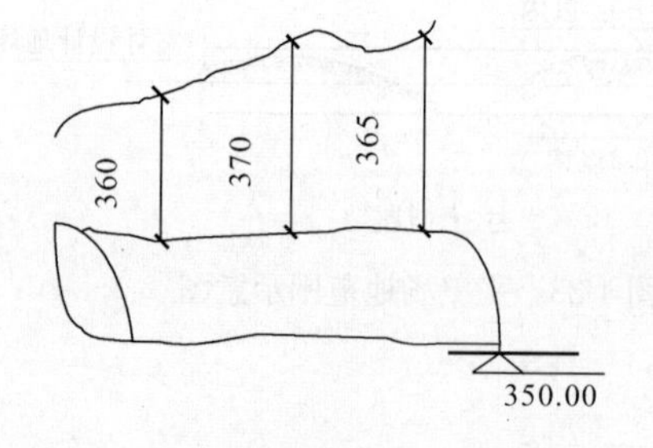

图 4-35　管道沟的深度

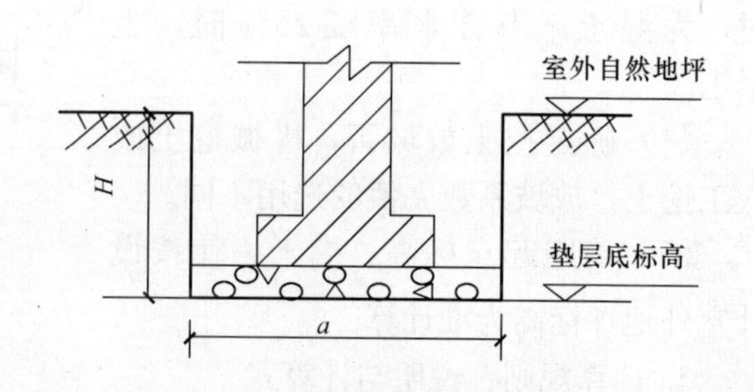

图 4-36　原槽基础垫层示意图

若垫层支模，应以垫层宽度两边加工作面后的尺寸为槽、坑底宽，如图 4-37 所示，其挖土方计算式为：

$$V=(a+2c)H(L_{中}+L_{内}) \tag{4-9}$$

工作面的增加以施工组织设计规定计算，若无规定，可按定额章说明表查阅，见表4-12。

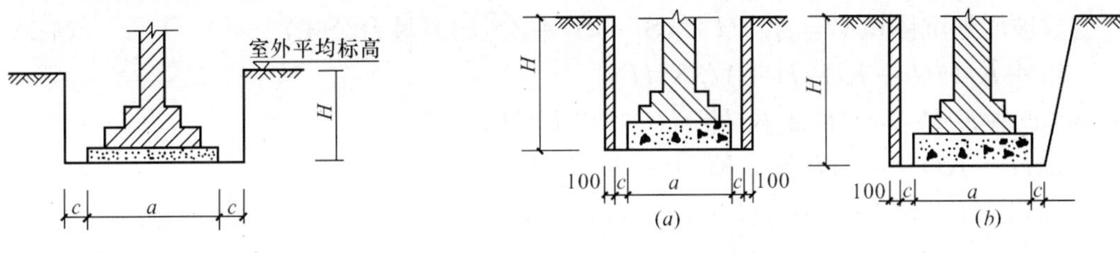

图4-37 垫层支模土方计算示意图

图4-38 沟槽支挡土板

(a) 双面支挡土板；(b) 单面支挡土板

设工作面和支挡土板，此方案的沟槽宽度除按基础底宽加工作面外，槽底宽每边另加100mm支挡土板宽度；如图4-38(a)所示，其挖土方体积计算式为：

$$V=L(a+2c+0.2)H \tag{4-10}$$

当如图4-38(b)所示，其土方体积计算式为：

$$V=L(a+2c+0.1+0.5KH)H \tag{4-11}$$

设工作面和放坡，放坡起点深度为1.50m，采用有放坡的体积计算公式；原槽做基础垫层，且要放坡，放坡应自垫层上表面开始计算，如图4-39(a)所示，其挖土方体积计算式为：

$$V=L(a+2c+KH)H \tag{4-12}$$

当如图4-39(b)所示，其挖土方体积计算式为：

$$V=L[H_1(a+KH_1)+a\cdot H_2] \tag{4-13}$$

开挖地槽、坑的放坡或支挡土板，均是为防止土方垮塌采取的安全措施，放坡工程量和支挡土板工程量不得重复计算，即计算了支挡土板的挖方量，不再计算放坡工程量，深度<1.5m不放坡。

基础施工所需工作面宽度计算表 **表4-12**

基础类型	每边各增加工作面宽度（mm）	基础类型	每边各增加工作面宽度（mm）
砖基础	200	基础垂直面做防水层	800
浆砌毛石、条石基础	150	坑底打钢筋混凝土预制桩	3000
混凝土基础及垫层支模板	300	坑底螺旋-钻孔桩	1500

L由$(L_{中}+L_{内})$组成，坡度系数如图4-40所示。

挖土方常列计算公式

① 地槽无放坡体积 $V=(L_{中}+L_{内})aH$ (4-14)

② 地槽有放坡体积 $V=(L_{中}+L_{内})(a+KH)H$ (4-15)

③ 地坑无放坡体积 $V=abH$ (4-16)

④ 地坑有放坡体积 $V=abH+KH^2(a+b+4/3KH)$ (4-17)

⑤ 留工作面则：$V = H(a + 2c + KH)(B + 2C + KH) + 1/3K^2H^3$（如图 4-41 所示）　(4-18)

⑥放坡时地坑体积 $V = 1/3H \times (S_1 + S_2 + \sqrt{S_1S_2})$（棱台公式）　(4-19)

$$(a + KH)(b + KH)H + 1/3K^2H^3$$
$$= (ab + KHb + aHK + K^2H^2)H + 1/3\ K^2H^3$$
$$= abH + KH^2b + aH^2K + K^2H^3 + 1/3K^2H^3$$
$$= abH + KH^2(b + a + KH + 1/3KH)$$
$$= abH + KH^2(a + b + 4/3KH)$$

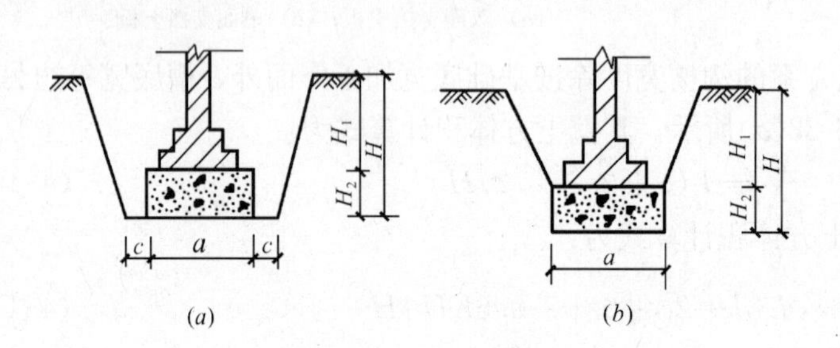

图 4-39　沟槽放坡图

（*a*）垫层底面放坡；（*b*）垫层顶面放坡

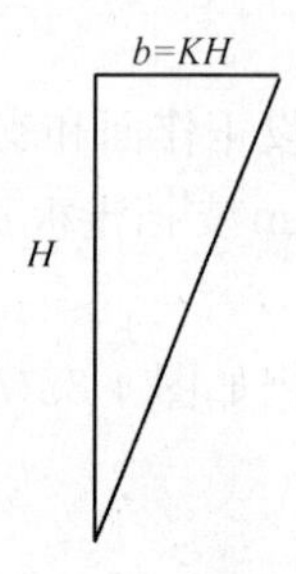

图 4-40　坡度系数图

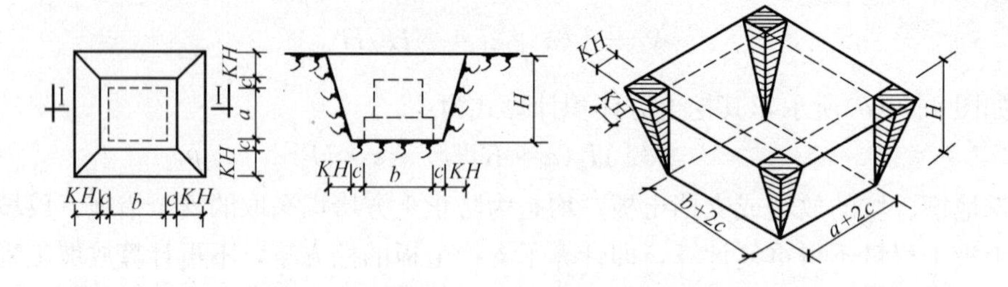

图 4-41　放坡矩形基坑图

地槽、地坑需放坡时，可按施工组织设计规定放坡，若无规定，可按表 4-13 规定计算。

地槽、地坑放坡系数表　　**表 4-13**

人工挖土	机械挖土		放坡起点深度（m）
	在槽、坑底	在槽、坑边	
1∶0.30	1∶0.25	1∶0.67	1∶5

（3）回填土

基础完工后，为达到地面垫层下的设计标高，必须按照设计要求进行土方回填，其项目包括松填和夯填。而建筑回填土对象一般指基础回填和室内房心回填土，其计算式如下：

$V_{槽、坑回填} = V_{挖}$ − 设计室外标高以下埋设的基础及垫层等工程量　(4-20)

式中埋设的工程量包括：混凝土垫层、墙基、柱基、ϕ500mm 以上管道以及地下建筑物、构筑物等体积，见本章定额说明。

$$V_{室内回填} = 墙与墙间净面积 \times 填土厚度 \tag{4-21}$$

式中填土厚度＝室内外设计标高－垫层和面层厚度，如图 4-42 所示。

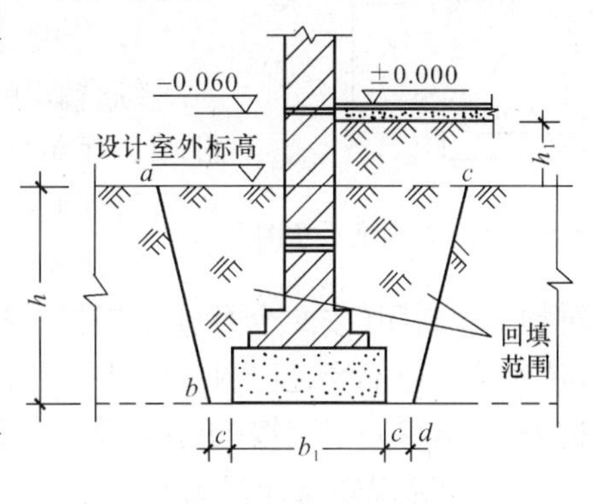

图 4-42　基础回填土示意图

上述公式具体化：

1)　$V_{槽、坑回填} = V_{挖土} - V_{垫层} - V_{砖基}$　(4-22)

(砖基为室外地坪标高以下的工程量)

2)　$V_{室内回填} = S_{净} \times h_{地}$　(4-23)

式中　$S_{净}$——主墙间净面积；

$h_{地}$——室内外设计标高差-地坪面层和垫层厚度。

另有一种简便的方法，将槽坑回填土同室内回填土结合起来，不扣减室外地坪以上体积，也不减主墙所占体积，两相抵消。即：

$$V_{回填土} = 挖土体积 - 全部基础体积 + S_{底建} \times h_{地} \tag{4-24}$$

【例 4-11】　某基础，室内外高差 0.45m，地坪面层厚 0.02m，垫层厚 0.06m，合计厚 0.08m，用简便法求回填土体积。已算出：$S_{净}=202.65m^2$，$S_{底建}=228.6m^2$，$V_{挖土}=332.48m^3$，$V_{砖基}=57.30m^3$，$V_{垫层}=18.64\ m^3$

【解】　计算如下：$h_{地}=0.45-0.08=0.37m$

$$V_{回填土} = V_{挖} - V_{垫} - V_{砖基} + S_{底建} \times h_{地}$$

$$V_{回填土} = 332.48 - 18.64 - 57.30 + 228.6 \times 0.37 = 341.12(m^3)$$

(4) 土石方运输

余土运输是指把开挖后，做基础以及各种回填土以后，有剩余的余土运至指定地点，而取土运输，是指挖出的土方不够回填用，必须由场外运入土方。土石方运输列项时需要注意以下三方面的因素：

①运土方式：有人工和机械运输两种；

②运距：分基本段（20m）和超运段（200m 内每增加 20m 为一个超运段）；

③计算式：$V_{挖运} = 挖土体积 - 回填土体积$　(4-25)

$V_{取运} = 回填土体积 - 挖土体积(当挖土少于回填土时)$　(4-26)

土石方工程列项还需注意：土方平衡：挖出的土堆在场内，以备回填，当使用不完，运出场外，称为余土外运；若回填量大，场内留土不够，就产生借土回填，即为土方平衡。计算式如下：

$$V_{平衡} = V_{挖土} - V_{回填土} \tag{4-27}$$

上式结果为正数，称为余土外运；为负则叫借土回填。

【例 4-12】　在[例 4-11]中 $V_{平衡}=332.48-341.64=-9.16(m^3)$

因此，借土回填工程量为$-9.16m^3$。

列项中还要注意系数的运用（通常出现在章、节说明中）：如挖地槽、地坑深度超过 6m 时，按深 6m 项目乘以系数 1.4；深度超过 8m 时，按深 6m 项目乘以系数 2.0；机械土石方施工，定额系数的运用颇多，需要注意。

(三) 脚手架工程计量

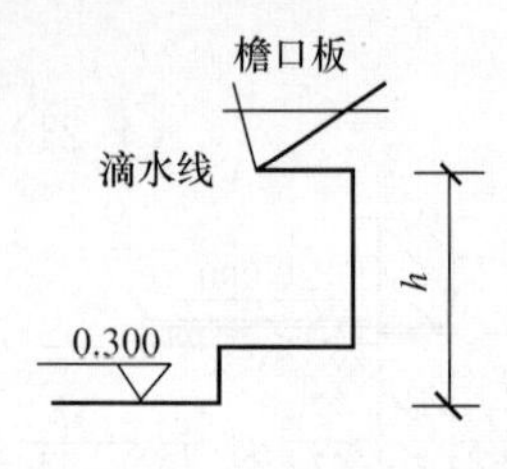

图 4-43 h 高度示意图

分综合脚手架和单项脚手架两大类，列项时需要考虑单层、多层和檐高 h 等因素，如图 4-43 所示。

1. 分类

综合脚手架指凡能按建筑物计算规则计算建筑面积的，可列此项；而单项脚手架指不能计算建筑面积，又必须搭设脚手架的项目可列此项。

2. 常列主要项目：有外脚手架、里脚手架、满堂脚手架、建筑物垂直封闭(按 8 个月施工期搭、拆，超过规定时乘以系数)、悬空脚手架、挑脚手架(从建筑物内部经过窗洞口向外挑出的脚手架)、水平和垂直防护架(适于人行道、临街防护等)、电梯井字架按(单孔，座)计量；烟囱、水塔脚手架按(座)计量。

3. 计算规则与计算式

(1) 外脚手架：搭设在建筑物周边(墙外)的脚手架，可分单排和双排，主要用在外墙砌筑和外墙抹灰装修等。

1) 建筑物外墙脚手架，设计室外地坪至檐口(或女儿墙上表面)砌筑高 15m 以下，按单排脚手架计算；砌筑高 15m 以上，按双排脚手架计量；

2) 砌筑外脚手架，按外墙外边线长，乘以外墙砌筑高以 m^2 计量；

3) 石墙砌体高超 1m 时，按外脚手架计算；

4) 砌筑独立柱，按柱结构外围周长加 3.6m，乘以柱高，以 m^2 计算；

5) 现浇钢筋混凝土柱按柱外围周长加 3.6m，乘以柱高，以 m^2 计算；

6) 现浇钢筋混凝土梁、墙、按设计室外地坪(或楼板上表面)至楼板底之间高度，乘以梁、墙净长以 m^2 计算，套双排外脚手架定额。

【例 4-13】 计算如图 4-44 所示建筑物外墙脚手架工程量。

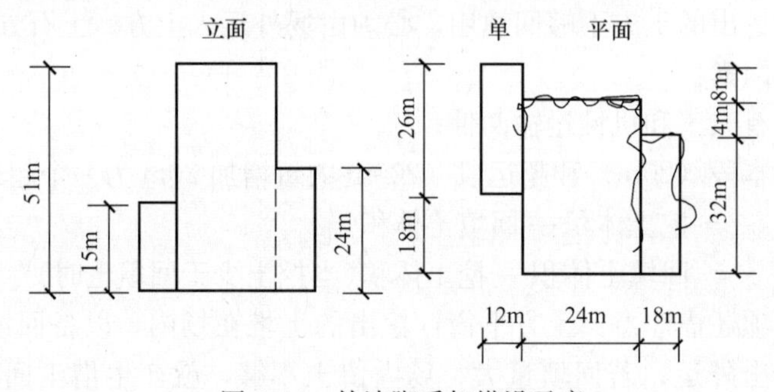

图 4-44 外墙脚手架搭设示意

【解】 计算如下：

① 单排脚手架(15m)工程量＝(26＋12×2＋8)×15＝870(m^2) $\Sigma_{单外}$＝870×0.7 (AC0002)

② 双排外脚手架(24m)工程量＝(32＋18×2)×24＝1632(m^2)(AC0002)

③ 双排外脚手架(51－24)m 工程量＝32×27＝864(m^2)(AC0003)

④ 双排外脚手架(51－15)m 工程量＝(26－8)×36＝648(m^2)(AC0003)

⑤ 双排外脚手架(51)m 工程量＝(18＋24×2＋4)×51＝3570(m^2)(AC0005)＞48m，套高层提升架

(2) 里脚手架：主要是指沿室内墙面搭设的脚手架，多用于内墙砌筑、不能利用原钢筋混凝土框架脚手架的框架间墙和围墙砌筑等项目。

1) 设计室内地坪至顶板下表面（或山墙 1/2 处）的砌筑高在 3.6m 以下，套里脚手架；3.6m 以上，按单排脚手架计算；

2) 围墙脚手架，室外自然地坪至围墙顶的砌筑高在 3.6m 以内，套里脚手架；砌筑高 3.6m 以上，按单排脚手架计算；

3) 砌砖高度在 1.35m 以上，砌石高超过 1.0m 时，可计算脚手架。(计算条件)

4) 不扣除门、窗、洞口和空圈面积。(计算条件)

【例 4-14】 一砖砌围墙长 39.60m，高 2.5m，其中一门宽 3.0m，两根门柱平截面为 490mm×615mm，高度与围墙等高，计算脚手架工程量？

【解】 计算如下：

$$S = 39.6 \times 2.50 = 99(\text{m}^2)(\text{AC0006})$$

(3) 满堂脚手架：是指在工作面内满搭设的脚手架，主要用于满堂基础和装饰工程中。搭设形式包括无梁式满堂基础、有梁式满堂基础等。

1) 顶棚抹灰室内地坪至顶棚 3.6m 以上，按满堂脚手架计算；

2) 整体满堂钢筋混凝土基础宽度>3.0m，装饰(顶棚)高超过 3.60m 时，可套满堂脚手架定额计算；

3) 基础满堂脚手架按满堂脚手架基本层定额子目的 50%计算；

4) 满堂脚手架划分：

① 基本层 3.6～5.2m（计算条件)；

增加层 $h>5.2$m，每增 1.20m，按增加一层计算，增加高度 $h\leqslant 0.6$m，舍去不计(计算条件)。

② 计算式：

$$\text{满堂脚手架增加层} = \frac{\text{室内净高} - 5.20(\text{m})}{1.20(\text{m})} \tag{4-28}$$

③ 计算方法：按搭设水平投影面积计算。

【例 4-15】 如图 4-45 所示一满堂基础高 9.2m，面积 180m²，计算基本层和增加层？

【解】 计算如下：

$$\text{满堂基础增加层} = \frac{9.20 - 5.2}{1.2} = 3(\text{层})$$

余 0.4m 舍去。

定额套用：工程量 180m²，1 个基本层（AC0007）

3 个增加层（3×AC0008)

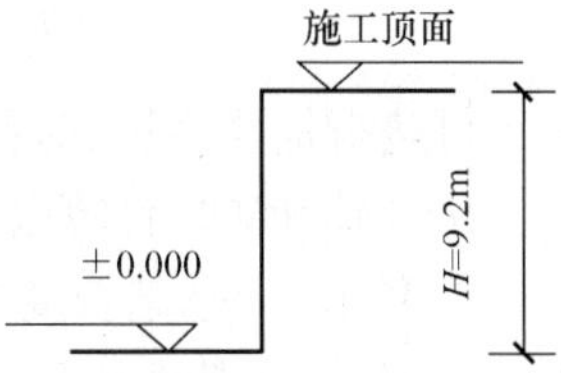

施工顶面

±0.000

H=9.2m

图 4-45 满堂基础高度示意图

4. 上述列项需要注意计算方法：按垂直投影面积(m²)计算的脚手架有：外、里、单排、垂直封闭工程、室外管道支架的脚手架等；按水平投影面积计算的有满堂、水平防护架、悬空脚手架等；按长度计算的有挑架等。(按各层实搭长度乘以搭设层数以"m"计量)

5. 计算条件和范围：如满堂脚手架符合两个条件，基本层和增加层。

6. 计算公式：如 4) 中②。

7. 系数运用：如单排外脚手架应按外脚手架项目乘以 0.7 系数；水塔脚手架按相应

烟囱脚手架人工工日乘以系数 1.11 等。

（四）砌筑工程计量

1. 分类：分砌砖、砌块以及砌石等类别。

2. 常列主要项目：砖基础、清水砖墙、混水砖墙、砖柱、空花墙、砌块墙、石基础、石勒脚等多数以（m^3）计量；石表面勾缝及加工按（m^2）计量；砌体钢筋加固按（t）计量。

3. 计算规则与计算式

（1）砖基础：有防潮层时其与墙、柱以防潮层为界，如图 4-46 所示；无防潮层时以室内地坪为界，如图 4-47 所示。

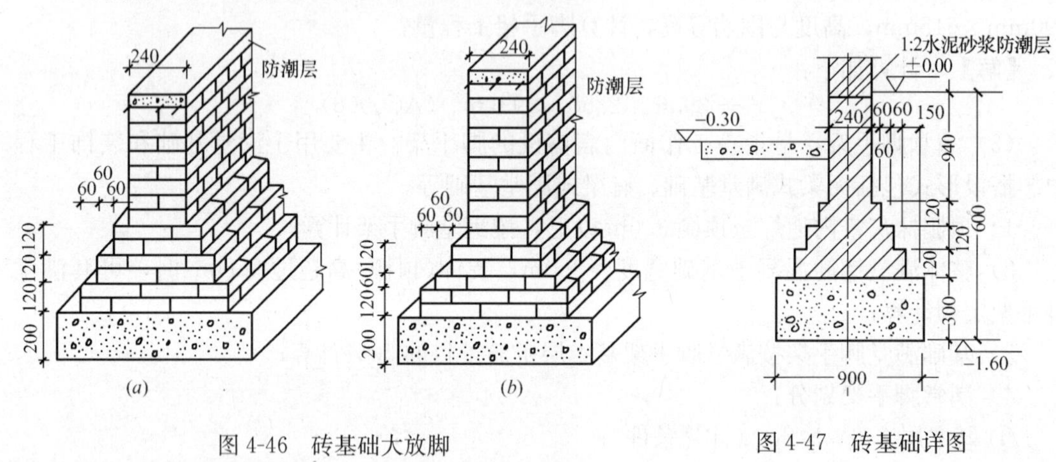

图 4-46　砖基础大放脚

（a）等高式大放脚；（b）不等高式大放脚

图 4-47　砖基础详图

计算式：$V_{砖基} = (L_{中} + L_{内}) \times 基础断面面积$　　(4-29)

式中　砖基础断面面积＝标准墙厚×（砖基础高＋大放脚折加高度）

大放脚折加高度为大放脚增加的断面积除以基础墙厚的商，即把大放脚增加的面积折合成标准墙宽后应有的高度。其计算公式为：

$$折加高度\ M = \frac{A}{Z} = \frac{增加断面面积(大放脚两边)}{基顶宽度(墙厚)}$$

可按折加高度法和折加面积法两种方法查表计算砖基础体积，见表 4-14。

砖基础和砖柱计算公式如下：

① $V_{砖基} = 基础长度(L_{中} + L_{内}) \times 宽度 \times (设计高度 + 大放脚折加高度)$　　(4-30)

② $V_{砖基} = 基础长度(L_{中} + L_{内}) \times (砖墙厚度 \times 基础高度 + 大放脚增加断面积)$　　(4-31)

③ $V_{砖柱} = 柱高 \times 柱断面面积 - 梁垫体积$　　(4-32)

标准砖大放脚折加高度及增加面积表　　**表 4-14**

放脚层数	折加高度(m)								增加面积 m^2	
	1/2砖 (0.115)		1砖 (0.24)		3/2砖 (0.365)		2砖 (0.490)			
	等高	不等高	等高	不等高	等高	不等高	等高	不等高	等高	不等高
一	0.137	0.137	0.066	0.066	0.043	0.043	0.032	0.032	0.01575	0.01575

续表

放脚层数	折加高度(m)								增加面积	
	1/2砖 (0.115)		1砖 (0.24)		3/2砖 (0.365)		2砖 (0.490)		m^2	
	等高	不等高	等高	不等高	等高	不等高	等高	不等高	等高	不等高
二	0.411	0.342	0.197	0.164	0.129	0.108	0.096	0.08	0.04725	0.03938
三			0.394	0.328	0.259	0.216	0.193	0.161	0.0945	0.07875
四			0.656	0.525	0.432	0.345	0.321	0.253	0.1575	0.126
五			0.984	0.788	0.647	0.518	0.482	0.38	0.2363	0.189
六			1.378	1.083	0.906	0.712	0.672	0.53	0.3308	0.2599

【例 4-16】 某工程如图 4-48 所示，3/2 砖基础，$L=50$m，$h=0.9$m，大放脚三层等高式，计算基础体积（分别采用折加高度和折加面积两种方法）。

【解法 1】 计算如下：

由公式(4-30)式 $V_{砖基}$ =基础长度×宽度×(设计高度＋大放脚折加高度)

并查表 =50×0.365×(0.9+0.259)

=21.15((m³)

【解法 2】 计算如下：

由公式(4-31)式 $V_{砖基}$ =基础长度×(砖墙厚度×基础高度＋大放脚增加断面积)

并查表 =50×(0.365×0.9+0.0945)

=21.15(m³)

折加计算如下式：

[2×(0.0625×0.126+0.0625×0.252+0.0625×0.378)]

=2×0.06252×0.756

=0.0945(即为大放脚增加面积)

$$M=\frac{A}{Z}=\frac{0.0945}{0.365}$$

=0.259(即为大放脚折加高度)

(2) 石基础：石基础又分毛石基础和条石基础。

毛石基础与墙身界线：内墙以设计室内地坪；外墙以设计室外地坪为界；

条石基础界线：与勒脚以室外地坪为界(室内外地坪高差)；勒脚与墙身以设计室内地坪为界。

(3) 围墙基础：砖围墙与墙身界线，以室外地坪为界；

石围墙与墙身界线，当内外标高不同时，以较低标高为界，且以下为基础；内外标高之差为挡土墙时，挡

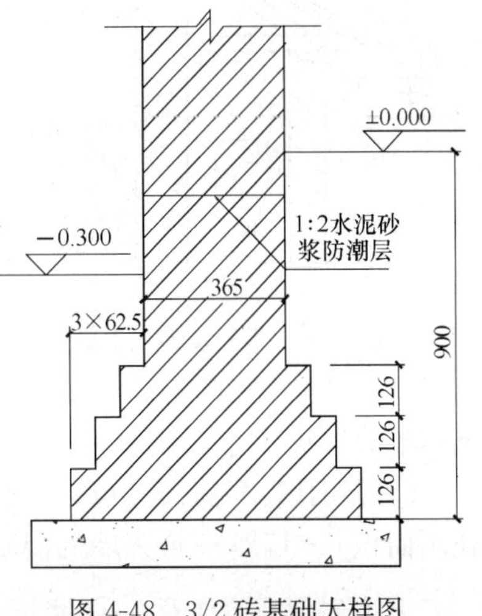

图 4-48 3/2 砖基础大样图

土墙以上为墙身。

计算式：$V_{石基} = L_{中石} \times$ 室外地坪标高以下基础断面面积 $+ L_{内石} \times$ 室内地坪标高以下基础断面面积 (4-33)

$V_{勒脚} = L_{中} \times$ 基础勒脚宽 $\times$ 室内外地坪高差 (4-34)

上述列项计算规则规定工程量(m^3)，不扣 $0.3m^2$ 以内孔洞以及嵌入的钢筋、铁件、基础防潮层、大放脚T形接头部分等部分。

上述列项需要注意：砖石基础长度，外墙墙基以外墙中心线长度 $L_{中}$ 计算；内墙基础，砖砌则以内墙净长 $L_{内墙}$ 计算，如图4-49所示；石砌，控制内墙基净长 $L_{内石}$；台阶式断面，计算基础平均宽，其计算式：$B = A/H$ (4-35)

式中 B——基础断面平均宽(m)；

A——基础断面面积(m^2)；

H——基础深(m)。

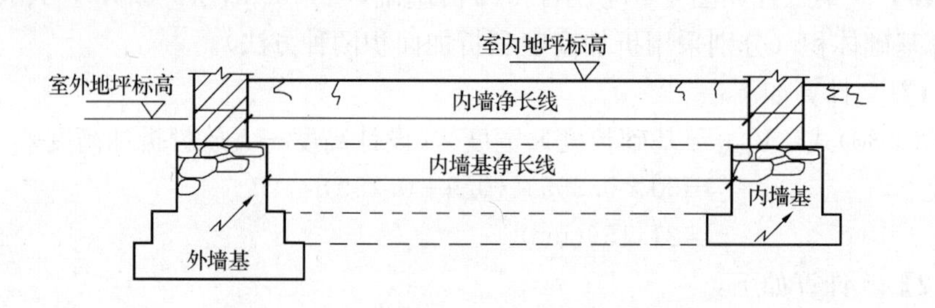

图4-49 内墙基础和内墙身的净长线

(4) 砖墙(砌块)按(m^3)计量定额套用：不分清水、混水、内外墙，不同砂浆标号。

1) 扣除人洞、空圈、门窗洞口和 $0.3m^2$ 以上孔洞体积，以及嵌入墙内的钢筋柱、梁(圈、过梁)；

2) 砖垛、三皮砖以上的挑檐和腰线体积，并入墙体积计算，如图4-50所示；

3) 砖地下室内外墙与其基础工程量合并，按砖墙项目计算；

4) 框架间墙以净空面积乘以墙厚，女儿墙高自屋面板上表面算至图示高度，均套砖墙定额；

5) 空花墙空洞不扣除。

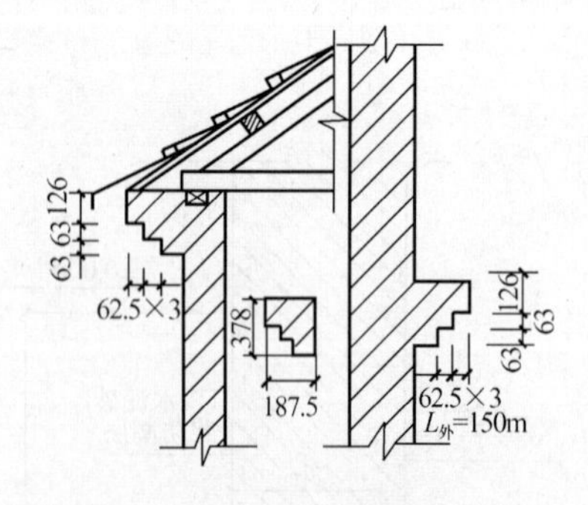

图4-50 带三皮砖以上的腰线、挑檐示意图

计算式

① 无山墙：$V_{墙体} = [(L_{中} + L_{内}) \times$ 外(内)墙高 $-$ 门窗洞及 $0.3m^2$ 以上孔洞面积$] \times$ 墙厚 $-$ 嵌入墙的混凝土体积等 (4-36)

② 有山墙：$V_{墙体} = [(L_{中} + L_{内}) \times$ 外(内)墙高 $+$ 山尖墙面积 $-$ 门窗洞及 $0.3m^2$ 以上孔洞面积$] \times$ 墙厚 $-$ 嵌入墙的混凝土体积等 (4-37)

上述列项需要注意：① 墙长：外墙以外墙中心线 $L_{中}$ 计算；② 内墙以内墙净长 $L_{内}$ 计

算；墙厚见表4-15。

③ 墙高：

(A) 有屋架的斜屋面，室内外均有顶棚，外墙高算至屋架下弦另加200mm，如图4-51所示；

(B) 无顶棚者，外墙高算至屋架下弦另加300mm；

(C) 平屋面内墙高算至钢筋混凝土顶板面；

(D) 位于屋架下弦者，内墙高算至屋架底；

(E) 无屋架者，内墙高算至顶棚另加100mm；

(F) 钢筋混凝土楼板，内墙高算至板顶。

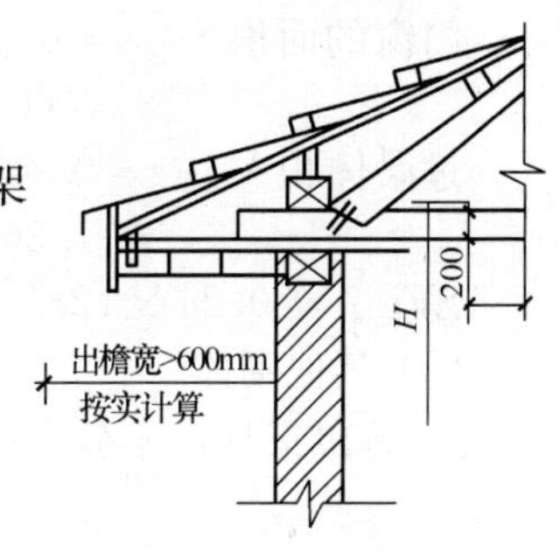

图4-51　有屋架的斜屋面示意图

标准砖墙厚度　　**表4-15**

墙　厚	1/4	1/2	3/4	1	1½	2	2½
计算厚度(mm)	53	115	180	240	365	490	615

【例4-17】　某建筑物平面、立面图如图4-52所示，墙为M2.5混合砂浆，M-1为1200mm×2500mm，M-2为900mm×2000mm，C-1为1500mm×1600mm，过梁断面为240mm×120mm，长为洞口宽度加500mm，构造柱断面为240mm×240mm，檐口处圈梁断面为240mm×200mm，试看图计量。

【解】　计算如下：

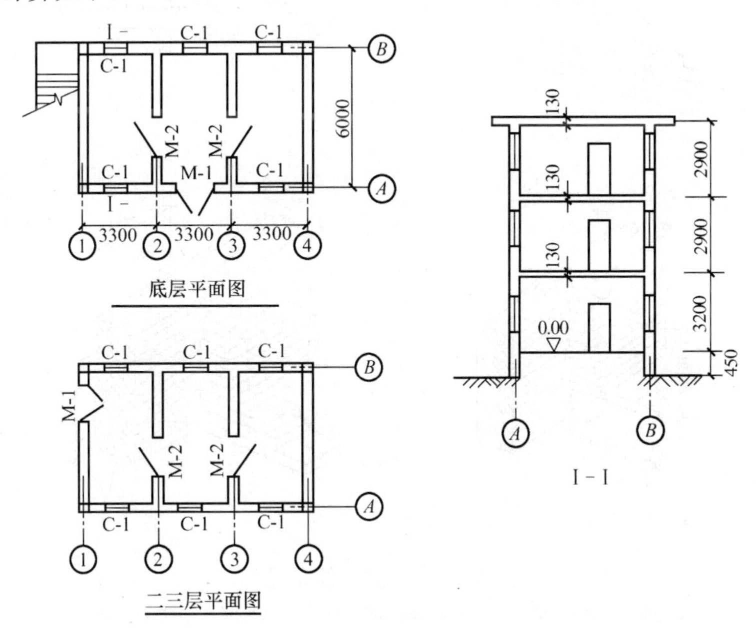

图4-52　三层楼房的平、立面图

$L_{中} = (3.3 \times 3 + 6) \times 2 - 0.24 \times 4(构造柱) = 30.84(m)$

$L_{内} = (6 - 0.24) \times 2 = 11.52(m)$

$S_{外墙} = 30.84 \times [0.45 + 3.2 + 2.9 \times 2 - 0.2(圈梁)] = 285.27(m^2)$

$S_{内墙} = 11.52 \times [3.2 + 2.9 \times 2 - 0.13 \times 3(板厚) - 0.2(圈梁)] = 96.88(m^2)$

门窗的面积 $S_{门窗} = 1.2 \times 2.5 \times 3(M-1) + 0.9 \times 2 \times 6(M-2) + 1.5 \times 1.6 \times 17 = 60.60(m^2)$

过梁体积 $V_{过梁} = 0.24 \times 0.12 \times [(1.2+0.5) \times 3 + (0.9+0.5) \times 6 + (1.5+0.5) \times 17] = 1.368(m^3)$

$\Sigma V_{砖墙} = 0.24 \times (285.27 + 96.88 - 60.60) - 1.368 = 75.80(m^3)$

（5）其他砌体

1）砖砌锅灶：不分大小，以体积（m^3）计量；砌台阶（不含梯带）以水平投影面积（m^2）计量；

2）零星砌砖：主要为厕所蹲位、池槽腿、台阶梯带、阳台栏杆、花台、花池、房上烟囱、窗台虎头砖、砖过梁、架空隔热板砖礅等，以体积（m^3）计量；

3）墙面勾缝：按垂直投影以面积（m^2）计量，其计算式：

$$\begin{cases} S_{外墙面} = L_{中} \times H(墙高) - S_{外墙裙} & (4\text{-}38) \\ S_{内墙面} = S_{内展} - S_{内墙裙} & (4\text{-}39) \\ S_{柱面} = L_{柱周长} \times h(柱高) \times n(根数) & (4\text{-}40) \end{cases}$$

4）砖挖孔桩护壁：以（m^3）计量；

5）砌体加筋计算：（其图形有2个特点：多为ϕ6筋；间距为500mm模数）如图4-53所示。

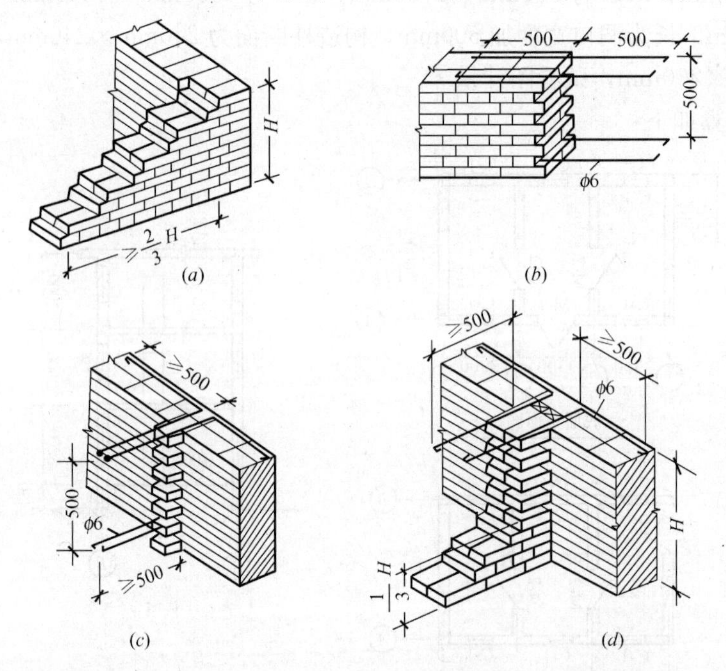

图4-53　砌体加筋布置

（a）斜槎；（b）直槎；（c）隔墙与墙的接槎；（d）承重墙丁字接头处接槎

上述列项中注意专业术语的含义，清水砖墙指墙面平整，勾缝均匀的，不抹灰的外墙砖墙；混水砖墙指抹灰或贴面的砖墙；虎头砖指平砌砖的窗台板改为将砖侧立扇砌，称窗台虎头砖；台阶指连接两个高低地面的交通踏步阶梯；平台指采用一定技术措施，筑高供远望或其他用途的专门空间平面（架空和实心）；石表面加工指石砌体露面部分，进行钉麻面（粗、细）或扁光、打钻路以及开槽勾缝称石表面加工；腰线指窗台以下，沿外墙水平通长设置，为增加建筑立面效果而突出墙面的装饰线。

（五）混凝土、钢筋混凝土工程计量

分项项目划分在定额中约 289 个，涉及基础、上部主体、现浇与预制构件、楼地面等分部分项工程或实体。这是以某市同计价规范相配套的建筑工程（2003）消耗量定额进行划分。

1. 定额分类：为混凝土（现浇和预制）；模板（现浇、预制和构筑物）；钢筋（现浇、预制、先张法预应力、后张法预应力、无粘结预应力、有粘接预应力、预埋铁件制作安装、电渣压力焊接和套筒钢筋接头）；构筑物（贮水池、贮仓、水塔、烟囱和筒仓）以及构件运输、安装等类别。其中尤以现浇构件、预制、预应力构件和钢筋、预埋件等分部分项工程项目为最常见。

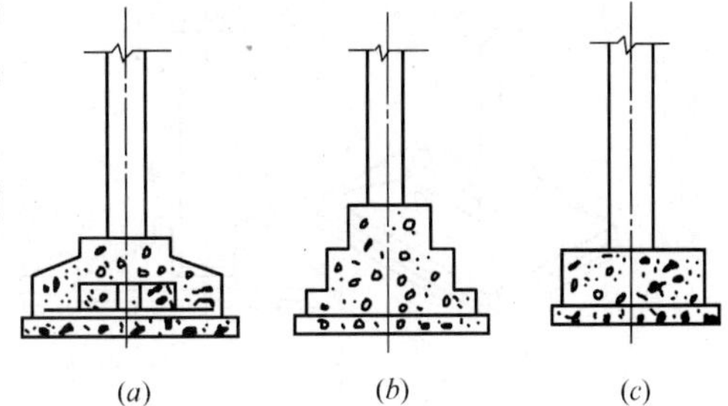

图 4-54 带形基础

（a）梯形；（b）阶梯形；（c）矩形

2. 主要分部项目的计算规则

（1）现浇构件

1）现浇带形基础：当墙下基础和柱与柱间相距较近，荷重较大或有松软不均匀的土时，将单独基础互相联结组成带形结构，亦称条形基础。断面形式有梯形、阶梯形和矩形等，如图 4-54 所示。其工程量计算式为：

$$带形基础体积 = 基础长度(L_{中} + L_{内}) \times 基础断面(S) \quad (4\text{-}41)$$

式中 $L_{中}$——基础长度按外墙中心线长度计算（如图 4-55 所示）；

$L_{内}$——基础长度按内墙净长度计算（如图 4-55 所示）。

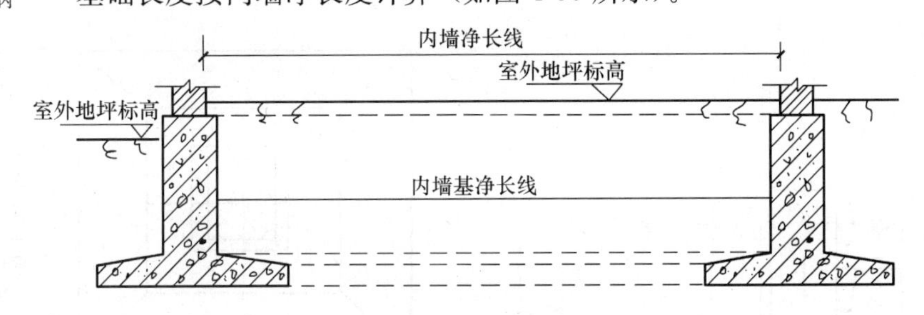

图 4-55 内墙基础净长线

2）现浇独立基础：独立柱下的基础都称为独立基础，断面形式有矩形、阶梯形、锥形等，如图 4-56、图 4-57 等所示。

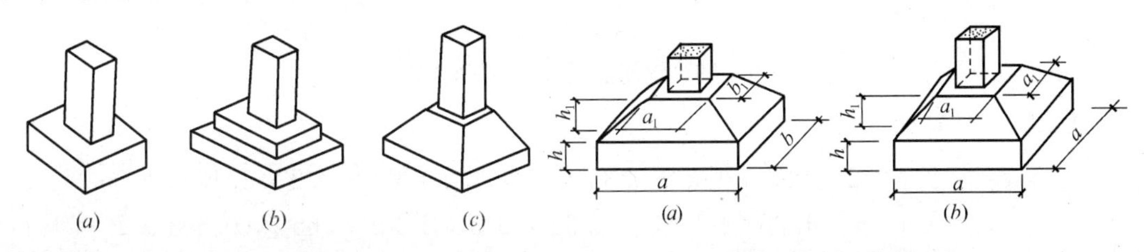

图 4-56 独立基础

（a）矩形；（b）阶梯形；（c）锥台形

图 4-57 锥台基础

（a）长方形；（b）正方形

工程量：矩形和阶梯形独立基础，为各阶矩形体积之和。

锥台基础计算式

① 对长方形锥台：

$$V_{长方形}=abh+h_1/6[ab+(a+a_1)(b+b_1)+a_1b_1] \tag{4-42}$$

② 对正方形锥台：

$$V_{正方形}=a^2h+h_1/3(a^2+aa_1+a_1{}^2) \tag{4-43}$$

式中　h_1——锥台基础阶高。

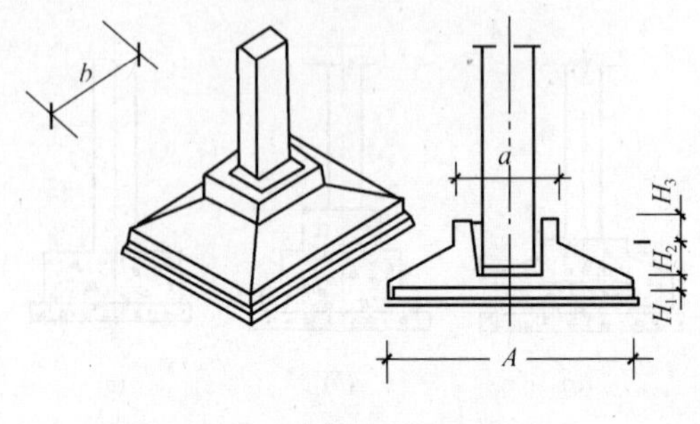

图 4-58　角锥形杯形基础

以上基础计算需注意：

有肋带形基础，肋高与肋宽之比在 5∶1 以上时，其肋部分套墙定额；其以下者，按基础计算。

3）杯形基础：独立基础的一种，但其在中心预留有安装预制钢筋混凝土柱的孔槽（杯口槽，形如水杯）。主要用在排架、框架的预制柱下，计算方法基本同独立基础，但计量时要扣杯口体积，如图 4-58 所示。

杯形基础计算式：$V_{杯基}=ABH_1+1/3H_2\times(AB+\sqrt{ABab}+ab)+abH_3-$杯孔体积 (4-44)

式中　b——横截面长边；

H_3——杯颈高（当杯颈高大于长边三倍时，套高杯基础项目）。

【例 4-18】　计算如图 4-59 中钢筋混凝土杯形基础工程量和细石混凝土二次灌浆工程量？

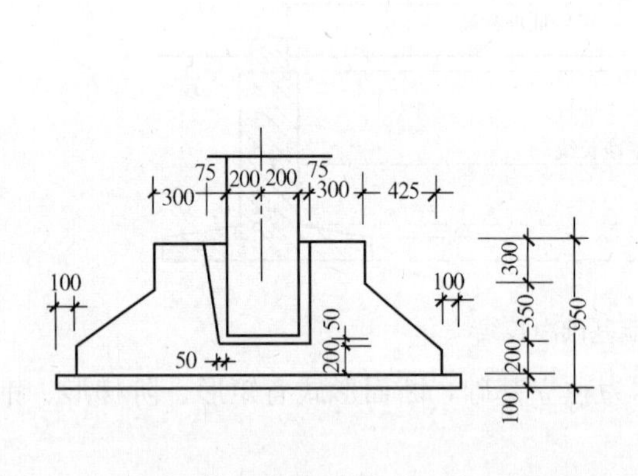

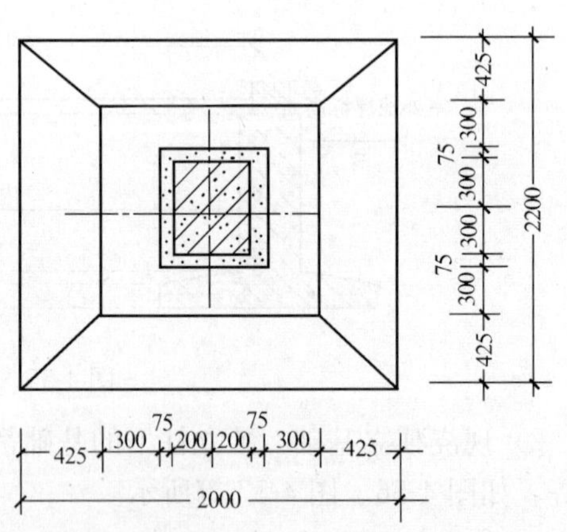

图 4-59　钢筋混凝土杯形基础实例图

【解】　计算如下：

① $V_{杯基}=2\times2.2\times0.2+1/3\times0.35\times(2\times2.2+\sqrt{2\times2.2\times1.15\times1.35}+1.15\times1.35)+1.15\times1.35\times0.3-1/3\times0.65\times(0.5\times0.7+\sqrt{0.5\times0.7\times0.55\times0.75}+0.55\times0.75)$

$= 0.467 + 0.880 + 1.0 - 0.248 = 2.009(m^3)$(AE0006)

② 二次灌浆工程量

$V_{灌}$ = 杯孔体积 − 柱脚体积 $= 0.248 - 0.40 \times 0.6 \times 0.6 = 0.104(m^3)$

4）满堂基础：由成片的混凝土板和柱、梁组合浇筑，支承着整个建筑物，板直接由地基土层承担，形式有筏式和箱形，按结构方式分无梁式和有梁式满堂基础。形状有如无梁楼板的倒转，适用于地基承载力较弱，建筑物重量大时使用，如图 4-60 所示。

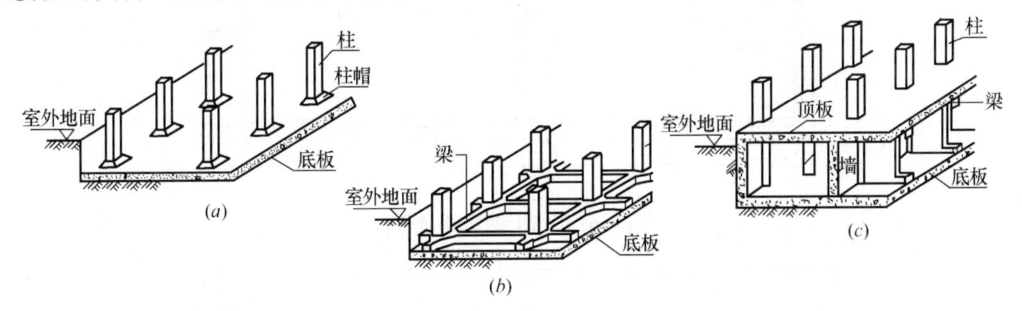

图 4-60 满堂基础

(a) 无梁式；(b) 有梁式（筏式）；(c) 箱形

工程量：按体积(m^3)计量，定额套用满堂基础项目。

计算式：无梁式满堂基础体积＝底板面积×板厚＋柱帽体积 (4-45)

有梁式满堂基础体积＝底板面积×板厚＋梁截面积×梁长 (4-46)

箱式满堂基础体积，分别按满堂基础柱、墙、梁、板相应项目计量。

5）桩承台：在群桩基础上，将桩顶用钢筋混凝土平台或平板连成一个整体基础，以承受整个建筑物荷载的结构，并通过桩传递给地基，如图 4-61 所示。

桩承台分为承台板式和承台梁式。

承台板(独立式)可用棱台公式计算；承台梁可沿墙通长设置，代替条形基础作为墙下基础使用。

6)设备基础：框架式设备基础，分别按基础、柱、梁、板等计算，套设备基础相应子目。注意地脚螺栓的计量通常出现在安装工程中。

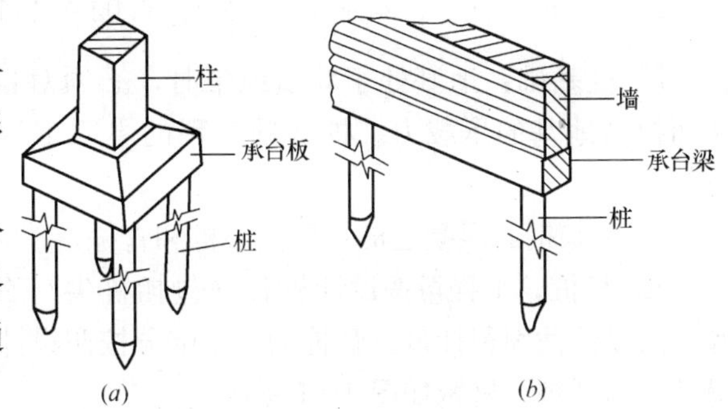

图 4-61 桩承台

请同学们做下列练习：（请先不要看答案）

已知双层箱形基础如图 4-62、图 4-63 所示，求其工程量，并查套用定额。

【例 4-19】

【解】 计算如下：

V＝箱顶板体积 V_1＋箱中板体积 V_2＋箱底板体积 V_3＋箱侧板体积 V_4

$V_1 = (10 \times 2 + 2 \times 0.15) \times (6 \times 2 + 2 \times 0.15) \times 0.2 = 20.3 \times 12.3 \times 0.2 = 49.94(m^3)$

$V_2 = V_1 = 49.94(m^3)$

$V_3 = (10 \times 2 + 2 \times 0.60) \times (2 \times 6 + 2 \times 0.6) \times 0.4 = 21.2 \times 13.20 \times 0.4 = 111.94(m^3)$

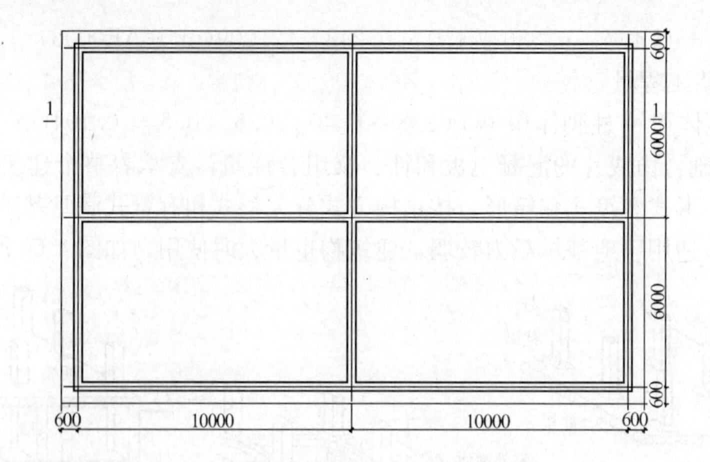

图 4-62 箱形基础平面图

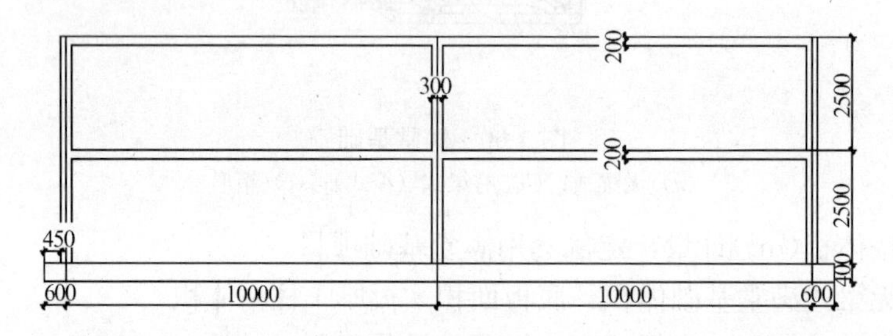

图 4-63 箱形基础 1-1 剖面图

$$V_4 = (2.5\times2-2\times0.2)\times(2\times6+2\times0.15)\times0.30\times3+(2\times10+2\times0.15)\times(2\times2.5-2\times0.20)\times0.30\times3 = 50.922+84.042 = 134.964(\mathrm{m}^3)$$

$$\therefore V = V_1+V_2+V_3+V_4 = 2\times49.94+111.94+134.964 = 346.78(\mathrm{m}^3)$$

7）桩基础：地基处于软质地带时，必须对自然土层进行处理，可考虑采用桩基础从而提高地基的承载力。桩基础工程的主要工程项目内容有打桩、接桩、送桩以及截桩等。

① 预制钢筋混凝土桩：分实心桩和管桩。

A. 打桩，工程量按设计桩长（包括桩尖、不扣除桩头虚体积，管桩空心体积应扣除）乘以桩截面积计量。管桩的空心部分按照设计要求灌注混凝土或其他填充材料时，要另计。预制桩、桩靴如图 4-64 所示。

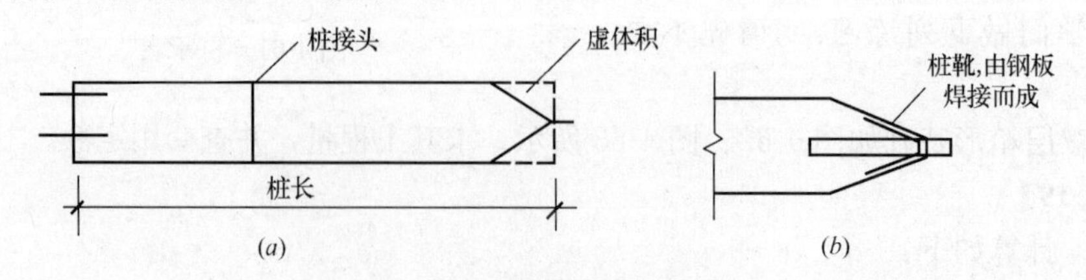

图 4-64 预制桩、桩靴示意图

(*a*) 预制桩；(*b*) 桩靴

B. 接桩，当桩的设计长度大于预制桩长度时，就要接桩，设计要求两根或两根以上桩连接后才能达到桩底标高。接桩方法主要有焊接和浆锚法（硫磺胶泥），电焊接桩工程量按设计接头以"个"数计量，硫磺胶泥接桩，按桩断面以"m^2"计量，如图 4-65、图 4-66 所示。

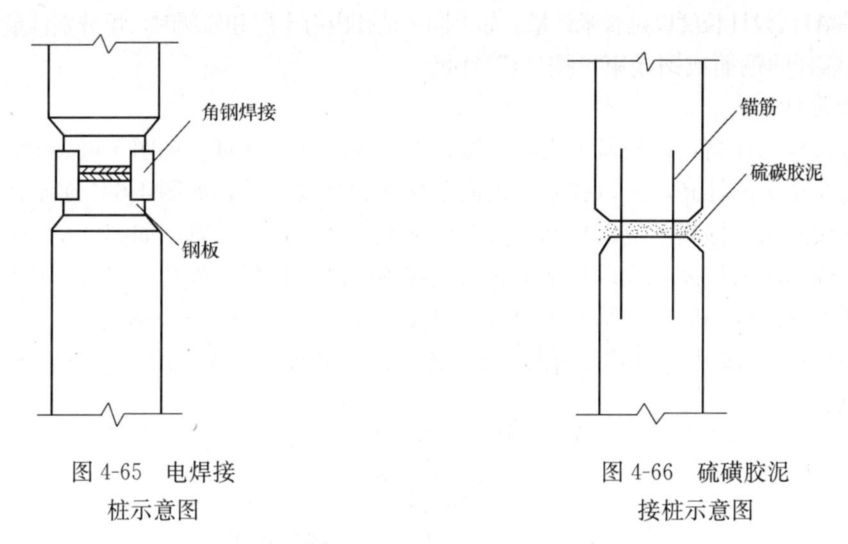

图 4-65　电焊接桩示意图

图 4-66　硫磺胶泥接桩示意图

C. 送桩，指设计要求把钢筋混凝土桩桩顶打入地面以下的情况，打桩时，为使桩顶达到设计标高，打桩机必须借助于工具桩才能完成，此工具桩一般 2～3m 长，由硬木或金属制成，就叫送桩，送桩工程量按桩截面面积乘以送桩长度，即设计桩顶面标高至自然地坪另加 500mm 以"m^3"计量。

【例 4-20】　某工程桩桩基础为现场预制混凝土方桩如图 4-67 所示，室外地坪标高 −0.30m，桩顶标高 −1.80m，共 150 根，计算与打桩有关的工程量。

【解】　计算如下：

① 打桩：桩长=桩身+桩尖=8+0.4=8.40(m)

$$V_{打}=0.3\times0.3\times8.4\times150=113.40(m^3)$$

② 送桩：长度=1.50+0.5=2.0(m)

$$V_{送}=0.3\times0.3\times2\times150=27.00(m^3)$$

③ 凿桩头：　　=150(根)

D. 截桩，预制桩打入地下之后，会有部分突出地面，此时为满足下一道工序要求，必须将突出部分的桩头截去，此即为截桩工程。截桩头工程量可按单桩截面直径根数计量。

② 灌注桩

灌注桩分钻孔灌注桩、灌注桩钢筋以及灌注桩的泥浆运输等工程项目。

钻孔灌注桩，其桩钻孔按设计桩长以延长米计量。

钻孔灌注桩，其灌注混凝土工程量按单根桩设计桩长另加 0.25m 乘以桩断面以"m^3"计量。桩长包括桩尖，但不扣除桩尖虚体积。

灌注桩钢筋，灌注桩钢筋笼按"t"计量。

泥浆运输，灌注桩的泥浆运输工程量按实体积以"m^3"

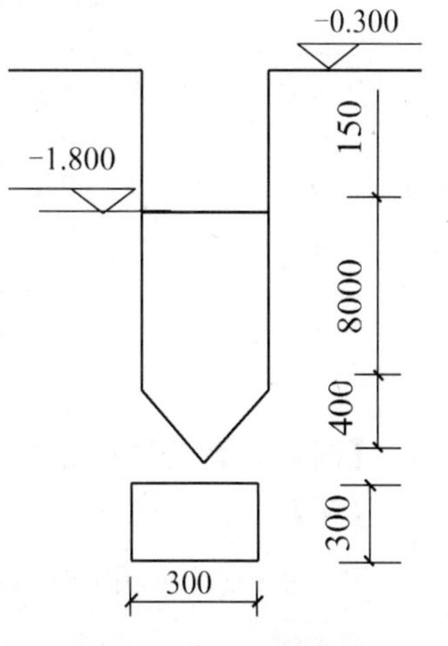

图 4-67　现场预制混凝土方桩示意图

计量。

③ 钻孔锚杆

钻孔锚杆按设计长度以延长米计量。如果同一钻孔内有土层和岩层时，可分别计量其长度。钻孔锚杆的钢筋或钢丝束可按“t”计量。

8）现浇柱

① 有梁板的柱高，以柱基上表面至楼板上表面的高度计算，如图 4-68(*a*)所示；

② 无梁楼板的柱高，应以柱基上表面至柱帽的高度计算，如图 4-68(*b*)所示；

③ 有楼隔层的柱高，应以柱基上表面至梁上表面的高度计算，如图 4-68(*c*)所示；

④ 无楼隔层的柱高，应以柱基上表面至柱顶的高度计算，如图 4-68(*d*)所示；

⑤ 框架柱的柱高应自柱基上表面至柱顶高度计算，如图 4-68(*e*)所示；

⑥ 构造柱(抗震柱)包括“马牙槎”并入体积内，如图 4-68(*f*)所示。可查阅标准图集 03G363 计量。

$$V_{柱}=柱高\times柱截面积(m^3) \tag{4-47}$$

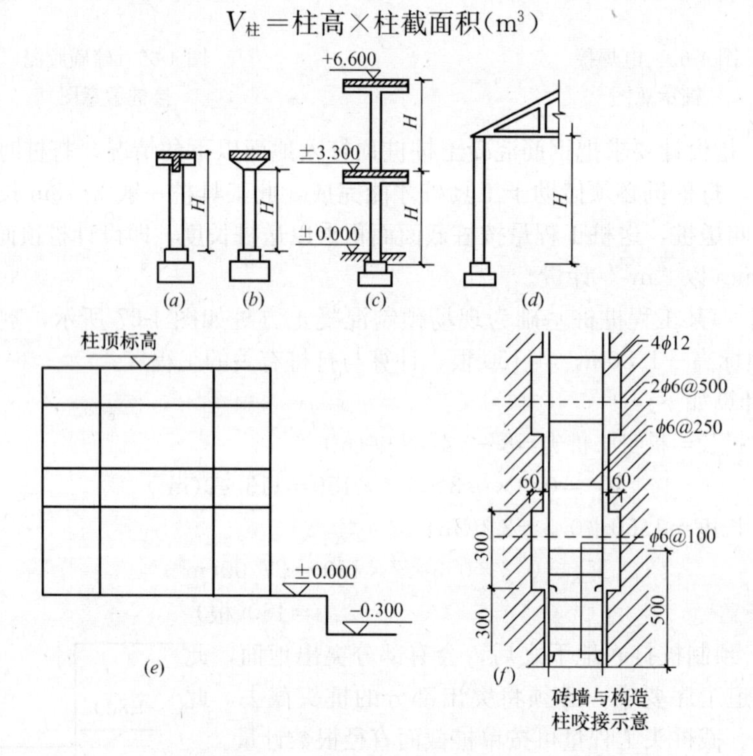

图 4-68　柱高的计算示意图

(*a*) 有梁板的柱；(*b*) 无梁楼板的柱；(*c*) 有楼隔层的柱；

(*d*) 无楼隔层的柱；(*e*) 框架柱；(*f*) 构造柱

【例 4-21】　计算如图 4-69 所示牛腿柱、工字形柱的混凝土工程量？

【解】　计算如下：

$$V_{柱}=6.35\times0.60\times0.40+3.05\times0.40\times0.40+(0.25+0.65)\times0.40\times0.40\div2$$
$$-1/3\times0.14\times(0.35\times3.55+0.4\times3.60+\sqrt{0.35\times3.55\times0.4\times3.6})\times2$$
$$=1.524+0.488+0.072-0.375=1.709(m^3)$$

【例 4-22】　计算如图 4-68(f)所示构造柱的混凝土工程量，(构造柱高 12m，宽 0.24m)。

【解法 1】　计算如下：

$$V_1 = 0.36 \times 0.24 \times 12/2 = 0.518(\text{m}^3)$$

$$V_2 = 0.24 \times 0.24 \times 12/2 = 0.346(\text{m}^3)$$

$$V = V_1 + V_2 = 0.518 + 0.346 = 0.864(\text{m}^3)$$

【解法 2】　计算如下：

$$V = 0.30 \times 0.24 \times 12 = 0.864(\text{m}^3)$$

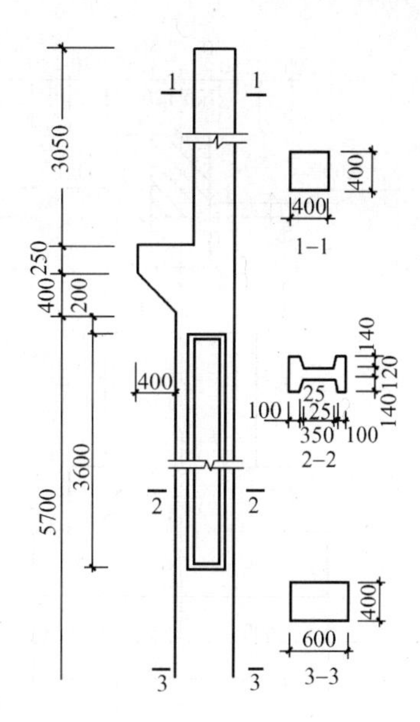

图 4-69　钢筋混凝土工字形柱、牛腿柱

9) 现浇梁

① 矩形梁按(m^3)计量，定额套用现浇矩形梁项目；

② 异形梁 如图 4-70 所示；

③ 基础梁 如图 4-71 所示，可查阅标准图集 04G320 计量，单梁按图计量，连系梁可查阅标准图集 04G321 计量，屋面梁可查阅标准图集 04G353-(1～4)计量；

④ 吊车梁、托架梁、吊车轨道连接及车挡、吊车梁走道板等用于工业厂房，可查阅标准图集 04G323-1、04G323-2、04G337 计量；

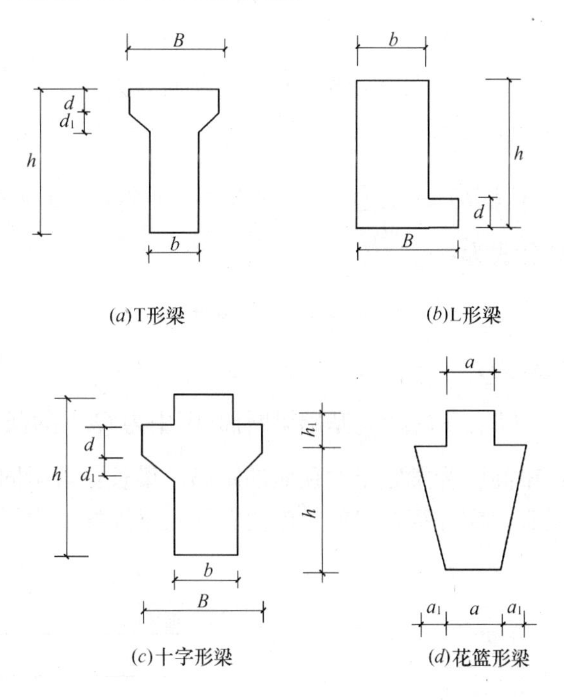

图 4-70　异形梁断面积示意图

(a)T 形梁；(b)L 形梁；(c)十字形梁；(d)花蓝形梁

⑤ 圈梁计量同图 4-71，图 4-72 为圈梁与过梁连接示意图。

⑥ 过梁等可查阅 03G322-(1～4)/国家标准或地方标准西南 03G301(一)(二)等标准图

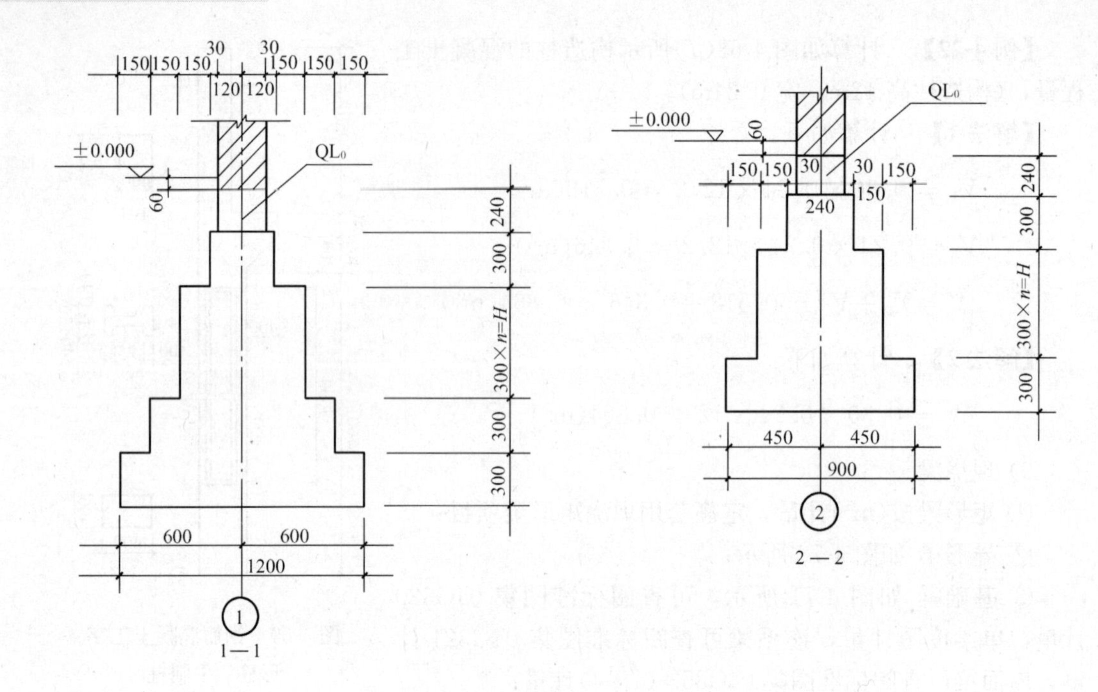

图 4-71　基础梁(现浇地圈梁)剖面图

集计量。

计算通式为：

$$V_{梁} = 梁长\ L \times 梁断面\ S \tag{4-48}$$

十字形梁体积计算公式为：

$$V_{十字形} = L\{bh + 1/2[d + (d + d_1) \times 1/2(B - b)] \times 2\} \tag{4-49}$$

花篮形梁体积计算公式为：

$$V_{花篮形} = L[ah_1 + (a + a_1)h] \tag{4-50}$$

基础梁体积计算公式为：

$$V_{基础梁} = (L_{中} + L_{内}) \times 基础梁断面(图中为\ QL_0\ 的截面积) \tag{4-51}$$

以上计量需注意：梁高：为梁底至梁顶面的距离；梁长：若梁同柱连接时，梁长算至柱侧面，伸入墙内的梁头，应计算在梁的长度内；同主梁连接的次梁，长度算至主梁的侧

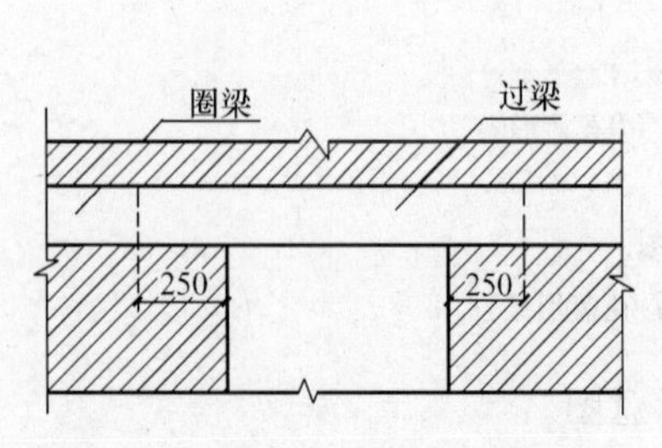

图 4-72　圈梁与过梁连接示意图

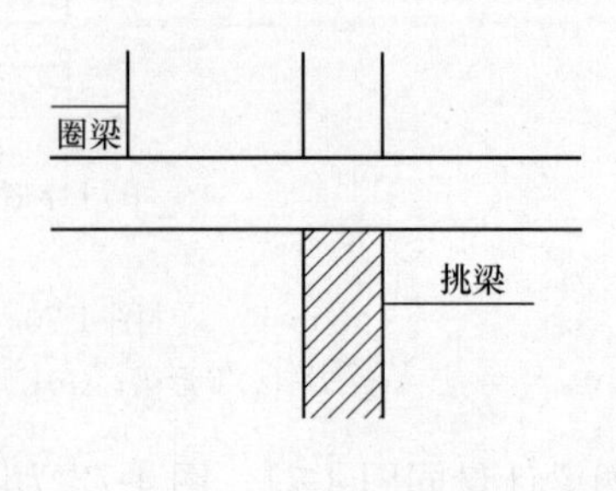

图 4-73　圈梁带挑梁示意图

面，如图 4-74 所示。现浇梁头处有现浇垫块者，垫块体积并入梁内计算。圈梁带挑梁、挑梁以墙结构外皮为界，伸出墙外部分按梁计算，如图 4-73 所示；梁带线脚宽度≤300mm线脚按梁计算，>300mm 时，按有梁板计算。如图 4-75 所示。

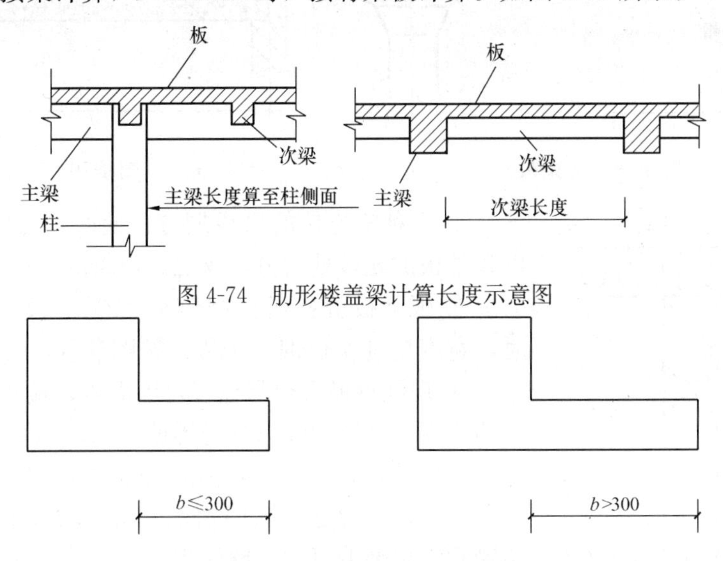

图 4-74 肋形楼盖梁计算长度示意图

图 4-75 梁带线脚示意图

10）现浇板

① 有梁板：指梁（主、次梁，圈梁除外）、板构成整体，按梁、板体积之和按（m^3）计量，套用现浇有梁板定额相应项目。板长算至梁侧面，有梁板分肋形板、密肋板和井式板，如图 4-76、图 4-77 所示，其体积计算公式为：

$$V_{有梁板} = S(梁断面积) \times L(梁长) + S(板面积) \times e(板厚) \tag{4-52}$$

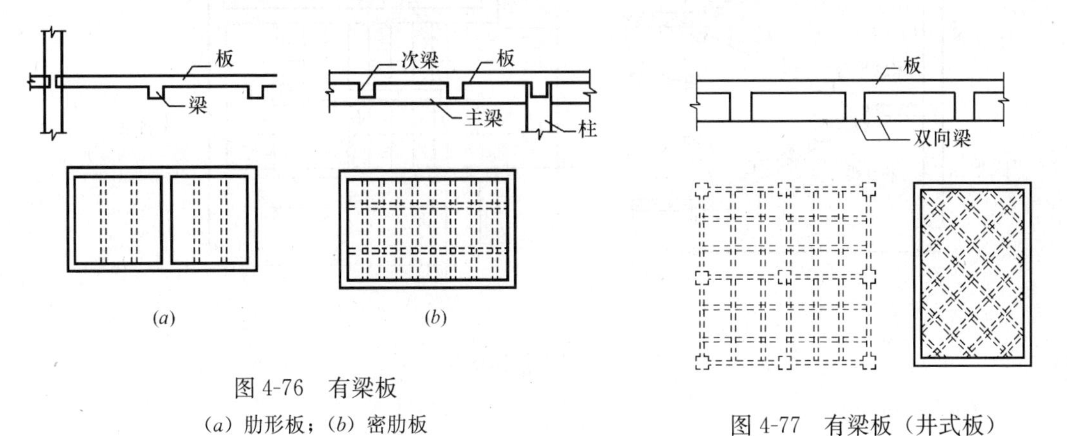

图 4-76 有梁板

（a）肋形板；（b）密肋板

图 4-77 有梁板（井式板）

② 无梁板：不带梁，直接由柱支承的板，如图 4-78 所示，其体积计算公式为：

$$V_{无梁板} = S(板面积) \times e(板厚) + 柱帽体积 \tag{4-53}$$

③ 平板：无柱、梁，直接由墙支承的板，如图 4-79 所示，其体积计算公式为：

$$V_{平板} = S(板面积) \times e(板厚) \tag{4-54}$$

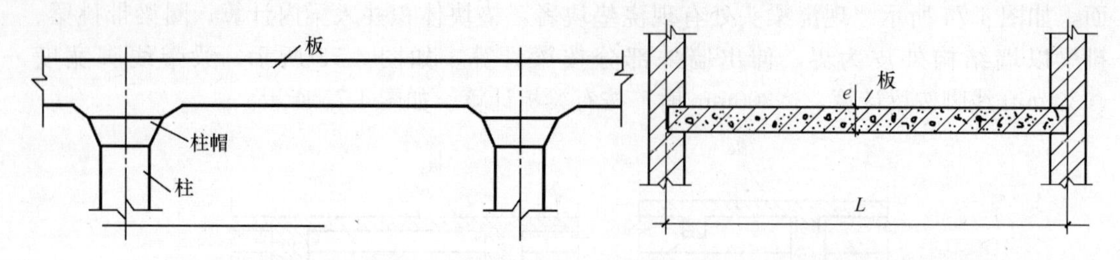

图 4-78 无梁板　　图 4-79 平板

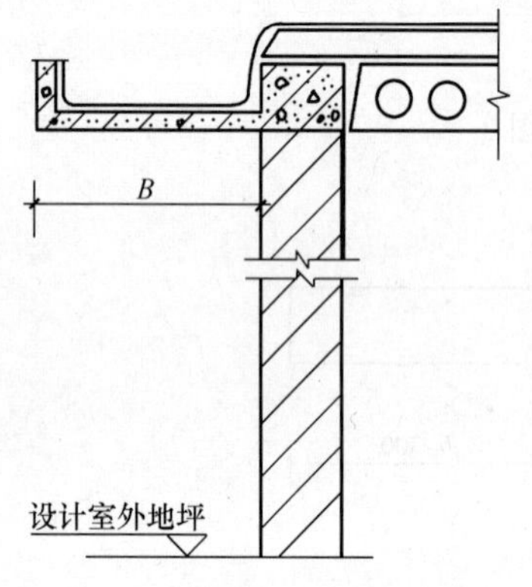

图 4-80 檐沟宽度示意图

④ 多种板连接的界线划分：此时，有明确分界线时，以各种板的相接处划分，反之，以墙的中心线为界；

⑤ 现浇板缝：当预制钢筋混凝土板需补板缝（带）时，宽度超过 4cm 时，工程量按图计量，套平板定额；

⑥ 现浇挑檐天沟与板（含屋面板、楼板）连接时，以外墙为界，外墙边线以外为挑檐天沟。如图 4-80 所示。

11）墙：按图示中心线长度乘以墙高墙厚以体积"m^3"计量，需要扣除门窗洞口及 $0.3m^2$ 以外孔洞体积，墙垛和突出部分可并入墙体积。

12）其他

① 整体楼梯按(m^2)计量，（包括休息平台、平台梁、斜梁及楼梯连接梁），分层按水平投影面积计算，伸入墙内部分不另增加，不扣除宽度小于 500mm 的楼梯井，如图 4-81 所示；

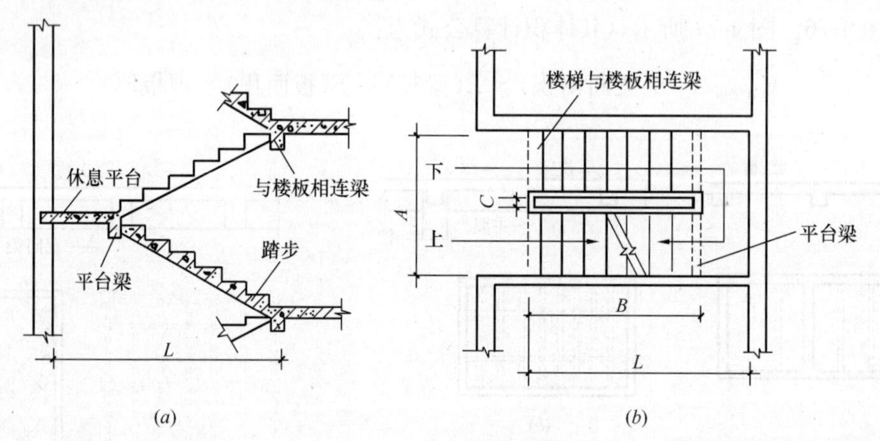

图 4-81 整体楼梯

当 $C \leqslant 50cm$ 时

$$S_{楼梯} = AL$$

当 $C > 50cm$ 时

$$S_{楼梯} = AL - BC \tag{4-55}$$

式中 L——楼梯水平投影长；

A——楼梯间净宽；

B——楼梯井长度；

C——楼梯井宽度；

S——每层楼梯投影面积。

② 钢筋混凝土阳台、雨篷(悬挑板)按伸出外墙的水平投影面积计量；伸出外墙的牛腿不另计。带反边的雨篷按展开面积计算(高乘以长)；(不包括阳台栏板、栏杆、嵌入墙内的梁)，如图 4-82 所示；

③ 钢筋混凝土栏板、扶手：按体积(m^3)计量，伸入墙内部分合并计算；

④ 钢筋混凝土挑檐、天沟按(m^3)计量；

⑤ 混凝土台阶：按体积(m^3)计量；

⑥ 现浇零星构件：按体积(m^3)计量。

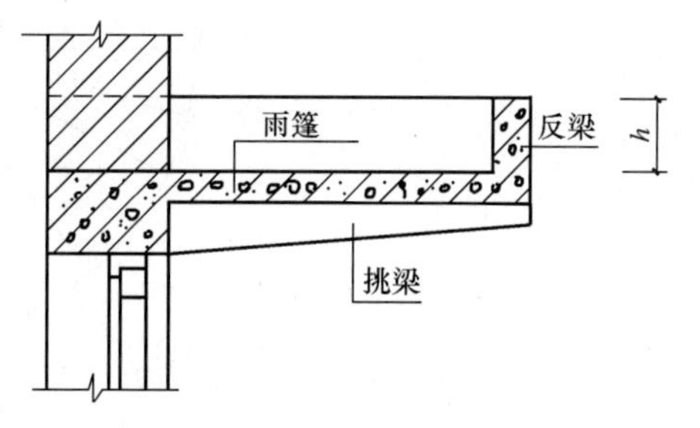

图 4-82 带反边的普通雨篷

现浇构件列项需注意如下问题：

混凝土工程量按体积以 m^3 计算，不扣构件中钢筋、预埋件及墙、板中 0.3m^2 以内孔洞所占体积；

整体直形楼梯折算厚度为 20cm，弧形楼梯(螺旋型、艺术型)折算厚度为 16cm，实际折算厚度不同时，按每增减 10mm 厚度的工、料项目调整，其计算式为：

$$\text{增减厚度}\ \delta = \frac{\text{混凝土工程量}(m^3)}{\text{水平投影面积}(m^2)} \times 100(cm) - 20/16(cm) \tag{4-56}$$

套相应增减厚度项目。

现浇柱、墙、梁、板支撑高度＞4.5m 编制，每超过 1m 增加工、料以层高计算，不足 1m 按 1m 计算 ，套用相应项目；

系数运用：如五章说明一中 5，室外毛石混凝土挡土墙，超过 3.6m 高时，其超过部分混凝土每 10m^3 增加垂直运输用工 3.05 工日；

现浇零星项目(小型构件)包括：小型池槽、压顶、垫块、扶手、门框等；

现浇混凝土结构目前多采用施工图平面整体表示法制图规则和构造详图，实际使用中请查阅 03G101-1～03G101-4 等国家建筑标准设计图集。

【例 4-23】 计算如图 4-83 所示，现浇 C20 钢筋混凝土螺旋楼梯的工程量？

【解】 1 楼梯混凝土工程量 C20 计算如下：

$L_{外侧}=3/4\times\pi D=3.5\times3.1416\times3/4=8.247(m)$(AB 投影长度)

楼梯踏步：立面步数＝22 步×0.15＝3.30(m)或 3.30÷0.15(踏步高)＝22(步)

21 步每踏步宽度为：8.247÷21 步＝0.395(m)

$L_{内侧}=3/4\times\pi D=0.5\times3.1416\times3/4=1.178(m)$(CD 投影长度)

同理楼梯每踏步宽度 1.178m÷21 步＝0.056(m)

螺旋楼梯体积＝踏步体积＋楼梯板体积

楼梯踏步体积＝1/2×(外侧踏步截面积＋内侧踏步截面积)×踏步长×踏步数

＝(1/2×0.393×0.15＋1/2×0.056×0.15)×1/2×(3.5×1/2－0.5×1/2)×21 步

＝0.530(m^3)

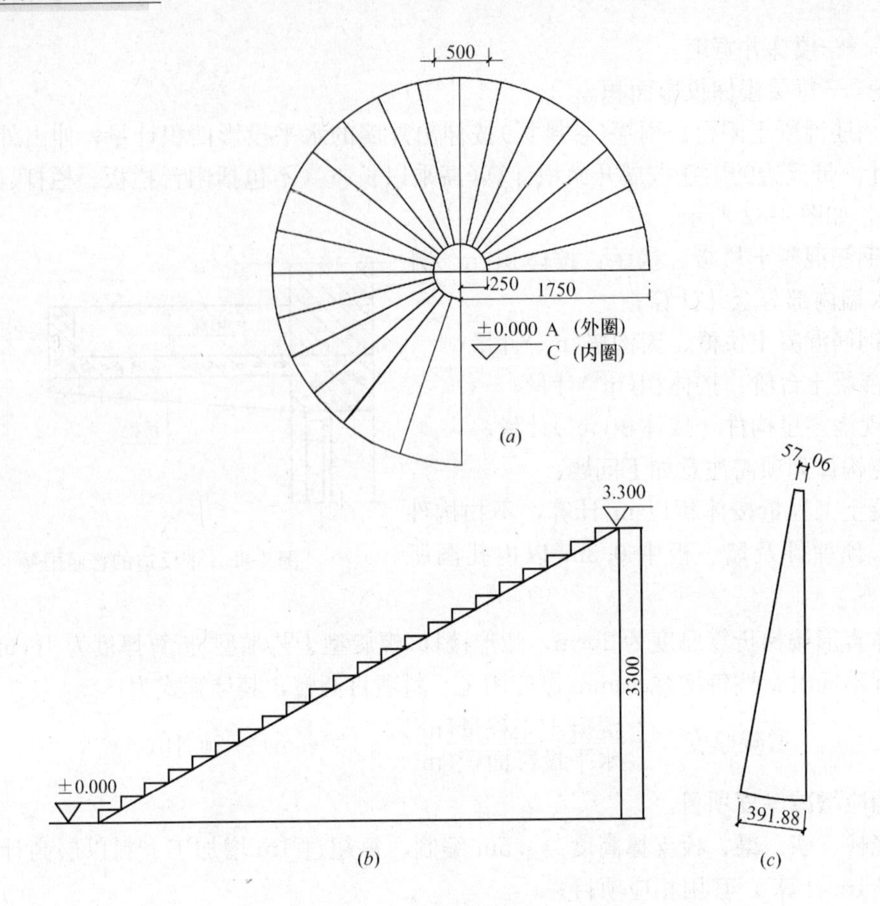

$L=3.5\times3.1416\times3/4=8.247\text{m}$

21 步每步宽 $=8.4247\div21=0.693\text{m}$

图 4-83 螺旋楼梯计算示意图

(a) 螺旋楼梯平面投影图；(b) 螺旋楼梯踏步图；(c) 螺旋楼梯踏步内外侧示意图

楼梯板体积＝(楼梯内侧斜长＋楼梯外侧斜长)×1/2×楼梯板宽×楼梯板厚

$$(\sqrt{1.178^2+3.3^2}+\sqrt{8.247^2+3.3^2})\times1/2\times(3.5\times1/2-0.5\times1/2)\times0.12$$

$$=(3.505+8.883)\times1/2\times1.5\times0.12=1.115(\text{m}^3)$$

C20 螺旋式楼梯体积＝踏步体积＋梯板体积＝$0.530+1.115=1.645(\text{m}^3)$

【解】 2 按水平投影面积计算如下：

全部投影面积－楼梯井水平投影面积

$$=\pi R^2-\pi r^2=\pi\left(\frac{D_{外}}{2}\right)^2-\pi\left(\frac{D_{内}}{2}\right)^2=\pi\left(\frac{D_{外}^2}{4}-\frac{D_{内}^2}{4}\right)=\frac{\pi}{4}(D_{外}^2-D_{内}^2)$$

$$=(3.5^2\times0.7854-0.5^2\times0.7854)\times3/4=(9.621-0.196)\times3/4$$

$$=7.07(\text{m}^2)\left(注\frac{\pi}{4}=0.7854\right)$$

所以增减厚度为：$\frac{1.645\text{m}^3}{7.07\text{m}^2}\times100-16=7.27(\text{cm})$，另套增减厚度相应定额项目。

【例 4-24】 计算如图 4-84 所示，C15 现浇钢筋混凝土雨篷的工程量？

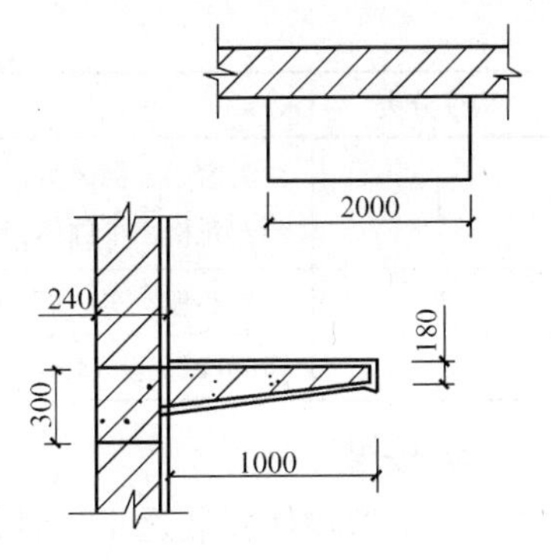

图 4-84 雨篷计算示意图

【解】 计算如下：

① $S_{雨篷}=1.0\times2.0=2(m^2)$

② $V_{雨篷过梁}=0.3\times0.24\times2=0.144(m^3)$

（2）预制、预应力构件

预制混凝土和钢筋混凝土构件包括制作、运输、安装和灌浆等工程量的计算，除预制钢筋混凝土屋架、桁架、托架及 9m 以上的梁、柱外，其余的预制钢筋混凝土构件，定额中均未考虑构件的制作、运输堆放及安装损耗。其制、运、安损耗工程量计算应按施工图计算后，再按表 4-16规定的损耗率分别计算。）

预制钢筋混凝土构件制作、运输、安装损耗率表 表 4-16

名 称	制作废品率	运输堆放损耗率	安装(打桩)损耗率
各类预制构件	0.2%	0.8%	0.5%
预制钢筋混凝土桩	0.1%	0.4%	1.5%
预制水磨石零星构件	0.4%	1.6%	1%

【例 4-25】 计算 1m³预制混凝土制作、运输和安装工程消耗量？

【解】 计算如下：

① 制作：$1\times(1+0.2\%+0.8\%+0.5\%)=1.015$

② 运输：$1\times(1+0.8\%+0.5\%)=1.013$

③ 安装：$1\times(1+0.5\%)=1.005$

列项及计算规则：

1）制作

① 混凝土工程量按 m³计算，不扣构件中钢筋、预埋件及墙、板中 0.3m²以内孔洞所占体积；

② 预制混凝土构件制作损耗率 0.015、运输损耗率 0.013、安装损耗率 0.005；

③ 空心板、空心楼梯段应扣除空洞体积，按 m³计量，可查阅标准图集；

④ 预制桩按桩全长(包括桩尖)乘以桩断面(空心桩应扣除孔洞体积)按 m³计量；

⑤ 混凝土和钢杆件组合，其混凝土部分按 m³计量；

⑥ 预制空心花格，按每 10 m³花格折算为 0.5 m³混凝土，即应套小型构件子目；

⑦ 预制小型构件：包括小型池槽、扶手、压顶、空心花格、架空隔热槽板、壁柜、垫块和单件体积在 0.05 m³内的未列出项目的构件。

2）运输

① 预制混凝土运输、安装按(m³)计量，钢构件按设计图以"t"计量，螺栓、电焊条等重量不另计；

② 预制构件运输类别分三类：Ⅰ、Ⅱ、Ⅲ，见表 4-17，运距在 1km 内为基本段、25km 内为增运段。

预制构件运输类别 表 4-17

构件分类	构 件 名 称
Ⅰ	天窗架、挡风架、侧板、端壁板、天窗上下档、预制水磨石窗台板、隔断板、池槽、楼梯踏步、花格、单件体积在 0.1m³ 以内的小型构件等
Ⅱ	空心板、实心板、6m 以内的桩、屋面板、梁、吊车梁、楼梯段、槽板、薄腹梁等
Ⅲ	6m 以上至 14m 梁、板、柱、桩、各类屋架、桁架、托架(14m 以上的另行处理)等

3）安装

① 小型构件安装适于单件体积小于 0.1m³ 的构件安装；

② 预制混凝土构件接头灌缝：包括构件座浆、灌缝、堵板头、塞板梁缝等；

③ 空心板堵孔的工、料包括在接头灌缝项目内，若不堵孔，应扣除项目中堵孔材料（预制混凝土块）和堵孔用工，每 10m² 空心板含 22.2 工日。

(3) 钢筋、预埋件：可分为现浇构件钢筋、预制构件钢筋、预应力构件钢筋（先张法和后张法）以及预埋件等，按（t）计量。

1）列项时，在施工工艺上需要区别以下情况，以便套用定额：

所谓预应力混凝土是指在构件的受拉区施加预压应力，当构件在荷载作用下产生拉应力时，首先抵消预压应力，然后随着荷载的不断增加，受拉区混凝土才逐渐受拉开裂，从而推迟裂缝出现并限制其开展，提高构件的抗裂度和刚度，此种施加预应力的混凝土，称预应力混凝土；所谓先张法是指先张拉预应力筋，临时锚固在台座或钢模上，然后浇筑混凝土，待其达到一定强度，一般不低于设计强度的 70%，使预应力筋同混凝土之间有足够的粘结力时，再放松预应力筋，使其弹性回缩，从而对混凝土产生预压应力；所谓后张法：是先制作构件，预留孔道，等到构件混凝土达到规定强度时，在孔道内穿入预应力筋进行张拉并实施锚固，必须达到设计规定控制应力后，借助于锚具才能把预应力筋锚固在构件端部，最后对孔道灌浆，主要张拉设备有千斤顶，张拉前，先把装好锚具的预应力筋穿入千斤顶的中心孔道，并在张拉油缸的端部用工具加以锚固。常用于现场拼装的大型构件，如预应力屋架、吊车梁、托架等；所谓后张无粘结预应力工艺：是在混凝土浇灌前，将涂有防锈油脂表面裹一层塑（涂）料的钢丝束或钢绞线束，先进行绑扎，埋置在混凝土构件内，待达到设计规定强度时，用张拉机具对钢丝束或钢绞线束进行张拉和锚固，该体系借助构件两端的锚具传递预应力，不需预留孔道，不必灌浆，该工艺多用于大型基础、框架、电视塔等。此外，应注意预埋铁件和加工铁件的区别：预埋铁件用于钢筋混凝土构件上，而加工铁件用在木结构和金属结构上。预埋件详图如图 4-85 所示。

2）列项及计算规则

① 设计未规定搭接长度的，盘园按施工组织设计规定长度计算接头，ϕ25 以内的条园每 8m 长计算一个接头，ϕ25 以上的条园每 6m 长计算一个接头，接头长度按规范规定计算，见表 4-18；

② 钢筋、铁件工程量按图及理论质量计算，损耗在项目中已综合考虑，不另计；

③ 钢筋保护层厚度应按照表 4-19 扣除；

④ 预应力构件的吊钩、现浇构件中固定钢筋位置的支撑钢筋，双层钢筋的“铁马”

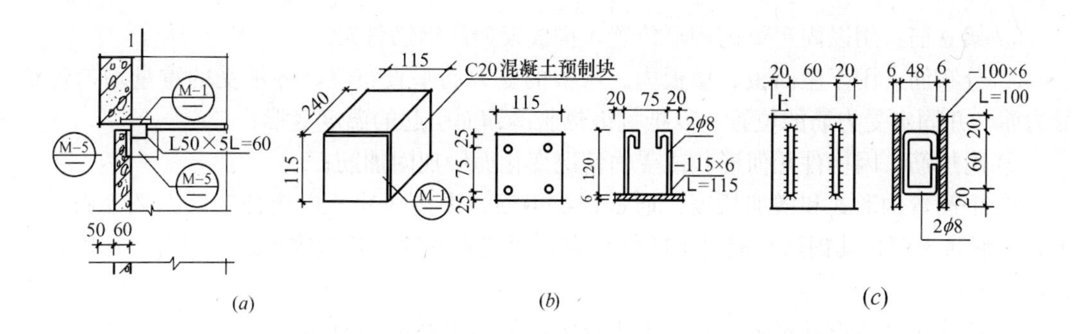

图 4-85　隔板构件预埋件详图

（*a*）隔板连接示意 YK-1；（*b*）隔板预埋件 M-1；（*c*）隔板预埋件 M-5 选自西南 J402，29 页

伸出构件的锚固钢筋并入钢筋工程计算；

⑤ 弧形构件钢筋，按相关子目人工×1.2；

⑥ 注意低合金钢筋采用螺杆锚具、或镦头插片及帮条锚具、或后张自锚等，需要另计螺杆和预应力筋增加长度的计算；

⑦ 钢筋电渣压力焊接头按“个”计量。(用于现场竖向或斜向钢筋接头，比电弧焊工效高，成本低)。

绑扎骨架钢筋搭接时的最小搭接长度表　　　　表 4-18

钢筋种类	混凝土强度等级			
	C15		≥C20	
	受力情况			
	受　拉	受　压	受　拉	受　压
Ⅰ级钢筋	35*d*(直径)	25*d*(直径)	30*d*(直径)	20*d*(直径)
Ⅱ级钢筋	40*d*(直径)	30*d*(直径)	35*d*(直径)	25*d*(直径)
Ⅲ级钢筋	45*d*(直径)	35*d*(直径)	40*d*(直径)	30*d*(直径)
冷拉低碳钢丝	250mm	200mm	250mm	200mm

钢筋保护层厚度　　　　单位：mm　　　　表 4-19

项　目		保护层厚度	项　目		保护层厚度
墙和板	厚度≤100	10	基　础	有垫层	35
	厚度>100	15		无垫层	70
梁和柱	受力钢筋	25	钢筋端头	预制钢筋混凝土受弯构件	10
	箍筋和构造钢筋	15			

3）钢筋配置在混凝土结构中，计算时除要根据计算规则和设计要求外，还需注意设计规范的规定，并依据其受力情况和作用的不同加以识别并计量。

① 受力筋：承受拉、压应力的钢筋。用于梁、板、柱等各种钢筋混凝土构件。梁板的受力筋还分为直筋和弯起筋两种；

② 钢筋（箍筋）：承受部分斜拉应力，并固定受力筋的位置。多用于梁和柱内；

③ 架立筋：用以固定梁内钢箍位置，构成梁内的钢筋骨架；

④ 分布筋：用于屋面板、楼板内、与板的受力筋垂直布置，将承受的重量均匀传给受力筋，并固定受力筋的位置，以抵抗因热胀冷缩而引起的温度变形；

⑤ 附加筋：因构件几何形状或受力情况变化而增加附加筋；

⑥ 钢筋弯钩形式和增加长度：通常螺纹钢筋、焊接网片及焊接骨架可不必弯钩。对于光圆钢筋为提高其钢筋与混凝土的粘接力，两端应弯钩。其弯钩形式一般有三种，如图 4-86 所示；

⑦ 弯钩长度按设计规定计算，若无规定，可参考表 4-20 计量；

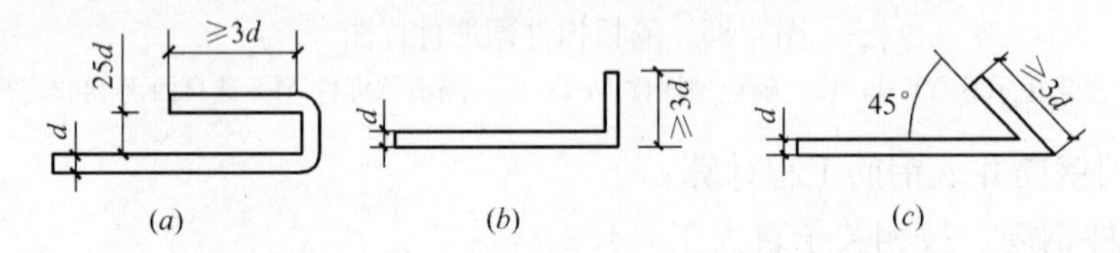

图 4-86　钢筋弯钩形式

钢筋弯钩增加长度值（单位：mm）　　**表 4-20**

钢筋直径 d (mm)	半圆弯钩 (6.25d)	斜弯钩 (4.9d)	直弯钩 (3d)	钢筋直径 d (mm)	半圆弯钩 (6.25d)	斜弯钩 (4.9d)	直弯钩 (3d)
6	40	30	18	18	112	88	54
8	50	40	24	20	125	98	60
10	62.5	49	30	22	137.5	108	66
12	75	58.8	36	25	156.25	122.5	75
14	87.5	68.6	42	28	175	137	84
16	100	78.5	48	30	187.5	147	90

⑧ 箍筋长度调整值：即箍筋弯钩长度增加值，可按表 4-21 计量；

箍筋长度调整值表（单位：mm）　　**表 4-21**

箍筋直径	4	5	6	8	10	12
长度调整值	70	80	100	130	160	200

⑨ 钢筋弯起增加长度：在钢筋混凝土梁中，因受力需要，经常采用将钢筋弯起的方法，其弯起的角度有 30°、45°和 60°三种形式。钢筋弯起增加的长度是指斜长 S 与水平长 L 之差，H 为梁高减上下保护层厚度之和。

当钢筋弯为 30°时，$S-L=0.27H$　　(4-57)

当钢筋弯为 45°时，$S-L=0.41H$　　(4-58)

当钢筋弯为 60°时，$S-L=0.57H$　　(4-59)

钢筋弯起增加的长度见表 4-22；

弯起钢筋长度计算表　　　　**表 4-22**

弯起钢筋形状	H (cm)	$\alpha=30°$			H (cm)	$\alpha=45°$			H (cm)	$\alpha=60°$		
		S	L	S-L		S	L	S-L		S	L	S-L
	6	12	10	2	20	28	20	8	75	86	44	42
	7	14	12	2	25	35	25	10	80	92	46	46
	8	16	14	2	30	42	30	12	85	98	49	49
	9	18	16	2	35	49	35	14	90	104	52	52
	10	20	17	3	40	56	40	16	95	109	55	54
	11	22	19	3	45	63	45	18	100	115	58	57
	12	24	21	3	50	71	50	21	105	121	61	60
	13	26	22	4	55	78	55	23	110	127	64	63
	14	28	24	4	60	85	60	25	115	132	67	65
	15	30	26	4	65	92	65	27	120	138	70	68
	16	32	28	4	70	99	70	29	125	144	73	71
	17	34	29	5	75	106	75	31	130	150	75	75
	18	36	31	5	80	113	80	33	135	155	78	77
	19	38	33	5	85	120	85	35	140	161	81	80

上图有关的基本数值

α	S	L	S-L
30°	2H	1.73H	0.27H
45°	1.41H	1.00H	0.41H
60°	1.15H	0.58H	0.57H

⑩ 钢筋图式用量计算：可直接查阅标准图，亦可直接按图所示钢筋混凝土几何尺寸，区别钢筋的级别和规格，并根据定额计算规则规定分别计量，然后汇总钢筋工程量，其长度和质量计算式如下：

直钢筋长度＝构件长度－2×保护层厚度＋弯钩增加长度　　(4-60)

弯起钢筋长度＝直段钢筋长度＋斜段钢筋长度＋弯钩增加的长度　　(4-61)

钢筋箍筋长度＝[(构件宽＋构件高)－4×保护层厚度]×2＋弯钩增加长度　　(4-62)

钢筋图式质量＝Σ(单根钢筋长×根数×kg/m)　　(4-63)

⑪ 钢筋理论质量计算可查阅表 4-23；

钢筋每米长的理论质量表　　　　**表 4-23**

规　格	质量(kg)	规　格	质量(kg)	规　格	质量(kg)
ϕ4	0.099	ϕ12	0.888	ϕ25	3.853
ϕ5	0.154	ϕ14	1.210	ϕ28	4.834
ϕ6	0.222	ϕ16	1.587	ϕ30	5.549
ϕ6.5	0.260	ϕ18	1.998	ϕ32	6.313
ϕ8	0.395	ϕ20	2.470	ϕ36	7.990
ϕ10	0.617	ϕ22	2.984	ϕ40	9.865

⑫ 预应力钢筋不包括人工时效处理，如设计要求进行人工时效处理时，另计费用(按照地方定额规定计量)；

⑬ 非预应力钢筋不包括冷加工，如设计要求冷加工时，另计费用（按照地方定额规定计量）；

⑭ 钢筋分部套用定额时常遇到的专业术语：如所谓自然时效，指钢筋冷拉后，由于内应力的存在，使钢筋晶体组织自行调整，该过程叫时效。时效分两种情况：Ⅰ～Ⅱ级钢筋的时效过程常温下须经过 15～28 天完成，叫自然时效；为加速时效完成，将冷拉后的Ⅰ～Ⅱ级钢筋放入 100℃左右水中或蒸汽中蒸煮 2 小时，即可完成时效过程，就称为人工

时效。尤其是Ⅲ～Ⅳ级钢筋在自然条件下，一般达不到时效效果，必须采用人工时效，通常采用通电加热、加热到150～300℃保持20分钟左右，即可完成时效过程。而钢筋冷拉指在常温下，以超过钢筋屈服强度的拉应力拉伸钢筋，使其产生塑性变形，以提高强度，节约钢材。Ⅱ～Ⅳ级钢筋和5号钢筋常用作预应力筋，作此筋应采用双控，即控制应力和延伸率，但冷拉Ⅰ级钢筋用作非预应力筋（受拉筋），在受冲击荷载的动力设备和负温下一般不用冷拉钢筋。

【例4-26】 计算如图4-87所示预制梁YL-1矩形单梁（10根）的钢筋工程量？

【解】 计算如下：

① 钢筋计算长度 6000－2×10＝5980(mm)

③ 钢筋计算长度 6000－2×10＝5980(mm)

② 弯起钢筋计算长度＝构件长度－保护层厚度＋弯起增加长度

$$=6000-2\times10+0.41\times400\times2=6308(\text{mm})$$

④ 箍筋计算长度＝箍筋周长＋长度调整值

$$箍筋数量=\frac{构件长度-混凝土保护层}{箍筋间距}+1$$

$$故其计算长度=(170+420)\times2+100=1280(\text{mm})$$

$$箍筋数量=\frac{(6000-20)\text{mm}}{200\text{mm}}+1\ 根\approx31\ 根$$

钢筋工程量计算见表4-24。

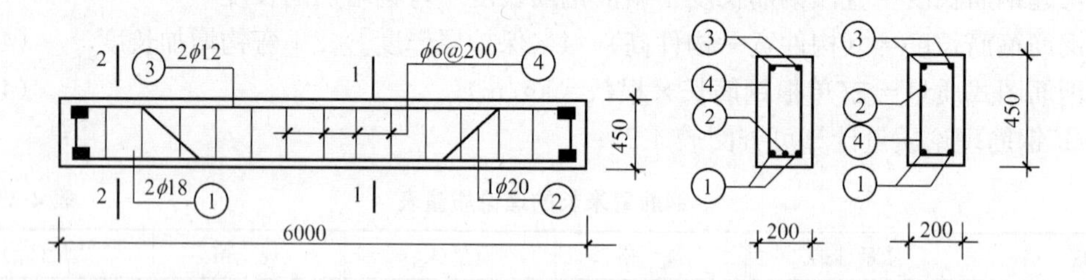

图4-87　YL-1梁配筋图

钢筋工程量计算表　　表4-24

构件名称	筋号	简　图	钢号	直径(mm)	单根长度(mm)	单件配筋×梁根数	总长度(m)	质　量(kg)
预制YL-1矩形单梁(10根)	①	5980	φ	18	5980＋6.25×18×2	2×10根	124.10	124.1m×1.998kg/m＝247.82
	②		φ	20	6308＋6.25×20×2	1×10根	65.58	65.58m×2.47 kg/m＝161.98
	③	5980	φ	12	5980＋6.25×12×2	2×10根	122.60	122.60m×0.888kg/m＝108.87
	④		φ	6	1280	31×10根	396.80	396.8m×0.222kg/m＝88.09
		小计						606.76

(4) 模板工程：分现浇构件模板、预制构件模板和构筑物模板。按面积（m^2）计量。列项及计算规则如下：

1）按混凝土与构件模板接触面积以平方米"m^2"计量，模板每100m^2接触面积的混凝土用量参考见表4-25；

2）现浇钢筋混凝土墙、板单孔面积在0.3m^2以内的孔洞不扣除；

3）现浇钢筋混凝土柱、梁、墙、板是按照支模高度（楼地面至梁板顶面）4.5m编制，若超过4.5m，可分柱、梁、板另按每超高1m增加工料列项；

4）构造柱按图示外露部分计算模板面积；

5）现浇钢筋混凝土悬挑板（挑檐、雨篷、阳台）按图示外挑部分尺寸的水平投影面积计算，挑出墙外的牛腿及板边不另计量，雨篷的反边按高度乘以长度，并入雨篷水平投影面积内计量；

6）现浇钢筋混凝土楼梯按水平投影面积计算，不扣除宽度小于500mm的楼梯井所占面积，楼梯踏步、踏步板、平台梁等侧面模板不另计量，伸入墙内部分不增加；

7）台阶按图示尺寸的水平投影面积计算，台阶两端侧模亦不增加，楼梯带模板另列项计量；

8）现浇、预制钢筋混凝土小型池槽按构件外围体积计量；

9）预制钢筋混凝土构件模板除定额规定者外，均按体积"m^3"计量。

模板每100m^2接触面积的混凝土用量参考表（现浇构件模板）（单位：m^3）　**表4-25**

项目名称		模板种类	支撑种类	混凝土体积
带形基础	毛石混凝土	钢	钢	32.55
	无筋混凝土			27.28
	钢筋混凝土(有梁式)			45.51
	钢筋混凝土(板式)			168.27
独立基础	毛石混凝土	钢	木	49.14
	钢筋混凝土			47.45
满堂基础	无梁式	钢	木	217.37
	有梁式		钢	77.23
杯形基础		钢	钢	54.47
高杯基础		钢	钢	22.20
桩承台基础		钢	钢	50.15
挖孔桩护壁		木	木	13.07
基础垫层		木	木	72.29
设备基础	5m^3以内	钢	钢	31.16
	20m^3以内			60.88
	100m^3以内			76.16
	100m^3以外			224.00

续表

项目名称		模板种类	支撑种类	混凝土体积
矩形柱	周长 2m 内	钢	钢	9.50
	周长 3m 内			15.80
	周长 3m 外			21.30
异形柱		钢	钢	10.73
圆形柱		木	木	12.76
框架薄壁柱		钢	钢	10.00
构造柱		钢	钢	15.46
基础梁		钢	木	12.66
矩形梁		钢	钢	11.83
异形梁		钢	钢	11.40
弧形梁		木	钢	11.45
拱形梁		木	钢	13.12
过　梁		钢	木	10.30
圈　梁		钢	木	15.20
弧形圈梁		木	木	15.87
直形墙	200mm 内	钢	钢	8.32
	300mm 内			13.44
	5000mm 内			20.63
	500mm 内			37.98
弧形墙		钢	钢	14.20
有梁板		钢	钢	14.49
无梁板		钢	钢	20.60
平　板		钢	钢	13.44
拱　板		木	木	12.44
直形楼梯(10m² 投影面积)		钢	钢	1.68
圆弧形楼梯(10m² 投影面积)		木	木	1.88
悬挑板(10m² 投影面积)		木	木	1.05
台阶(10m² 投影面积)		木	木	1.64
地沟、电缆沟		钢	钢	9.00
挑檐、天沟		钢	钢	6.99
栏　板		木	木	2.95
小型构件		木	木	3.28
扶手(100 延长米)		木	木	1.34
池槽(10m² 外形体积)		木	木	3.50

（六）金属结构工程计量

1. 分类：主要有钢结构制作、钢结构安装和金属构件汽车运输（分Ⅰ、Ⅱ和Ⅲ）等类别。

2. 常列主要项目：钢柱制作、钢屋架制作、钢托架制作、钢吊车梁制作、钢支撑制作、钢平台制作、钢梯子制作（型钢为主）、钢栏杆制作（钢管为主）、加工铁件制作［圆（方）钢为主］、钢柱（梁）安装、钢屋架（拼装、安装）、钢天窗架（拼装、安装）、钢托架梁等安装、钢屋架支撑安装、走道休息台等安装、钢扶手、平台踏步式扶梯等安装、加工铁件安装、Ⅰ、Ⅱ、Ⅲ类构件运输（分1km内和每增加1km）等项目。

3. 计算规则与计算式

（1）制作

1）构件制作工程量通常按“t”计量；

2）钢柱制作工程量，依附其身的牛腿及悬臂梁的主材质量，并入柱身主材质量中；

3）钢墙架制作工程量，应包括墙架柱、墙架梁及连系拉杆主材质量；

4）实腹柱、吊车梁、H型钢的腹板及翼板宽度按图示尺寸每边增加25mm计量；

5）钢屋架、钢托架制作平台摊销工程量按钢屋架、钢托架工程量计量。

（2）运输、安装工程量按“t”计量。其运输类别可按表4-26计取。

金属构件运输种类表　　表4-26

类别	项目
Ⅰ	钢柱、屋架、托架梁、防风桁架
Ⅱ	吊车梁、制动梁、型钢檩条、钢支撑、上下挡、钢拉杆、栏杆、盖板、垃圾出灰门、倒灰门、蓖子、爬梯、零星构件、平台、操作台、走道休息台、扶梯、钢吊车梯台、烟囱紧固箍
Ⅲ	墙架、挡风架、天窗架、组合檩条、轻型屋架、滚动支架、悬挂支架、管道支架

（3）计算式：

金属构件制作工程量＝相应几何尺寸计算公式×折算质量，如：

$$钢板=(长\times宽)(m^2)\times(相应板厚的质量)(kg/m^2) \quad (4\text{-}64)$$

$$槽钢=总长(m)\times(相应型号、规格的质量)(kg/m) \quad (4\text{-}65)$$

【例4-27】　计算如图4-88、图4-89所示楼梯栏杆工程量，运距7km。并查找相应定额。

【解】　计算如下：

①扶手ϕ50钢管（斜长）

$$钢管长度=\sqrt{(2.16+0.27)^2+1.5^2}=2.86m$$

查五金手册ϕ50钢管4.88kg/m，则钢管质量为：

2.86m×4.88kg/m×4段（三层两跑，每跑两段）＝55.83（kg）

②计算立柱ϕ50钢管质量

（分析：每根立柱长0.9m，首尾各一根，共2根），则：

0.9m×2根×4.88kg/m＝8.784（kg）

③计算栏杆横担扁钢－40×4质量

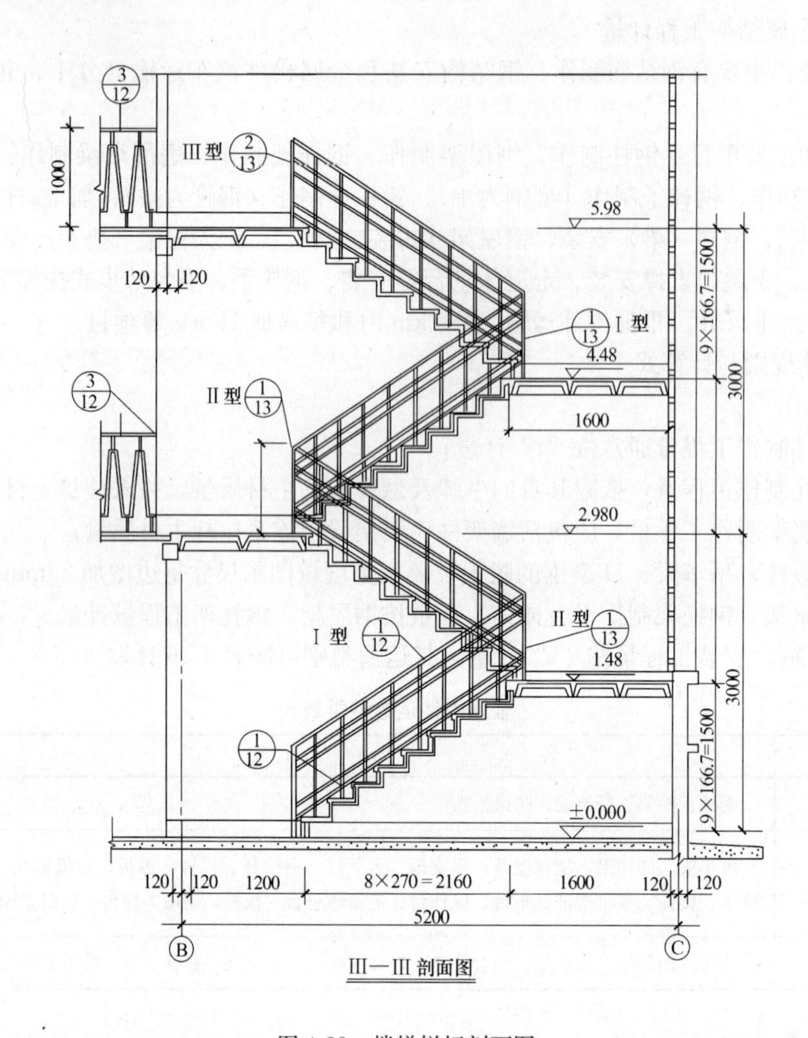

图 4-88　楼梯栏杆剖面图

(分析：三层两跑楼梯，每跑两段，每段扁钢共 4 根，每根长度同钢管扶手长，为 2.86m)，则：

$$\overset{跑}{2}\times\overset{段}{2}\times\overset{根}{4}\times\overbrace{2.86\text{m/根}\times0.04\text{m}}^{\text{m}^2}\times31.40\text{kg/m}^2=57.47\ (\text{kg})$$

④计算立柱 $\phi14$ 钢筋质量

(分析：每段楼梯立柱根数=踏步块数=8 根)

每根立柱长度为 900−50(钢管直径)=850mm，则：

　跑 段 根　平台处

{[(2×2×8)]+3}×0.85m/根×1.208kg/m=35.94 (kg)

⑤计算预埋铁件 50×120×6 扁钢质量：

{[(2×2×8)]+3}×0.12×0.05×47.10kg/m²=9.89 (kg)

Σ钢栏杆制作：①+②+③+④=158.02(kg)定额：(AF0022)

钢栏杆、扶手安装　　158.02(kg)定额：(AF0046)

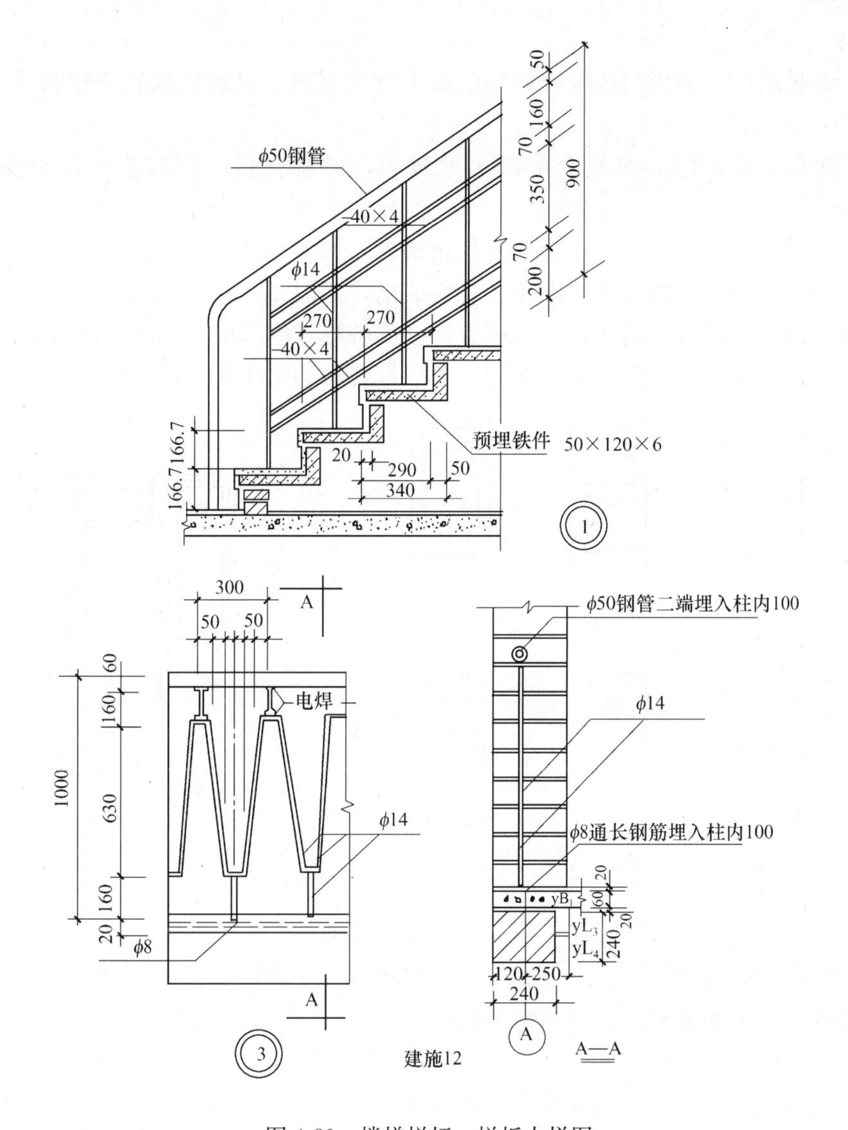

图 4-89　楼梯栏杆、栏板大样图

钢栏杆、扶手运输　　{1km 内定额：(AF0050)

Ⅱ类构件，158.02(kg) {每增加 1km(AF0051×6)

（七）门窗、木结构工程计量

1. 分类：该分部工程主要分为木门窗制作、木门窗安装和木结构（制作与安装）等类别。

2. 常列主要项目：镶板门制作、胶合板门制作、半截玻璃门制作（镶板、胶合板）、全玻璃门制作、门带窗制作、拼板门制作、浴室、厕所隔断制作、木门安装、浴室、厕所隔断安装、木窗安装、木窗安铁窗栅、门窗贴脸、门窗钉镀锌铁三角、门锁安装、木门窗运输（汽车、人力）、木楼梯等项目。

3. 计量注意与综合知识

(1) 门的分类和区别

1) 镶板门：上、中、下冒头和左右边挺为骨架，中间镶薄板成扇，如图 4-90

(*a*) 所示；

2) 半截玻璃门：镶板门或胶合板门门扇上部安玻璃，且玻璃面积≥镶板 1/2 者，如图 4-90 (*b*) 所示；

3) 全玻门：镶板门的薄板全部改为安玻璃，或胶合板门除冒头外，全安玻璃者，4-90 (*c*)所示；

4) 拼板门：冒头钉企口板，板面起三角槽者，如图 4-90 (*d*) 所示；

5) 胶合板门：木枋做骨架，面贴胶合板成扇，如图 4-90 (*e*) 所示；

6) 百叶门：采用冒头结构，中间镶百叶（斜装板）的门扇，如图 4-90 (*f*) 所示；

7) 门带窗：上面各种门并与窗共用一条立框者，如图 4-90 (*g*) 所示。

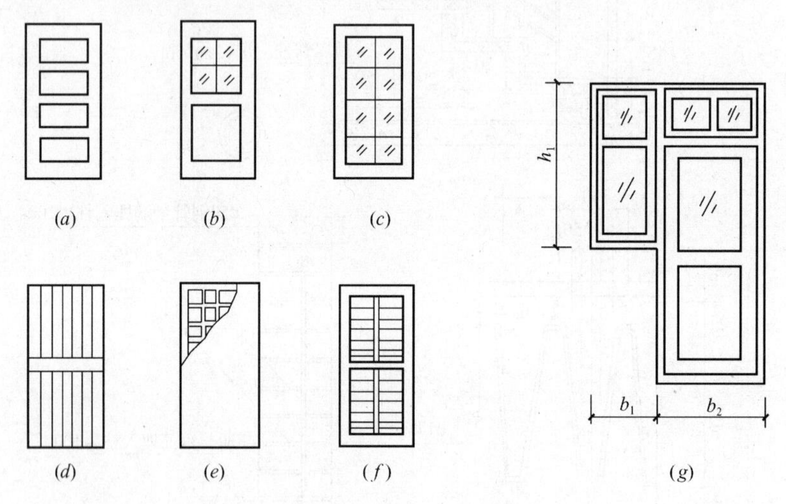

图 4-90　常见门分类

(*a*) 镶板门；(*b*) 半截玻璃门；(*c*) 全玻门；(*d*) 拼板门；(*e*) 胶合板门；(*f*) 百页门；(*g*) 门带窗

8) 带纱门：上面各种门再加一扇纱门。

(2) 窗的分类与区别

1) 普通窗：主要分普通扇和框上镶玻璃两种，如图 4-91 所示；

2) 组合窗：主要分进框式和框上镶玻璃两种；

3) 异形窗：包括圆形、半圆形、多边形等，如图 4-92 所示；

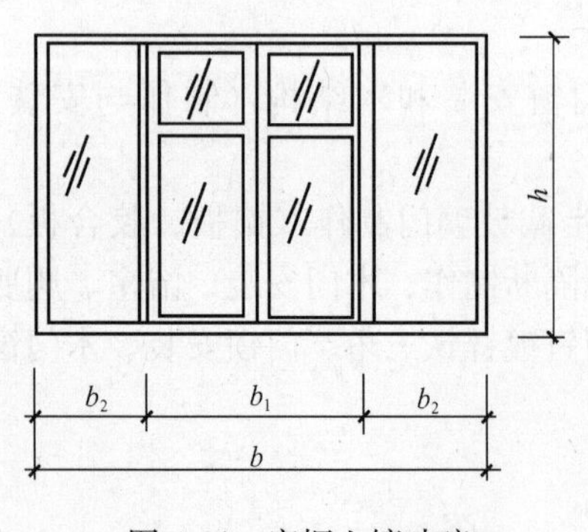

图 4-91　窗框上镶玻璃

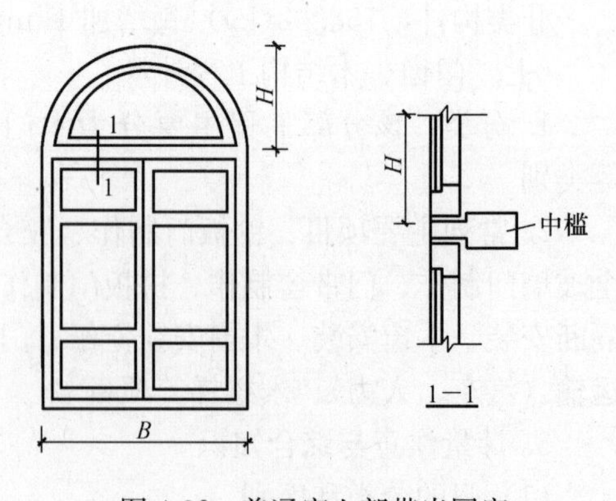

图 4-92　普通窗上部带半圆窗

4）天窗：主要包括全中悬、中悬带固定等。

（3）门窗普通五金

门窗普通五金安装定额已经包含费用，但要弄清哪些是普通五金，除此之外的贵重五金如门锁、弹簧等需要单独列项或计算费用。

1）普通折页：如图 4-93（*a*）所示；

2）插销：如图 4-93（*b*）所示；

3）风钩：如图 4-93（*c*）所示；

4）普通翻窗铰链：如图 4-93（*d*）所示；

5）搭扣：如图 4-93（*e*）所示；

6）镀铬弓背拉手：如图 4-93（*f*）所示。

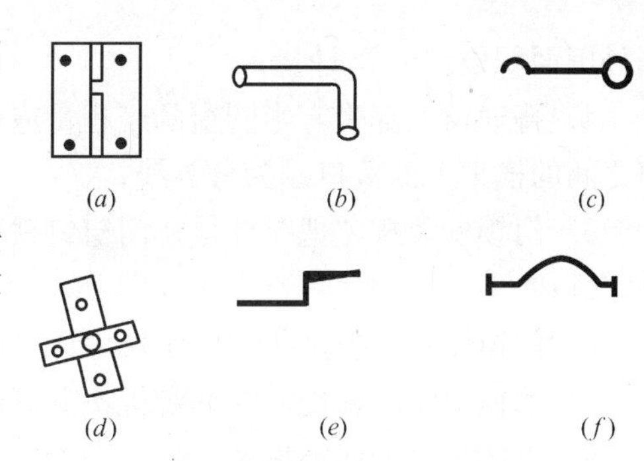

图 4-93　普通五金

（*a*）普通折页；（*b*）插销；（*c*）风钩；（*d*）普通翻窗铰链；（*e*）搭扣；（*f*）镀铬弓背拉手

窗的组成及开启方式如图 4-94、图 4-95 所示。

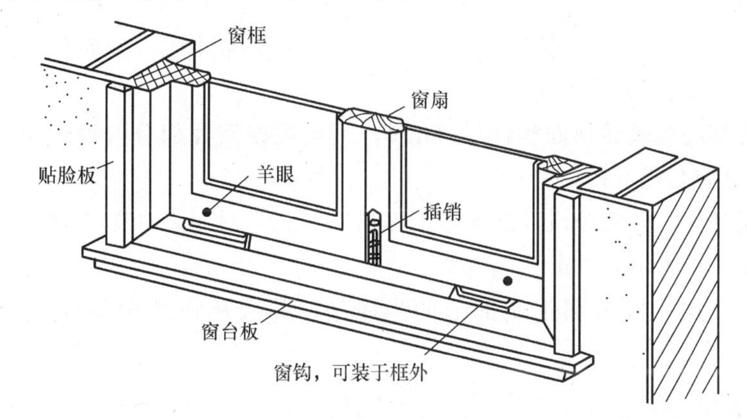

图 4-94　窗的组成

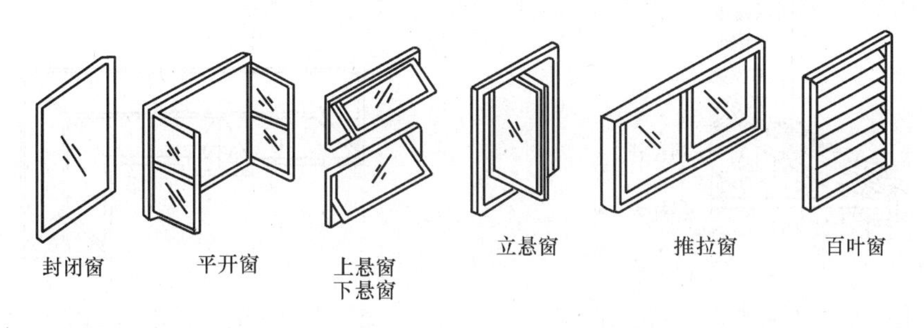

图 4-95　窗的开启方式

4. 计算规则与计算式

（1）门窗制作与安装

1）各种木、钢门窗制作、安装工程量按门窗洞口面积以“m^2”计量；

2）单独制作、安装木门窗框，亦按门窗洞口面积以“m^2”计量；单独制作、安装木门窗扇按扇外围面积以“m^2”计量；

3）有框厂库房大门和特种门按洞口面积以“m^2”计量；无框厂库房大门和特种门按

扇外围面积以“m^2”计量；

4）普通窗上部带有半圆窗的工程量应分别按半圆窗和普通窗计算，以普通窗和半圆窗之间的横框上的裁口线为分界线；

5）门锁安装按“把”计量；门窗钉铁三角按“个”计量；门窗贵重五金另计，套装饰定额；

6）门窗贴脸、披水条按图示尺寸以“m”计量；

7）木窗上安铁窗栅、钢筋御棍按洞口面积以“m^2”计量；

8）木搁板、木格踏板按“m^2”计量；

9）成品门窗塞缝按门窗洞口尺寸以“m”计量。

（2）门窗运输工程量

门窗运输工程量按门窗洞口面积以“m^2”计量（包括框、扇）。若单运框，定额项目乘以系数0.4，单运扇时，定额项目乘以系数0.6。

（3）木结构

1）木楼梯按水平投影面积计量，应扣＞300mm楼梯井所占的面积，定额包括踢脚板、平台和伸入墙内部分的工料；

2）屋面木基层按屋面斜面积计量（m^2），天窗挑檐重叠部分按设计规定计量，屋面烟囱及斜沟部分的面积不扣；

3）木屋架制作、安装按设计断面竣工工料以“m^3”计量，如图4-96所示；

4）檩木按竣工木料以“m^3”计量；

5）屋架的马尾、折角和正交部分的半屋架，并入相连接屋架体积中，如图4-97所示。

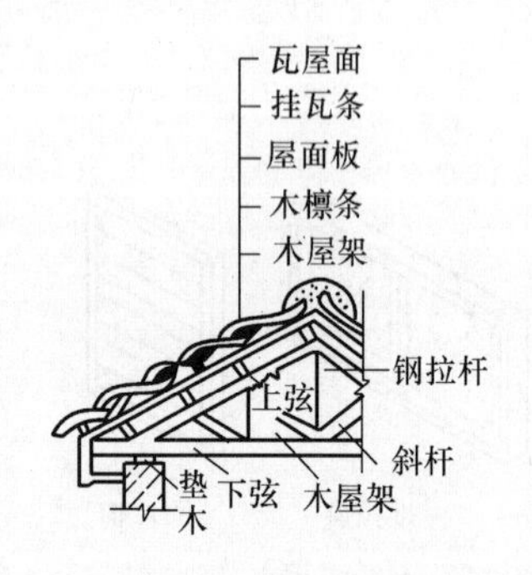

图4-96　木屋架及木基层

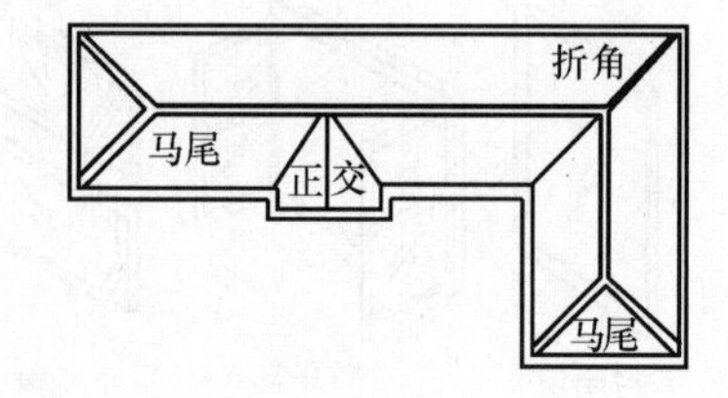

图4-97　马尾、折角、正交示意图

屋架竣工料体积计算公式如下：

$$屋架竣工料体积=图示屋架各杆件体积+木夹板、垫木、挑檐木等体积$$

$$屋架各杆件的长度=屋架跨度L\times杆件长度系数$$

式中　L——屋架两端上、下弦中心线交点之间的长度。杆件长度系数可查表4-27计取。

列项需注意：以框断面分档次，套相应定额；注意运输、运距、运输方式；列出门窗构件统计表；同时关注系数的运用。

屋架杆件长度系数表　　表 4-27

形式	高跨比	杆件编号										
		1	2	3	4	5	6	7	8	9	10	11
甲	1/4	1	0.559	0.250	0.280	0.125						
	1/5	1	0.539	0.200	0.269	0.100						
	1/6	1	0.527	0.167	0.264	0.083						
乙	1/4	1	0.559	0.250	0.236	0.167	0.186	0.083				
	1/5	1	0.539	0.200	0.213	0.133	0.180	0.067				
	1/6	1	0.527	0.167	0.200	0.111	0.176	0.056				
丙	1/4	1	0.559	0.250	0.225	0.188	0.177	0.125	0.140	0.063		
	1/5	1	0.539	0.200	0.195	0.150	0.160	0.100	0.135	0.050		
	1/6	1	0.527	0.167	0.177	0.125	0.150	0.083	0.132	0.042		
丁	1/4	1	0.559	0.250	0.224	0.200	0.180	0.150	0.141	0.100	0.112	0.050
	1/5	1	0.539	0.200	0.189	0.160	0.156	0.120	0.128	0.080	0.108	0.040
	1/6	1	0.527	0.167	0.167	0.133	0.141	0.100	0.120	0.067	0.105	0.033

【例 4-28】 某工程列出木门窗构件统计见表 4-28（框断面 52cm），汽车运输 17km，计算工程量？

【解】 计算如下：

木门窗构件统计表　　表 4-28

代号	名称	樘数	洞口尺寸	标准图集	部位
M-1	镶板门	10	1000×2400	西南 J601	各层内墙
M-2	镶板门	15	1200×2400	西南 J601	各层外墙
M-3	半玻镶板门	8	1800×2700	西南 J601	各层外墙
C-1	单层玻璃窗	4	1800×1800	西南 J601	各层外墙
C-2	单层玻璃窗	2	1800×600	西南 J601	1、2 层内墙

M-1　10@1.0×2.4=10@2.4=24（m^2）

M-2　15@1.20×2.4=15@2.88=43.20（m^2）　　制作　　安装

Σ普通镶板门 67.20m^2 查阅定额：　　（AG0001）（AG0022）

M-3　8@1.8×2.70=8@4.86=38.88（m^2）　　制作　　安装

Σ半玻门 38.88m^2　　（AG0007）（AG0026）

C-1　4@1.8×1.8=4@3.24=12.96（m^2）

C-2　2@1.8×0.6=2@1.08=2.16（m^2）　　制作　　安装

Σ单层玻璃窗 15.12m^2　　（AG0047）（AG0038）

（八）楼地面工程计量

1. 楼地面的分类：楼地面主要分为垫层、找平层、整体面层、明沟、排水坡、防滑坡道等类别。

2. 常列主要项目：混凝土垫层、三合土（碎砖、砾石、碎石）垫层、水泥砂浆找平层、细石混凝土找平层、水泥砂浆楼地面、楼梯面层、台阶、踢脚板、混凝土面层、瓜米石楼地面、瓜米石楼梯、水磨石楼地面、防滑条（金刚砂、金属条、缸砖）、整体面层打蜡（楼地面、楼梯、台阶、踢脚板）、砖明沟、排水坡（混凝土、三合土）、防滑坡道等分部分项工程项目。

3. 计量注意与综合知识

（1）基槽坑 δ≤300mm 的基础垫层，可套用垫层定额；

（2）整体面层水泥砂浆、瓜米石楼梯项目已包括水泥砂浆踢脚线工料，水磨石楼梯项目已包括水磨石踢脚线工料，但楼梯侧面及板底抹灰，另列项计算；

（3）楼梯面层防滑条另列项计算；

（4）踢脚线的高度定额按 150mm 编制，若设计高度与定额项目不同时，可按高度比例增减调整；

（5）各种本章未列的块料面层和栏杆扶手等项目，可按装饰工程消耗量项目套用；

（6）凿石及砖明沟，若设计规定平均净空断面与定额不同，可按比例调整；

（7）水磨石整体面层若采用金属嵌条时，应取消项目中玻璃消耗量，金属嵌条用量按设计要求计算，执行相应金属嵌条项目；

（8）防潮层、伸缩缝套屋面工程相应定额；如图 4-100、图 4-101 为楼、地面变形缝和屋面变形缝剖面图；

（9）$S_{净}$ 应分别归类。

4. 计算规则与计算式

（1）基础垫层按图示尺寸以“m^3”计量，地面垫层按主墙间净空面积乘以设计厚度以“m^3”计量，应扣凸出地面的构筑物、设备基础、室内管道、地沟所占体积，不扣柱、垛、间壁墙等及 0.3m^2 以内孔洞所占体积，但不增加门洞、空圈、壁龛开口部分；

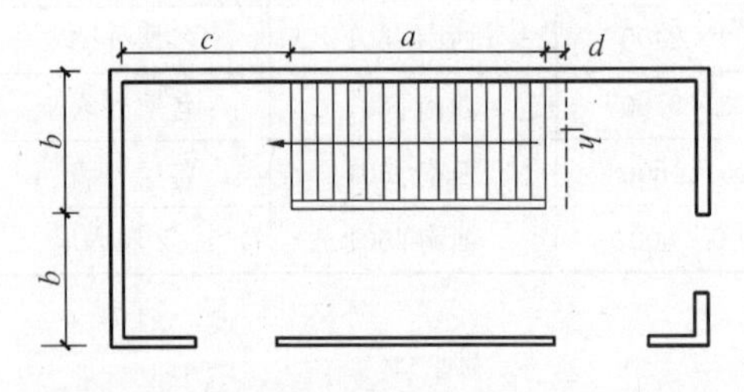

图 4-98　单跑楼梯水平投影面积计算示意图

（2）整体面层、找平层按主墙间净空面积以“m^2”计量，扣除内容同 4 中（1）；

（3）楼梯面层应包括梯踏步、休息平台、梯梁等，并按水平投影面积计量，整体面层楼梯井宽度≤500mm 不扣除。其中单跑楼梯面层水平投影面积几何尺寸计算如图 4-98 所示；

单跑楼梯水平投影面积计算式为：

$$S=(a+b)\times b+2bc \qquad (4\text{-}66)$$

当 $c>b$ 时，c 按 b 计算；

当 $c\leqslant b$ 时，c 按设计尺寸计算：有锁口梁时，d=锁口梁宽度；无锁口梁时，d=300mm

楼地面工程常列计算公式如下：

$$S_{楼梯}=\text{一层楼梯水平投影面积}\times\text{楼层数(楼层数=层数}-1) \qquad (4\text{-}67)$$

$$S_{散}=[L_{外}-(\text{台阶长度}+\text{坡道}+\text{花台等})]\times\text{散水宽}+4\times\text{散水宽}\times\text{散水宽} \qquad (4\text{-}68)$$

$$S_{净}=S_{建}-S_{结}\ \text{或}\ S_{净}=S_{建}-[(L_{中}\times\text{墙厚}+L_{内}\times\text{墙厚})]-\text{应扣除的面积} \qquad (4\text{-}69)$$

$$L_{沟}=L_{外}+8\times(檐宽+0.5沟宽)=L_{外}+8\times檐宽+4\times沟宽 \tag{4-70}$$

(4) 踢脚线按主墙间净长以“m”计量，不扣洞口空圈长度，且附墙烟囱、垛等侧壁长度亦不增加；

(5) 防滑条按楼梯踏步两端距离减 300mm，以“m”计量；排水坡按“m^2”计量，垫层另列项，散水、台阶垫层亦然，套地面垫层项目；

(6) 台阶可按水平投影面积计量，可加最上层踏步 300mm；

(7) 明沟按图示几何尺寸以“m”计量。

【例 4-29】 计算如图 4-99 所示水磨石整体面层（带玻璃嵌条）

【解】 计算如下：

$$S_{净}=(8-0.24\times2)(8-0.24)-1\times(4-0.24)=54.60(m^2)$$

1. 水磨石地面：54.60(m^2)，定额：(AH0043)

2. 1∶3 水泥砂浆找平层：54.60(m^2)，定额：(AH0023)

3. C10 混凝土，$\delta=60$ 地面垫层：$54.60\times0.06=3.28(m^3)$，定额：(AH0020)

楼地面、屋面变形缝的构造如图 4-100、图 4-101 所示。

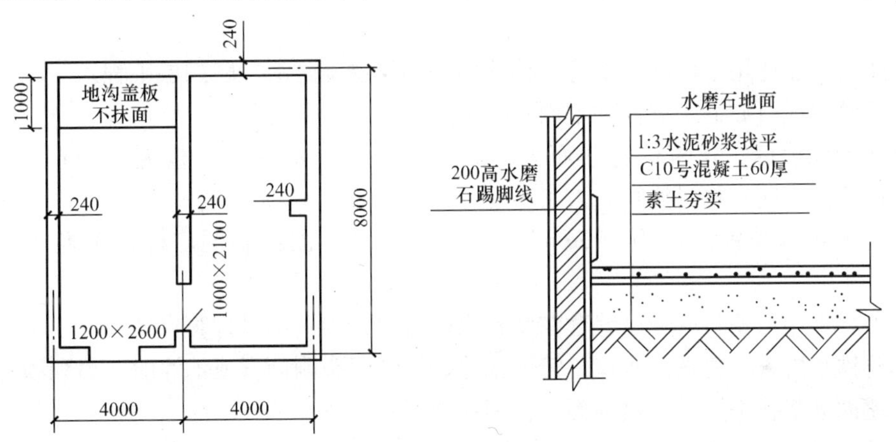

图 4-99 带玻璃嵌条的水磨石面层

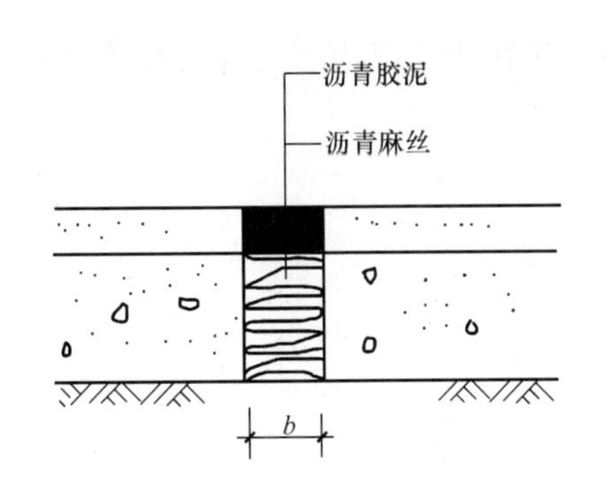

图 4-100 楼、地面变形缝

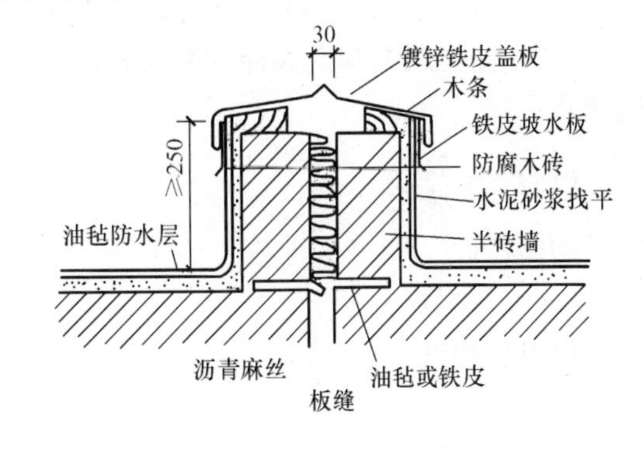

图 4-101 屋面变形缝

(九) 屋面及防水工程计量

屋面防水工程主要防止雨、雪对屋面间歇性渗透作用，而地下防水是防止地下水对构筑物经常性渗透作用。

1. 分类：按照施工工艺做法可分为刚性防水、柔性防水（卷材、涂料）；按照建筑材料划分有小青瓦屋面、石棉瓦屋面、玻璃钢瓦屋面等。按照结构形式可分为坡屋面和平屋面等。通常平屋面设计为卷材防水、刚性防水居多。在结构层上一般要进行找坡、做保温层、找平层、防水层等工序。因此列项时，必须注意采用的防水做法，只有非常熟悉其构造层次，将工程计量规定融汇贯通，才不容易漏项。

2. 常列主要项目：瓦屋面（小青瓦、石棉瓦、玻璃钢瓦等)、柔性屋面（油毡、氯丁橡胶、SBS改性沥青卷材)、氯丁胶乳沥青卷材防水层、塑料油膏玻璃纤维布、屋面满涂塑料油膏、屋面分格缝（宽5～30mm，内嵌密封料，上设保护层)、塑料油膏嵌缝、塑料油膏贴玻璃布盖缝、刚性屋面、防潮层（二毡三油、二布三油玛蹄脂玻璃纤维布、刷冷底子油)、防水砂浆、变形缝（油浸麻丝、油浸木丝板、玛蹄脂、沥青砂浆)、盖缝（木板盖面、铁皮盖面)、屋面排水（铸铁水落管、铸铁雨水口、铸铁水斗等)。

3. 计量注意与综合知识

(1) 瓦屋面的屋脊和瓦出线均已包括在定额项目中，不单列；

(2) 柔性屋面的附加层、接缝、收头、找平层的嵌缝油膏、冷底子油已包括在项目中，不另列项；

(3) 防潮层亦适用于墙基、墙身、楼地面、构筑物等防水、防潮层工程；

(4) 防潮层项目亦适于立面和平面；

(5) 变形缝填缝：建筑油膏断面为30mm×20mm；油浸木丝板为25mm×150mm等，若设计断面不同，材料换算，人工不变；

(6) 盖板：木盖板断面为200mm×25mm，若设计断面不同，材料可换算，人工不变；

(7) 塑料水斗、塑料弯管已综合在塑料水落管项目内，不另计算；

(8) 铸铁水落管、铸铁落水口、铸铁水斗、铸铁弯头刷沥青或油漆时，另列项计算；

(9) 屋面砂浆找平层套用楼地面工程相应项目；

(10) 屋面保温层套防腐、保温、隔热工程相应项目，按（m^3）计量；

(11) 延尺系数C和隅延尺系数D的运用；

(12) 注意屋面构造大样的阅读和计算规则的理解、定额中工序内容与计价规范内容的接轨；

(13) $i=\frac{坡高}{坡长}$

结构找坡

$$V=SH \tag{4-71}$$

保温层找坡

$$V=SH_{平均} \tag{4-72}$$

式中 $$H_{平均}=\frac{h\,最小厚度+h\,最大厚度}{2}$$

4. 计算规则与计算式

(1) 瓦屋面等按图示尺寸用水平投影面积乘以屋面坡度系数以“m^2”计量，不扣房上烟囱、风帽底座、风道、小气窗、斜沟等面积，小气窗的出檐部分亦不增加。屋面坡度系数见表 4-29，其图形如图 4-102 所示，烟囱出屋面如图 4-103 所示，风管出屋面如图 4-104所示。

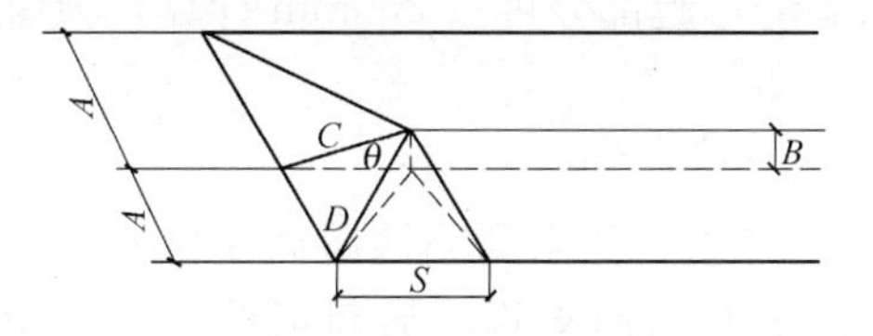

图 4-102 屋面平面投影图

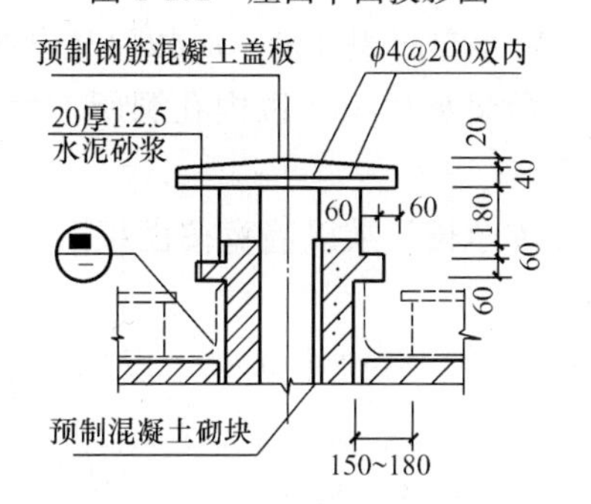

图 4-103 烟囱出屋面

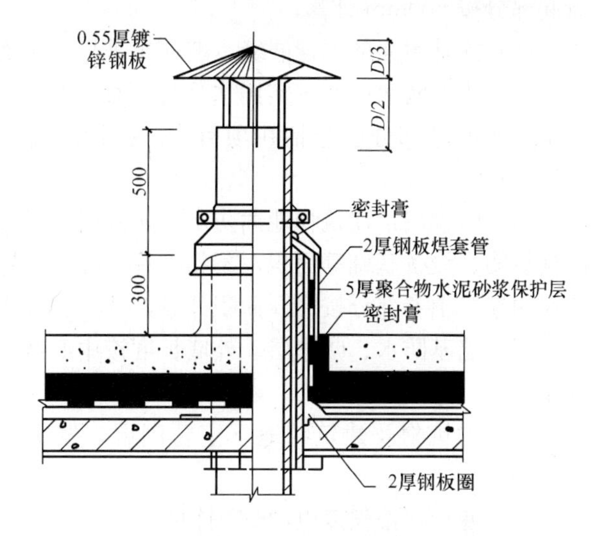

图 4-104 风管出屋面

屋面坡度系数表 **表 4-29**

坡度			延尺系数 C (A=1)	隅延尺系数 (A=1)
$B(A=1)$	$B/2A$	角度 (θ)		
1	1/2	45°	1.4142	1.7321
0.75		36°52′	1.2500	1.6008
0.70		35°	1.2207	1.5779
0.666	1/3	33°40′	1.2015	1.5620
0.65		33°01′	1.1926	1.5564
0.60		30°58′	1.1662	1.5362
0.577		30°	1.1547	1.5270
0.55		28°49′	1.1413	1.5170
0.50	1/4	26°34′	1.1180	1.5000
0.45		24°14′	1.0966	1.4839
0.40	1/5	21°48′	1.0770	1.4697
0.35		19°17′	1.0594	1.4569
0.30		16°42′	1.0440	1.4457
0.25		14°02′	1.0308	1.4362
0.20	1/10	11°19′	1.0198	1.4283
0.15		8°32′	1.0112	1.4221
0.125		7°8′	1.0078	1.4191
0.100	1/20	5°42′	1.0050	1.4177
0.083		4°45′	1.0035	1.4166
0.066	1/30	3°49′	1.0022	1.4157

(2) 柔性屋面按实铺面积以"m^2"计量，不扣房上烟囱、风帽底座、风道、小气窗、斜沟、变形缝等所占面积，屋面的女儿墙、伸缩缝和天窗等弯起部分，可按图示几何尺寸并入屋面工程量中。如图纸无规定，伸缩缝、女儿墙的弯起部分可按 250mm 计算，天窗弯起部分按 500mm 计算；

(3) 涂抹屋面的油膏嵌缝、玻璃布盖缝、屋面分格缝按"m"计量；

(4) 刚性防水屋面按实铺水平投影面积以"m^2"计量，泛水和刚性屋面变形缝等弯起部分或加厚部分已包括在项目中。挑出墙外的出檐和屋面天沟，另列项计算，套相应项目；

(5) 防潮层：建筑物地面防水、防潮层，可按主墙间净空面积计量，应扣除凸出地面的构筑物、设备基础等面积，不扣除柱、垛、间壁墙、烟囱及 0.3m^2 以内孔洞所占面积，与墙面连接上卷部分按展开面积计量，并入相应工程量中；

(6) 墙基防水、防潮层、外墙长度按中心线，内墙按净长，乘以墙宽按面积以"m^2"计量；

(7) 构筑物及建筑物地下室防潮层，按实铺面积计量，不扣除 0.3m^2 以内孔洞所占面积；

(8) 变形缝按长度以"m"计量；

(9) 铸铁水落管、玻璃钢水落管、塑料水落管按图示尺寸以"m"计量，雨水口、水斗、弯头等按"个"计量；

(10) 铁皮排水按图示尺寸以展开面积（m^2）计量，若图纸未标注，可按表 4-30 折算成面积；

(11) 屋面保温层按图示尺寸按体积以"m^3"计量。

计算式：

$$\text{两坡排水屋面面积} = \text{屋面水平投影面积} \times C(C\text{为延尺系数}) \quad (4\text{-}73)$$

$$\text{四坡排水屋面斜脊长度} = A \times D(\text{当} S = A \text{时}, D\text{为隅延尺系数}) \quad (4\text{-}74)$$

$$\text{沿山墙泛水长度} = A \times C \quad (4\text{-}75)$$

$$S_{\text{瓦}} = (S_{\text{屋}} + L_{\text{外}} \times \text{檐宽} + 4 \times \text{檐宽} \times \text{檐宽}) \times \text{延尺系数} \quad (4\text{-}76)$$

铁皮排水单体零件折算表（单位：m^2/m）　　**表 4-30**

名称＼项目	天　沟	斜沟、天窗、窗台、泛水	天窗侧面泛水	烟尘泛水	通气管泛水	滴水檐头泛水	滴水
折算面积	1.30	0.50	0.70	0.80	0.22	0.24	0.11

【例 4-30】　计算如图 4-105 所示瓦屋面工程量。已知屋面坡度高跨比为 1/4（$\theta = 26°34'$）

【解】　计算如下：查表 4-48，屋面延尺系数 $C = 1.118$

则工程量 $S_{\text{瓦}} = (S_{\text{屋}} + L_{\text{外}} \times \text{檐宽} + 4 \times \text{檐宽} \times \text{檐宽}) \times \text{延尺系数}$

$$= [(32 \times 14) + (2 \times 32 + 2 \times 14) \times 0.5 + 4 \times 0.5^2] \times 1.118$$

$= 553.41(m^2)$

【例 4-31】 计算如图 4-106、图 4-107 所示屋面工程（刚性屋面，δ=40mm，C20 细石混凝土，内设 ϕ4@200 方格网筋，钢筋混凝土板上作 1∶3 水泥砂浆找平层，δ=20mm）屋面为自由排水，预制构件运输 15km，计算工程量?

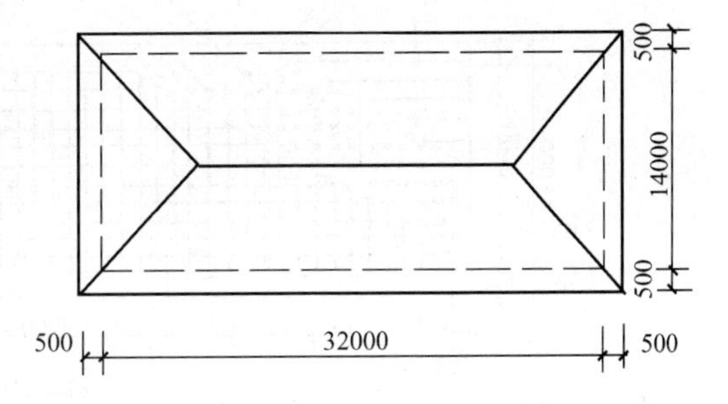

图 4-105 瓦屋面平面图

【解】 工程量计算如下：

$S_{刚屋}$=屋面长度×屋面宽度

=33.90×8=271.20(m²)

① δ=40,C20 细石混凝土刚性层 271.20(m²)(AI0038)

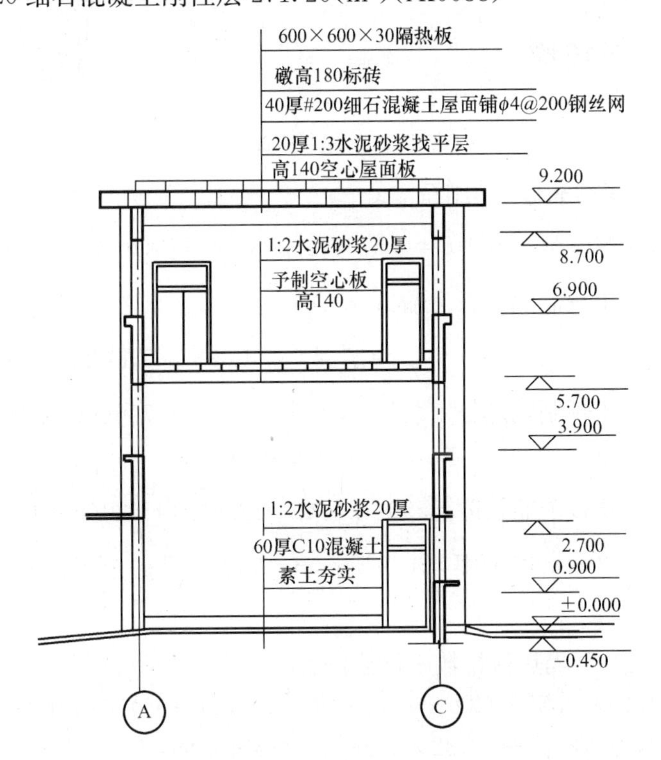

图 4-106 屋面 1—1 剖面图

② δ=20，1∶3 水泥砂浆找平层 $S_{找}=S_{刚}$=271.20(m²)定额：(AH0023)

③ ϕ4@200 钢筋质量：

长方向钢筋根数=8m÷0.2+1=41(根)

长方向钢筋长度 33m×41 根=1353(m)

④宽度方向钢筋根数=33m÷0.2+1=166(根)

宽度方向钢筋长度=8m×166 根=1328(m)

钢筋质量 ϕ4=(1353+1328)m×0.098kg/m=262.74kg 定额：(AE0297)

⑤ C20 钢筋混凝土预制隔热板：

块数=[(33.9−2×0.6)×(8−2×0.6)]÷0.59²=32.70×6.8÷0.3481=639(块)

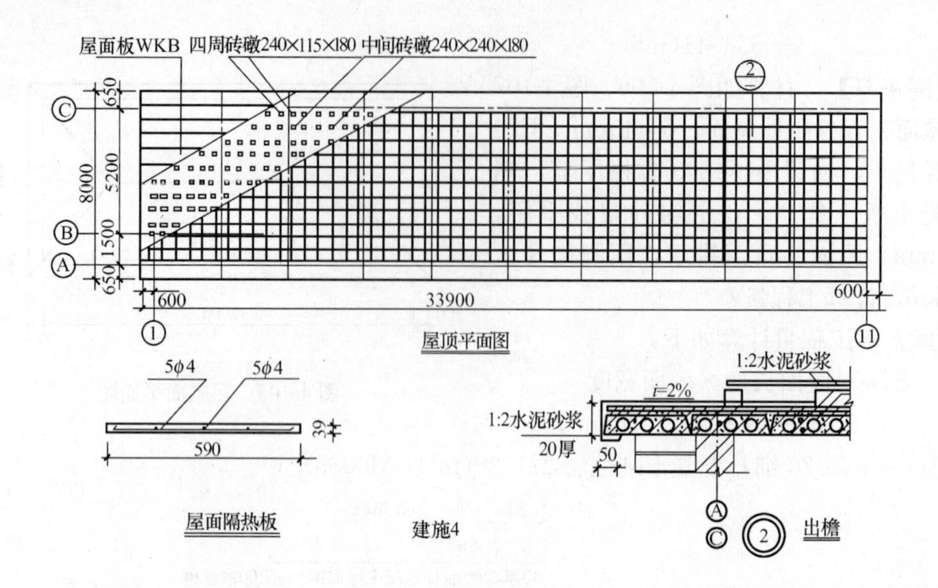

图4-107　屋顶平面图

C20钢筋混凝土预制隔热板制作：

639块×0.59^2×0.03×1.015＝6.673×1.015＝6.773(m^3)定额：(AE0195)

⑥ C20钢筋混凝土预制隔热板运输(15km)：

6.673×1.013＝6.760(m^3)定额：(AE0287＋AE0288×14)

⑦ C20钢筋混凝土预制隔热板安装：6.673×1.005＝6.706(m^3)定额：(AE0284)

⑧ 预制隔热板配筋：δ＜100时，板保护层厚度为10，

则　　　　每块板配筋长度＝590－2×10＋12.5×4＝620(mm)

639块×5×2×0.62m/根×0.098kg/m＝388.26(kg)定额：(AE0297)

⑨ 架空隔热板砖礅

A. 四周砖墩个数＝(隔热板排数＋行数)×2

(8－1.2)÷0.59＋(33.9－1.2)÷0.59＝(11＋55)×2＝132(个)

四周砖墩体积＝132×0.24×0.115×0.18＝0.656(m^3)

B. 中间砖墩个数＝(隔热板排数－1)(隔热板行数－1)

＝(11－1)(55－1)＝540(个)

中间砖墩体积 ＝ 5400.24 × 0.24 × 0.18 ＝ 5.60(m^3)

$\Sigma A + B$ ＝ 6.256(m^3) 定额：(AD0037)

5. 几种屋面常见的做法

屋面的构造层次非常多，在列项时，务必对图纸和设计、施工规范等知识进行较详细的了解，以便熟知相关内容，正确地结合计量知识加以运用。

(1) 刚性层：采用现浇细石混凝土做屋面防水层，称刚性防水屋面，是为提高刚性防水层的抗裂性能，通常配筋，《屋面工程技术规范》(GB 50345—2004)，7.3.3规定，细石混凝土防水层的厚度≮40mm，并配置φ4～φ6mm、间距100～200mm的双向钢筋网片，

钢筋网片在分格缝处应断开，保护层不≮10mm，按照2004年新颁布的屋面工程技术规范7.1.1规定，刚性防水主要适于防水等级为Ⅲ级的屋面防水，亦适于Ⅰ、Ⅱ级屋面多道防水设防中的一道防水层；刚性防水层不适于受较大振动或冲击的建筑屋面。

（2）按照《屋面工程技术规范》（GB 50345—2004）7.1.6规定刚性防水层应设置分格缝，分格缝内应嵌填密封材料，其屋面分格缝的做法如图4-108所示。按照7.4.2规定屋面泛水的做法如图4-109所示：刚性防水层与山墙、女儿墙交接处，应留宽30mm的缝隙，并采用密封材料嵌填，泛水处应铺设卷材或涂膜附加层。

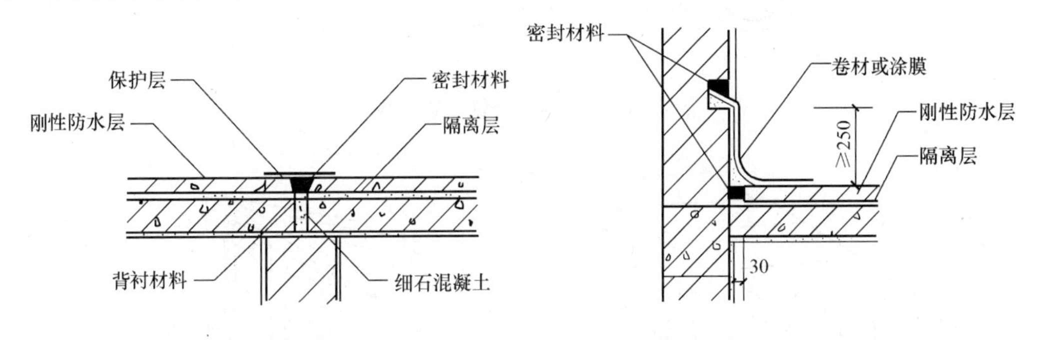

图4-108　屋面分格缝做法　　图4-109　屋面泛水做法

（3）变形缝通常出现在屋面、檐沟、楼地面、内外墙面、顶棚及吊顶等处。建筑材料上可根据构造要求采用橡胶、铝合金、不锈钢、甚至黄铜等材料。屋面、檐沟或楼面等盖缝处亦多使用24号镀锌铁皮，其标准可采用04CJ01-1～3/西南J合定本（1）中相关节点大样图。檐沟变形缝的做法如图4-110、图4-111所示。如图4-112所示为屋面泛水、天沟、压顶构造大样图。如图4-113、图4-114所示为屋面排水铸铁雨水斗平、剖面图及其立面图图形。

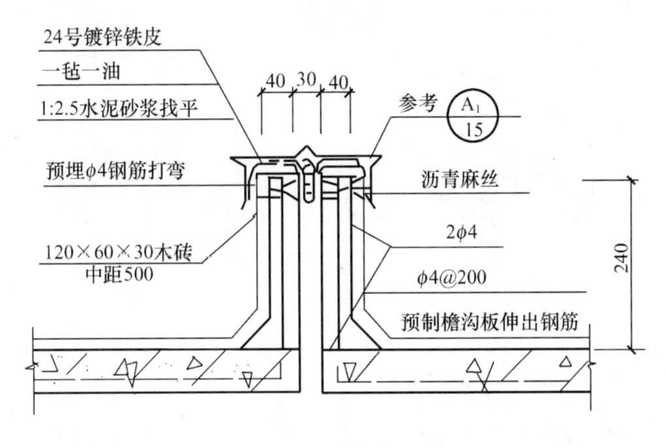

图4-110　檐沟变形缝做法

（十）抹灰工程计量

1. 分类：抹灰工程根据建筑材料、施工方法、工程部位和配合比，主要划分为墙、柱面和顶棚抹灰。随着专业化的分工越来越细，不断深入，人们将抹灰分为普通抹灰和装饰抹灰，本节介绍的是普通抹灰，装饰抹灰将在（十二）装饰工程中介绍。

2. 常列主要项目：有墙面、墙裙石灰砂浆底、纸筋灰浆面、独立柱面石灰砂浆、毛

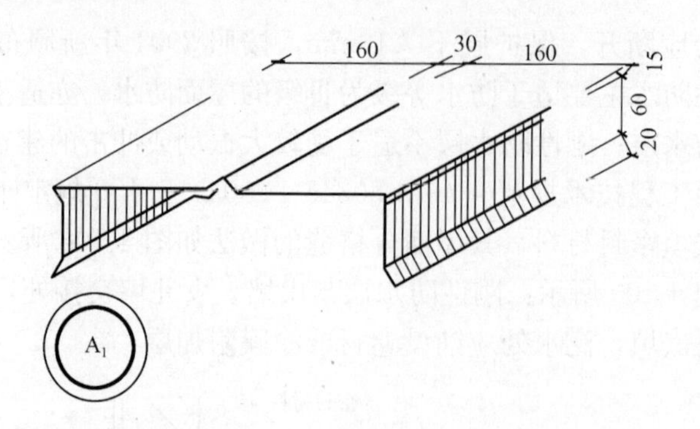

图 4-111　24 号镀锌铁皮盖缝板

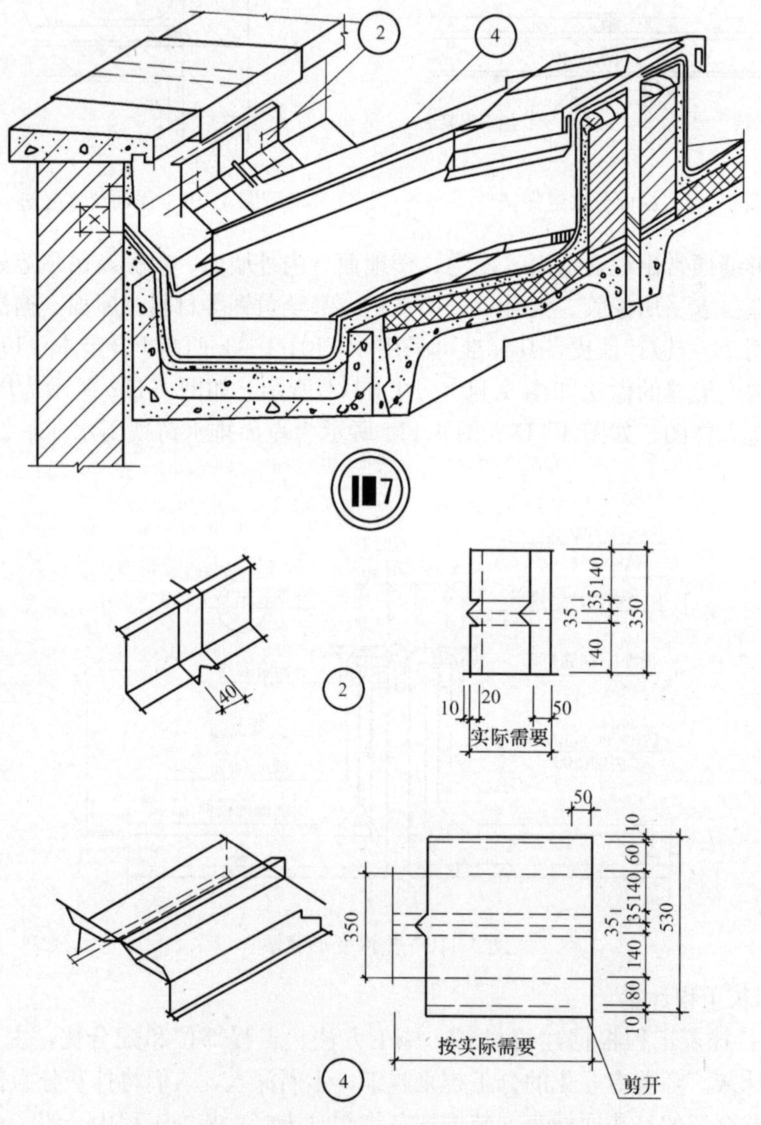

图 4-112　卷材屋面泛水、天沟、压顶构造图

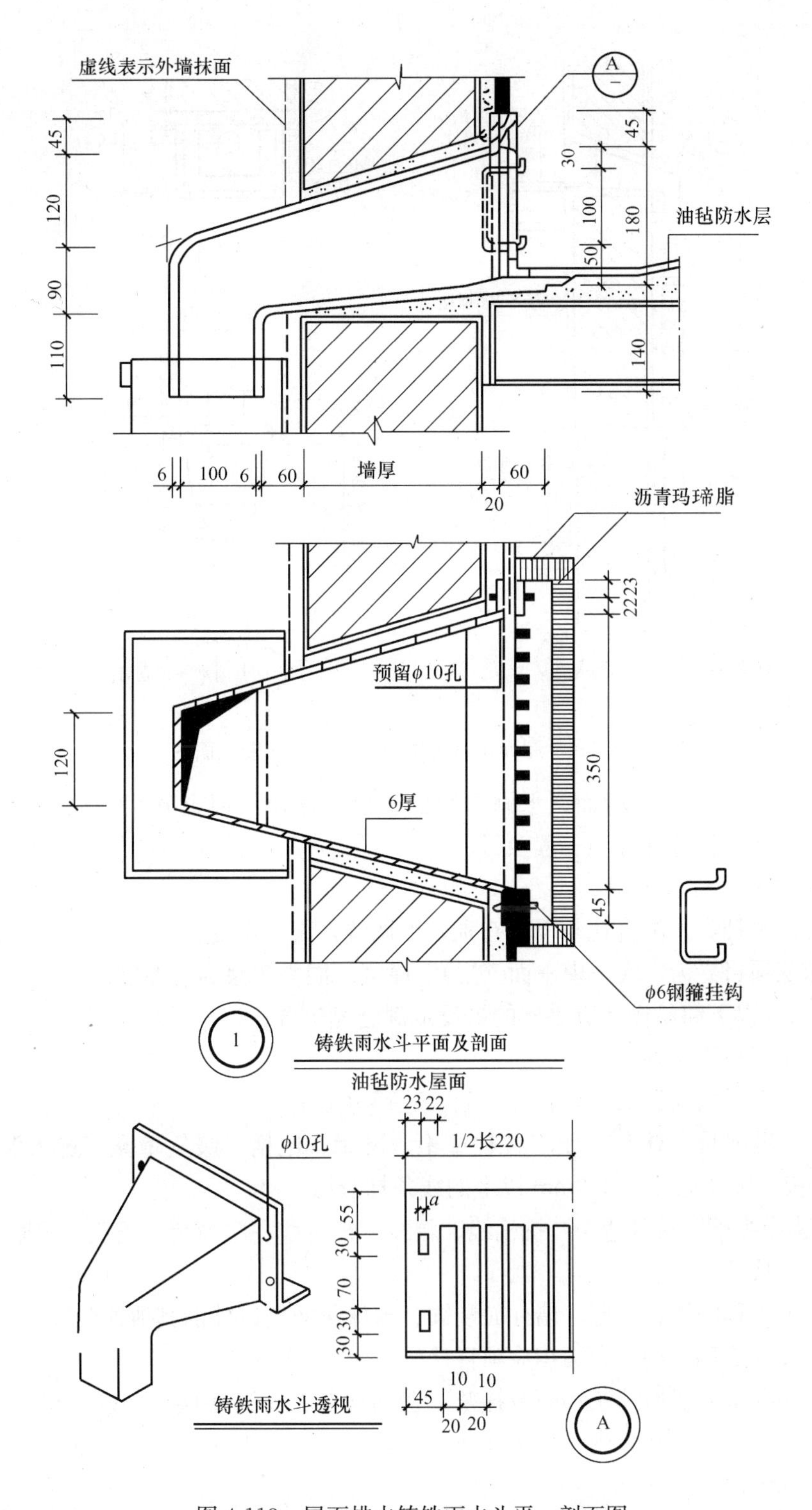

图 4-113 屋面排水铸铁雨水斗平、剖面图

石墙面石灰砂浆、石灰砂浆装饰线条、墙面、墙裙水泥砂浆、水泥砂浆装饰线条、独立柱面水泥砂浆、墙面、墙裙混合砂浆、混合砂浆装饰线条、独立柱面混合砂浆、石膏砂浆、

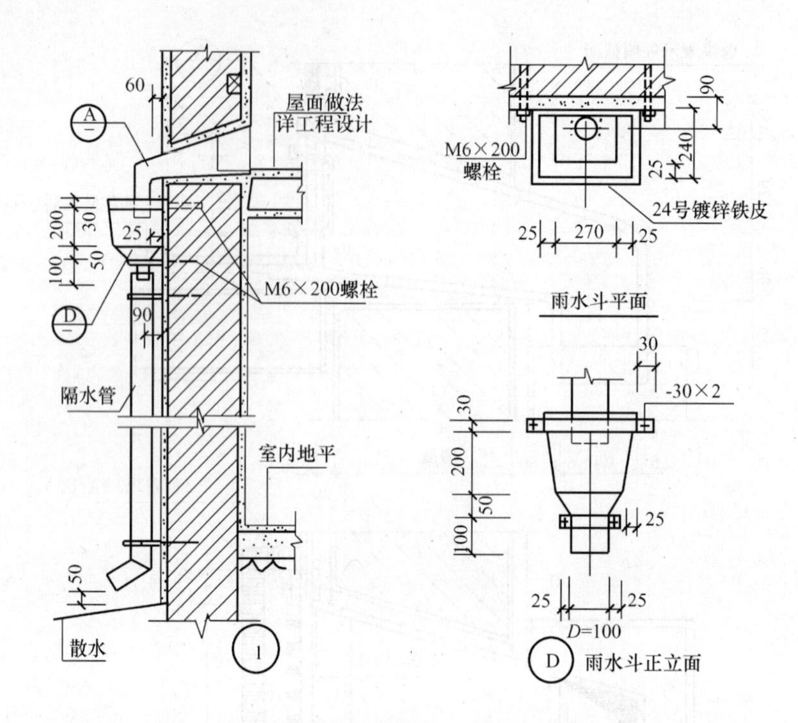

图 4-114 屋面排水铸铁雨水斗及雨水管立面图

石膏砂浆装饰线条、搓砂墙面、水刷石墙面、顶棚抹灰（混合砂浆、水泥砂浆、勾缝、三、五道装饰线）等分部分项工程项目。

3. 计量注意与综合知识

(1) 若砂浆种类、配合比与设计有别，可调整，人工不变；

(2) 抹灰项目 δ 为“底+中+面（层）”厚度，同类砂浆为总厚度；

(3) 3.6m 以下简易操作脚手架的搭设定额已经包含；

(4) 护角工料不单列；

(5) 圆、弧形墙面抹灰，套相应定额×1.15 系数；

(6) “零星项目”抹灰适于“各种壁柜、碗柜、池槽、暖气壁龛、过人洞、花台和 $1m^2$ 内的抹灰、展开宽度在 300mm 以上的线条抹灰”；

(7) “装饰线条”项目适于：挑檐线、腰线、窗台线、门窗套、压顶、遮阳板、天沟、压顶、栏杆、扶手等；

(8) 装饰工程的块料面层、墙柱面装饰、除抹灰面层以外的其他顶棚装饰、油漆涂料裱糊，可按装饰工程消耗量定额相应项目计量；

(9) 使用要求分普通抹灰和高级抹灰。普通抹灰：一遍底层，一遍中层，一遍面层，三遍成活，厚度 δ 在 20mm 内；高级抹灰：二遍底层，一遍中层、一遍面层，四遍成活，厚度 δ 在 25mm 内。

4. 计算规则与计算式

(1) 抹灰工程按设计结构尺寸按面积以“m^2”计量；

(2) 内墙和内墙裙面抹灰，要扣除门窗洞口和空圈所占面积，不扣除踢脚板、挂镜线、0.3m^2 内孔洞和墙与梁头交接处的面积，但门窗洞口、空圈侧壁等不增加。墙垛和附墙烟囱侧壁面积与内墙抹灰工程量合并计量；

（3）内墙抹灰长度（$L_{内}$）：以墙与墙间的图示净尺寸计算；

（4）内墙高度 H：
1）无墙裙，按室内地面或楼面至天棚底计算；
2）有墙裙，按墙裙顶至顶棚底计算；
3）有吊顶顶棚的内墙抹灰，按室内地面或楼面至顶棚底面再加100mm计量；

（5）外墙抹灰长度，按 $L_{外}$ 计量：

（6）外墙抹灰高度：
1）有挑檐时，算至挑檐下皮，如图 4-115（*a*）所示；
2）无挑檐时，算至压顶下皮，如图 4-115（*b*）所示；
3）坡屋顶带檐口顶棚时，算至檐口顶棚下皮，如图 4-115（*c*）所示；
4）坡屋顶无檐口顶棚时，算至屋面板下皮，如图 4-115（*d*）所示。

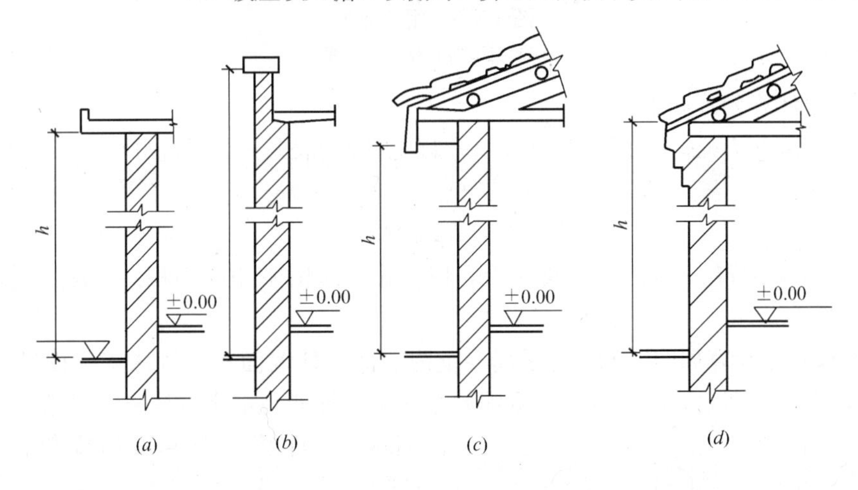

图 4-115　外墙抹灰高度

（*a*）有挑檐；（*b*）无挑檐；（*c*）有檐口顶棚；（*d*）无檐口顶棚

（7）外墙面抹灰面积，应扣除门窗洞口、空圈和 0.3m^2 以上孔洞面积。门窗洞口、空圈侧壁顶面、墙垛、附墙烟囱侧壁面积与外墙抹灰工程量合并，以“m^2”计量；

（8）外墙裙抹灰面积，应扣除门窗洞口、空圈和 0.3m^2 以上孔洞面积。墙垛、附墙烟囱侧壁面积与外墙裙工程量合并，以“m^2”计量；

（9）抹灰零星项目按展开面积以“m^2”计量；

（10）单独外窗台抹灰长度，按窗洞口宽两边共加 200mm 计量；

（11）顶棚抹灰工程量按净面积以“m^2”计量，不扣间壁墙、柱、垛、附墙烟囱、管道孔、检查口及窗帘盒所占面积。槽形板底、有梁板底、密肋板底、井字梁板底抹灰、梁肋按展开面积计算，并入顶棚抹灰工程量中，檐口顶棚抹灰亦并入其中；

（12）阳台底面抹灰按水平投影面积以“m^2”计量，并入相应顶棚抹灰工程量中。阳台若带悬臂梁，工程量乘以系数 1.30；

（13）雨篷底面或顶面抹灰分别按水平投影面积以“m^2”计量，并入相应顶棚抹灰工程量中，雨篷顶面带反梁时，底面带悬臂梁的，其顶面和底面工程量乘以系数 1.20，如

图 4-82 所示；

（14）楼梯底面抹灰工程量（含休息平台）按水平投影面积以“m^2”计量，斜平顶的乘以系数 1.1，锯齿形顶乘以系数 1.5，并入相应顶棚抹灰工程量中；

（15）装饰线条（三、五道线）抹灰按延长米计量，如图 4-116 所示。

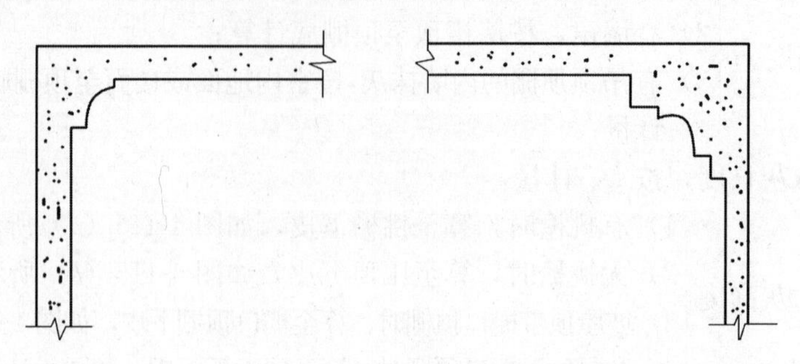

图 4-116 棚装饰线

(*a*) 二道线；(*b*) 三道线

抹灰一般计算公式如下：

$$S_{内墙抹} = L_{内} \times H_{内墙} -（门窗洞及 0.3m^2 以上孔洞面积 + 空圈面积）+ S_{垛} - S_{内墙裙} \tag{4-77}$$

$$S_{内裙} = L_{内裙} \times H_{内裙} \tag{4-78}$$

$$S_{外} = L_{外} \times H_{外} -（门窗洞及 0.3m^2 以上孔洞面积 + 空圈面积）+ S_{垛、梁、柱侧面} \tag{4-79}$$

【例 4-32】 计算如图 4-117 所示混凝土内墙面、外墙面和顶棚抹灰工程量；建筑层高 3.60m，女儿墙高 0.9m，（内墙为水泥砂浆抹灰、外墙为水刷石抹灰、顶棚为水泥砂浆抹灰），计算工程量？门窗框尺寸见表 4-31。

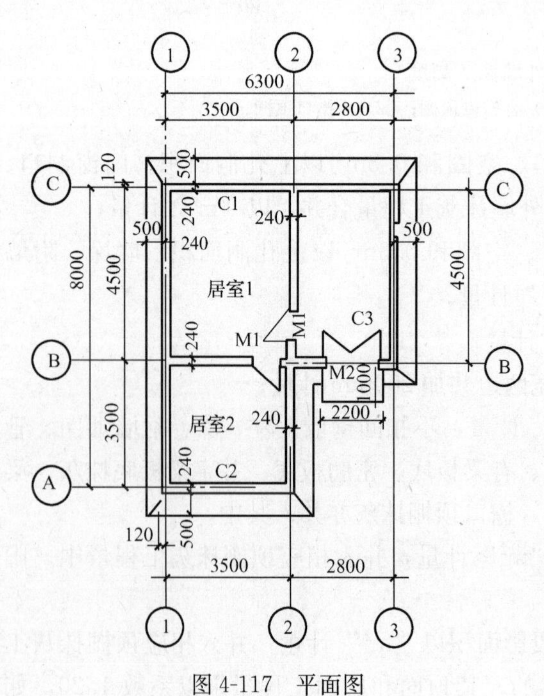

图 4-117 平面图

门窗框尺寸表 表 4-31

门窗代号	尺 寸	备 注
C1	1800×1800	木
C2	1750×1800	铝合金
C3	1200×1200	木
M1	1000×1960	纤维板
M2	2000×2400	铝合金

【解】 工程量计量如下：

计算 $L_{内}$、$L_{外}$

①～②，B B～C，②

$L_{内}$＝(3.26＋4.26)×2＋4.26＋3.26＋2.56＋4.26＋2.56＋3×3.26＝41.72(m)

A~C；①~③，C；C~B，③；③~②，B；B~A~，②

$L_{外}$＝8＋6.3＋ 4.5＋ 2.8＋2×3.5＋ 8×0.12

＝28.60＋0.48＝29.08(m)

① 内墙抹水泥砂浆：41.72×(3.6－0.12)＝145.19(m^2)定额：(AK0013)

② 顶棚抹水泥砂浆：3.26×4.26＋2.56×4.26＋3.26×3.26＝35.42(m^2)定额：(AK0054)

③ 外墙抹水刷石：29.08×(3.60＋0.9)＝130.86(m^2)定额：(AK0043)

－门窗等面积 16.55(m^2)

（十一）垂直运输计量

1. 定额中不计量垂直运输的内容为 3.6m 以内的单层建筑。

2. 定额中计量垂直运输的内容：

(1) 超高人工、机械降效及超高加压水泵台班；

(2) 塔式起重机基础及轨道铺拆；

(3) 特、大型机械安装、拆卸：

1) 自升式塔吊以塔高 45m 为界，超过 45m，每增高 10m，安拆定额项目增加 20%；

2) 安拆台班中已含机械安装完毕后的试运转台班，不另计算。

(4) 特、大型机械场外运输：

1) 机械场外运输按 25km 运距考虑；

2) 机械场外运输已综合考虑了机械施工结束后回程台班，不另计算；

3) 自升式塔吊以塔高 45m 为界，超过 45m，每增高 10m，场外运输定额项目增加 10%。

3. 计算规则："按建筑面积计算规则"计量（区别檐口高度）

(1) 超高人工、机械降效费：

1) 计量条件：檐口高＞20m；

2) 计量方法：按规定内容全部人工费乘以定额规定系数计算；

3) 计量实例：见例【4-33】。

(2) 超高加压水泵台班：

计算条件同 (1)，计算方法，按建筑面积，套用定额台班推销量，计量实例见例【4-34】。

【例 4-33】 某工程人工费为 25 万元，檐高 30m，试计算人工降效费？

【解】 人工降效费＝250000×3.33%＝8250(元)定额:(AL0029)

【例 4-34】 某工程建筑面积 40000m^2，檐高 40m，试计算加压水泵台班数？

【解】 加压水泵台班数＝40000×1.57 台班/100m^2＝628(台班)定额:(AL0043)

（十二）装饰工程计量

装饰工程项目，在套用地方装饰工程消耗量定额时，可同《计价规范》附录 B 装饰工程工程量计算规则结合使用。

装饰工程分部通常有楼地面工程、墙柱面工程、顶棚工程、门窗工程、油漆和涂料以及裱糊工程、其他工程以及装饰装修脚手架、垂直运输和超高增加费等分部。现以某市现行装饰工程消耗量定额为依据，对上述分部进行介绍。

1. 楼地面工程

楼地面工程中的主要构成部分为块料面层饰面以及楼梯栏杆、栏板、扶手等组成。块料饰面包括大理石、花岗石楼地面、陶瓷地砖、玻璃地砖、缸砖、陶瓷锦砖、木地板、防静电活动地板、地毯等项目；楼梯防护部分有铝合金或钢栏杆（栏板）、硬木或大理石扶手、金属分隔嵌条、金属（金刚砂）防滑条等项目。楼地面垫层按体积（m^3）计量，查套建筑工程消耗量定额相应项目；找平层、结合层、面层的工程量计算规则同建筑工程楼地面的计算，并套用建筑工程相应项目，但块料面层套用装饰工程楼地面工程分部相应项目。楼梯栏杆按长度（m）计量，并查套装饰工程楼地面工程相应项目。分隔嵌条以及防滑条工程量按长度（m）计量，查套装饰工程楼地面工程相应项目。踢脚线（板）按面积（m^2）计量，成品踢脚线按实贴延长米计量，查套装饰工程楼地面工程相应项目。

在本分部工程中的零星项目主要适于楼梯侧面、台阶的牵边、小便池、蹲台、池槽以及面积在 $1m^2$ 以内且定额没有列出的项目。如果遇到螺旋式楼梯的楼地面装饰项目，其人工、机械以及块料可乘以相应系数。

【例 4-35】　计量如图 4-118 所示花岗岩台阶面层的工程量（水泥沙浆粘接）？

【解】　根据计算规则规定，台阶面层（包括踏步及最上一层踏步沿 300mm）按水平投影面积计算。

花岗岩台阶面层＝台阶中心线长度×台阶宽

＝[(0.30×2＋2.1)＋(0.30＋1.0)×2]×(0.30×2)

＝5.30×0.60＝3.18(m^2)定额：(BA0032)

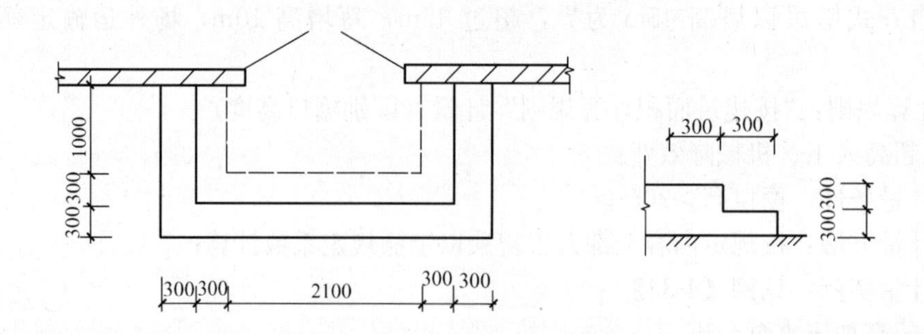

图 4-118　花岗岩台阶示意图

2. 墙柱面工程

墙柱面工程根据饰面材料和龙骨类型，可分为：水刷石、干粘石、斩假石，块料面层又分大理石、花岗石、陶瓷锦砖、面砖，龙骨墙面有轻钢龙骨墙面、木龙骨墙面等项目。面层的工程量计算规则同建筑工程抹灰工程中相应项目的规定基本相同，多按面积（m^2）计量，只是套用装饰工程墙柱面工程的相应项目。柱（梁）饰面，按设计图示饰面外围尺寸以相应面积计量，隔断按设计图示框外围尺寸以面积计量，扣除单个 $0.3m^2$ 以上的孔洞所占面积；浴厕门的材质与隔断相同时，门的面积并入隔断面积内。与幕墙同材质的窗所占面积不扣除。全玻幕墙按设计图示尺寸以面积计量。带肋全玻幕墙按展开尺寸以面积计量；玻璃幕墙、铝板幕墙等以框外围面积计量。装饰抹灰分格、嵌缝按装饰抹灰面积计量。

【例 4-36】　计量如图 4-119 所示室内某一墙面大理石墙裙和木龙骨（断面 $7.5cm^2$ 内，平均中距 40cm）、木工板基层、榉木板面层的工程量？　　　　定额套用：

【解】　①大理石墙裙 $S_{大}=(5.80-0.9)\times0.8=3.92(m^2)$　BB0031

②木龙骨基层 $S_{龙骨}=5.80\times1.85-(2.0-0.15-0.8)\times0.9=9.79(m^2)$　BB0129

③木工板基层 $S_{基}=5.80\times1.85-(2.0-0.15-0.8)\times0.9=9.79(m^2)$　BB0152

④榉木板面层 $S_{榉}=\qquad=9.79(m^2)$　BB0174

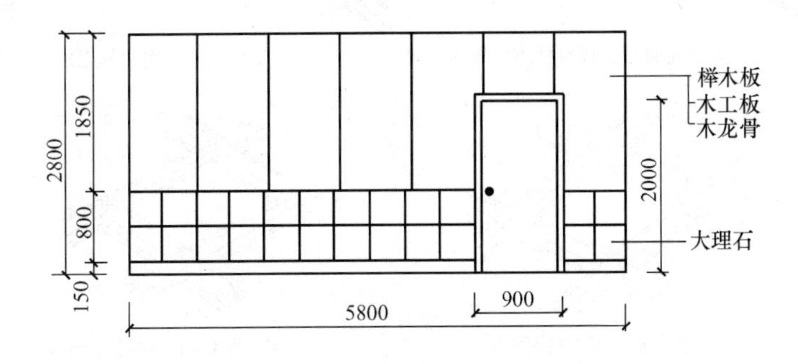

图 4-119　墙裙装饰示意图

3. 顶棚工程

顶棚工程，根据不同材料和构造可分为顶棚龙骨和顶棚饰面两大部分。吊顶龙骨根据材料不同可分为木龙骨、轻钢龙骨、铝合金龙骨。如图 4-120 所示为木龙骨的连接构造示意图，如图 4-121 所示为铝合金龙骨的连接示意图。

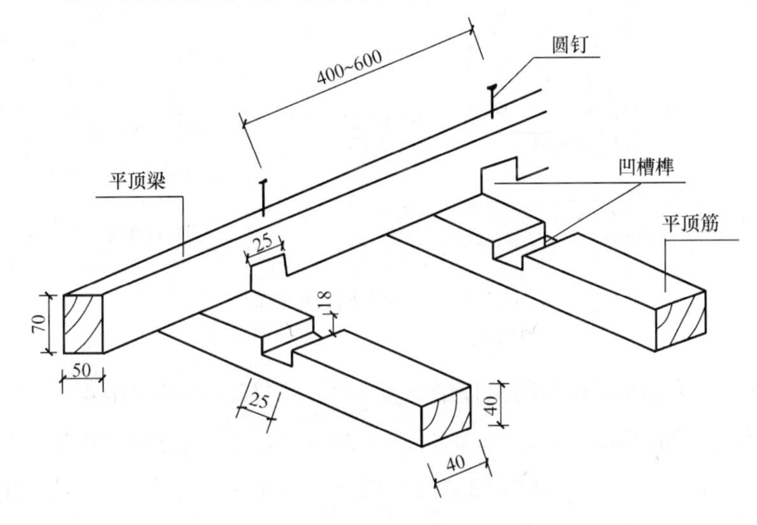

图 4-120　木龙骨的连接构造示意图

顶棚基层材料多为胶合板、石膏板等。顶棚面层材料多为胶合板、石膏板和金属板材等。顶棚龙骨、基层、面层应根据不同设计材料分别列项。各种吊顶顶棚龙骨按主墙间净面积计量，不扣除间壁墙、检查洞、附墙烟囱、柱、垛和管道所占面积；顶棚基层按照展开面积计量；顶棚装饰面层，按照主墙间实钉（胶）面积以（m^2）计量；保温层按实铺面积计量；网架按水平投影面积计量；灯光槽按延长米计量；嵌缝按延长米计量。

【例 4-37】　计量如图 4-122 所示某饭店大厅顶棚装饰工程量？　定额套用：

【解】　①轻钢龙骨工程量 $S_{龙骨}=30.0\times15.0=450(m^2)(300\times300)$　BC0021

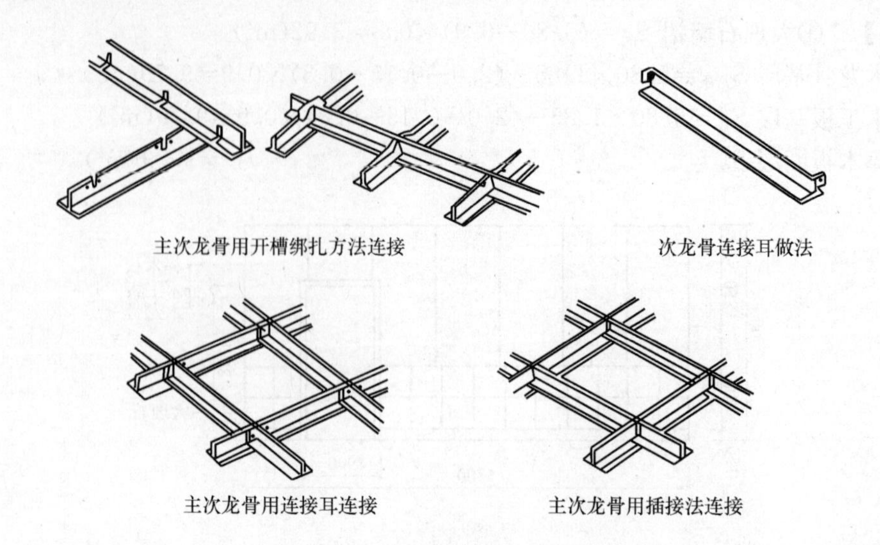

图 4-121　铝合金龙骨的连接

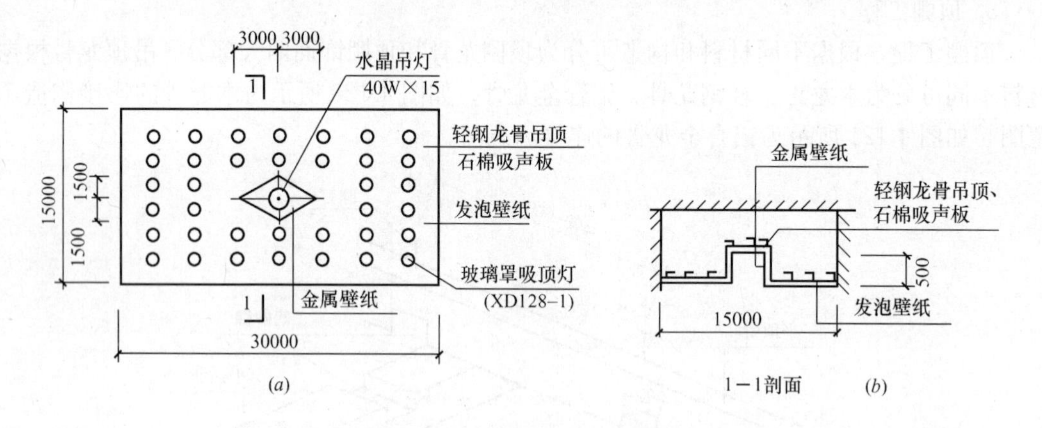

图 4-122　顶棚平面、剖面图

(*a*) 顶棚平面图；(*b*) 1—1 剖面剖面图

②轻钢龙骨及石棉吸声板面层工程量 $S_{吸声}=30.0\times15.0=450(\mathrm{m}^2)$　　BC0112

③金属壁纸工程量 $S_{壁纸}=1/2\times3.0\times3.0\times2+4\times(\sqrt{3^2+1.5^2})\times0.5$

$=9+2\times3.354=15.71(\mathrm{m}^2)$　　BE0301(对花)

④贴发泡壁纸工程量 $S_{壁纸}=30.0\times15.0-1/2\times3\times3\times2=441(\mathrm{m}^2)$　　BE0301(对花)

4. 门窗工程

门窗工程中，铝合金门窗、塑钢门窗按安装洞口尺寸以面积（m²）计量；卷闸门按实际设计尺寸计量；防盗门、防盗窗、不锈钢格栅门按框外围面积以（m²）计量；木门窗套、不锈钢包门框工程量按展开面积以（m²）计量；门窗贴脸按延长米计量；木门扇、木门扇包金属面及软包面的工程量，均以木门扇单面外围面积以（m²）计量；窗台板按实铺面积计量；窗帘轨、窗帘盒、挂衣板、挂镜线等按延长米计量。

5. 油漆、涂料、裱糊工程

该分部工程主要有木材面油漆、金属面油漆和抹灰面油漆；涂料可按照刷涂部位分顶棚、墙面、柱面、梁面刷涂料等项目。喷塑可按照压花点的大小分大压花、中压花和喷中点、幼点等项目。裱糊可按照对花、不对花以及墙面、柱面、顶棚等不同部位和所用材料划分项目。

楼地面、顶棚、墙面、柱面梁面的油漆、涂料、裱糊工程量可按照表4-32所规定的计算规则乘以相应系数计量；木材面的油漆工程量可按照表4-33规定计量；木门窗油漆工程量可按照表4-34规定计量。执行木扶手定额项目油漆工程量可按照表4-35规定计量；其余参见当地装饰工程定额本分部工程量计算规则规定计量。

抹灰面油漆、涂料、裱糊　　**表4-32**

项目名称	系数	工程量计算方法
混凝土楼梯底（板式）	1.15	水平投影面积
混凝土楼梯底（梁式）	1.00	展开面积
混凝土花格窗、栏杆花饰	1.82	单面外围面积
楼地面、顶棚、墙、柱、梁面	1.00	展开面积

木材面油漆　　**表4-33**

项目名称	系数	工程量计算方法
木板、纤维板、胶合板顶棚	1.00	长×宽
木护墙、木墙裙	1.00	
窗台板、筒子板、盖板、门窗套、踢脚线	1.00	
清水板条顶棚、檐口	1.07	
木方格吊顶顶棚	1.20	
吸音板墙面、顶棚面	0.87	
暖气罩	1.28	
木间壁、木隔断	1.90	单面外围面积
玻璃间壁露明墙筋	1.65	
木栅栏、木栏杆（带扶手）	1.82	
衣柜、壁柜	1.00	按实刷展开面积
零星木装修	1.10	展开面积
梁柱饰面	1.00	展开面积

木门窗油漆　　**表4-34**

项目名称	系数	工程量计算方法
单层木门	1.00	按单面洞口面积计算
双层（一玻一纱）木门	1.36	
双层（单裁口）木门	2.00	
单层全玻门	0.83	
木百叶门	1.25	
单层玻璃窗	1.00	
双层（一玻一纱）木窗	1.36	
双层框扇（单裁口木窗）	2.00	
双层框三层（二玻一纱）木窗	2.60	
单层组合窗	0.83	
双层组合窗	1.13	
木百叶窗	1.50	

执行木扶手定额油漆项目　　表 4-35

项目名称	系数	工程量计算方法
木扶手（不带托板）	1.00	按延长米计算
木扶手（带托板）	2.60	
窗帘盒	2.04	
封檐板、顺水板	1.74	
挂衣板、黑板框、单独木线条 100mm 以外	0.52	
挂镜线、窗帘棍、单独木线条 100mm 以外	0.35	

6. 其他工程

本分部工程项目主要包括招牌、灯箱基层、美术字、压条以及装饰线、暖气罩、镜面玻璃安装、货架、柜类、拆除以及零星装饰（窗台板、窗帘盒、窗帘轨、窗帘、挂镜线、挂衣板、卫生间内小配件）等分部分项工程项目。平面招牌基层按正立面计量，复杂凹凸造型部分不增减；沿雨篷、檐口或阳台走向的立式招牌基层，按展开面积计算，执行平面招牌复杂型项目；箱式招牌和竖式标箱的基层，按外围体积计量，突出箱外的灯饰、店徽以及其他艺术装潢等另列项计量；灯箱的面层按展开面积以（m^2）计量；广告牌钢骨架以（t）计量；美术字安装按字的最大外围矩形面积以（个）计量；压条、装饰线条、不锈钢旗杆、窗帘盒、窗帘轨、挂镜线等按延长米计量；暖气罩（包括脚的高度）按边框外围尺寸以垂直投影面积计量；镜面玻璃安装、盥洗室木镜箱以立面面积计量；卫生间内小配件安装（金属帘子杆、毛巾杆、嵌入式皂盒安装）分别按（根）或（个）计量；货架、柜厨以正立面的高（包括脚的高度）乘以宽以（m^2）计量；收银台、试衣间等按（个）计量；拆除项目的工程量多按面积或长度计量，套相应定额项目。

7. 装饰装修脚手架

本分部工程包括满堂脚手架、外脚手架、内墙面粉饰脚手架、安全过道、封闭式安全笆、斜挑式安全笆、满挂安全网等项目。满堂脚手架的计算方法同建筑工程脚手架工程量计算方法。装饰装修外脚手架，是按外墙外边线长度乘墙高按面积（m^2）计量；内墙面粉饰脚手架，按内墙面垂直投影面积计量，不扣除门窗洞口的面积；封闭式安全笆按实际封闭的垂直投影面积计量；斜挑式安全笆按实际搭设的斜面面积（长×宽）计量；满挂安全网按实际满挂的垂直投影面积计量。

8. 垂直运输和超高增加费

本分部的计量基本同建筑工程垂直运输分部的规定。装饰装修楼层（包括楼层内所有装饰装修工程量）应区别不同垂直运输高度（单层建筑物为檐口高度）按定额工日分别计量；地下层超过二层或高度超过 3.6m 时，应计算垂直运输费，工程量按照地下层全部面积计量；超高增加费的计量亦然。

复习思考题

1. 土石方分部工程中，常见的基槽、基坑、平场概念及计算公式有哪些？

2. 什么是三线一面？如何利用他？应计算建筑面积的内容有哪些？不应计算建筑面积的内容又有哪些？

3. 砖石分部工程中，常见的计算公式有哪些，试分别用折加高度法和折加面积法计算砖基础大放脚工程量？

4. 试用棱台公式计算混凝土杯形基础？

5. 计算钢筋工程量时，需要注意哪些因素？

6. 现浇构件和预制构件在列项时，需要注意哪些问题？

7. 计算螺旋式楼梯时需要注意哪些问题？

8. 现浇构件模板、预制构件模板和构筑物模板工程量计算是否一样？

9. 加工铁件和预埋件有何区别？

10. 计算楼梯栏杆时，常用哪些计算公式？

11. 小五金和贵重五金的区别在哪里？是否均要列项并套相应定额？

12. 常用的楼地面计算公式有哪些？

13. 屋面刚性防水的常见做法和常列项目有哪些？

14. 屋面工程中构造大样通常出现在哪些部位，列项时应注意哪些问题？

15. 装饰工程主要有哪些分部？

第五章　工程量清单计价

第一节　推行工程量清单计价的意义与作用

一、工程量清单计价的概念

工程量清单计价应包括按招标文件规定，完成工程量清单所列项目的全部费用，包括分部分项工程费、措施项目费、其他项目费和规费、税金。其中，分部分项工程费是指完成分部分项工程量所需的实体项目费用。措施项目费是指分部分项工程费以外，为完成工程项目施工，发生于该工程施工前和施工过程中的技术、生活、安全等方面的非工程实体项目所需的费用。其他项目费是指分部分项工程费以外，该工程项目施工中可能发生的其他费用。工程量清单计价应采用综合单价计价。

工程量清单计价包括三个层面的含义：投标人根据招标人提供的工程量清单进行自主报价；招标人编制标底；承发包双方确定工程量清单合同价款、调整工程竣工结算等活动。如图 5-1 所示为工程量清单计价概念示意图。

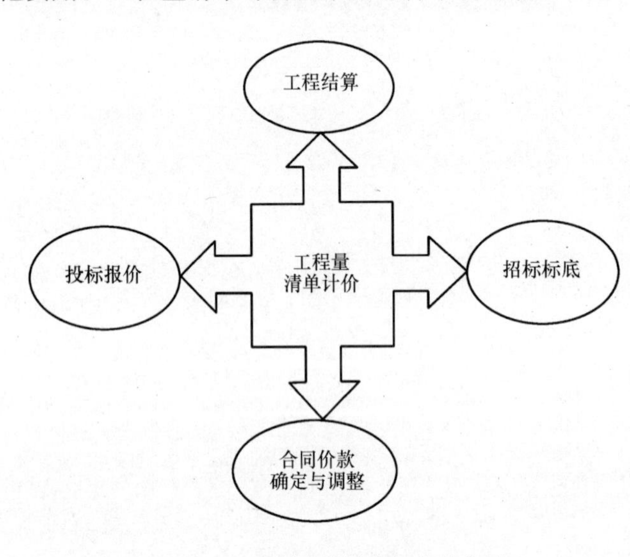

图 5-1　工程量清单计价概念示意图

狭义地讲工程量清单计价是在建设工程招标投标过程中，招标人依据计价规范统一的规定提供工程数量，并由投标人按照工程量清单进行自主报价，且经评审低价中标的工程造价的计价方式。

广义地讲，工程量清单计价是工程建设项目在进行招标、投标时，无论标底编制、投标报价、合同价款的确定以及工程完工后进行的竣工结算等诸多建设活动，一律实行工程量清单计价模式计价。

1. 工程量清单标底价

我国《招标投标法》规定，在招标工程中如果设有标底，则评标时应参考标底，标底的参考价值，决定着标底的编制应具有一定的强制性。换言之，该强制性体现出标底编制需要按工程造价主管部门指定的相关计价办法实行。标底的编制必须既符合计价规范的要求和建设部令第 107 号《建设工程施工发包与承包计价管理办法》第六条的要求，又要考虑企业或地方消耗量定额与计价规范接轨的需要。其标底价采用公式（5-1）计算：

$$标底价 = 工程成本价 + 利润 + 税金 \tag{5-1}$$

2. 工程量清单投标报价

投标报价是依据招标文件关于工程量清单和相关规定，施工现场具体情况和施工组织设计（施工方案），并依据企业消耗量定额和市场价格信息，或者参考当地造价部门发布的社会平均消耗量定额进行编制。其投标报价组合如下：

投标报价 = 分部分项工程费 + 措施费 + 其他项目费 + 规费 + 税金　　(5-2)

二、工程量清单计价的意义

1. 与国际惯例接轨的需要

自从我国加入 WTO 以后，全球经济一体化的趋势促使国内经济更多地融入世界经济中。在建筑业，许多国际资本进一步进入我国工程建筑市场，因此使得我国工程建筑市场竞争日益激烈。而我国建筑市场必然会更多地走向世界。因此，要想顺利进入国际建筑市场，在强大的竞争对手中占有一席之地，必须熟悉其运作规律、游戏规则，以便适应建筑市场行业管理发展趋势，与国际惯例接轨。所以，我国工程造价价格体系发生的剧烈变化以及工程量清单计价模式的实施，是融入国际先进的计价模式的需要；是时代发展的需要。工程量清单计价的实行，正是遵循工程造价管理的国际惯例，亦是实现我国工程造价管理改革的终极目标——建立适合市场经济的计价模式的需要。国际工程招、投标必须采用工程量清单计价形式。

2. 建筑市场化和国际化的需要

市场经济的计价模式，简言之，就是国家制定统一的工程量计算规则，在招标时，由招标方提供工程量清单，各投标单位（承包商）依据自身实力，按照竞争策略自主报价，业主择优定标，采用工程合同使报价法定化，施工中出现与招标文件或合同规定不符合的情况或工程量发生变化时，依据相关技术经济资料据实索赔，调整支付。而这种计价模式，实质上就是一种国际惯例，广东省顺德市早在 2000 年 3 月就已经实施了这种计价模式，它当时的具体内容是“控制量，放开价，由企业自主报价，最终由市场形成价格”。这种竞争相对公平，打破垄断建筑市场的地方保护主义，不允许排斥潜在的投标人。市场化促使工程量清单计价势在必行。

在国际上，工程量清单计价方法是通用的原则，是大多数国家所采用的工程计价方式。为适应在建筑行业方面的国际交流，实现国际化，我国在加入 WTO 谈判中，在建设领域方面作了多项承诺，并拟废止部门规章、规范性文件 12 项，拟修订部门规章、规范性文件 6 项。并在适当的时候，允许设立外商投资建筑企业，外商投资建筑企业一经成立，便有权在中国境内承包建筑工程，形成国际性竞争。

3. 降低工程造价和节约投资需要

对于国有资金和国有控股的投资项目，在充分竞争的基础上确定的工程造价，有着相应的合理性，可防止国有资产流失，使投资效益得到最大的发挥，并且也增加了招标、投标的透明度，进一步体现出招标过程中公平、公正、公开的三公原则，以防暗箱操作，利于遏制腐败的产生。此外，因为招标的原则是合理低价中标，因此施工企业在投标报价时，就要掌握一个合理的临界点，这就是既要报价最低，又要有一定的利润空间。这样必将促使企业采取一切手段提高自身竞争能力，如在施工中采用新的工艺技术、新的材料去降低工程成本，增加利润，以便在同行业中保持领先地位。

三、工程量清单计价的作用

1. 利于规范建设市场管理行为

虽然工程量清单计价形式上只是要求招标文件中列出工程量表，但在具体计价过程中涉及到造价构成、计价依据、评标办法等一系列问题，这些与定额预结算的计价形式有着根本的区别，所以说工程量清单计价又是一种全新的计价形式。计价规范附录中工程量清单项目以及计算规则的项目名称表现的是工程实体项目，项目名称明确清晰，工程量计算规则简洁，尤其还列有项目特征和工程内容。编制工程量清单时易于确定其具体项目名称和投标报价。《计价规范》不仅适应市场定价机制，亦是规范建设市场秩序的治本措施之一。实行工程量清单计价，并将其作为招标文件和合同文件的重要组成部分，可规范招标人的计价行为，从技术上避免在招标中弄虚作假，从而确保工程款的支付。

2. 利于造价管理机构职能转变

工程量清单计价模式的实施，促使我国从业人员转变以往单一的管理方式和业务适应范围，有利于提高造价工程师的素质和职能部门人员的业务水平和管理思路，转变管理模式，从而逐渐成为既懂技术又懂管理的复合型人才。全面提高我国工程造价管理水平。

3. 利于控制建设项目投资

采用现行的施工图预算形式，业主对因设计变更、工程量增减所引起的工程造价变化不敏感，当竣工结算时会发现这些变化对项目投资的影响非常重大。采用工程量清单计价方式，在进行设计变更时，可即刻得知其对工程造价的影响，业主此时可根据投资情况，作出正确的抉择，可合理利用建设资源和有效控制建设投资。

四、工程量清单计价特点

1. 统一性

工程量清单编制与报价，全国统一采用综合单价形式。工程量清单编制与报价在我国作为一种全新的计价模式，同以往采用的传统定额加费用的计价方法比较，内容有相当大的不同。其综合单价中包含了工程直接费、工程间接费、利润等。如此综合后，工程量清单报价更为简捷，更适合招、投标需要。

2. 规范性

工程量清单计价要求招、投标人根据市场行情和自身实力编制标底与报价。通过采用计价规范，约束建筑市场行为。其规则和工程量清单计价方法均是强制性的，工程建设诸方必须遵守。具体表现在规定全部使用国有资金或以国有资金投资为主的大、中型建设工程应按照计价规范执行；并且明确了工程量清单是招标文件的组成部分；此外，规定了招标人在编制工程量清单时应实施项目编码、项目名称、计量单位、工程量计算规则等四统一；同时，采用规定的标准格式来表述。

建筑工程的招、投标，在相当程度上是单价的竞争，倘若采用以往单一的定额计价模式，就不可能体现竞争，因此，工程量清单编制与报价打破了工程造价形成的单一性和垄断性，反映出高、低不等的多样性。

3. 法令性

工程量清单计价具有合同化的法定性。从其统一性和规范性均反映出其法制特征，许多发达国家经验表明，合同管理在市场机制运行中作用非常重大。通过竞争形成的工程造价，以合同形式确定，合同约束双方在履约过程中的行为，工程造价要受到法律保护，不得任意更改，如果违反了游戏规则，将受到法律质疑或制裁。

4. 竞争性

《计价规范》中的措施项目，在工程量清单中只列“措施项目”一栏，具体采用什么措施，如模板、脚手架、临时设施、施工排水等详细内容由投标人根据企业的施工组织设计，视具体情况报价，为企业留有相应的竞争空间；此外，《计价规范》中人工、材料和施工机械没有具体的消耗量，而将工程消耗量定额中的工、料、机价格和利润、管理费全面放开，由市场供求关系自行确定价格。投标企业可依据企业定额和市场价格信息，亦可参照建设行政主管部门发布的社会平均消耗量定额进行报价，就是说《计价规范》将定价权交给了企业。

五、工程量清单计价与传统定额计价的区别

1. 计价形式不同

其单位工程造价构成形式不同，从第三章内容中可看出工程量清单计价与传统定额计价在工程造价构成上是存在着相当大的差异的，按定额计价时单位工程造价由直接工程费、间接费、利润、税金构成，计价时先计算直接费，再以直接费（或其中的人工费）为基数计算出间接费用、利润、税金等各项费用，汇总为单位工程造价。工程量清单计价时，造价由工程量清单费用（＝∑清单工程量×项目综合单价）、措施项目清单费用、其他项目清单费用、规费、税金五部分构成，作这种划分的考虑是将施工过程中的实体性消耗和措施性消耗分开，对于措施性消耗费用只列出项目名称，由投标人根据招标文件要求和施工现场情况、施工方案自行确定，从而体现出以施工方案为基础的造价竞争；对于实体性消耗费用，则列出具体的工程数量，投标人要报出每个清单项目的综合单价，以便在投标中比较。

2. 分项工程单价构成不同

按照传统定额计价规定，分项工程单价是工料单价，只包括人工、材料、机械费用。而工程量清单计价中分项工程单价一般为综合单价。除了人工、材料、机械费，还包含管理费（现场管理费和企业管理费）、利润和相应的风险金等。实行综合单价有利于工程价款的支付、工程造价的调整及其工程结算。同时避免了因为“取费”产生的纠纷。综合单价中的直接工程费、利润等由投标人根据本企业实际支出及利润预期、投标策略确定，是施工企业实际成本费用的反映，是工程的个别价格。综合单价的报价是诸多个别计价、市场竞争的过程。

3. 单位工程项目划分不同

按定额计价的工程项目划分即预算定额中的项目划分，一般土建定额有几千个项目，其划分原则是按工程的不同部位、不同材料、不同工艺、不同施工机械、不同施工方法和材料规格型号进行划分，且十分详细。工程量清单计价的工程项目划分较之定额项目的划分有较大的综合性，新规范中土建工程只有 177 个项目，考虑了工程部位、材料、工艺特征，但不考虑具体的施工方法或措施，如人工或机械、机械的不同型号等。同时对于同一项目不再按阶段或过程分为几项，而是综合在一起，如像混凝土，可将同一项目的搅拌（制作）、运输、安装、接头灌缝等综合为一项，门窗也可以将制作、运输、安装、刷油、五金等综合到一起，这样能够减少原来定额对于施工企业工艺方法选择的限制，报价时有更多的自主性。工程量清单中的量应该是综合的工程量，而不是按定额计算的“预算工程量”。综合的量有利于企业自主选择施工方法并以此为基础竞价，也能使企业摆脱对定额的依赖，逐渐建立起企业内部报价以及管理企业定额和企业价格的体系。

4. 计价依据不同

这是清单计价和按定额计价的最根本区别。按定额计价的唯一依据就是定额，而工程量清单计价的主要依据是企业定额，包括企业生产要素消耗量标准、材料价格、施工机械配备及管理状况、各项管理费支出标准等。目前可能多数企业没有企业定额，但随着工程量清单计价形式的推广和报价实践的增加，企业将逐步建立起自身的定额和相应的项目单价，当企业都能根据自身状况和市场供求关系报出综合单价时，企业自主报价、市场竞争（通过招投标）定价的计价格局也将形成，这也正是工程量清单所要促成的目标。工程量清单计价的本质是要改变政府定价模式，建立起市场形成造价机制，只有计价依据个别化，这一目标才能实现。

六、工程量清单计价涉及的相关税费

1. 规费

规费是指按照规定支付劳动定额管理部门的定额测定费，以及有关部门规定必须缴纳的费用。四川省规费项目组成及标准见表 5-1 所列。

规 费 标 准　　表 5-1

序号	规费名称	计费基础	规费费率（%）
1	养老保险费	分部分项清单人工费+措施项目清单人工费	8～14
2	失业保险费	分部分项清单人工费+措施项目清单人工费	1～2
3	医疗保险费	分部分项清单人工费+措施项目清单人工费	4～6
4	住房公积金	分部分项清单人工费+措施项目清单人工费	3～6
5	危险作业意外伤害保险	分部分项清单人工费+措施项目清单人工费	0.5
6	工程定额测定费	税前工程造价	工程在成都市 1.3‰ 工程在中等城市 1.4‰ 工程在县级城市 1.5‰

施工企业对规费的缴纳按照国家有关规定执行，并随之调整。规费标准在工程招标中为不可竞争性费用，应按照规费标准计取。全部使用国有资金或国有资金投资为主的大、中型建设工程，采用工程量清单招标编制标底或预算控制价时，规费计取标准暂按其费率的上限计取。

重庆市规费内容包括工程排污费、工程定额测定费、养老保险统筹基金、失业保险费以及医疗保险费。

2. 税金

税金是指国家税法规定的应计入建筑安装工程造价内的营业税、城市维护建设税、教育附加费等。

3. 预留金

预留金是招标人为可能发生的工程量变更而预留的金额。该变更主要指工程量清单漏项、有误等引起工程量的增加和施工中的设计变更引起标准提高或工程量增加等情况。由发包人估列并掌握。

4. 材料购置费

材料购置费是指发包人自行采购材料的费用。发包人应详细列出自行采购材料的品种、规格、数量、单价以及金额等。预留金和材料购置费应按招标人在招标文件中提出的金额填写。

5. 总承包服务费

总承包服务费是指承包人为配合协调发包人进行的工程分包管理及其服务和材料采购所发生的费用，一般以中标人的投标报价为准，发包人要求承包人完成的配合协调发包人进行的工程分包管理及其服务和材料采购内容和工程量同招标文件的要求发生变化的允许调整，其具体调整方法应在招标文件或合同中明确。

6. 零星工作项目费

零星工作项目费用是指完成招标人提出的，工程量暂估的零星工作所需要的费用。列入零星工作项目表时，需详细列出人工、材料、机械台班名称以及相应数量。人工应按照工种列项，材料和机械应按照规格、型号列项。

七、工程量清单计价方法

1. 采用综合单价计价方法

为简化计价程序，实现与国际接轨，工程量清单计价采用综合单价的计价方法，综合单价计价是有别于现行定额工料单价法计价的另一种单价计价方法，应包括完成规定计量单位、合格产品所需的全部费用，考虑我国的现状，综合单价包括除规费、税金以外的全部费用。综合单价不但适用于分部分项工程量清单，亦适用于措施项目清单、其他项目清单。对于综合单价的编制，各省、直辖市、自治区工程造价管理机构，制订具体办法，统一综合单价的计算和编制。

分部分项工程量清单计价为不可调整的闭口清单，投标人对招标文件提供的分部分项工程量清单必须逐一计价，对清单列出的内容不允许作任何更改变动。投标人如果认为清单内容有不妥或遗漏，只能通过质疑的方式由清单编制人作统一的修改更正，并将修正后的工程量清单发往所有投标人。分部分项工程量清单的综合单价，不包括招标人自行采购材料的价款。

2. 计价规范与地方消耗量定额接口

《计价规范》采用项目编码制，如第四章所述，计价规范提出了分部分项工程量清单的四个统一，即项目编码统一、项目名称统一、计量单位统一、工程量计算规则统一。因此，分部分项工程量清单编码实行统一的以12位阿拉伯数字表示，前9位为全国统一编码，编制分部分项工程量清单时，要按照附录中相应编码设置，不得变动，后3位是清单项目名称编码，由清单编制人根据设置的清单项目编制。清单各级编码含义如下：

(1) 第一级为《计价规范》附录顺序码（两位），01表示建筑工程，02表示装饰装修工程，03表示安装工程，04表示市政工程，05表示园林绿化工程。

(2) 第二级为专业工程顺序码（两位），如建筑工程中的01表示土石方工程，02表示桩与地基基础工程，03表示砌筑工程，04表示混凝土及钢筋混凝土工程，05表示厂库房大门、特种门、木结构工程，06表示金属结构工程，07表示屋面及防水工程，08表示防腐、隔热、保温工程，与前级代码结合表示为0101、0102、0103、0104、0105、0106、0107、0108等。

(3) 第三级为分部工程顺序码（两位），如混凝土及钢筋混凝土工程中的01表示现浇混凝土基础，02表示现浇混凝土柱，03表示现浇混凝土梁，04表示现浇混凝土墙，加上前面两级代码则分别为010401、010402、010403、010404等。

(4) 第四级为分项工程顺序码（三位），例如：现浇混凝土柱又分为矩形柱、异型柱两个分项工程，其编码分别为010402001、010402002。

(5) 第五级为清单项目编码（三位），由工程量清单编制人自行编制，从001起开始编码，如某多层现浇框架政府办公楼，其现浇混凝土矩形框架柱按照混凝土的强度等级可分为两种，一种是C35的现浇混凝土矩形框架柱（基顶～7.20m标高），另一种是C30的现浇混凝土矩形框架柱（7.20m标高～柱顶）。因此，可以按照现浇混凝土柱的项目特征之一——混凝土强度等级来进行第五级项目编码，把C35的现浇混凝土矩形框架柱编为010402001001，C30的现浇混凝土矩形框架柱编为010402001002。清单项目编码结构如图5-2所示。

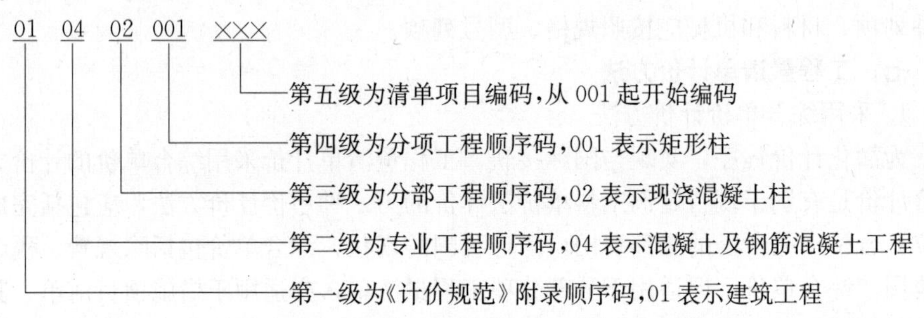

图5-2 清单项目编码结构图

此外，对分部分项工程量清单项目名称的设置，应考虑三个因素：其一是附录中的项目名称；其二是附录中的项目特征；其三是拟建工程的实际情况。工程量清单编制时，以附录中的项目名称为主体，考虑该项目的规格、型号、材质等特征要求，并考虑拟建工程具体实际条件，从而具体化工程量清单项目名称。

然而对于附录中由于工艺、技术、材料的变化，出现缺项的情况，在编制工程量清单时，编制人可以补充。补充项目须填在工程量清单相应分部工程项目之后，并在“项目编码”栏中用“补”字标出。

值得注意的是现行“预算定额”的项目一般是按照施工工艺进行设置，工程所包括的内容是单一的，依此规定了相应的工程量计算规则。但是，工程量清单项目的划分，一般是以一个“综合实体”，且包括了许多项工程的内容考虑实施，依此规定了工程量计算规则。所以，两者在工程量计算规则上的区别决定了工程量清单编制与传统定额计价模式上的较大差别。

3. 地方消耗量定额编码应与计价规范接轨

编制分部分项工程量清单计价表时，其项目编码的编号必须是地方消耗量定额编码与计价规范项目编码的接口。换言之，地方消耗量定额编码所规定的项目，必须与计价规范项目编码相一致。以分部分项工程量清单综合单价分析表为例，综合单价除招标文件或合同约定外，结算时不得调整。

例如：项目为平整场地工程量计算为500m²，试分析项目：

查套（转换）步骤如下：

(1) 查计价规范29页，表A.1.1（编码：010101）；

(2) 在表中查得 010101001 其对应的项目名称为平整场地，同时注意项目特征以及计量单位"m^2"、项目工程量计算规则，按设计图示尺寸为建筑物首层面积；

(3) 查看工程内容：a 土方挖填；b 场地找平；c 运输；

(4) 在地方定额中组装工作内容相对应的项目。组装项目编码为 010101001001（在此例中，使用的是重庆市建筑工程消耗量定额 AA0036，分别进行人工、材料、机械费和相应管理费、利润等项目的分析，即查阅与 AA0036 相对应的综合单价为 116.17 元/$100m^2$。

则：综合费＝5×116.17＝580.85（元）。

4. 工程量清单中的工程量调整及其变更单价的确定

(1) 对于工程量清单中的工程量，在工程竣工结算时，可根据招标文件规定对实际完成的工程量进行调整。但要经工程师或发包方核实确认后，方可作为进行结算的依据。

(2) 对于工程量变更单价的确定，可采取如下几种方法：

1) 合同中已有适合于变更工程的价格，可按照合同已有的价格变更合同价款。

2) 合同中只有类似于变更工程的价格，可参照类似价格变更合同价款。

3) 合同中没有适用或类似于变更工程的价格，由承包方提出适当的变更价格，经工程师认可后执行。

第二节　工程量清单计价依据与适用范围

一、工程量清单计价依据

在计价规范推出后，为配合工程量清单的实施，各地先后颁布了配套文件，如重庆市颁布了《重庆市建设工程工程量清单计价实施细则（试行）》并编制了重庆市建设工程消耗量定额《建筑工程消耗量定额》、《装饰工程消耗量定额》、《安装工程消耗量定额》、《市政工程消耗量定额》、《园林工程消耗量定额》以及《重庆市建设工程消耗量定额综合单价》（建筑、装饰、市政通用）、安装工程综合单价、园林工程综合单价（以下简称综合单价）、重庆市建设工程消耗量定额施工机械台班定额混凝土及砂浆配合比表等。其计价依据主要是 GB 50500—2003 以及建设部关于建筑安装工程费用计算规则的有关规定。四川省颁布了《四川省建筑工程工程量清单计价管理试行办法》（以下简称"办法"）。该"办法"对工程造价计价依据作了如下规定：

(1) 国家法律、法规和政府及有关部门规定的规费；

(2)《建设工程工程量清单计价规范》(GB 50500—2003)；

(3)《四川省建设工程工程量清单计价定额》(简称计价定额)；

(4) 工程造价管理机构发布的人工、材料、机械台班等价格信息以及组价办法等；

(5) 发、承包人签订的施工合同及有关补充协议、会议记要以及招、投标文件；

(6) 工程施工图纸及图纸会审记要、设计变更以及经发包人认可的施工组织设计或施工方案；

(7) 现场签证。如施工中涉及合同价款之外的责任事件所做的签认证明。包括双方签字认可的非工程量清单项目用工签证、机械台班签证、零星工程签证以及材料价格的变动签证等。

(8) 索赔。指发、承包人一方未按照合同约定履行义务或发生错误给另一方造成损失，依据合同约定向对方提出给予补偿的要求。经双方按约定程序办理后，作为计价的依据，办理价款支付。

(9) 其他。指发、承包人不能预见的事项或风险等。

(10) 全国统一建筑工程基础定额。

二、工程量清单计价适用范围

1. 招标投标的工程量清单计价

主要适用于建设工程招标投标的工程量清单计价活动。工程量清单计价是与现行“定额”计价方式共存于招标投标计价活动中的另一种计价方式。

2. 全部使用国有资金投资或国有资金投资为主的工程

全部使用国有资金投资或国有资金投资为主的大中型建设工程必须进行招标投标。“国有资金”是指国家财政性的预算内或预算外资金，国家机关、国家企业事业单位和社会团体的自有资金及借贷资金。国有资金投资为主的工程是指国有资金占总投资额的50%以上，或虽不足50%，但国有资产投资者实质上拥有控股权的工程。大、中型建设工程的界定可按国家有关部门的规定执行。

第三节 工程量清单计价格式与程序

一、工程量清单计价格式

1. 工程量清单计价应采用统一格式

工程量清单计价应采用统一格式，其格式内容应随招标文件发至投标人。工程量清单计价格式由下列内容组成：

(1) 封面，见表5-2；

(2) 投标总价表，见表5-3；

封　面 **表5-2**

________________________工程
工程量清单报价表
投　标　人：________________（单位签字盖章）
法定代表人：________________（签字盖章）
造价工程师
及注册编号：________________（签字盖执业专用章）
编 制 时 间：________________

投标总价表　　　　**表 5-3**

投　标　总　价

建设单位：____________________

工程名称：____________________

投标总价（小写）：____________________

（大写）：____________________

投　标　人：__________（单位签字盖章）

法定代表人：__________（签字盖章）

编 制 时 间：__________

（3）工程项目总价表，见表 5-4；

工程项目总价表　　　　**表 5-4**

工程名称：　　　　第　页　共　页

序　号	单项工程名称	金　额（元）
	合　计	

（4）单项工程费汇总表，见表5-5；

单项工程费汇总表　　**表5-5**

工程名称：　　第　页　共　页

序　号	单位工程名称	金　额（元）
	合　　计	

（5）单位工程费汇总表，见表5-6；

单位工程费汇总表　　**表5-6**

工程名称：　　第　页　共　页

序　号	项　目　名　称	金　额（元）
1	分部分项工程量清单计价合计	
2	措施项目清单计价合计	
3	其他项目清单合计	
4	规费	
5	税金	
	合　　计	

（6）分部分项工程量清单计价表，见表5-7；

分部分项工程量清单计价表　　**表5-7**

工程名称：　　第　页　共　页

序　号	项目编码	项目名称	计量单位	工程数量	金　额（元）	
					综合单价	合　　价
		本页小计				
		合　　计				

(7) 措施项目清单计价表，见表5-8；

措施项目清单计价表 **表5-8**

工程名称： 第 页 共 页

序 号	项 目 名 称	金 额（元）
	合 计	

(8) 其他项目清单计价表，见表5-9；

其他项目清单计价表 **表5-9**

工程名称： 第 页 共 页

序 号	项 目 名 称	金 额（元）
1	招标人部分	
	小 计	
2	投标人部分	
	小 计	
	合 计	

(9) 零星工作项目清单计价表，见表5-10；

零星工作项目清单计价表 **表5-10**

工程名称： 第 页 共 页

序 号	名 称	计量单位	数 量	金 额（元）	
				综合单价	合 价
1	人 工				
	小 计				
2	材 料				
	小 计				
3	机 械				
	小 计				
	合 计				

(10) 分部分项工程量清单综合单价分析表，见表5-11；

分部分项工程量清单综合单价分析表 **表5-11**

工程名称： 第 页 共 页

序号	项目编码	项目名称	工程内容	综合单价组成					综合单价
				人工费	材料费	机械费	管理费	利润	

（11）措施项目费分析表，见表5-12；

措施项目费分析表 **表5-12**

工程名称： 第　页　共　页

序　号	措施项目名　称	单　位	数　量	金　额（元）					
				人工费	材料费	机械费	管理费	利润	小计
	合　计								

（12）主要材料价格表，见表5-13。

主要材料价格表 **表5-13**

工程名称： 第　页　共　页

序　号	材料编码	材料名称	规格、型号等特殊要求	单　位	单　价（元）

2. 工程量清单计价格式的填写

工程量清单计价格式的填写应符合下列规定：

（1）工程量清单计价格式应由投标人填写。

（2）封面应按规定内容填写、签字、盖章。

（3）投标总价应按工程项目总价表合计金额填写。

（4）工程项目总价表

1）表中单项工程名称应按单项工程费汇总表的工程名称填写；

2）表中金额应按单项工程费汇总表的合计金额填写。

（5）单项工程费汇总表

1）表中单位工程名称应按单位工程费汇总表的工程名称填写；

2）表中金额应按单位工程费汇总表的合计金额填写。

（6）单位工程费汇总表中的金额部分应分别按照分部分项工程量清单计价表、措施项目清单计价表和其他项目清单计价表的合计金额和有关规定计算的规费、税金填写。

（7）分部分项工程量清单计价表的序号、项目编码、项目名称、计量单位、工程数量必须按分部分项工程量清单中的相应内容填写。

（8）措施项目清单计价表

1）表中的序号、项目名称必须按措施项目清单中的相应内容填写；

2）投标人可根据施工组织设计采取的措施增加项目。

（9）其他项目清单计价表

1）表中的序号、项目名称必须按其他项目清单中的相应内容填写；

2）投标人部分的金额必须按本规范 5.1.3 条中招标人提出的数额填写。

（10）零星工作项目计价表

表中的人工、材料、机械名称、计量单位和相应数量应按零星工作项目表中相应的内容填写，工程竣工后零星工作项目费应按实际完成的工程量所需费用结算。

（11）分部分项工程量清单综合单价分析表和措施项目费分析表，应由招标人根据需要提出要求后填写。

（12）主要材料价格表

1）招标人提供的主要材料价格表应包括详细的材料编码、材料名称、规格型号和计量单位等；

2）所填写的单价必须与工程量清单计价中采用的相应材料的单价一致。

二、工程量清单计价过程

工程量清单计价的基本过程可以描述为：在统一的工程量计算规则的基础上，制定工程量清单项目设置规则，根据具体工程的施工图纸计算出各个清单项目的工程量，再跟据各种渠道获得的工程造价信息和经验数据计算得到工程造价。这一基本计算过程如图 5-3 所示。从工程量清单计价过程示意图中可以看出，其编制过程分为两个阶段：工程量清单格式的编制和利用工程量清单来编制投标报价。

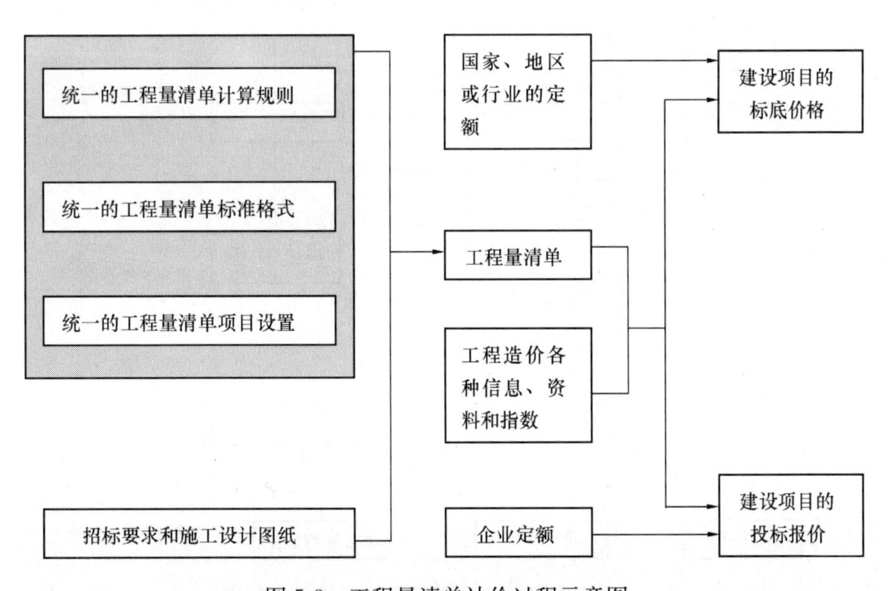

图 5-3　工程量清单计价过程示意图

三、工程量清单计价的主要工作程序

工程量清单计价工作可遵循以下基本程序：

1. 做好招标投标前期准备工作，即招标单位在工程方案、初步设计或部分施工图设计完成后，即可由招标单位自己或委托具备资质的中介单位编制工程量清单。工程造价人员根据工程的特点和招标文件的有关要求，依据施工图纸和国家统一的工程量计算规则计算工程量。

2. 工程量清单由招标单位编制完成后，投标单位依据招标文件、工程量清单的编制规则和设计图纸对工程量清单进行复核。

3. 工程量清单的答疑会议。投标单位对工程量清单进行复核，提出不明白的地方，并且招标单位要在3天内召开答疑会议，解答投标单位提出的问题，并以会议纪要的形式记录下来，发放给所有投标单位，作为统一调整的依据。

4. 投标单位依照统一的工程量清单确定投标综合单价。

5. 通过对综合单价的分析，对工程量清单中每一分项单价确定后，投标单位对招标单位提供的工程量清单的每一项均需要填报单价和合价，最后将各项费用汇总即可得到工程总造价。

6. 评标与定标。在评标的过程中，要淡化标底的作用，改革评标过程中以标底价格为惟一尺度的做法，代之以审定的标底价格，各投标人的投标价格及招标人在审定的标底价格基础上的期望浮动率等组成的合成标底价格作为评审标价的标准尺度。

工程量清单计价的主要工作程序如图5-4所示。

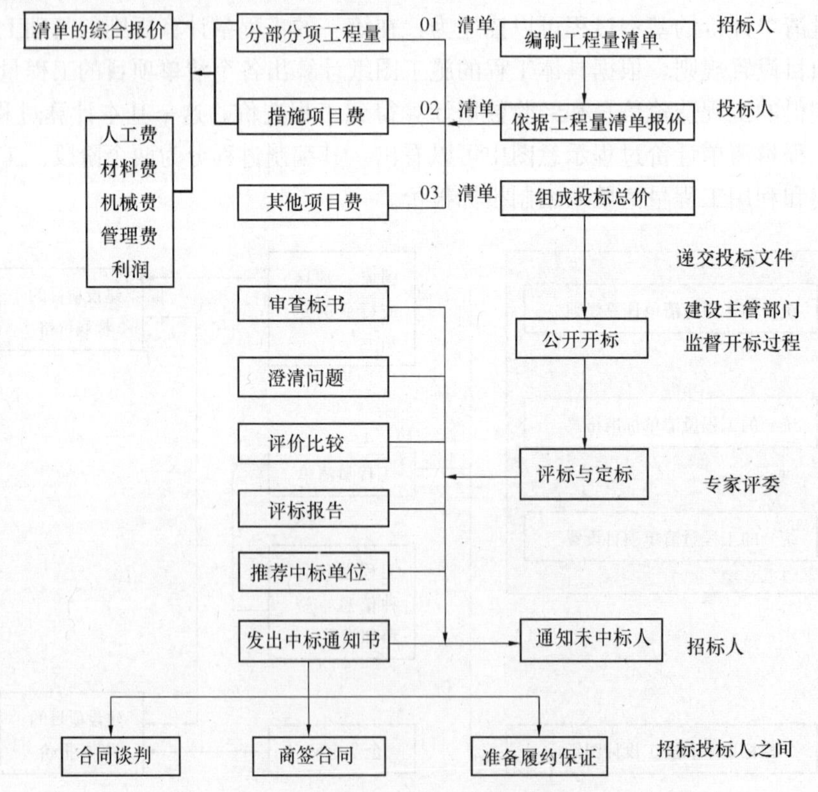

图5-4　工程量清单计价的主要工作程序框图

四、费用分类与工程造价计价

1. 费用分类

采用工程量清单计价，从理想思维的角度，除直接成本（人工、材料、机械）以外的其他费用，分为不可竞争性费用和竞争性费用两类。

（1）不可竞争性费用

该类费用亦属于法定性费用，其组成有构成税金的企业营业税、城乡维护建设税以及教育费附加等，有诸如劳动保险费、财产保险费、工会和职工教育费、工程保险费、排污费和定额管理费等政府规定性的费用。

（2）竞争性费用

1）施工企业以及现场管理费，如管理人员工资、办公费、差旅交通费、固定资产使用费、工具用具使用费和财务费用等。各地区可根据确定的人工、材料、机械台班价格为计算基数，按照社会平均水平测算费率计算后再进入综合单价。

2）措施项目费用，指为完成工程项目施工，发生的技术、安全、环保、文明生产等方面的费用。建设部2003年在其网站上颁布的206号文件，列出了11项。

3）施工企业利润，指施工企业完成所承包工程应收取的利润。其计算思路以及计算方法同管理费。

2. 工程造价组成

根据建设部第107号部令《建筑工程施工发包与承包计价管理办法》的规定，发包与承包价的计算方法分为工料单价法和综合单价法。见本教材第三章第三节两种计价模式的计价方法二中工程量清单计价模式下工程造价的计价的内容，值得注意的是工程量清单的编制与计价一律采用综合单价法。工程量清单计价模式下的工程造价构成如图5-5所示。包括分部分项工程费、措施项目费、其他项目费、规费和税金。

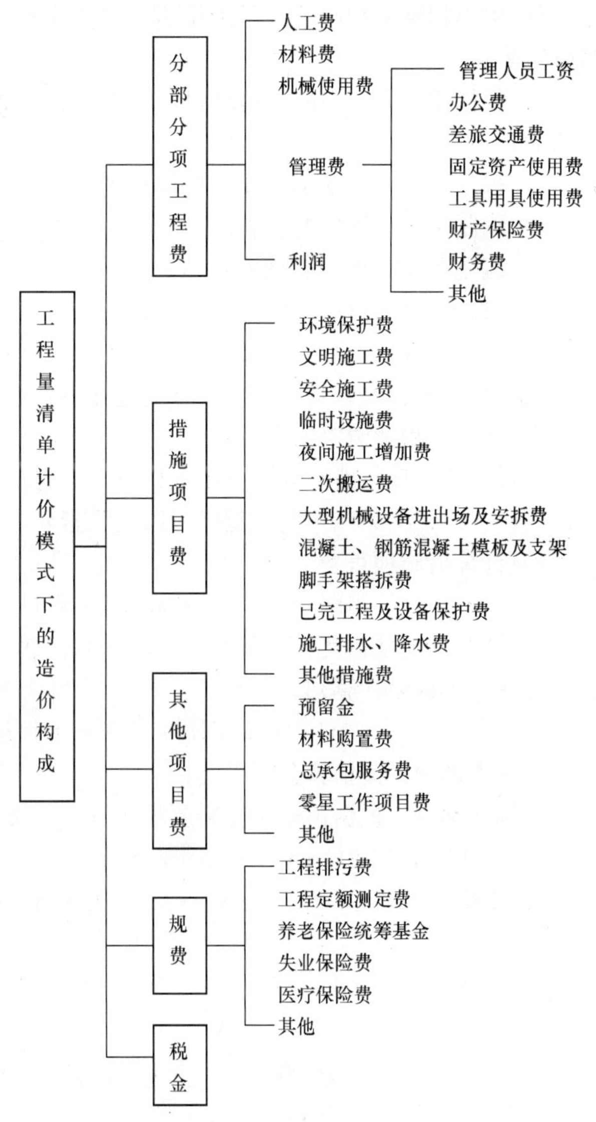

图5-5 工程量清单计价模式下的工程造价构成示意图

3. 工程造价计价步骤与计价程序

（1）计价步骤

按照综合单价法，工程量清单的

计价步骤可表述如下：

1）根据招标人编制的分部分项工程量清单及投标人编制的施工方案等，编制分部分项工程量清单综合单价分析表，可再分解为：

①分部分项工程综合单价构成分析、测算；

②分部分项工程量清单综合单价计算。

2）根据编制的分部分项工程量清单综合单价分析表，编制分部分项工程量清单计价表；

3）根据招标人编制的措施项目清单及投标人编制的施工方案等，编制措施项目费分析表；

4）根据编制的措施项目费分析表，编制措施项目费计价表；

5）根据招标人编制的零星工作项目表及投标人编制的施工方案等，编制零星工作项目计价表；

6）根据招标人编制的其他项目清单及投标人编制的施工方案等，编制其他项目清单计价表；

7）根据以上资料编制主要材料价格表；

8）编制单位工程费汇总表；

9）编制单项工程费汇总表；

10）计算投标总价，确定工程总造价。

（2）计价程序

按照综合单价法，其计价程序可表述如下：

1）计算工程量清单项目费

工程量清单项目费＝分部分项工程量×综合单价（含人工费、材料费、机械费、管理费、利润和风险因素）　　(5-3)

2）计算措施项目费

措施项目费＝措施项目工程量×措施项目综合单价　　(5-4)

3）计算其他项目费［含预留金、材料购置费（单列表计算）、总承包服务费、零星工作项目费（单列表计算）］。

零星工作项目费＝工程量×综合单价　　(5-5)

招标人部分：按估算金额确定；

投标人部分：根据招标人提出要求所发生的费用确定。

4）计算规费：［(1)＋(2)＋(3)］×费率　　(5-6)

5）计算税金：［(1)＋(2)＋(3)＋(4)］×税率，［(1)＋(2)＋(3)＋(4)］为不含税工程造价　　(5-7)

6）计算工程总造价：［(1)＋(2)＋(3)＋(4)＋(5)］（含税工程造价）　　(5-8)

第四节　工程量清单综合单价组价

一、综合单价

综合单价是指完成规定计量单位分项工程项目所需要的人工费、材料费、机械费、管理费、利润，并考虑相应的风险因素。

二、单价的组成、计算与分解

1. 单价的组成

各地区综合单价的确定与组成，不必强调完全一致，可视各省、直辖市或国内、外招标情况而定。如重庆市综合单价组成包括人工费、材料费、机械费、管理费和利润。

2. 单价的计算

重庆市计算的综合单价，人工单价不分工种、专业综合取定为每工日 26 元；材料、机械台班单价是以编制基期的社会平均价进入综合单价的；管理费、利润是根据确定的人工、材料、机械台班价格为计算基数，按社会平均水平测算费率进入综合单价。其计算程序见表 5-14、表 5-15 和表 5-16。

重庆市按照综合单价法，其综合单价的计算程序及费率规定，当建筑工程以人工费＋材料费＋机械费为计费基础时，其综合单价计算程序见表 5-14。

建筑工程（含机械施工土石方）综合单价计算程序及费率　　表 5-14

序　号	费用项目	计算方法	费率(%)	备　　注
1	分项直接工程费	人工费＋材料费＋机械费		
2	管理费	(1) ×规定费率	11.61(10.72)	括号内为机械土石方
3	利润	(1)×取定费率	8.50(5.71)	括号内为机械土石方
4	综合单价	(1)＋(2)＋(3)		

注：采用商品混凝土进价的分项，其管理费和利润率分别取建筑工程费率的 50%。

而当工程为人工施工土石方工程，则以人工费为计费基础，其综合单价计算程序见表 5-15。

人工施工土石方工程综合单价计算程序及费率　　表 5-15

序　号	费用项目	计算方法	费 率 (%)	备　　注
1	分项直接工程费	人工费＋材料费＋机械费		
2	直接工程费中人工费	人工费		
3	管理费	(2) ×取定费率	29.56	费率可调整
4	利润	(2) ×取定费率	10.34	费率可调整
5	综合单价	(1) ＋ (3) ＋ (4)		

注：包括建筑、市政人工施工土石方工程。

安装工程综合单价计算程序见表 5-16。

安装工程综合单价计算程序及费率　　　　表 5-16

序　号	费用项目	计算方法	费率（%）	备　　注
1	分项直接工程费	人工费＋材料费＋机械费		未含未计价材料费
2	直接工程费中人工费	人工费		
3	管理费	（2）×规定费率	61.74	费率可调整
4	利润	（2）×取定费率	42.73	费率可调整
5	综合单价	（1）＋（3）＋（4）		

3. 单价的分解

四川省颁布了《四川省建筑工程工程量清单计价管理试行办法》（以下简称《办法》）。《办法》中规定国有资金投资的工程项目，招标人编制标底或预算控制价应按本办法的规定确定综合单价。而投标人投标时可自主确定综合单价的报价。

单价的构成归结起来可分解为：

（1）全费用单价

由直接成本费用＋不可竞争性费用＋竞争性费用组成。

（2）部分费用单价——综合单价

由直接成本费用＋竞争性费用组成。

（3）直接成本费用单价

只有人工费、材料费和机械费用组成。

4. 综合单价的调整

四川省在《办法》中规定，综合单价中的人工费、材料费按工程造价管理机构公布的人工费标准及材料价格信息调整；综合单价中的计价材料费（指安装工程、市政工程的给水、燃气、给排水机械设备安装、路灯工程的材料费）、机械费和综合费由四川省工程造价管理总站根据全省实际进行统一调整，并在其网站上定时发布。

三、综合单价的组价

四川省在《办法》中对工程量清单综合单价做出规定如下：

1. 综合单价费用构成

四川省《计价定额》对应的定额项目综合单价组成。其内容有为完成工程量清单中一个规定计量单位项目所需要的人工费、材料费、机械台班使用费和综合费（指管理费和利润）。而定额项目综合单价编号分六位设置，从《计价定额》中查找。

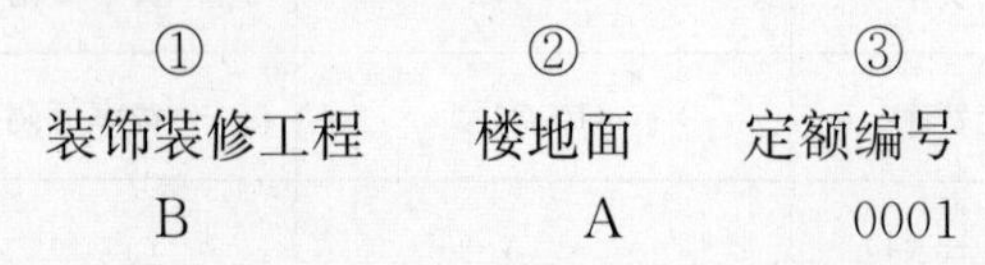

其中第一位表示计价定额册，A 代表建筑工程、B 代表装饰装修工程、C 代表安装工程、D 代表市政工程、E 代表园林绿化工程。第 2 位表示计价定额的章（分部），由一位英文大写字母表示。第三位表示计价定额的项目编号，由四位阿拉伯数字表示。

2. 综合单价组成公式

工程量清单项目的综合单价由定额项目综合单价组成，其计算公式分别由四川省工程造价管理总站和重庆市工程造价总站发布。下面三种组价对策中，建筑安装工程分别以四川省现行《计价定额》和重庆市2003年消耗量定额为例。

（1）当《计价规范》的工程内容、计量单位以及工程量计算规则与《计价定额》或消耗量定额一致，只与一个定额项目对应时，其计算公式为：

清单项目综合单价＝定额项目综合单价（即一对一的对号入座）　　(5-9)

【例5-1】　工程量清单如下表5-17所示。

分部分项工程量清单　　**表5-17**

工程名称：（略）

序　号	项目编码	项目名称	项目特征及工程内容		工程量
1		A.4混凝土及钢筋混凝土工程			
2	010402001001	现浇混凝土矩形柱	混凝土强度等级C30	m^3	3.2
3	010416001001	现浇混凝土钢筋	ϕ10以内圆钢	t	0.2
4	010416001002	现浇混凝土钢筋	ϕ10以上螺纹钢	t	0.8

【解】　本题综合单价符合本组价对策，组价见表5-18。

分部分项工程量清单项目综合单价计算表　　**表5-18**

工程名称：（略）

序号	项目编码	项目名称	计量单位	工程数量	定额编号	综合单价	其中（元）			
							人工费	材料费	机械费	综合费
1	010402001001	现浇混凝土矩形柱C30	m^3	3.2	AD0065	246.39	53.58	161.89	4.89	26.23
2	010416001001	现浇混凝土钢筋ϕ10以内圆钢	t	0.2	AD0897	3315.84	378.88	2735.64	21.26	180.06
3	010416001002	现浇混凝土钢筋ϕ10以上螺纹钢	t	0.8	AD0899	3088.41	190.16	2722.17	62.42	113.66

（2）当《计价规范》的计量单位和工程量计算规则与《计价定额》或消耗量定额一致，但工程内容不一致，需要几个定额项目组成时，其计算公式为：

清单项目综合单价＝$\sum$（定额项目综合单价）　　(5-10)

【例5-2】　某工程顶棚抹灰工程量清单如表5-19。

分部分项工程量清单 表 5-19

工程名称：（略）

序号	项目编码	项目名称	项目特征及工程内容	计量单位	工程量
	020301001001	顶棚抹混合砂浆	板底刷 108 胶水泥浆，面抹混合砂浆（细砂），刮滑石粉混合胶水腻子二遍	m^2	10.8

【解】 本题综合单价符合本组价对策，组价见表 5-20。

分部分项工程量清单项目综合单价计算表 表 5-20

项目编码：020301001001

项目名称：顶棚抹混合砂浆 （计量单位：m^2） 清单项目综合单价：17.18 元/m^2

序号	定额编号	工程内容	单位	数量	综合单价（元）	其中（元）			
						人工费	材料费	机械费	综合费
1	BC005	混合砂浆顶棚抹面	m^2	1	12.45	5.32	3.88	0.05	3.19
2	BE0289×2	满刮腻子二遍	m^2	1	4.73	1.75	1.84		1.13
3		清单项目综合单价			17.18	7.07	5.72	0.05	4.32

（3）当《计价规范》的工作内容、计量单位以及工程量计算规则与《计价定额》或消耗量定额不一致时，其计算公式为：

清单项目综合单价＝（∑该清单项目所包含的各定额项目工程量×定额综合单价）÷该清单项目工程量 （5-11）

【例 5-3】 某工程屋面 SBS 卷材防水工程量清单如表 5-21。

分部分项工程量清单 表 5-21

工程名称：（略）

序号	项目编码	项 目 名 称	项目特征及工程内容	计量单位	工程量
1		A.7 屋面及防水工程			
2	010702001001	屋面 SBS 卷材防水	找平层：1∶2 水泥砂浆，厚 20mm 防水层：SBS 卷材防水 保护层：1∶3 水泥砂浆找平，厚 20mm 找平层上撒石英砂，厚 20mm	m^2	120

【解】 本题综合单价符合本组价对策，组价见表 5-22。

分部分项工程量清单项目综合单价计算表　　表 5-22

项目编码：010702001001

项目名称：屋面 SBS 卷材防水　　（计量单位：m²）　　清单项目综合单价：58.47 元/m²

序号	定额编号	工程内容	单位	数量	综合单价（元）		其中（元）							
							人工费		材料费		机械费		综合费	
					单价	合价	单价	合价	单价	合价	单价	合价	单价	合价
1	BA0004	1∶2水泥砂浆找平	m²	120	8.70	1044.00	3.16	379.20	4.70	564.00	0.05	6.00	0.79	94.80
2	AG.0375	SBS卷材防水	m²	130	27.38	3559.40	2.16	280.80	24.25	3152.50	—	—	0.97	126.10
3	BA0003	1∶3水泥砂浆找平	m²	120	8.57	1028.40	2.96	355.20	4.81	577.20	0.06	7.20	0.74	88.80
4	AG0432	撒石英砂保护层厚 20mm	m²	120	11.51	1381.20	0.17	20.40	11.26	1351.20	—	—	0.08	9.60
5	清单项目合价		m²	120	7013.00		1036.00		5645.00		13.20		319.00	
6		清单项目综合单价	m²	1	58.47		8.63		47.04		0.11		2.66	

同理，对于安装工程以重庆市《安装工程消耗量定额》为例，列表计算如后。

【例 5-4】　工程量清单见表 5-23。

分部分项工程量清单　　表 5-23

项目编号：030803001

项目名称：阀门安装

序号	项目编码	项目名称	项目特征及工程内容	计量单位	工程量
1	030803001	*DN*32 截止阀安装	类型、材质、型号、规格、螺纹接	个	7
2	030803001	*DN*25 截止阀安装	类型、材质、型号、规格、螺纹接	个	2
3	030803001	*DN*50 法兰阀安装	类型、材质、焊接型号、规格	个	1

则：（一对一的对号入座）

【解】　该题综合单价符合 2 中（1）组价对策，具体组价见表 5-24。

分部分项工程量清单项目综合单价计算表　　表 5-24

项目编号：030803001

项目名称：阀门安装

序号	项目编码	项目名称	计量单位	工程数量	定额编号	综合单价	其中（元）			
							人工费	材料费	机械费	综合费
1	030803001001	*DN*32 截止阀安装（螺纹接）	个	7	CH0314	16.75	3.90	8.78		117.25
2	030803001002	*DN*25 截止阀安装（螺纹接）	个	2	CH0313	12.14	3.12	5.76		24.28
3	030803003003	*DN*50 焊接法兰阀安装	个	1	CH0331	127.93	12.74	91.26	10.62	127.93

【例 5-5】　工程量清单见表 5-25。

分部分项工程量清单　　表 5-25

项目编号：030801001

项目名称：阀门安装

序　号	项目编码	项目名称	项目特征及工程内容	计量单位	工程量
	030801001	镀锌钢管	类型、材质、型号、规格、管按延长米计算、管道消毒冲洗亦按延长米计量	m	120

【解】　该题综合单价符合 2 中（2）组价对策，具体组价见表 5-26。

分部分项工程量清单项目综合单价计算表　　表 5-26

项目编码：030801001

项目名称：室内给水镀锌钢管 *DN*40 安装　　（计量单位：m^2）

清单项目综合单价：170.38 元/10m

序号	定额编号	工程内容	单位	数量	综合单价（元）	其中（元）			
						人工费	材料费	机械费	综合费
1	CH0660	室内给水镀锌钢管 *DN*40 安装	10m	12.0	127.59	71.50	66.70	4.69	1531.08
2	CH0300	室内给水管道消毒冲洗	10m	12.0	42.79	13.52	15.15		513.48
3	030801001001	清单项目综合单价	10m	12.0	170.38	7.07	5.72	0.05	2044.56

【例 5-6】　某车间工业管道安装工程工程量清单见表 5-27。

分部分项工程量清单　　表 5-27

工程名称：某车间工业管道安装工程

序　号	项 目 编 码	项　目　名　称	项目特征及工程内容	单 位	数 量
1	030601004001	低压碳钢 ϕ219×8 无缝钢管安装	热轧 20 号钢，手工电弧焊、一般钢套管制作、安装、水压试验、水冲洗、刷防锈漆两次、硅酸盐涂抹绝热 δ=50	m	315

工程量计算：

管道安装：315m，其中：未计价材料低压碳钢 ϕ219×8 无缝钢管 315m×0.941=296.42m，剩余 18.58m 为管件所占长度及损耗量。

一般套管：5 个

手工除锈：315m×0.688m=216.72m^2

刷防锈漆：315m×0.688m=216.72m^2

硅酸盐涂抹绝热：315m×1.0431m=328.58 m^2

【解】　该题综合单价符合 2 中（3）组价对策，故组价见表 5-28。

表 5-28

分部分项工程量清单项目综合单价计算表

工程名称:某车间工业管道安装工程　　计量单位:m

项目编码:030601004001　　工程数量:315m

项目名称:低压碳钢 ϕ219×8 无缝钢管安装　　清单项目综合单价:222.21 元/m

定额编号	工程内容	单位	数量	综合单价(元)		其中(元)												
						人工费		材料费		机械费		综合费		未计价材料	单位	数量	单价	合价
				单价	合价	单价	合价	单价	合价	单价	合价	单价	合价					
CF0084	管道安装	10m	31.50	232.00	7308.00	70.75	2228.63	39.63	1248.35	75.63	2382.35	45.99	1448.69	热扎无缝钢管 ϕ219×8	m	296.42	161.15	47768.08
CF3722	钢套管制作安装	个	5.00	100.89	504.45	48.08	240.40	21.13	105.65	0.44	2.20	31.24	156.20					
CN0001	管道手工除锈	$10m^2$	21.67	17.43	377.71	8.50	184.20	3.41	73.89			5.52	119.62					
CN0053	管道刷防锈漆	$10m^2$	21.67	26.86	582.06	6.75	146.27	15.72	340.65			4.39	95.13					
CN2169	管道硅酸盐涂抹绝热	$10m^2$	32.86	174.32	5728.16	102.25	3359.94	0.73	23.99	4.87	160.03	66.47	2184.20	管道硅酸盐涂抹绝热	m^2	16.69	463.00	7727.47
清单项目合价		m	315	69995.94		6159.44		1792.53		2544.58		4003.84						55495.55
清单项目综合单价		m	222.21			19.55		5.69		8.08		12.71						176.18

注:综合单价计算应填写进入分部分项工程量清单综合单价分析表中。

第五节　工程量清单计价综合案例

一、编制建筑工程计价综合案例

【案例 5-1】　根据例［4-1］中多层砖混结构住宅楼基础施工图 4-1、图 4-2 所示，及其相应条件：

1. 试计算出砖基础清单项目的综合单价；

2. 试进行工程量清单综合单价分析。编制砖基础工程量清单计价表。

【解】　投标人根据业主提供的工程量清单、施工图纸，参照地方建设主管部门颁发的消耗量定额，并结合企业自身的实力进行综合单价的计算、报价。本工程砖基础清单项目包括三项工作内容，即砖基础砌筑、混凝土垫层浇筑、混凝土垫层制作，因此要对清单项目的三项工作内容分别套消耗量定额，计算出其相应的直接费，并将各项直接费汇总，在此基础上求出管理费、利润，从而可以求出清单项目所包括的各项工作内容的定额合价，也即清单项目综合合价，最后将其除以砖基础的清单工程量即可得到砖基础清单项目的综合单价。

（1）砖基础砌筑

人工费：17.06÷10×10.96×30＝560.93（元）

材料费：17.06÷10×1225.81＝2091.23（元）

机械费：17.06÷10×13.71＝23.39（元）

直接费：560.93＋2091.23＋23.39＝2675.55（元）

管理费：2675.55×11.61％＝310.63（元）

利 润：2675.55×8.4％＝224.75（元）

（2）混凝土垫层浇筑

人工费：2.96÷10×10.07×30＝89.42（元）

材料费：2.96÷10×2.55＝0.75（元）

机械费：0（元）

直接费：89.42＋0.75＋0＝90.17（元）

管理费：90.17×11.61％＝10.46（元）

利 润：90.17×8.4％＝7.57（元）

（3）混凝土垫层制作

人工费：2.96÷10×0.74×30＝6.57（元）

材料费：2.96÷10×1639.31＝485.24（元）

机械费：2.96÷10×91.08＝26.96（元）

直接费：6.57＋485.24＋26.96＝518.77（元）

管理费：518.77×11.61％＝60.23（元）

利 润：518.77×8.4％＝43.58（元）

（4）小计

直接费合计：2675.55＋90.17＋518.77＝3284.49（元）

管理费合计：310.63＋10.47＋60.23＝381.33（元）

利润合计：224.75+7.57+43.58=275.90（元）

清单项目综合合价：3284.49+381.33+275.90=3941.72（元）

（5）计算清单项目综合单价

清单项目综合单价=∑（该清单项目所包含的各定额项目工程量×定额综合单价）

÷该清单项目工程量

=3941.72÷17.06

=231.05（元/m^3）

各项费用计算结果详见表5-29

砖基础工程量清单项目各项工作内容费用计算结果表　（单位：元）　**表5-29**

	项目名称	单　位	数　量	人工费	材料费	机械费	直接费	管理费	利　润
定额数据	砖基础砌筑	m^3	10.00	328.80	1225.81	13.71	1568.32	182.08	131.74
	混凝土垫层浇筑	m^3	10.00	302.10	2.55	0.00	304.65	35.37	25.59
	混凝土垫层制作	m^3	10.00	22.20	1639.31	91.08	1752.59	203.48	147.22
实际数据	砖基础砌筑	m^3	17.06	560.93	2091.23	23.39	2675.55	310.63	224.75
	混凝土垫层浇筑	m^3	2.96	89.42	0.75	0.00	90.18	10.47	7.57
	混凝土垫层制作	m^3	2.96	6.57	485.24	26.96	518.77	60.23	43.58
	合　　计			656.93	2577.22	50.35	3284.49	381.33	275.90
清单项目综合单价=清单项目综合合价÷清单项目工程量=3941.72÷17.06=231.05元/m^3									

（6）编制砖基础分部分项工程量清单综合单价分析表和计价表

砖基础分部分项工程量清单综合单价计算表和分部分项工程量清单计价表分别见表5-30、表5-31。

分部分项工程量清单综合单价计算表　**表5-30**

名称：某多层砖混结构住宅楼（建筑工程）　计量单位：m^3

项目编码：010301001001　工程数量：17.06

项目名称：砖基础　综合单价：231.05元/m^3

序号	定额编号	工程内容	单位	数量	综合单价（元）	其中（元）				
						人工费	材料费	机械费	管理费	利　润
1	AD0001	砖基础砌筑	m^3	17.06	188.21	32.88	122.58	1.37	18.21	13.17
2	AH0020-1	混凝土垫层浇筑	m^3	2.96	6.34	5.24	0.04	0.00	0.61	0.44
3	AH0020-2	混凝土垫层制作	m^3		36.49	0.39	28.44	1.58	3.53	2.55
4	清单项目综合单价		m^3	1	231.05	38.51	151.07	2.95	22.35	16.17

分部分项工程量清单计价表　　**表 5-31**

工程名称：某多层砖混结构住宅楼（建筑工程）　　第 1 页　共 1 页

项目编码	项 目 名 称	计量单位	工程数量	金额（元）	
				综合单价	合 价
010301001001	A. 3 砌筑工程 砖基础 1. 垫层材料种类、厚度：C10 混凝土垫层、厚 100 2. 砖品种、规格、强度等级：MU10 机制红砖 3. 基础类型：砖大放脚条形基础 4. 基础深度：1.5m 5. 砂浆强度等级：M5 水泥石灰砂浆	m^3	17.06	231.05	3941.72
	本页小计				3941.72
	合　计				3941.72

二、编制安装工程计价综合案例

【案例 5-2】　根据例［4-2］中电话机房照明系统中一回路图纸要求以及相关条件（见表 5-32、表 5-33）：

1. 根据上述相关费用，试计算接地装置、配管和配线分项工程的工程量清单综合单价。

2. 试编制该工程分部分项工程量清单计价表。

【分析】　本案例要求按照《建设工程工程量清单计价规范》规定，掌握编制电气照明单位工程的工程量清单计价的基本方法。掌握工程量计算方法；编制分部分项工程量清单计价表时，应按照《建设工程工程量清单计价规范》的规定进行接轨，即将主材费、小电器费等与制作、安装工程费组合到综合单价中。照明工程相关费用见表 5-32。

【解 1】　列表编制电话机房电气照明分部分项工程量清单综合单价计算表，见表 5-34、表 5-35、表 5-36。

照明工程相关费用表　　**表 5-32**

序号	项目名称	单位	安装费单价（元）					主材	
			人工费	材料费	机械费	管理费	利润	单价	损耗率
1	镀锌钢管 ϕ20 沿砖、混凝土结构、暗配	m	1.98	0.58	0.20	1.09	0.89	4.5	1.03
2	管内穿阻燃绝缘导线为ZRBV1.5mm²	m	0.30	0.18	0.00	0.17	0.14	1.20	1.16
3	接线盒暗装	个	1.20	2.20	0.00	0.66	0.54	2.40	1.02
4	开关盒暗装	个	1.20	2.20	0.00	0.66	0.54	2.40	1.02
5	角钢接地极制作与安装	根	14.51	1.89	14.32	7.98	6.53	42.40	1.03
6	接地母线敷设	m	7.14	0.09	0.21	9.92	3.21	6.30	1.05
7	接地电阻测试	系统	30.00	1.49	14.52	25.31	20.71		
8	配电箱 MX	台	18.22	3.50	0.00	10.02	8.20	58.50	
9	荧光灯 4YG2-2 2×40	套	4	2.50	0.00	2.20	1.80	120.00	1.02

分部分项工程的统一编码见表 5-33。

建设工程量清单计价规范编码　　表 5-33

项目编码	项目名称	项目编码	项目名称
030204018	配电箱	030212001	电气配管（镀锌钢管 ϕ20 沿砖、混凝土结构、暗配）
030204019	控制开关	030212003	电气配线（管内穿阻燃绝缘导线 ZRBV1.5mm^2）
030204031	小电器（单联单控暗开关）	030213004	荧光灯 4YG2-2 2×40
030209001	接地装置		
030211008	接地装置电阻调整试验	030209002	避雷针装置

（1）编制接地装置综合单价，见表 5-34。

分部分项工程量清单综合单价计算表　　表 5-34

工程名称：电话机房电气照明　　计量单位：项

项目编码：030209001001　　工程数量：1

项目名称：接地装置　　综合单价：614.57 元/项

序号	工程内容	单位	工程数量	其中：（元）					合计（元）
				人工费	材料费	机械费	管理费	利　润	
1	角钢接地极制作、安装	根	3	43.53	5.67	42.96	23.94	19.59	135.69
2	角钢接地极	根			131.02				131.02
3	接地母线敷设－40×4	m	16.42	117.24	1.48	3.45	64.37	52.71	239.25
4	镀锌扁钢－40×4	m	17.24		108.61				108.61
合计（元）				160.77	246.78	46.41	88.31	72.30	614.57

（2）编制电气配管综合单价，见表 5-35。

分部分项工程量清单综合单价计算表　　表 5-35

工程名称：电话机房电气照明　　计量单位：m

项目编码：030212001001　　工程数量：18.10m

项目名称：电气配管 ϕ20　　综合单价：11.71 元/m

序号	工程内容	单位	工程数量	其中：（元）					合计（元）
				人工费	材料费	机械费	管理费	利　润	
1	电气配管（镀锌钢管 ϕ20 沿砖、混凝土结构、暗配）	m	18.10	35.84	10.50	3.62	19.73	16.11	85.80
2	镀锌钢管 ϕ20	m	18.64		83.88				83.88
3	接线盒安装	个	4	4.80	8.80	0.00	2.64	2.16	18.40
4	接线盒	个	4.08		9.79				9.79
	开关盒安装	个	2	2.40	4.40	0.00	1.32	1.08	9.20
	开关盒	个	2.04		4.90				4.90
合计（元）				43.04	122.27	3.62	23.69	19.35	211.97

（3）编制电气配线综合单价计算表，见表5-36。

分部分项工程量清单综合单价计算表　　表5-36

工程名称：电话机房电气照明　　计量单位：m

项目编码：030212003001　　工程数量：42.20m

项目名称：电气配线　　综合单价：2.18元/m

序号	工程内容	单位	工程数量	其中：（元）					合计（元）
				人工费	材料费	机械费	管理费	利　润	
1	管内穿阻燃绝缘导线ZR-BV1.5mm²	m	42.20	12.66	7.60	0.00	7.17	5.91	33.34
2	阻燃绝缘导线ZRBV1.5mm²	m	48.95		58.74				58.74
合计（元）				12.66	66.34	0.00	7.17	5.91	92.08

【解2】　编制电话机房电气照明工程的分部分项工程量清单计价表，见表5-37。

分部分项工程量清单计价表　　表5-37

工程名称：电话机房电气照明

序号	项目编码	项目名称	单位	工程数量	综合单价	合　价
1	030204018001	配电箱	台	1	98.44	98.44
2	030209001001	接地装置（角钢接地极3根，接地母线16.42m）	项	1	614.57	614.57
3	030211008001	接地装置电阻调整试验	系统	1	92.02	92.03
4	030212001001	电气配管（镀锌钢管 ϕ20 沿砖、混凝土结构、暗配）含接线盒4个，开关盒2个	m	18.10	11.71	211.95
5	030212003001	电气配线（阻燃绝缘导线ZRBV1.5mm²）	m	42.20	2.18	92.00
6	030213004001	荧光灯4YG2-2 2×40	套	4	128.90	515.60
合计（元）						1624.59

复习思考题

1. 简述工程量清单计价的概念。
2. 何谓标底价？何谓投标报价？
3. 工程量清单计价的意义和作用何在？
4. 工程量清单计价特点有哪些？
5. 工程量清单计价与传统定额计价区别何在？
6. 工程量清单计价涉及的相关税费有哪些？
7. 简述工程量清单计价方法。
8. 简述工程量清单计价依据与适用范围。
9. 简述工程量清单计价格式、计价过程。
10. 简述工程量清单计价中费用分类与工程造价计价步骤、计价程序。
11. 简述单价的构成、计算与分解。
12. 简述三种最常见的组价对策。

第六章　电气安装工程施工图预算

第一节　建筑电气安装工程计量

一、建筑电气强电安装工程计量

（一）变配电装置工程计量

10kV 以下的变配电装置，通常划分为架空进线和电缆进线等方式。由于变配电装置进线方式不同，控制设备会有所不同，因此，工程量列项内容也就不尽相同。

1. 变压器安装及其干燥

（1）变压器安装及其发生干燥时，根据不同容量分别按“台”计量，套用第二册（篇）第一章“变压器”定额相应子目。

变压器安装定额亦适用于自耦式变压器、带负荷调压变压器以及并联电抗器的安装。电炉变压器的安装可按同电压、同容量变压器定额乘以系数 2 计算，整流变压器执行同电压、同容量变压器定额再乘以系数 1.6 计量。

对于变压器的安装定额中不包括如下内容：

1）变压器油的耐压试验、混合化验，无论是由施工单位自检，或委托电力部门代验，均可按实际发生情况计算费用。

2）变压器安装定额中未包括绝缘油的过滤，发生时可按照变压器上铭牌标注油量，再加上损耗计算过滤工程量，计量单位为“t”。其计算式为：

$$油过滤数量 = 设备油量 \times (1 + 损耗率) \tag{6-1}$$

3）变压器安装中，没有包括变压器的系统调试，应另列项目，套用第二册（篇）第十一章“电气调试”定额相应子目。

（2）4000kVA 以上的变压器需吊芯检查时，按定额机械费乘以系数 2 计量。

2. 配电装置安装

（1）断路器（QF）、负荷开关（QL）、隔离开关（QS）、电流互感器（TA）、电压互感器（TV）、油浸电抗器、电容器柜、交流滤波装置等的安装均按“台”计量，套用第二册（篇）第一章“变压器”定额相应子目。但需要注意对于负荷开关安装子目，定额中包括了操动机构的安装，可以不另外计算工程量 。

（2）电抗器安装及其干燥均按“组”计量，分别套用相应定额子目。

（3）电力电容器安装按“个”计量。

（4）熔断器、避雷器、干式电抗器等安装均按“组”计量，每三相为一组。

1）上述熔断器是指高压熔断器安装（10kV 以内），定额套用第二册（篇）第二章“配电装置”相应子目。而对于低压熔断器安装可套用本册（篇）第四章“控制设备及低压电气”有关定额子目，按“个”计量。

2）当阀式避雷器安装在杆上、墙上时，定额已经包括与相线连接的裸铜线材料，不另计量。但是引下线要另行列项计算。定额套用第九章“防雷及接地装置”的接地线相应子目。

3）避雷器安装定额中不包括放电记录和固定支架制作。放电记录和固定支架制作与安装可另外套用第十一章避雷器调试项目和第四章“控制设备及低压电气”的铁构件制作、安装项目。

4）避雷器的调试可按“组”计算工程量，套用本册（篇）第十一章“电气调整试验”定额相应子目。

（5）高压成套配电柜和箱式变电站的安装以“台”计量，但未包括基础槽钢、母线及引下线的配置安装。

（6）配电设备安装的支架、抱箍、延长轴、轴套、间隔板等，如在现场制作时，可按照施工图纸为依据，并按“kg ”计量。执行本册（篇）第四章铁构件制作、安装定额或成品价。

（7）配电设备的端子板外部接线，可按第二册（篇）第四章相应定额执行。

变配电系统图以及架空进线变配电装置如图 6-1（*a*）、（*b*）所示。

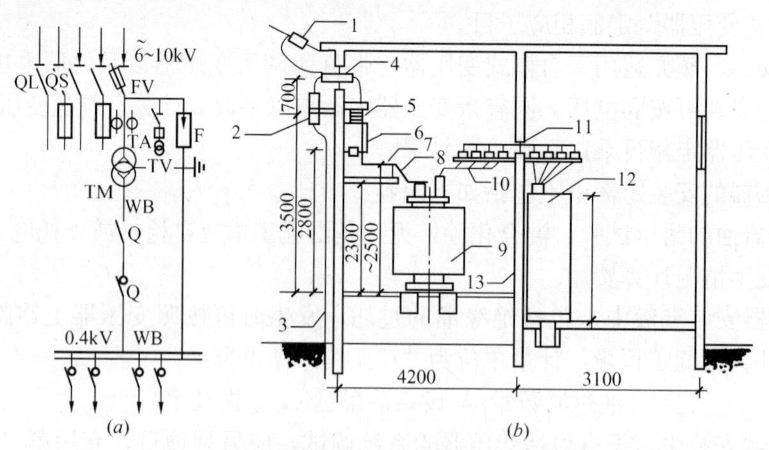

图 6-1　变配电系统与架空进线变配电装置

（*a*）变配电装置系统图；（*b*）架空进线变配电装置

1—高压架空引入线拉紧装置；2—避雷器；3—避雷器引下线；4—高压穿通板及穿墙套管；5—高压负荷开关 QL 或高压断路器 QF 或隔离开关 QS，均带操动机构；6—高压熔断器；7—高压支柱绝缘子及钢支架；8—高压母线 WB；9—电力变压器 TM；10—低压母线 WB 及电车绝缘子和钢支架；11—低压穿通板；12—低压配电箱（屏）AP、AL；13—室内接地母线

3. 杆上变压器的安装及其台架制作

（1）杆上变压器安装可按变压器的容量（kVA）划分档次，以“台”计量。其工作内容包括：安装变压器、台架铁件安装、配线、接地等。

但不包括：变压器调试、抽芯、干燥、接地装置、检修平台以及防护栏杆的制作与安装。

杆上变压器安装套用第二册（篇）第十章“ 10kV 以下架空配电线路”定额相应子目。

（2）杆上配电设备安装、跌开式保险、阀式避雷器、隔离开关等的安装可分别按“组”计量，按容量划分档次。而油开关、配电箱则分别按“台”计量。但进出线不包括焊（压）接线端子，发生时可另外列项计量。

(3) 杆上变压器的挖电杆坑土石方、立电杆等项目可按架空线路分部定额计算规则计量，并套用相应定额子目。

（二）母线及绝缘子安装工程计量

1.10kV以下，悬式绝缘子安装定额按“串”计量。定额中包括绝缘子绝缘测试工作。其未计价材料有：绝缘子、金具、悬垂线夹等。悬式绝缘子安装是以单串考虑的，如果设计为双串绝缘子，则定额人工费乘以系数1.08计量。套用定额第二册（篇）“第三章”定额相应子目。

2. 支持绝缘子安装方式分户内、户外式，按照安装孔数划分档次，以“个”计量。

3. 进户悬式绝缘子拉紧支架，按一般铁构件制作、安装工程量计量，套用本册（篇）第四章相应定额子目。

4. 穿通板制安其工程量按“块”计量，以不同材质分档，套用第二册（篇）第四章“控制设备及低压电器”相应定额子目。

5. 穿墙套管安装不分水平、垂直，定额按“个”计量。套用第二册（篇）第三章“母线、绝缘子”定额有关子目。

6. 母线（WB）安装工程量

母线按刚度分类有：硬母线（汇流排）、软母线；

母线按材质分类有：铜母线（TMY）、铝母线（LMY）、钢母线（Ao）；

母线按断面形状分类有：带形、槽形、组合形；

母线按安装方式分类有：带形母线安装一片、二片、三片、四片；

组合母线2、3、10、14、18、26根等。

母线安装不包括支持（柱）绝缘子安装以及母线伸缩接头制安。套用第二册（篇）第三章相应定额；母线安装定额包括刷相色漆。

(1) 硬母线安装（带形、槽形等）以及带型母线引下线安装包括铜母排、铝母排分别以不同截面积按“m/单相”计算工程量。计算式为：

$$L_{母}=\sum(\text{按母线设计单片延长米}+\text{母线预留长度}) \tag{6-2}$$

硬母线安装预留长度见表6-1。

硬母线安装预留长度　（单位：m/根）　**表6-1**

序　号	项　目	预留长度	说　明
1	带形、槽型母线终端	0.3	从最后一个支持点算起
2	带形、槽型母线与分支线连接	0.5	分支线预留
3	带形母线与设备连接	0.5	从设备端子接口算起
4	多片重型母线与设备连接	1.0	从设备端子接口算起
5	槽形母线与设备连接	0.5	从设备端子接口算起

1) 固定母线的金具亦可按设计量加损耗率计量。带型、槽型母线安装亦不包括母线钢托架、支架的制作与安装，其工程量可分别按设计成品数量执行本册（篇）定额相应子目。但槽型母线与设备连接分别以连接不同的设备按“台”计量。

2) 高压支持绝缘子安装按“个”或“柱”计量；低压母线电车瓷瓶绝缘子安装，按“个”计量（通常发生在车间母线的安装工程上）；而支、托架制作及安装按“kg”计量；

以上各项分别套用相应定额子目。

3）母线与设备相连，须焊接铜铝过渡端子，或安装铜铝过渡线夹或过渡板时，按“个”计量。按不同截面分档，套用第四章相应定额子目。母线伸缩接头亦按“个”计量。

（2）重型母线安装包括铜母线、铝母线，分别按不同截面和母线的成品重量以“t”计量。

（3）钢带型母线安装，按同规格的铜母线定额执行，不得换算。

（4）低压（指380V以下）封闭式插接式母线槽安装分别按导体的额定电流大小以“m”计量，长度可按设计母线的轴线长度控制。分线箱以“台”为单位，分别以电流大小按设计数量计量。

（5）母线系统调试（10kV以下），详见本节（九），电气调试工程量计量。

（6）软母线安装，指直接由耐张绝缘子串悬挂部分，可按软母线截面大小分别以“跨/三相”为单位。设计跨距不同时，不得调整。导线、绝缘子、线夹、弛度调节金具等可按施工图设计用量加定额规定的损耗率计算未计价材料用量。

（7）软母线引下线，指由T型线夹或并钩线夹从软母线引向设备的连接线，可以“组”为单位，每三相为一组；软母线经终端耐张线夹引下（不经T型线夹或并钩线夹引下）与设备连接的部分均执行引下线定额，不得换算。

（8）两跨软母线之间的跳引线（采用跳线线夹、端子压接管或并钩线夹连接的部分）安装，以“组”为单位，每三相为一组。不论两端的耐张线夹是螺栓式或压接式，均执行软母线跳线定额，不得换算。

（9）设备连接线安装，是指两设备间的连接部分。不论引下线、跳线、设备连接线，均应分别按导线的截面、三相为一组计量。

（10）组合软母线安装，以三项为一组计量。跨距（包括水平悬挂部分和两端引下部分之和）系以45m以内考虑，跨度的长、短不得调整。导线、绝缘子、线夹、金具可按施工图设计用量加定额规定的损耗率计算。软母线安装预留长度见表6-2。

软母线安装预留长度（单位：m/根） **表6-2**

项　目	耐　张	跳　线	引下线、设备连接线
预留长度	2.5	0.8	0.6

（三）控制、继电保护屏安装工程计量

1. 高压控制台、柜、屏等安装按“台”等计量，套用第四章相应定额子目。

2. 变配电低压柜、屏等如果为变配电的配电装置时，可套用第四章“电源屏”子目；如果用在车间或其他作动力及照明配电箱时，可套用“动力配电箱”子目。

3. 落地式高压柜和低压柜安装柜的基座一般采用槽钢或角钢材料，其制作和安装工程量可按公式（6-3）计算：

$$L = 2(A + B) \tag{6-3}$$

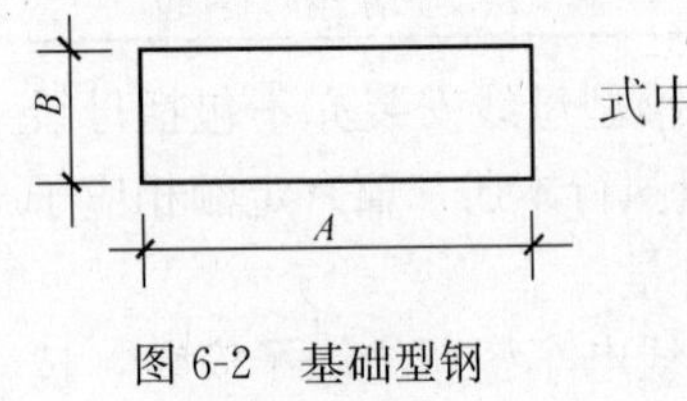

图6-2 基础型钢周长示意图

式中 A——柜、箱长（m）；

B——柜、箱宽（m）。

基础型钢周长如图6-2所示。

（1）槽钢或角钢基座的制作工程量按“kg”计量，套用第二册（篇）第四章有关子目。

(2) 槽钢或角钢基座的安装工程量按"kg"计量，套用第二册（篇）第四章有关子目。

(3) 箱、柜基座需要做地脚螺栓时，其地脚螺栓灌浆以及底座二次灌浆套用第一册（篇）第十三章"地脚螺栓孔灌浆"及"设备底座与基础间灌浆"定额子目。

4. 铁构件制作、安装按施工图设计尺寸，以成品重量"kg"为单位。

5. 动力、照明控制设备及装置安装

(1) 配电柜、箱等安装不分明、暗装以及落地式、嵌入式、支架式等安装方式，不分规格、型号，一律按"台"计量。定额套用第二册（篇）第四章有关子目。

1) 成套动力、照明控制和配电用柜、箱、屏等不分型号、规格以及安装方式，可按"台"计量。

其基座或支架的计算如前所述。进出配电箱的线头如果焊（压）接线端子时，可按"个"计量。

2) 非成套箱、盘、板如果在现场加工时，如为铁配电箱时可列箱体制作项目，按"kg "计量；木板配电箱制作根据半周长，按"套"计量；木配电盘（板）制作项目工程量按"m^2"计量。其安装项目工程量按"块"计量。以盘、板半周长划分档次，套用本册（篇）第四章相应定额子目。

3) 配电屏安装保护网，工程量按"m^2"计量，套用本册（篇）第四章相应定额子目。

4) 二次喷漆发生时，以"m^2"计量，套用本册（篇）第四章相应定额子目。

(2) 箱、盘、板内电气元件安装

1) 电度表（Wh）按"个"计量。

2) 各种开关（HK、HH、DZ、DW 等），按"个"计量。

3) 熔断器、插座等分别按"个"和"套"计量。如图 6-3 所示为电度表、插座图例，如图 6-4 所示为拉线开关、熔断器图例。

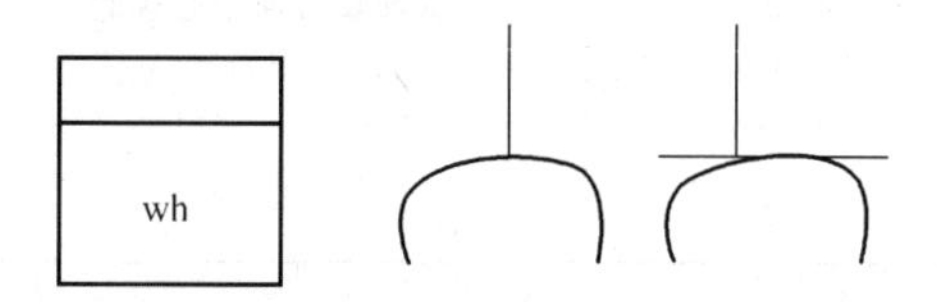

图 6-3　电度表、插座图例

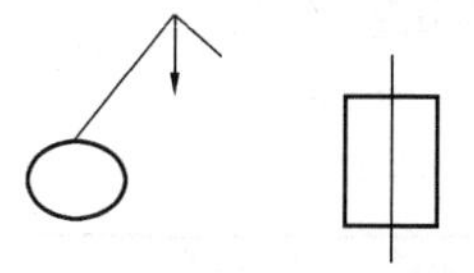

图 6-4　拉线开关、熔断器图例

4) 端子板安装按"组"计量。其外部接线按设备盘、柜、台的外部接线以"个、头"为单位计量。如图 6-5 所示为接线端子板示意图；图 6-6 为接线端子示意图。

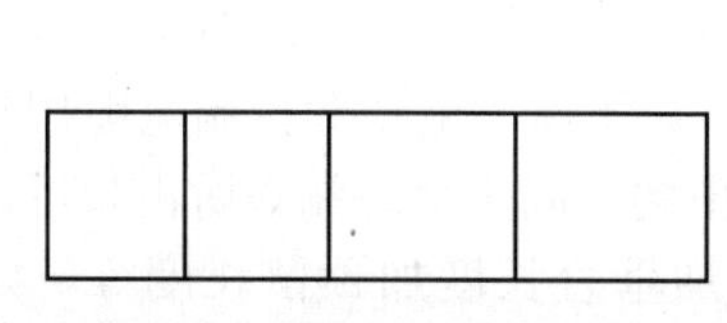

图 6-5　端子板安装示意图

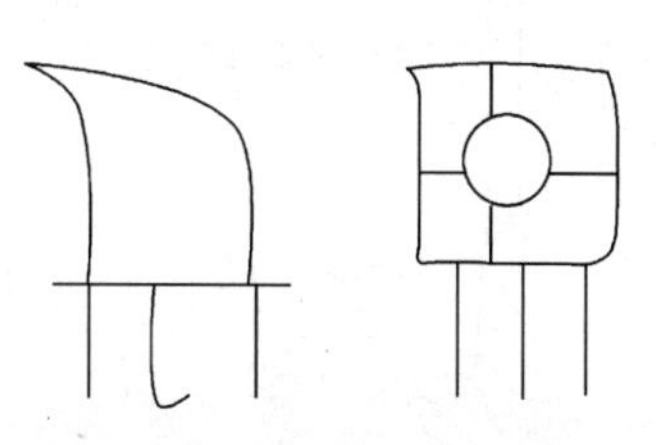

图 6-6　接线端子示意图

（3）柜、箱、屏、盘、板配线工程量按盘柜内配线定额执行，以“m”计算长度，套用第二册（篇）第四章“控制设备”有关子目。其计算公式为：

$$L = 盘、柜半周长 \times 出线回路数 \tag{6-4}$$

盘、箱柜的外部进出线预留长度可按表 6-3 计取。

（4）配电板包铁皮，按配电板图示外形尺寸以 m^2 计算。

（5）焊（压）接线端子定额只适用于导线，电缆终端头制作安装定额中已包括压接线端子。不再重复计量。

（6）保护盘、信号盘、直流盘的盘顶小母线安装，可按“m”计算工程量。其计算式如下：

$$L = n \times \sum B + nl \tag{6-5}$$

式中　L——小母线总长；

n——小母线根数；

B——盘之宽；

l——小母线预留长度。

盘、箱、柜的外部进出线预留长度（单位：m/根）　　**表 6-3**

序　号	项　目	预留长度	说　明
1	各种箱、柜、盘、板、盒	高+宽	盘面尺寸
2	单独安装的铁壳开关、自动开关、刀开关、启动器、箱式电阻器、变阻器	0.5	从安装对象中心算起
3	继电器、控制开关、信号灯、按纽、熔断器等小电器	0.3	从安装对象中心算起
4	分支接头	0.2	分支线预留

（四）电缆工程计量

电缆敷设形式有直接埋入土沟内，如图 6-7 所示；安放在沟内支架上，如图 6-8 所示；沿墙卡设，如图 6-9 所示；沿钢索敷设，如图 6-10 所示；吊在顶棚上等。但无论采用何种敷设方式，10kV 以下的电力电缆和控制电缆敷设，均套用第二册（篇）第八章“电缆”定额相应子目。

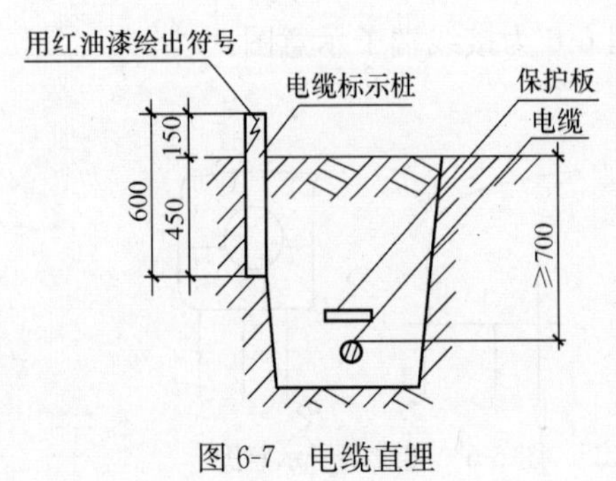

图 6-7　电缆直埋

对于 10kV 以下电力电缆的敷设，在套用定额时，特别应注意本章说明关于章节系数的规定。

1. 10kV 以下电力电缆和控制电缆按延长米计量，不扣除电缆中间头及终端头所占长度。总长度为水平长度加垂直长度加预留长度等，如图 6-11 所示。电缆敷设端头预留长度见表 6-4。

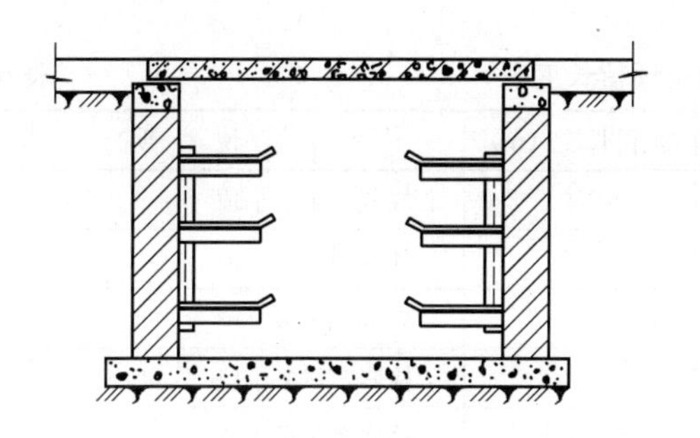

图 6-8 电缆在缆沟内支架上敷设

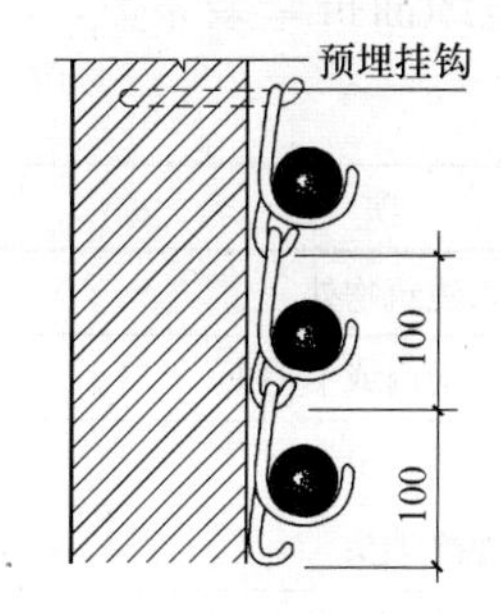

图 6-9 扁钢挂架沿墙敷设电缆

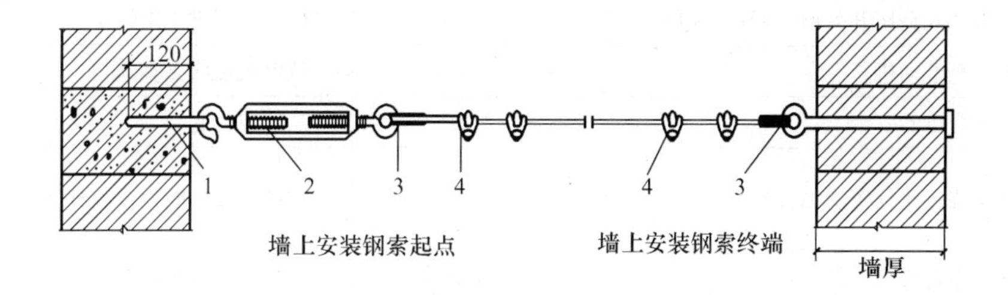

图 6-10 电缆沿钢索敷设示意图

1—耳环；2—花篮螺栓；3—心形环；4—钢索卡

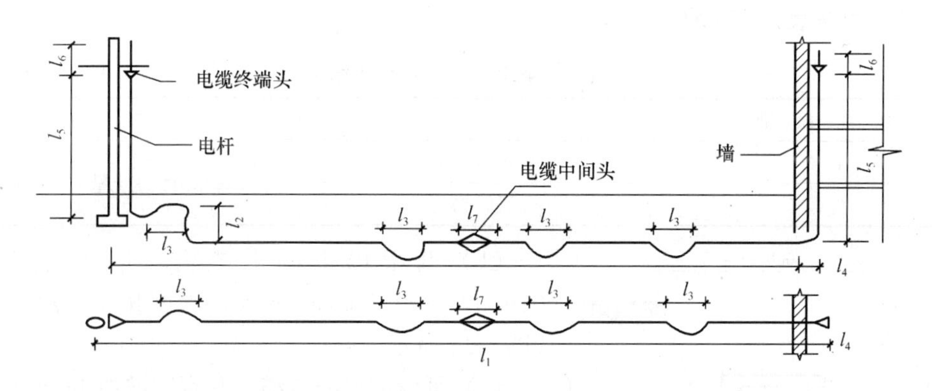

图 6-11 电缆长度组成示意图

工程量计算式为：

$$L=(l_1+l_2+l_3+l_4+l_5+l_6+l_7)\times(1+2.5\%) \tag{6-6}$$

式中 L——电缆总长度（m）；

l_1——水平长度（m）；

l_2——垂直及斜向长度（m）；

l_3——余留（弛度）长度（m）；

l_4——穿墙基及进入建筑物时长度（m）；

l_5——沿电杆、沿墙引上（引下）长度（m）；

l_6——电缆终端头长度（m）；

l_7——电缆中间头长度（m）；

2.5%——电缆曲折弯余系数。

电缆端头预留长度表　　**表 6-4**

序　号	项　目　名　称	预留长度（m）	说　　明
1	电缆进入建筑物处	2.0	规范规定最小值
2	电缆进入沟内或上吊架	1.5	规范规定最小值
3	变电所进线、出线	1.5	规范规定最小值
4	电力电缆终端头	1.5	检修余量最小值
5	电缆中间接头盒	两端各 2.0	检修余量最小值
6	电缆进入控制屏、保护屏及模拟盘等	高＋宽	按盘面尺寸
7	电缆进入高压开关柜、低压配电盘、箱	2.0	柜、盘下进、出线
8	电缆至电动机	0.5	从电机接线盒算起
9	厂用变压器	3.0	从地坪算起
10	电缆绕过梁柱等增加长度	按实计算	按被绕物的断面情况计算增加长度
11	电梯电缆与电缆架固定点	每处 0.5	规范规定最小值
12	电缆附设弛度、波形弯度、交叉	2.5%	按电缆全长计算

2. 电缆直埋时，电缆沟挖填土（石）方量，如有设计图，可按图计算土石方量；如无设计图，可按表 6-5 计取。

电缆沟挖填土（石）方量计算表　　**表 6-5**

电　缆　根　数		项　　目
1～2	每增一根	每米沟长挖土量（m^3/m）
0.45	0.153	

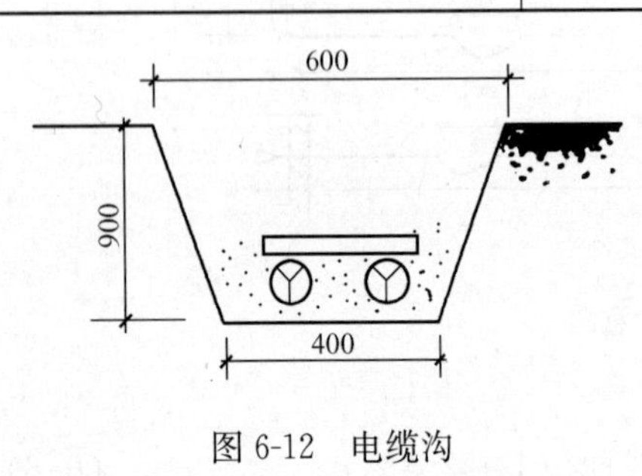

图 6-12　电缆沟

（1）两根以内的电缆沟，上口宽度系按 600mm，下口宽度 400mm，深度按 900mm 计算；如图 6-12 所示。

（2）每增加一根电缆，其宽度增加 170mm。

（3）以上土（石）方量系按埋深从自然地坪算起，如设计埋深超过 900mm 时，多挖的土（石）方量另行计算。

1）
$$V=\frac{(0.6+0.4)\times 0.9}{2}\ \mathrm{m^3/m}=0.45(\mathrm{m^3/m}) \tag{6-7}$$

即每增加一根电缆，沟底宽增加 0.17mm。

也就是每米沟长增加 0.153 m^3 的土石方量。电缆沟挖土石方工程量，可执行第二册（篇）第八章定额相应子目。

2）当开挖混凝土、柏油等路面的电缆沟时，按照设计的沟断面图计算土石方量，其计算式为：

$$V=Hbl \tag{6-8}$$

式中　V——土石方开挖量；

H——电缆沟的深度；

b——电缆沟底宽；

l——电缆沟长度。

土石方挖、填方量套用第八章相应定额子目。

3. 电缆沟铺砂盖砖的工程量按沟长度，以“延长米”计量。

4. 电缆沟盖板揭盖，按每揭或每盖一次以延长米计算，若又揭又盖，则按两次计量。

5. 电缆保护管无论为引上、引下管，穿过沟管、穿公路管、穿墙管等一律按长度“m”计量，根据管的材质（铸铁管、钢管）划分档次，定额套用第二册（篇）第九章相应子目。其埋地的土石方，如有施工图纸者，按图计算；如无施工图，可按沟深 0.9m，沟宽按最外边的保护管两侧边缘各增加 0.3m 的工作面计算长度，电缆保护管除按设计规定长度计算外，遇有下列情况，应按以下规定增加保护管长度：

（1）横穿公路，按路基宽两端各加 2m，如图 6-13 所示；

（2）垂直敷设管口距地面增加 2m；

（3）穿过建筑物外墙者，按基础外缘增加 1m。

（4）穿过排水沟，按沟壁外缘以外两边各加 0.5m。如图 6-14 所示。

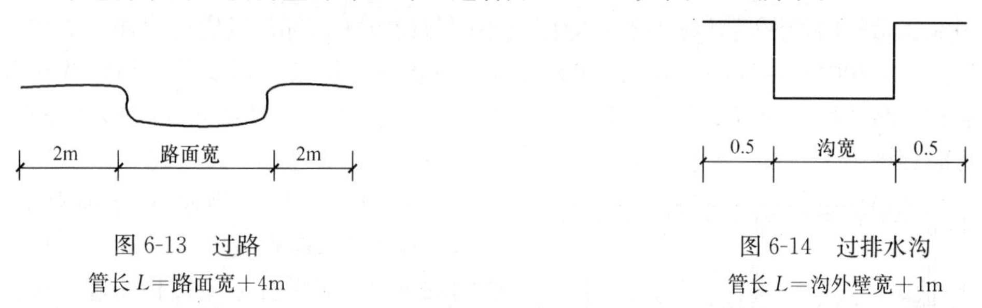

图 6-13　过路

管长 L=路面宽+4m

图 6-14　过排水沟

管长 L=沟外壁宽+1m

6. 电缆终端头及中间接头均按“个”计量。中间头的计量通常按设计考虑，若无设计规定时，可按下式确定：

$$n=\frac{L}{l}-1 \tag{6-9}$$

式中　n——中间头的个数；

L——电缆设计敷设长度（m）；

l——每段电缆平均长度（m），可按下列参数取定：

（1）1kV 以下电缆：

截面积 $35mm^2$ 以内取　　600～700m；

截面积 $120mm^2$ 以内取　　500～600m；

截面积 $240mm^2$ 以内取　　400～500m；

（2）10kV 以下电缆：

截面积 $35mm^2$ 以内取　　300～350m；

截面积 $120mm^2$ 以内取　　250～300m；

截面积 $240mm^2$ 以内取　　200～250m。

7. 电缆支架、吊架及钢索

(1) 电缆支架、吊架、槽架等制作安装，以“kg”为单位，执行“铁构件制作”定额。桥架安装，以“10m”为单位，不扣除弯头、三通、四通等所占长度。

(2) 吊电缆的钢索及拉紧装置，分别执行相应的定额子目。

(3) 钢索的计量长度，以两端固定点的距离为准，不扣除拉紧装置所占的长度。定额套用本册（篇）第十二章“配管、配线”定额相应子目。

8. 多芯电力电缆套定额时，按一根相线截面计量，不得将三根相线和零线截面相加计量，单芯电缆敷设可按同截面的多芯电缆敷设计量，再乘以定额规定系数。

9. 电缆工地运输工程量按“t/km”计量。并根据定额规定，可将电缆折算成重量，然后套用运输定额，折算公式为：

$$Q = W + G \tag{6-10}$$

式中 Q——电缆折算总质量（t）；

W——电缆理论质量，W=t/m×电缆长度 m（t）；

G——电缆盘量（t）；

运距是从电缆库房或现场堆放地算至施工点。

（五）配管、配线工程计量

1. 配管配线系指从配电控制设备到用电器具的配电线路以及控制线路的敷设。工艺上分明配和暗配两种形式。各种配管应区别不同敷设方式、部位及管材材质、规格，以延长米计量。不扣除管接线箱（盒）、灯头盒、开关盒所占长度。其计算要领是从配电箱算起，沿各回路计算；同时应考虑按建筑物自然层进行划分。或者按照建筑形状分片计算。配管定额套用第十二章“配管、配线”有关子目。

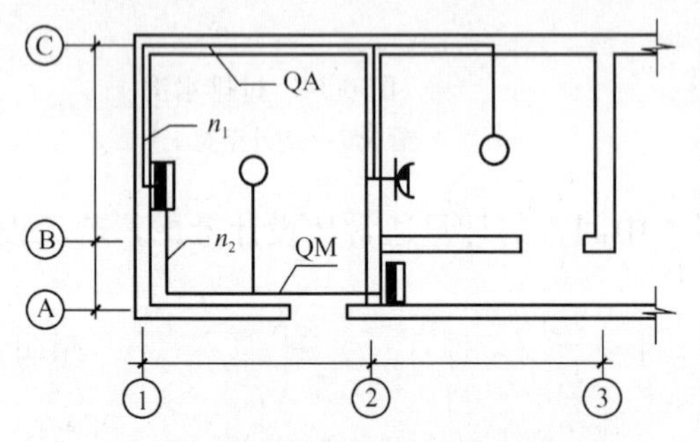

图 6-15　线管水平长度计量示意图

(1) 沿墙、柱、梁水平方向敷设的管（线），沿水平方向敷设的管（线）其长度与建筑物轴线尺寸有关。故应按相关墙、柱、梁轴线尺寸计量。如图 6-15 所示。

(2) 如果在顶棚内敷设，或者在地坪内暗敷，可用比例尺斜量。或按设计定位尺寸计量。注意在吊顶内敷管按明敷项目定额执行。

(3) 在预制板地面和楼面暗敷的管，可按板缝纵、横方向计量。

(4) 沿垂直方向敷设的管线通常与箱、盘、板开关等的安装高度有关，也与楼层高度 H 有关。沿垂直方向引上引下的管线其计算方法如图 6-16 所示。

2. 管内穿线分照明线路与动力线路，按不同导线截面，以单线延长米计量。照明线路中导线截面≥6mm^2 以上时，按动力穿线执行，线路的分支接头线的长度已综合考虑在定额中，不再计算接头工程量。其计算公式为：

$$管内穿线长度 =（配管长度 + 导线预留长度）\times 同截面导线根数 \tag{6-11}$$

3. 钢索架设及拉紧装置、支架、接线箱（盒）等的制作、安装，其工程量另行计算，套第二册（篇）第十二章相应定额项目。

4. 灯具、明暗开关、插销、按钮等的预留线，分别综合在有关定额中，不另计算以上预留线工程量。但配线进入开关箱、柜、板等的预留线，按表 6-6 规定长度预留，分别

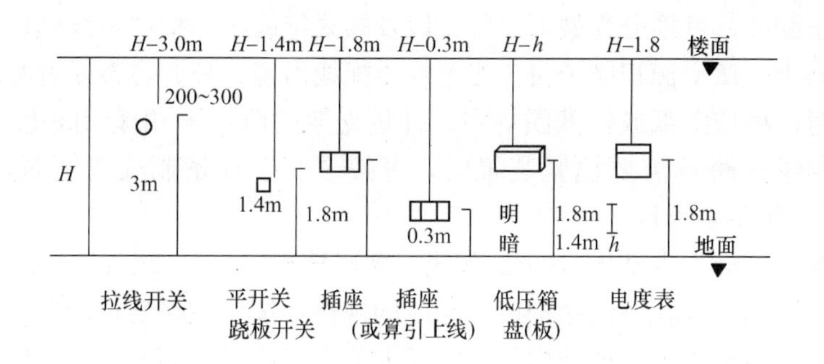

图 6-16　引下线管长度计算示意图

计入相应的工程量中。

5. 配管接线箱、盒安装等的工程计量

安装工程中，无论是明配或暗配线管，都将产生接线箱或接线盒（分线盒）以及开关盒等。

配线进入箱、柜、板预留长度表（单位：m/根）　　**表 6-6**

序　号	项　　目	预留长度	说　　明
1	各种开关箱、柜、板	高+宽	盘面尺寸
2	单独安装的铁壳开关、自动开关、刀开关、启动器、箱式电阻器、变阻器	0.5m	从安装对象中心算起
3	由地面管子出口引至动力接线箱	1.0m	从管口算起
4	电源与管内导线连接（管内穿线与硬母线接头）	1.5m	从管口算起
5	出户线（进户线）	1.5m	从管口算起

灯头盒、插座盒等安装，均以“个”计量，且箱、盒均计算未计价材料。

接线盒通常布置在管线分支处或者管线转弯处。如图 6-17 所示，可参照此透视图位置计量盒的数量。当线管敷设超过以下长度时，可在其间增加接线盒：

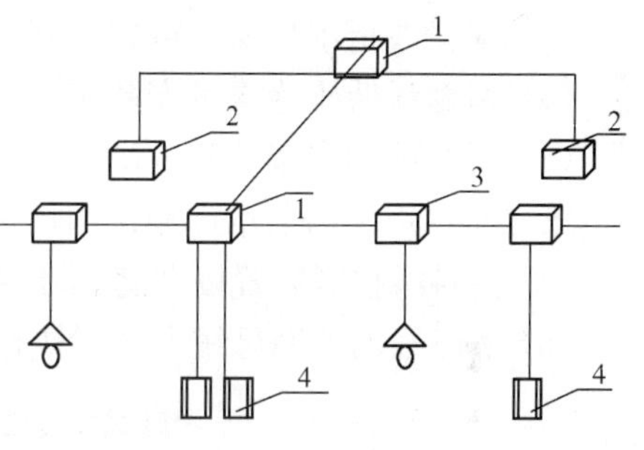

图 6-17　接线盒位置透视图
1—接线盒；2—开关盒；
3—灯头盒；4—插座盒

（1）对无弯的管路，不超过 30m。

（2）两个拉线点之间有一个弯时，不超过 20m。

（3）两个拉线点之间有两个弯时，不超过 15m。

（4）两个拉线点之间有三个弯时，不超过 8m。

接线盒的安装工程量，应区别安装形式（明装、暗装、钢索上）套用相应定额子目。

6. 导线同设备连接需焊（压）接线端子时，可按“个”计量。套用第二册（篇）第四章相应定额子目。

7. 配线工程量的计量

配线工程定额是按敷设方式、敷设部位以及配线规格进行划分的。

(1) 绝缘子配线，可划分为鼓形、针式以及蝶式绝缘子，按“单线延长米”计量。套第二册（篇）第十二章定额相应子目。当绝缘子配线沿墙、柱、屋架或者跨屋架、跨柱等敷设需要支架时，可按图纸或标准图规定，计量支架的质量，并套用相应支架制作、安装定额子目。绝缘子跨越需要拉紧装置时，可按“套”计量制安工程量，套用第二册（篇）第十二章定额相应子目。

(2) 槽板配线可分为木槽板（CB）配线、塑料槽板（VB）配线等材质，定额亦分两线式和三线式；根据敷设在不同结构以及导线的规格，按“线路延长米”计量。

(3) 塑料护套线配线无论何种形状，定额划分为二芯、三芯式，可按单根线路延长米计量。若沿钢索架设时，必须计算钢索架设和钢索拉紧装置两项，并套用相应定额子目。

(4) 线槽配线（GXC、VXC等）按导线规格划分档次，线槽内配线以“单线延长米”计量；线槽安装可按“节”计量；如需支架时，可另列支架制作和安装两个项目，套第二册第四章相应定额子目。

(5) 线夹配线工程量，应区别线夹材质（塑料、瓷质）、按两线式、三线式，以及敷设在不同结构，并考虑导线规格，以线路“延长米”计量。

8. 车间滑触线（WT）安装工程计量

(1) 角钢滑触线等安装按“m/单相”计量，定额套用第二册（篇）第七章相应子目。其计算式为：

$$滑触线长度=\sum(单相延长米+预留长度)\times 根数 \tag{6-12}$$

预留长度见表6-7。

(2) 滑触线支架制作、安装，支架制作按“kg”计算，套第四章相应定额子目；支架安装按“副”计量。以焊接和螺栓连接方式划分档次，套第七章定额相应子目。

(3) 滑触线及支架刷第二遍防锈漆，可套用第十一册（篇）相应定额子目。

(4) 滑触线指示灯安装可按“套”计量，套用第二册（篇）第七章相应定额子目。

(5) 滑触线低压绝缘子安装按“个”计量，套用第二册（篇）第三章相应定额子目。

(6) 滑触线和支架的安装高度定额是按10m以下考虑的，当实际施工超过此高度时，可按第二册（篇）第七章定额说明规定计算操作超高增加费。

(7) 滑触线拉紧装置按“套”计量。

(8) 滑触线的辅助母线安装，执行“车间带型母线”安装定额项目。

滑触线安装附加和预留长度（单位：m/根）　　**表6-7**

序　号	项　目	预留长度	说　明
1	圆钢、铜母线与设备连接	0.2	从设备接线端子接口起算
2	圆钢、铜滑触线终端	0.5	从最后一个固定点起算
3	角钢滑触线终端	1.0	从最后一个支持点起算
4	扁钢滑触线终端	1.3	从最后一个固定点起算
5	扁钢母线分支	0.5	分支线预留
6	扁钢母线与设备连接	0.5	从设备接线端子接口起算
7	轻轨滑触线终端	0.8	从最后一个支持点起算
8	安全节能及其他滑触线终端	0.5	从最后一个固定点起算

（六）电机安装及其检查接线与干燥工程计量

2000年《全国统一安装工程预算定额》（以下简称《国安》）将电机本体的安装工程量，放入第一册《机械设备安装工程》中，而对于电机的检查接线，可套用第二册第六章定额有关子目。并且在使用定额时，应注意要另列电机调试项目。

1. 发电机、调相机、电动机的电气检查接线

上述项目均以“台”计量。直流发电机组和多台一串的机组，按单台电机分别套定额。定额套用时，可按电机的容量划分档次。

2. 电机干燥

电机在安装之前，通常要测试绝缘电阻，如果测试不符合规定者，必须进行干燥。在第二册（篇）第六章“电机检查接线”定额中，除发电机和调相机外，均不包括电机干燥，发生时其工程量可按电机干燥定额另列项计量。电机干燥定额是按一次干燥所需的工、料、机消耗量考虑的，在特别潮湿的地方，电机需要进行多次干燥，可根据实际发生的干燥次数计算。在气候干燥、电机绝缘性能良好、符合技术标准而不需要干燥时，则不计算干燥费用。实行包干的工程，可参照如下比例，由有关各方协商决定：

（1）低压小型电机3kW以下按25%的比例考虑干燥；

（2）低压小型电机3kW以上至220kW按30%～50%考虑干燥；

（3）大、中型电机按100%考虑一次性干燥。

3. 电机解体拆装检查

电机解体拆装检查定额，可根据需要选用。如果不需要解体时，只执行电机检查接线定额。

4. 电机安装

电机安装定额的界限划分是：单台电机质量在3t以下的为小型电机；单台电机质量在3t以上至30t以下的为中型电机；单台电机质量在30t以上的为大型电机。小型电机按电机类别和功率大小执行相应定额，大、中型电机不分类别一律按电机质量执行相应定额。

（七）照明器具安装工程计量

对于照明灯具，国家没有统一的标志，各厂家产品型号及其标志极不统一，给定额套用带来困难。因此，尽量套用与灯具相似的子目。一般灯具套用第二册（篇）第十三章“照明器具”有关子目，装饰灯具套用本章有关装饰灯具定额子目。灯具的种类、适用范围，详见定额第十三章的章说明中的具体规定。

灯具的组成有一般灯架、灯罩、灯座及其附件。常见灯具如图6-18所示，其安装方式见表6-8。

灯具安装工程量是以其种类、规格、型号、安装方式等进行划分，并且一律按“套”计量。定额包括灯具以及灯管（灯泡）的安装，对于灯具的未计价材料，可按各地区预算价格为依据。其计算公式为：

$$\text{灯具未计价材料价值}=\text{灯具数量}\times\text{定额消耗量}\times\text{灯具单价}+\text{灯泡（灯管）未计价材料价值} \quad (6\text{-}13)$$

$$\text{灯泡(灯管)未计价材料价值}=\text{灯泡(灯管)数量}\times(1+\text{定额规定损耗率})\times\text{灯泡(灯管)单价} \quad (6\text{-}14)$$

灯罩未计价材料价值＝灯罩数量×(1＋定额规定损耗率)×灯罩单价　　(6-15)

其中灯泡（灯管）灯罩（灯伞）等的损耗率见表6-9。

灯具安装方式　　表6-8

安装方式		新符号	旧符号
吊式	线吊式	WP	X
	链吊式	C	L
	管吊式	P	G
吸顶式	一般吸顶式	R	D
	嵌入吸顶式		RD
壁装式	一般壁装式	W	B
	嵌入壁装式	R	RB

灯泡（灯管）、灯罩（灯伞）损耗率　　表6-9

材料名称	损耗率(%)
白炽灯泡	3.0
荧光灯泡、水银灯泡	1.5
玻璃灯罩（灯伞）	5.0

1. 普通灯具安装，定额中列入了吸顶灯和其他普通灯具两类，按“套”计算工程量。

其他普通灯具包括软线吊灯、链吊灯、防水吊灯、一般弯脖灯、一般壁灯、防水灯头、节能座灯头、座灯头等。定额中不包括吊线盒的价值，计算工程量时，应进行组装计价。软线吊灯未计价材料价值的计算公式为：

软线吊灯未计价材料价值＝吊线盒价值＋灯头价值＋灯伞价值＋灯泡价值　　(6-16)

2. 荧光灯具安装，可分为组装型和成套型两类。

1）成套型荧光灯是指定型生产，并且成套供应的灯具，由于运输需要，散件出厂，在现场组装者。其安装方式有C、P等形式。吊链式成套荧光灯具安装项目中每套包括两根（共3m长）吊链和两个吊线盒。

2）组装型荧光灯是指不是工厂定型生产的成套灯具，而由市场采购的不同类型散件组装而成，或局部改装者，执行组装型定额。其安装方式有C、P、R等形式。应根据安装方式和灯管数量等分别套用相应定额。

在计算组装型荧光灯时，每套可计算一个电容器安装工程量项目，套用相应定额，并计算电容器的未计价材料价值。

3. 工厂灯及防水防尘灯安装，可分为两类：即工厂罩灯和防水防尘灯；工厂其他常用灯具安装，应区别不同安装形式按“套”计算工程量。

4. 医院灯具安装是指病房指示灯、病房暗脚灯、紫外线杀菌灯、无影灯等，应区别灯具种类按“套”计算工程量。

5. 路灯安装。该类灯具包括两种：大马路弯灯安装，一般臂长为1200mm左右；庭院路灯安装，应区别不同臂长灯具组装数量分别按“套”计量。

6. 装饰灯具的安装

装饰灯具通常发生在宾馆、商场、影剧院、大饭店、高级住宅等建筑物装饰用场地。由于内容繁杂，型号亦不统一，在套定额时，要对照十三章后的附录“装饰灯具示意图集”选择子目。2000年3月17日以后开始实施的《国安》对装饰灯具做了如下分类：

(1) 吊式艺术装饰灯具：蜡烛、挂片、串珠（穗)、串棒、吊杆、玻璃罩等样式，应根据不同材质、不同灯体垂吊长度、不同灯体直径等分别套用定额。

(2) 吸顶式艺术装饰灯具：串珠（穗)、串棒、挂片（碗、吊碟)、玻璃罩等样式，应根据不同材质、不同灯体垂吊长度、不同灯体几何形状等分别套用定额。

(3) 荧光艺术装饰灯具：有组合荧光灯光带、内藏组合、发光棚灯、立体广告灯箱、荧光灯光沿等样式。应根据不同安装形式、不同灯管数量、不同几何尺寸、不同灯具的形式等的组合，分别套用定额。

(4) 几何形状组合艺术灯具：有繁星灯、钻石星灯、礼花灯、玻璃罩钢架组合灯、凸片灯、反射柱灯、筒型钢架灯、U 型组合灯、弧型管组合灯等样式。应根据不同固定形式、不同灯具形式的组合，分别套用定额。

(5) 标志、诱导装饰灯具：应根据不同安装形式的标志灯、诱导灯分别套用定额。

(6) 水下艺术装饰灯具：有简易形彩灯、密封形彩灯、喷水池灯、幻光型灯等样式；

(7) 点光源艺术装饰灯具：有筒灯、牛眼灯、射灯、轨道射灯等样式。应根据不同安装形式、不同灯体直径，分别套用定额。

(8) 草坪灯具：分立柱式、墙壁式。

(9) 歌舞厅灯具：分各种形式的变色转盘灯、雷达射灯、幻影转彩灯、维纳斯旋转彩灯、卫星（飞碟）旋转效果灯、多头转灯、滚筒灯、频闪灯、太阳灯、雨灯、歌星灯、边界灯、射灯、泡泡发生器、迷你满天星彩灯、迷你单立（盘彩）灯、多头宇宙灯、镜面球灯、蛇光管。

7. 照明线路附件安装

(1) 开关、按组种类多样，如拉线开关、板式开关、密闭开关、一般按钮等。应区别

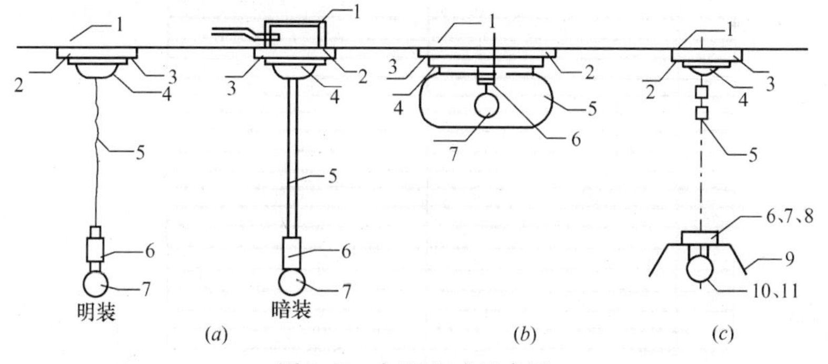

图 6-18　灯具组成示意图

(a) 吊灯　明装：1—固定木台螺栓；2—圆木台；3—固定吊线盒螺钉；4—吊线盒；5—灯线（花线)；6—灯头（螺口 E，插口 C)；7—灯泡

暗装：1—灯头盒；2—塑料台固定螺栓；3—塑料台；4—吊线盒；5—吊杆（吊链、灯线)；6—灯头；7—灯泡

(b) 吸顶　1—固定木台螺钉；2—木台；3—固定木台螺钉；4—灯圈（灯架)；5—灯罩；6—灯头座；7—灯

(c) 日光灯　1—固定木台螺钉；2—固定吊线盒螺栓；3—木台；4—吊线盒；5—吊线（吊链、吊杆、灯线)；6—镇流器；7—启辉器；8—电容器；9—灯罩；10—灯管灯脚（固定式、弹簧式)；11—灯管

其安装形式、开关、按纽种类、单控或双控以及明装和暗装等按“套”计量。

(2) 插座安装定额中列入了普通插座和防爆插座两类。应区别电源相数、额定电流、插座安装形式、插座插孔个数以及明装和暗装，按“套”计量。

(3) 风扇安装，应区别风扇种类，以“台”计量，定额已包括调速器开关的安装。

(4) 安全变压器安装，按容量划分档，以“台”计量。至于支架的制作、安装可另列项计算后，套用第二册（篇）第四章相应定额子目。

(5) 电铃安装，按直径划分档次，以“套”计量。

(6) 门铃安装，应区别门铃安装形式，以“个”计量。

(八) 防雷与接地装置工程计量

建筑物的防雷接地装置一般由接闪器、引下线和接地装置三部分组成。其作用是将雷电波通过这些装置导入大地，以确保建筑物免遭雷电袭击。如图 6-19 所示为高层建筑暗装避雷网的安装。其原理是利用建筑物屋面板内钢筋作为接闪器，再将避雷网、引下线和接地装置三部分组成一个钢铁大网笼，亦称为笼式避雷网。如图 6-20 所示是高层建筑为防止侧向雷击和采取等电位措施。在建筑物从首层起，

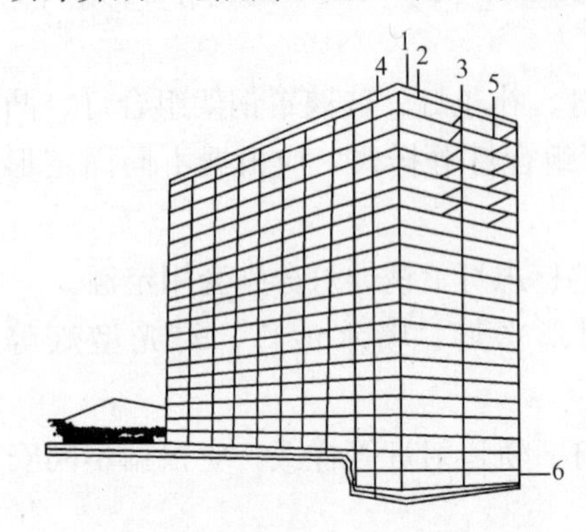

图 6-19　框架结构笼式避雷网示意图

1—女儿墙避雷带；2—屋面钢筋；3—柱内钢筋；4—外墙板钢筋；5—楼板钢筋；6—基础钢筋

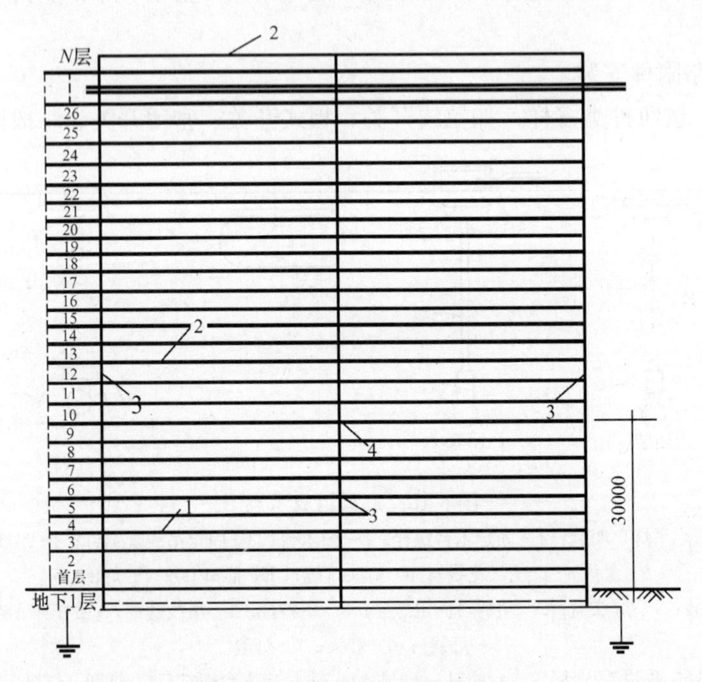

图 6-20　高层建筑物避雷带（网或均压环）引下线连接示意图

1—避雷带（网或均压环；）2—避雷带（网）；3—防雷引下线；4—防雷引下线与避雷带（网或均压环）的连接处

每三层设均压环一圈。如果建筑物全部是钢筋混凝土结构时，可将结构圈梁钢筋同柱内充当引下线的钢筋绑扎或焊接作为均压环；当建筑物为砖混结构但有钢筋混凝土组合柱和圈梁时，均压环的做法同钢筋混凝土结构。若没有组合柱和圈梁时，应每三层在建筑物外墙内敷设一圈 ϕ12mm 镀锌圆钢作为均压环，并与所有引下线连接。

防雷接地的三个组成部分，即接闪器（避雷针、避雷网、避雷带）、引下线和接地装置（接地体和接地母线），按照施工工艺的要求，要焊接为一体，形成闭合回路。2000 年《国安》已包括固定避雷网（避雷带）、引下线、接地母线的支持卡子的埋设工作。防雷接地部分可套用第二册（篇）第九章有关定额子目。高层建筑物屋顶的防雷接地装置应执行“避雷网安装”定额，电缆支架的接地线安装可执行“户内接地母线敷设”定额。

1. 避雷针安装根据不同的部位，定额中列入了安装在建筑物上和构筑物上，安装在烟囱及金属容器上等项目。如图 6-21、图 6-22 所示分别为避雷针在山墙上和在屋面上安装大样图。一般避雷针的加工制作、安装工程量以“根”计量；独立避雷针安装按“基”计量；独立避雷针的加工制作应执行一般铁构件制作项目或按成品计量。半导体少长针消雷装置安装以“套”计量，按设计安装高度分别执行相应定额。装置本身由设备制造厂成套供货。

2. 避雷网安装工程量按“延长米”计量。其计算公式为：

$$\text{避雷网长度(m)}=\text{按图计算延长米}\times(1+3.9\%) \tag{6-17}$$

式中 3.9% 指避雷网附加长度，即为避绕障碍物、转弯以及上下波动等接头所占长度。

3. 引下线敷设按照所利用的金属导体分别套用相应定额子目，仍以“延长米”计量。其计算式为：

$$\text{引下线长度(m)}=\text{按图计算延长米}\times(1+3.9\%) \tag{6-18}$$

当工程中利用建（构）筑物主筋作为引下线安装时，可按“m”计量，每一柱子内按焊

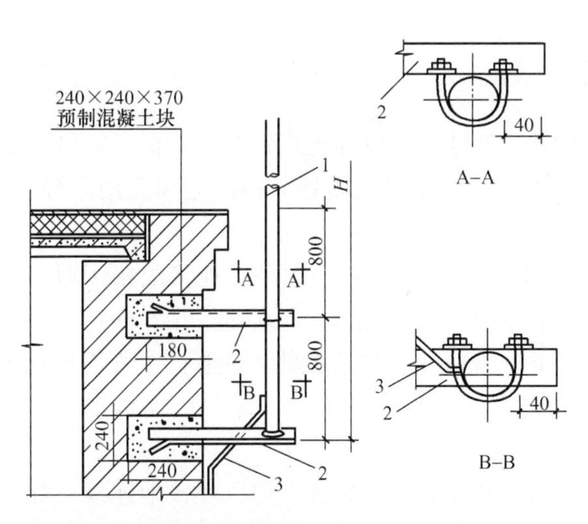

图 6-21 避雷针在山墙上安装

1—避雷针；2—支架；3—引下线

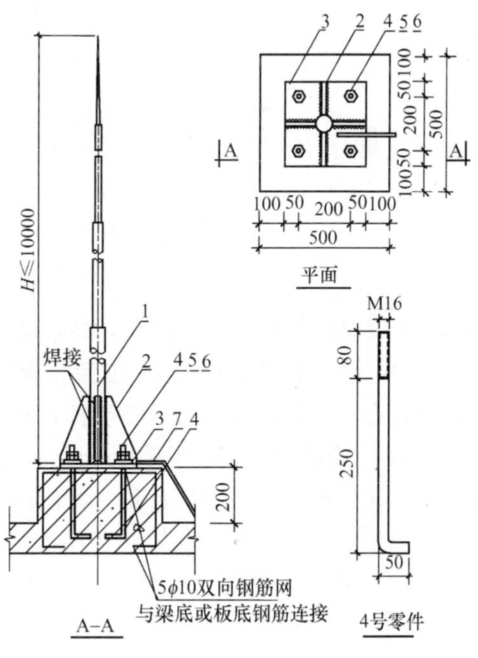

图 6-22 避雷针在屋面上安装

1—避雷针；2—肋板；3—底版；4—底脚螺栓；5—螺母；6—垫圈；7—引下线

接两根主筋考虑，如焊接主筋数超过两根时，可按比例调整。

4. 接地体制作安装

(1)接地母线敷设其材料通常采用≮φ8 的镀锌圆钢或 δ≮4mm，截面≮48mm^2 的角钢组合。定额分户内和户外接地母线安装。如图 6-23 所示，即为户内接地母线与户外接地体的连接示意图。户外接地母线敷设系按自然地坪考虑的，包括地沟的挖填土和夯实工作，遇有石方、矿渣、积水、障碍物等情况时可列项另行计算。其计算式为：

$$接地母线长度(m)＝按图计算延长米\times(1+3.9\%) \qquad (6\text{-}19)$$

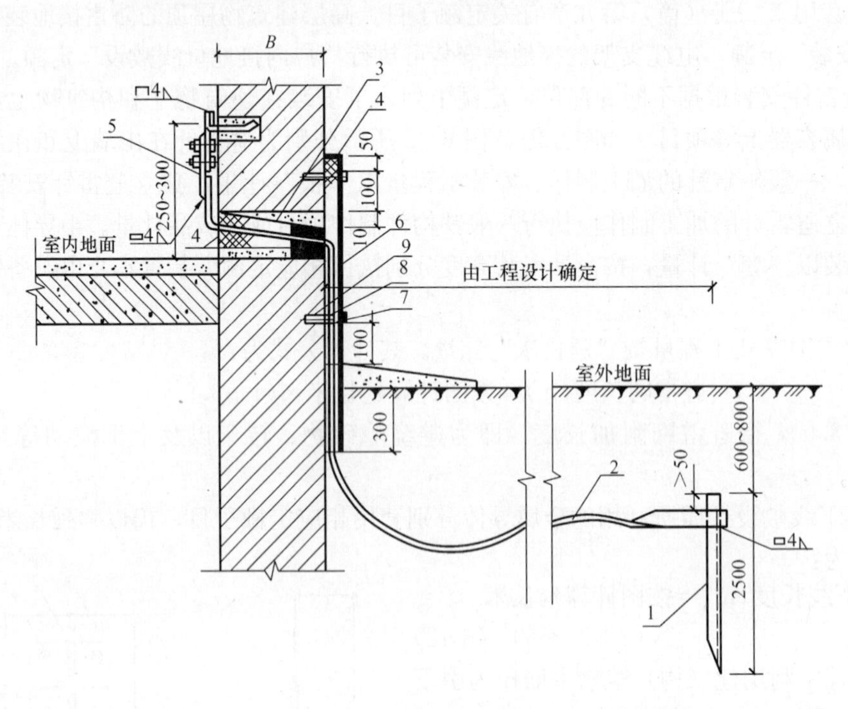

图 6-23 户内接地母线与户外接地体的连接示意图

1—接地体；2—接地母线；3—套管；4—沥青麻丝；5—断接卡子；
6—角钢；7—卡子；8—塑料胀锚螺栓；9—沉头木螺栓

(2) 接地极制安按“根”计量。其长度按设计长度计算。设计无规定时，每根长度可按 2.5m 计算未计价材料的价值。但要根据定额规定，以不同土质划分档次分别套用定额。如果设计有管帽时，管帽另按加工件计算。

5. 接地跨接线安装。当接地母线遇有障碍时，需要跨越，采用接头连接线相接即叫做跨接。接地跨接可按“处”计量。其出现的部位通常是在伸缩缝、沉降缝、吊车轨道、管道法兰盘接缝等处。至于金属线管和箱、盘、柜、盒等焊接的连接线，线管同线管连接管箍之处的连接线，定额已综合考虑，不再计算跨接。如图 6-24 所示即为接地跨接线连接图。

6. 均压环敷设以“m”为单位，定额主要考虑利用圈梁内主筋作均压环接地连线，焊接按两根主筋考虑，超过两根时，可按照比例调整。长度按设计需要作均压接地的圈梁中心线长度，以延长米计量。

7. 钢、铝窗接地按“处”计量。

8. 高层建筑六层以上的金属窗设计一般要求接地，可按设计规定接地的金属窗数进行设计。

9. 柱子主筋与圈梁连接按“处”计量，每处按两根主筋与两根圈梁钢筋分别焊接连接考虑，若焊接主筋和圈梁钢筋超过两根时，可按比例调整，需要连接的柱子主筋和圈梁钢筋“处”数按规定设计计量。

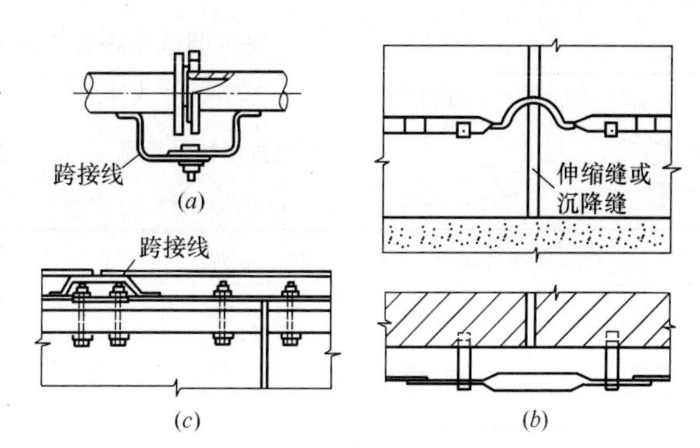

图 6-24　接地跨接线示意图

(a) 连接(法兰盘跨接)；(b) 跨接线连接(过伸缩缝)；(c) 在钢轨处跨接线连接

10. 断接卡子制作安装以“套”计量。可按设计规定装设的断接卡子数量计算。如图 6-25 所示即为明装引下线时，断接卡子安装图。

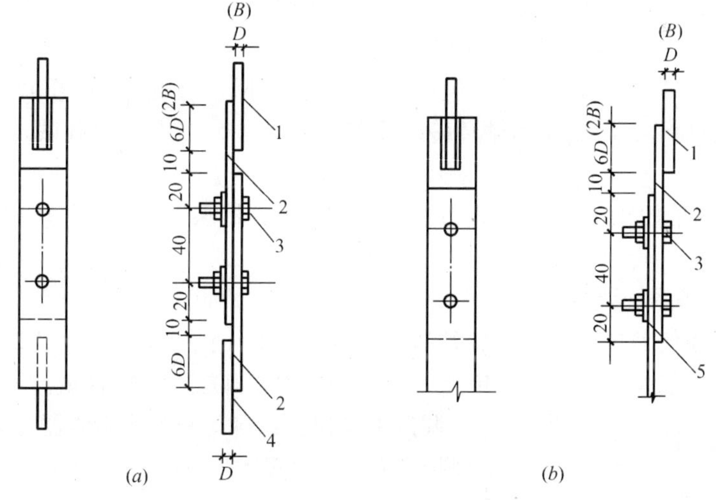

图 6-25　明装引下线断接卡子安装

(a) 用于圆钢连接线；(b) 用于扁钢连接线

D—圆钢直径；B—扁钢宽度

1—圆钢引下线；2—－25×4 扁钢，L－90×6D 连接板；

3—M8×30 镀锌螺栓；4—圆钢接地线；5—扁钢接地线

（九）电气调试工程计量

电气调试系统的划分以电气原理系统图为依据，电气设备元件的本体均包括在相应定额的系统调试内，不另行计算，但不包括设备的烘干，以及由于设备元件缺陷造成的更换、修理等，也未考虑因设备元件质量低劣对调试工作造成的影响。定额系按新的合格设备考虑的，如果遇到上述情况，可另行计算。经过修配改或拆迁的旧设备调试，定额乘以系数 1.1。其中各工序的调整费用需单独计算时，可以按照表 6-10 所列比例计取。

电气系统调试套用第二册(篇)第十一章相应定额子目。

电气调试系统各工序的调试费用　　表 6-10

工序＼比率(%)＼项目	发电机调相机系统	变压器系统	送配电设备系统	电动机系统
一次设备本体试验	30	30	40	30
附属高压二次设备试验	20	30	20	30
一次电流及二次回路检查	20	20	20	20
继电器及仪表试验	30	20	20	20

1. 变压器系统调试

以变压器容量(kVA)划分档次，按“系统”计量。且变压器系统调试以每个电压侧一台断路器为准，多出部分按相应电压等级的送配电设备系统调试的相应基价另行计量。干式变压器、油浸电抗器调试，执行相应容量变压器调试定额乘以0.8系数。电力变压器如有“带负荷调压装置”，调试定额乘以系数1.12。三相变压器、整流变压器、电炉变压器调试按同容量的电力变压器调试定额乘以系数1.2计量。

三相电力变压器系统调试工作包括：变压器(TM)、断路器(QF)、互感器(TV、TA)、隔离开关(QS)、风冷及油循环冷却系统装置，一、二次回路调试及变压器空载投入试验等工作。

该系统不包括的工作内容为：避雷器、自动装置、特殊保护装置、接地网调试。上述内容可另列项目后，套相应定额子目。

2. 送配电设备系统调试

送配电设备系统调试，适用于各种送配电设备和低压供电回路的系统调试。定额中列入了交流供电和直流供电两类，以电压等级划分档次，并按“系统”计量。

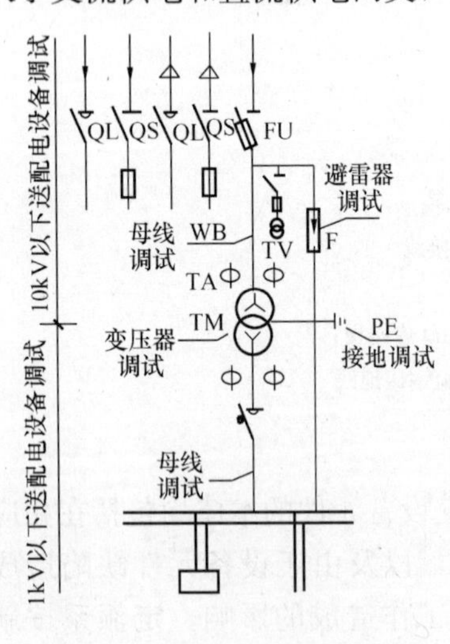

图 6-26　电气调试系统示意

调试工作包括：自动开关或断路器、隔离开关、常规保护装置、电气测量仪表、电力电缆及一、二次回路系统调试，如图6-26所示。

(1) 1kV以下供电送配电设备系统调试，该子目适用于所有低压供电回路。

1) 系统划分：凡供电回路中设有仪表(PA、PV、PT、PC、PS等)、继电器(KA、KD、KV、KT、KM等)、电磁开关(接触器KM、起动器QT等，不包括闸刀开关、电度表、保险器)，均作为调试系统计算。反之，凡线路中不含调试元件者，均不作为一个独立调试系统计算。如民用楼房的供电，所设的分配电箱只装闸刀或熔断器装置，此时不作为独立单元的低压供电系统。因此，这种供电方式的回路不存在调试，只是回路接通的试亮工作。安装自动空气开关、漏电开关亦不计算调试费。

2) 单独的电气仪表、继电器安装可执行第二册(篇)第四章控制、继电保护屏电气、仪表、小母线安装的相应项目，不计取调试费，所有仪表试验均已包括在系统调试费内，有些不作系统调试的一次仪表，只收取校验费，其费用标准可按校验单位的收费标准计算。

3）送配电调试项目中的1kV以下子目适用于所有低压供电回路，如从低压配电装置至分配电箱的供电回路；但从配电箱至电动机的供电回路已包括在电动机的系统调试的项目之内。

(2) 10kV以下送配电设备系统调试，供电系统调试包括系统内的电缆试验、瓷瓶耐压等全套调试工作。供电桥回路中的断路器、母线分段断路器皆作为独立的系统计算调试费。送配电设备系统定额是按一个系统一侧配一台断路器考虑的，若两侧皆有断路器时，则按两个系统计量调试工程量。

3. 特殊保护装置调试

特殊保护装置调试，以构成一个保护回路为一套，其工程量按如下规定计算：

(1) 发电机转子接地保护，按全厂发电机共同一套考虑；

(2) 距离保护，按设计规定所保护的送电线路断路器台数计量；

(3) 高频保护，按设计规定所保护的送电线路断路器台数计量；

(4) 零序保护，按发电机、变压器、电动机的台数或送电线路断路器的台数计量；

(5) 故障录波器的调试，以一块屏为一套系统计量；

(6) 失灵保护，按设置该保护的断路器台数计量；

(7) 失磁保护，按所保护的电机台数计量；

(8) 变流器的断线保护，按变流器台数计量；

(9) 小电流接地保护，按装设该保护的供电回路断路器台数计量；

(10) 保护检查以及打印机调试，按构成该系统的完整回路为一套计量。

4. 自动投入、事故照明切换及中央信号装置调试

自动投入装置及信号系统调试，包括自动装置、继电器、仪表等元件本身以及二次回路的调试。具体规定如下：

(1) 备用电源自动投入装置调试。其系统的划分是按连锁机构的个数来确定备用电源自动投入装置的系统数。例如：一台变压器作为三段工作母线的备用电源时，可计量三个系统的自动投入装置的调试。如图6-27所示。

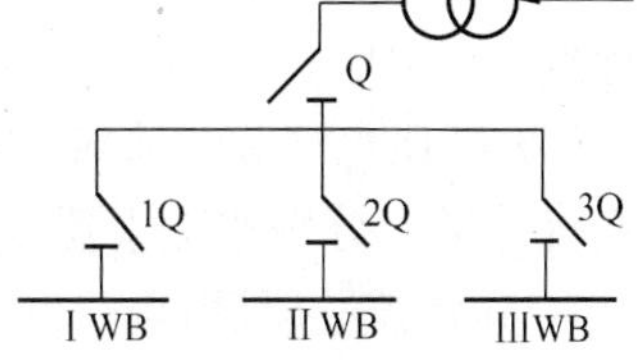

图6-27 备用电源投入

(2) 线路自动重合闸调试系统。可按所使用自动重合闸装置的线路中自动断路器的台数计量系统数量。

(3) 自动调频装置的调试，以一台发电机为一个系统计量。

(4) 同期自动装置调试，区分自动、手动，按设计构成一套能完成同期并车行为的装置为一个系统计量。

(5) 蓄电池及直流监视系统调试。一组蓄电池按一个系统计量。

(6) 事故照明切换装置调试。按设计能完成交、直流切换的一套装置为一个调试系统计算。

(7) 周波减负荷装置调试。凡有一个周波继电器，不论带几个回路，均按一个调试系

统计算。

(8) 变送器屏以屏的个数计量。

(9) 中央信号装置调试，可按每一个变电所或配电室为一个调试系统计量。

5. 母线系统调试

母线系统调试可按电压等级划分档次，以“段”计量。其系统的划分定额规定，3～10kV母线系统调试含一组电压互感器，1kV以下母线系统调试定额不含电压互感器，适用于低压配电装置的各种母线(包括软母线)的调试。

以(TV)为一个系统计算的。调试工作内容包括：母线耐压试验、接触电阻测量、电压互感器、绝缘监视装置的调试。不包括特殊保护装置以及35kV以上母线和设备的耐压试验。

1kV以下母线系统调试定额，适用于低压配电装置母线及电磁站的母线。而不适用于动力配电箱母线，动力配电箱至电动机的母线已经综合考虑在电动机调试定额中。

6. 防雷接地装置调试

防雷接地装置调试可按“组”或者“系统”计量。组和系统的划分如下：

(1) 接地极不论是由一根或两根以上组成的，均作为一次试验，计算一组调试费用。如果接地电阻达不到要求时，再打一根接地极者，此时，要再做试验，则可另计一次试验费，即再计算一组调试费。

(2) 接地网接地电阻的测定。一般的发电厂或变电站连为一体的母网，按一个系统计算；自成母网不与厂区母网相连的独立接地网，另按一个系统计算。大型建筑群各有自己的接地网(接地电阻值设计有要求)，虽然在最后也将各接地网连在一起，但应按各自的接地网计算，不能作为一个网，具体应按接地网的实验情况而定。

(3) 避雷器及电容器的调试，可按每三相为一组计量；单个装设的亦按一组计量，上述设备如设置在发电机、变压器、输、配电线路的系统或回路内，可按相应定额另计调试费用。

(4) 避雷针接地电阻测定，每一避雷针均有单独接地网(包括独立的避雷针、烟囱避雷针等)，均按一组计算。

(5) 独立的接地装置按“组”计量。如一台柱上变压器有一独立的接地装置，即可按一组计量。

(6) 高压电气除尘系统调试，可按一台升压变压器、一台机械整流器及附属设备为一个系统计量，分别按除尘器(m^2)范围执行定额。

7. 硅整流装置调试，按一套硅整流装置为一个系统计量。

8. 电动机调试

(1) 普通电动机的调试，分别按电机的控制方式、功率、电压等级，按“台”计量。

(2) 可控硅调速直流电动机调试按“系统”计量，其调试内容包括可控硅整流装置系统和直流电动机控制回路系统两个部分的调试。

(3) 交流变频调速电动机调试按“系统”计量，其调试内容包括变频装置系统和交流电动机控制回路系统两个部分的调试。

(4) 微型电机指功率在0.75kW以下的电机，不分类别以及交、直流，一律执行微电机综合调试定额，按“台”为单位。电机功率在0.75kW以上的电机调试应按电机类别和功率分别执行相应的调试定额。

（十）电梯电气安装工程计量

电梯电气安装工程量执行第二册（篇）第十四章“电梯电气装置”定额。该定额已包括程控调试。但不包括电源线路以及控制开关、电动发电机组安装、基础型钢和钢支架制作、接地极与接地干线敷设、电气调试、电梯喷漆、轿箱内的空调、冷热风机、闭路电视、步话机、音响设备、群控集中监视系统以及模拟装置等内容。

1. 交流手柄操纵或按纽控制（半自动）电梯电气安装工程量，应区别电梯层数、站数，按“部”计量。

2. 交流信号或集选控制（自动）电梯电气安装的工程量，可区别电梯层数、站数，按“部”计量。

3. 直流信号或集选控制（自动）快速电梯电气安装工程量，应区别电梯层数、站数，按“部”计量。

4. 直流集选控制（自动）高速电梯电气安装工程量，应区别电梯层数、站数，按“部”计量。

5. 小型杂物电梯电气安装工程量，应区别电梯层数、站数，按“部”计量。

6. 电梯增加厅门、自动轿箱门及提升高度的工程量，应区别电梯形式、增加自动轿箱门数量、增加提升高度，分别按“个”、“延长米”计量。

（十一）10kV 以下架空配电线路工程计量

10kV 以下架空配电线路可分为高压线路和低压线路两种，1kV 以下的配电线路为低压线路。3～10kV 的配电线路为高压线路。10kV 以下架空输、配电线路划分如图 6-28 所示。其定额执行第二册（篇）第十章 10kV 以下架空配电线路相应子目。

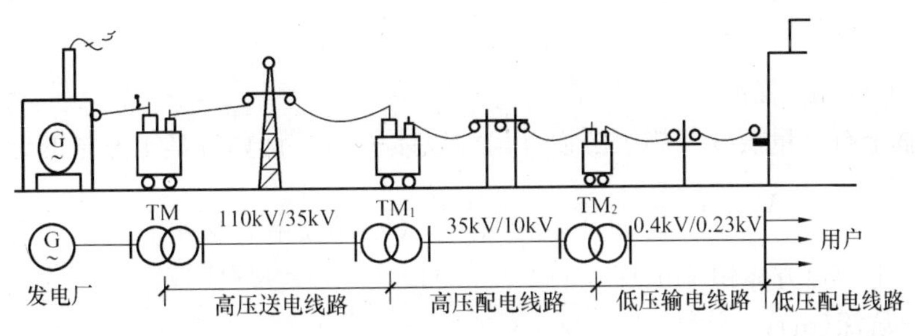

图 6-28 架空输、配电线路划分示意图

架空线路主要由电线杆、金具、横担、绝缘子以及导线等组成。其电杆通常有木杆、混凝土杆以及铁塔架三种。横担的材质分木、铁和瓷三种。铁横担采用的较为普遍。

导线的排列与横担的组装密切相关。在高压线路中，通常采用三角排列或水平排列，在双回路线路同杆架设时，通常采用三角排列或垂直三角排列。在低压线路中，一般采用水平排列。如图 6-29 所示。

1. 工地运输

指定额内未计价材料从材料堆放地或工地仓库运至杆位上的工地运输。分人力和汽车运输，以“t · km”计量。运输对象多为架空线路中所需的电杆、导线、金具等线路器材。分别套用人力运输和汽车运输相应子目。其计算公式如下：

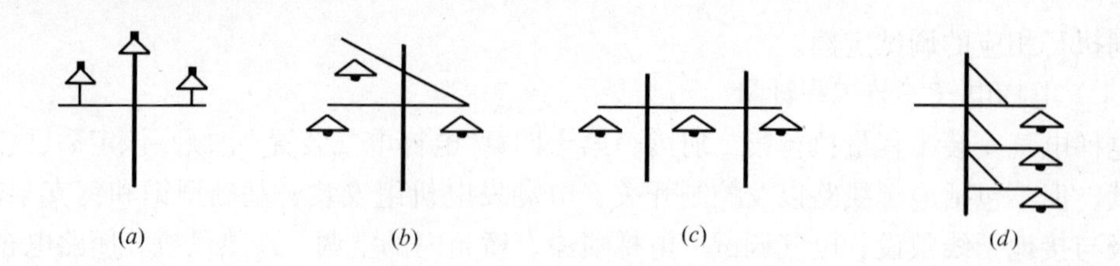

图 6-29　导线排列与横担组装形式

(a) 三角形排列；(b) 扁三角排列；(c) 水平排列；(d) 垂直排列

工程运输量＝施工图用量×(1＋损耗率)　　(6-20)

预算运输量＝工程运输量＋包装物质量(不需要包装的可不计包装物质量)　(6-21)

运输重量可按表 6-11 的规定计取。

运输质量表　　**表 6-11**

材料名称		单　位	运输质量(kg)	备　注
混凝土制品	人工浇筑	m^3	2600	包括钢筋
	离心浇筑	m^3	2860	包括钢筋
线材	导线	kg	$W\times1.15$	有线盘
	钢绞线	kg	$W\times1.07$	无线盘
木杆材料			500	包括木横担
金具、绝缘子		kg	$W\times1.07$	
螺栓		kg	$W\times1.01$	

注：1. W 为理论质量；

2. 未列入者均按净质量计量。

2. 杆基土石方工程量

(1) 杆基土石方量按杆基施工图设计尺寸以体积“m^3”计算。其土方量的计算公式为：

$$V=\frac{h}{[6\times ab+(a+a_1)\times(b+b_1)+a_1\times b_1]}\tag{6-22}$$

式中　V——土(石)方体积 (m^3)；

h——坑深(m)；

$a(b)$——坑底宽(m)，$a(b)$＝底拉线盘底宽＋2×每边操作裕度；

$a_1(b_1)$——坑口宽(m)，$a_1(b_1)=a(b)+2\times h\times$边坡系数。

施工操作裕度可按底拉线盘底宽每边增加 0.1m。

(2) 杆坑土质可按一个坑的主要土质确定。如一个坑大部分为普通土，少量为坚土，则该坑全部按普通土计算。各类土质的放坡系数见表 6-12。当冻土厚度大于 300mm 时，冻土层的挖方量按挖坚土定额乘以 2.5 系数计量。对于带卡盘的电杆坑，如果原计算的尺寸不能满足卡盘安装时，因卡盘超长而增加的土(石)方量另计。没有底盘、卡盘的电杆坑，挖方体积可按下式计算：

$$V=0.8\times0.8\times h\tag{6-23}$$

式中　h——坑深(m)。

需要挖马道时，电杆坑的马道土、石方量可按每坑 0.2m^3 计量。

各类土质的放坡系数　　表 6-12

土质	普通土、水坑	坚土	松砂石	泥水、流沙、岩石
放坡系数	1∶0.3	1∶0.25	1∶0.2	不放坡

3. 杆体安装工程量

线路一次施工工程量是按 5 根以上电杆考虑的，如果 5 根以内者，其全部人工、机械费均乘以系数 1.3。如图 6-30 所示为钢筋混凝土高、低压混杆各种附件装置示意图。

(1) 底盘、卡盘、拉线盘安装工程量按设计用量以"块"计量。安装位置所如图 6-30 中 10、9 和 14 所示。木杆根部防腐按"根"计量。

未计价材料分别为混凝土底盘、卡盘、拉线盘、拉线棒、抱箍、连接螺栓以及金具。

(2) 杆塔组立工程量，分为立单杆、接腿杆和撑杆三种，并以杆塔形式和杆高分档次，按"根"计量。未计价材料分别为木电杆、水泥接腿杆、撑杆、地横木、圆木、连接铁件以及螺栓。

(3) 水泥电杆焊接，按"一个焊口"计量。

(4) 横担安装，架空线路中的横担安装，定额分为 10kV 以下和 1kV 以下横担安装以及进户线横担安装三种类型。按其安装形式、不同截面分别按"组"或"根"计量。双横担安装，按相应定额基价乘以系数 2 计量。10kV 以下横担安装按不同材质分别套用定额；1kV 以下横担安装按二线、四线、六线制和单、双根以及瓷横担分别按"组"计量，套用相应定额子目；进户线横担以一端埋设式和两端埋设式不同安装方式和二线、四线、六线制分别按"根"计量，套用相应定额子目。未计价材料有横担、绝缘子、连接铁件以及螺栓。高压 10kV 内和低压 1kV 内横担安装位置如图 6-30 中 3、4、7 所示。进户横担装置如图 6-31 所示。进户横担的工作内容包括测位、划线、打眼、钻孔、横担安装、装瓷瓶以及防水弯头。未计价材料为横担、绝缘子、防水弯头、支撑铁件以及螺栓。

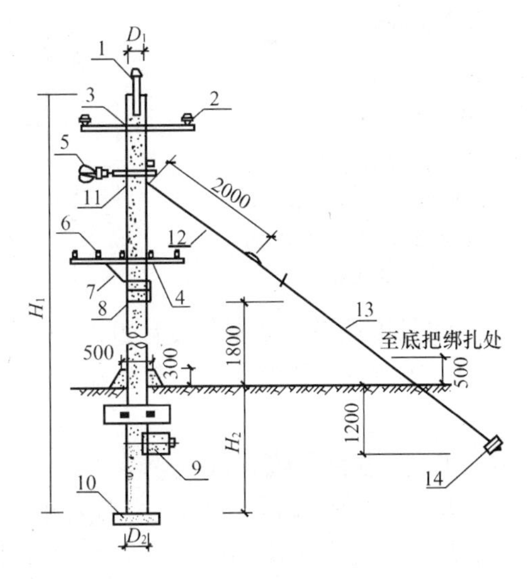

图 6-30　钢筋混凝土高、低压混杆装置示意图
1—高压杆头；2—高压针式绝缘子；3—高压横担；4—低压横担；5—高压悬式绝缘子；6—低压针式绝缘子；7—横担支撑；8—低压蝶式绝缘子；9—卡盘；10—底盘；11—拉线抱箍；12—拉线上把；13—拉线底把；14—拉线盘

4. 拉线制作安装工程量

拉线形式如图 6-32 所示：有(*a*)普通拉线；(*b*)高低拉线；(*c*)立 Y 型拉线；(*d*)撑杆(戗杆)；(*e*)弓型拉线；(*f*)自身弓型拉线；(*g*)高桩(高搬桩、水平)拉线；(*h*)平 Y 拉线(V 型拉线)。

拉线制作安装工程量按施工图设计规定，分别不同形式，按"组"计量。定额按单根拉线进入，如果安装 V 型、Y 型或双拼型拉线时，按 2 根计量。拉线的未计价材料有拉线、金具和抱箍。

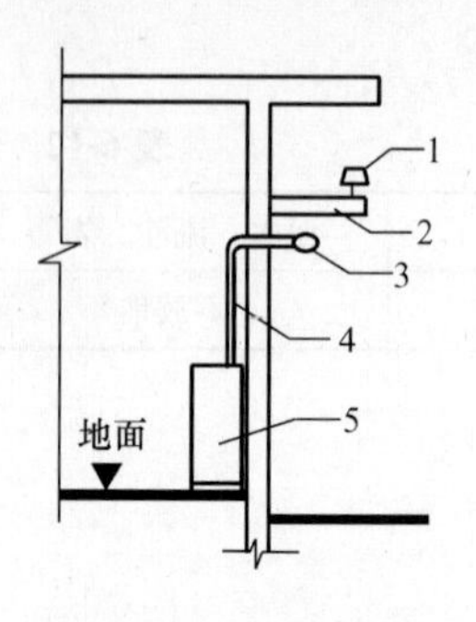

图 6-31 低压进户装置示意图

1—绝缘子；2—进户横担；3—防水弯头；4—进户线管；5—配电箱

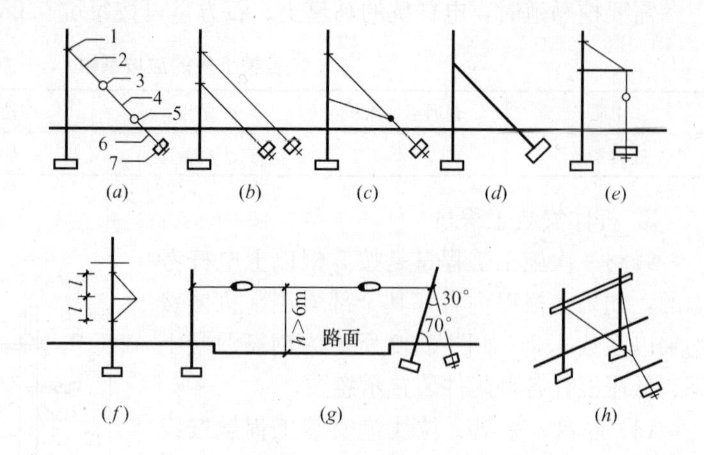

图 6-32 拉线形式

拉线长度按设计全根长度计量。

(1) 普通拉线长度计算，其公式为：

$$L = KH + A \tag{6-24}$$

式中 L——拉线长度，m；

K——三角函数 $\sin\theta$（θ 为拉线和电杆之间的夹角），见表 6-13。

H——拉线高度（由拉线装设点至地面的距离），可用杆高减埋地深度再减杆梢至拉线点距离，m；

A——拉线绑扎点需用长度之和，其中：绑电杆所用拉线长度 1.50m；绑地横木所用拉线长度 1.50m；做拉线环所用拉线长度 1.20m；绑瓷球所用拉线长度 1.20m。

计算拉线长度参考表 **表 6-13**

拉线对电杆夹角 θ	$\sin\theta$	拉线坑与杆坑的距离
15°	1.035	杆高×0.268
30°	1.155	杆高×0.577
45°	1.414	杆高×1.00
60°	2.00	杆高×1.732

(2) 水平拉线长度计算：

$$\begin{aligned} L &= KH + A + l + 2(\text{用拉线棒}) \\ &= KH + 2 \times 1.2 + l + 2 \\ &= KH + l + 4.4(l\ \text{一般取 15m}) \\ &= KH + 15 + 4.4 = KH + 19.4 \end{aligned} \tag{6-25}$$

式中 l——水平拉线，电杆与高搬桩（电杆）的距离，通常取 15m，如果实际间距每增加 1m，则拉线长度也相应增加 1m。

(3) V 型拉线长度计算：

$$L = (KH + A) \times 2 \tag{6-26}$$

(4) 弓型拉线长度计算：

$$L = 2.12 + (\text{杆长} - \text{埋深长度} + \text{拉线点至杆顶距离}) + A \quad (6\text{-}27)$$

式中　拉线点至杆顶距离通常取1.80m。

如果设计没有规定时，可按表6-14计取。

拉线长度计算表(单位：m/根)　　**表6-14**

项　目		普通拉线	V(Y)型拉线	弓型拉线
杆高(m)	8	11.47	22.94	9.33
	9	12.61	25.22	10.10
	10	13.74	27.48	10.92
	11	15.10	30.20	11.82
	12	16.14	32.28	12.62
	13	18.69	37.38	13.42
	14	19.68	39.36	15.12
水平拉线		26.47		

5. 导线架设工程量

导线架设分裸铝绞线、钢芯铝绞线、绝缘铝绞线等，可分别导线类型和不同截面按“km/单线”计量。

(1) 导线架设。工程量可按线路总长度和预留长度之和计量。未计价材料应另按规定的损耗率计取。其计算公式如下：

$$\text{导线长度} = \text{单根长度} \times \text{根数} \times (1 + \text{导线损耗率}) \quad (6\text{-}28)$$

$$\text{导线单根长度(km)} = \text{图纸设计线路长度} + \text{转角预留长度} + \text{分支预留长度} + \text{导线弛度(按线路长度的1\%计取)}$$

即：

$$\text{导线单根长度(km)} = \text{线路长度} \times (1 + 1\%) + \sum\text{预留长度} \quad (6\text{-}29)$$

其预留长度值见表6-15。

导线预留长度(单位：m/根)　　**表6-15**

项　目　名　称		长　度
高压(10kV以下)	转角	2.5
	分支、终端	2.0
低压(1kV以下)	分支、终端	0.5
	交叉、跳线、转角	1.5
与设备连接		0.5
进(接)户线		2.5

(2) 导线跨越。导线在架设中遇到障碍物需要跨越，如遇到电力线、通讯线、公路、铁路、河流等障碍。在进行跨越架设时，包括越线架的搭、拆和运输以及因跨越障碍物，使施工难度增大而增加的工作量。可按“处”计量。每一跨越间距按50m以内考虑，50m＜跨距＜100m者按2处计算，以此类推。在计算架线工程量时，不扣除跨越档的长度。

(3) 接户线架设。由高、低压线路接至建筑物第一个支持点之间的一段架空线，叫做接户线。经由接户线接入室内第一个配电设备的一段低压线路，叫做进户线。对于接户

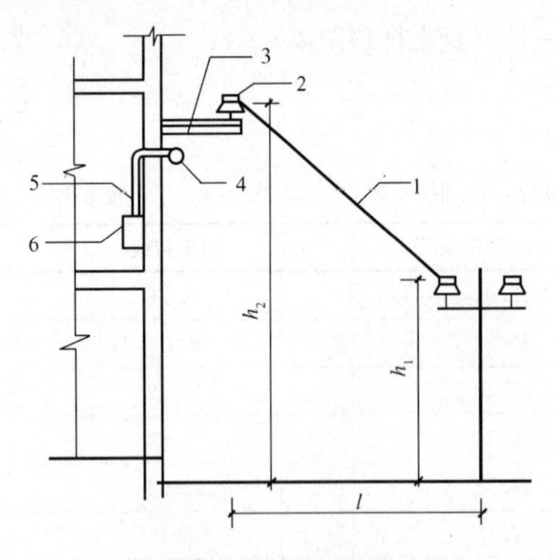

图 6-33　接户线及进户线

1—接户线；2—绝缘子；3—进户横担；4—防水弯头；5—进户线及线管；6—配电箱

线的架设，可按照不同截面的导线，按单根"延长米"计量。如图 6-33 所示。接户线计算式为：

$$L_{接户}=n\text{根}\times[\sqrt{l^2+(h_2-h_1)^2}+2.5(\text{预留长度})] \tag{6-30}$$

进户横担安装如前述；进户管以及管中穿线，按室内配管配线规定计量。

二、建筑电气弱电安装工程计量

建筑弱电是建筑电气工程的重要组成部分。之所以称为弱电，是针对建筑物的动力、照明用电而言，人们通常将动力、照明等输送能量的电力称为强电；而将传输信号、进行信息交换的电能称为弱电。强电系统引入电能进入室内，再通过用电设备转换成机械能、热能和光能等。弱电系统则要完成建筑物内部以及内部同外部的信息传递和交换。

随着信息产业与建筑产业的有机结合，"智能建筑"应运而生。智能建筑又称为 3A 建筑，是指建筑物集成了建筑设备楼宇自动化系统（Building Automation System，BAS）、办公自动化系统（Office Automation System，OAS）、通讯自动化系统（Communication Automation System ，CAS），以及结构化综合布线系统（Premises Distribution System PDS）形成标准化强电与弱电接口，并将计算机技术、通信技术、控制技术与建筑艺术有机结合，通过对设备的自动监控，对信息资源的管理和对使用者的信息服务以及同建筑优化组合，使之成为高功能、高效率、高舒适的现代化建筑。其组成和功能如图 6-34 所示。建筑弱电工程，可谓是一个集成系统，功能越来越多。目前建筑弱电系统主要有：电话通信系统、共用天线有线电视系统、闭路电视监控系统、有线广播音响系统、火灾自动报警及自动消防系统、安全防范系统、综合布线系统等。对于弱电工程部分在使用中，可结合计价规范的规定并采用地方定额。

(一) 室内电话管线工程计量

电话通信系统通常包括：中继线、交换机、交接箱、电话机和分线箱等内容。根据专业的划分，建筑安装单位通常只作室内电话管线的敷设，安装电话插座盒、插座。而电话、电话交换机的安装以及调试等工作原则上由电讯工程安装单位施工。

1. 电话室内交接箱、分线盒、壁龛（端子箱、分线箱、接头箱）的安装

(1) 交接箱。对于不设电话站的用户单位，可以用一个箱同市话网站直接连接，再通过箱的端子分配到单位内部分线箱或分线盒中去，此箱就称为"交接箱"。安装时可采用明装或暗装形式。以"个"计量，按电话对数分档，箱、盒计算未计价价值。

(2) 壁龛。室内电话管线进入用户，或须转折、过墙、接头时采用分线箱（端子箱、接头箱），如为暗装时即称为壁龛。其箱体材料可用木质、铁质制作。

对于装设电话对数较少的盒称为接线盒或分线盒。壁龛、分线盒的安装按"个"计量。

2. 电话管线敷设

电话管线敷设分明敷、暗敷，按管径大小和管材分类按"米"计量。定额可按《国安》第

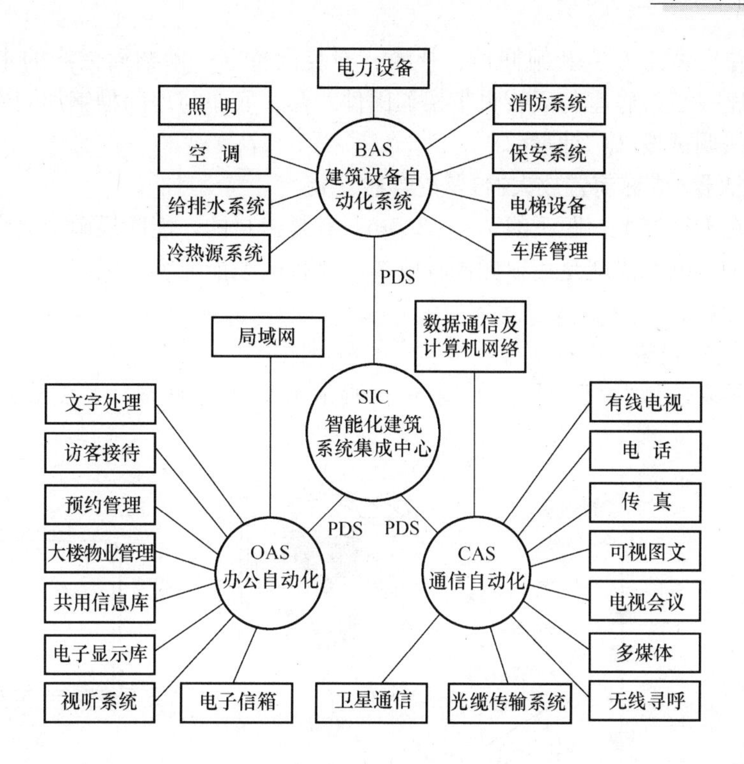

图 6-34 智能楼宇系统组成及功能示意图

二册或地方定额篇《电气设备安装工程》的第十二章配管配线工程执行。接线盒与分线盒的计算方法同动力照明线路。

如为沿墙布放双芯电话线时，工程量计量方法同照明、动力线路。如果采用电话电缆明敷，可套用定额第二册(篇)第十二章“塑料护套线明敷”子目。

3. 话机插座安装

电话机插座无论接线板式、插口式等，不分明、暗，一律按“个”计量。但应计算一个插座盒的安装。插座安装定额可套用第二册(篇)第十三章相应子目。插座盒安装套用第二册(篇)第十二章相应子目。

(二) 共用天线电视系统 (CATV)工程计量

共用天线电视系统是由一组室外天线，通过输送网络的分配将许多用户电视接收机相连，传送电视图像、音响的系统，简称 CATV 系统，亦称为开路系统。人们将可传递各种音响、图像的系统称为闭路电视系统，简称 CCTV 系统。

1. 天线架设

(1) CATV 天线架设可按“套”计量。其工作内容包括：开箱检查、搬运、清洁、安装就位、调试等。天线的未计价材料包括天线本身、底座、天线支撑杆、拉线、避雷装置等。天线安装架设如图 6-35 所示。

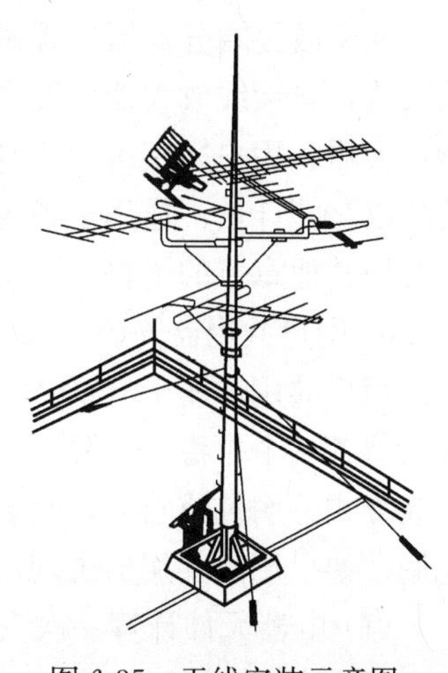

图 6-35 天线安装示意图

(2) 卫星接收抛物面天线安装，可按直径分档次，以“副”计量。其工作内容包括：天线和天线架设、场内搬运、吊装、安装就位、调正方位及俯仰角、补漆、安装设备等。抛物面天线的未计价材料包括：天线架底座一套、底座与天线自带架加固件一套、底座与地面槽钢加固件一套。

抛物面天线调试按“副”计量。

2. 天线放大器（或称前置放大器）及混合器安装

适宜安装在天线杆上，距天线1.5～2.0m。它是密封的，能防风雨。放大器的电源在室内前端设备中，电源线就是用射频同轴电缆，这种电缆能兼容工频电流和射频电流。其工程量按“个”计量。

3. 天线滤波器安装

天线滤波器安装以“个”计量。如图6-36所示为带通滤波器、天线放大器等安装位置图。

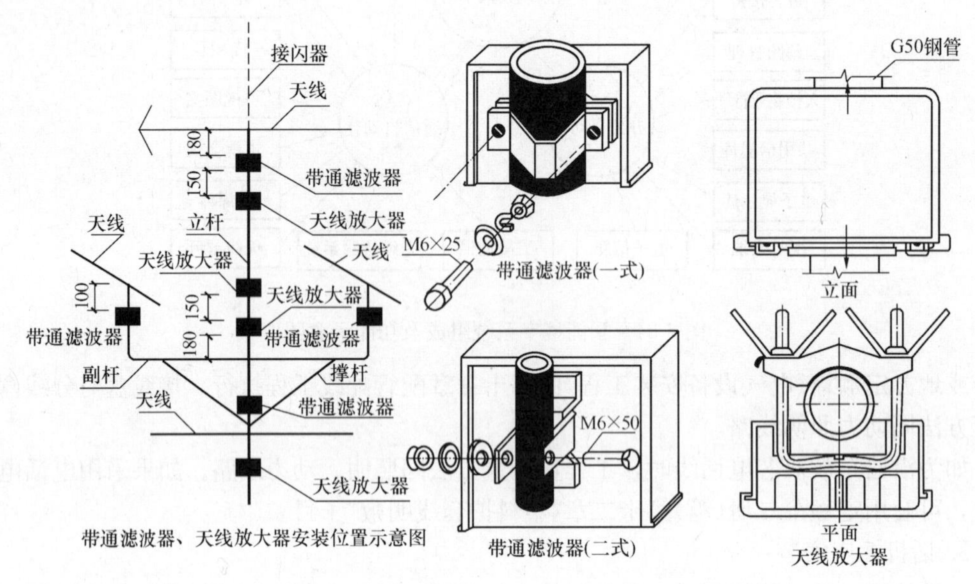

图6-36　带通滤波器、天线放大器等安装位置图

4. 主放大器、分配器、分支器等安装

插座或终端分支器工程量按“个”计量。共用天线电视系统中定额里列有各种单项器件的安装，除天线放大器、混合器外，还有二分配器、四分配器、二分支器、四分支器、宽频放大器、用户插座等项。其工程内容均包含本体安装、接线、调试等。其单项器件的安装均以“个”计量，适用于各种盘面的安装。如果在保护箱内安装，其箱体的制作安装费用可套用其他章节的子目。

5. 用户共用器安装

用户共用器属于CATV系统的前端设备，通常由高、低频衰减器各一个；高、低频放大器各一个；稳压电源一个；混合器一个；四分配器一个等组成，安装在一个箱内。其安装方式分明装或暗装，暗装时应计算一个接线箱的安装，其方法和定额套用与照明线路相同。如果用户共用器由现场加工，所列工程量计量项目有：

(1) 电器元件计算一次安装；

(2) 计算箱体制作；

（3）计算箱体安装；

（4）计算箱内配线。

6. 同轴电缆敷设

同轴电缆敷设按“m”计量。无论明敷、暗敷均与动力或照明线路的计算方法相同。

如果为穿管敷设可以按管内穿线工程计量，套用配管、配线定额相应子目；如果在钢索上敷设，工程计量、列项以及套定额同照明线路在钢索上敷设相同。如图 6-37 所示为电缆电视系统图。

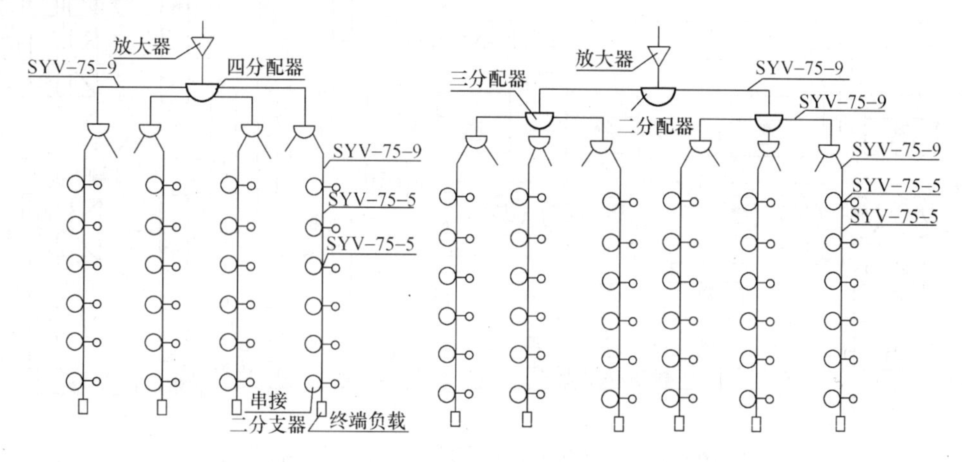

图 6-37　电缆电视系统图

7. CATV 系统中的箱、盒、盘、板等的制作、安装工程计量与套用定额

CATV 系统中的箱、盒、盘、板等工程量的计算方法同定额的套用可参照第二册（篇）有关子目。

8. CATV 系统调试

CATV 系统调试指调试接收指标，除天线等调试以外，可以用户终端为准，按“户”计量。

（三）有线广播音响系统工程计量

广播音响系统是指工业企业和事业单位内部或某一建筑物（群）自成体系的独立的有线广播系统。无论任何一种广播音响系统，其基本组成均可概括为：节目源设备、放大和处理设备、传输线路和扬声器系统。建筑物的广播系统包括：有线广播、舞台音乐、背景音乐、扩声系统等，如图 6-38 所示为音频传输背景音乐与火灾广播系统图。

1. 广播线路配管安装

其安装方式分明装和暗装两种，工程量计算方法和套用定额均与第二册（篇）照明、动力配管相同，但是要注意分线盒的安装和计量。

2. 广播线路的明敷

广播线路的明敷，穿管敷设、槽板敷设其计算方法和定额的套用均与第二册（篇）的照明、动力线路敷设相同。

3. 广播线路中的箱、盒、盘、板的制作和安装，其工程计量方法和定额的套用均与第二册（篇）动力、照明工程相同。

4. 广播设备安装

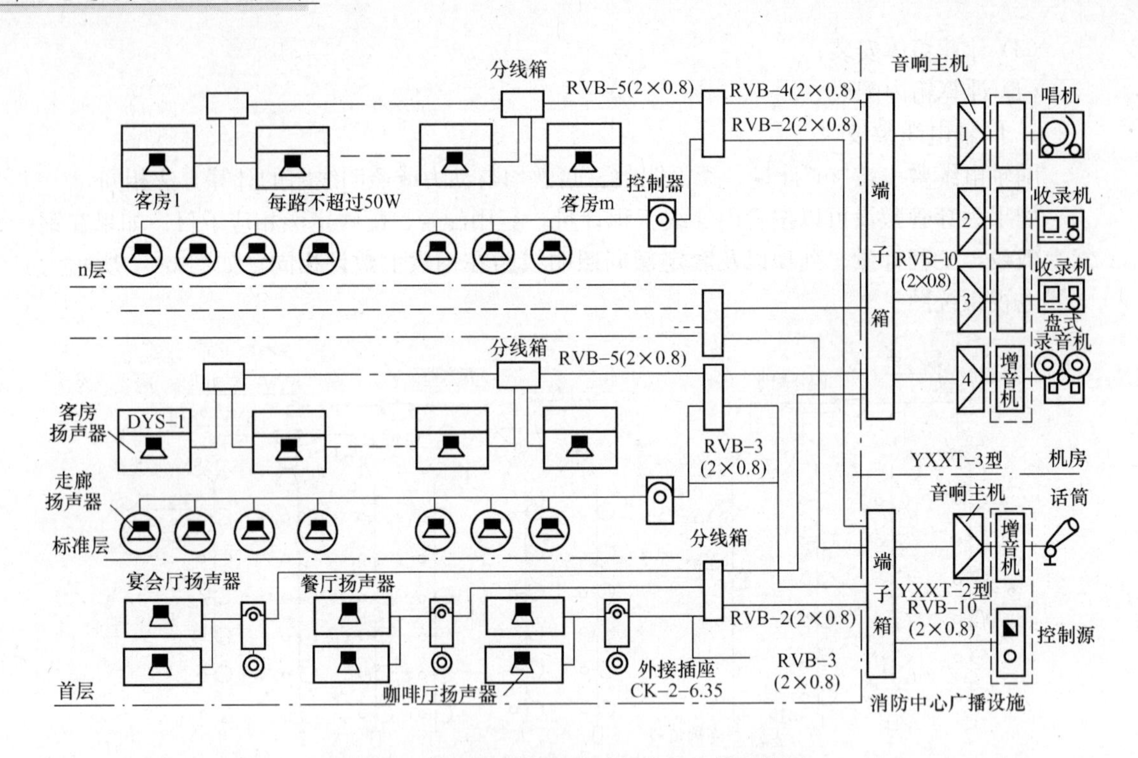

图 6-38　音频传输背景音乐与火灾广播系统图

音响设备主要有传声器、电唱机、扩音机、扬声器、声柱、功率放大器、前级增音机、转播接收机和声频处理设备等，多按设备容量分档次，按“台”、“套”计量。

5. 扩音转接机安装

按“部”计量。

6. 扬声器安装

无论是何种形式，其安装工程量一律按“只”计量。扬声器外接插座安装按“套”计量。

7. 扩音柱安装

扩音柱的安装按“部”计量。

8. 电子钟安装和调试，按“只 ”、“台 ”计量。

9. 线间变压器安装按“个”计量。

10. 端子箱安装

按“台”计量。套用第二册(篇)第四章相应子目。

(四) 建筑火灾自动报警及自动消防系统工程计量

该系统组成主要包括报警系统、防火系统、灭火系统和火警档案管理四个部分。其火灾消防系统示意如图 6-39 所示。其配管配线工程量按图纸计量，无论是明敷或暗敷的计量与定额的套用方法，均与第二册(篇)动力和照明线路有关子目相同。

1. 火灾探测器安装

点型探测器按线制的不同分为多线制与总线制，不分规格、型号、安装方式和位置，以“只”计量。探测器安装包括了探头和底座的安装和本体调试。红外线探测器均按“只”计量，定额套用第七册(篇)消防及安全防范设备安装工程定额有关子目。红外线探测器是成对使用的，计量时，一对为两只。定额中包括了探头支架安装和探测器的调试、对中。

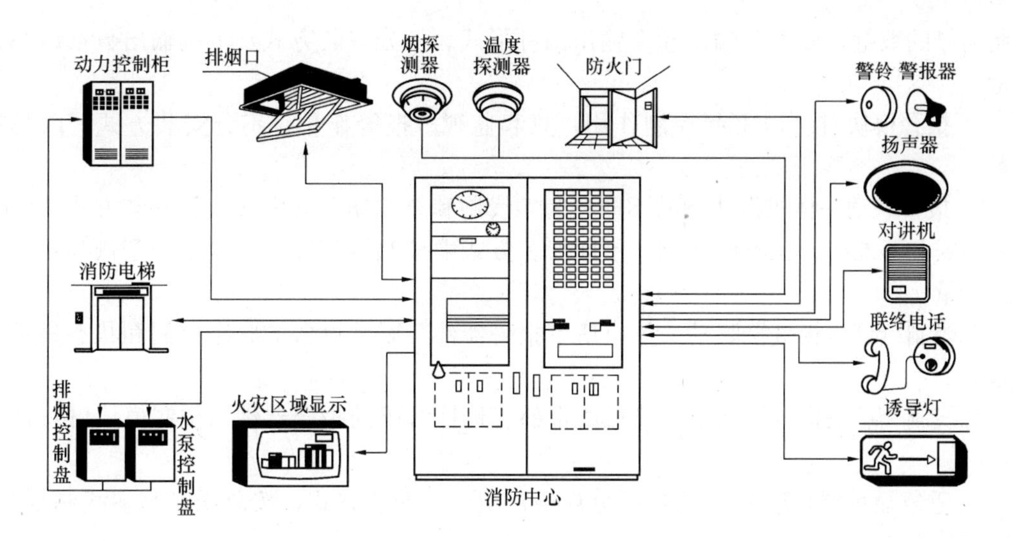

图 6-39 火灾灭火系统联动示意图

火焰探测器、可燃气体探测器按线制的不同分为多线制和总线制两种，计量不分规格、型号、安装方式与位置，均以“只”计量。探测器安装包括了探头和底座的安装以及本体调试。

线形探测器的安装方式按环绕、正弦以及直线综合考虑，不分线制以及保护形式，以“m”计量。定额中未包括探测器连接的一只模块和终端，其工程量可按相应定额另行计量。定额套用第七册(篇)有关子目。

2. 火灾自动报警装置安装

(1) 区域火灾报警控制器安装

其安装方式形式一般有台式、壁挂式、落地式几种，壁挂式采用明装，安装在墙上时，底距地(楼)面≮1.5m，门、窗框边≮25cm。按线制的不同分多线制和总线制两种，在不同线制、不同安装方式中，按照“点”数的不同划分定额项目，以“台”计量。定额套用第七册(篇)有关子目。如果设在支架上，则另外计量支架，并且分别套用第二册(篇)第四章一般铁构件制作、安装定额子目。其多线制“点”是指报警控制器所带报警器件(探测器、报警按钮等)的数量。总线制“点”是指报警控制器所带的有地址编码的报警器件(探测器、报警按钮、模块等)的数量。如果一个模块带数个探测器，则只能计为一点。

(2) 联动控制器按线制的不同分多线制和总线制两种，其中又按安装方式不同分壁挂式和落地式。在不同线制、不同安装方式中按照“点”数的不同划分定额项目，以“台”计量。

多线制“点”是指联动控制器所带联动设备的状态控制和状态显示的数量。总线制“点”是指联动控制器所带的有控制模块(接口)的数量。定额套用第七册(篇)有关子目。因落地式较多，故采用型钢做基础。定额分别套用第二册(篇)第四章一般铁构件制作、安装定额子目。

3. 按钮包括消火栓按钮、手动报警按钮、气体灭火起停按钮，以“只”计量。定额是按照在轻质墙体和硬质墙体上安装两种方式综合考虑，安装方式不同时，不得调整。

4. 控制模块(接口)是指仅能起控制作用的模块(接口)，亦称为中继器，依据其给出控制信号的数量，分为单输出和多输出两种形式。不分安装方式，可按输出数量以“只”计量。

5. 报警模块(接口)不起控制作用，只起监视、报警作用，不分安装方式，以“只”计量。

6. 报警联动一体机按线制的不同分为多线制和总线制，其中又按其安装方式不同分为壁挂式和落地式。在不同线制、不同安装方式中按照“点”数的不同划分定额项目，以“台”计量。

多线制“点”是指报警联动一体机所带报警器件与联动设备的状态控制和状态显示的数量。

总线制“点”是指报警联动一体机所带的有地址编码的报警器件与控制模块(接口)的数量。

7. 重复显示器(楼层显示器)不分规格、型号、安装方式，按总线制与多线制划分，以“台”计量。

8. 远程控制器按其控制回路数以“台”计量。

9. 火灾事故广播中的功放机、录音机的安装按柜内以及台上两种方式综合考虑，分别以“台”计量。

10. 消防广播控制柜是指安装成套消防广播设备的成品机柜，不分规格、型号，以“台”计量。

11. 火灾事故广播中的扬声器不分规格、型号，按吸顶式与壁挂式，按“只”计量。

12. 广播分配器是指单独安装的消防广播用分配器(操作盘)，按“台”计量。

13. 消防通讯系统中的电话交换机按“门”数不同以“台”计量；通讯分机、插孔是指消防专用电话分机与电话插孔，不分安装方式，分别按“部”、“个”计量。

14. 报警备用电源综合考虑了规格、型号，按“台”计量。

15. 消防中心控制台、自动灭火控制台、排烟控制盘、水泵控制盘等安装，套用定额第二册(篇)有关子目。即非标准箱、屏、台等制作、安装子目。

16. 消防系统调试

消防系统调试包括：自动报警系统、水灭火系统、火灾事故广播、消防通讯系统、消防电梯系统、电动防火门、防火卷帘门、正压送风阀、排烟阀、防火阀控制装置、气体灭火系统装置。

(1) 自动报警系统包括各种探测器、报警按钮、报警控制器组成的报警系统，分别不同点数按“系统”计量。其点数按多线制与总线制报警器的点数计量。

(2) 水灭火系统控制装置按照不同点数按“系统”计量。其点数按多线制与总线制联动控制器的点数计量。

(3) 火灾事故广播、消防通讯系统中的消防广播喇叭、音箱和消防通讯的电话分机、电话插孔，按其数量按“个”计量。

(4) 消防用电梯与控制中心间的控制调试按“部”计量。

(5) 电动防火门、防火卷帘门指可由消防控制中心显示与控制的电动防火门、防火卷帘门，按“处”计量，每樘为一处。

(6) 正压送风阀、排烟阀、防火阀按“处”计量，一个阀为一处。

17. 安全防范设备安装

(1) 设备、部件按设计成品以“台”或“套”计量。

(2) 模拟盘以“m^2”计量。

(3) 入侵报警系统调试以“系统”计量，其点数按实际调试点数计量。

(4) 电视监控系统调试以“系统”计量，其头尾数包括摄像机、监视器数量之和。

(5) 其他联动设备的调试已考虑在单机调试中，其工程量不再另计。

(五) 高层建筑电子联络系统安装工程计量

随着现代化高层建筑和超高层建筑的日益增多，尤其是智能住宅小区的开发建设，楼宇的安全防范系统越来越复杂，可采用安全电子联络系统。在高层建筑电子联络系统中，可分为传呼系统和“直接对讲系统”。“直接对讲系统”又可分为“一般对讲系统”和“可视对讲系统”。在楼宇内“传呼系统”需设置值班员，通过“呼叫主机”再接通“用户应答器”即可对话。如图 6-40 所示为高层住宅电子传呼对讲系统接线图；直接对讲系统，来客可直接按动主机面板的对应房号，主人的户机会发出振动铃声，双方对讲之后，主人通过户机开启楼层的大门，客人方可进入。可视对讲系统是当客人按动主机面板对应房号时，主人户机会发出振动铃声，而显示屏自动打开，显示出客人的图像，主人同客人对讲并确定身份后，主人可通过户机开锁键遥控大门的电控锁打开大门，客人进入大门后，闭门器就将大门自动关闭并锁好。如图 6-41 所示为一楼宇可视对讲系统示意图。

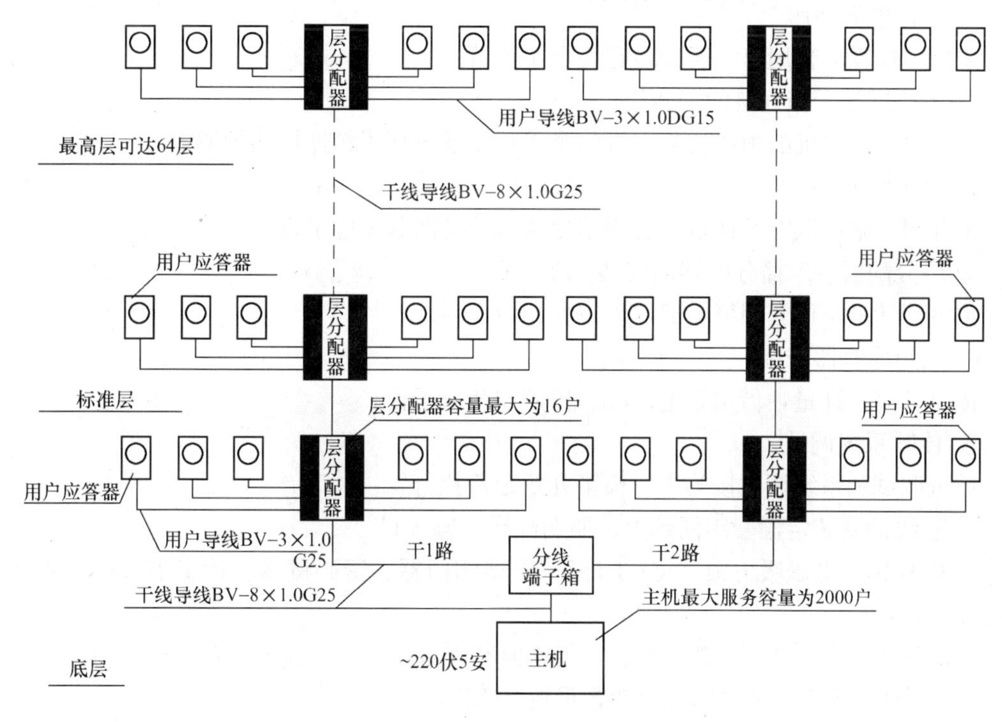

图 6-40　高层住宅电子传呼对讲系统接线图

1. 传呼(呼叫)主机安装

传呼主机通常安装在工作台上；而呼叫系统(不设值班员)的主机一般挂于墙上(明装)或墙上暗装。其安装工程量可按“台”或“套”计量。在《国安》未颁布的情况下，可借用照明配电箱子目。

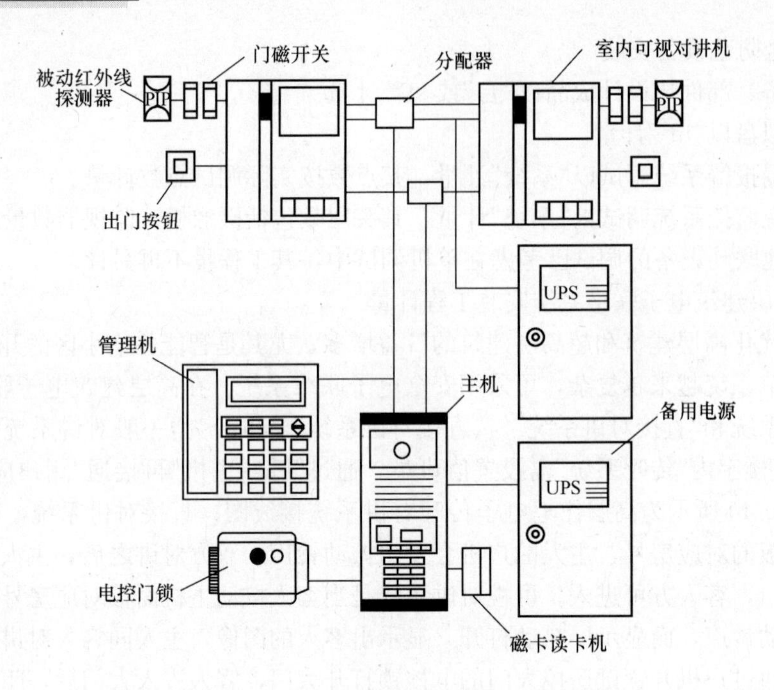

图 6-41　楼宇可视对讲系统示意图

2. 主机电源插座

按“套”计算，套用第二册(篇)有关定额子目。

3. 主机同端子箱连接的屏蔽线

应考虑接入主机的预留长为主机的半周长以及与端子箱连接端预留 1m。

4. 端子箱安装

不分明、暗均以“台”计量。套用第二册(篇)第四章相应子目。

5. 层分配器、广播分配器的安装

按“台”计量，可套用第七册(篇)定额相应子目。

6. 用户应答器安装

按“只”“台”计量，借用第七册(篇)扬声器相应子目。

7. 传呼系统调试

单机调试和系统调试按第十三篇第九章定额执行。

8. 管线的安装定额套用同动力、照明配线定额子目。

9. 电控锁、电磁吸力锁、可视门镜、自动闭门器、密码键盘、读卡器、控制器等安装可按“台”计量。

10. 门磁开关、铁门开关等安装，无论何种规格、型号和安装位置，均按“套”计量。

11. 可视对讲系统射频同轴电缆敷设按“m”计量。

12. 可视对讲系统配电柜、稳压电源、UPS 不间断电源安装(以电容量分档)安装等均按“台”计量。

13. 当不采用楼层分配器(端子箱)，而用楼层解码板时其安装工程量按“套”计量。

(六) 智能三表出户系统工程计量

高层住宅中，为便于物业管理和用户的需要而设置的三种表(冷水、热水和中水表;

电度表和气表)称为智能三表出户系统。如图 6-42 所示为某高层住宅标准层三种表出户系统和可视对讲系统图。

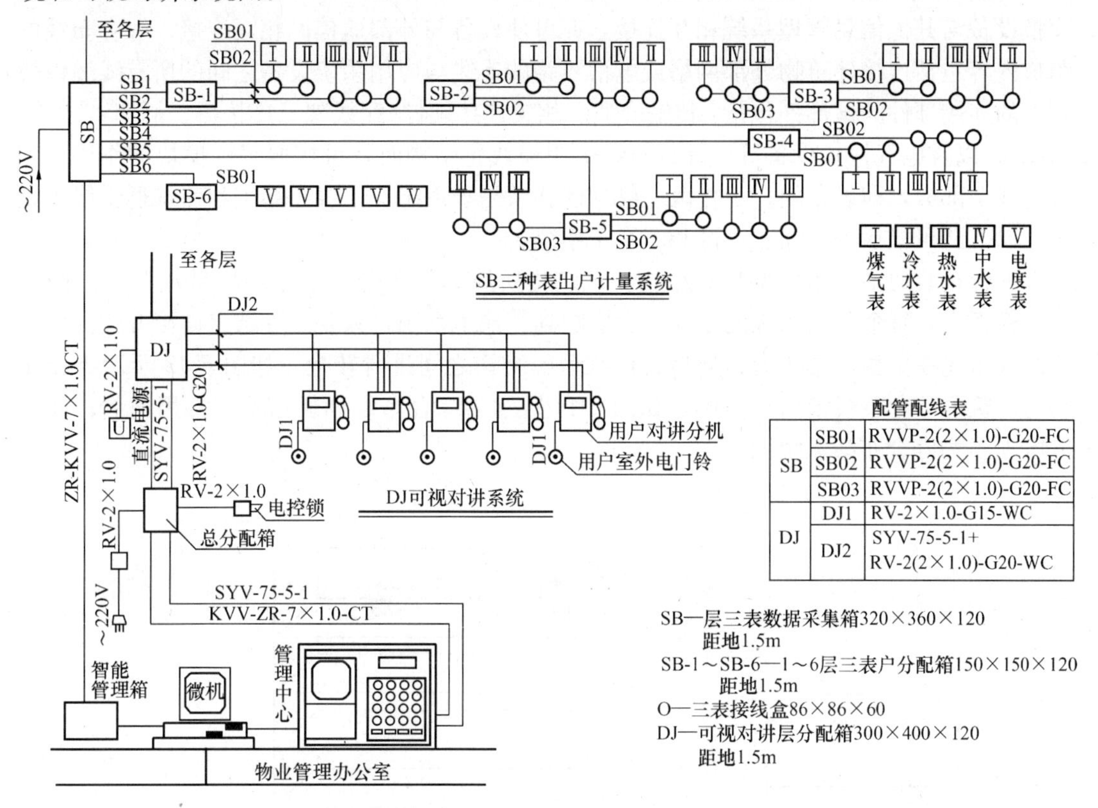

图 6-42　某高层住宅标准层三种表出户系统及可视对讲系统

1. 三表出户系统中配管、配线安装计量方法和定额套用与动力照明系统相同。

2. 三表住户管理器安装工程量按“台”计量，另立一个暗接线盒或暗接线箱安装项目。

3. 智能三表(水表、电表、气表)安装分别采用先进的脉冲式表，并在表中附加一块微型程序控制器，整个系统便会具备小型数据库功能，对三表的用户用(水、电、气)量可录入、排序、分类，并具抄表、计费、打印的输出功能。三表按“个”计量。(远传冷/热水表、远传脉冲电表、远传煤气表的安装，套用第十三篇定额《建筑智能化系统设备安装工程》第四章“建筑设备监控系统安装工程”的多表远传系统相应子目）。每个表计一个暗接线盒安装项目，套用第十三篇或第二篇定额相应项目。

4. 层分配器(箱)、户分配器(箱)安装按“个”计量，同时还要列端子板外接线项目，按“10 头”计量。

(七) 综合布线系统工程计量

智能建筑是信息时代的产物，综合布线是智能建筑的中枢神经系统。智能建筑系统功能设计的核心是系统集成设计，智能建筑物内信息通信网络的实现，是智能建筑系统功能上系统集成的关键。智能化建筑通常具有的四大主要特征是：建筑物自动化(BA)、通信自动化(CA)、办公自动化(OA)和布线综合化(GC)。智能建筑与综合布线之间的关系是：综合布线是智能建筑的一部分，像一条高速公路，可统一规划、统一设计，将连接线缆综合布置在建筑物内。人们定义综合布线为具有模块化的、灵活性极高的建筑物内或建筑群之间的信息传输通道，是智能建筑的“信息高速公路”。它既可使语音、数据、图像设备和交换设备与其他信息管理系统相互连接，亦可使设备与外部通信网相互连接。综合布线的组成内容包括连接建筑物外部网络或电信线路的连线与应用系统设备之间的所有线缆以及相关的连接部件。该部件包括：传输介质、相关连接硬件(配线架、连接器、插座、插头、适配器)以及电气保护设备等。综合布线采用模块化结构时，可按照每个模块的作用，划分为 6 个部分，即设备间、工作区、管理区、水平子系统、干线子系统和建筑群干线子系统。以上又可概括为一间、二区和三个子系统。

综合布线通常采用星型拓扑结构。该结构所属的每个分支子系统均是相对独立的单元，换言之，每个分支系统的改动不会影响到其他子系统，只要改变结点连接方式就可以使综合布线在星型、总线型、环型、树状型等结构之间进行转换。如图 6-43 所示为建筑物与建筑群综合布线结构示意图；如图 6-44 所示为综合布线和通信系统常用图例；如图 6-45 所示为综合布线系统图。

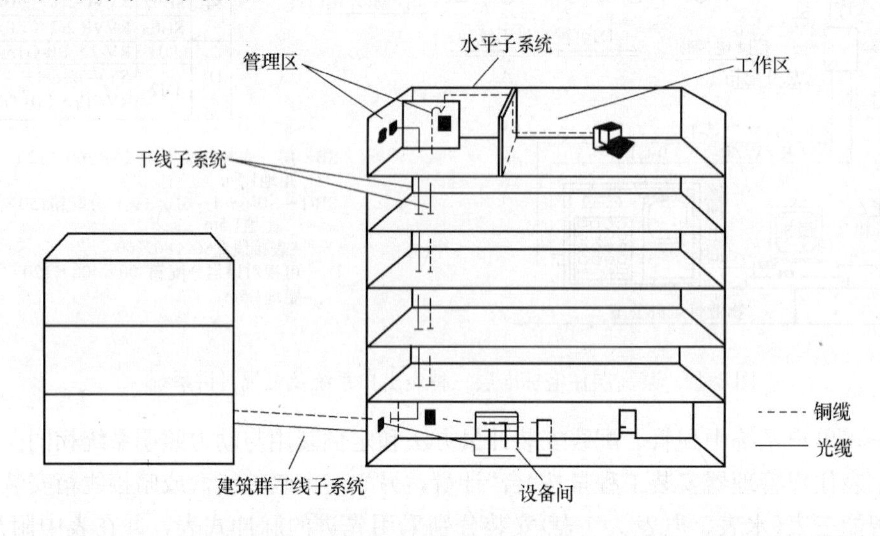

图 6-43 建筑物与建筑群综合布线结构示意图

1. 综合布线系统组成

(1) 设备间：设备间是楼宇放置综合布线线缆和相关连接硬件以及应用系统的设备的场地。通常设在每幢大楼的第二或第三层。包括建筑物的入口区的设备或防雷电保护装置以及连接到符合要求的建筑物接地装置。

设备间主要设备有：电信部门的市话进户电缆、中继线、公共系统设备如程控电话交换主机(PBX)、计算机化小型电话交换机(CBX)、计算机主机等。设备间的硬件主要由线缆(光纤缆、双绞电缆、同轴电缆、一般铜芯电缆)、配线架、跳线模块以及跳线等构成。

(2) 工作区：放置应用系统终端设备的区域称为工作区。由终端设备连接到信息插座的连线（或接插软线)组成。采用接插软线在终端设备和信息插座之间搭接。如图 6-46 所示。

各终端设备通常有：电话机、计算机、传真机、电视机、监视器、传感器和数据终端等。如图 6-47 所示。

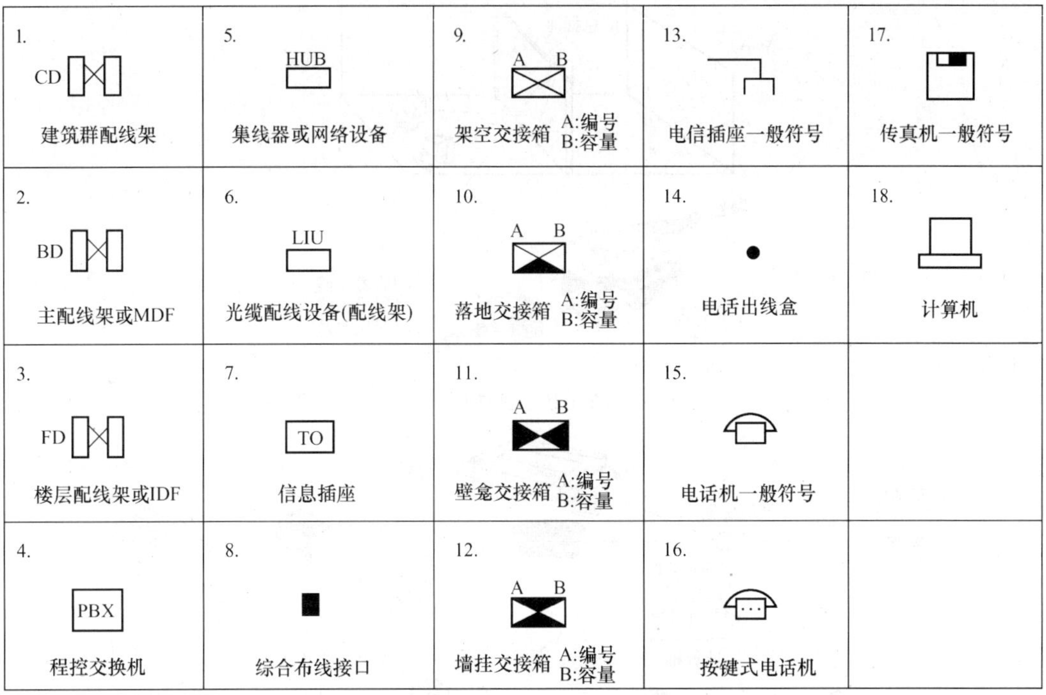

1.
CD
建筑群配线架
5.
HUB
集线器或网络设备
9.
A B
架空交接箱
A:编号
B:容量
13.
电信插座一般符号
17.
传真机一般符号
2.
BD
主配线架或MDF
6.
LIU
光缆配线设备(配线架)
10.
A B
落地交接箱
A:编号
B:容量
14.
电话出线盒
18.
计算机
3.
FD
楼层配线架或IDF
7.
TO
信息插座
11.
A B
壁龛交接箱
A:编号
B:容量
15.
电话机一般符号
4.
PBX
程控交换机
8.
综合布线接口
12.
A B
墙挂交接箱
A:编号
B:容量
16.
按键式电话机

图 6-44　综合布线和通信系统常用图例

弱电竖井
F4
F3
F2
F1
IDF
HUB
LIU
主干光缆
大对数主干电缆
A
注:
1.电话机房，计算机房已定位。
2.水平布线及信息插座为全五类。
投资稍高一些，但使用非常灵活。
计算机房
服务器
工作站
光纤 MDF
HUB
电话交换机房
MDF
PBX
工作区
子系统
水平布线子系统
管理子系统
干线子系统
设备间子系统

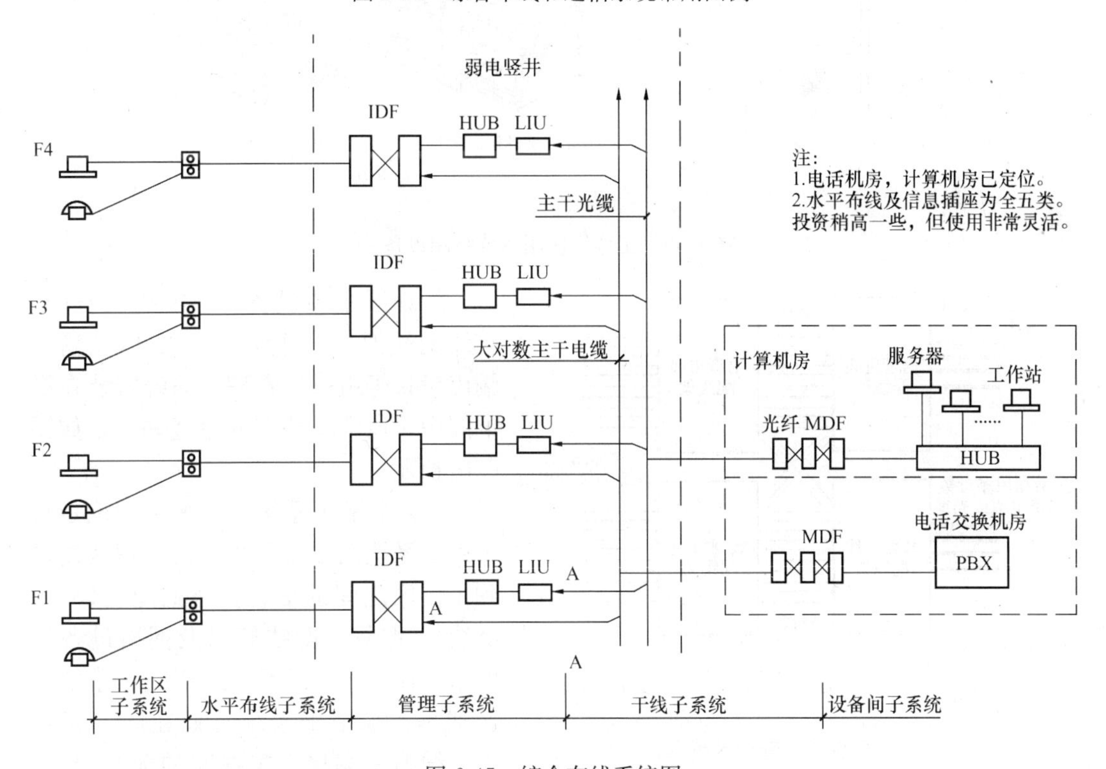

图 6-45　综合布线系统图

(3) 管理区：管理区在配线间或设备间的配线区域，采用交连和互连等方式来管理干线子系统和水平子系统的线缆。相当于电话系统中的层分线箱或分线盒作用。如图 6-48 所示。

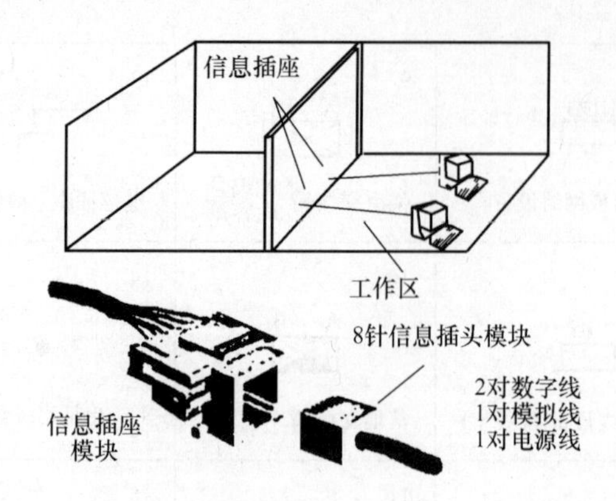

图 6-46　工作区

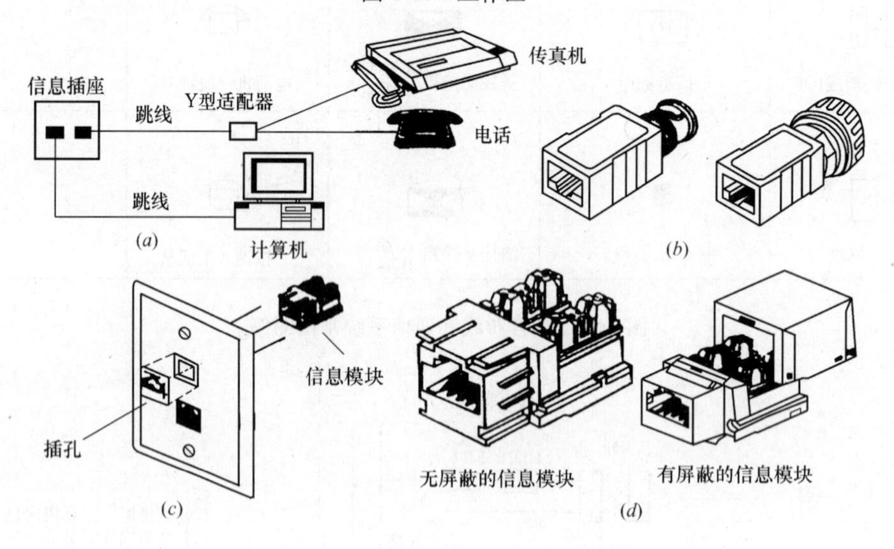

图 6-47　工作区应用系统终端设备

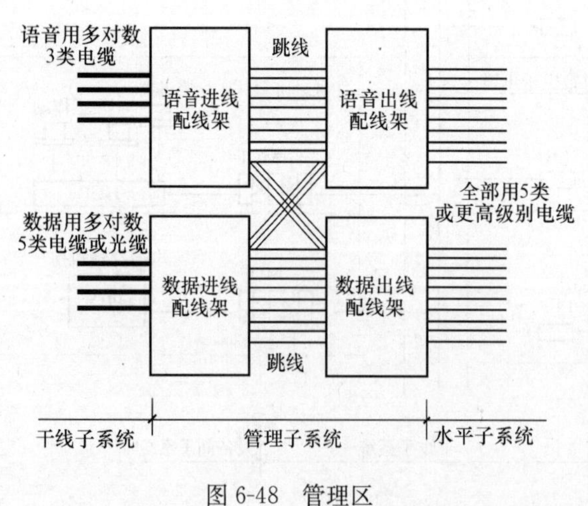

图 6-48　管理区

管理区主要设备有：配线设备(双绞线配线架、光纤缆配线架)以及输入输出设备等组成。管理子系统安装在配电间中，通常安装在弱电竖井中，如图 6-48 所示。

(4) 水平子系统：水平子系统是将干线子系统经楼层配线间的管理区连接到工作区之间的信息插座的配线(3、5 类线)、配管、配线架以及网络设备等的组合体。水平子系统与干线子系统的区别是：水平子系统总处在同一楼层上。线缆一端接在配线间的配线架上，另一端接在信息插座上。而干线子系统总是位于垂直的弱电间。如图 6-49 所示。

(5) 干线子系统：干线子系统是由设备间和楼层配线间之间的连接线缆组成。多采用大对数双绞电缆或光纤缆、同轴电缆等。两端分别接在设备间和楼层配线间的配线架上。如图 6-50 所示。

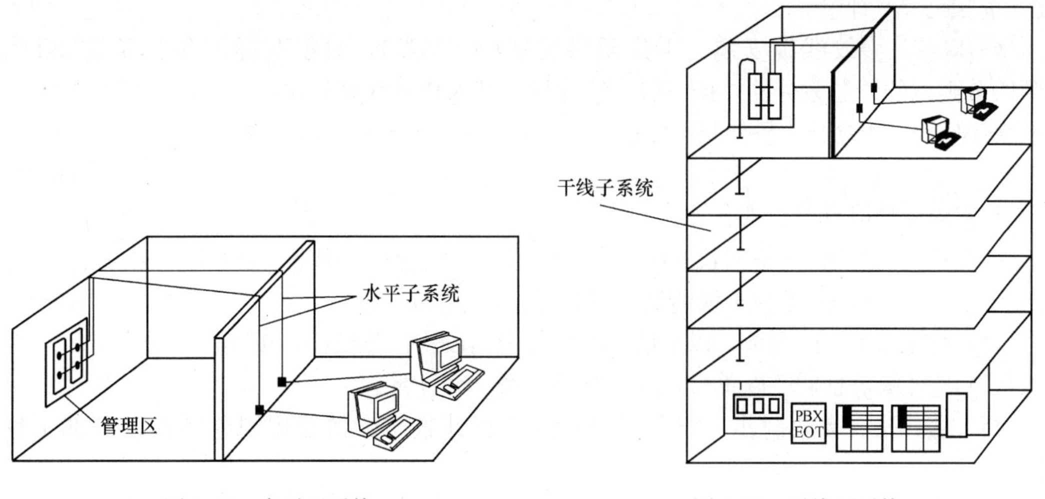

图 6-49　水平子系统　　　　图 6-50　干线子系统

（6）建筑群干线子系统：建筑群干线子系统是由连接各建筑物之间的线缆和相应配线设备等组成的布线系统。建筑群综合布线所需要的硬件，包括铜芯电缆、光纤缆、双绞电缆以及电气保护设备。建筑群干线子系统通常所涉及的设备有：电话、数据、电视系统装置及进入楼宇处线缆上设置的过流、过压的继电保护设备等。综合布线的各子系统与应用系统的连接关系如图 6-51 所示。

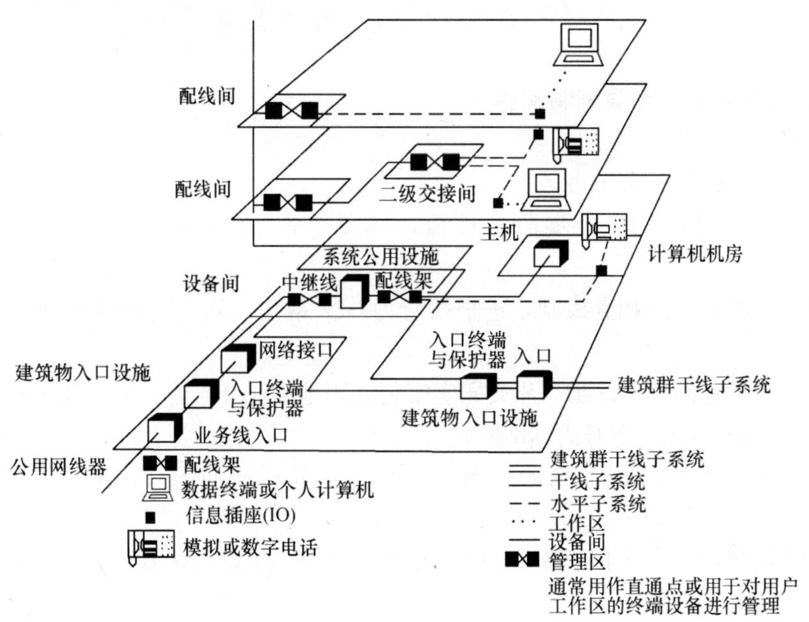

图 6-51　综合布线的各子系统与应用系统的连接关系

2. 综合布线系统工程计量

（1）入户线缆敷设：无论采用架空、直埋或电缆沟内敷设，其安装工程量分别以线缆芯数分档，均按“m”计量。

(2) 光纤缆、同轴电缆等安装，以沿槽盒、桥架、电缆沟和穿管敷设和线缆线芯分类，按“延长米”计量。

(3)双绞、多绞线缆安装，不论质量类别(3、5 类)，只根据屏蔽和非屏蔽(STP、UTP)分类以缆线芯数分档，按“延长米”计量。其入户时计算公式：

线缆长=(槽盒长+桥架长+线槽长+沟道长)×(1+10%)+线缆端预留长度 5m (6-31)

其室内安装时计算公式：

线缆长=(槽盒长+桥架长+线槽长+沟道长+配管长+引下线管长)×(1+10%)+线缆端预留长度 5m (6-32)

(4) 光纤缆中继段测试，以电话线路里的中继段为计算依托，按“段”计量。

(5) 光纤缆信息插座以单口、双口分档，按“个”计量。

箱、盒、头、支架制作、安全等项目的工程计量与定额套用同电缆敷设分部工程计量。

其余终端设备如传真机、电话机等多按“台”、“部”等计量。线路电源如配电电源控制柜、箱、屏等按“台”计量。UPS 不间断电源安装按“个”计量。线路设备如插头、插座、适配器、中转器等均按“个”计量。信息插座模块安装按“块”计量。综合布线系统、防雷与接地保护系统、屏蔽与防静电接地系统等应分开计量，其方法同强电防雷与接地相同。系统调试可按当地定额规定执行。

第二节 建筑电气安装工程施工图预算编制实例

一、电气照明工程施工图预算编制实例

(一) 工程概况

1. 工程地址：该工程位于某市市区。

2. 结构类型：工程结构为现浇混凝土楼板，一楼一底建筑，层高 3.2m，女儿墙 0.9m 高。

3. 进线方式：电源采用三相五线制，进户线管为 G32 钢管，从－0.8m 处暗敷至底层配电箱，钢管长 12m 。

4. 配电箱安装在距地面 1.8m 处，开关插座安装在距地面 1.4m 处。配电箱的外形尺寸(高+宽)为(500+400)mm，型号为 XMR-10。

5. 平面线路走向：均采用 BLV-500-2.5mm^2。两层建筑的平面图一样，详细尺寸如平面图 6-52。

6. 避雷引下线安装：－25×4 镀锌扁钢暗敷在抹灰层内，上端高出女儿墙 0.15m。下端引出墙边 1.5m，埋深 0.8m。

(二) 采用定额及取费标准

施工单位为某国营建筑公司，工程类别为三类。采用 2000 年《国安》，和某市现行材料预算价格或部分双方认定的市场采购价格。

合同中规定不计远地施工增加费和施工队伍迁移费。

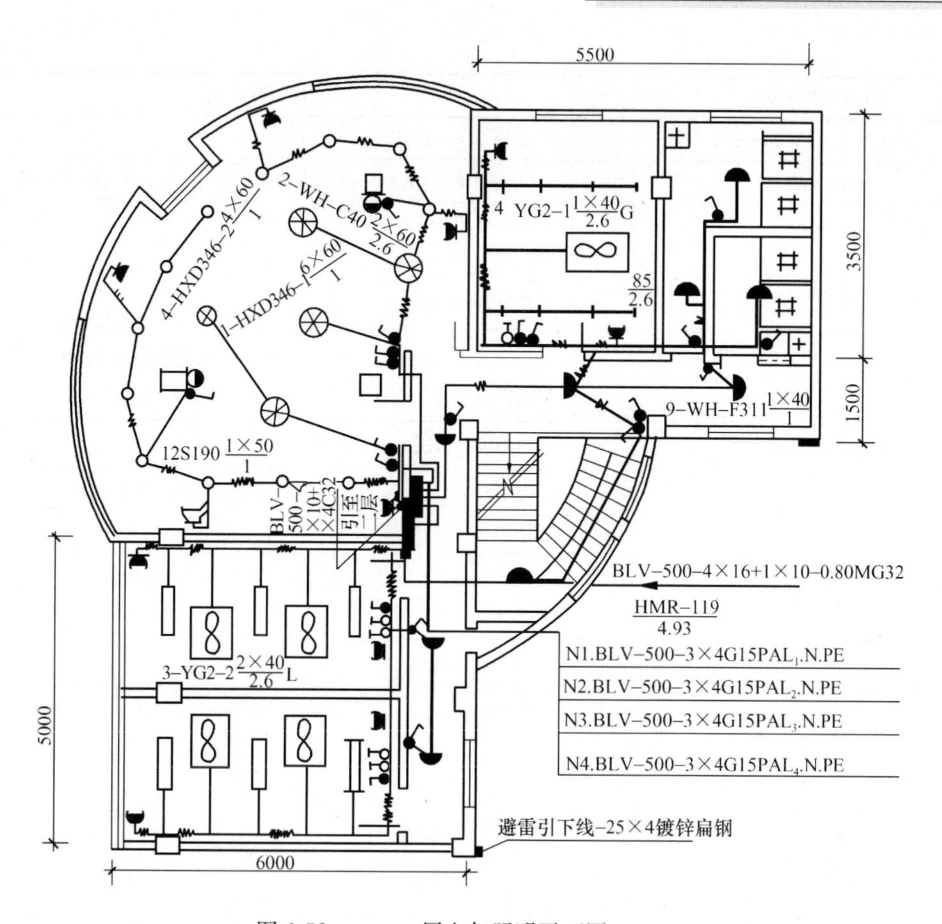

图 6-52 一、二层电气照明平面图 1∶100

（三）编制方法

1. 在熟读图纸、施工方案以及有关技术、经济文件的基础上，计算工程量。注意从配电箱出线为 $4mm^2$，经过楼板后，使用接线盒，之后再改为 $2.5mm^2$ 的导线。工程量计算表见表 6-16；

2. 汇总工程量，见表 6-17；

3. 套用现行《国安》，进行工料分析，工程计价表见表 6-18；

4. 各地区可结合建设部建标 206 号文精神，按照相应计费程序表计算直接工程费以及各项费用(略)；

5. 写编制说明(略)；

6. 自校、填写封面、装订施工图预算书。

工程量计算表 **表 6-16**

单位工程名称：某建筑电气照明工程 共 页 第 页

序号	分项工程名称	单位	数量	计算式
1	进户管 G32	m	17.3	12(进户)＋0.8(埋地)＋1.8(一层)＋(3.2－1.8－0.5＋1.8)(一～二层)＝17.3
2	N_1 回路 G15	m	85	1＋(4.5＋3＋2＋7＋7＋3＋2＋2)水平距离＋(3.2－1.4)×6 垂直距离＝42.5×2(两层)

续表

序号	分项工程名称	单位	数量	计　算　式
3	管内穿线 BLV 16mm^2	m	62	(12+0.8+1.8+0.5+0.4)×4
	10mm^2	m	26.3	(12+0.8+1.8+0.5+0.4)+(3.2−1.8−0.5+1.8)×4
	4mm^2	m	5.7	3.2−1.8−0.5+1.8+1×3
	2.5mm^2	m	279.8	[4.5+3+7+(3.2−1.4)×6]×3+(2+7+3+2+2)×4 =139.9×2(两层)
4	N_2 回路 G15	m	61.6	1+(4+2+2+3+2+2+2+2)水平距离+(3.2−1.4)×6 垂直距离=30.8×2(两层)
5	管内穿线 4mm^2	m	6	1×3×2(两层)
	2.5 mm^2	m	202.8	(2+2)×5+(2+2)×4+[4+3+2+2+(3.2−1.4)×6]×3 =101.4×2(两层)
6	N_3 回路 G15	m	135.6	1+(2+4+4+2+6+1+7+4.5+4+4+2.5+4+2) +(3.2−1.4)×11=67.8×2(两层)
7	管内穿线 4 mm^2	m	6	1×3×2(两层)
	管内穿线 2.5 mm^2	m	400.8	[2+4+4+2+6+1+7+4.5+4+4+2.5+4+2+(3.2−1.4) ×11]×3=200.4×2(两层)
8	N_4 回路 G15	m	313.2	1+(9+7+6+2)×5+2×5+4+(3.2−1.4)×12 =156.6×2(两层)
9	管内穿线 4 mm^2	m	6	1×3×2(两层)
	2.5 mm^2	m	457.6	(9+7+6+4)×4+[(2×5+2×5)+(3.2−1.4)×12]×3 =228.8×2(两层)
10	接线盒 146H50	个	144	(插座盒 11+灯头盒 36+开关盒 25)×2=144
11	配电箱 XMR—10	台	2	1×2(两层)
12	吊风扇安装	台	10	5×2(两层)
13	双管日光灯	套	12	6×2(两层)
14	单管日光灯	套	8	4×2(两层)
15	半圆球吸顶灯	套	18	9×2(两层)
16	艺术灯安装(HXD346)	套	10	5×2(两层)
17	牛眼灯安装	套	24	12×2(两层)
18	单联暗开关	套	40	20×2(两层)
19	暗装插座	套	22	11×2(两层)
20	壁灯安装	套	4	2×2(两层)
21	调速开关安装	个	10	5×2(两层)
22	避雷引下线−25×4	m	18	9×2
23	预留线 BLV4mm^2	m	3.6	(0.5+0.4)×4

工程量汇总表 表6-17

单位工程名称：某建筑电气照明工程

序 号	分项工程名称	单 位	数 量	备 注
1	照明配电箱安装	台	2	500×400×180
2	吊风扇安装	台	10	L=1400
3	调速开关安装	套	10	
4	成套双管日光灯安装	套	12	YG2—2
5	成套单管日光灯安装	套	8	YG2—1
6	半圆球吸顶灯安装	套	18	WH—F311
7	艺术吸顶花灯安装	套	10	HXD_{346}—1
8	壁灯安装	套	4	WH—C40
9	牛眼灯安装	套	24	S—190
10	单联暗开关安装	套	40	YA86—DK_{11}
11	接线盒、开关盒安装	个	144	146H_{50}
12	钢管暗敷 G32	m	17.3	
13	钢管暗敷 G15		595.4	
14	管内穿线 BLV—16mm^2	m	62	
	管内穿线 BLV—10mm^2	m	26.3	
	管内穿线 BLV—4mm^2	m	23.7	
	管内穿线 BLV—2.5mm^2	m	1341	
15	接地引下线扁钢—25×4 敷设	m	19	
16	接地系统试验	系统	1	
17	低压配电系统调试	系统	1	

工程计价表 表6-18

单位工程名称：某建筑电气照明工程

定额编号	分项工程项目	单位	工程数量	单位价值			合计价值			未计价材料			
				人工费	材料费	机械费	人工费	材料费	机械费	损耗	数量	单价	合价
2-264	照明配电箱安装	台	2	41.8	34.39		83.6	68.78			2	650	1300
2-1702	吊风扇安装	台	10	9.98	3.75		99.8	37.5			10	180	1800
2-1705	吊扇调速开关安装	10套	1	69.66	11.11		69.66	11.11			10	15	150
2-1589	成套双管日光灯安装	10套	1.2	63.39	74.84		76.07	89.81		10.10	12.12	76.75	930.21
2-1591	成套单管日光灯安装	10套	0.8	50.39	70.41		40.31	56.33		10.10	8.08	47.45	383.40
	40W 日光灯管	只									32	8	256
	法兰式吊链	m									60	3	180
2-1384	半圆球吸顶灯安装	10套	1.8	50.16	119.84		90.29	215.71		10.10	18.18	45	818.10

续表

定额编号	分项工程项目	单位	工程数量	单位价值			合计价值			未计价材料			
				人工费	材料费	机械费	人工费	材料费	机械费	损耗	数量	单价	合价
2-1436	艺术吸顶花灯安装	10套	1	400.95	321.70	4.28	400.95	321.70	4.28	10.10	10.10	1400	14140
2-1393	壁灯安装	10套	0.4	46.90	107.77		18.76	43.11		10.10	4.04	150	606
2-1389	牛眼灯安装	10套	2.4	21.83	58.83		52.39	141.19		10.10	24.24	31	751.44
2-1637	板式单联暗开关安装	10套	4	19.74	4.47		78.96	17.88		10.20	40.8	5	204
2-1673	暗插座1.5A以下安装	10套	2.2	33.90	14.93		74.58	32.85		10.20	22.44	8	179.52
2-1378	暗装开关盒、插座盒	10个	7.2	11.15	9.97		80.28	71.78		10.20	73.44	2.50	183.6
2-1377	暗装接线盒安装	10个	7.2	10.45	21.54		75.24	155.09		10.20	73.44	3.20	235.0
2-1011	钢管暗敷 G32	100m	0.173	215.71	92.29	20.75	37.32	15.97	3.59	103	17.82	5.80	103.35
2-1008	钢管暗敷 G15	100m	5.95	156.73	39.77	12.48	939.54	236.63	74.26	103	612.85	2.70	1655
2-1178	管内穿线 BLV16mm²	100m	0.62	25.54	13.11	15.84	8.12	207.66		105	65.11	1.50	97.65
2-1170	管内穿线 BLV4 mm²	100m	0.24	16.25	5.51		3.9	1.32		110	26.4	0.5	13.2
2-1169	管内穿线 2.5 mm²	100m	13.41	23.22	6.83		311.38	91.59		116	1555	0.4	622
2-744	避雷引下线—25×4	10m	1.9	4.18	3.57	2.85	7.94	6.78	5.42	10.5	19.95	0.6	11.97
2-886	接地装置调试	系统	1	232.2	4.64	252.0	232.2	4.64	252.0				
2-849	交流低压配电系统调试	系统	1	232.2	4.64	166.2	232.2	4.64	166.2				
	白炽灯泡 60W										80	1.20	96
	白炽灯泡 40W										30	1.00	30
	合计						3013.49	1832.07	505.8				24746

二、变配电工程施工图预算编制实例

(一) 工程概况

1. 工程地址：该工程位于重庆市市区。

2. 工程结构：车间变配电所砖混结构，层高 6m，女儿墙高 1m。所内有两台变压器，其中 1 号变压器为 S-800/10 型，2 号变压器为 S-1000/10 型。

3. 进线方式：电源采用高压 10kV 一次进线，分别采用电力电缆(ZLQ20-10kV-3×70mm²)，由厂变电所直接埋地引入室内电缆沟，再沿墙接引到高压负荷开关(FN_3-10)。负荷开关和变压器高压侧套管的连接采用 LMY-40×4mm² 矩形母线。变压器低压侧出线采用LMY-100×8mm² 矩形母线，采用支架架设，并分别引到配电室第3号和第5号低压配电屏，经刀开关和低压空气断路器接左、右两段母线，两段母线通过4号低压配电屏联络，形成单母线分段。左段母线上接1号、2号低压馈电屏，右段母线上接6、7、8号低压馈电屏。

（二）编制依据

施工单位为某国营建筑公司，工程类别为一类。采用2000年《国安》，和该市现行材料预算价格或部分双方认定的市场采购价格。

合同中规定不计远地施工增加费和施工队伍迁移费。

（三）编制方法

1. 在熟读图纸、施工组织设计以及有关技术、经济文件的基础上，计算工程量。注意两台变压器均采用宽面推进方式，就位于变压器室基础台上。工程图如图6-53至图6-61所示。室内电缆沟支架布置见表6-19、工程量计算表见表6-20。

2. 汇总工程量，见表6-21；

3. 套用现行《国安》，进行工料分析，见表6-22；

4. 结合建设部建标206号文精神，按照相应计费程序表计算直接工程费以及各项费

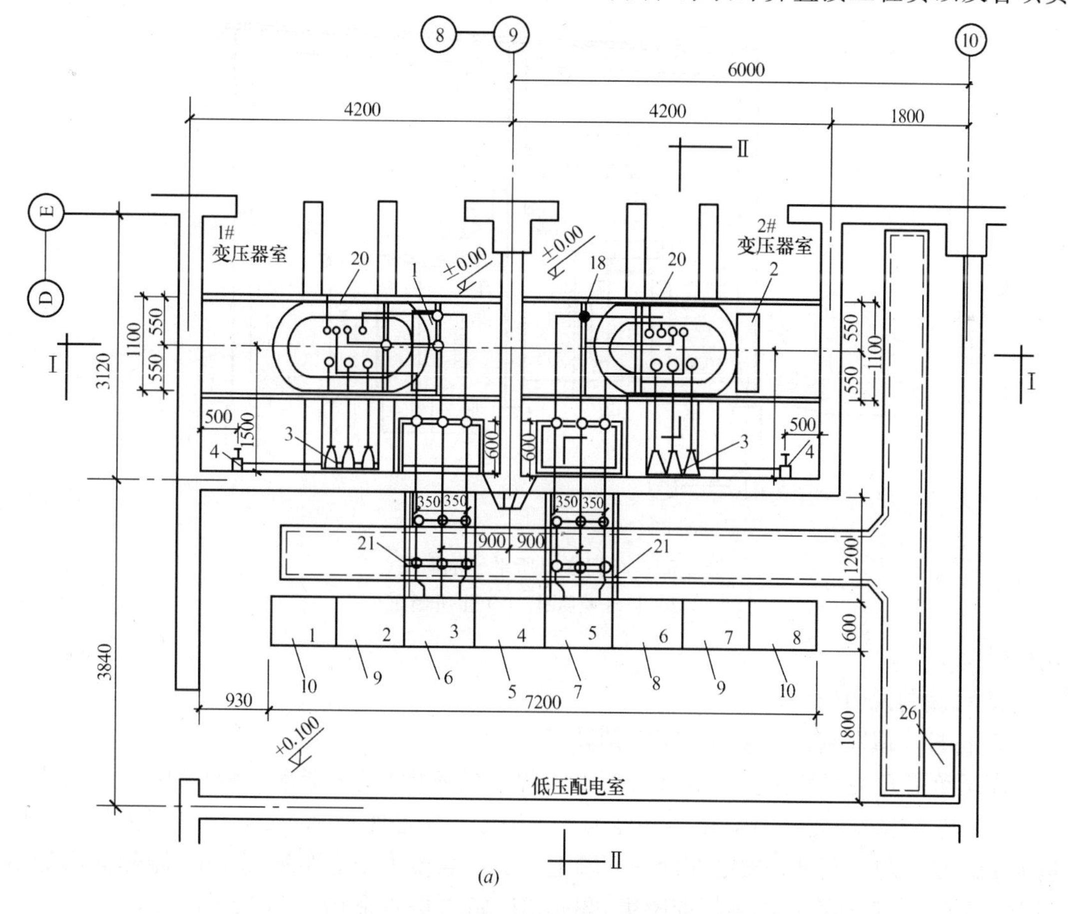

图6-53　车间变电所平、剖面图(一)

(a) 平面图

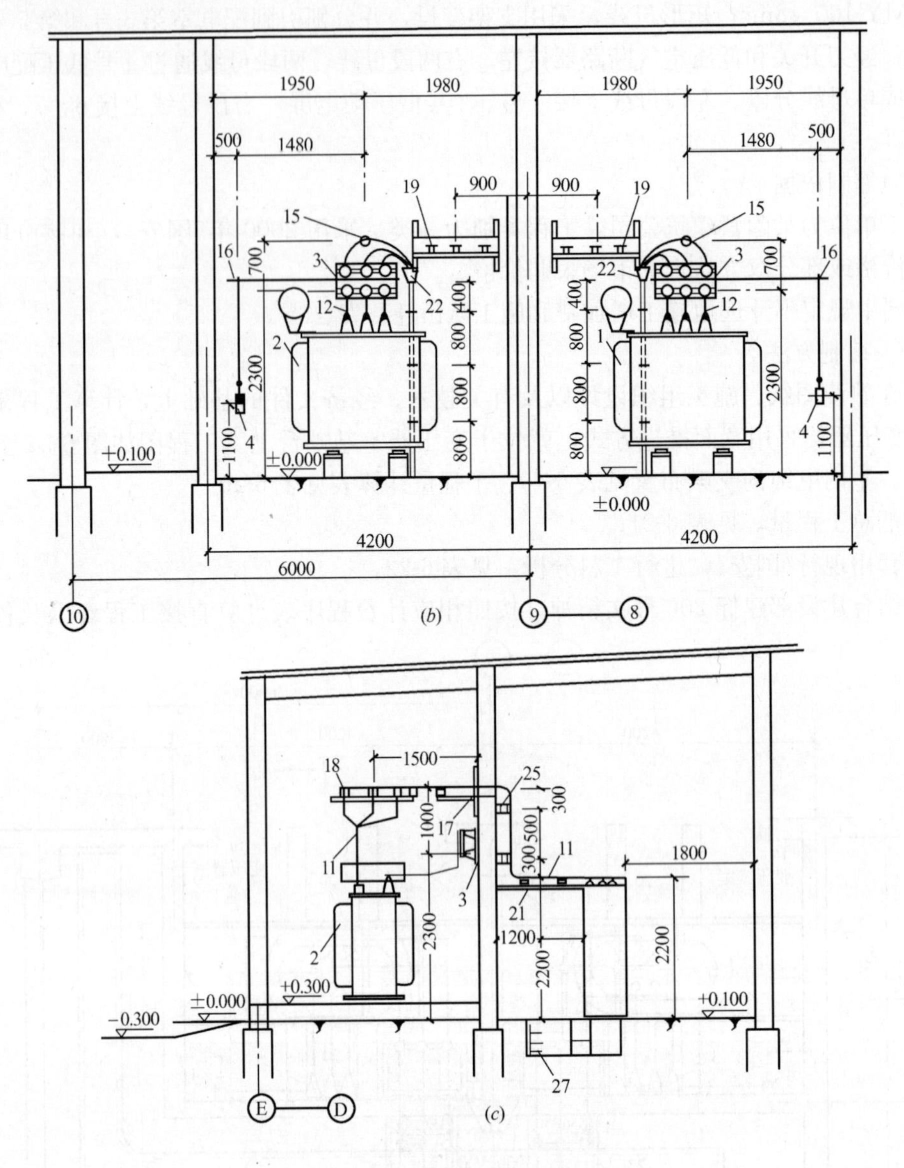

图 6-53 车间变电所平、剖面图(二)

(b) Ⅰ-Ⅰ断面图;(c) Ⅱ-Ⅱ断面

用(略);

5. 写编制说明(略);

6. 自校、填写封面、装订施工图预算书。

高压负荷开关安装在变压器室与配电室隔墙的正中(变压器室一侧),中心距侧墙面1.98m,与变压器中心一致,安装高度为下边绝缘子中心距地 2.3m ,负荷开关的操动机构为 CS_3 型。与负荷开关安装在同一面墙上。安装高度为中心距地 1.1m,距侧面墙的距离为 0.5m。安装标准见国家标准图集 88D263。如图 6-53 和图 6-54 所示。

变电所低压母线由变压器低压侧引线,套管引上至 20 号桥架,随后转弯经过 17 号支架穿过过墙隔板进入低压配电室,再经过两个 25 号支架和 21 号桥架接至低压配电屏上的母线。

20 号桥架制作、安装。20 号桥型母线支架横梁长度为 3960mm，采用 L63×5；角钢埋设件采用 L63×5，长度为 250mm，每付 4 根；固定绝缘子角钢采用 L30×4，宽度为 1100mm，每付 2 根；如图 6-55 所示。

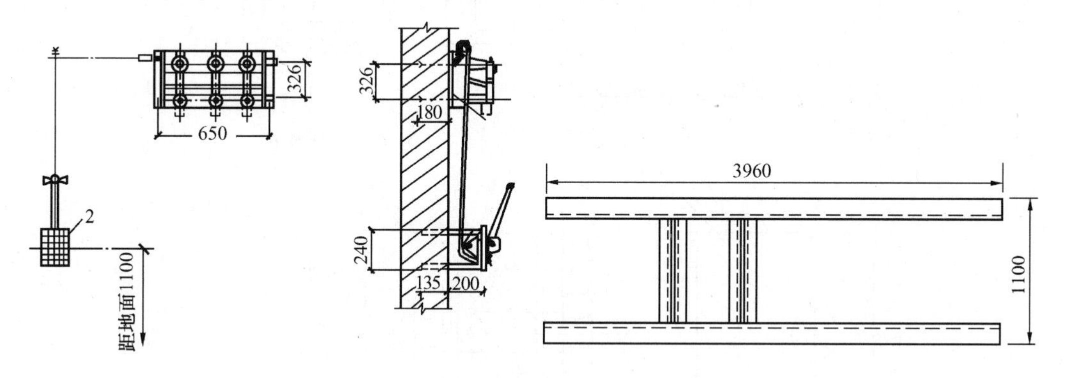

图 6-54　负荷开关在墙上安装　　　　图 6-55　20 号母线桥形支架(L63×5)

17 号低压母线支架制作、安装可查阅 88D263。支架安装位置处于母线过墙洞的下方，根据平面图标注的低压母线间距 350mm，其支架宽度应为 1130mm，比墙洞宽度大 30mm，母线中心距地平面为 3300mm。支柱采用 L50×5，长度为 680mm，角钢支臂采用 L40×4，长为 600mm，角钢斜撑采用 L40×4，长度为 750mm。如图 6-56 所示。

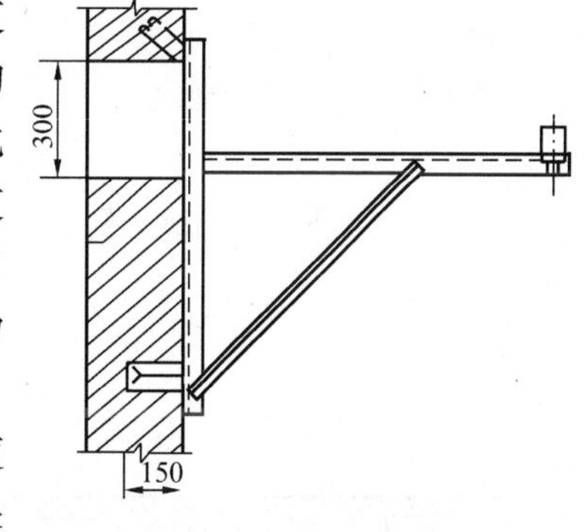

图 6-56　17 号支架安装示意图

19 号母线过墙夹板制作与安装。在过墙洞处要使用夹板将母线夹持固定，如图 6-57 所示。母线夹板采用厚 20mm 耐火石棉板制作，并分成上、下两部分，根据图纸标注的母线相间距离 350mm，则过墙洞应为 1100mm×300mm，而上、下两块夹板合并尺寸应为 1100mm×340mm。

安装方法是先在过墙洞两侧埋设固定夹用的角钢支架，然后用螺栓将上、下夹板固定在角钢支架上，角钢支架选用 L50×5，长度为 400mm。螺栓规格为 M10×40。

25 号母线支架制作、安装。25 号母线支架有两个，安装在配电室和变压器室隔墙的配电室一侧，第一个支架安装高度为 2900mm，第二个支架安装高度为 2400mm，支架中心距⑨轴为 900mm，支架宽度为 900mm。安装时在墙上打洞，直接将支架埋在墙上。如图 6-58 所示。

母线连接通常采用焊接，接头部分可用螺栓连接。最后将连接好的母线放在母线支架上的瓷瓶夹板内，使用上、下夹板将母线固定于瓷瓶上。其形式如图 6-59 所示。

21 号母线桥形支架位于配电室，一端埋设于墙内，一端与低压配电屏连接，安装高度距地面 2200mm，材质采用 L50×5 角钢。如图 6-60 所示。

该车间变电所高压进线电缆采用直埋方式由厂总降压变电所引来。电缆埋深不应小于 0.7m。电缆的上、下应铺设不小于 100mm 厚的软土或砂层，顶部盖上混凝土保护板，电

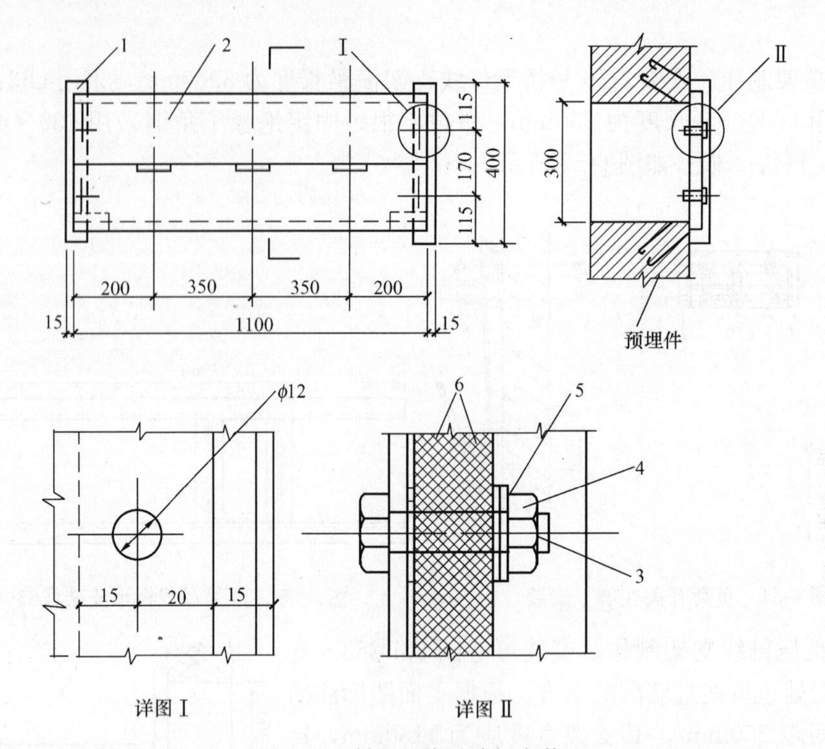

图 6-57　低压母线过墙板安装

1—角钢支架；2—石棉板；3—螺栓；4—螺母；5—垫圈；6—垫圈

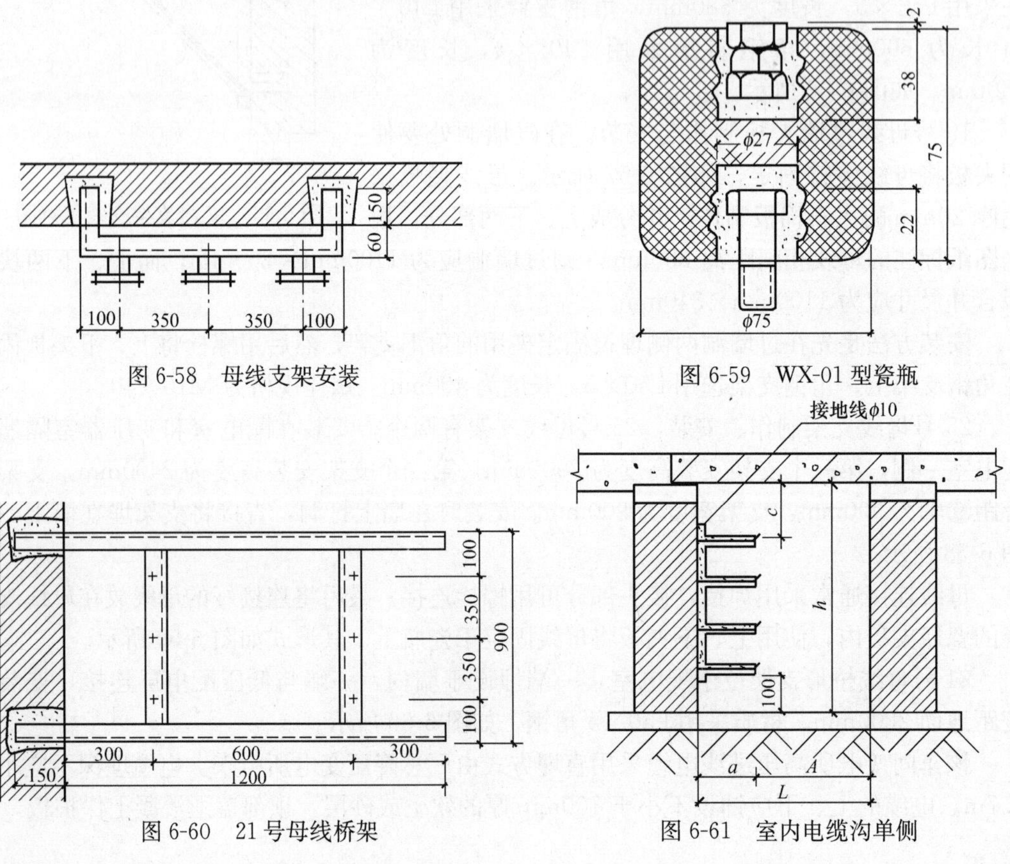

图 6-58　母线支架安装

图 6-59　WX-01 型瓷瓶

图 6-60　21 号母线桥架

图 6-61　室内电缆沟单侧

缆沟内敷设。电力电缆在电缆沟内敷设时，通常采用电缆支架，支架间距为1m，电缆首末两端以及转弯处应设置支架进行固定，一般根据电缆沟的长度计算电缆支架的数量。其支架采用角钢制作，如图6-61所示。主架用L40×4，层架用L30×4。支架层架最小距离为150mm，最上层层架距沟顶为150～200mm。最下层层架距沟底为50～100mm。室内电缆沟支架布置规格见表6-19。

室内电缆沟支架布置规格　　**表6-19**

沟宽 L	层架 a	通道 A	沟深 h
600	200	400	500
	300	300	
800	200	600	700
	300	500	
800	200	600	900
	300	500	

工程量计算表　　**表6-20**

单位工程名称：某车间变配电工程　　共　页　第　页

序号	分项工程名称	单位	数量	计　算　式
1	三相电力变压器	台	2	1+1(图号为1和2)
2	户内高压负荷开关	台	2	1+1(图号为3)
3	低压配电屏	台	7	图号为6、7、8、9、10共7台
4	低压配电屏(联络屏)	台	1	图号为5
5	电车绝缘子	个	40	(14×2台)+2个/相×3相×2台(图号为14)
6	高压支柱绝缘子	个	2	1+1(边相处，图号为15)
7	低压母线穿墙板制安	块	4	2×2(图号为19)
8	信号箱安装	台	1	(图号为26)
9	高压铝母线LMY敷设 —40mm×4mm(图号12)	m	13.96	[1.5+0.326+0.5(预留)]×3相×2台=2.326×3相×2台 =13.96
10	低压铝母线LMY敷设 —100mm×8mm(图号11)	m	49.83	立面TM中心至墙、1-1剖面 穿墙 {[1+0.4+1.5+(1.98−0.9)+0.24 瓷瓶支架 瓷瓶高 低压配电室 至中心 +0.06+0.075+(0.3×2+0.5)+1.2+0.35] 预留 +(0.3+0.5+0.5)}×3相×2台 =8.305×3相×2台=49.83
11	低压母线支架(图号17)	kg	31.19	① 支臂L40×4：0.6m×2边×2付×2.422kg/m=5.81kg ② 支柱L50×5，0.68m×2边×2付 ×3.77kg/m=10.25 ③ 斜撑L40×4：0.75m×2边×2付 ×2.422kg/m=7.27 ④ 固定绝缘子用L30×4：1.1m×2边×2付×1.786kg/m=7.86 Σ①+②+③+④=31.19

续表

序号	分项工程名称	单位	数量	计 算 式
12	低压母线 过墙板用支架	kg	6.03	L50×5：0.4m×2根/付×2付×3.77kg/m=6.03
13	低压母线25号支架	kg	12.79	L40×4，2个/台×2台=4个； 4×1.32m/个×2.422kg/m=12.79
14	低压母线20号 桥形支架	kg	92.98	① 横梁L63×5：3.96m×2根/付×2付×4.822kg/m=76.38 ② 固定绝缘子用角钢L30×4： 1.1m−(2×0.063)m×2根/付×2付×1.786kg/m=6.96 查88D263 ③ 角钢埋设件L63×5：0.25m×4根/付×2付×4.822kg/m =9.64 Σ①+②+③=92.98
15	低压母线21号 桥形支架	kg	36.43	① 横梁L50×5：1.35m×2根/付×2付×3.77kg/m=20.36 ② 固定绝缘子用角钢L30×4： 0.9m×2根/付×2付×1.786kg/m=6.43 查88D263 ③ 角钢埋设件L63×5：0.25m×4根/付×2付×4.822kg/m =9.64 Σ①+②+③=36.43
16	电缆沟支架	kg	63.14	主体量 首尾 转角 支架个数：(7.2+1+3.84+3.12)÷1+2+2 +3(TM转弯处)=22(个)。94D164 ① 主架L40×4：22×(0.5−0.2)m×2.422kg/m =15.99 ② 层架L30×4：22×4个×0.3m/个×1.786kg/m=47.15 Σ①+②=63.14
17	高压负荷开关在 墙上安装支架 (FN_3-10)	kg	23.83	L50×5：88D263 [(0.49+0.59+0.4)×2+0.2]×2付×3.77kg/m=23.83
18	手动操作机构在 墙上安装支架 (CS3)	kg	9.41	① L40×4：88D263 0.902×2根×2付×2.422kg/m=8.74 ② −40×4：88D263 0.145×2个×2付×1.26kg/m=0.731 Σ①+②=9.41
19	电缆终端头在 墙上安装支架 (NTN-33)	kg	1.99	① L30×4：93D165 0.35×2付×1.786kg/m=1.25 ② −30×4：93D165 (2×0.08+πD)×2个×0.94kg/m=(0.16+3.14×0.074)×2个 ×0.94kg/m=0.74 Σ①+②=1.99

续表

序号	分项工程名称	单位	数量	计　算　式
20	电缆终端头制安	个	2	1+1
21	供电送配电系统调试	系统	2	1+1
22	母线系统调试	段	2	1+1
23	变压器系统调试	系统	2	1+1
24	接线端子安装	个	7	
25	其他			略

工 程 量 汇 总 表　　　**表 6-21**

单位工程名称：某车间变配电工程

序号	分项工程名称	单位	数量	备　注
1	三相电力变压器安装	台	2	S-800/10 为 800kVA，图号为 1 S-1000/10 为 1000kVA，图号为 2
2	户内高压负荷开关安装	台	2	FN_3-10 400A，图号为 3
3	低压配电屏安装	台	7	图号为 6、7、8、9、10 共 7 台
4	低压联络屏安装	台	1	图号为 5
5	电车绝缘子安装	个	40	图号为 14
6	高压支柱绝缘子安装	个	2	图号为 15
7	低压母线穿墙板制安	块	4	图号为 19
8	高压铝母线 LMY 敷设 L40mm×4mm	m	13.96	图号为 12
9	低压铝母线 LMY 敷设 L100mm×8mm	m	49.83	图号为 11
10	中性铝母线 LMY 敷设 L40mm×4mm	m	14	图号为 13
11	一般铁构件制作	kg	277.79	Σ11+…+19
12	一般铁构件安装	kg	277.79	
13	电缆终端头制安	个	2	图号为 22，NTN-33，10kV
14	供电送配电系统调试 10kV	系统	2	
15	母线系统调试 10kV	段	2	
16	母线系统调试 1kV	段	2	
17	变压器系统调试	系统	2	
18	低压配电系统调试 1kV	系统	2	
19	接线端子安装	个	7	

工 程 计 价 表　　　**表 6-22**

单位工程名称：某建筑电气照明工程

定额编号	分项工程项目	单位	工程数量	单位价值			合计价值			未计价材料			
				人工费	材料费	机械费	人工费	材料费	机械费	损耗	数量	单价	合价
2-3	三相电力变压器安装	台	2	470.67	245.43	348.44	941.34	490.86	696.88			9000	18000

续表

定额编号	分项工程项目	单位	工程数量	单位价值			合计价值			未计价材料			
				人工费	材料费	机械费	人工费	材料费	机械费	损耗	数量	单价	合价
2-45	户内高压负荷开关安装 400A	台	2	64.09	163.36	8.92	128.18	326.72	17.84			6500	13000
2-240	低压配电屏安装	台	7	109.83	117.49	46.25	768.81	822.43	323.75			7300	51100
2-236	低压联络屏安装	台	1	110.06	118.86	46.25	110.07	118.86	46.25			7500	7500
2-108	电车绝缘子安装	个	40	19.74	74.10	5.35	789.60	2964	214			3.6	144
2-108	高压支柱绝缘子安装	个	2	19.74	74.10	5.35	39.48	148.20	10.7			9.0	18
2-352	低压母线穿墙板制安	块	4	52.02	66.50	5.35	208.08	266	21.40				
2-137	高压铝母线 LMY 敷设 —40mm×4mm	10m	1.4	29.25	68.07	49.24	40.95	95.30	68.94		(kg) 6.05	13.5	81.68
2-138	低压铝母线 LMY 敷设 —100mm×8mm	10m	4.98	41.80	70.66	68.68	208.16	351.89	342.03		(kg) 107.6	16.0	1722
2-137	中性铝母线 LMY 敷设 —40mm×4mm	10m	1.4	29.25	68.07	49.24	40.95	95.30	68.94		(kg) 6.05	13.5	81.68
2-358	一般铁构件制作	100kg	2.78	250.78	131.9	41.43	697.17	366.68	115.18	105	291.9	2.8	817.32
2-359	一般铁构件安装	kg	2.78	163.0	24.39	25.44	453.14	67.80	70.72				
2-637	电缆终端头制安	个	2	48.76	276.62		97.52	553.24				155	310
2-850	供电送配电系统调试 10kV	系统	2	580.50	11.61	655.14							
2-849	低压配电系统调试 1kV	系统	2	232.2	4.64	166.12							
2-881	母线系统调试 10kV	段	2	510.84	10.22	937.88							
2-880	母线系统调试 1kV	段	2	139.32	2.79	192.92							
2-844	变压器系统调试	系统	2	1996.92	39.94	2660.36							
2-333	接线端子安装	个	7	11.61	210.84		81.27	1475.88				12	84
	合计						4604.72	8143.16	1996.63				92858.68

三、弱电工程施工图预算编制实例

(一)工程概况

1. 某工程为十层楼建筑。其层高 4m。

2. 控制中心设在一层，设备安装在该层，安装方式为落地式，地沟出线后，引至线槽处，再垂直延伸到每层的电气元件，如图 6-62 所示。

3. 平面布置线路，采用ϕ15 的 PVC 管暗敷，火灾报警、电话、共用天线的配线均穿

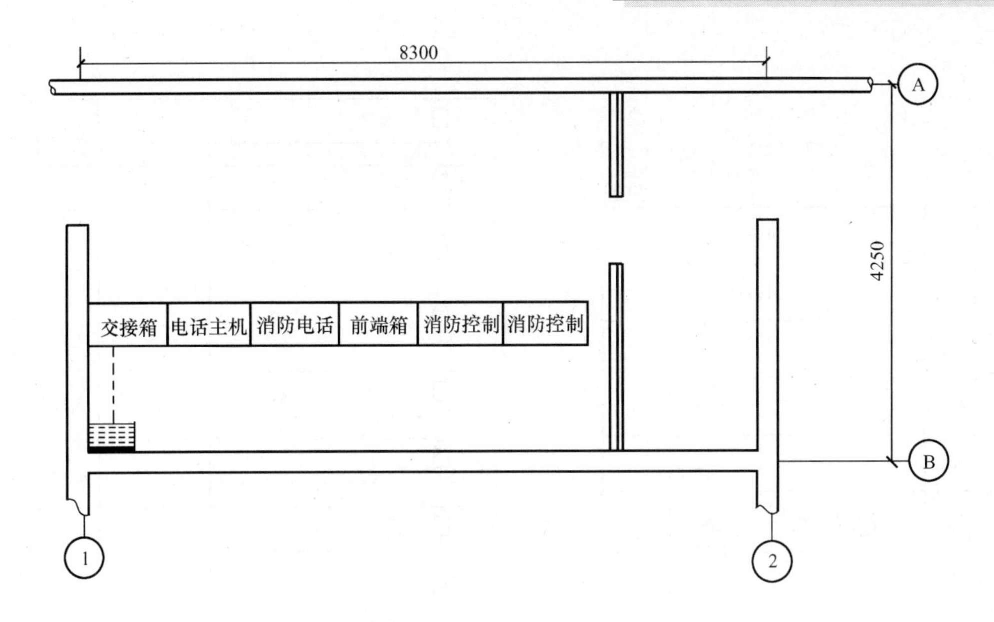

图 6-62　一层弱电控制中心 1∶50(单位：mm)

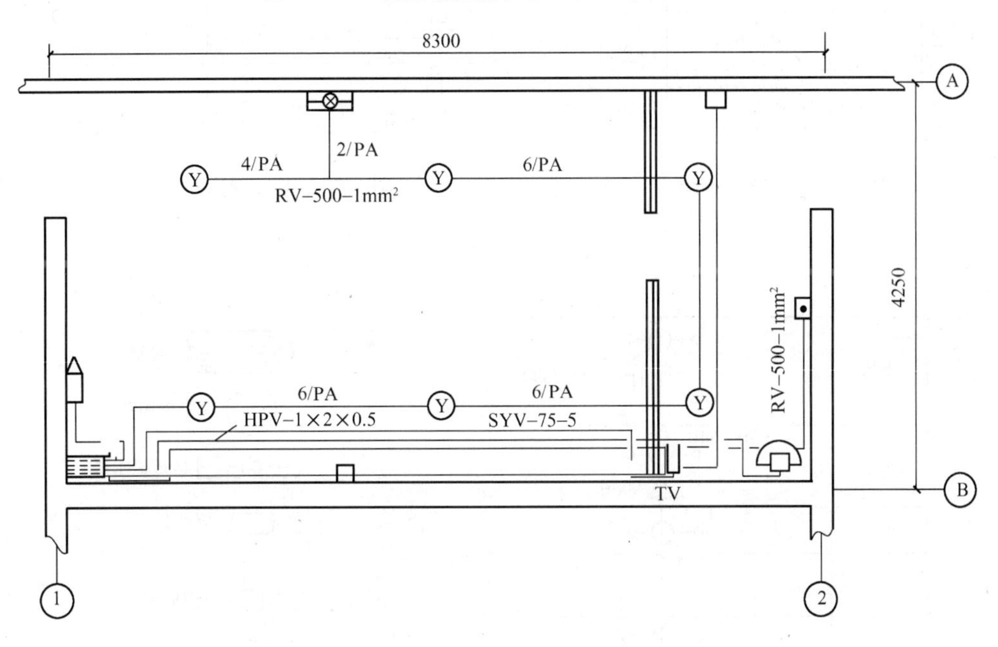

图 6-63　一层至十层弱电平面图

PVC 管。垂直线路为线槽配线。如图 6-63 所示。

4. 弱电中心分三大系统：火警系统、闭路电视系统以及电话通讯系统、图例等如图 6-64 至 6-67 所示，并参见主要设备材料表 6-23。

5. 感烟探测器、报警开关、驱动盒和火警电话均由弱电中心的消防控制柜控制。

6. 电话设置程控交换机 1 台，500 门，每层设置 5 对电话分线箱一个，本楼用 50 门。

7. 由地区电缆电视干线引至弱电中心前端箱，然后由地沟引分支电缆通过垂直竖向线槽至各用户。

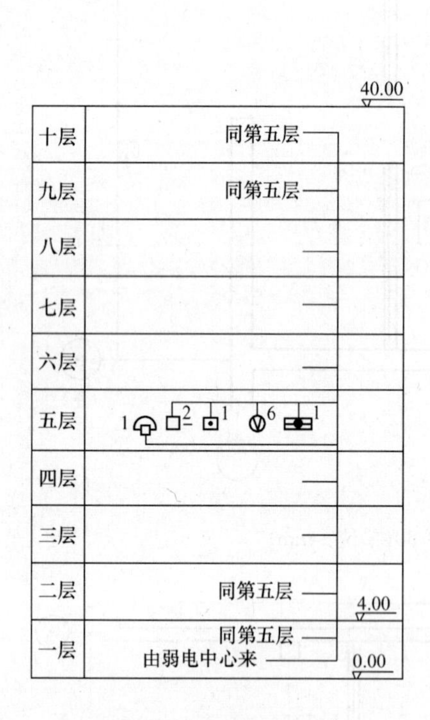

图 6-64　火警系统图

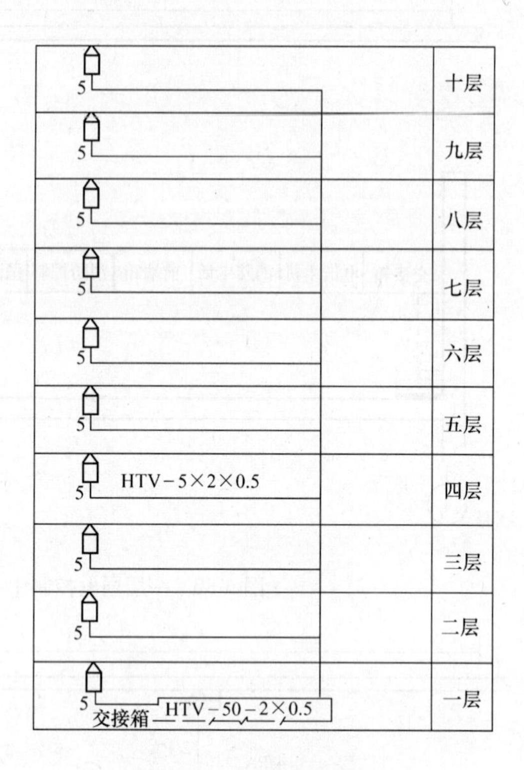

图 6-65　电话通讯系统图

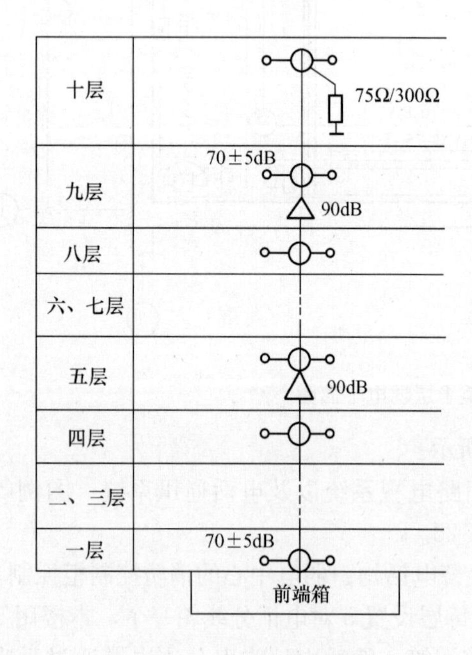

图 6-66　闭路电视系统图

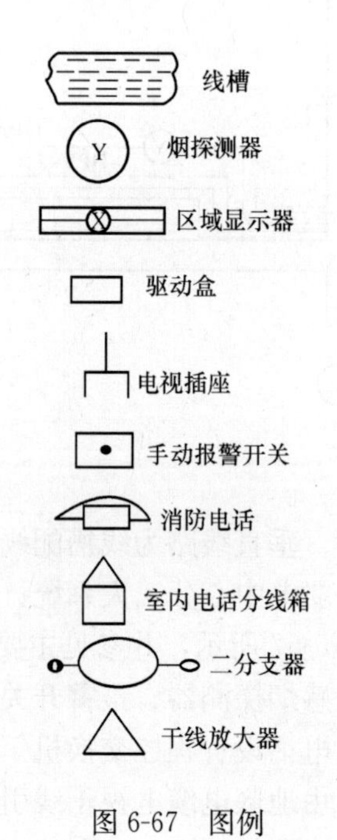

图 6-67　图例

主要设备材料表 表 6-23

名 称	型 号	规 格	单 位	数 量
消防控制柜	ZA1913	1800+1000	台	2
前端箱	1800+1000	喷塑	台	1
消防电话盘	ZA2721/ 40	1800+1000	台	1
程控交换机	JQS-31	1800+1000	台	1
电信交接箱	HJ-905	1800+1000	台	1
电视插座	E31VTV75		个	
室内电话分线箱	NF-1-5		个	
干线放大器	MKK-4027		个	
二分支器	TU2/4A		个	
感烟探测器	ZA3011	编码底座配套	个	
报警开关	ZA3132		个	
现场驱动盒	ZA4221		个	
区域显示器	ZA3331		个	
火警电话	ZA2721		部	
线槽	200×75	喷塑	m	
闭路同轴电缆	SYV-75-5	75Ω/300Ω	m	
通讯电缆	HYV-50×2×0.5		m	
	HYV-5×2×0.5		m	
火警电话线	HPV-1×2×0.5		m	

（二）使用定额及取费标准

施工单位为某国营建筑公司，工程类别为一类。故采用 2000 年重庆市安装工程单位基价表和该市现行材料预算价格。控制屏、交换机、火警电话等主要设备由业主自己采购。

合同规定不计远地施工增加费和施工队伍迁移费。

（三）编制方法

1. 在熟读图纸、施工组织设计以及有关技术、经济文件的基础上，计算工程量。

由于土建每层有吊顶，管线敷于顶棚内，而探测器的安装要和土建的顶棚结合起来。区域显示器、报警开关、驱动器、火警电话均安装在距地面 1.5m 高的墙上。电视插座装在墙踢脚线上 200mm 处。室内电话分线箱装在距地面 2.2m 高的墙上。

工程量计算见表 6-24。

2. 汇总工程量见表 6-25。

3. 套用现行定额、进行工料分析，见表 6-26。

4. 按照相应计费程序表计算直接工程费以及各项费用（略）；

5. 写编制说明（略）；

6. 自校、装订施工图预算书。

工程量计算表 **表 6-24**

单位工程名称：某建筑弱电工程　　　　共　页　第　页

序号	分项工程名称	位	数量	计算式
1	消防控制柜	台	2	
2	前端箱	台	1	
3	消防电话盘	台	1	
4	程控交换机	台	1	
5	电信交接箱	台	1	
6	电视插座	个	10	1×10（每层1个，共10层）
7	室内电话分线箱	个	10	1×10（每层1个，共10层）
8	干线放大器	个	2	1+1（五层、九层各1个）
9	二分支器	个	10	1×10
10	感烟探测器	个	60	6×10（每层6个）
11	报警开关	个	10	1×10（每层1个）
12	现场驱动盒	个	20	2×10（每层2个）
13	区域显示器	个	10	1×10（每层1个）
14	火警电话	部	10	1×10（每层1部）
15	线槽 200×75	m	40	垂直高度
16	闭路同轴	m	106	40+6+6×10（垂直+第一层出线+10层平面）
17	通讯电缆 HYV-50×2×0.5	m	46	6+40（出线+垂直）
18	通讯电缆 HYV-5×2×0.5	m	20	2×10（每层2m）
19	电话线 HPV-1×2×0.5	m	80	8×10（每层8m）
20	火警电线 RV-500-1mm²	m	520	（8+2）×10 报警开关+（7+4）×10 驱动器+（8+3+4）×10 显示器+（7+3+6）×10 感烟探测器
21	管子敷设 PVC	m	500	［（2+2）电话+（8+3+7+2+8+8+2）火警+8 天线］×10（每层相同）=500
22	管内穿线 RV-500-1mm²	m	1360	（8+2）×10×2+（7+4）×10×2+（8+3+4）×10×2+（7+3+6）×10×4=1360

工程量汇总表 **表 6-25**

单位工程名称：某建筑弱电工程

序号	分项工程名称	单位	数量	备　注
1	消防控制柜	台	2	1800+1000（高+宽）
2	前端箱	台	1	1800+1000（高+宽）
3	消防电话盘	台	1	1800+1000（高+宽）
4	程控交换机	台	1	
5	电信交接箱	台	1	

续表

序号	分项工程名称	单位	数量	备注
6	室内电话分线箱	个	10	
7	感烟探测器	套	60	
8	报警开关	个	10	
9	现场驱动盒	个	20	
10	区域显示器	台	10	
11	火警电话	部	10	
12	桥架敷设 75×200	m	40	
13	同轴电缆敷设（线槽）	m	106	
14	线槽配线（HYV-50×2×0.5）	m	46	
15	管子敷设 PVCϕ15	m	500	
16	管内穿线 RV-500-1mm^2	m	1880	
17	管内穿线 HPV-1×2×0.5	m	80	
18	干线放大器	个	2	
19	二分支器	个	10	
20	终端电阻	个	1	

工程计价表 **表 6-26**

单位工程名称：某建筑弱电工程

定额编号	分项工程项目	单位	工程数量	单位价值			合计价值			未计价材料			
				人工费	材料费	机械费	人工费	材料费	机械费	损耗	数量	单价	合价
02-0263	弱电控制屏安装	台	4	104.66	120.44	51.45	418.64	481.76	205.8				
07-0063	安装交换机	台	1	600.80	153.95		600.8	153.95					
02-0264	电话分线箱安装	台	10	39.74	70.22		397.4	702.2			10	65	650
07-0064	火警电话安装	部	10	4.86	3.18		48.60	31.80					
02-1652代	线路放大器安装	套	2	18.33	18.39		36.66	36.78		1.02	2.04	40	82
02-1652代	线路二分支器安装	套	10	18.33	18.39		183.3	183.9		1.02	10.2	30	306
02-1377	线路终端电阻安装	10个	1	9.94	22.69					10.2	10.2	2	20
07-023代	调试接收指标	户	10	51.00	57.28	77.80	510.0	572.8	778.0				

续表

定额编号	分项工程项目	单位	工程数量	单位价值			合计价值			未计价材料			
				人工费	材料费	机械费	人工费	材料费	机械费	损耗	数量	单价	合价
07-0006	感烟探测器安装	只	60	13.03	4.50	0.78	781.8	270.0			60	300	18000
07-00488	区域显示器安装	台	10	271.80	53.66	57.96	2718.0	536.6			10	500	5000
07-0012代	报警开关安装	只	10	18.99	6.70	1.23	189.9	67.0		1.01	10.1	20	202
02-0276	驱动盒安装	个	20	9.94	9.36	0.89	198.8	187.2		1.01	20.2	25	505
02-0206	槽架安装	10m	4	66.24	103.12	50.09	264.96	412.48		10.2	40.8	60	2448
02-1338	线槽配线SYV-75-5	100m	1.06	27.16	3.64		28.79	3.86		102	108.12	2	216
02-1337	线槽配线HYV-50×2×0.5	100m	0.46	22.30	3.64		10.26	1.67		102	46.92	9.5	446
02-1097	管子敷设PVC.G15	100m	5	99.14	6.57	30.84	495.7	32.85	154.2	106.7	533.5	2.4	1280
02-1169	管内穿线RV-500-1mm	100m	18.8	22.08	5.99		415.1	112.61		116.0	2180.8	1.5	3271
02-1169	管内穿线HYV-5×2×0.5	100m	0.2	22.08	5.99		4.42	1.20		116.0	23.2	3.5	81
	合计						7303.13	3788.7	1138.0				32507.0

复习思考题

1. 变压器安装工程量怎样计量？如何套定额？
2. 母线安装工程量怎样计量？如何套定额？
3. 10kV以下的架空进线和电缆进线，通常会发生哪些调试工作内容？怎样计量？如何套用定额？
4. 简述变配电所施工工艺流程。工程量常列哪些项目？
5. 简述防雷接地分部工程施工工艺流程。工程量常列哪些项目？
6. 简述10kV以下架空线路施工工艺流程。工程量常列哪些项目？
7. 简述电缆施工不同的敷设形式。工程量常列哪些项目？
8. 简述照明器具分部工程中灯具的安装形式。照明器具分部工程量常列哪些项目？
9. 简述一般灯具和装饰灯具的划分。
10. 何谓组装型？何谓成套型照明灯具？其工程量如何计量？
11. 配管、配线工程量如何计量？
12. 何谓进户线？何谓接户线？工程量如何计量？

13. 成套配电箱和非成套配电箱工程量如何计量？如何套用定额？
14. 导线预留长度通常发生在哪些部位？定额是如何规定的？
15. 简述接线盒、分线盒、开关盒、插座盒、灯头盒等工程量的计量规律。
16. 简述电梯安装工程量的计量。
17. 简述强电工程和弱电工程的区别。
18. 简述智能建筑的概念。简述智能建筑和综合布线的区别。
19. 建筑弱电系统主要有哪些？
20. 简述室内电话通信系统主要内容及工程量常列项目。
21. 简述共用天线电视系统（CATV）组成和常列工程项目以及工程量的计量。
22. 简述有线广播音响系统组成及常列工程项目以及工程量的计量。
23. 简述火灾自动报警系统、安全防范系统及自动消防系统组成及常列工程项目以及工程量的计量。
24. 简述综合布线系统组成及常列工程项目以及工程量的计量。

第七章　水、暖与燃气安装工程施工图预算

第一节　给排水安装工程计量

一、室内给水、排水工程计量

(一) 室内给水、排水系统组成

1. 室内给水系统主要由以下六大部分组成，如图 7-1 所示：

(1) 进户管亦称为引入管：是从室外管网引入室内进水管，与室内管道相连，直达水表位置的管段。此处通常设水表井（阀门井）；

(2) 水表节点（水表井）：用以计量室内给水系统总用水量；

(3) 室内给水管网：设有水平干管、立干管、支管等；

(4) 给水管道附件：阀门、水嘴、过滤器等；

(5) 升压和储水设备：水泵、水箱等；

(6) 消防设备：消火栓、喷淋管及喷淋头等。

2. 室内生活污水排水系统主要由六大部分组成，如图 7-2 所示：

(1) 污水收集器：包括便器、面盆等用水设备；

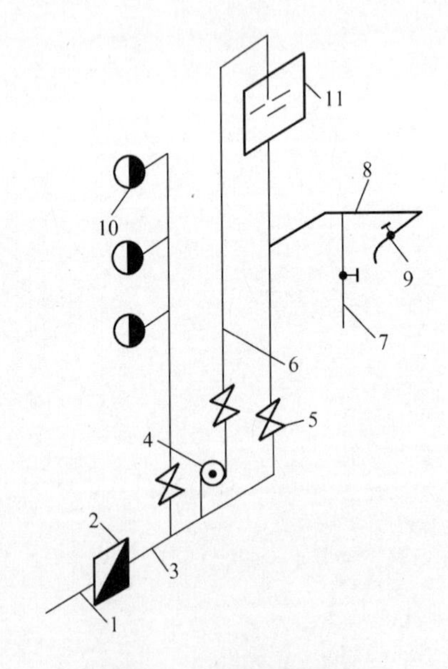

图 7-1　给水系统组成

1—引入管；2—水表井；3—水平干管；4—水泵；5—主控制阀；6—主干管；7—立支管；8—水平支管；9—水嘴及用水设备；10—消火栓；11—水箱

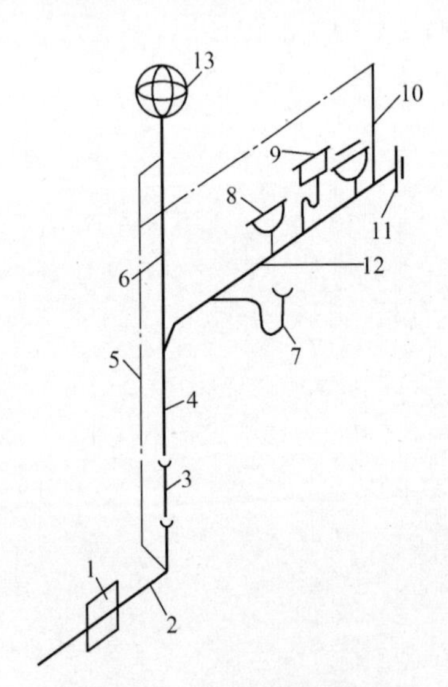

图 7-2　排水系统组成

1—检查井；2—排出管；3—检查口；4—排水立管；5—排气管；6—透气管；7—大便器；8—地漏；9—脸盆等用水设备；10—地面扫除口；11—清通口；12—排水横管；13—透气帽

（2）排水管网：包括排水立管、横管以及支管等；

（3）透气装置：包括排气管、透气管、透气帽等；

（4）排水管网附件：包括存水弯、地漏等；

（5）清通装置：包括清扫口、检查口等；

（6）检查井：用砖砌筑或预制成型的构筑物。

（二）室内给水管道工程计量

工程量计算顺序：从入口处算起，先主干，后支管；先进入，后排出；先设备，后附件。

工程量计算要领：通常按管道系统为单元，或以建筑段落划分计算。支管按自然层计算。

1. 工程量计算规则

（1）以施工图所示管道中心线长度，按延长米计量，不扣阀门、管件等所占长度；

（2）室内外管道界线划分规定：

1）入口处设阀门者以阀门为界，无阀门者以建筑物外墙皮1.5m处为界；

2）与市政管道界线以水表井为界，无水表井者，以与市政管道碰头点为界。

2. 套定额

水暖工程预算大多套用第八册（篇）定额相应子目，但各册中亦有交叉，在使用中需要注意：

（1）可按管道材质、接口方式和接口材料以及管径大小分档次，分别选套定额。

（2）主材按定额用量计算，管件计算未计价值。

（3）管道安装定额包括内容：

1）管道及接头零件安装；

2）水压试验或灌水试验；

3）室内 DN32mm 以内钢管的管卡以及托钩制作和安装均综合在定额中；

4）钢管包括弯管制作与安装（伸缩器除外），无论是现场揻制或成品弯管均不得换算；

5）穿墙以及过楼板铁皮套管安装人工费。

（4）管道安装定额不包括内容：

1）镀锌铁皮套管制作按“个”计量，执行第八册（篇）相应定额子目。其安装项目另列项已包括在管道安装定额中，不再另行计算。钢管套管制作、安装工料，按室外钢管（焊接）项目另列项计算；

2）管道支架制作安装，室内管道 DN32mm 以下的安装工程已包括在内，不再另行计算。DN32mm 以上者，以“kg”为计量单位，另列项计算；

3）室内给水管道消毒、冲洗、压力试验，均按管道长度以“m”计量，不扣除阀门、管件所占长度；

4）室内给水钢管除锈、刷油，按照管道展开表面积 F 以“m^2”计量。其计算公式为：

$$F = \pi DL \tag{7-1}$$

式中　F——管外壁展开面积；

L——钢管长度；

D——钢管外径。

工程量计算可查阅第十一册（篇）《刷油、防腐蚀、绝热工程》附录九表。定额亦套用该册（篇）相应子目。

明装管道通常刷底漆 1 遍，其他漆 2 遍；埋地或暗敷部分的管道刷沥青漆 2 遍。

5）室内给水铸铁管道除锈、刷油的工程量，可按管道展开面积以“m^2”计量。其计算公式为：

$$F = 1.2\pi DL \tag{7-2}$$

式中　F——管外壁展开面积；

D——管外径；

L——管长度；

1.2——承插管道承头增加面积系数。

刷油可按设计图或规范要求计算，通常露在空间部分刷防锈漆 1 遍、调和漆 2 遍；埋地部分通常刷沥青漆 2 遍。

除锈、刷油定额选套第十一册（篇）《刷油、防腐蚀、绝热工程》相应子目。

（三）室内排水管道工程计量

室内排水管道工程量计算顺序和计算要领同室内给水管道工程计量。

1. 工程量计算规则

（1）室内排水管道工程量计算规则同室内给水管道，仍以延长米计量。

（2）室内外管道界线划分规定：

1）室内外以出户第一个排水检查井或外墙皮 1.5m 处为界；

2）室外管道与市政管道界线以室外管道与市政管道碰头井为界。

2. 套定额

（1）可按管道材质、接口方式和接口材料以及管径大小分档次，选套相应定额。

（2）主材按定额用量计算，管件计算未计价值。

（3）管道安装定额包括内容：铸铁排水管、雨水管以及塑料排水管均包括管卡以及托、吊支架、透气帽、雨水漏斗的制作和安装；管道接头零件的安装。

（4）管道安装定额不包括内容：

1）承插铸铁室内雨水管安装，选套第八册（篇）《给排水、采暖、煤气工程》定额相应子目。

2）室内排水管道除锈、刷油工程量，其计算方法和计算公式同室内给水铸铁管道。按照规范的规定，裸露在空间部分排水管道刷防锈底漆 1 遍，银粉漆 2 遍；埋地部分通常刷沥清漆 2 遍，或刷热沥清 2 遍，选套第十一册（篇）定额相应子目。

3）室内排水管道沟土石方工程量计算和室内、外给排水管道土方工程计量。

4）室内排水管道部件安装工程计量：

①地漏安装，可区别不同直径按“个”计量。如图 7-3 所示。

②地面扫除口（清扫口）安装，可区别不同直径按“个”计量。如图 7-4 所示。

③排水栓安装，分带存水弯和不带存水弯以及不同直径，按“组”计量。如图 7-6 所示。

（四）栓、阀及水表组等安装工程计量

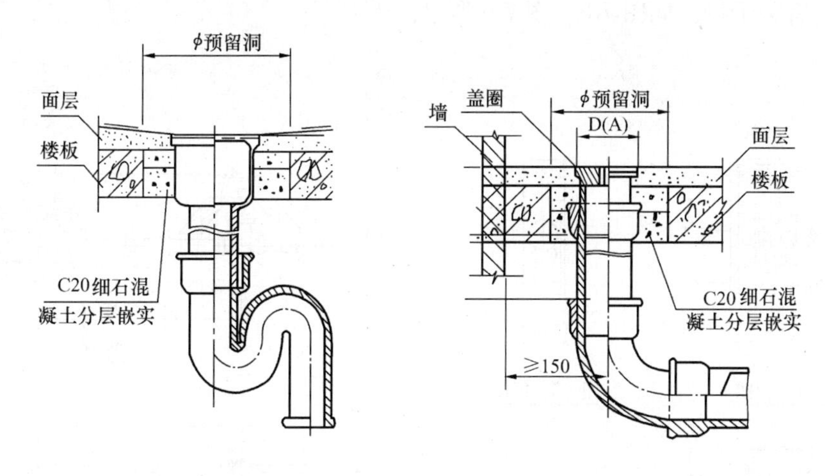

图 7-3　地漏示意图　　　　图 7-4　清扫口示意图

1. 阀门安装一律按“个”计量。根据不同类别、不同直径和接口方式选套定额。法兰阀门安装，如仅是一侧法兰连接时，定额所列法兰、带帽螺栓以及垫圈数量减半。法兰阀（带短管甲乙）安装，按“套”计量，当接口材料不同时，可调整。
自动排气阀安装，定额已包括支架制作安装，不另计算；浮球阀安装，定额已包括了连杆以及浮球安装，不另计量。

2. 法兰盘安装，可分碳钢法兰和铸铁法兰，并根据接口形式（如焊接、螺纹接），以直径分档，按“副”计量。每两片法兰为一副。

3. 水表组成及安装，其工程量可按不同连接方式分带旁通管及止回阀，区别不同直径，螺纹水表以“个”计量；焊接法兰水表组以“组”计量，如图 7-5 所示。

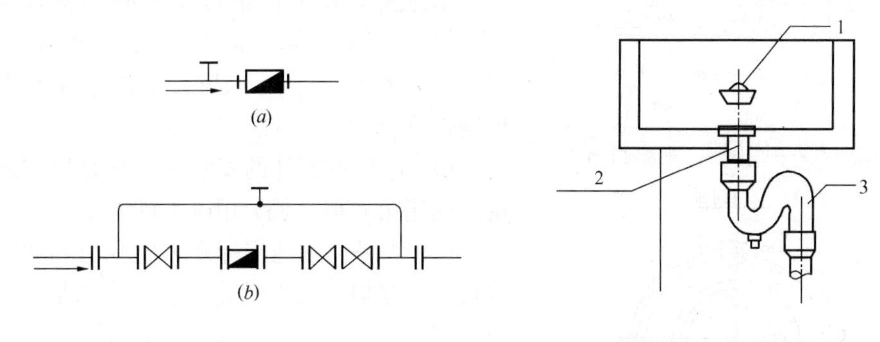

图 7-5　水表组成示意
（a）螺纹连接水表；（b）法兰连接水表组

图 7-6　排水栓示意图
1—带链堵；2—排水栓；3—存水弯

4. 消火栓安装

（1）室内单（双）出口消火栓安装，可根据不同出口形式和公称直径，以“套”计量。套用第七册（篇）有关子目。

其未计价材料包括：消火栓箱 1 个（铝合金、钢、铜、木）、水龙带架 1 套 、水龙带 1 套、水龙带接口 2 个、水枪消防按纽 1 个等。如图 7-7 所示。

(2) 室外消火栓安装，可区分为地上式、地下式和不同类型，以“套”计量。套用第七册（篇）有关子目。如图 7-8、图 7-9 所示。

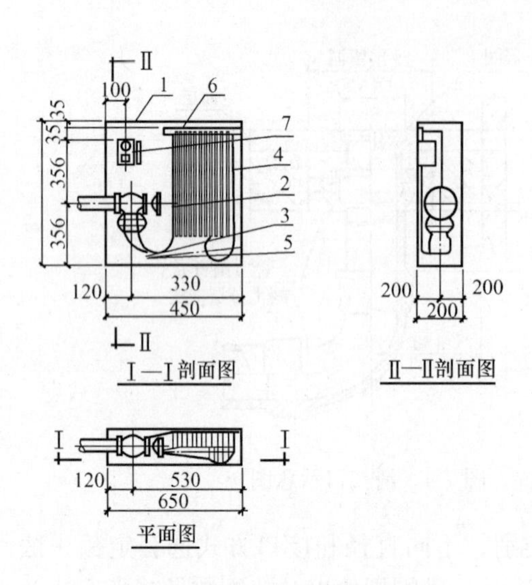

图 7-7　单栓室内消火栓安装图

1—消火栓箱；2—消火栓；3—水枪；4—水龙带；5—水龙带接口；6—水龙带挂架；7—消防按纽

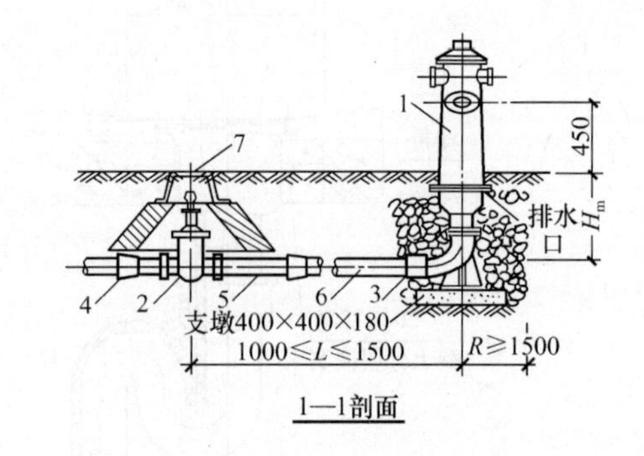

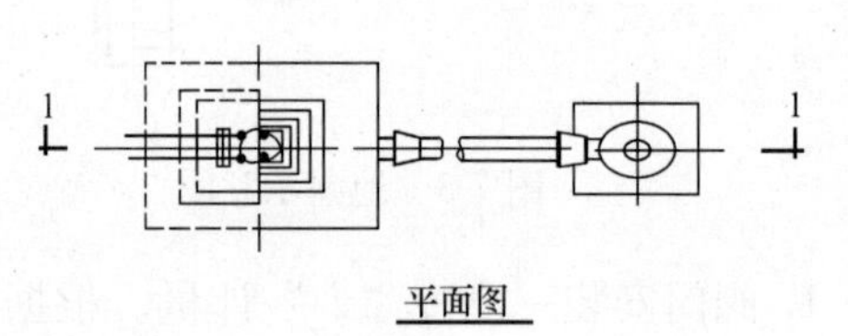

图 7-8　室外地上式消火栓安装图

1—地上式消火栓；2—阀门；3—弯管底座；4—短管甲；5—短管乙；6—铸铁管；7—阀门套

5. 消防水泵结合器安装

消防水泵结合器的安装工程量，可根据不同形式和公称直径，分别以“套”计量。套用第七册（篇）有关子目。如图 7-10 所示。

6. 水龙头安装

水龙头安装工程量可按不同规格直径，以“个”计量。套用第八册（篇）相应子目。

7. 浮标液面计、水塔、水池浮标及水位标尺制作安装

(1) 浮标液面计的安装工程量是以“组”计量。套用第八册（篇）相应子目。

(2) 水塔、水池浮标及水位标尺制作安装工程量，一律以“套”计量。套用第八册（篇）相应子目。

（五）卫生器具安装工程计量

卫生器具组成安装以“组”计量，定额按照标准图综合了卫生器具与给水管、排水管连接的人工与材料用量，不再另行计算。

1. 盆类卫生器具安装

盆类卫生器具安装工程量界线的划分，通常是水平管和支管的交界处。

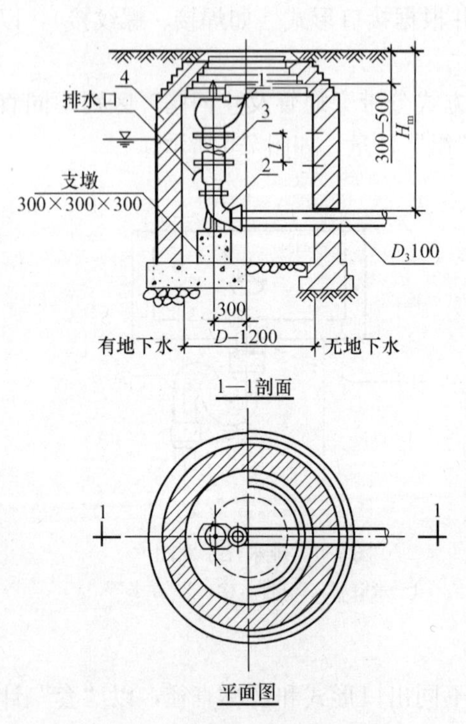

图 7-9　室外地下式消火栓安装图

1—地下式消火栓；2—消火栓三通；3—法兰接管；4—圆形阀门井

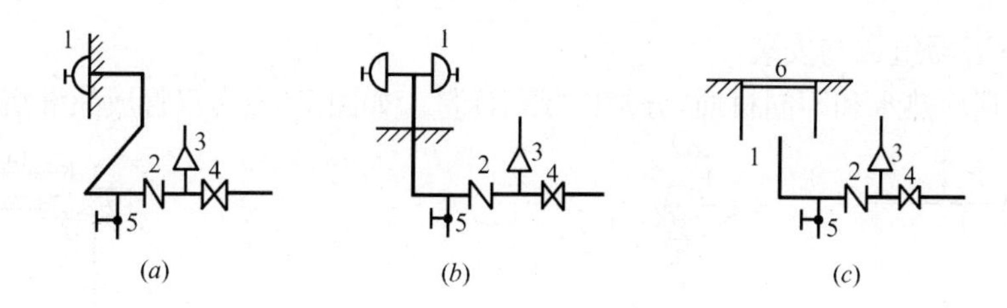

图 7-10 消防水泵结合器

(a) 墙壁式；(b) 地上式；(c) 地下式

1—消防接口；2—止回阀；3—安全阀；4—阀门；5—放水阀；6—井盖

(1) 浴盆、妇女卫生盆的安装，可区别冷热水和冷水带喷头以及不同材质，分别以“组”计量，如图 7-11 所示。但不包括浴盆支座以及周边砌砖、贴瓷砖工程量，可按土建定额执行。

(2) 洗涤盆、化验盆安装，可区别单嘴、双嘴以及不同开关，分别以“组”计量。如图 7-12 所示。

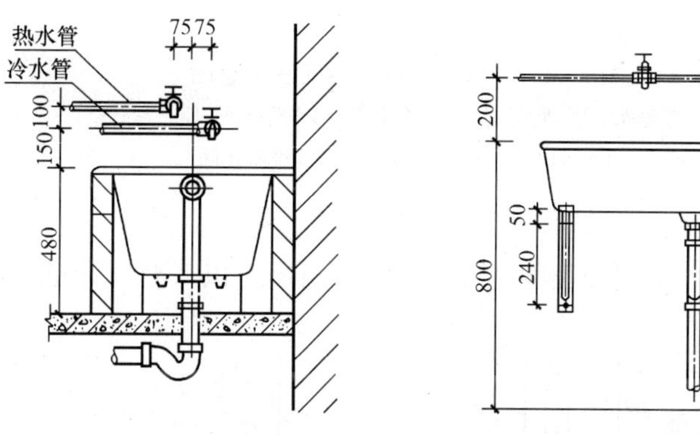

图 7-11 浴盆安装示意图　　图 7-12 洗涤盆安装示意图

(3) 洗脸盆、洗手盆安装，可区别冷水、冷热水和不同材质、开关，分别以“组”计量。如图 7-13 所示为双联混合龙头洗脸盆安装示意图。

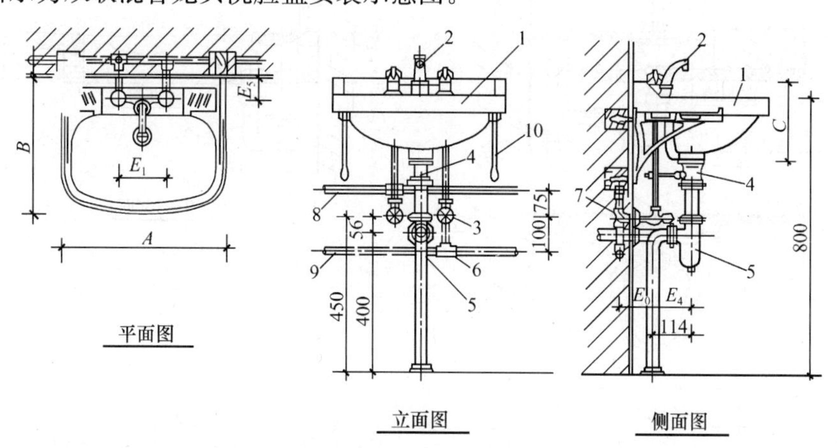

图 7-13 双联混合龙头洗脸盆安装示意图

1—洗脸盆；2—双联混合龙头；3—角式截止阀；4—提拉式排水装置；

5—存水弯；6—三通；7—弯头；8—热水管；9—冷水管；10—洗脸盆支架

2. 淋浴器组成与安装

可区别冷热水和不同材质,分别以"组"计量。如图 7-14 为双管成品淋浴器安装示意图。

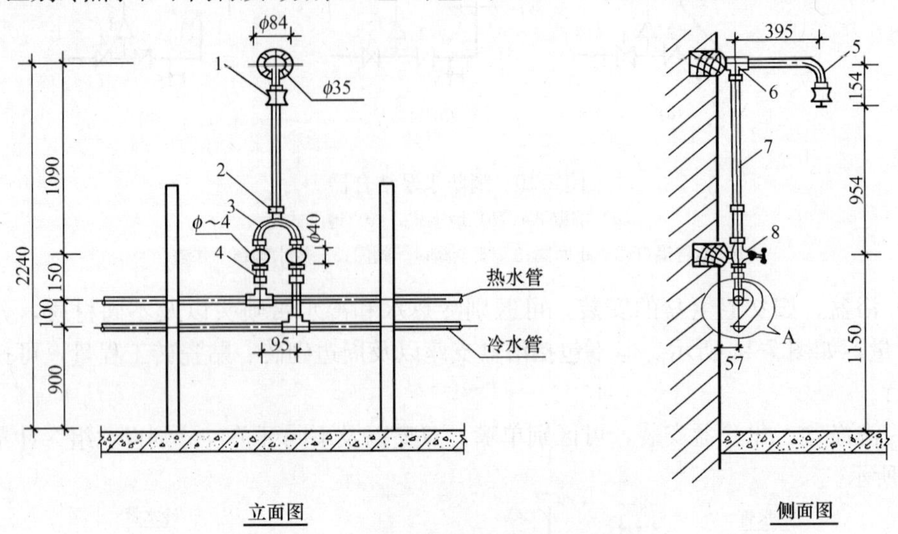

图 7-14　双管成品淋浴器安装示意图

1—莲蓬头；2—管锁母；3—连接弯；4—管接头；5—弯管；
6—带座三通；7—直管；8—带座截止阀

3. 大便器安装

(1) 蹲式大便器安装

可根据大便器的不同形式以及冲洗方式、不同材质，以"套"计量。如图 7-15 所示，

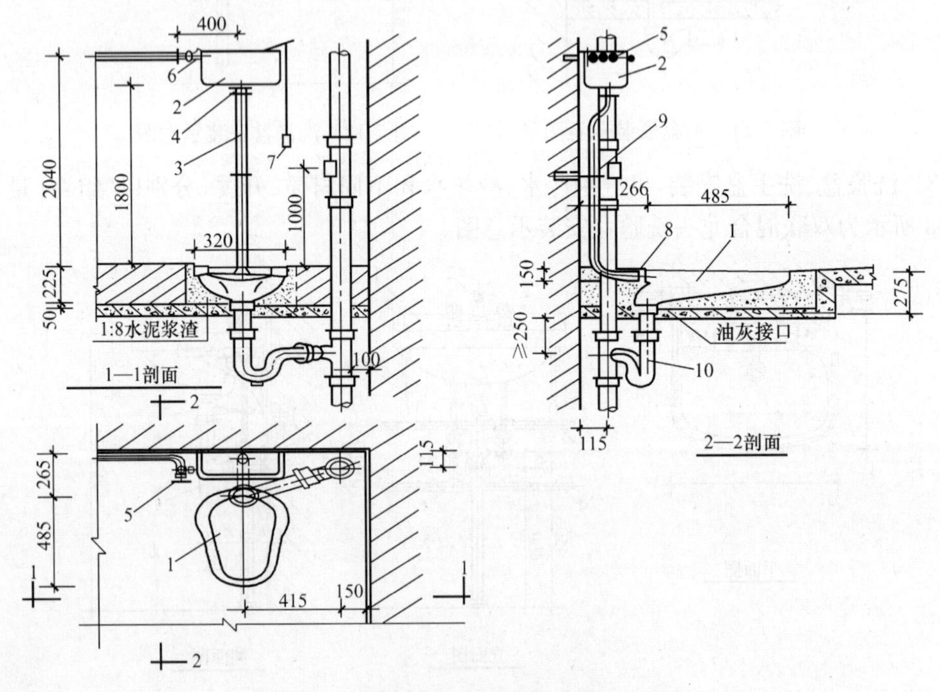

图 7-15　高水箱平蹲式大便器安装示意图

1—平蹲式大便器；2—高水箱；3—冲洗管；4—冲洗管配件；5—角式截止阀；
6—浮球阀配件；7—拉链；8—橡胶胶皮碗；9—管卡；10—存水弯

为高水箱蹲式大便器安装示意图。

(2) 坐式大便器安装

坐式低（带）水箱大便器安装仍以“套”计量。如图 7-16 所示，为带水箱坐式大便器安装示意图。

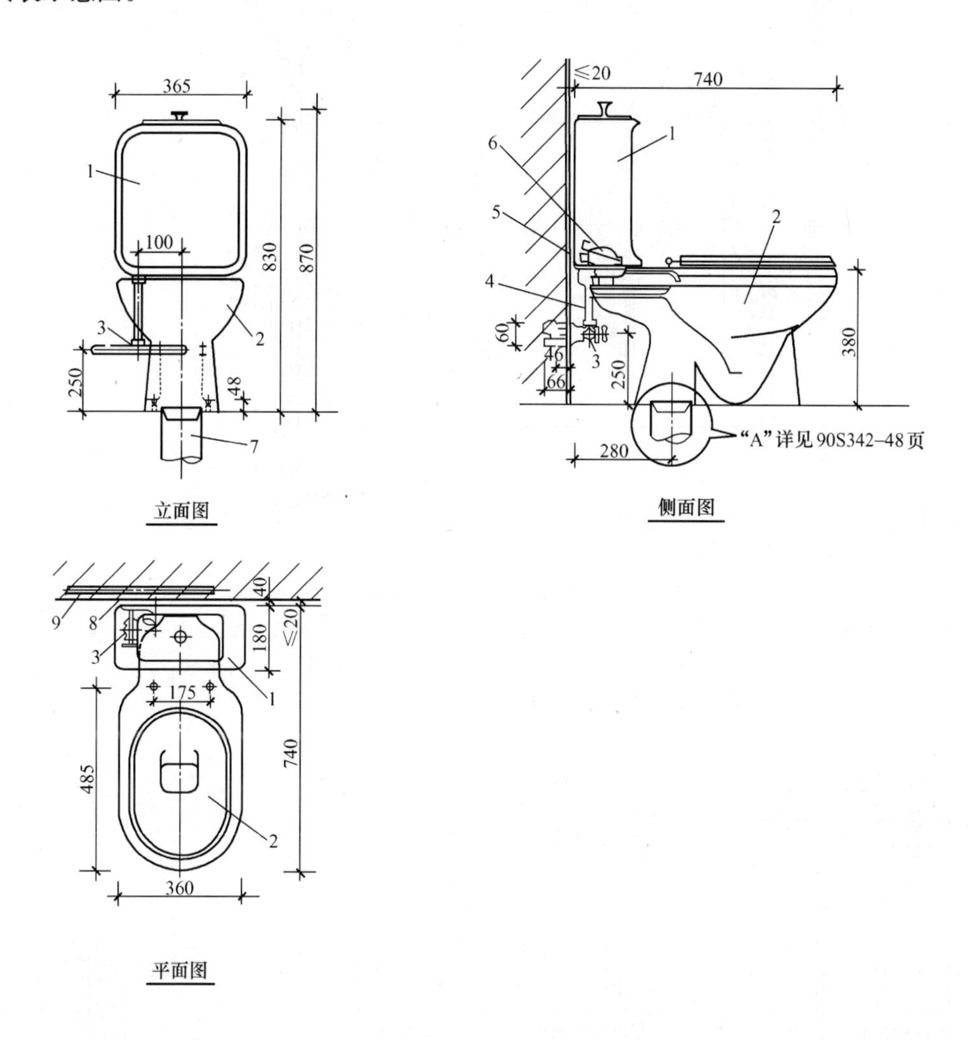

图 7-16　带水箱坐式大便器安装示意图

1—冲洗水箱；2—坐便器；3—角式截止阀；4—水箱进水管；
5—水箱进水阀；6—排水阀；7—排水管；8—三通；9—冷水管

4. 小便器安装

可按不同形式（挂式、立式）和冲洗方式，以“套”计量，套用相应定额子目。如图 7-17、7-18 所示，分别为高水箱挂式自动冲洗和自闭式冲洗阀立式小便器安装示意图。

5. 大便槽自动冲洗水箱安装

可区别不同容积（升），分别以“套”计量，定额包括水箱托架的制作安装，不再另外计算。如图 7-19 所示，为大便槽自动冲洗水箱安装示意图。

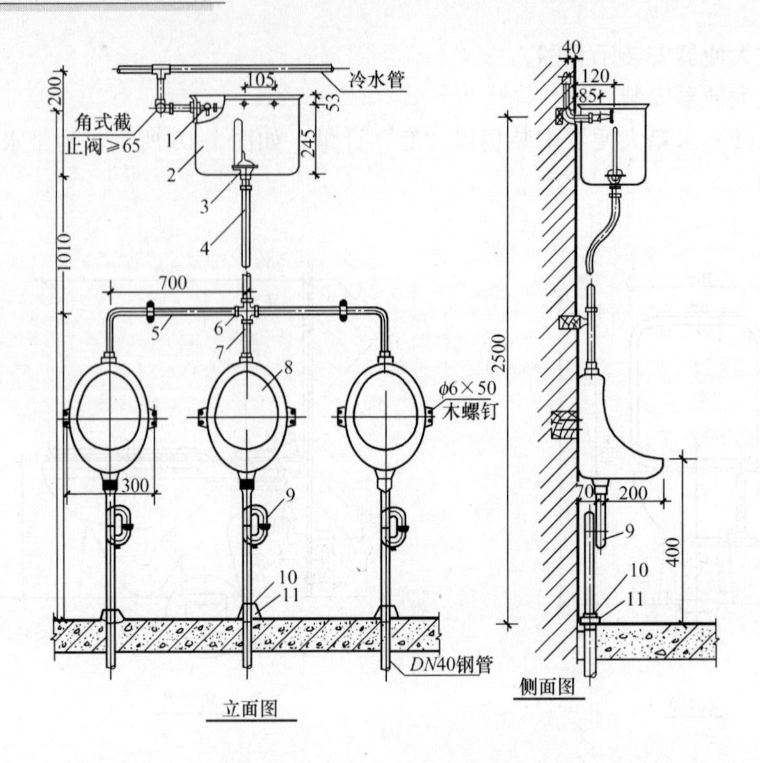

图 7-17　高水箱三联挂式自动冲洗小便器安装示意图

1—水箱进水阀；2—高水箱；3—皮膜式自动虹吸器；4—冲洗立管及配件；
5—连接弯管；6—异径四通；7—连接管；8—挂式小便器；9—存水弯；
10—压盖；11—锁紧螺母

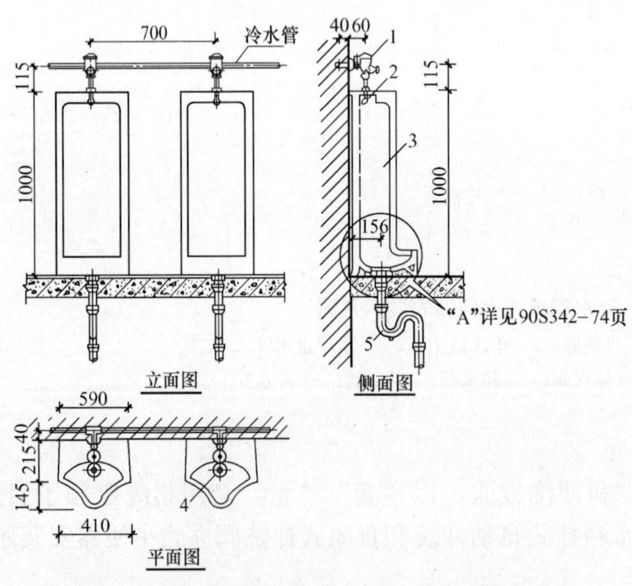

图 7-18　自闭式冲洗阀双联立式小便器安装示意图

1—延时自闭式冲洗阀；2—喷水鸭嘴；
3—立式小便器；4—排水栓；5—存水弯

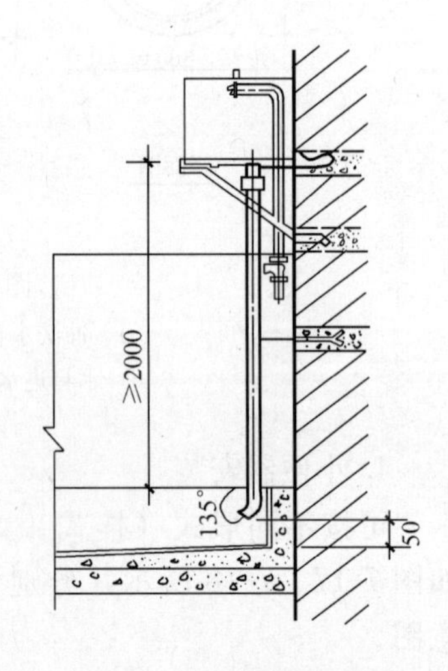

图 7-19　大便槽自动冲洗水箱安装示意图

6. 小便槽安装

可分别列项计算工程量，其安装示意如图 7-20 所示。

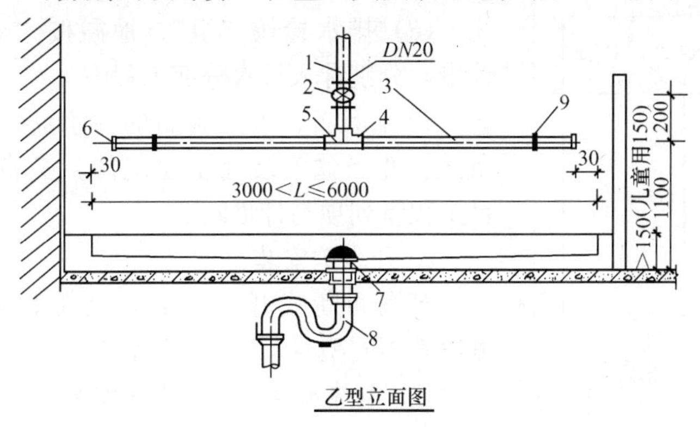

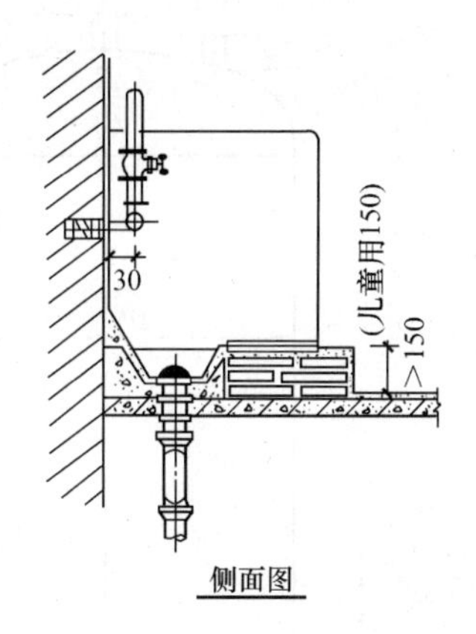

图 7-20 小便槽安装示意图

1—冷水管；2—截止阀；3—多孔管；4—补心；5—三通；

6—管帽；7—罩式排水栓；8—存水弯；9—铜皮骑马

（1）截止阀按“个”计量，套阀门安装相应子目。

（2）多孔冲洗管可按“m”计量，套小便槽冲洗管制安项目。

（3）排水栓按“组”计量。

（4）若设有地漏，则按“个”计量。

（5）小便槽自动冲洗水箱安装工程量以“套”计量。

7. 盥洗（槽）台安装

盥洗（槽）台安装示意如图 7-21 所示。台（槽）身工程量计算套用土建定额。属于安装内容的通常有下列项目：

（1）管道安装按“m”计算在室内给排水管网工程中，套相应定额子目。

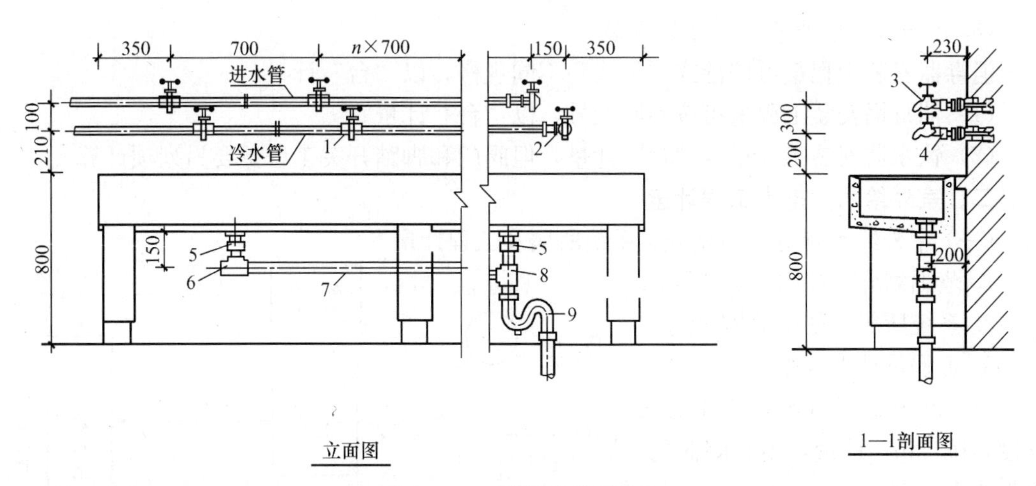

图 7-21 盥洗槽安装示意图

1—三通；2—弯头；3—水龙头；4—管接头；5—管接头；

6—管塞；7—排水管；8—三通；9—存水弯

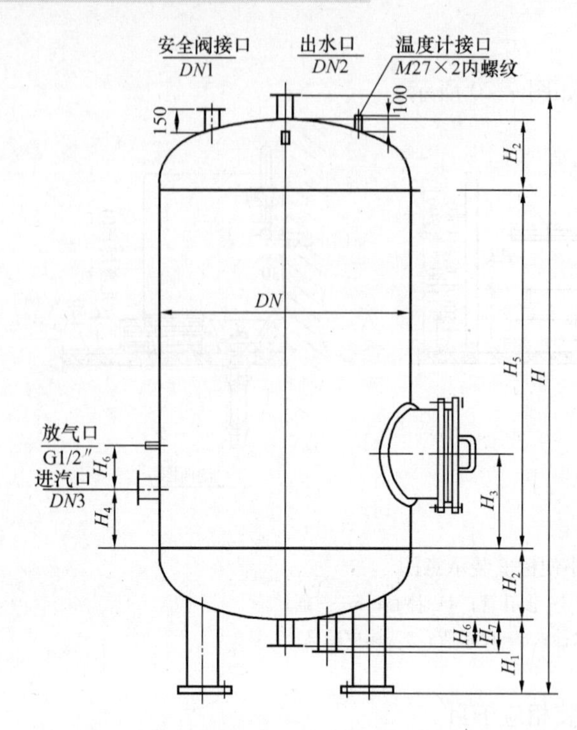

图 7-22　容积式热交换器安装示意图

（2）水龙头按“个”计量，计入给水分部工程中。

（3）排水栓按“组”、地漏按“个”计量，分别计入排水分部工程中。

8. 水磨石、水泥制品的污水盆、拖布池、洗涤盆安装套土建定额。安装子目工程量列项与计量同 7。

9. 开水炉安装

蒸汽间断式开水炉的安装工程量，可按其不同型号，以“台”计量。

10. 电热水器、电开水炉安装

电热水器的安装工程量，可根据不同安装方式（挂式和立式）和不同型号，分别以“台”计量。电开水炉的工程量亦按不同型号，以“台”计量。

11. 容积式热交换器安装

可按容积式热交换器不同型号，分别以“台”计量。但定额不包括安全阀、温度计、保温与基础砌筑，可按照设计用量和相应定额另列项计算。如图 7-22 为容积式热交换器安装示意图。

12. 蒸汽—水加热器，冷热水混合器安装

（1）蒸汽—水加热器的安装工程量以“套”计量，定额包括莲蓬头安装，但不包括支架制作、安装及阀门、疏水器安装，其工程量可按照相应定额另列项计算。

（2）冷热水混合器的安装工程量可按照小型和大型分档，以“套”计量。定额中不包括支架制作、安装以及阀门安装，其工程量可另行列项。

13. 消毒器、消毒锅、饮水器安装

消毒器安装工程量可按湿式、干式和不同规格，以“台”计量。

（1）消毒锅安装工程量可按不同型号，以“台”计量。

（2）饮水器安装工程量以“台”计量，但阀门和脚踏开关工程量要另列项计算。

二、室外给水、排水工程计量

（一）室外给水管道范围划分、系统所属及工程计量

1. 范围划分：如图 7-23 所示。

2. 系统所属：如图 7-24 所示。

3. 工程量计算规则：

（1）以施工图所示管道中心线长度，按“m”计量，不扣除阀门、管件所占长度。

（2）同室内给水管道界线：从进户第一个水表井处，或外墙皮

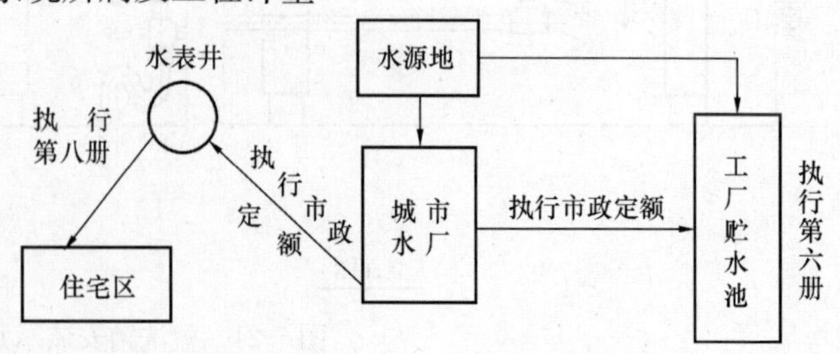

图 7-23　室外给水管道范围

1.5m处，与市政给水干管交接处为界点。

4. 工程量常列项目：

(1) 阀门安装分螺纹、法兰连接，按直径分档，以“个”计量。

(2) 法兰盘安装以“副”计量。

(3) 水表安装工程计量，同室内给水管道水表安装。

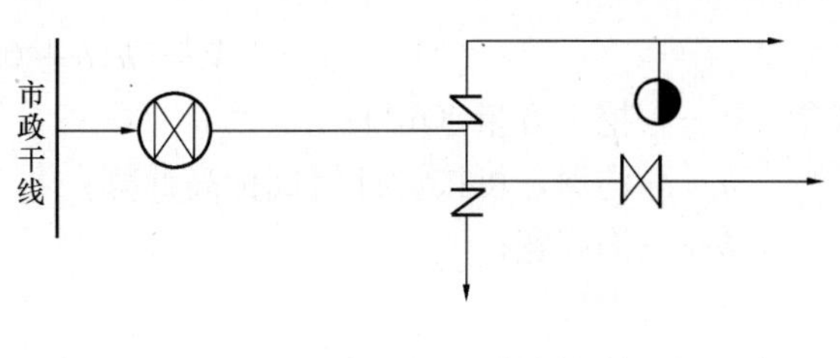

图7-24　室外给水管道系统

(4) 室外消火栓、消防水泵结合器安装工程量如前述。

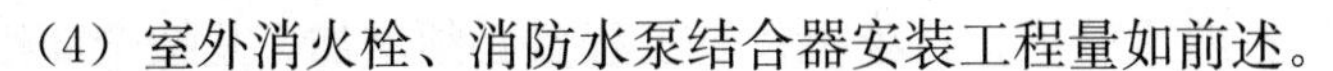

(5) 管道消毒、清洗，同室内给水管道安装工程计量。

(二) 室外排水管道范围划分、系统所属及工程计量

1. 范围划分：如图7-25所示。

2. 系统所属：如图7-26所示。

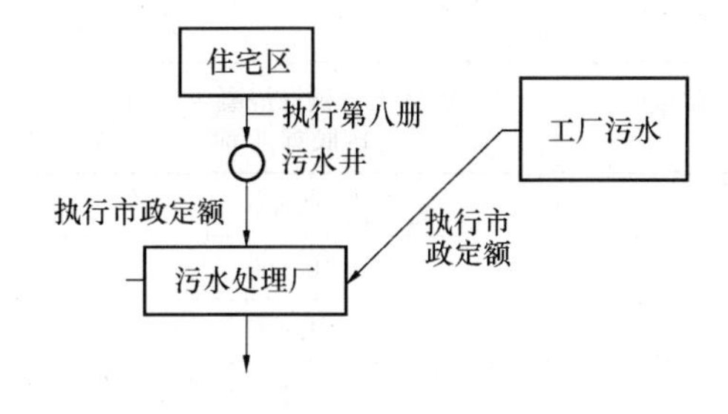

图7-25　室外排水管道范围

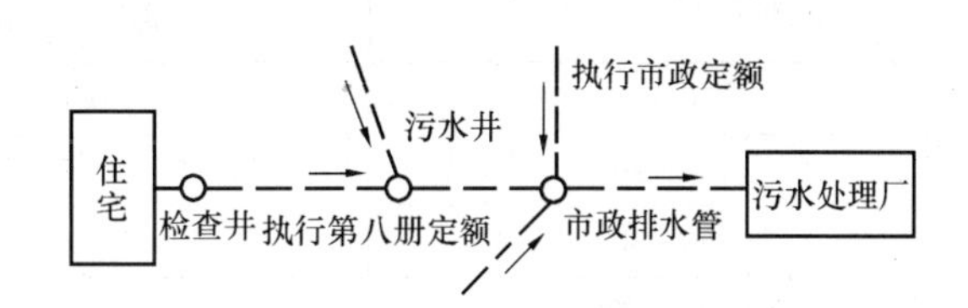

图7-26　室外排水管道系统

3. 工程量计算规则

(1) 以施工图管道平面图和纵断面图所示中心线长度，按“m”计量，不扣除窨井、管件所占长度。

(2) 同室外排水管道界线：

从室内排出口第一个检查井，或外墙皮1.5m处，室外管道与市政排水管道碰头井为界点。

4. 工程量常列项目

(1) 混凝土、钢筋混凝土管道，套土建定额。

(2) 污水井、检查井、窨井、化粪池等构筑物套土建定额。

(3) 室外排水管道沟、土石方工程量套土建定额。

(4) 承插铸铁排水管，可按不同接口材料以管径分档次，套第八册（篇）相应定额子目。其余材质和不同连接方式的室外排水管道工程量计算以及定额套用同室内给水管道。只是分部工程子目不同。

(三) 室内、外给、排水管道土石方工程计量其土石方量可套用土建定额

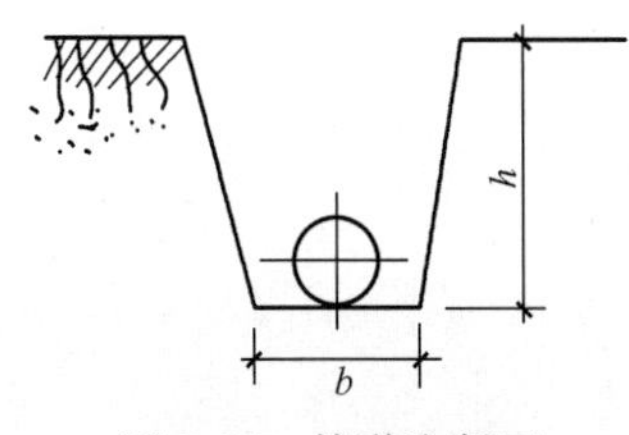

图7-27　管道沟断面

1. 管道沟挖土方沟断面如图7-27所示。其土方量可按下式计算：

$$V = h(b + 0.3h)l \tag{7-3}$$

式中　V——挖土方量（m^3）；

h——沟深，可按设计管底标高计算；

b——沟底宽；

l——沟长；

0.3——放坡系数。

对于沟底宽度的计取，可按设计，若无设计时，按表 7-1 取定。

在计算管道沟土石方量时，对各种检查井、排水井以及排水管道接口加宽之处，多挖的土石方量不得增加。同时，铸铁给水管道接口处操作坑工程量必须增加，是按全部给水管道沟土方量的 2.5%计算增加量。

2. 管道沟回填土工程量

（1）*DN*500 以下的管沟回填土方量不扣除管道所占体积；

（2）*DN*500 以上的管沟回填土方量可按照表 7-2 列出的数据扣除管道所占体积。

管道沟底宽取值（单位：m）　**表 7-1**

管径 *DN*（mm）	铸铁、钢、石棉水泥管道沟底宽（m）	混凝土、钢筋混凝土管道沟底宽（m）
50～75	0.60	0.80
100～200	0.70	0.90
250～350	0.80	1.00
400～450	1.00	1.30
500～600	1.30	1.5
700～800	1.60	1.80
900～1000	1.8	2.00

管道占回填土方量扣除表（单位：m^3/m 沟长）　**表 7-2**

管径 *DN*（mm）	钢管道占回填土方量	铸铁管道占回填土方量	混凝土、钢筋混凝土管道占回填土方量
500～600	0.21	0.24	0.33
700～800	0.44	0.49	0.60
900～1000	0.71	0.77	0.92

第二节　采暖供热安装工程计量

一、采暖供热系统基本组成及安装要求

（一）采暖系统组成

热水及蒸汽采暖系统通常由以下内容组成：

（1）热源：锅炉（热水或蒸汽）；

（2）管网系统：供热以及回水、冷凝水管道；

（3）散热设备：散热器（片）、暖风机；

（4）辅助设备：膨胀水箱、集气罐、除污器、冷凝水收集器、减压器、疏水器等；

（5）循环水泵。

如图 7-28 所示为热水采暖系统组成示意图。

（二）供热水系统组成

供热水系统组成内容如下：

（1）水加热器以及自动调温装置；

（2）管网系统：有供热水管和回水管；

（3）供水器；

（4）辅助设备：冷水箱、集气罐、除污器、疏水器等；

（5）循环水泵。

供热水系统如图 7-29 所示。

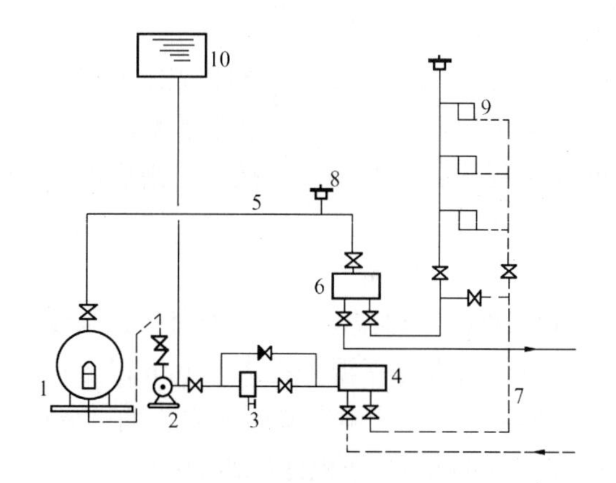

图 7-28 热水采暖系统

1—热水锅炉；2—循环水泵；3—除污器；4—集水器；5—供热水管；6—分水器；7—回水管；8—排气阀；9—散热片；10—膨胀水箱

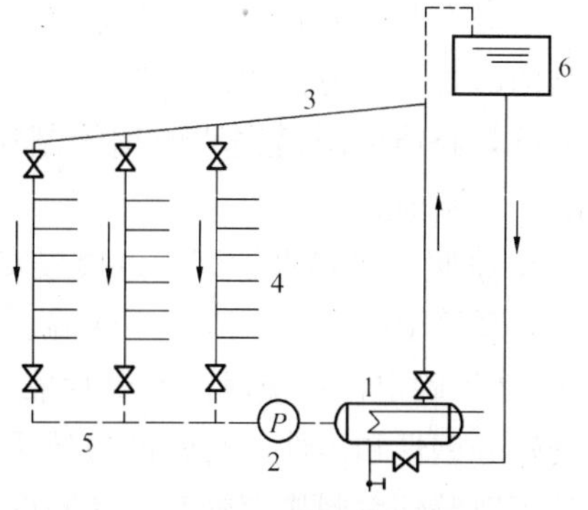

图 7-29 供热水系统

1—水加热器；2—循环水泵；3—供热水管；4—各楼层供水器；5—回水管；6—冷水箱

（三）采暖、供热管道安装要求

1. 管道安装要求

管道在室内敷设，通常采用明敷，室外管道一般采用架空或地沟内敷设；对于管道的连接，干管采用焊接、法兰连接或螺纹接。一般室内低压蒸汽采暖系统，当 $DN>32$mm 时，采用焊接或法兰接，当 $DN\leqslant32$mm 时，采用螺纹接。

2. 散热器（片）安装程序

散热器（片）安装程序为：组对——试压——就位——配管。

此外，散热片还要安装托钩或托架，其搭配数量如图 7-30、图 7-31 所示。

3. 管道系统吹扫、试压和检查

管道系统用水试压、采用压缩空气吹扫或清水冲洗、蒸汽冲洗等方法吹扫和清洗。通常分隐蔽性试验和最终试验。待检查试验压力 P_s 和系统压力 P 符合规定时，方可验收。

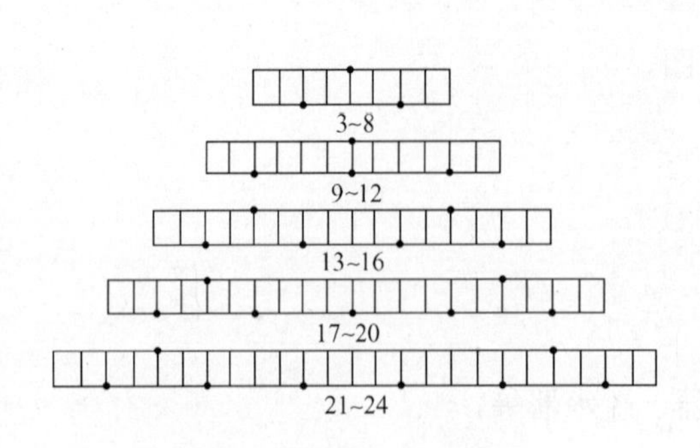

图 7-30　铸铁柱型散热器
不带腿的托钩和固定卡数量与位置图

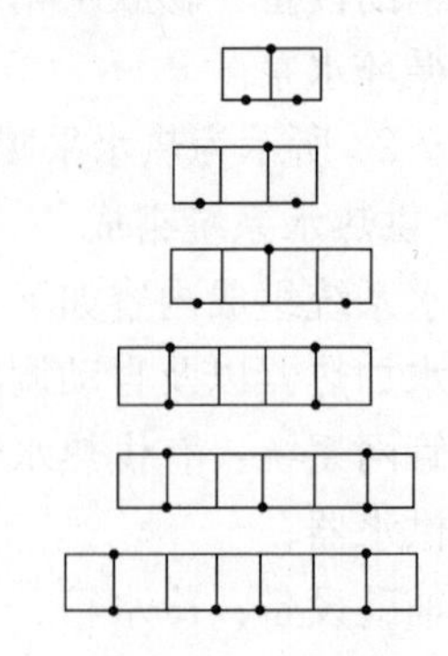

图 7-31　铸铁长翼型散热器
托钩数量与位置图

4. 管道支架、吊架制作和安装

采暖管道支架的种类，根据管道支架的作用、特点，可分为活动支架和固定支架。根据结构形式可分为托架、吊架、管卡。托、吊架多用于水平管道。支架埋于墙内不少于120mm，材质可用角钢和槽钢等制作。支架的安装程序：下料——焊接——刷底漆——安装——刷面漆。

5. 采暖、供热水管穿墙过楼板安装套管

采暖管道的套管一般分不保温、保温和钢套管三种。不保温套管的规格可按比采暖管大1～2号确定，不预埋；保温时采用的套管，其内径通常比保温外径大50mm以上；防水套管分钢性和柔性。套管的材质采用镀锌铁皮或钢管。套管伸出墙面或楼板面20mm。当使用镀锌铁皮制作套管时，其厚度δ通常为0.5～0.75mm。面积计量如下：

$$面积\ F = Bl \tag{7-4}$$

式中　F——套管展开面积（m^2）；

B——套管展开宽度，B=(被套管直径+20)×π+咬口10；

l——套管展开长度，l=楼板或墙厚+40。

6. 补偿器（伸缩器）制作安装要求

补偿器可在现场揻制或成品，其形式有波型补偿器、填料式套筒伸缩器。现场揻制的补偿器其制作安装程序如下：

揻制——拉紧固定——焊接——放松、油漆。

现场揻制补偿器形式如图7-32所示。

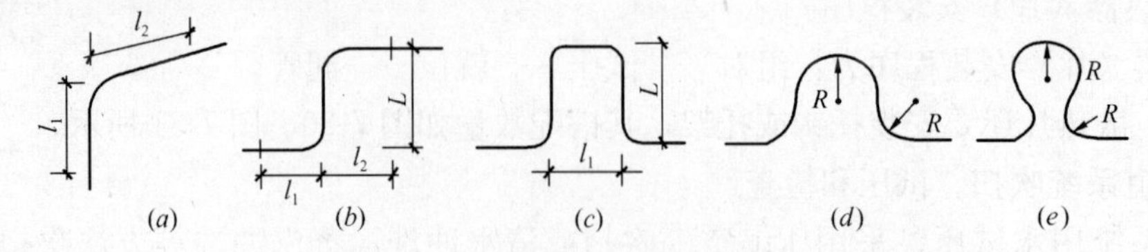

图 7-32　补偿器形式
(a) L型；(b) Z型；(c) U型；(d) 圆滑U型；(e) 圆滑琵琶型

7. 管道刷油、保温要求

(1) 室内采暖、供热水管道刷油要求：

除锈——刷底漆（防锈漆或红丹漆）1遍——银粉漆2遍。

(2) 浴厕采暖、热水管道刷油要求：

除锈——刷底漆2遍——刷银粉漆2遍（或耐酸漆1遍，或快干漆2遍）。

(3) 散热器刷油一般要求：

除锈——刷底漆2遍——银粉漆2遍。

(4) 保温管道要求：

除锈——刷红丹漆2遍——保温层安装以及抹面——保温层面刷沥青漆（或调合漆）2遍。

8. 减压器和疏水器

按设计要求，通常安装在采暖系统热入口处。

二、采暖、热水管道系统工程计量

(一) 采暖、热水管道工程计量

采暖管道工程量计算顺序和计算要领同室内给水管道。

1. 工程量计算规则

(1) 以施工图所示管道中心线长度，按延长米计量，不扣阀门、管件以及伸缩器等所占长度，但要扣除散热片所占长度。

(2) 室内外管道界线划分规定：

1) 采暖建筑物入口设热入口装置者，以入口阀门为界，无入口装置者以建筑物外墙皮1.5m为界；

2) 室外系统与工业管道界线以锅炉房或泵站外墙皮为界；

3) 工厂车间内的采暖系统与工业管道碰头点为界；

4) 高层建筑内采暖管道系统与设在其内的加压泵站管道界线，以泵站外墙皮为界。

2. 套定额

管道安装定额包括：管道搣弯、焊接、试压等工作。

(1) 管道的支、吊、托架、管卡的制作与安装，室内采暖、供热水管道安装工程计量和定额套用与室内给水管道安装相同。

(2) 穿墙、过楼板套管工程计量方法同给水工程。

(3) 伸缩器安装另列项计量

(4) 定额中包括了弯管的制作与安装。

(5) 管道冲洗工程计量与套定额同给水管道。

(6) 钢管以及散热器除锈、刷油、保温工程量计算可查阅定额十一册（篇）附录九表中数据，并套该册（篇）相应定额。

(二) 管道伸缩器安装工程计量

各种伸缩器（方型、螺纹法兰套筒、焊接法兰套筒、波形等伸缩器）制作安装工程量，均以"个"计量。方型伸缩器的两臂，按臂长的两倍合并在管道长度内计量。

(三) 阀门安装工程计量

采暖管道工程中的阀门（螺纹、法兰）安装工程量均以"个"计量。同给水管道。

（四）低压器具的组成与安装工程计量

采暖、热水管道工程中的低压器具包括减压装置和疏水装置。

1. 减压器组成与安装工程计量

可按减压器的不同连接方式（螺纹接、焊接）以及公称直径，分别以“组”计量。如图 7-33、图 7-34 所示，分别为热水系统和蒸汽、凝结水管路的减压装置示意图。

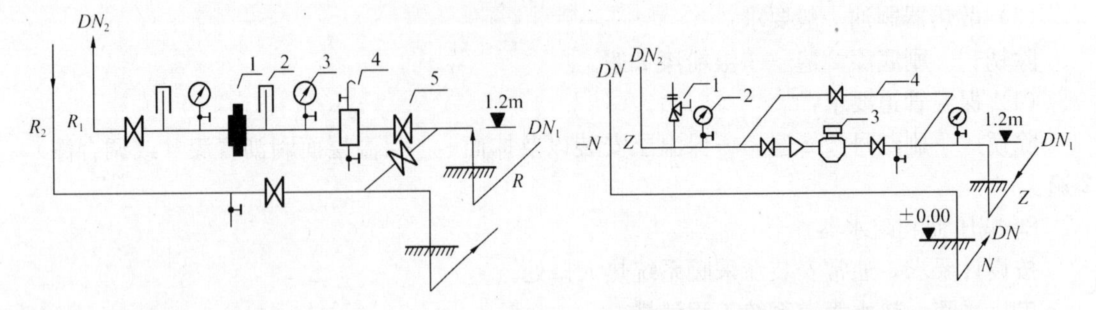

图 7-33 热水系统减压装置组成

1—调压板；2—温度计；3—压力表；4—除污器；5—阀门

图 7-34 蒸汽、凝结水管路减压装置示意图

1—安全阀；2—压力表；3—减压阀；4—旁通管

2. 疏水器装置组成与安装工程计量

可按疏水器不同连接方式和公称直径，分别以“组”计量。疏水器装置组成如图 7-35 示。

（1）图 7-35（*a*）为疏水器不带旁通管；

（2）图 7-35（*b*）为疏水器带旁通管；

（3）图 7-35（*c*）为疏水器带滤清器，对于滤清器安装工程量可另列项计算，套用同规格阀门定额。

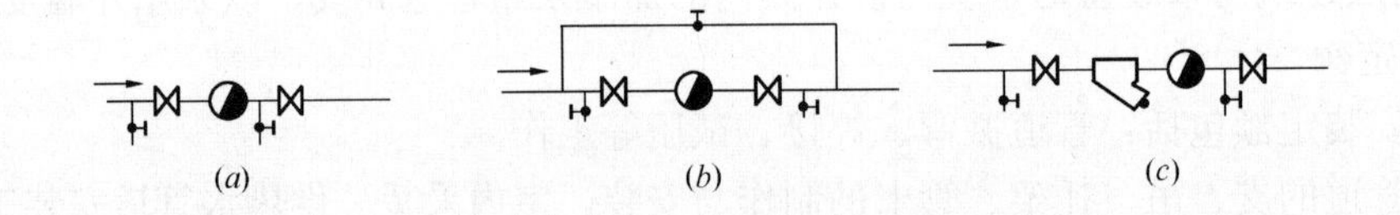

图 7-35 疏水器装置组成与安装

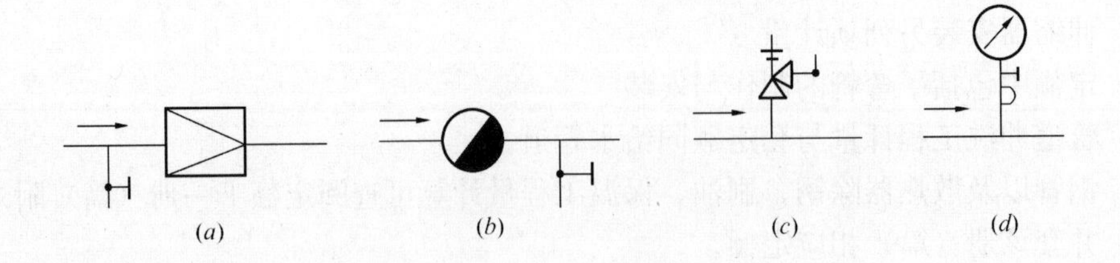

图 7-36 单独安装减压阀等

（*a*）减压阀；（*b*）疏水器；（*c*）安全阀；（*d*）弹簧压力表

3. 单独安装减压阀、疏水器、安全阀可按同管径阀门安装定额套用。但应注意地方定额中系数的规定及其各自的未计价价值。如图 7-36 所示。

（五）供暖器具安装工程计量

1. 铸铁散热器安装工程量（四柱、五柱、翼形、M132）均按“片”计量，定额中包括托钩制安。如图7-37所示。圆翼型按“节”计量。

柱型挂装时，可套用M132型子目。

柱型、M132型铸铁散热器用拉条时，另行计量拉条。

2. 光排管散热器制作安装工程量，可按排管长度“m”计量，根据管材不同直径并区分A、B型套相应定额。定额已包括联管长度，不再另行计量。如图7-38所示。

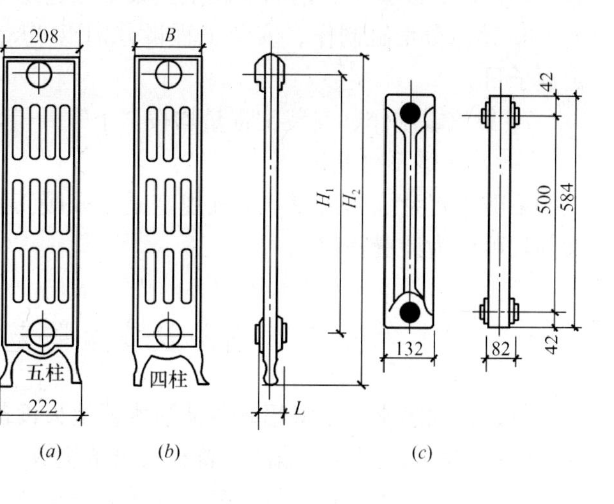

图7-37　铸铁柱型散热器

（a）五柱800；（b）四柱；（c）M132型

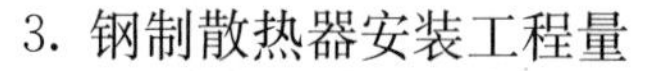

3. 钢制散热器安装工程量

（1）钢制闭式散热器，应区别不同型号，以“片”计量。如果主材不包括托钩者，托钩的价值另行计算。

（2）钢制板式、壁式散热器分别按不同型号或质量以“组”计量。定额中已包括托钩安装的人工和材料。

（3）钢制柱式散热器，应区别不同片数，以“组”计量。使用拉条时，拉条另行计量。

4. 暖风机安装，可区别不同质量，以“台”计量。其支架另列项计量。

5. 热空气幕安装工程量，可根据其不同型号和质量，以“台”计量。

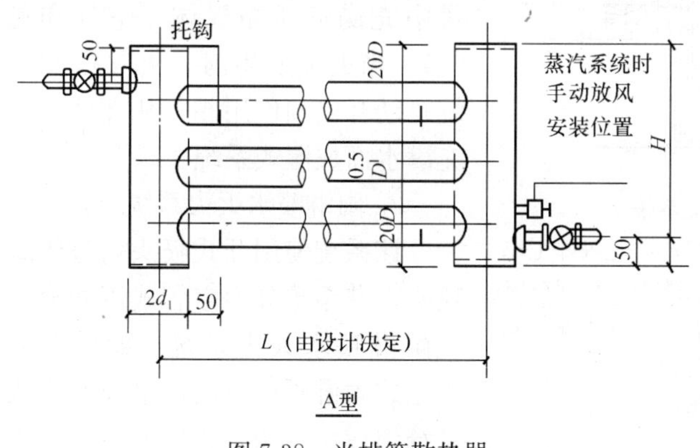

图7-38　光排管散热器

（六）小型容器制作和安装工程计量

1. 钢板水箱（凝结水箱、膨胀水箱、补给水箱）

制作工程量，可按施工图所示尺寸，不扣除人孔、手孔质量，以“kg”计量。其法兰和短管水位计另套相应定额子目。圆形水箱制作，以外接矩形计算容积，套与方形水箱容积相同档次定额。

2. 钢板水箱安装，可按国家标准图集水箱容积“m^3”，执行相应定额。各种水箱安装，均以“个”计量。

3. 水箱中的各种连接管计入室内管网中。

4. 水箱中的水位计安装，可按“组”计量。

5. 水箱支架制作安装工程量：

（1）型钢支架，可按“kg”计算，套第八册（篇）相应定额子目；

(2) 砖、混凝土、钢筋混凝土支架套土建定额。

6. 蒸汽分汽缸制作、安装工程量分别以“kg”和“个”计量，套第六册（篇）相应定额子目。

7. 集汽罐制作、安装工程量均按“个”计量，分别套第六册（篇）相应定额子目。

（七）采暖系统调试

采暖工程系统调试费，定额规定是按采暖工程人工费的15%计取，其中人工工资占20%，可作为计费基础。

第三节　消防及安全防范设备安装工程计量

一、自动喷水、雨淋喷水、消防水幕灭火设备安装

（一）喷水、雨淋、消防水幕灭火设备组成

上述三种灭火装置，均由管网供应的水经喷头进行喷水灭火。因此，系统通常由管网、洒水喷头、报警阀以及供水设备组成。

1. 自动喷水灭火系统

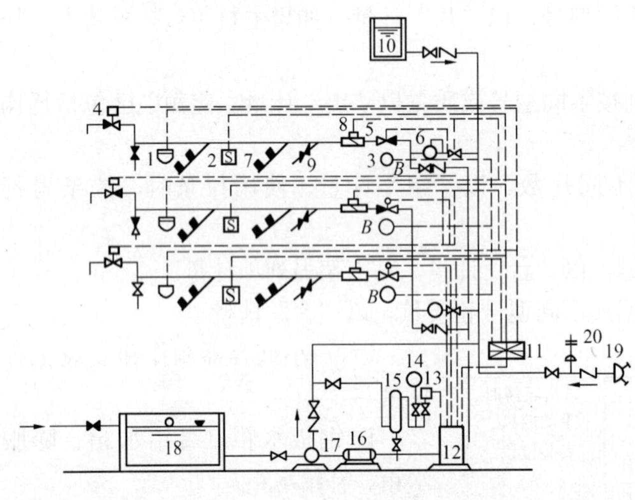

图7-39　预作用自动喷水灭火系统

1—感温探测器；2—感烟探测器；3—报警装置；4—电磁排气阀；5—电动阀；6—预作用阀；7—喷头；8—水流报警器；9—补气阀；10—水箱；11—火灾收信机；12—火灾自控器；13—压力继电器；14—压力表；15—压力罐；16—电机；17—水泵；18—水池；19—水泵接合器；20—安全阀

该系统类型颇多，通常使用的有湿式、干式、干湿式、预作用自动喷水灭火系统，以及派生物循环喷水灭火系统。如图7-39即为预作用自动喷水灭火系统组成示意图。其系统由火灾探测系统控制的带预作用阀的闭式自动喷水灭火系统组成。该系统在预作用阀后的管道中充满低压缩气体（空气和氮气），当火灾发生时，火灾探测系统自动开启预作用阀，从而使管道充满水而成湿式系统。

2. 雨淋喷水灭火系统

该系统使用开式喷头代替闭式喷头，其系统分为空管式以及充水式雨淋喷水灭火系统。如图7-40为立式雨淋阀组成的雨淋喷水灭火系统组成示意图。火灾发生时，火灾探测器通过电磁阀，打开雨淋阀，管道充满水，雨淋的开式喷头喷水灭火，同时，水力警铃发出报警信号。

3. 消防水幕灭火系统

该系统可将水喷成水帘幕状，用来冷却简易防火分隔物，提高其耐火性能，形成防火水帘，阻止火焰通过开口部位。如图7-41所示，为消防水幕灭火系统示意图。系统主要由喷头、管网、控制设备和水源四部分组成。连接方式可采用螺纹或焊接。

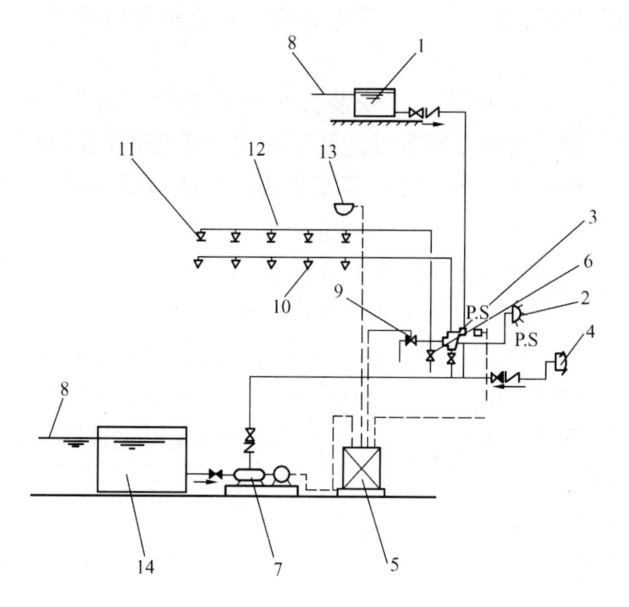

图 7-40　立式雨淋阀的雨淋灭火系统
1—消防水箱；2—水力警铃；3—雨淋阀；4—水泵接合器；5—控制箱；6—手动阀；7—水泵；8—进水管；9—电磁阀；10—开式喷头；11—阀式喷头；12—传动管；13—火灾探测器；14—水池

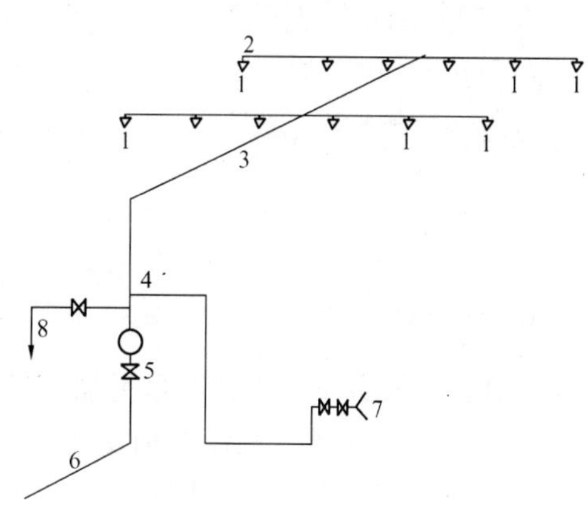

图 7-41　消防水幕系统
1—水幕喷头；2—分配支管；3—配水管；4—主管；5—控制阀；6—供水管；7—水泵接合器；8—放水管

（二）水灭火系统工程计量

镀锌钢管法兰连接定额，管件是按成品，弯头两端是按接短管焊接法兰考虑的，定额中包括直管、管件、法兰等全部安装工作内容，但管件、法兰以及螺栓的主材数量应按设计规定另行计量。

管道刷油、防腐套用第十一册（篇）《刷油、防腐蚀、绝热工程》相应定额。

1. 管道安装按设计管道中心线长度，以“m”计量。不扣除阀门、管件以及各种组件所占长度。主材数量可按定额用量计算。管件含量见表 7-3。

2. 镀锌钢管安装定额亦适用于镀锌无缝钢管，其对应关系见表 7-4。

镀锌钢管（螺纹连接）管件含量表（单位：10m）　　**表 7-3**

项　目	名　称	公称直径（mm 以内）						
		25	32	40	50	70	80	100
管件含量	四通	0.02	1.20	0.53	0.69	0.73	0.95	0.47
	三通	2.29	3.24	4.02	4.13	3.04	2.95	2.12
	弯头	4.92	0.98	1.69	1.78	1.87	1.47	1.16
	管箍		2.65	5.99	2.73	3.27	2.89	1.44
	小计	7.23	8.07	12.23	9.33	8.91	8.26	5.19

镀锌钢管与镀锌无缝钢管对应关系表　　**表 7-4**

公称直径（mm）	15	20	25	32	40	50	70	80	100	150	200
无缝钢管外径（mm）	20	25	32	38	45	57	76	89	108	159	

3. 喷头安装按有吊顶、无吊顶分别以“个”计量。套用第七篇第二章定额相应子目。几种常见喷头的构造外型如图 7-42 所示。

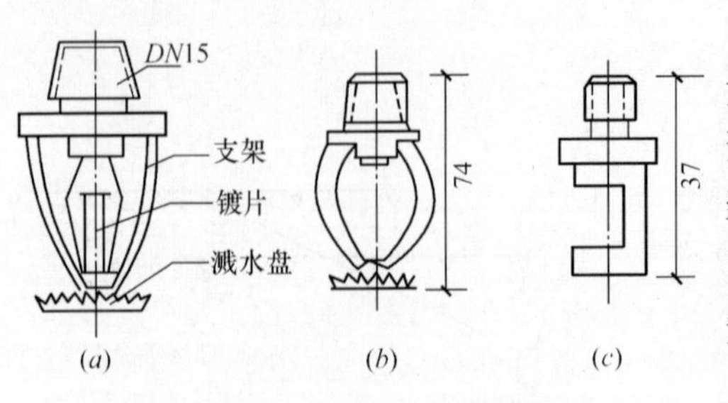

图 7-42　喷头构造外型示意图

(a)易熔合金闭式喷头；(b)开式喷头；(c)水幕喷头

4. 报警装置安装按成套产品以“组”计量。其他报警装置适用于雨淋、干湿两用以及预作用报警装置，其安装执行湿式报警装置安装定额，其人工乘以系数 1.2。成套产品包括的内容详见《国安》计算规则第八章《消防及安全防范设备安装工程》。

5. 温感式水幕装置安装，按不同型号和规格以“组”计量。但给水三通至喷头、阀门间管道的主材数量按设计管道中心线长度另加损耗计算，喷头数量按设计数量另加损耗计算。

6. 水流指示器、减压孔板安装，按不同规格均以“组”计量。

7. 末端试水装置按不同规格以“组”计量。

8. 集热板制作安装以“个”计量。

9. 隔膜式气压水罐安装，区分不同规格以“台”计量。

10. 管道支、吊架已综合支架、吊架以及防晃支架的制作安装，以“kg”计量。

11. 自动喷水灭火系统管网水冲洗，区分不同规格，以长度“m”计量。

12. 阀门、法兰安装、各种套管的制作安装、泵房间管道安装以及管道系统强度试验、严密性试验套用第六册（篇）《工业管道工程》相应定额。

13. 消火栓管道、室外给水管道安装以及水箱制作安装套用第八册（篇）《给排水、采暖、燃气工程》相应定额。

14. 各种消防泵、稳压泵等的安装以及二次灌浆，套用第一册（篇）《机械设备安装工程》相应定额。

15. 各种仪表的安装、带电讯信号的阀门、水流指示器、压力开关的接线、校线套第十册（篇）《自动化控制装置及仪表安装工程》相应定额。

16. 各种设备支架的制作安装等，套用第五册（篇）《静置设备与工艺金属结构制作安装工程》相应定额。

17. 管道、设备、支架、法兰焊口除锈刷油，套用第十一册（篇）刷油、防腐蚀、绝热工程相应定额。

18. 系统调试套用第七册（篇）第五章相应定额。

二、气体消防灭火设备安装

气体消防灭火系统包括蒸汽灭火系统、二氧化碳灭火系统、卤代烷灭火系统以及烟雾灭火系统等。

（一）二氧化碳灭火系统

二氧化碳灭火主要起窒息作用，除此之外，还对火焰有一定的冷却作用。根据二氧化碳灭火的用途，分全充满二氧化碳、局部应用二氧化碳以及半固定式二氧化碳灭火系统等。如图 7-43 所示为全充满二氧化碳灭火系统。

该系统适用于无人居住的房间、地下室、能封闭的仓库以及工作人员在 30s 钟内可以

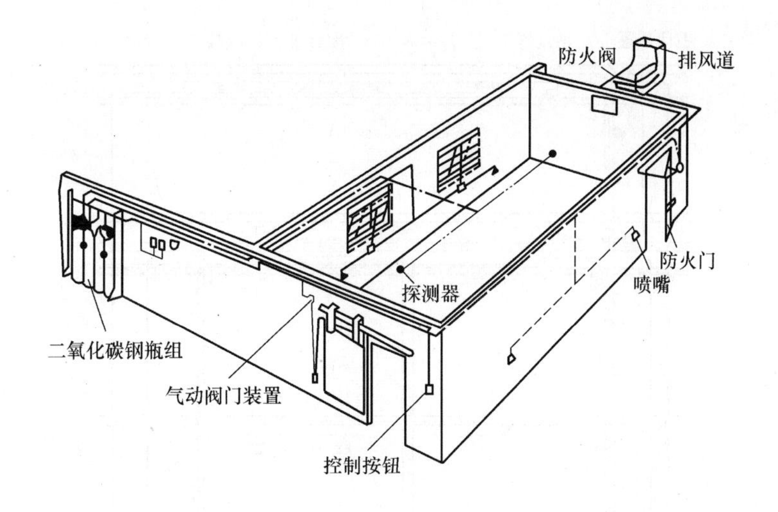

图 7-43 全充满二氧化碳灭火系统

离开的通讯机房、贵重设备室等场所。

其系统通常由贮罐瓶、输气管、分配管、喷头以及报警启动设备等组成。

（二）卤代烷灭火系统

卤代烷是碳氢化合物中的氢原子被卤原子取代后生成的化合物，常用作灭火的卤代烷有 CF_2ClBr（命名为 1211）、$CBrF_3$（命名为 1301）等。卤代烷灭火系统，分全淹没卤代烷灭火系统、局部卤代烷应用系统和无固定配管的卤代烷灭火系统。如图 7-44 所示为全淹没卤代烷灭火系统。

通常房间里设置固定的卤代烷喷头、起火后，由卤代烷贮罐向保护空间均匀地施放卤代烷灭火剂，从而使其达到灭火浓度，故称为全淹没卤代烷灭火系统。对于无人停留或室内工作人员在 30s 钟内可以撤离现场的场所，可以设置全淹没卤代烷灭火系统。

该系统由卤代烷喷射系统和控制监控设备两部分组成。其喷射系统由卤代烷喷头、输送管道、分配阀以及钢瓶等组成。

全淹没卤代烷灭火系统通常由火灾探测系统进行控制，但系统中设有手动启动设备。

（三）气体灭火系统工程计量

定额第七册（篇）第三章《气体灭火系统安装》仅适用于工业和民用建筑中设置的二氧化碳灭火系统、卤代烷 1211 灭火系统和卤代烷 1301 灭火系统的管道、管件、系统组件等的安装。

管道安装包括无缝钢管的螺纹连接、法兰连接、气动驱动装置管道安装以及钢制管件的螺纹连接。但无缝钢管螺纹连接不包括钢制管件连接内容，其工程量可按设计用量计算，再套用钢制管件连接定额。

无缝钢管法兰连接定额，管件是按成品、弯头两端是按接短管焊法兰考虑的，包括了直管、管件、法兰等预装和安装的全部内容，但管件、法兰以及螺栓的主材数量应按照设计规定另行计量。

1. 各种管道安装按设计管道中心长度以“m”计量，不扣除阀门、管件以及各种组件所占长度，主材数量可按定额用量计量。

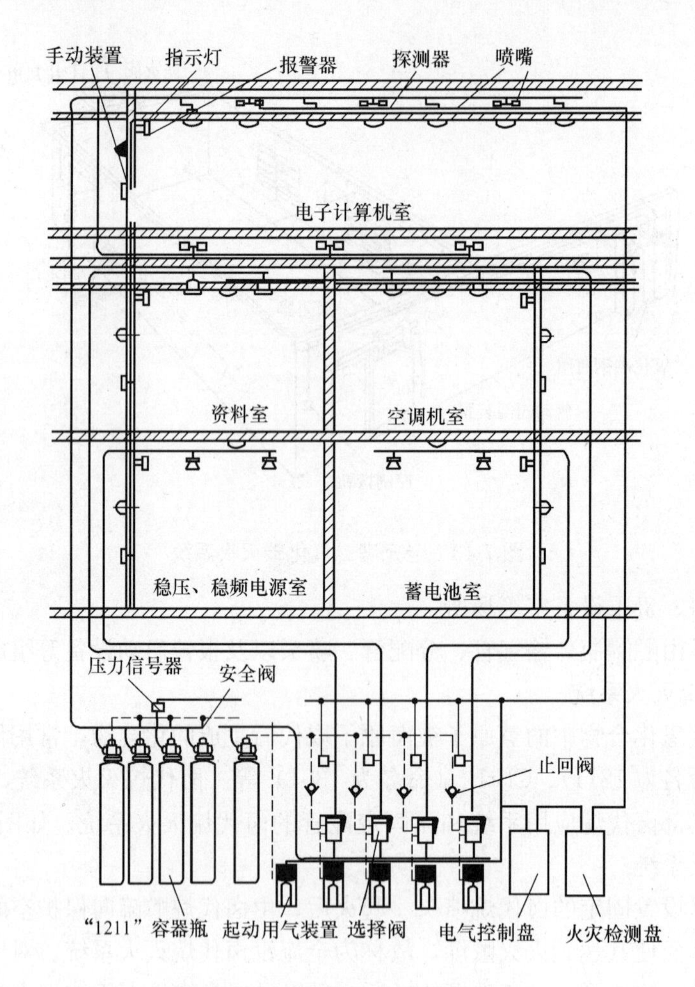

图 7-44　全淹没卤代烷灭火系统

2. 钢制管件螺纹连接，可按不同规格以"个"计量。

3. 螺纹连接的不锈钢管、铜管以及管件安装工程量，可按无缝钢管和钢制管件安装相应定额乘以系数 1.2。

4. 无缝钢管和钢制管件内外镀锌以及场外运输费用另行计量。

5. 气动驱动装置管道安装定额包括卡套连接件的安装，但卡套本身的价值可按设计用量另行计量。

6. 喷头安装可按不同规格以"个"计量。定额中包括管件安装以及配合水压试验安装与拆除丝堵的工作内容。

7. 选择阀安装可按不同规格和连接方式分别以"个"计量。

8. 贮存装置安装可按贮存容器和驱动气瓶的规格（L），以"套"计量。其中包括灭火剂贮存容器和驱动气瓶的安装固定和支框架、系统组件（集流管、容器阀、单向阀、高压软管）、安全阀等贮存装置和阀驱动装置的安装以及氮气增加。二氧化碳贮存装置安装时，若不需增压，要扣除高纯氮气。

9. 二氧化碳称重检漏装置包括泄露报警开关、配重、支架等，以"套"计量。

10. 系统组件包括选择阀、单向阀（含气、液）以及高压软管。试验可按水强度试验和气压严密性试验，分别以“个”计量。

11. 无缝钢管、钢制管件、选择阀安装以及系统组件试验均适用于卤代烷 1211 和 1301 灭火系统。对于二氧化碳灭火系统，可按卤代烷灭火系统相应安装定额乘以系数 1.2。

12. 管道支、吊架的制作安装套用第七册（篇）第二章相应定额。

13. 不锈钢管、铜管以及管件的焊接和法兰连接、各种套管的制作安装、管道系统强度试验、严密性试验以及吹扫等套用第六册（篇）《工业管道工程》相应定额。

14. 管道以及支、吊架的防腐、刷油等套用第十一册《刷油、防腐蚀、绝热工程》相应定额。

15. 系统调试套用第七册（篇）第五章相应定额。

16. 电磁驱动器与泄露报警开关的电气接线套用第十册（篇）《自动化控制装置及仪表安装工程》相应定额。

三、泡沫灭火设备安装

（一）泡沫灭火系统组成

泡沫灭火系统按泡沫药剂不同，可分为化学泡沫灭火系统和空气泡沫灭火系统。

因化学泡沫灭火系统投资费用高、操作复杂，已不常设计和使用。而空气泡沫灭火系统又根据泡沫药剂不同，可以分为普通蛋白泡沫、氟蛋白泡沫、抗溶性泡沫灭火系统、轻水泡沫灭火系统和高倍数泡沫灭火系统等。空气泡沫灭火系统又根据灭火方式，分为固定式空气泡沫灭火系统、半固定式空气泡沫灭火系统和移动式空气泡沫灭火系统。如图 7-45 所示，为固定式空气泡沫灭火系统示意图。其系统组成有消防水泵、消防水池、泡沫液罐、泡沫比例混合器、混合液管线、泡沫产生器（或泡沫室），或泡沫喷头等设备装置。

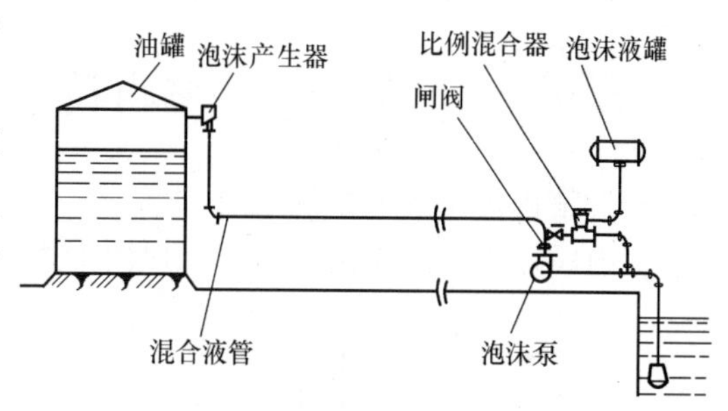

图 7-45 固定式泡沫灭火系统

固定式空气泡沫灭火系统，按水和泡沫的混合方法，可以分为若干种混合流程，详见有关施工工艺教材或建筑给水排水手册。

（二）泡沫灭火系统工程计量

第七册（册）篇第四章定额只适用于高、中、低倍数固定式泡沫灭火系统的发生器以及泡沫比例混合器安装。

1. 泡沫发生器以及泡沫比例混合器安装中已包括整体安装、焊接法兰、单体调试和配合管道试压时隔离本体所消耗的人工和材料，但不包括支架的制作安装和二次灌浆的工作内容，其工程量可按相应定额另计。地脚螺栓按设备带来考虑。

2. 泡沫发生器安装按不同型号以“台”计量。法兰和螺栓可按设计规定另行计算。

3. 泡沫比例混合器安装可按不同型号以“台”计量。法兰和螺栓可按设计规定另行计算。

4. 泡沫灭火系统的管件、法兰、阀门、管道支架等的安装以及管道系统水冲洗、强度试验、严密性试验套用第六册（篇）《工业管道工程》相应定额。

5. 消防泵等机械设备安装以及二次灌浆套用第一册（篇）《机械设备安装工程》相应定额。

6. 除锈、刷油、保温等工程量套用第十一册（篇）《刷油、防腐蚀、绝热工程》相应定额。

7. 泡沫液贮罐、设备支架制作安装套用第五册（篇）《静置设备与工艺金属结构制作安装工程》相应定额。

8. 泡沫喷淋系统的管道组件、气压水罐、管道支、吊架等安装工程量套用本册（篇）第二章相应定额，并遵照有关规定执行。

9. 泡沫液充装是按生产厂在施工现场充装考虑的，若由施工单位充装时，可另行计量。

10. 油罐上安装的泡沫发生器以及化学泡沫室套用第五册（篇）《静置设备与工艺金属结构制作安装工程》相应定额。

11. 泡沫灭火系统调试可按批准的设计方案另行计量。

第四节　室内民用燃气工程器具安装

一、室内民用燃气系统组成

室内民用燃气系统由进户管、户内管道、燃气表和燃气用具等组成，如图 7-46 所示。

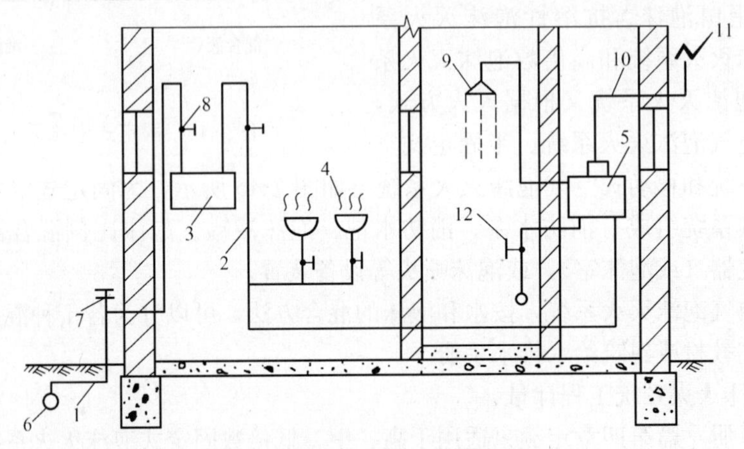

图 7-46　室内民用燃气系统组成

1—进户管道；2—户内管道；3—燃气表；4—燃气炉灶；5—热水器；6—外网；
7—三通及丝堵；8—开闭阀；9—莲蓬头；10—排烟管；11—伞形帽；12—冷水阀

二、室内民用燃气工程器具安装工程计量

1. 工程量计算规则

(1) 以施工图设计管道中心线长度，按“m”计量，不扣阀门、管件等所占长度；

(2) 室内外管道界线划分规定：

1) 从地下引入室内的管道以室内第一个阀门为界；

2) 从地上引入室内的管道以墙外三通为界；

3）室外管道与市政管道以两者的碰头点为界。

2. 套定额

燃气工程项目大多套用第八册（篇）第七章定额相应子目，但各册中亦有交叉，在使用中需要注意：

（1）可按管道材质、接口方式和接口材料以及管径大小分档次，分别选套定额。

（2）管道安装定额包括内容：

1）场内搬运、检查清扫，分段试压。

2）管件制作（包括机械揻弯、三通）。

3）室内托钩角钢卡制作和安装。

4）燃气加热器具包括器具与燃气管终端阀门连接。

5）除铸铁管外，管道安装中已包括管件安装和管件本身价值。承插铸铁管安装定额中未列出接头零件，其价值可按设计用量计量。

6）调长器以及调长器同阀门的连接，包括一副法兰安装，螺栓规格和数量以压力为0.6MPa的法兰装配，如果压力不同，可按照设计要求的数量、规格进行调整。

（3）管道安装定额不包括内容：

1）燃气表安装可按不同规格、型号分别以“块”计量，不包括表托、支架、表底垫层基础等，其工程量可按设计要求另行计量。

2）调长器以及调长器与阀门的安装分别按不同直径，以“个”计量，套相应定额。

3）燃气加热设备安装通常有开水炉、采暖炉、沸水器和热水器等，分别以“台”计量。

4）民用（公用）灶具等按不同用途规定型号，分别以“台”计量。

5）燃气嘴安装可按不同规格、型号和连接方式，分别以“个”计量。

第五节　水暖、燃气安装工程计量需注意事项

一、定额中的有关说明

1. 定额编制依据

本定额是根据现行有关国家产品标准、设计规范、施工及验收规范、技术操作规程、质量评定标准和安全操作规程编制的，亦参考了行业、地方标准以及有代表性的工程设计、施工资料和其他资料。除定额规定者外，均不得调整。

2. 水暖工程预算定额中几项费用的规定

（1）脚手架搭拆费按人工费的5%计算，其中人工工资占25%。脚手架搭拆费属于综合系数。

（2）采暖工程系统调整费可按采暖工程人工费的15%计算，其中人工工资占20%。

（3）高层建筑增加费，是指高度在6层或20m以上的工业与民用建筑，可按定额册（篇）说明中的规定系数计算。高层建筑增加系数属于子目系数。

（4）超高增加费，指操作物高度以3.6m划界，若超过3.6m，可按超过部分的定额人工费乘以下列表中系数，见表7-5。超高增加系数属于子目系数。

操作超高增加系数表　　表 7-5

标高±(m)	3.6～8	3.6～12	3.6～16	3.6～20
超高系数	1.10	1.15	1.20	1.25

3. 设置于管道间、管廊内的管道、阀门、法兰、支架安装，人工乘以系数 1.3。

4. 当土建主体结构为现场浇筑采用钢模施工的工程内安装水、暖工程时，内外浇筑的人工乘以系数 1.05，采用内浇外砌的人工乘以系数 1.03。

二、水、暖、燃气安装工程与其他册（篇）定额之间的关系

1. 工业管道、生活与生产共用管道、锅炉房、泵房、高层建筑内加压泵房等管道，执行第六册（篇）《工业管道》相应定额。

2. 通冷冻水的管道（用于空调）执行第六册（篇）《工业管道》相应定额。

3. 各类泵、风机等执行第一册（篇）《机械设备安装工程》相应定额。

4. 仪表（压力表、温度计、流量计等）执行第十册（篇）《自动化控制仪表安装工程》相应定额。

5. 消防喷淋管道安装，执行第七册（篇）定额相应子目。

6. 管道、设备刷油、保温等执行第十一册（篇）《刷油、防腐蚀、绝热工程》。

7. 采暖、热水锅炉安装，执行第三册（篇）《热力设备安装工程》相应定额。

8. 管道沟挖土石方以及砌筑、浇筑混凝土等工程可执行地方《建筑工程预算定额》。

第六节　给排水、采暖及燃气安装工程施工图预算编制实例

一、某宿舍给排水工程施工图预算编制

（一）工程概况

1. 工程地址：本工程位于重庆市市中区；

2. 工程结构：本工程建筑结构为砖混结构，三层，建筑面积 2000m^2，层高 3.2m。室内给排水工程。

（二）编制依据

施工单位为某国营建筑公司，工程类别为二类。采用 2000 年《国安》，以及重庆市现行间接费用定额和某市现行材料预算价格或部分双方认定的市场采购价格。

合同中规定不计远地施工增加费和施工队伍迁移费。

（三）编制方法

1. 在熟读图纸、施工组织设计以及有关技术、经济文件的基础上，计算工程量。工程图如图 7-47、图 7-48 和图 7-49 所示。工程量计算表见表 7-6。

2. 汇总工程量，见表 7-7。

3. 套用现行《国安》，进行工料分析，见表 7-8。

4. 按照计费程序表计算工程直接费以及各项费用（略）。

5. 写编制说明（略）。

6. 自校、填写封面、装订施工图预算书（略）。

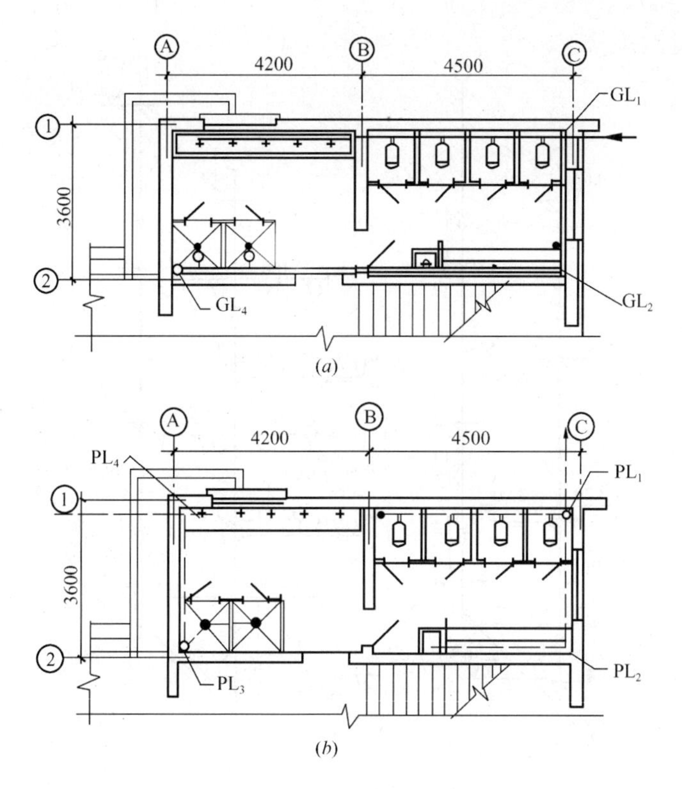

图 7-47　给排水平面图

(a) 给水平面图；(b) 排水平面图

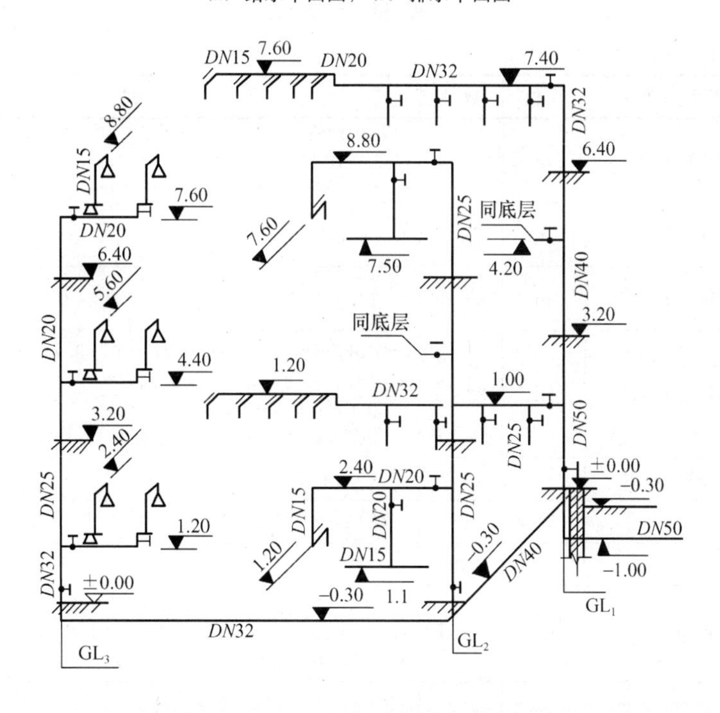

图 7-48　给水系统图

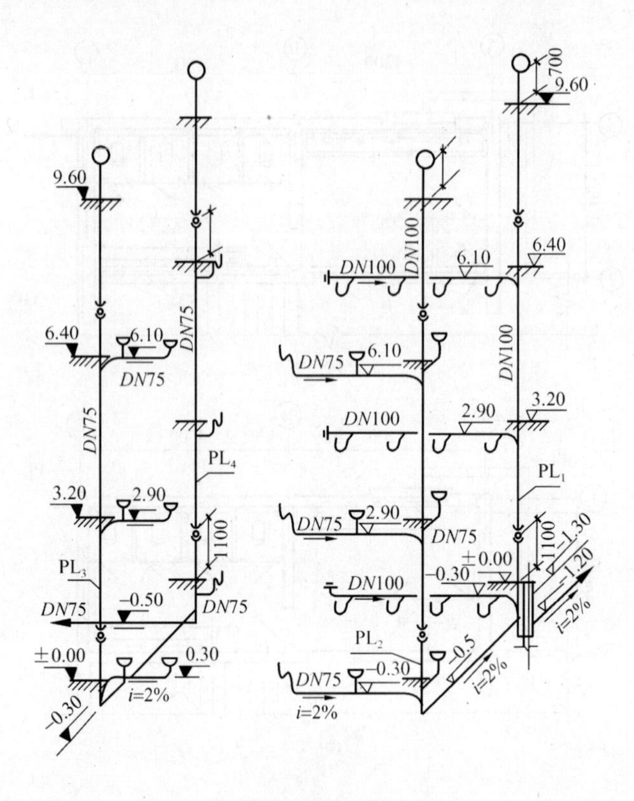

图 7-49　排水系统图

工 程 量 计 算 表　　　　**表 7-6**

单位工程名称：某宿舍给排水工程　　　　共　页　第　页

序号	分项工程名称	单位	数量	计　算　式	备　注
1	承插排水铸铁管 DN100	m	32.74	①出户管：1.5+0.24+1.2 ②立管：9.6+0.7 ③水平管：(4.5+4×0.5) ×3	PL_1
2	承插排水铸铁管 DN100	m	13.96	(C 轴) (3.6−0.24) +0.3+9.6+0.7	PL_2
3	承插排水铸铁管 DN75	m	20.93	(4.5/4×3+2×0.3) ×3 层+3×3	PL_2 支管
4	承插排水铸铁管 DN75	m	23.65	①出户管： (1.5+0.24) + (3.6−0.24) +0.3 ②立管：9.6+0.7 ③支管：(0.85+1.2+2×0.3) ×3	PL_3
5	承插排水铸铁管 DN75		11.7	(9.6+0.7+0.5) +0.3×3	PL_4
6	地漏 DN75	个	15	PL_2 2×3+ PL_3 2×3+ PL_4 1×3	
7	清扫口 DN100	个	3		
8	埋地管刷沥青漆	m²	5.90	[(1.5+0.24+1.2) + (4.5+4×0.5) + (3.6−0.24) +0.3+ (4.5/4×3+2×0.3) ×πD=17.08×3.14×0.11	$D=D_{内}+2\delta$
9	铸铁管刷银粉漆	m²	33.44	(32.78 + 13.95 + 15.53 + 22.80 + 12.7 − 17.08) ×1.2πD=80.68×1.2×3.14×0.11	$D=D_{内}+2\delta$

续表

序号	分项工程名称	单位	数量	计　算　式	备　注
10	给水镀锌钢管 *DN*50	m	3.74	1.5（进户）+0.24（穿墙）+1（负标高）+1（阀门变径处）	GL_1
11	给水镀锌钢管 *DN*40	m	6.56	(4.2−1)+(3.6−0.24)	GL_1
12	给水镀锌钢管 *DN*32	m	16.7	(7.4−4.2)+4.5×3层	GL_1
13	给水镀锌钢管 *DN*20	m	10.83	[4.2−0.24（墙厚）−0.35（距墙皮）]×3层	GL_1
14	给水镀锌钢管 *DN*15	m	3	0.2×5×3层	GL_1
15	给水镀锌钢管 *DN*25	m	9.1	8.8+0.3	GL_2
16	给水镀锌钢管 *DN*20	m	10.13	(4.5/4×3)×3层	GL_2
17	给水镀锌钢管 *DN*15	m	4.2	(1.2+0.2)×3层	GL_2
18	多孔冲洗管 *DN*15	m	10.13	(4.5/4×3)×3	GL_2
19	给水镀锌钢管 *DN*32	m	9.96	(4.2+4.5−0.24+0.3)+1.2	GL_3
20	给水镀锌钢管 *DN*25	m	3.2	4.4−1.2	GL_3
21	给水镀锌钢管 *DN*20	m	8	7.6−4.4+2×1.8×3层	GL_3
22	钢管冷热水淋浴器	组	6	2×3层	GL_3
23	阀门 *DN*50	个	1		
24	阀门 *DN*32	个	4	1×3+1	
25	阀门 *DN*25	个	1		
26	阀门 *DN*20	个	6	1×3+1×3	
27	手压延时阀蹲式便器	套	12	4×3	
28	水龙头	个	18	5×3+1×3	

工程量汇总表　　**表7-7**

单位工程名称：某宿舍给排水工程

序号	分项工程名称	单位	数量	备注
1	承插排水铸铁管 *DN*100	m	46.7	PL_1、PL_2
2	承插排水铸铁管 *DN*75	m	56.28	PL_2 支管、PL_4、PL_3
3	地漏 *DN*75	个	15	PL_2、PL_3、PL_4
4	清扫口 *DN*100	个	3	
5	埋地管刷沥青漆	m^2	5.90	
6	铸铁管刷银粉漆	m^2	33.44	
7	给水镀锌钢管 *DN*50	m	3.74	
8	给水镀锌钢管 *DN*40	m	6.56	
9	给水镀锌钢管 *DN*32	m	26.66	GL_1、GL_3
10	给水镀锌钢管 *DN*25	m	12.30	GL_2、GL_3
11	给水镀锌钢管 *DN*20	m	28.96	GL_1、GL_2、GL_3
12	给水镀锌钢管 *DN*15	m	7.2	GL_1、GL_2

续表

序号	分项工程名称	单位	数量	备注
13	多孔冲洗管 *DN*15	m	10.13	GL_2
14	钢管冷热水淋浴器	组	6	GL_3
15	阀门 *DN*50	个	1	
16	阀门 *DN*32	个	4	
17	阀门 *DN*25	个	1	
18	阀门 *DN*20	个	6	
19	手压延时阀蹲式便器	套	12	
20	水龙头 *DN*15	个	18	

工程计价表 **表 7-8**

单位工程名称：某宿舍给排水工程

定额编号	分项工程项目	单位	工程数量	单位价值			合计价值			未计价材料			
				人工费	材料费	机械费	人工费	材料费	机械费	损耗	数量	单价	合价
8-140	承插排水铸铁管 *DN*100(石棉水泥接口)	10m	4.67	80.34	298.34		375.19	1393.25		8.9	41.56	36.70	1525
	接头零件	10m	4.67							10.55	48.95	20.57	1007
8-139	承插排水铸铁管 *DN*75(石棉水泥接口)	10m	5.63	62.23	199.51		350.36	1123.24		9.3	52.36	28.00	1466
	接头零件	10m	5.63							9.04	50.90	15.99	814
8-448	铸铁地漏 *DN*75	10个	1.5	86.61	30.80		129.91	46.20		10	15	12.00	180
8-453	清扫口 *DN*100	10个	0.3	22.52	1.70		6.76	0.51		10	3	12.00	36
11-1	铸铁管人工除锈	10m²	3.93	7.89	3.38		31.00	13.28					
11-202	铸铁埋地管刷沥青漆一遍	10m²	0.59	8.36	1.54		4.93	0.91					
11-203	铸铁埋地管刷沥青漆二遍	10m²	0.59	8.13	1.37		4.80	0.80					
11-198	铸铁管刷防锈漆一遍	10m²	3.34	7.66	1.19		25.58	3.98					
11-200	铸铁管刷银粉漆一遍	10m²	3.34	7.89	5.34		26.35	17.84					
11-201	铸铁管刷银粉漆二遍	10m²	3.34	7.66	4.71		25.58	15.73					

续表

定额编号	分项工程项目	单位	工程数量	单位价值			合计价值			未计价材料			
				人工费	材料费	机械费	人工费	材料费	机械费	损耗	数量	单价	合价
8-92	给水镀锌钢管 *DN*50（螺纹连接）	10m	0.374	62.23	45.04	2.86	23.27	16.85	1.07	10.2	3.81	20.00	76.20
	接头零件	10m	0.374							6.51	2.43	5.87	14.29
8-91	给水镀锌钢管 *DN*40（螺纹连接）	10m	0.66	60.84	31.38	1.03	40.15	20.71	0.68	10.2	6.73	16.00	107.8
	接头零件	10m	0.66							7.16	4.73	3.53	16.70
8-90	给水镀锌钢管 *DN*32（螺纹连接）	10m	2.67	51.08	33.45	1.03	136.38	89.31	2.75	10.2	27.23	11.50	313.2
	接头零件	10m	2.67							8.03	21.44	2.74	58.75
8-89	给水镀锌钢管 *DN*25（螺纹连接）	10m	1.23	51.08	30.80	1.03	62.83	37.88	31.72	10.2	12.55	9.00	112.9
	接头零件	10m	1.23							9.78	12.03	1.85	22.26
8-88	给水镀锌钢管 *DN*20（螺纹连接）	10m	2.90	42.49	24.23		123.22	70.27		10.2	29.58	6.00	177.5
	接头零件	10m	2.90							11.52	33.40	1.14	38.09
8-87	给水镀锌钢管 *DN*15（螺纹连接）	10m	0.72	42.49	22.96		30.59	16.53		10.2	7.34	5.00	36.72
	接头零件	10m	0.72							16.37	11.79	0.8	9.43
8-456	多孔冲洗管 *DN*15	10m	1.01	150.7	83.06	12.48	152.21	83.89	12.61	10.2	10.3	5.00	51.50
	接头零件	10m	1.01							9	9.09	1.6	14.54
8-404	钢管冷热水淋浴器	10组	0.6	130.03	470.16		78.02	282.10					
	莲蓬	10组	0.6							10	6	4.5	27
8-410	手压延时阀蹲式便器	10套	1.2	133.75	432.44		160.5	518.93					
	瓷蹲式大便器	10套	1.2							10.10	12.12	160	1939
	大便器手压阀 *DN*25	10套	1.2							10.10	12.12	14.0	170
8-438	水龙头 *DN*15	10个	1.8	6.5	0.98		11.7	1.76		10.10	18.18	9.0	163.6

续表

定额编号	分项工程项目	单位	工程数量	单位价值			合计价值			未计价材料			
				人工费	材料费	机械费	人工费	材料费	机械费	损耗	数量	单价	合价
8-230	给水管道消毒冲洗	100m	0.96	12.07	8.42		11.59	8.08					
8-246	截止阀 *DN*50	个	1	5.80	9.26		5.8	9.26		1.01	1.01	62.0	62.62
8-244	截止阀 *DN*32	个	4	3.48	5.09		13.92	20.36		1.01	4.04	32.0	129.3
8-243	截止阀 *DN*25	个	1	2.79	3.45		2.79	3.45		1.01	1.01	20.0	20.2
8-242	截止阀 *DN*20	个	6	2.32	2.68		13.92	16.08		1.01	6.06	18.0	109.1
	合　计						1847.35	3811.20	18.38				8699

二、某医院办公楼热水采暖安装工程施工图预算编制

（一）工程概况

1. 工程地址：本工程位于重庆市市中区。

2. 工程结构：办公楼为二层砖混结构，层高 3.2m。室内采暖工程。

（二）编制依据

施工单位为某国营建筑公司，工程类别为一类。采用 2000 年《国安》，以及重庆市现行间接费用定额和某市现行材料预算价格或部分双方认定的市场采购价格。

合同中规定不计远地施工增加费和施工队伍迁移费。

（三）编制方法

1. 在熟读图纸、施工组织设计以及有关技术、经济文件的基础上，计算工程量。工程图如图 7-50、图 7-51 和图 7-52 所示。工程量计算表见表 7-9。

2. 工程量汇总表，见表 7-10。

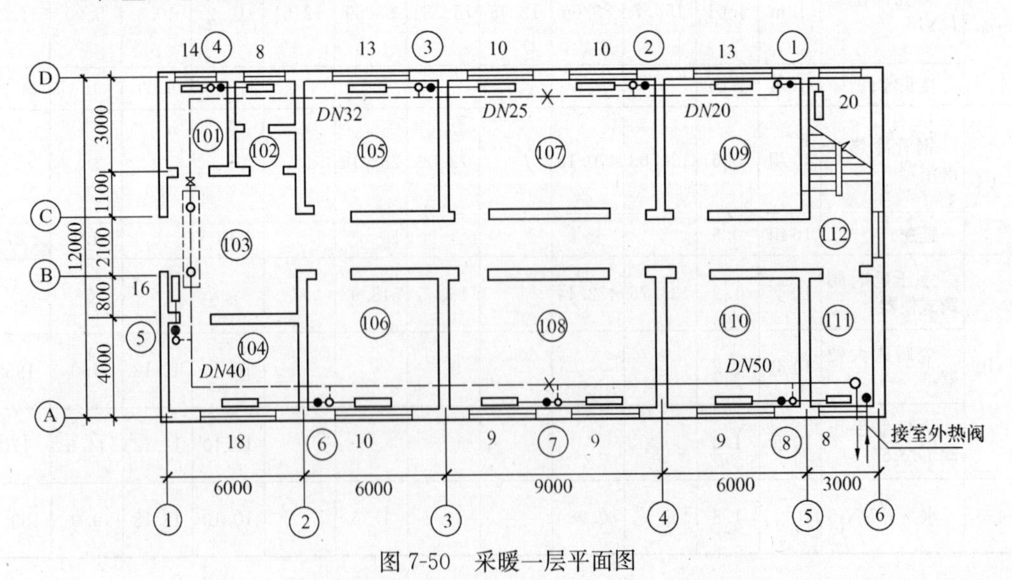

图 7-50　采暖一层平面图

3. 套用现行《国安》，进行工料分析，见表 7-11。
4. 按照计费程序表计算工程直接费以及各项费用（略）。
5. 写编制说明（略）。
6. 自校、填写封面、装订施工图预算书（略）。

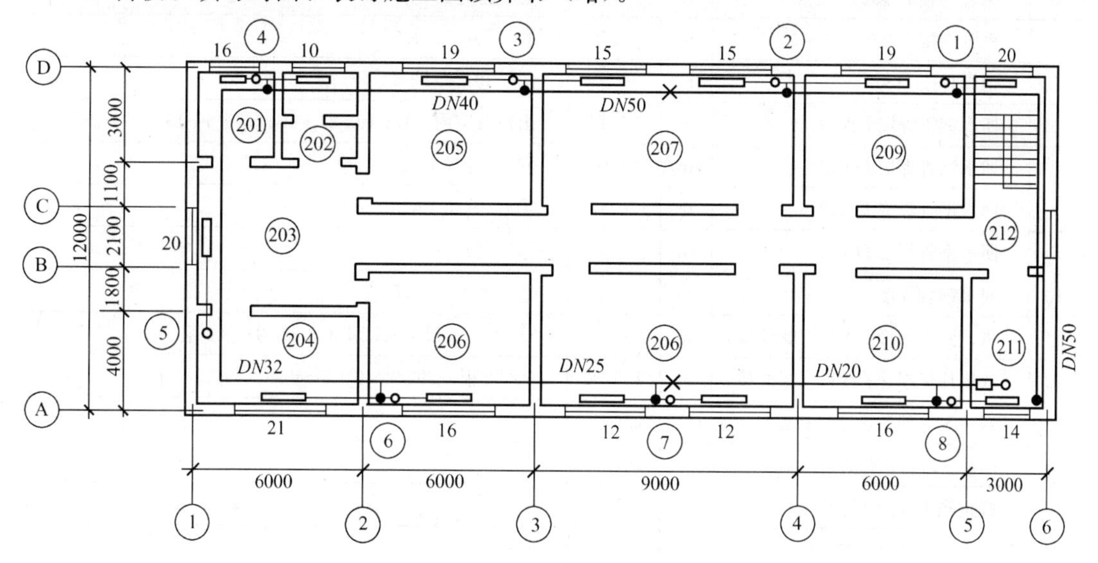

图 7-51 采暖二层平面图

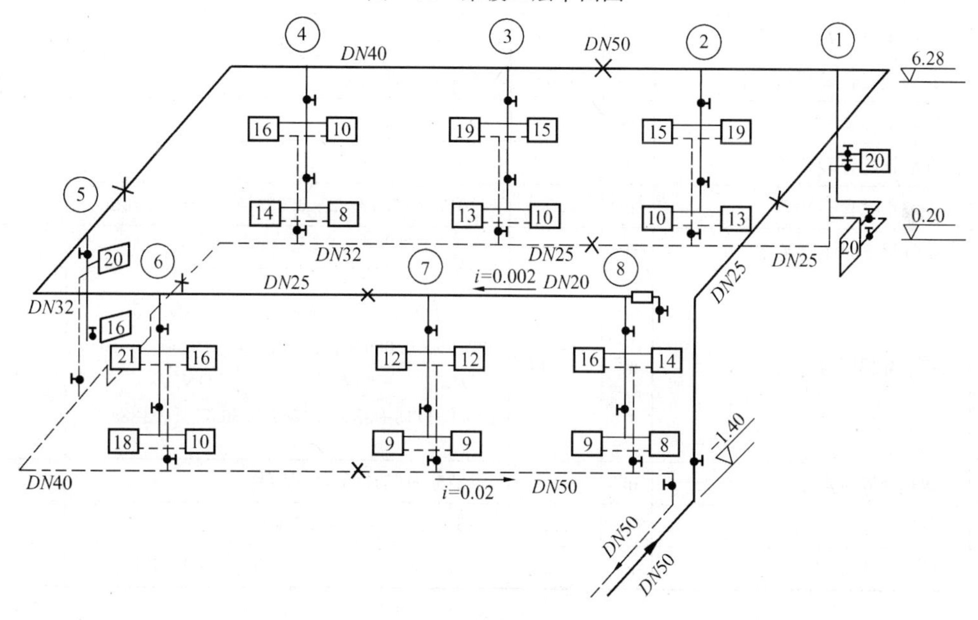

图 7-52 采暖工程系统图

工程量计算表 **表 7-9**

单位工程名称：某办公楼采暖工程　　　　共　页　　第　页

序号	分项工程名称	单位	数量	计　　算　　式	备注
1	钢管焊接 *DN*50	m	39.42	进户及室内：1.5+0.24+1.4+6.28+12+3+15	

续表

序号	分项工程名称	单位	数量	计　算　式	备注
2	钢管焊接 *DN*40	m	20.00	③～⑤：6×2+3+1.1+2.1+1.8	
3	钢管焊接 *DN*32	m	10.00	⑤～⑥等：4+6	
4	钢管焊接 *DN*25	m	10.50	⑥～⑦：6+4.5	
5	钢管焊接 *DN*20	m	10.50	⑦～⑧：4.5+6	
6	回水钢管焊接 *DN*50	m	27.14	出户及室内：1.5+0.24+1.4+3+6+15	
7	回水钢管焊接 *DN*40	m	21.00	⑥～④：6+12+3	
8	回水钢管焊接 *DN*32	m	9.00	④～③：3+6	
9	回水钢管焊接 *DN*25	m	9.00	③～②：9	
10	回水钢管焊接 *DN*20	m	7.50	②～①：6+1.5	
11	供、回水立管 *DN*15（螺纹接）	m	66.14	（6.28−0.813−0.2+3.2−0.2）×8组	
12	散热片横连管 *DN*15（螺纹接）	m	156.83	6×28根−392/2×0.057厚	
13	四柱813型散热片（有腿）	片	225.00		
14	四柱813型散热片（无腿）	片	167.00		
15	截止阀 *DN*15（螺纹接）	个	27.00		
16	截止阀 *DN*50（螺纹接）	个	2.00	1+1	供、回
17	穿墙钢套管 *DN*80	m	3.08	11个×（0.24+2×0.02）=11×0.28m	
18	穿墙钢套管 *DN*70	m	0.84	3个×0.28m	
19	穿墙钢套管 *DN*50	m	1.68	6个×0.28 m	
20	穿墙钢套管 *DN*40	m	1.68	6个×0.28 m	
21	穿墙钢套管 *DN*32	m	0.84	3个×0.28 m	
22	穿墙钢套管 *DN*25	m	2.56	16个×(0.12+2×0.02)= 16个×0.16m	
23	集气罐 *ϕ*150Ⅱ型安装	个	1.00		
24	管道除锈刷油	m²	40.44	*DN*15　*DN*20　*DN*25 222.96×0.069+18×0.0879+ 19.50×0.1059 *DN*32　*DN*40　*DN*50 22×0.1413+38×0.1507+ 66.71×0.1885	
25	散热片除锈刷油	m²	109.76	(225+167)×0.28 m²/片	
26	管道支架 L50×5	kg	19.22	15×0.34m/个×3.77kg/m	
27	散热片托钩 *ϕ*16	kg	43.82	(17×3+11×5)×0.262m/个×1.578kg/m	

工程量汇总表　　**表7-10**

单位工程名称：某办公楼采暖工程

序号	分项工程名称	单位	数量	备　注
1	钢管焊接 *DN*50	m	66.56	
2	钢管焊接 *DN*40	m	41.00	
3	钢管焊接 *DN*32	m	19.00	

续表

序号	分项工程名称	单位	数量	备　注
4	钢管焊接 *DN*25	m	19.50	
5	钢管焊接 *DN*20	m	18.00	
6	镀锌钢管 *DN*15（螺纹接）	m	222.97	
7	四柱 813 型散热片（有腿）	片	225.00	225×7.99kg/片（有脚）=1797.8
8	四柱 813 型散热片（无腿）	片	167.00	167×7.55 kg/片（无脚）=1260.9
9	截止阀 *DN*15（螺纹接）	个	27.00	
10	截止阀 *DN*50（螺纹接）	个	2.00	
11	穿墙钢套管	个	45.00	
12	集气罐 ϕ150Ⅱ型安装	个	1.00	
13	管道除锈刷油	m^2	40.44	
14	散热片除锈刷油	m^2	109.76	
15	管道支架 L50×5	kg	19.22	
16				
17				
18				
19				

工程计价表　　　　**表 7-11**

单位工程名称：某办公楼采暖工程

定额编号	分项工程项目	单位	工程数量	单位价值			合计价值			未计价材料			
				人工费	材料费	机械费	人工费	材料费	机械费	损耗	数量	单价	合价
8-111	钢管焊接 *DN*50	10m	6.66	46.21	11.10	6.37	307.76	73.93	42.42	10.2	67.93	16.00	1087
8-110	钢管焊接 *DN*40	10m	4.10	42.03	6.19	5.89	172.32	25.38	24.15	10.2	41.82	12.70	531
8-109	钢管焊接 *DN*32	10m	1.9	38.55	5.11	5.42	73.25	9.80	10.30	10.2	19.38	10.50	204
8-109	钢管焊接 *DN*25	10m	1.95	38.55	5.11	5.42	75.17	9.97	10.57	10.2	19.89	8.00	159
8-109	钢管焊接 *DN*20	10m	1.80	38.55	5.11	5.42	69.39	9.20	9.76	10.2	18.36	5.50	101
8-87	镀锌钢管 *DN*15（螺纹接）	10m	22.30	42.49	22.96		947.53	512.01		10.2	227.5	5.00	1138
8-491	四柱 813 型散热片(有腿)	10 片	22.50	9.61	78.12		216.30	1757.70		10.10	227.3	30	6819

续表

定额编号	分项工程项目	单位	工程数量	单位价值			合计价值			未计价材料			
				人工费	材料费	机械费	人工费	材料费	机械费	损耗	数量	单价	合价
8-490	四柱 813 型散热片（无腿）	10 片	16.70	14.16	27.11		236.47	452.74		10.10	168.7	27	4555
8-241	截止阀 DN15（螺纹接）	个	27	2.36	2.11		63.72	56.97		1.01	27.27	18	491
8-246	截止阀 DN50（螺纹接）	个	2	5.80	9.26		11.60	18.52		1.01	2.02	65	131
6-2972	穿墙钢套管 DN80	个	11	8.66	5.58	0.48	95.26	61.38	5.28	0.3m	3.3	26	86
6-2972	穿墙钢套管 DN70	个	3	8.66	5.58	0.48	25.98	16.74	1.44	0.3m	0.9	20	18
6-2971	穿墙钢套管 DN50	个	6	3.09	2.69	0.48	18.54	16.14	2.88	0.3m	1.8	16	29
6-2971	穿墙钢套管 DN40	个	6	3.09	2.69	0.48	18.54	16.14	2.88	0.3m	1.8	12.7	23
6-2971	穿墙钢套管 DN32	个	3	3.09	2.69	0.48	9.27	8.07	1.44	0.3m	0.9	10.5	10
6-2971	穿墙钢套管 DN25	个	16	3.09	2.69	0.48	49.44	43.04	7.68	0.3m	4.8	8.0	38
6-2896	集气罐 ϕ150Ⅱ型制作	个	1	15.56	14.15	4.13	15.56	14.15	4.13	0.3m	0.3m	45	14
6-2901	集气罐 ϕ150Ⅱ型安装	个	1	6.27			6.27			1.00	1.00	65	65
11-1	管道人工除锈	$10m^2$	4.04	7.89	3.38		31.88	13.66					
11-7	散热片人工除锈	100kg	30.59	7.89	2.50	6.96	241.4	76.48	212.9				
11-51	管道刷底漆一遍	$10m^2$	4.04	6.27	1.07		25.33	4.32		1.47	5.94	6.00	36
11-56	管道刷银粉漆第一遍	$10m^2$	4.04	6.50	4.81		26.26	19.43		0.36	1.45	2.00	3.00
11-57	管道刷银粉漆第二遍	$10m^2$	4.04	6.27	4.37		25.33	17.66		0.33	1.33	1.50	2.00
11-198	散热片刷红丹漆一遍	$10m^2$	10.98	7.66	1.19		84.11	13.07		1.05	11.53	6.00	69

续表

定额编号	分项工程项目	单位	工程数量	单位价值			合计价值			未计价材料			
				人工费	材料费	机械费	人工费	材料费	机械费	损耗	数量	单价	合价
11-200	散热片刷银粉漆第一遍	$10m^2$	10.98	7.89	5.34		86.63	58.63		0.45	4.94	6.00	30
11-201	散热片刷银粉漆第二遍	$10m^2$	10.98	7.66	4.71		84.11	51.72		0.41	4.51	6.00	28
8-230	管道冲洗	100m	3.87	12.07	8.42		46.71	32.59					
8-178	钢管支架 *DN*50 内	100kg	0.019	235.45	194.20	224.26	4.47	3.69	4.26	106	2.01	2.80	6
	合计						3068.6	3394.33	340.1				15673

注：管接头零件的计算方法同实例一。

三、某住宅室内燃气管道安装工程施工图预算编制

（一）工程概况

1. 工程地址：本工程位于某县城镇。

2. 工程结构：民用住宅五层砖混结构，层高 2.9m。室内民用燃气工程。

（二）编制依据

施工单位为某国营建筑公司，工程类别为一类。采用 2000 年《国安》，以及重庆市现行间接费用定额和某市现行材料预算价格或部分双方认定的市场采购价格。

合同中规定不计远地施工增加费和施工队伍迁移费。

（三）编制方法

1. 在熟读图纸、施工组织设计以及有关技术、经济文件的基础上，计算工程量。工程图如图 7-53、图 7-54 和图 7-55。工程量计算表见表 7-12。

2. 汇总工程量，见表 7-13。

3. 套用现行《国安》，进行工料分析，见表 7-14。

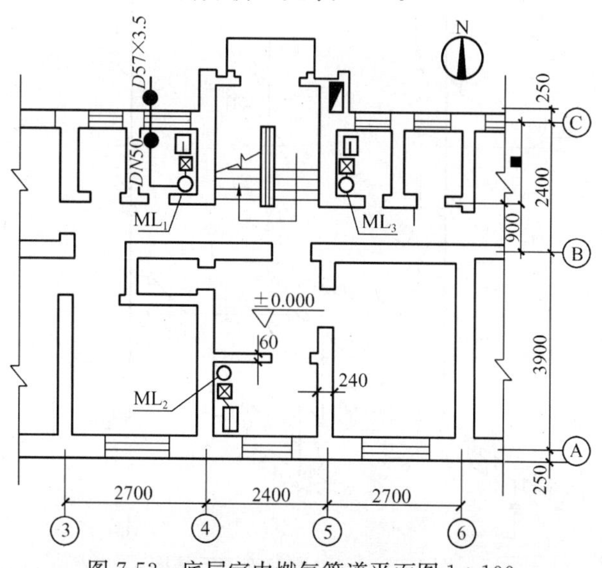

图 7-53　底层室内燃气管道平面图 1∶100

4. 按照计费程序表计算工程直接费以及各项费用（略）。

5. 写编制说明（略）。

6. 自校、填写封面、装订施工图预算书（略）。

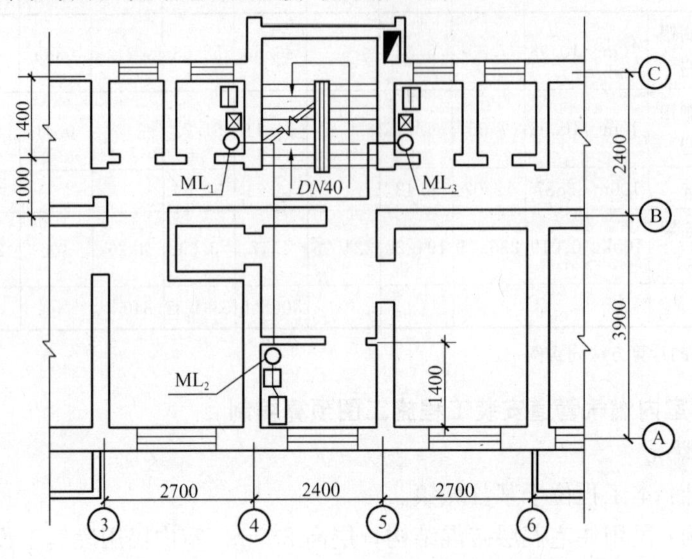

图 7-54　二～六层燃气管道平面图 1∶100

由图 7-53、图 7-54 和图 7-55 看出，在③轴与④轴以及 C 轴墙北侧，有一标高为

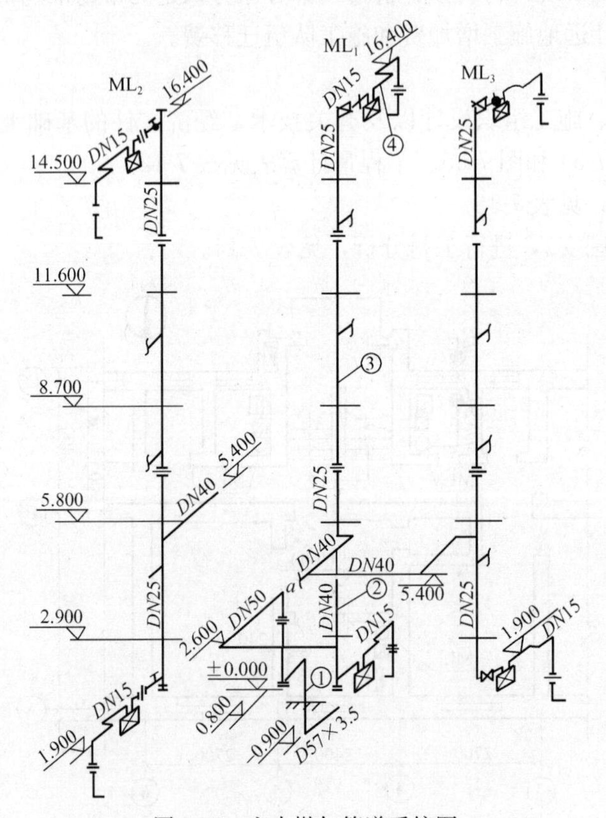

图 7-55　室内燃气管道系统图

0.9m，规格为 $DN57\times3.5$ 的无缝钢管由北向南埋地敷设，临近C轴墙外表时，转弯垂直朝上敷设，穿出室外地面至标高为0.8m处，又转穿C轴墙进入一层厨房，引入方式为低立管引入。室内管道为普通镀锌钢管，管径分别为DN50、DN40、DN25、DN15，三根立管分别为 ML_1、ML_2、ML_3。

施工内容包括管道连接、阀门安装、燃气表安装、燃气嘴安装等。

工程量计算表 **表7-12**

单位工程名称：某住宅室内燃气管道工程 共 页 第 页

序号	分项工程名称	单位	数量	计算式	备注
1	室内无缝钢管螺纹连接 $DN57\times3.5$	m	2.64	进户及室内：1.5+0.24+0.9	
2	室内镀锌钢管螺纹连接DN50	m	4.56	水平 垂直 ③～④：(2.4－0.9-0.24)＋0.7＋2.6	连接 ML_1
3	室内镀锌钢管螺纹连接DN40	m	34.50	水平 垂直 ④～⑤：6.2×5层＋(5.4－1.9)	连接 ML_1、ML_2、ML_3
4	室内镀锌钢管螺纹连接DN25	m	40	ML_1 ML_2、ML_3 (16.4－5.4)＋(16.4－1.9)×2	
5	室内镀锌钢管螺纹连接DN15	m	22.68	(2.4－0.9－0.24)×3户/层×6层	
6	燃气嘴安装DN15	个	18	1×3个/层×6层	
7	燃气表安装	块	18	1×3块/层×6层	
8	民用灶具安装	套	18	1×3套/层×6层	
9	钢性套管安装DN70	个	1		ML_1
10	钢性套管安装DN50	个	15	5×3	ML_1、ML_2、ML_3

工程量汇总表 **表7-13**

单位工程名称：某住宅室内燃气管道工程

序号	分项工程名称	单位	数量	备注
1	室内无缝钢管螺纹连接 $DN57\times3.5$	m	2.64	
2	室内镀锌钢管螺纹连接DN50	m	4.56	
3	室内镀锌钢管螺纹连接DN40	m	34.50	
4	室内镀锌钢管螺纹连接DN25	m	40.00	
5	室内镀锌钢管螺纹连接DN15	m	22.68	
6	燃气嘴安装DN15	个	18	
7	燃气表安装	块	18	
8	民用灶具安装	套	18	
9	钢性套管安装DN70	个	1	
10	钢性套管安装DN40	个	15	

工程计价表　　**表 7-14**

单位工程名称：某住宅室内燃气管道工程

定额编号	分项工程项目	单位	工程数量	单位价值			合计价值			未计价材料			
				人工费	材料费	机械费	人工费	材料费	机械费	损耗	数量	单价	合价
8-595	室内无缝钢管螺纹连接 *DN*57×3.5	10m	0.264	78.92	127.15	10.01	20.83	33.57	2.64	10.2	2.69m (13.23kg)	4.20	56
8-594	室内镀锌钢管螺纹连接 *DN*50	10m	0.456	64.09	81.45	5.77	29.23	37.14	2.63	10.2	4.65	20.00	93
8-593	室内镀锌钢管螺纹连接 *DN*40	10m	3.45	63.85	55.10	4.11	220.28	190.10	14.18	10.2	35.19	16.00	563
8-591	室内镀锌钢管螺纹连接 *DN*25	10m	4.00	50.97	30.95	2.39	203.88	123.8	9.56	10.2	40.8	9.00	36
8-589	室内镀锌钢管螺纹连接 *DN*15	10m	2.27	42.89	20.63	4.42	97.36	46.83	10.03	10.2	23.15	5.00	116
8-678	燃气嘴安装 *DN*15	10个	1.8	13.00	0.68		23.40	1.22		10.00	18	15.00	270
8-621	燃气表安装	块	18	9.06	0.24		163.08	2.17		1.00	18	95.00	1710
8-657	民用灶具安装	台	18	5.80	2.50		104.4	45.0		1.00	18	200.0	3600
6-2946	钢性套管安装 *DN*70	个	1	17.41	32.19	9.56	17.41	32.19		4.02m	4.02m	20.0	80
6-2945	钢性套管安装 *DN*40	个	15	14.63	25.95	8.13	219.45	389.25	121.1	3.26m	48.9m	12.7	41
*DN*57 管件	10m	0.264								8.63个	2.27	15	34
*DN*50 管件	10m	0.456								8.52个	3.90	6.5	25
*DN*40 管件	10m	3.45								8.63个	29.77	4.22	126
*DN*25 管件	10m	4.00								8.98个	35.92	2.07	74
*DN*15 管件	10m	2.27								9.85个	22.36	0.98	22
	合　计						1099.32	901.27	160.1				6846

复习思考题

1. 分别简述给排水管道系统组成和工程计量规律。简述采暖管道系统组成和工程计量规律。
2. 简述给水水表组、消火栓、消防水泵结合器的组成和工程如何计量。
3. 热水采暖和蒸汽采暖过门地沟处理有什么不同？工程计量时应注意哪些问题？
4. 简述低压供暖器具的组成。简述疏水器的安装部位和工程如何计量。
5. 简述卫生器具的组成和工程如何计量。
6. 简述散热器种类和工程如何计量。
7. 在散热器安装时，什么情况下计算托钩？如何计量？
8. 简述自动喷水、雨淋喷水、消防水幕灭火设备组成和工程计量规律。
9. 火灾自动报警、自动消防等系统调试如何计量？
10. 简述燃气工程系统组成和工程计量规律。
11. 圆形水箱如何计量？水箱的连接管通常有哪些？怎样计量？
12. 在管道工程中，定额对支架工程计量有什么规定？
13. 在管道工程中，定额对穿墙、穿楼板等套管工程计量有些什么规定？
14. 热水管道安装工程计算系统调试费否？为什么？
15. 试述高层建筑增加费、层操作高度增加费、脚手架搭拆费以及采暖工程系统调整费如何计算。

第八章　通风、空调安装工程施工图预算

第一节　通风安装工程计量

一、通风工程系统组成

(一) 送风（J）系统组成

送风系统组成如图 8-1 所示。

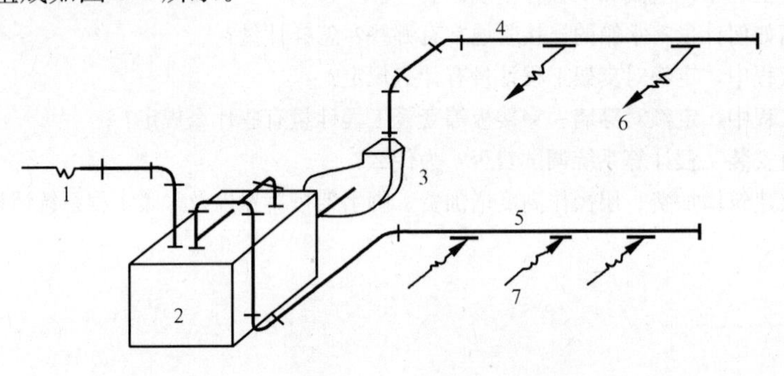

图 8-1　送风（J）系统组成示意图

1—新风口；2—空气处理室；3—通风机；4—送风管；5—回风管；6—送（出）风口；7—吸（回）风口

1. 新风口：新鲜空气入口；

2. 空气处理室：空气过滤、加热、加湿等处理；

3. 通风机：将处理后的空气送入风管内；

4. 送风管：将通风机送来的空气送到各个房间。管上安装有调节阀、送风口、防火阀、检查孔等部件；

5. 回风管：又称排风管，将浊气吸入管内，再送回空气处理室。管上安有回风口、防火阀等部件；

6. 送（出）风口：将处理后的空气均匀送入房间；

7. 吸（回、排）风口：将房间内浊气吸入回风管道，送回空气处理室进行处理；

8. 管道配件（管件）：弯头、三通、四通、异径管、法兰盘、导流片、静压箱等；

9. 管道部件：各种风口、阀、排气罩、风帽、检查孔、测定孔以及风管支、吊、托架等。

(二) 排风（P）系统组成

排风系统组成如图 8-2 所示。

1. 排风口：将浊气吸入排风管内。有吸风口、排风口、侧吸罩、吸风罩等部件；

2. 排风管：输送浊气的管道；

3. 排风机：将浊气通过机械能量从排气管中排出；

4. 风帽：将浊气排入大气中，以防止空气倒灌并且防止雨水灌入的部件；

5. 除尘器：用排风机的吸力将灰尘以及有害物吸入除尘器中，再将尘粒集中排除；

6. 其他管件和部件等。

二、通风安装工程计量

（一）通风管道工程计量

1. 风管制作安装及套定额

采用薄钢板、镀锌钢板、不锈钢板、铝板和塑料板等板材制作安装的风管工程量，以施工图图示风管中心线长度，支管以其中心线交点划分，按风管不同断面形状，以展开面积“m²”计量。可按材质、风管形状、直径大小以及板材厚度分别套相应定额子目。

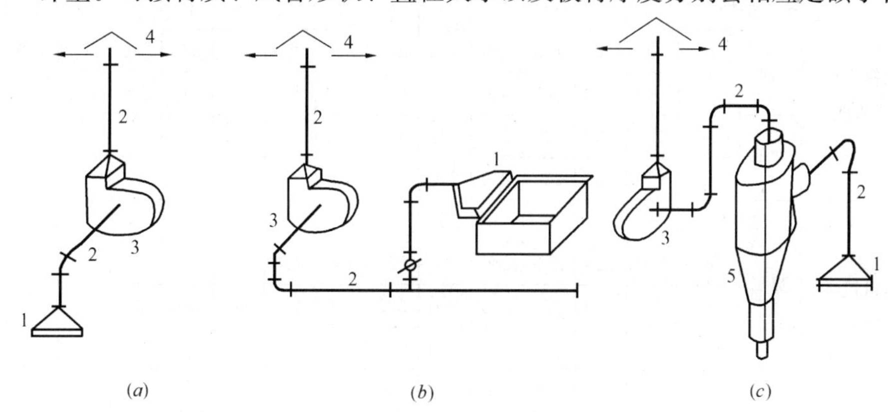

图 8-2　排风系统组成示意图

（a）P 系统；（b）侧吸罩 P 系统；（c）除尘 P 系统

1—排风口（侧吸罩）；2—排风管；3—排风机；4—风帽；5—除尘器

不扣除检查孔、测定孔、送风口、吸风口等所占面积，亦不增加咬口重叠部分。风管制作安装定额包括：弯头、三通、变径管、天圆地方等配件（管件）以及法兰、加固框、吊、支、托架的制作安装。不包括部件所占长度，其部件长度取值可按表 8-1、表 8-2 计取。

密闭式斜插板阀长度　　表 8-1

型号	1	2	3	4	5	6	7	8	9	10	11	12	13	14	15	16	17	18	19	20	21	22	23	24
D	80	85	90	95	100	105	110	115	120	125	130	135	140	145	150	155	160	165	170	175	180	185	190	195
L	280	285	290	300	305	310	315	320	325	330	335	340	345	350	355	360	365	365	370	375	380	385	390	395
型号	25	26	27	28	29	30	31	32	33	34	35	36	37	38	39	40	41	42	43	44	45	46	47	48
D	200	205	210	215	220	225	230	235	240	245	250	255	260	265	270	275	280	285	290	300	310	320	330	340
L	400	405	410	415	420	425	430	435	440	445	450	455	460	465	470	475	480	485	490	500	510	520	530	540

注：*D* 为风管直径；*L* 为插板长度。

当计算了风管材质的未计价材料后，还要计算法兰以及加固框、吊、支、托架的材料数量，列入材料汇总表中。

风管制作安装定额中不包括：过跨风管的落地支架制安。其工程量可按扩大计量单位

“100kg”计量。套用第九册（篇）《通风空调工程》定额第七章设备支架子目。

薄钢板风管中的板材，当设计厚度不同时可换算，但人工、机械不变。

各种风阀长度　　　　**表 8-2**

序号	名称	形状	项目	1	2	3	4	5	6	7	8	9	10	11	12	13	14
1	蝶　阀			$L=150$（mm）													
2	止 回 阀			$L=300$（mm）													
3	密闭式对开多叶调节阀			$L=210$（mm）													
4	圆形风管防火阀			$L=D+240$（mm）													
5	矩形风管防火阀			$L=B+240$（mm）													
6	塑料手柄式蝶阀		型号	1	2	3	4	5	6	7	8	9	10	11	12	13	14
		圆形	D	100	120	140	160	180	200	220	250	280	320	360	400	450	500
			L	160	160	160	180	200	220	240	270	380	240	380	420	470	520
		方形	A	120	160	200	250	320	400	500							
			L	160	180	220	270	340	420	520							
7	塑料拉链式蝶阀		型号	1	2	3	4	5	6	7	8	9	10	11			
		圆形	D	200	220	250	280	320	360	400	450	500	560	630			
			L	240	240	270	300	340	380	420	470	520	580	650			
		方形	A	200	250	320	400	500	630								
			L	240	270	340	420	520	650								
8	塑料圆形插板阀		型号	1	2	3	4	5	6	7	8	9	10	11			
		圆形	D	200	220	250	280	320	360	400	450	500	560	630			
			L	200	200	200	200	300	300	300	300	300	300	300			
		方形	A	200	250	320	400	500	630								
			L	200	200	200	200	300	300								

注：D 为风管外径；A 为方形风管外边宽；L 为风阀长度；B 为风管高度。

（1）圆管

$$F_{圆}=\pi\times D\times L \quad (8\text{-}1)$$

式中　$F_{圆}$——圆形风管展开面积（m^2）；

D——圆形风管直径（m）；

L——管道中心线长度。

矩形风管可按图示周长乘以管道中心线长度计量。

即

$$F_{矩}=2(A+B)L$$

式中　$F_{矩}$——矩形风管展开面积（m^2）；

A、B——矩形风管断面的大边长和小边长（m）。

（2）当风管为均匀送风的渐缩管时，圆形风管可按平均直径，矩形风管按平均周长计量，再套用相应定额子目，且人工乘以系数 2.5。

【例 8-1】　如图 8-3 所示，主管和支管的展开面积分别为 $F_1=\pi D_1L_1$（m^2）、$F_2=\pi D_2L_2$（m^2）。

【例 8-2】　如图 8-4 所示的弯管三通，主风管、直支风管、弯管支风管的展开面积分别为：

$$F_1=\pi D_1L_1 \ (m^2)$$

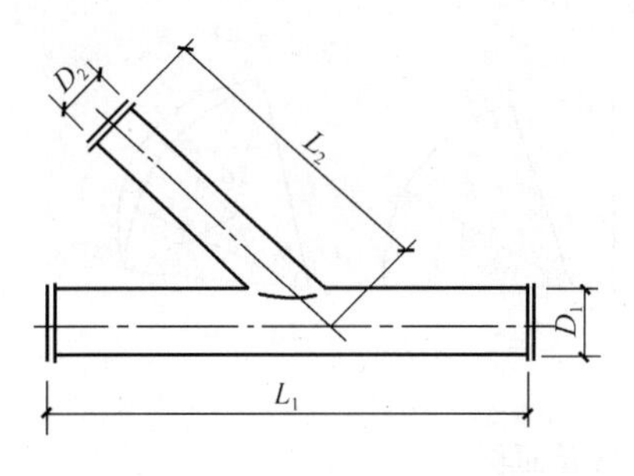

图 8-3　主管与支管的分界点

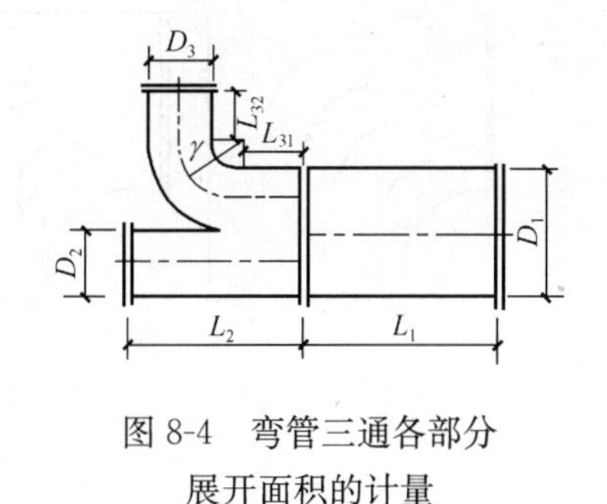

图 8-4　弯管三通各部分展开面积的计量

$$F_2=\pi D_2L_2\ (\mathrm{m}^2)$$

$$F_3=\pi D_3(L_{31}+L_{32}+r\theta)\ (\mathrm{m}^2)$$

式中　r、θ——分别为弯管的弯曲半径（m）与弯曲弧度。

【例 8-3】　如图 8-5 所示，为渐缩风管均匀送风，其大端周长为 2(0.6+1.0)=3.2m，小端周长为 2(0.6+0.35)=1.9m，则平均周长为 $l_{均}=1/2(3.2+1.9)=2.55\mathrm{m}$，故该风管的展开面积为：$F=l_{均}\cdot L=2.55\times27.6=70.38\mathrm{m}^2$

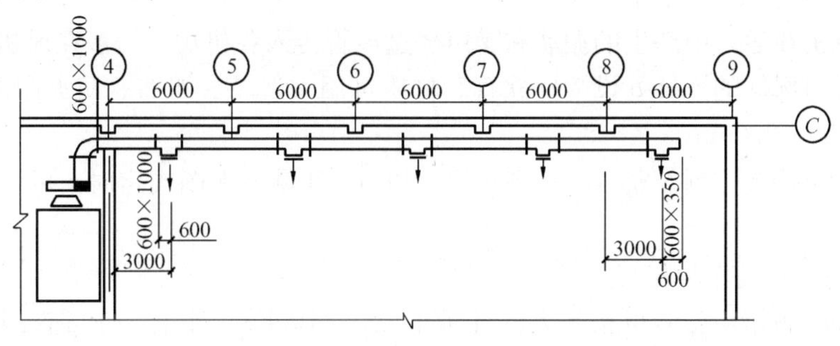

图 8-5　渐缩风管图

（3）柔性软风管适用于由金属、涂塑化纤织物、聚酯、聚乙烯、聚氯乙烯薄膜、铝箔等材料制作的软风管。安装工程量按图示中心线长度以“m”计量。其阀门安装以“个”计量。

（4）空气幕送风管制作安装，可按矩形风管断面平均周长计量，套相应子目，人工乘以系数 3.0。

其支架制作安装可另行计量，套相应子目。

2. 风管导流叶片的制作与安装

为了减少空气在弯头处的阻力损失，内弧形和内斜线矩形弯头的外边长≥50mm 时，弯管内应设导流叶片。其构造可分单、双叶片，如图 8-6 所示。风管导流叶片的制作安装工程量可按图示叶片的面积计量。

导流叶片面积计算式如下：

(1)单叶片面积：　$F_{单}=r\theta B(\mathrm{m}^2)$　(8-2)

(2)双叶片面积：　$F_{双}=(r_1\theta_1+r_2\theta_2)B(\mathrm{m}^2)$　(8-3)

式中　$F_{单}$、$F_{双}$——风管单、双导流叶片的面积（m^2）；

r_1、r_2——内、外叶片的弯曲半径（m）；

θ_1、θ_2——内、外叶片的弯曲弧度；

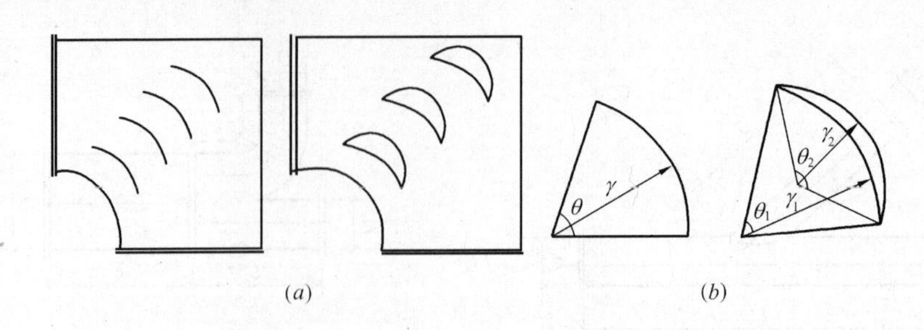

图 8-6　导流叶片展开面积

B——叶片宽度（m）。

亦可按表 8-3 计算叶片面积。定额不分单、双和香蕉形双叶片均执行同一项目。

单导流叶片表面积表　　**表 8-3**

风管高 B（m）	200	250	320	400	500	630	800	1000	1250	1600	2000
导流叶片表面积（m^2）	0.075	0.091	0.114	0.140	0.170	0.216	0.273	0.425	0.502	0.623	0.755

3. 软管（帆布接头）制作安装

为防止风机在运行中产生的振动和噪声经过风管传入各机房，一般在风机的吸入口或排风口或风管与部件的连接处设柔性软管。材质可用人造革、帆布、防火耐高温等材料。长度一般在 150～200mm。

软管（帆布接头）制作安装，按图示尺寸以 m^2 计量（无图规定时，可考虑管周长×0.3m）。

4. 风管检查孔制作与安装

风管检查孔制作与安装可按扩大的计量单位，“100kg”计量，亦可查国家标准图集 T604，或本册（篇）定额附录《国际通风部件标准重量表》。

5. 温度与风量测定孔制安

温度与风量测定孔制安，可按型号不同，以“个”计量，套相应定额子目。

（二）风管部件制作与安装工程计量

1. 阀类制作与安装

阀类制作工程量可按质量，以“100 kg”计量。安装按“个”计量。对于标准部件的质量，可根据设计型号、规格查阅《通风空调工程》第九册（篇）附录中《国家通风部件标准重量表》进行计量。如果是非标准部件，则按质量计量。通常风管通风系统用阀类为：空气加热上旁通阀、圆形瓣式启动阀、圆形（保温）蝶阀、方形以及矩形（保温）蝶阀、圆形以及方形风管止回阀、密闭式斜插板阀、矩形风管三通调节阀、对开多叶调节阀、风管防火阀等，可查阅国标 T101、T301、T302、T303、T309、T310、89T311、T356 等图集。

2. 风口制作与安装

通风工程中风口制作工程量大部分按“100kg”扩大计量单位计量，安装工程量以“个”计量。通常按质量计量的风口有：带调节板活动百叶风口、单层百叶风口、双层百叶风口、三层百叶风口、连动百叶风口、矩形风口、风管插板风口、旋转吹风口、圆形直片散流器、矩形空气分布器、方形直片散流器、流线型散流器、单（双）面送风口、活动蓖式风口、网式风口、135 型单（双）层百叶风口、135 型带导流片百叶风口、活动金属百叶风口等。

钢百叶窗以及活动金属百叶风口的制作按“m^2”计量，安装按“个”计量。

风口质量可查阅国标 T202、T203、T206、T208、T209、T212、T261、T262、CT211、CT263、J718 等图集，或本册（篇）定额附录《国家通风部件标准重量表》。

3. 风帽制作与安装

排风系统中，常见的风帽有伞形、筒形和锥形风帽，其形状如图 8-7、图 8-8、图 8-9 所示。

风帽制作与安装工程量按扩大计量单位“100kg”，并查阅国标 T609、T610、T611 或本册（篇）附录中《国际通风部件标准重量表》计量。

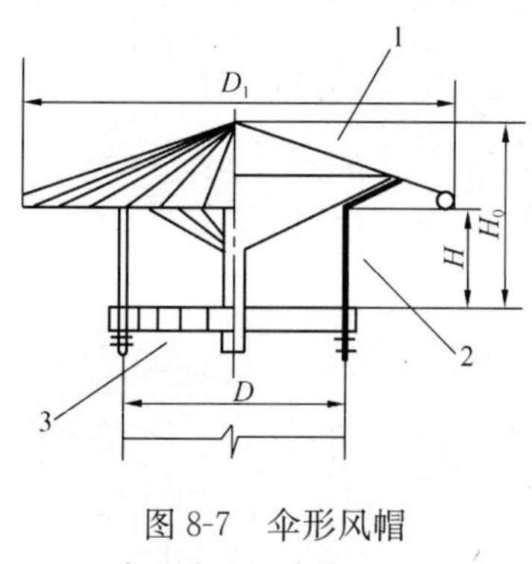

图 8-7　伞形风帽

1—伞形罩；2—支撑；3—法兰

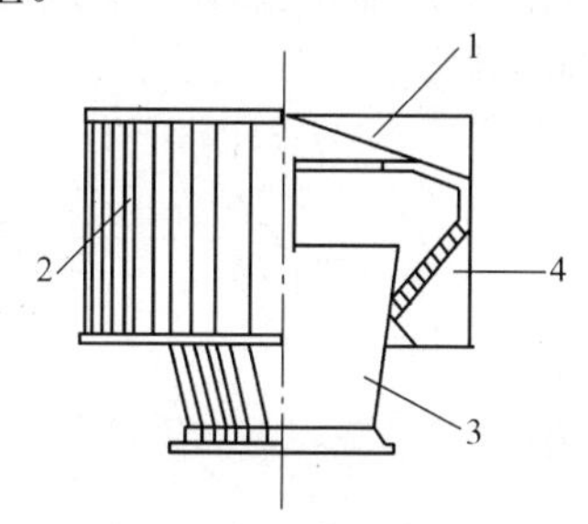

图 8-8　筒形风帽

1—伞形罩；2—外筒；3—扩散管；4—支撑

4. 风帽泛水制作与安装

当风管穿过屋面时，为阻止雨水渗入，通常安装风帽泛水，其形状分圆形和方形两种，工程量分不同规格，按图示展开面积以“m^2”计量，如图 8-10 所示。

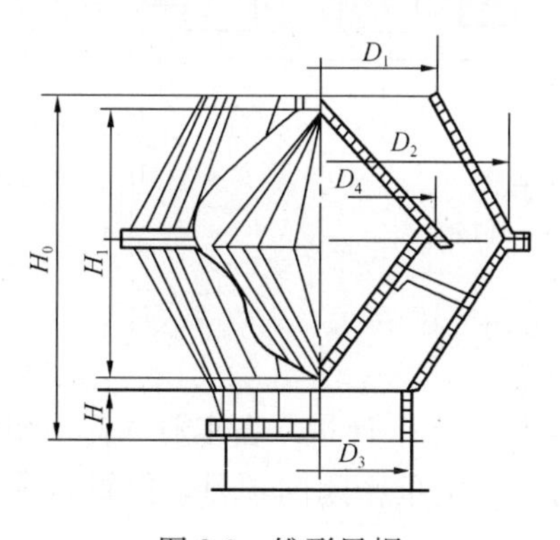

图 8-9　锥形风帽

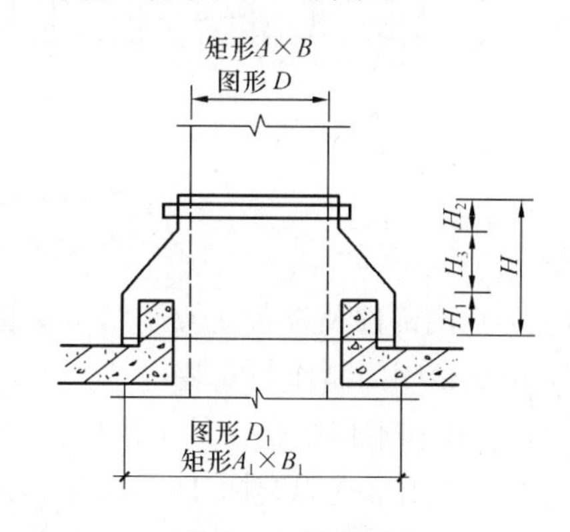

图 8-10　风帽泛水

圆形展开面积：

$$F=\frac{(D_1+D)}{2}\pi H_3+D\pi H_2+D_1\pi H_1 \tag{8-4}$$

方、矩形展开面积：

$$F=[2(A+B)+2(A_1+B_1)]\div 2H_3+2(A+B)H_2+2(A_1+B_1)H_1 \tag{8-5}$$

式中　$H=D$ 或为风管大边长 A；

$H_1=100\sim150$mm；$H_2=50$mm~150mm

5. 风管筝绳（牵引绳）

风管筝绳可按质量计量，套相应定额子目。

6. 罩类制作与安装

罩类指通风系统中的风机皮带防护罩、电动机防雨罩等，其工程量可查阅国标 T108、T110 按质量计量。

侧吸罩、排气罩、吹、吸式槽边罩、抽风罩、回转罩等可查阅本册（篇）定额附录，按质量计量。

7. 消声器制作与安装

消声器通常有阻性和抗性、共振性、宽频带复合式消声器等。如图 8-11、图 8-12 即为阻性和抗性消声器示意图。消声器制作与安装工程量可查阅国标 T701，按重量计量，套相应定额子目。

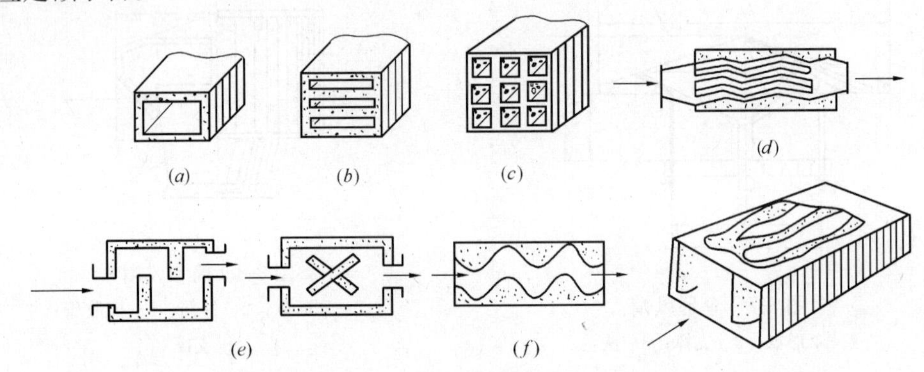

图 8-11　阻性消声器构造形式

(a) 管式；(b) 片式；(c) 蜂窝式；(d) 折板式；(e) 迷宫式；(f) 声流式

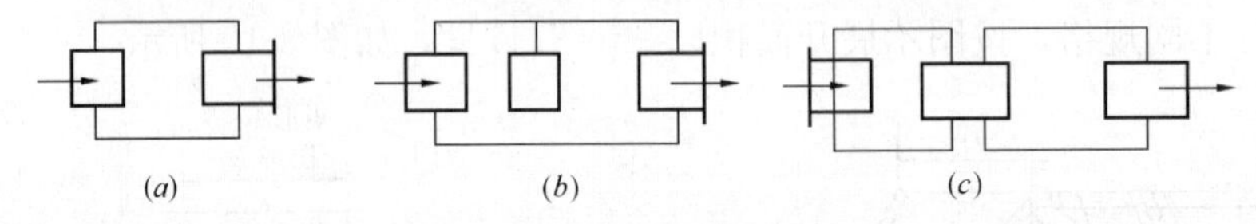

图 8-12　抗性消声器示意图

(a) 单节式；(b) 双节式；(c) 外接式

(三) 空调部件及设备支架制作与安装工程计量

1. 钢板密闭门制作与安装

分带视孔和不带视孔，其工程量分别按不同规格以“个”计量，套本册（篇）相应定额子目。材料用量查阅国标 T704。保温钢板密闭门执行钢板密闭门项目，但材料乘以系数 0.5，机械乘以系数 0.45，人工不变。

2. 钢板挡水板制作与安装

挡水板是组成喷水室的部件之一，通常由多个直立的折板（呈锯齿形）组成。亦有采用玻璃条组成的。其工程量可按空调器断面面积，以“m^2”计量。如图 8-13 所示。计算式为：

$$\text{挡水板面积}=\text{空调器断面积}\times\text{挡水板张数} \tag{8-6}$$

或

$$=A\times B\times\text{张数}$$

按曲折数和片距分档，套相应定额子目。材料用量查阅国标 T704。

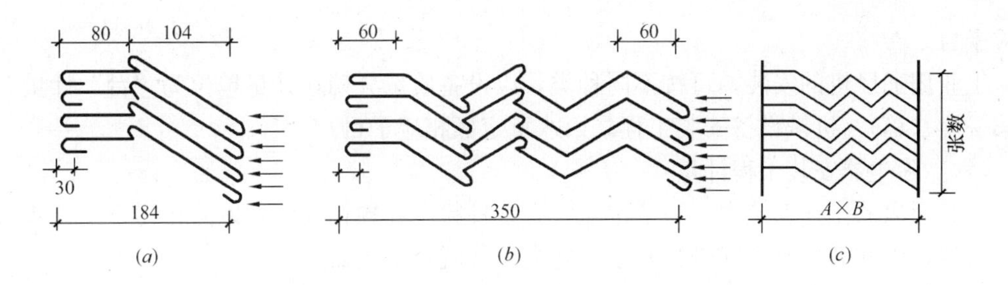

图 8-13　挡水板构造

(a) 前挡水板；(b) 后挡水板；(c) 工程量计算图

玻璃挡水板，可套用钢挡水板相应子目，但材料、机械均乘以系数 0.45。

3. 滤水器、溢水盘制作与安装

可根据施工图示尺寸，查阅国标 T704，以扩大计量单位“100kg”计量。

4. 金属空调器壳、电加热器外壳制作与安装

可按施工图示尺寸，以扩大计量单位“100kg”计量。

5. 设备支架制作与安装

可根据施工图示尺寸，查阅标准图集 T616 等，以扩大计量单位“100kg”计量，按不同质量档次套相应定额子目。

清洗槽、浸油槽、凉干架、LWP 滤尘器等的支架制作与安装执行设备支架项目。

(四) 通风机安装工程计量

通风机是通风系统的主要设备，在通风工程中采用的风机，一般按其作用和构造原理可分为离心式通风机和轴流式通风机两种。不论风机材质、旋转方向、出风口位置，其安装工程量可按设计不同型号以“台”计量。屋顶风机要单列项，分别套相应定额子目。

(五) 通风机的减振台（器）安装工程计量

在运行之中的风机，因离心力的作用，会引起通风机的振动，为减少由于振动对设备和建筑结构的影响，通常在通风机底座支架与楼板或基础之间安装减振器，用以减弱振动。通常使用的减振器形式如图 8-14、图 8-15 所示。

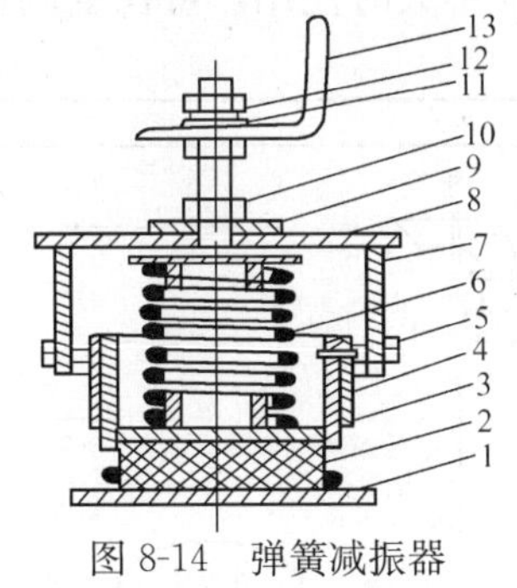

图 8-14　弹簧减振器

1—底座；2—橡胶；3—支座；4—橡胶；5—螺钉；6—弹簧；7—外罩；8—定位套；9—螺钉；10—螺母；11—垫圈；12—弹簧；13—支架

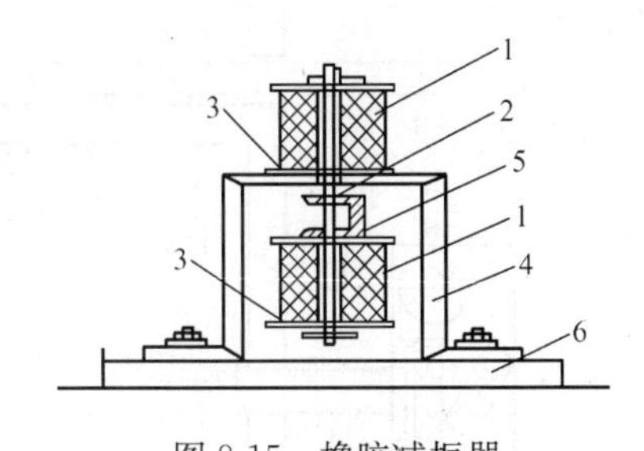

图 8-15　橡胶减振器

1—橡胶；2—螺杆；3—垫板；4—支架；5—基础支架；6—混凝土支墩

减振台（器）制作与安装工程量，未包括在风机安装中，可根据设计要求和《国安》计算规则的精神并参照地方定额规定，按重量或以“个”计量。套用本册（篇）设备支架

相应子目。

工业用通风机的安装，可按不同种类，以设备质量分档，计量单位为“台”计量。套用第一册（篇）《机械设备安装工程》第八章定额相应子目。

（六）除尘器安装工程计量

工业通风的排气系统中，为了排除含有各种粉尘和颗粒气体，以防止污染空气或回收部分物料，因此需要对空气进行除尘，此类设备就是除尘器。

除尘器种类颇多，通常分为重力、惯性、离心、洗涤、过滤、声波和电除尘装置等，根据上述除尘器的不同装置构造原理制造出的除尘器很多，如水膜除尘器、旋风除尘器、布袋除尘器等。

除尘器安装工程量按不同重量，以“台”计量。但不包括除尘器制作，其制作另行计量。

除尘器安装工程量亦不包括支架制作与安装，支架可按扩大计量单位“100kg”计量。

除尘器规格、形式以及支架质量的计算可查阅国标T501、T505、84T513、CT531、CT533、CT534、CT536、CT537、CT538、CT539、CT540等图集。

第二节　空调安装工程计量

一、空调系统组成

空调系统必须满足的技术参数有温度、湿度、洁度、气体流动速度等这“四度”的要求。就工艺要求而言，空调系统组成可作以下划分，即局部式供风空调系统、集中式空调系统和诱导式空调系统。

（一）局部式供风空调系统

该类系统只要求局部实现空气调节，可直接用空调机组如柜式、壁挂式、窗式等即可达到预期效果。还可按要求，在空调机上加新风口、电加热器、送风管及送风口等。如图8-16（*b*）所示。

（二）集中式空调系统

1. 单体集中式空调系统：该系统适于制冷量要求不大时使用，可在空调机组中配上

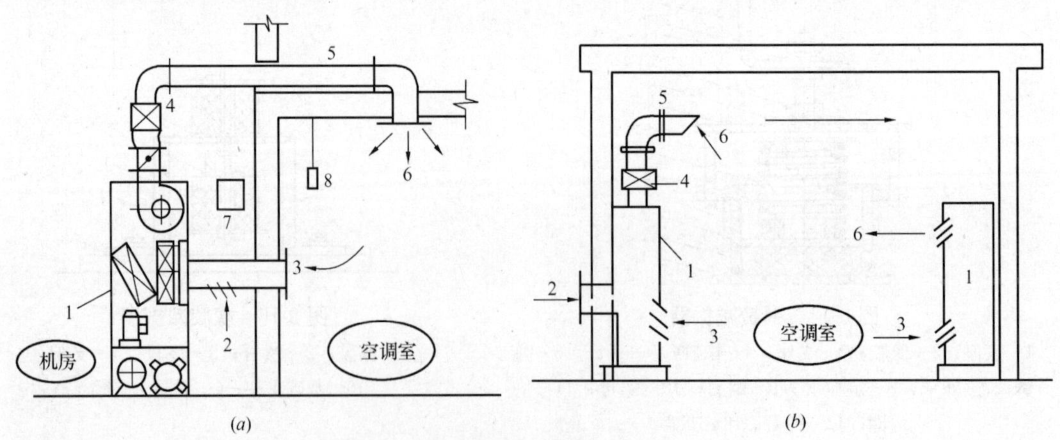

图8-16　单体集中式及局部式供风空调系统

（*a*）单体集中式空调；（*b*）局部空调（柜式）

1—空调机组（柜式）；2—新风口；3—回风口；4—电加热器；5—送风管；6—送风口；7—电控箱；8—电接点温度计

风管（送、回）、风口（送、回）、各种风阀以及控制设备等。其设置形式是把各单体设备集中固定于一个底盘上，装在一个箱壳里而成。如图 8-16（a）所示。

2. 配套集中式致冷设备空调系统：当系统的制冷量要求大时，设备体积较大，故可将各单位设备集中安装在某个机房中，然后配风管（送、回）、风机、风口（送、回），各种风阀以及控制设备等。如图 8-17 所示。

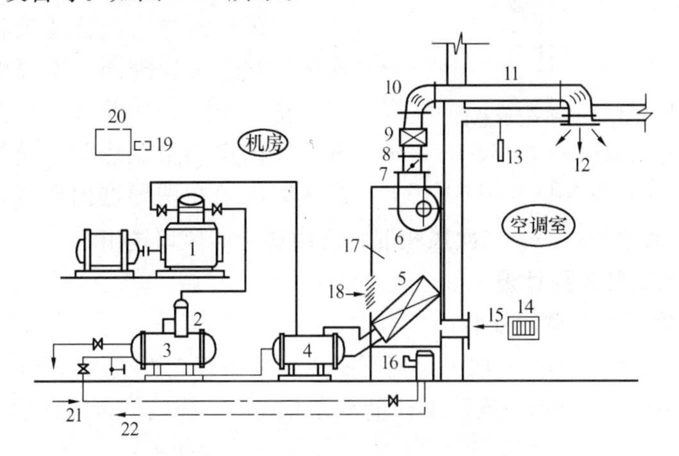

图 8-17　恒温恒湿集中式空调系统示意

1—压缩机；2—油水分离器；3—冷凝器；4—热交换器；5—蒸发器；6—风机；7—送风调节阀；8—帆布接头；9—电加热器；10—导流片；11—送风管；12—送风口；13—电接点温度计；14—排风口；15—回风口；16—电加湿器；17—空气处理室；18—新风口；19—电子控制器；20—电控箱；21—给水管；22—回水管

3. 冷水机组风机盘管系统：是将个体的冷水机设备，集中安装于机房内，再配上冷水管（送、回），冷凝器使用的冷却塔以及水池、循环水管道等；冷水管再连通风机盘管，加上空气处理机就形成一个系统，如图 8-18 所示。

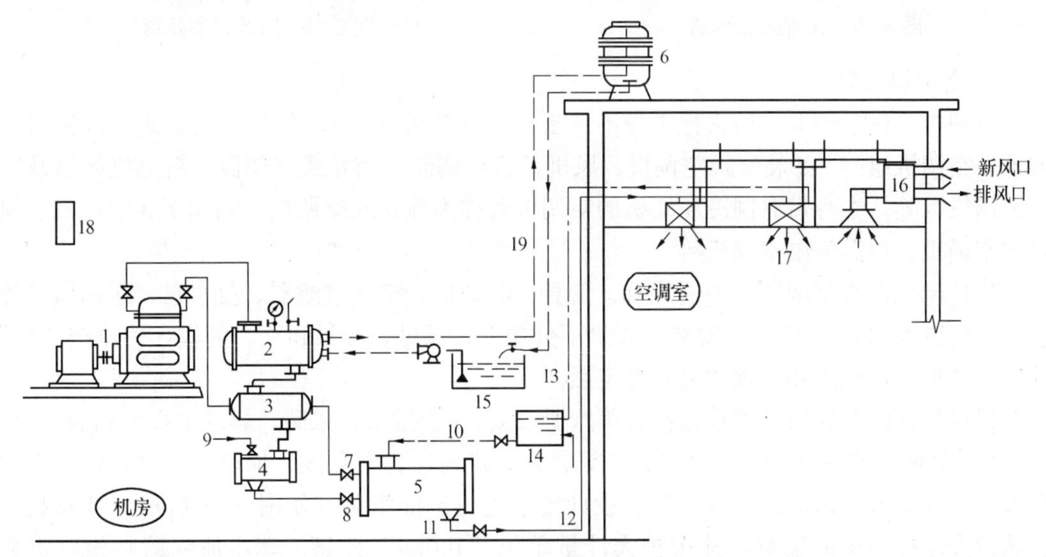

图 8-18　冷水机组风机盘管系统

1—压缩机；2—冷凝器；3—热交换器；4—干燥过滤器；5—蒸发器；6—冷却塔；7、8—电磁阀及热力膨胀阀；9—R_{22}入口；10—冷水进口；11—冷水出口；12—冷送水管；13—冷回水管；14—冷水箱；15—冷水池；16—空气处理机；17—盘管机及送风口；18—电控箱；19—循环水管

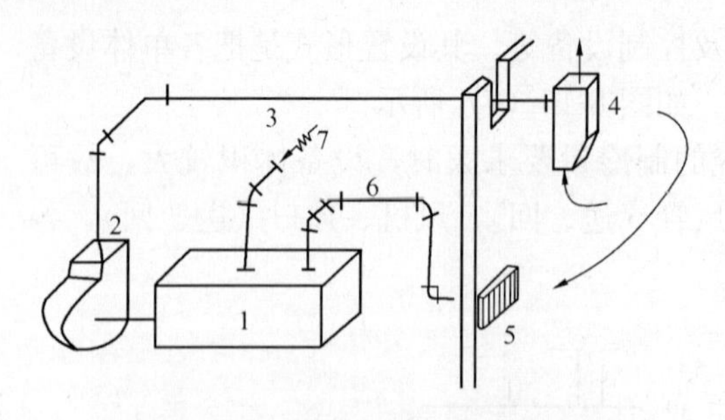

图 8-19 诱导式空调系统示意图

1—空气处理室；2—送风机；3—送风管；4—诱导器；5—回风口；6—回风管；7—新风口

（三）诱导式空调系统

实质上是一种混合式空调系统。是由集中式空调系统加诱导器组成。该系统是对空气进行集中处理，并利用诱导器实行局部处理后混合供风方式。诱导器用集中空调室来的一次风作诱导力，就地吸收室内回风（二次风）并经过处理同一次风混合后送出的供风系统。如图 8-19 所示，经过集中处理的空气由风机送至空调房间的诱导器，经喷嘴以高速射出，在诱导器内形成负压，室内空气（二次风）被吸入诱导器，一、二次风相混合后由诱导器风口送出。

二、空调系统安装工程计量

1. 空气加热器（冷却器）安装

空调系统中，空气加热器一般由金属管制成，主要有光管式和肋管式两大类。其构造形式如图 8-20 、图 8-21 所示。安装工程量不分形式，一律按“台”计量。

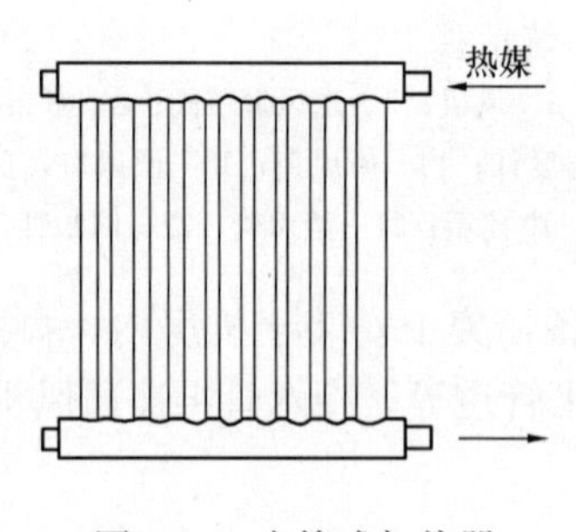

图 8-20 光管式加热器

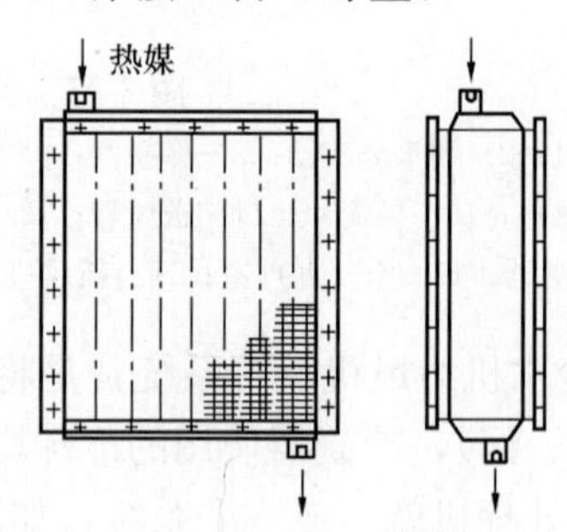

图 8-21 肋管式加热器

2. 空调机安装

空调机又称空调器，通常把本身不带制冷的空调机（器），称为非独立式空调机（空调器、空调机组）。如装配式空调机、风机盘管空调器、诱导式空调器、新风机组以及净化空调机组等。本身带有制冷压缩机的空调设备称为独立式空调机。如立柜式空调机、窗台式空调机、恒温恒湿空调机等。

（1）风机盘管空调器：由通风机、盘管、电动机、空气过滤器、凝水盘、送回风口等组成。构造如图 8-22 所示。安装工程量不分功率、风量、冷量和立、卧式，一律按“台”计量、并根据落地式和吊顶式分别套定额。

风机盘管的配管安装工程量执行第八册（篇）《给排水、采暖、燃气工程》相应子目。

（2）装配式空调器：亦称组合式空调器，由进风段、混合段、加热段、过滤段、冷却段、回风段等分段组成。是以工艺和设计要求进行选配组装。如图 8-23 所示。其安装工程量以产品样品中的质量，并按扩大计量单位“100kg”计量。套本册（篇）相应定额子目。

（3）整体式空调器：（冷风机、冷暖风机、恒温恒湿机组等），不分立式、卧式、吊顶式，其工程量一律按“台”计量。并以质量分档，套本册（篇）定额相应子目。如图8-24

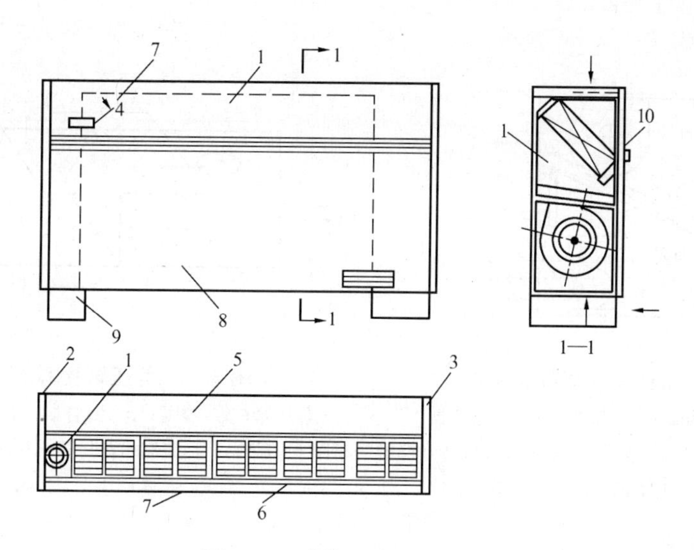

图 8-22　明装立式风机盘管

1—机组；2—外壳左侧板；3—外壳右侧板；4—琴键开关；5—外壳顶板；6—出风口；7—上面板；8—下面板；9—底脚；10—保温层

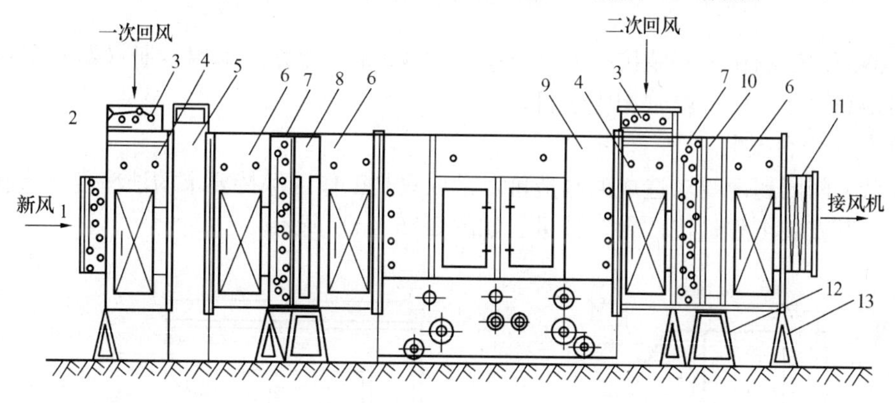

图 8-23　JW 型装配式空调器示意图

1—新风阀；2—混合室法兰；3—回风阀；4—混合室；5—过滤器；6—中间室；7—混合阀；8——次加热；9—淋水室；10—二次加热器；11—风机接管；12—加热器支架；13—三角支架

所示。

(4) 窗式空调器：窗式空调器主要构造分三大部分，制冷循环部分有压缩机、毛细管、冷凝器以及蒸发器等，热泵空调器并带电磁换向阀；通风部分有空气过滤器、离心式通风机、轴流风扇、电动机、新风装置以及气流导向外壳等；电气部分有开关、继电器、温度控制开关等元器件，电热型空调器并带电加热器等。安装工程量按“台”计量。支架制安、除锈刷油、密封料及其木框和防雨装置等另行计量。

3. 静压箱安装

静压箱同空气诱导器联合使用，当一次风进入静压箱时，可保持一定静压，使得一次风由喷嘴高速喷出，诱导室内空气吸入诱导器中形成二次风，可达到局部空调的目的。静压箱安装工程量以扩大计量单位“$10m^2$”计算；诱导器安装执行风机盘管安装子目。其构造如图 8-25 所示。

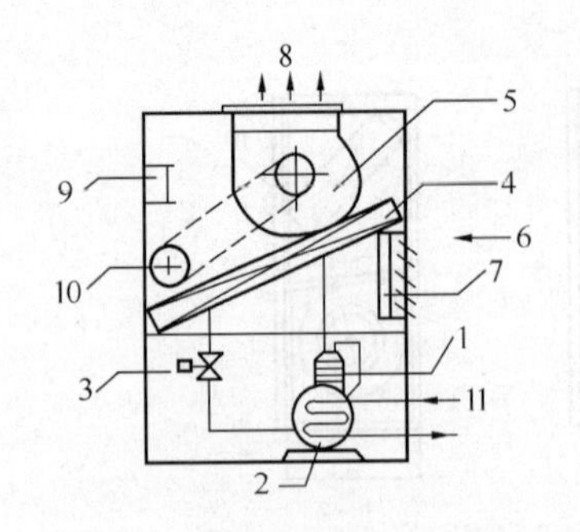

图 8-24　整体式空调器示意图

1—压缩机；2—冷凝器；3—膨胀阀；4—蒸发器；5—风机；6—回风口；7—过滤器；8—送风口；9—控制盘；10—电动机；11—冷水管

图 8-25　静压箱及诱导器示意图

1—静压箱；2—喷嘴；3—混合段；4—送风；5—旁通风门；6—盘管；7—凝结水盘；8—一次风连接管；9—一次风；10—二次风

4. 过滤器安装

过滤器是将含尘量不大的空气经过净化后进入空气的装置。根据使用功效不同，分高、中、低效过滤器。按照安装形式分立式、斜式、人字形式，安装工程量一律按“台”计量。

过滤器的框架制作与安装按扩大计量单位“100kg”计算。套用本册（篇）子目。除锈、刷油则套第十一册（篇）相应子目。

5. 净化工作台安装

为降低房间因超净要求造成的高造价，采取只是工作区保持要求的洁净度，这就是净化工作台。其安装工程量按“台”计量。如图 8-26（*a*）所示。

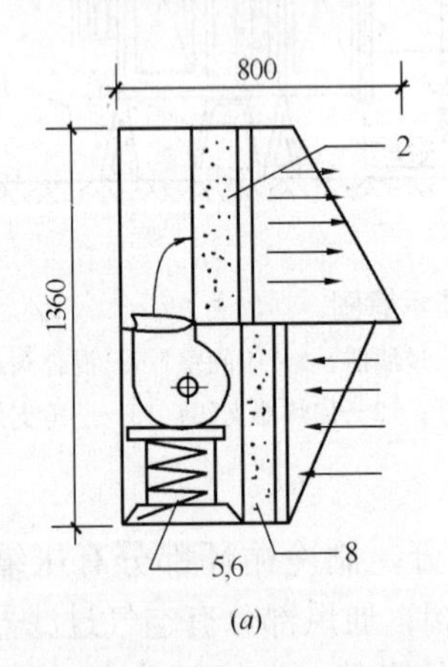

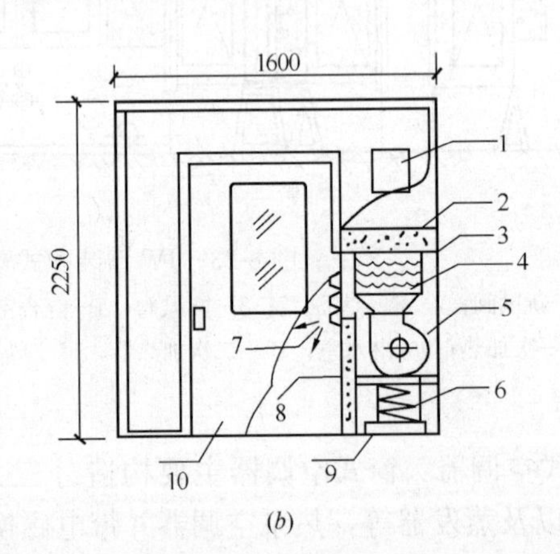

图 8-26　净化工作台与风淋室

（*a*）净化工作台；（*b*）风淋室

1—电控箱；2—高效过滤器；3—钢框架；4—电加热器；5—风机；6—减振器；7—喷嘴；8—中效过滤器；9—底座；10—风淋室门

6. 洁净室安装

洁净室亦称风淋室，按质量分档，以“台”计量。套用本册（篇）相应子目。如图 8-26（*b*）所示。

7. 玻璃钢冷却塔安装

玻璃钢冷却塔通常出现在使用冷水机组风机盘管系统的顶部，安装工程量以冷却水量分档次，按“台”计量。套用第一册（篇）《机械设备安装工程》定额中冷却塔安装子目。

第三节　空调制冷设备安装工程计量

一、空调制冷设备

在空调系统中空气需要进行冷却处理，而冷源通常有两种：一种是天然冷源，如深井水、洞中冷空气、冬天储存的冰块等；而另一种则是人工冷源。通常采用冷剂制冷，使用冷剂制冷的方法有冷剂压缩制冷、冷剂喷射制冷、冷剂吸收制冷，工程中常用的是压缩冷剂制冷。制冷设备一般由工厂成套生产，如压缩机、分离器、蒸发器等，总之产品包括制冷剂压缩机以及附属设备两大类。成套设备的安装方式通常有如下三种：

1. 单体安装式

将制冷设备配套安装在一个机房中，配上动力管线和控制装置，形成制冷系统，一般称为集中式空调。适用于大型空气调节系统。但其制冷机组的压缩机、冷凝器、蒸发器等皆为散件。

2. 整体安装式

将制冷设备安装在一个底盘上，装进箱体中，实行整体安装。如恒温恒湿空调机、柜式、窗式空调机等，如图 8-24 所示。

3. 分离组装式

制造时，制冷成套设备被分成几组，根据设计要求，装在几个底座上，形成若干个分体机箱。如空气处理室、分体式柜机、分段组装式空调器等，如图 8-23 所示。

二、制冷设备安装工程计量及套定额

设备安装要遵循的全过程基本如下所述，只是某环节有所不同，同时仍需遵循各自的安装规定。就制冷设备安装而言，要遵循的安装过程有：

准备工作——设备搬运——开箱清点——验收——基础——划线、定位——清洗组装——起吊安装——找平、找正——固定灌浆——试运转、交验。

（一）制冷压缩机的安装

1. 活塞式压缩机

活塞式 V、W 以及 S（扇型）压缩机安装工程量均以“台”计量。不论采用何种制冷剂（NH_3、R_{11}、R_{12}、R_{22}）都按质量分档次，定额套用第一册（篇）《机械设备安装工程》第十章相应子目。

定额规定 V、W、S 型以及扇型压缩机组、活塞式 Z 型 3 型压缩机是按整体安装考虑的，因此，机组的重量应包括主机、电机、仪表盘以及附件和底座等。

活塞式 V、W、S 型以及扇型压缩机的安装是按单级压缩机考虑的，安装同类型双级压缩机时，可按相应定额的人工乘以系数 1.40。

2. 螺杆式制冷压缩机安装

螺杆式制冷压缩机安装工程量均以“台”计量。无论开启式、半开启式、封闭式等一律按质量分档次，定额套用第一册（篇）《机械设备安装工程》第十章相应子目。螺杆式制冷压缩机定额是按解体式安装制定的，因此，与主机本体联体的冷却系统、润滑系统、支架、防护罩等零件、附件的整体安装、安装后的无负荷试运转以及运转后的检查、组装、调整等均包括在定额中。但不包括电动机等的动力机械设备质量。电动机安装工程量可按质量分档，以“台”计量，套用定额第一册（篇）《机械设备安装工程》第十三章相应子目。

活塞式V、W、S型压缩机和螺杆式压缩机的安装，除定额第一册（篇）《机械设备安装工程》总说明的规定外，定额不包括如下内容：

(1) 与主机本体联体的各级出入口第一个阀门外的各种管道、空气干燥设备及净化设备、油水分离设备、废油回收设备、自控系统及仪表系统的安装，以及支架、沟槽、防护罩等制作、加工。

(2) 介质（制冷剂）的充灌。

(3) 主机本体循环用油。

(4) 电动机拆装、检查以及配线、接线等电气工程。

（二）附属设备的安装

1. 冷凝器安装

冷凝器属于压力容器，按其冷却面积和不同形式，可分为立（卧）式壳管式冷凝器、淋浇式冷凝器、蒸发式冷凝器几种类型。前者多用于大中型制冷系统。冷凝器安装工程量可按不同形式和冷却面积分档，以“台”计量。套用第一册（篇）《机械设备安装工程》定额第十四章相应子目。如图8-27所示为SN型淋水式冷凝器安装示意图。表8-4为SN-30～SN-90型淋水式冷凝器规格尺寸表。

淋水式冷凝器（SN-30～SN-90）　　**表8-4**

产品型号	组数	冷凝面积(m^2)	氨管接口（mm）			储氨器		主要尺寸（mm）			质量(kg)
			d	d_1	d_2	l（mm）	容积(m^3)	A	B	C	
SN-30	2	30	50	20	15	1000	0.070	750	1225	160	1280
SN-45	3	45	70	25	15	1250	0.110	1300	1775	160	1912
SN-60	4	60	80	32	20	1800	0.153	1850	2825	160	2545
SN-75	5	75	80	32	20	2350	0.194	2400	2875	160	3160
SN-90	6	90	100	32	20	2950	0.235	2950	3425	178	3825

2. 蒸发器安装

根据冷库功能不同和被冷加工的产品要求，蒸发器或蒸发系统末端装置被设计成多种形式，有氨用、氟用吊顶式冷风机、落地式冷风机；有氨用、氟用的顶排管；有立管式盐水蒸发器、螺旋管式盐水蒸发器、卧式壳管式盐水蒸发器等。蒸发器安装工程量可按蒸发面积分档次，以“台”计量。套用第一册（篇）《机械设备安装工程》定额第十四章相应子目。如图8-28所示为LZZ型立管式盐水蒸发器安装示意图。表8-5为LZZ-20～LZZ-90立管式盐水蒸发器规格尺寸表。

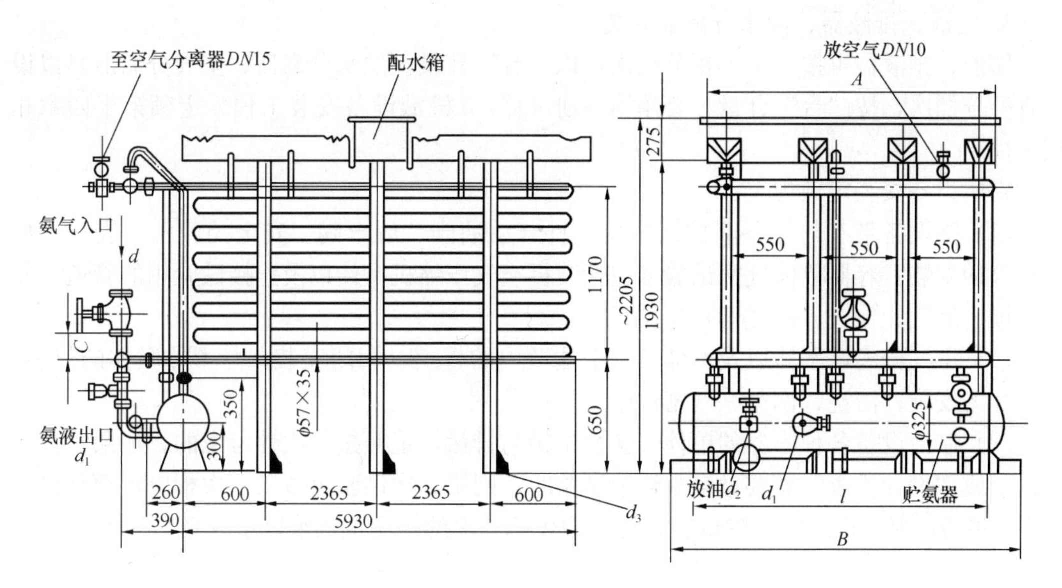

图 8-27　淋水式冷凝器（SN-30～SN-90）安装示意图

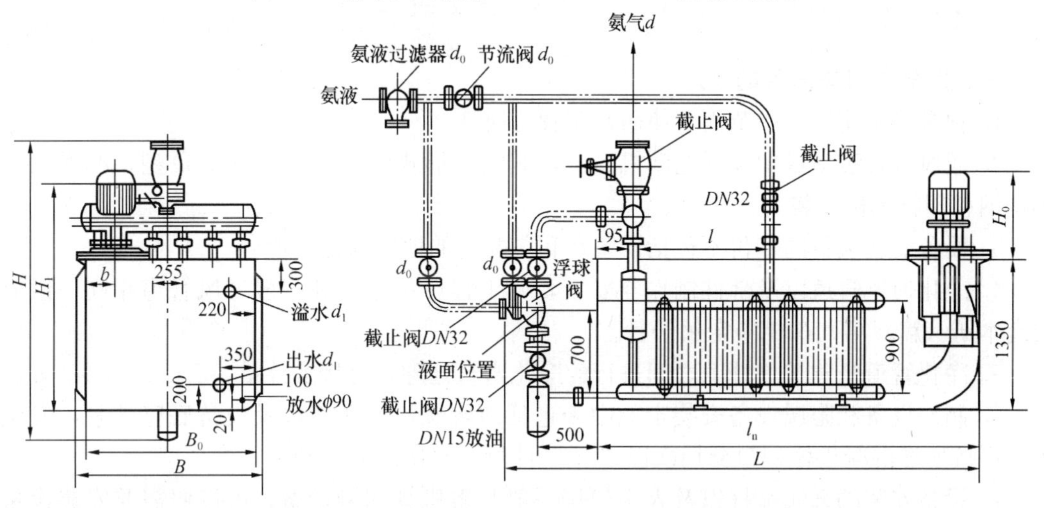

图 8-28　LZZ 型立管式盐水蒸发器安装示意图

立管式盐水蒸发器（LZZ-20～LZZ-90）　　　　**表 8-5**

	蒸发面积（m^2）	蒸发排管数（排×管）	氨管接口（mm）		水管接口（mm）	水箱内净尺寸（mm）		外形尺寸（mm）				主要尺寸（mm）			质量（kg）
			d_0	d	d_1	l_0	B_0	L	B	H	H_1	l	b	H_0	
LZZ-20	20	2×10	15	65	90	3510	805	4345	931	2277	1857	1310	263	675	1970
LZZ-30	30	3×10	20	65	90	3510	845	4345	971	2277	1857	1310	263	675	2375
LZZ-40	40	4×10	20	80	90	3510	1065	4345	1191	2317	1857	1310	263	710	2850
LZZ-60	60	4×15	25	100	90	4810	1065	5645	1191	2369	1876	2130	263	710	3340
LZZ-75	75	5×15	25	100	110	4810	1330	5657	1480	2369	1876	2130	395	750	3955
LZZ-90	90	6×15	32	125	110	4810	1595	5657	1745	2479	1889	2130	395	750	4540

3. 储液、排液器、油水分离器安装

储液、排液器可按设备容积分档次，以“台”计量。油水分离器、空气分离器是以设备直径分档次，按“台”计量。套用第一册（篇）《机械设备安装工程》定额第十四章相应子目。

附属设备安装定额规定：

(1) 随设备带有与设备联体固定的配件（放油阀、放水阀、安全阀、压力表、水位表）等的安装。容器单体气密试验（包括装拆空气压缩机本体以及连接试验用的管道、装拆盲板、通气、检查、放气等）与排污。

(2) 空气分离塔本体以及本体第一个法兰内的管道、阀门安装；与本体联体的仪表、转换开关安装；清洗、调整、气密试验。

(3) 制冷设备各种容器的单体气密性试验与排污，定额按一次性考虑的，如果“技术规范”或“设计要求”需要做多次连续试验时，则第二次试验可按第一次相应定额乘以调整系数 0.9；第三次及以上的试验，每次均按第一次的相应定额乘以系数 0.75 计量。

第四节　通风、空调、制冷设备安装工程计量需注意事项

一、定额中有关内容的规定

1. 软管接头使用人造革而不使用帆布者可换算。

2. 通风机安装项目中包括电动机安装，其安装形式包括 A、B、C、D 型，亦适用于不锈钢和塑料风机安装。

3. 设备安装项目的基价不包括设备费和应配套的地脚螺栓价值。

4. 净化通风管道以及部件制作与安装，其工程计量方法和一般通风管道相同，但需要套本册（篇）第九章相应定额子目。

5. 净化管道与建筑物缝隙之间进行的净化密封处理，可按实计量。

6. 制冷设备和附属设备安装定额中未包括地脚螺栓孔灌浆以及设备底座灌浆，发生时，可按所灌混凝土体积量分档次以“m^3”计量，套用地方定额。

7. 设备安装的金属桅杆以及人字架等一般起重机具的摊销费，可按照需要安装设备的净质量（含底座、辅机）计算摊销费。其计算方法可按各地方定额规定执行。

8. 设备安装从设备底座的安装标高算起，如果超过地坪正负 10m 时，则定额的人工和机械台班按表 8-6 系数调整。

设备安装超高增加系数　　**表 8-6**

设备底座正负标高（m）	15	20	25	30	40	>40
调整系数	1.25	1.35	1.45	1.55	1.70	1.90

二、通风、空调、制冷工程同安装工程定额其他册（篇）的关系

1. 通风、空调工程的电气控制箱、电机检查接线、配管配线等可按第二册（篇）《电气设备安装工程》定额的规定执行。

2. 通风、空调机房的给水和通冷冻水的水管、冷却塔循环水管，执行第六册（篇）《工业管道工程》定额。

3. 使用的仪表、温度计的安装工程量可执行第十册（篇）《自动化控制装置及仪表安装工程》定额。

4. 制冷机组以及附属设备的安装执行第一册（篇）《机械设备安装工程》定额。

5. 通风管道等的除锈、刷油、保温防腐执行第十一册（篇）《刷油、防腐蚀、绝热工程》定额。

6. 设备基础砌筑、混凝土浇筑、风道砌筑和风道的防腐等执行《建筑工程预算定额》。

三、通风、空调、制冷工程有关几项费用的说明

1. 通风、空调工程定额中各章所列出的制作和安装均是综合定额，若需要划分出来，可按册（篇）说明规定比例划分。

2. 高层建筑增加费指高度在6层或20m以上的工业与民用建筑，属于子目系数，计算规定见第九册（篇）说明。

3. 操作超高增加费亦属子目系数，指操作物高度距楼地面6m以上的工程，按定额规定的人工费的百分比计量。

4. 脚手架搭拆费，属于综合系数，可按单位工程全部人工费的百分比计量，其中人工工资占（%）部分作为计费基础。

5. 通风系统调整费属于综合系数，按系统工程人工费的百分比计量，其中人工工资占（%）部分作为计费基础。该调试费指送风系统、排风（烟）系统，包括设备在内的系统负荷试车费以及系统调试人工、仪器使用、仪表折旧、调试材料消耗等费用。但不包括空调工程的恒温、恒湿调试以及冷热水系统、电气系统等相关工程的调试，发生时另计。

6. 薄钢板风管刷油，仅外（或内）面刷油者，基价乘以系数1.2；内外皆刷油者乘以系数1.1。刷油包括风管、法兰、加固框、吊托支架的刷油工程。

7. 通风、空调、制冷脚手架与风管刷油、保温定额脚手架费用，不分别计取，可按“以主代次”的原则，即按通风工程定额中规定的脚手架系数计取。

第五节 通风、空调工程施工图预算编制实例

一、工程概况

1. 工程地址：本工程位于重庆市某厂房。

2. 工程说明：本工程建筑结构为四层框架结构，开间6m，层高4.9m。通风工程在厂房底层⑧～⑫轴线之间，工艺要求此处需要一定温度、湿度和洁净度的空气。该通风空调系统由新风口吸入新鲜空气，经新风管进入金属叠式空气调节器内，空气经处理后，由厚度δ为1mm的镀锌钢板制成的分支五路风管，各支管端装有方形直流片式散流器，向房间均匀送风。风管用铝箔玻璃棉毡保温，其厚度δ为100mm。风管用吊架吊在房间顶板上，安装在房间吊顶内。

叠式金属空气调节器分6个段室：风机段、喷雾段、过滤段、加热段、空气冷处理段、中间段等，其外形尺寸为3342mm×1620mm×2109mm，共1200kg，供风量为8000～12000m^3/h。空气冷处理可由FJZ-30型制冷机组、冷风箱（3000mm×1500mm×1500mm）、两台泵3BL-9（$Q=45m^3/h$，$H=32.6m$）与$DN100$及$DN70$的冷水管、回水管相连，供给冷冻水。空气的热处理可由$DN32$和$DN25$的管与蒸汽动力管以及凝结

水管相连，供给热源。

二、编制依据

施工单位为某国营建筑公司，工程类别为二类。采用2000年《国安》，以及重庆市现

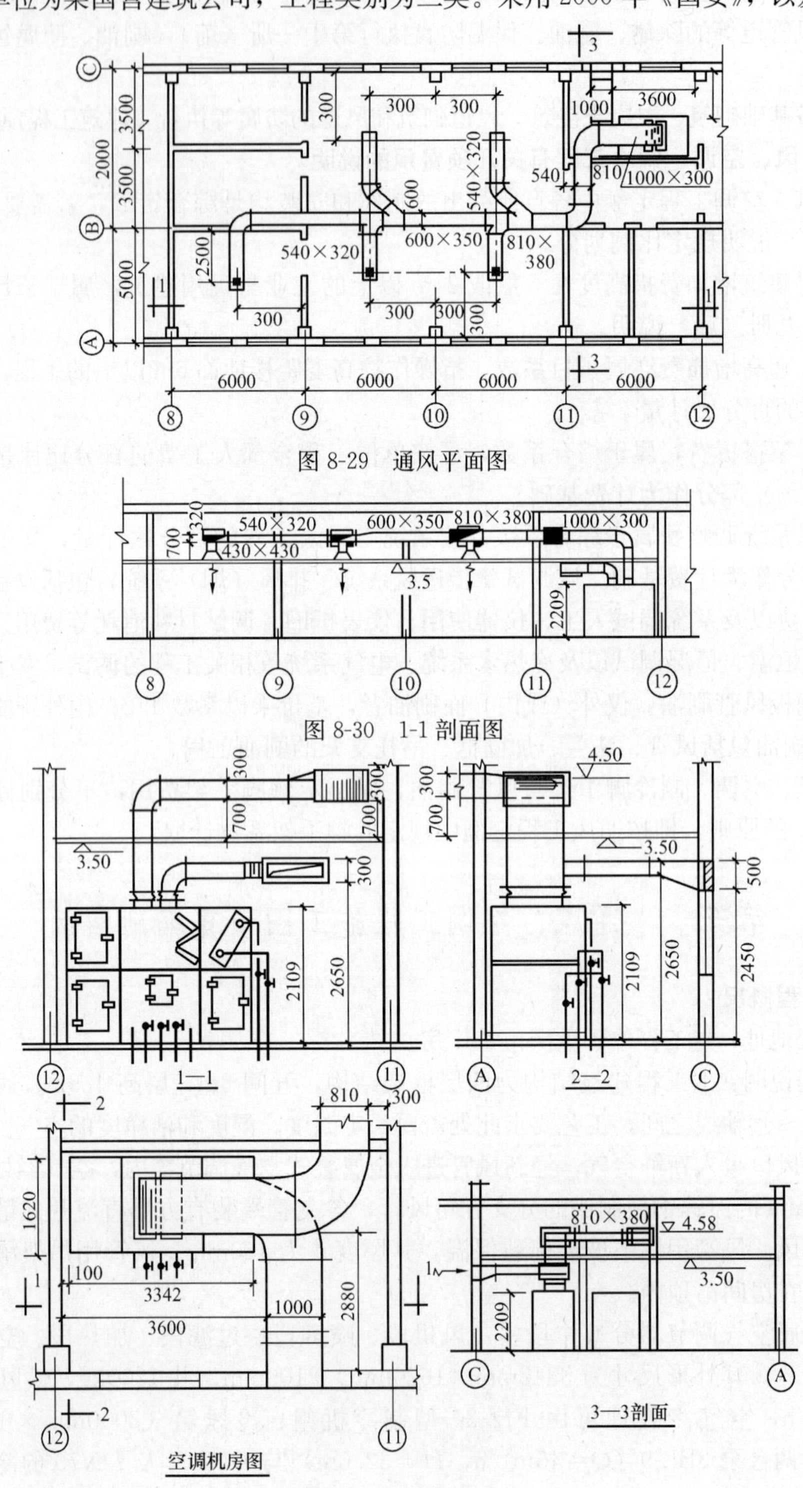

图8-29 通风平面图

图8-30 1-1剖面图

图8-31 平面及剖面

行间接费用定额和某市现行材料预算价格或部分双方认定的市场采购价格。

合同中规定不计远地施工增加费和施工队伍迁移费。

三、编制方法

1. 在熟读图纸、施工组织设计以及有关技术、经济文件的基础上，计算工程量。工程图如图 8-29～图 8-32 所示。工程量计算表见表 8-7。本例仅计算镀锌钢板通风管的制安、保温、叠式金属空气调节器的安装，通风管道的附件和阀等制安。而制冷机组的安装和供冷、供热管网的安装、配电以及控制系统的安装，本例不述。

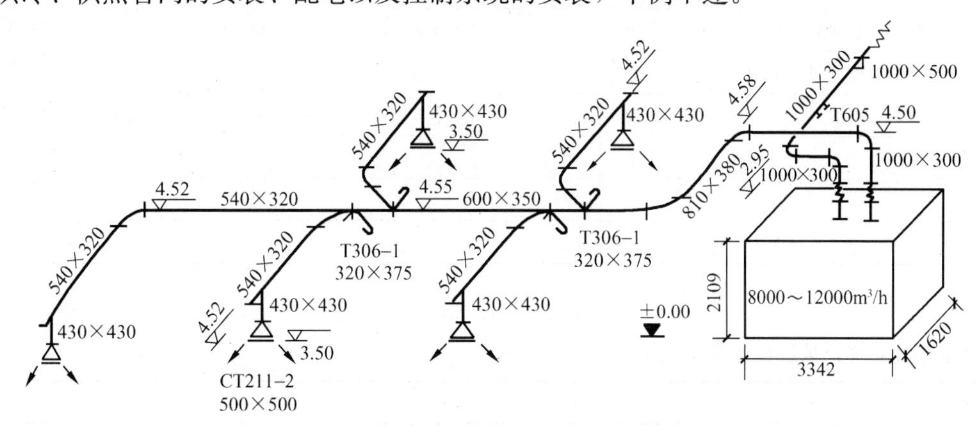

图 8-32 通风、空调系统图

2. 汇总工程量，见表 8-8。

3. 套用 2000 年《国安》，进行工料分析，见表 8-9。

4. 写编制说明（略）。

5. 自校、填写封面、装订施工图预算书（略）。

工 程 量 计 算 表 **表 8-7**

单位工程名称：某厂房通风空调工程 共 页 第 页

序号	分项工程名称	单位	数量	计 算 式	备注
1	叠式金属空气调节器	kg	1200	6×1200	
2	镀锌钢板矩形风管 $\delta=1$	m²	55.75	主管：(1+0.3)×2×(3.5−2.209+0.7+0.3/2−0.2+4+1)+(0.81+0.38)×2×(3.5+3)+(0.6+0.35)×2×6+(0.54+0.32)×2×(3+3+0.54/2)	
		m²	40.20	支管：(0.54+0.32)×2×(4+0.5+4+0.5+0.43/2×2+3+0.5+3+0.5+0.43/2+2.5+0.43/2)+(0.43+0.43)×2×(5×0.7)+0.54×0.32×5	
		m²	16.05	新风管：(1+0.5)×2×0.8+(1+0.3)×2×(2.88-0.8+1/2+3.342/2+1/2+2.65−2.1+0.3/2−0.2)	
	风管小计	m²	112.0		

续表

序号	分项工程名称	单位	数量	计 算 式	备注
3	帆布接头	m^2	1.56	(1+0.3)×2×0.2×3	
4	钢百叶窗(新风口)	m^2	0.5	1×0.5	
5	方形直片散流器	kg (个)	61.15 (5)	500×500：5个×12.23kg/个	CT211-2
6	温度检测孔	个	2	1×2	T604
7	矩形风管三通调节阀	kg	13	320×375：4个× 3.25kg/个	T306-1
8	铝箔玻璃棉毡风管保温 $\delta=100$	m^3	11.20	112×0.1	
9	角钢 L25×4	kg	437.7	76个×[(0.6+0.4)×2m/个]×1.459kg/m	法 兰

工 程 量 汇 总 表 表 8-8

单位工程名称：某厂房通风空调工程

序号	分 项 工 程 名 称	单位	数量	备 注
1	镀锌钢板矩形风管 $\delta=1$	$10m^2$	11.20	
2	叠式金属空气调节器	100kg	12	
3	帆布接头	m^2	1.56	
4	钢百叶窗安装（新风口）	m^2	0.5	
5	方形直片散流器安装	kg (个)	61.15 (5)	
6	温度检测孔制安	个	2	
7	矩形风管三通调节阀安装	kg	13	
8	风管铝箔玻璃丝棉保温 $\delta=100$	m^3	11.20	

工 程 计 价 表 表 8-9

单位工程名称：某厂房通风空调工程

定额编号	分项工程项目	单位	工程数量	单位价值			合计价值			未计价材料			
				人工费	材料费	机械费	人工费	材料费	机械费	损耗	数量	单价	合价
9-6	镀锌钢板矩形风管 $\delta=1$	$10m^2$	11.20	154.18	213.52	19.35	1726.82	2391.42	216.72				
	镀锌钢板	m^2								11.38	127.46	34.00	4333
9-247	叠式金属空气调节器	100kg	12	45.05			540.60						

续表

定额编号	分项工程项目	单位	工程数量	单位价值			合计价值			未计价材料			
				人工费	材料费	机械费	人工费	材料费	机械费	损耗	数量	单价	合价
9-41	帆布接头	m^2	1.56	47.83	121.74	1.88	74.62	189.91	2.94				
9-129	钢百叶窗安装J718-1	m^2	0.5	67.57	191.73	20.58	33.79	95.87	10.29				
9-148	方形直片散流器安装	个	5	8.36	2.58		41.80	12.90					
9-43	温度检测孔制安	个	2	14.16	9.20	3.22	28.32	18.40					
9-61	矩形风管三通调节阀安装	100kg	0.13	1022.14	352.51	336.90	132.88	45.83	43.80				
11-2009	风管铝箔玻璃丝棉保温 $\delta=100$	m^3	11.20	20.67	25.54	6.75	231.50	286.04	75.60				
	玻璃棉毡 $\delta=25$	kg								1.03	11.54	1600	18458
	铝箔粘胶带	卷								2.00	22.4	22.00	493
	胶粘剂	kg								10.00	112.0	20.00	2240
	合计						2810.33	3040.37	349.35				25524

复习思考题

1. 圆形风管和方形风管工程计量公式是如何规定的?
2. 渐缩管工程如何计量?
3. 软管(帆布接头)工程如何计量?
4. 风管检查孔制安工程如何计量?
5. 温度与风量测定孔制安工程量如何计量?
6. 风管部件通常指哪些?其制安工程量如何计量?
7. 通风机的减振台(器)安装工程量如何计量?
8. 装配式空调器安装工程量如何计量?
9. 风机盘管空调器安装、净化工作台安装工程量如何计量?
10. 静压箱安装工程量如何计量?
11. 过滤器安装工程量如何计量?
12. 诱导器安装工程量如何计量?
13. 制冷设备通常有哪些?其安装工程量如何计量?
14. 通风机通常有哪几种?其安装工程量如何计量?
15. 通风空调系统调试费包括哪些内容?其系统调试费如何计量?
16. 通风空调系统调试与通风空调系统“联动试车”是否相同?联动试车”费如何计量?
17. 通风、空调、制冷脚手架与风管刷油、保温定额脚手架费用是否分别计取?怎样计取?
18. 制冷设备和附属设备安装定额中包括地脚螺栓孔灌浆以及设备底座灌浆否?若发生时,如何计量?

第九章　工程量清单编制与报价案例

第一节　工程量清单编制案例

一、工程量清单计价模式下工程量的计算

根据《计价规范》，工程量清单计价模式下的分部分项工程量计算规则大多与定额计价模式下的工程量计算规则相同，仅有极少数的清单项目计算规则与定额计算规则不同，毕竟清单项目的工程量所反映的是实体项目的净量，而不是实际发生量。至于这两者计算规则的详细区别，著者已在第五章工程量清单计价中做了较为深入的阐述，本处就不再赘述了。这里值得注意的是，在本工程案例中，平整场地、挖基础土方、C30 雨篷板的清单项目计算规则与定额计价的计算规则有所不同，其他清单项目计算规则基本上与定额计算规则相一致。平整场地、挖基础土方、C30 雨篷板清单项目工程量的计算过程如表 9-1 所示。

平整场地、挖基础土方、雨篷清单项目工程量计算表　　表 9-1

序号	分项工程名称	单位	数量	计　算　式
1	平整场地	m^2	760.75	平整场地清单项目计算规则为：按设计图示尺寸以建筑物首层面积计算，而定额计算规则规定平整场地工程量按建筑物外墙外边线每边各加 2m，以平方米计算。 故：$S_{平场}=S_{首层建筑面积}=760.75\ m^2$
2	挖基础土方	m^3	1420.46	根据《计价规范》，挖基础土方的计算规则：按设计图示尺寸以基础垫层底面积乘以挖土深度计算；不需要考虑工作面或者放坡。 $S_{垫层}=1.6\times15.2+3\times2.0\times15.2+2.3\times(12+1.6+0.85)+1.6\times(12+1.6-0.85)+2\times2.0\times27.2+1.6\times27.2+(1.6+2.0\times2)\times(42.6+3.2-2\times1.6-5\times2.0-2.3)+(1.6+2.0)\times(18+3.2-2\times1.6-2\times2.0)+(0.25+0.2)\times10.6=546.33\ (m^2)$。 $V_{挖基础土方}=S_{垫层}\times H_{挖土深度}=546.33(m^2)\times(2.9-0.3)(m)$ $=546.33\times2.6=1420.46\ (m^3)$
3	C30 雨篷	m^3	2.29	雨篷清单项目计算规则：按设计图示尺寸以墙外部分体积计算。包括伸出墙外的牛腿和雨篷反挑檐的体积。而定额计算规则规定雨篷按伸出外墙的水平投影面积体积计算，雨篷的反边按其高乘长，并入雨篷水平投影面积计算。 YP−1：$1.5\times3.65\times0.15+0.25\times0.1\times[3.65+2\times(1.5-0.1)]=0.98\ (m^3)$ YP−2：$4.8\times1.5\times0.15+0.25\times0.1\times[(4.8+2\times0.45)+(1.5-0.1)+(2.25-0.1)]=1.31\ (m^3)$ 合计：$2.29m^3$

二、编制分部分项工程量清单、措施项目清单、其他项目清单、零星工作项目表

业主根据《计价规范》、施工图纸、施工现场实际情况给出封面（见表9-2）、填表须知（见表9-3）、总说明（见表9-4）、分部分项工程量清单（见表9-5）、措施项目清单（见表9-6）、其他项目清单（见表9-7）、零星工作项目清单（见表9-8）。

封　　面　　　　**表9-2**

______________________工程 工　程　量　清　单 招　标　人：______________________（单位签字盖章） 法定代表人：______________________（签字盖章） 中 介 机 构 法定代表人：______________________（签字盖章） 造价工程师 及注册编号：______________________（签字盖执业专用章） 编 制 时 间：_____年_____月____日_____

填　表　须　知　　　　**表9-3**

填　表　须　知 1. 工程量清单及其计价格式所有要求签字、盖章的地方，必须由规定的单位和人员签字、盖章。 2. 工程量清单及其计价格式中的任何内容不得随意删除或涂改。 3. 工程量清单计价格式中列明的所有需要填报的单价和合价，投标人均应填报，未填报的单价和合价，视为此项费用已包含在工程量清单的其他单价和合价中。 4. 金额（价格）均应以人民币表示。

总　　说　　明　　　　**表9-4**

工程名称：重庆市××厂×综合楼（建筑、装饰工程）

1. 工程概况：本工程为重庆市××厂×综合楼，总建筑面积为1521.5m²，结构类型为全现浇框架结构，地上两层，首层主要为车间用房，二层主要为开敞办公用房。室外标高－0.3m，檐口高度为7.0m，首层层高4.0m，二层层高3.0m。工程位于重庆市××区，交通运输便捷，运输工程材料可直接从城市主干道进入到施工现场内的临时道路。 2. 工程招标和分包范围：地基与基础工程、主体结构工程、屋面工程、楼地面工程、装饰工程等发包给具有相应资质的建筑公司承担，给排水工程、暖通工程、电气工程等则由专业施工队来施工。 3. 工程量清单编制依据：本工程依据《建设工程工程量清单计价规范》及施工图纸计算工程量。 4. 工程质量、材料、施工等特殊要求：在达到各项验收标准的前提下，必须确保本工程质量合格。 5. 招标人自行采购材料的名称、规格型号、数量等：三大主材（钢材、水泥、锯材）。 6. 预留金、自行采购材料的金额数量：本工程在考虑物价上涨等风险因素的情况下，由招标人事先提取20000元的预留金，以防万一。 7. 其他：其他在实际施工过程中发生的项目，且在业主提供的工程量清单中未予以考虑，经发包人与承包人双方协商确定这部分按实发生的费用。

分部分项工程量清单　　**表 9-5**

工程名称：重庆市××厂××综合楼（建筑、装饰工程）

序号	项目编码	项　目　名　称	计量单位	工程数量
		A.1　土石方工程		
1	010101001001	平整场地 1. 土质类别：三类土质 2. 弃土运距：100m 3. 取土运距：100m	m^2	760.75
2	010101003001	挖基础土方 1. 土质类别：三类土质 2. 基础类型：带形基础 3. 垫层底宽：1.6～2.3m 4. 挖土深度：0.5m、2.1m、2.6m 5. 弃土运距：100m	m^3	1420.46
3	010103001001	土方回填 1. 土质要求：天然黄土 2. 密实度要求：0.9 3. 夯填（碾压）：夯填	m^3	1537.77
		A.2　砌筑工程		
4	010302004001	填充墙 1. 砌块品种、规格：加气混凝土砌块 2. 墙体类型：填充墙 3. 墙体厚度：外墙 250，内墙 200 4. 勾缝要求：砂浆勾缝 5. 砂浆强度等级、配合比：M7.5 混合砂浆	m^3	178.74
5	010302004002	填充墙 1. 砖品种、规格、强度等级：MU15 蒸压灰砂砖 2. 墙体类型：填充墙 3. 墙体厚度：250 4. 勾缝要求：砂浆勾缝 5. 砂浆强度等级、配合比：M10 水泥砂浆	m^3	8.79
6	010302004003	填充墙 1. 砖品种、规格、强度等级：240×115×53 MU10 页岩砖 2. 墙体类型：填充墙 3. 墙体厚度：115mm 4. 勾缝要求：砂浆勾缝 5. 砂浆强度等级、配合比：M7.5 混合砂浆	m^3	7.56
		A.4　混凝土及钢筋混凝土工程		
7	010401001001	带形基础 1. 垫层材料种类、厚度：C15 混凝土垫层厚 100 2. 混凝土强度等级：C25 3. 混凝土拌合料要求：特细砂低塑混凝土、碎石粒径 5～20	m^3	305.50
8	010401002001	独立基础 1. 垫层材料种类、厚度：C15 混凝土垫层厚 100 2. 混凝土强度等级：C25 3. 混凝土拌合料要求：特细砂低塑混凝土、碎石粒径 5～20	m^3	46.49
9	010402001001	矩形框架柱 1. 柱高度：8.8m 2. 柱的截面尺寸：500mm×500mm、600mm×600mm 3. 混凝土强度等级：C30 4. 混凝土拌合料要求：特细砂低塑混凝土、碎石粒 5～40	m^3	99.18

续表

序号	项目编码	项目名称	计量单位	工程数量
10	010402001002	矩形构造柱 1. 柱高度：2.88m、3.88m 2. 柱的截面尺寸：200mm×300mm、250mm×300mm 3. 混凝土强度等级：C25 4. 混凝土拌合料特殊要求：特细砂低塑混凝土、碎石粒径5～20	m^3	22.92
11	010403005001	过梁 1. 梁底标高：0.9～3.3m 2. 梁截面：200mm×240mm、250mm×240mm 3. 混凝土强度等级：C25 4. 混凝土拌合料特殊要求：特细砂低塑混凝土、碎石粒径5～20	m^3	10.83
12	010405001001	有梁板 1. 板底标高：3.88m、6.88mm 2. 板厚度：120mm 3. 混凝土强度等级：C30 4. 混凝土拌合料要求：特细砂低塑混凝土、碎石粒径5～40	m^3	287.38
13	010405007001	挑檐板 1. 混凝土强度等级：C30 2. 混凝土拌合料要求：特细砂低塑混凝土、碎石粒径5～40	m^3	13.29
14	010405008001	雨篷板 1. 混凝土强度等级：C30 2. 混凝土拌合料要求：特细砂低塑混凝土、碎石粒径5～40	m^3	2.29
15	010406001001	直形楼梯 1. 混凝土强度等级：C30 2. 混凝土拌合料要求：特细砂低塑混凝土、碎石粒径5～40	m^2	35.02
16	010407001001	其他构件（台阶） 1. 构件的类型：一层入口处混凝土台阶 2. 构件规格：台阶一级宽 b=300mm，二级宽 b=1500mm，每级高 h=150mm 3. 混凝土强度等级：C25 4. 混凝土拌合料要求：特细砂低塑混凝土、碎石粒径5～20	m^2	9.72
17	010407002001	散水 1. 垫层材料种类、厚度：150，5～40碎石，M2.5混合砂浆 2. 面层厚度：50mm厚C20细石混凝土面层，撒1∶1水泥砂子压实赶光 3. 混凝土强度等级：C20 4. 混凝土拌合料要求：特细砂低塑混凝土、碎石粒径5～40 5. 填塞材料种类：1∶1沥青砂浆 6. 散水宽度、坡度：800mm、i=4%	m^2	103.32
18	010407002002	坡道 1. 垫层材料种类、厚度：150，5～40碎石，M2.5混合砂浆 2. 面层厚度：60mm厚混凝土面层 3. 混凝土强度等级：C25 4. 混凝土拌合料要求：特细砂低塑混凝土、碎石粒径5～40	m^2	5.48
19	010416001001	现浇混凝土钢筋 钢筋种类、规格：HPB235（Ⅰ级圆钢）ϕ10以内	t	16.825

续表

序号	项目编码	项目名称	计量单位	工程数量
20	010416001002	现浇混凝土钢筋 钢筋种类、规格：HRB335（Ⅱ级）螺纹钢 ϕ10 以上	t	18.436
		A.7　屋面及防水工程		
21	010702001001	屋面卷材防水 1. 找平层：20mm 厚 1∶3 水泥砂浆找平 2. 卷材品种、规格：SBS 改性沥青卷材 3. 保护层：20 厚 1∶2.5 水泥砂浆保护层 4. 嵌缝材料种类：油膏嵌缝	m^2	870.22
22	010703002001	涂膜防水 1. 卷材、涂膜品种：高分子涂料 2. 找平层：25mm 厚 1∶3 水泥砂浆找平层 3. 涂膜厚、遍数、增强材料种类：高分子涂料二布六涂 4. 防水部位：卫生间地面、墙面（高 1.8m） 5. 防护材料种类：20mm 厚 1∶2.5 水泥砂浆保护层	m^2	279.02
23	010703003001	砂浆防潮层 1. 防水（潮）部位：－0.06m 2. 防水（潮）厚度、层数：三层水泥砂浆防潮层，防水剂厚度 30mm 3. 砂浆配合比：1∶2.5 水泥砂浆 4. 外加剂材料种类：掺 5%防水剂	m^2	41.37
24	010703004001	变形缝 1. 变形缝部位：屋面 2. 嵌缝材料种类：建筑油膏 3. 止水带材料种类：氯丁橡胶片止水带 4. 盖板材料：24 号镀锌铁皮盖面	m	14.80
25	010703004002	变形缝 1. 变形缝部位：墙体 2. 嵌缝材料种类：沥青麻丝 3. 止水带材料种类：氯丁橡胶片止水带 4. 盖板材料：镀锌铁皮盖面	m	36.00
		A.8　防腐、隔热、保温工程		
26	010803001001	保温隔热屋面 1. 保温隔热部位：屋面 2. 保温隔热方式：内保温 3. 保温隔热材料品种、规格：150 厚水泥珍珠岩块	m^2	870.22
		B.1　楼地面工程		
27	020101001001	水泥砂浆楼地面 1. 垫层材料种类、厚度：100mm 厚 C10 混凝土垫层 2. 找平层厚度、砂浆配合比：水泥砂浆（中砂）1∶2.5 厚度 20mm 3. 面层厚度、砂浆配合比：120mmC20 厚混凝土面层	m^2	552.14
28	020102002001	块料楼地面 1. 垫层材料种类、厚度：100mmC10 混凝土垫层 2. 找平层厚度、砂浆配合比：水泥砂浆（中砂）1∶2.5 厚度 20mm 3. 粘合层厚度、砂浆配合比：20mm 厚 1∶2.5 干硬性水泥砂浆粘合层，上洒 1～2mm 干水泥并洒清水适量 4. 面层材料品种、规格：普通地砖 5. 勾缝材料种类：水泥浆擦缝	m^2	153.39

续表

序号	项目编码	项 目 名 称	计量单位	工程数量
29	020102002002	块料楼地面 1. 结合层：水泥砂浆结合层一道，水灰比 0.4～0.5 2. 找平层厚度、砂浆配合比：水泥砂浆（中砂）1∶2.5 厚度 20mm 3. 粘合层厚度、砂浆配合比：20mm 厚 1∶2.5 干硬性水泥砂浆粘合层，上洒 1～2mm 厚干水泥并洒清水适量 4. 面层材料品种、规格：普通地砖 5. 勾缝材料种类：水泥浆擦缝	m²	670.51
30	020105003001	块料踢脚线 1. 踢脚线高度：100mm 2. 底层厚度、砂浆配合比：20mm 厚 1∶2 水泥砂浆 3. 粘贴层厚度、材料种类：4mm 厚纯水泥浆粘贴层（等级 32.5 水泥中掺 20%白乳胶） 4. 面层品种、规格：缸砖 5. 勾缝材料：水泥浆擦缝	m²	48.48
31	020106002001	块料楼梯面层 1. 结合层：水泥砂浆结合层一道，水灰比 0.4～0.5 2. 找平层厚度、砂浆配合比：25mm 厚 1∶2.5 水泥砂浆找平 3. 粘合层厚度、砂浆配合比：20mm 厚 1∶2.5 干硬性水泥砂浆粘合层，上洒 1～2mm 干水泥并洒清水适量 4. 面层材料品种、规格、品牌、颜色：普通地砖 5. 防滑条材料种类、规格：缸砖防滑条 65mm 6. 勾缝材料种类：水泥浆勾缝	m²	35.02
32	020107001001	金属扶手带栏杆、栏板 1. 扶手材料品种、规格：100×60 方钢管 2. 栏杆材料品种、规格：竖条式不绣钢管栏杆 3. 使用部位：靠墙护窗处	m	7.20
33	020107002001	硬木扶手带栏杆、栏板 1. 扶手材料品种、规格：硬木扶手直形 100×60 2. 栏杆材料品种、规格：竖条式不绣钢管栏杆 3. 弯头材料品种、规格：硬木弯头 100×60	m	18.79
34	020108002001	块料台阶面 1. 结合层：水泥砂浆结合层一道，水灰比 0.4～0.5 2. 面层材料品种、规格：普通地砖 3. 勾缝材料种类：水泥浆擦缝	m²	9.72
		B.2　墙、柱面工程		
35	020201001001	内墙面一般抹灰 1. 墙体类型：加气混凝土砌块填充墙 2. 底层厚度、砂浆配合比：9mm 厚 1∶1∶6 水泥石灰砂浆打底扫毛 3. 中层厚度、砂浆配合比：7mm 厚 1∶1∶6 水泥石灰砂浆中层 4. 面层厚度、砂浆配合比：5mm 厚 1∶0.3∶2.5 水泥石灰砂浆罩面压光	m²	1601.44

续表

序号	项目编码	项 目 名 称	计量单位	工程数量
36	020202001001	柱面一般抹灰 1. 柱体类型：矩形框架柱 2. 底层厚度、砂浆配合比：9mm 厚 1：1：6 水泥石灰砂浆打底扫毛 3. 中层厚度、砂浆配合比：7mm 厚 1：1：6 水泥石灰砂浆中层 4. 面层厚度、砂浆配合比：5mm 厚 1：0.3：2.5 水泥石灰砂浆罩面压光	m^2	199.24
37	020204003001	块料墙面（卫生间墙裙） 1. 墙体类型：加气混凝土砌块填充墙 2. 墙裙高度：1.8m 3. 底层厚度、砂浆配合比：10mm 厚 1：3 水泥砂浆打底扫毛 4. 中层厚度、砂浆配合比：8mm 厚 1：0.15：2 水泥石灰砂浆粘结层（加建筑胶适量） 5. 面层厚度、砂浆配合比：5mm 厚白瓷砖，白水泥擦缝	m^2	199.44
38	020209001001	隔断 1. 骨架材料种类、规格：木龙骨基层 2. 隔板使用部位：浴厕隔断	m^2	79.77
		B.3 顶棚工程		
39	020301001001	顶棚抹灰 1. 基层类型：C30 钢筋混凝土 2. 抹灰厚度、材料种类：水泥砂浆抹灰 3. 装饰线条道数：三道线以内 4. 砂浆配合比：1：2.5	m^2	1412.01
		B.4 门窗工程		
40	020401001001	镶板木门 1. 门类型：全板镶板木门 M1、M2、M5 2. 框截面尺寸：900×2100、2100×2700、800×2100 3. 骨架材料种类：硬木 4. 面层材料品种：实心硬木板 5. 油漆品种、刷漆遍数：刷油性调和漆二遍	m^2	50.82
41	020402005001	塑钢门 1. 门类型：塑钢门（全板）不带亮 M3、M4 2. 框外围尺寸：3600×3300、2400×3300	m^2	19.80
42	020406007001	塑钢窗 1. 窗类型：塑钢窗（单层）C1515、C1509、C1521、C4221 2. 框外围尺寸：1500×1500、1500×900、1500×2100、4200×2100	m^2	230.13
		B.5 油漆、涂料、裱糊工程		
43	020501001001	门油漆 1. 门类型：全板镶板木门 2. 调和漆遍数：二遍 3. 油漆种类、遍数：磁漆二遍	m^2	101.64

续表

序号	项目编码	项 目 名 称	计量单位	工程数量
44	020503001001	木扶手油漆 1. 扶手种类：硬木扶手 2. 调和漆遍数：二遍 3. 油漆种类、遍数：磁漆二遍	m	18.79
45	020507001001	刷喷涂料 1. 基层类型：加气混凝土砌块外墙 2. 涂料品种：外墙 JH801 涂料	m^2	969.30
		B.6　其他工程		
46	020603001001	洗漱台 1. 材料品种、规格：大理石洗漱台 2. 支架、配件品种：大理石板、角钢固定	m^2	10.64
47	B1	拖布池	个	6
48	B2	屋面上人孔	个	1

措施项目清单　　**表 9-6**

工程名称：重庆市××厂××综合楼（建筑、装饰工程）

序　号	项　目　名　称
1	环境保护
2	临时设施
3	夜间施工
4	二次搬运
5	大型机械设备进出场及安拆
6	混凝土、钢筋混凝土模板及支架
7	脚手架
8	运输密闭费
9	垂直运输机械

其他项目清单　　**表 9-7**

工程名称：重庆市××厂××综合楼（建筑、装饰工程）

序　号	项　目　名　称
1 1.1 1.2	招标人部分 预留金 材料购置费
2 2.1 2.2	投标人部分 总承包服务费 零星工作项目费

零星工作项目表　　**表 9-8**

工程名称：重庆市××厂××综合楼（建筑、装饰工程）

序号	名　称	计量单位	数　量
1	人工		
1.1	普工	工日	60
1.2	技工	工日	25
2	材料		
2.1	散装水泥	kg	1000.00
3	机械		
3.1	柴油机	台班	5

第二节　土建工程量清单报价案例

一、编制依据

本工程根据招标文书和工程概况，编制依据如下：

1.《建设工程工程量清单计价规范》(GB 50500—2003)（2003 年）；

2.《重庆市建筑工程消耗量定额》(2003 年)、《重庆市装饰工程消耗量定额》(2003 年)、《重庆市施工机械台班定额混凝土及砂浆配合比表》(2003 年)；

3.《重庆市建筑、装饰、市政工程消耗量定额综合单价》(2003 年)；

4. 重庆市 2005 年 1 季度主城区建筑材料市场平均价格；

5.《西南地区建筑标准设计通用图——西南 03J201—1、西南 04J312、西南 04J412、西南 04J517、西南 05G701》(2005 年)；

6.《混凝土结构施工图平面整体表示方法制图规则和构造详图 03G101－1》(2003 年)；

7. 重庆市现行工程造价计算的有关规定及配套取费标准；

8. 重庆市××厂××综合楼工程建筑、结构施工图纸，以及现场地质勘察资料。

二、编制说明

1. 本工程量清单投标报价案例中综合单价是按照综合单价法计算得出。管理费、利润以人工费＋材料费＋机械费（直接费）为计费基础时，取费费率分别为 11.61%、8.50%。

2. 本案例措施项目清单计价表中“运输密闭费”按照渝建［2004］91 号文件的规定计取，即以土石方工程量为计算基础，按 0.8 元/m^3 计取。安全文明施工专项费用不列入措施项目清单，按渝建［2004］265 号文件的规定计取，即单列“安全文明施工专项费用”于“单项工程费汇总表”的“税金”项前，并以建筑面积为计算基础，按 5.5 元/m^2 计取。

3. 单位工程费汇总表中规费按 3.00%、税金按 3.56%计取。

4. 本工程的垂直运输设备采用卷扬机；基础开挖采用人工挖土方，按支挡土板的方式施工，人工运土的运距为 100m 内，土壤类别为三类土。

5. 本工程木门窗为预制厂加工制作，汽车运输，运距为1km以内。塑钢门、塑钢窗均由厂商直接将成品运至现场，并由专业作业队进行安装。搭设安全网，垂直封闭施工。

三、工程量清单报价案例

投标人根据业主提供的工程量清单、施工图纸及施工现场实际情况，参照地方建设主管部门颁发的消耗量定额，按照招标文件的规定，并结合企业自身的实力进行分部分项工程量清单、措施项目清单、其他项目清单的报价。计算和确定完成工程量清单中所列项目的全部费用。本工程案例中，投标人按照工程量清单计价格式，分别编制填写封面见表9-9、投标总价见表9-10、工程项目总价表见表9-11、单项工程费汇总表见表9-12、单位工程费汇总表见表9-13、分部分项工程量清单计价表见表9-14、措施项目清单计价表见表9-15、其他项目清单计价表见表9-16、零星工作项目计价表见表9-17，分部分项工程量清单综合单价分析表见表9-18、措施项目费分析表见表9-19、主要材料价格表见表9-20。

封　面　　**表9-9**

重庆市××厂××综合楼　工程

工程量清单报价表

投　标　人：重庆市××区××厂　（单位签字盖章）

法定代表人：×××　（签字盖章）

造价工程师

及注册编号：×××　（签字盖执业专用章）

编 制 时 间：××年××月××日

投 标 总 价　　**表9-10**

建设单位：重庆市××区××厂

工程名称：重庆市××厂××综合楼

投标总价(小写)：1659001.37元

(大写)：壹佰陆拾伍万玖仟零佰零拾壹元叁角柒分

投　标　人：×××　（单位签字盖章）

法定代表人：×××　（签字盖章）

编 制 时 间：××年××月××日

工程项目总价表　　　　**表 9-11**

工程名称：重庆市××厂××综合楼（建筑、装饰工程）

序　号	单项工程名称	金额（元）
1	重庆市××厂××综合楼	1659001.37
	合　计	1659001.37

单项工程费汇总表　　　　**表 9-12**

工程名称：重庆市××厂××综合楼（建筑、装饰工程）

序　号	单位工程名称	金　额（元）
1	建筑、装饰工程	1659001.37
2	安装工程	不属于报价范围
	合　计	1659001.37

单位工程费汇总表　　　　**表 9-13**

工程名称：重庆市××厂××综合楼（建筑、装饰工程）

序　号	分部工程项目名称	金　额（元）
1	分部分项工程量清单计价合计	1278205.01
1.1	第一章　土石方工程	83161.88
1.2	第三章　砌筑工程	50834.13
1.3	第四章　混凝土及钢筋混凝土工程	778982.84
1.4	第七章　屋面及防水工程	70948.32
1.5	第八章　防腐、隔热、保温工程	52404.65
1.6	第一章　楼地面工程	116688.04
1.7	第二章　墙、柱面工程	50167.30
1.8	第三章　顶棚工程	11437.28
1.9	第四章　门窗工程	43499.83
1.10	第五章　油漆、涂料、裱糊工程	15084.96
1.11	第六章　其他工程	4995.78
2	措施项目清单计价合计	245238.58
3	其他项目清单计价合计	23500.00
4	安全文明施工专项费用［建筑面积×5.5元/m²（100.000％）］	8368.25
5	规费［（1+2+3+4）×规定费率（3.000％）］	46659.36
6	税金［（1+2+3+4+5）×规定费率（3.560％）］	57030.17
	合计（结转至单项工程费汇总表）	1659001.37

分部分项工程量清单计价表 **表 9-14**

工程名称：重庆市××厂××综合楼（建筑、装饰工程）

序号	项目编码	项目名称	计量单位	工程数量	金额（元）	
					综合单价	合价
		A.1 土石方工程				
1	010101001001	平整场地 1. 土类别：三类土 2. 弃土运距：100m 3. 取土运距：100m	m^2	760.75	1.60	1217.20
2	010101003001	挖基础土方 1. 土类别：三类土 2. 基础类型：带形基础 3. 垫层底宽：1.6～2.3m 4. 挖土深度：0.5m、2.1m、2.6m 5. 弃土运距：100m	m^3	1420.46	42.16	59886.59
3	010103001001	土方回填 1. 土质要求：天然黄土 2. 密实度要求：0.9 3. 夯填（碾压）：夯填	m^3	1537.77	14.41	22159.27
		A.3 砌筑工程				
4	010302004001	填充墙 1. 砌块品种、规格：加气混凝土砌块 2. 墙体类型：填充墙 3. 墙体厚度：外墙 250，内墙 200 4. 勾缝要求：砂浆勾缝 5. 砂浆强度等级配合比：M7.5 混合砂浆	m^3	178.74	263.67	47128.38
5	010302004002	填充墙 1. 砖品种、规格、强度等级：MU15 蒸压灰砂砖 2. 墙体类型：填充墙 3. 墙体厚度：250 4. 勾缝要求：砂浆勾缝 5. 砂浆强度等级、配合比：M10 水泥砂浆	m^3	8.79	225.07	1978.37
6	010302004003	填充墙 1. 砖品种、规格、强度等级：240×115× 53 MU10 页岩砖 2. 墙体类型：填充墙 3. 墙体厚度：115mm 4. 勾缝要求：砂浆勾缝 5. 砂浆强度等级、配合比：M7.5 混合砂浆	m^3	7.56	228.49	1727.38

续表

序号	项目编码	项目名称	计量单位	工程数量	金额（元）	
					综合单价	合价
		A.4　混凝土及钢筋混凝土工程				
7	010401001001	带形基础 1. 垫层材料种类、厚度：C15 混凝土垫层厚 100 2. 混凝土强度等级：C25 3. 混凝土拌合料要求：特细砂低塑混凝土、碎石粒径 5～20	m^3	305.50	57.54	17578.47
8	010401002001	独立基础 1. 垫层材料种类、厚度：C15 混凝土垫层厚 100 2. 混凝土强度等级：C25 3. 混凝土拌合料要求：特细砂低塑混凝土、碎石粒径 5～20	m^3	46.49	63.30	2942.82
9	010402001001	矩形框架柱 1. 柱高度：8.8m 2. 柱的截面尺寸：500mm×500mm、600mm×600mm 3. 混凝土强度等级：C30 4. 混凝土拌合料特殊要求：特细砂低塑混凝土、碎石粒径 5～40	m^3	99.18	86.32	8561.22
10	010402001002	矩形构造柱 1. 柱高度：2.88m、3.88m 2. 柱的截面尺寸：200mm×300mm、250mm×300mm 3. 混凝土强度等级：C25 4. 混凝土拌合料特殊要求：特细砂低塑混凝土、碎石粒径 5～20	m^3	22.92	83.35	1910.38
11	010403005001	过梁 1. 梁底标高：0.9～3.3m 2. 梁截面：200mm×240mm、250mm×240mm 3. 混凝土强度等级：C25 4. 混凝土拌合料特殊要求：特细砂低塑混凝土、碎石粒径 5～20	m^3	10.83	338.43	3665.20
12	010405001001	有梁板 1. 板底标高：3.88m、6.88mm 2. 板厚度：120mm 3. 混凝土强度等级：C30 4. 混凝土拌合料要求：特细砂低塑混凝土、碎石粒径 5～40	m^3	287.38	307.79	88452.69

续表

序号	项目编码	项目名称	计量单位	工程数量	金额（元）	
					综合单价	合价
13	010405007001	挑檐板 1. 混凝土强度等级：C30 2. 混凝土拌合料要求：特细砂低塑混凝土、碎石粒径5～40	m^3	13.29	351.25	4668.11
14	010405008001	雨篷板 1. 混凝土强度等级：C30 2. 混凝土拌合料要求：特细砂低塑混凝土、碎石粒径5～40	m^3	2.29	84.16	192.73
15	010406001001	直形楼梯 1. 混凝土强度等级：C30 2. 混凝土拌合料要求：特细砂低塑混凝土、碎石粒径5～40	m^2	35.02	52.93	1853.61
16	010407001001	其他构件（台阶） 1. 构件的类型：一层入口处混凝土台阶 2. 构件规格：台阶一级宽 $b=300$mm，二级宽 $b=1500$mm，每级高 $h=150$mm 3. 混凝土强度等级：C25 4. 混凝土拌合料要求：特细砂低塑混凝土、碎石粒径5～20	m^2	9.72	20.50	199.26
17	010407002001	散水 1. 垫层材料种类、厚度：150厚5～40碎石灌M2.5混合砂浆 2. 面层厚度：50mm厚C20细石混凝土面层，撒1∶1水泥砂子压实赶光 3. 混凝土强度等级：C20 4. 混凝土拌合料要求：特细砂低塑混凝土、碎石粒径5～40 5. 填塞材料种类：1∶1沥青砂浆 6. 散水宽度、坡度：800mm、$i=4\%$	m^2	103.32	29.84	3083.07
18	010407002002	坡道 1. 垫层材料种类、厚度：150厚5～40、碎石灌M2.5混合砂浆 2. 面层厚度：60mm厚混凝土面层 3. 混凝土强度等级：C25 4. 混凝土拌合料要求：特细砂低塑混凝土、碎石粒径5～40	m^2	5.48	26.72	146.43
19	010416001001	现浇混凝土钢筋 钢筋种类、规格：HPB235（Ⅰ级圆钢）ϕ10以内	t	16.825	12837.90	215997.67

续表

序号	项目编码	项目名称	计量单位	工程数量	金额（元）	
					综合单价	合价
20	010416001002	现浇混凝土钢筋 钢筋种类、规格：HRB335（Ⅱ级）螺纹钢 ϕ10 以上	t	18.436	23309.35	429731.18
		A.7　屋面及防水工程				
21	010702001001	屋面卷材防水 1. 找平层：20mm 厚 1∶3 水泥砂浆找平 2. 卷材品种、规格：SBS 改性沥青卷材 3. 保护层：20 厚 1∶2.5 水泥砂浆保护层 4. 嵌缝材料种类：油膏嵌缝	m²	870.22	59.62	51882.52
22	010703002001	涂膜防水 1. 卷材、涂膜品种：高分子涂料 2. 找平层：25mm 厚 1∶3 水泥砂浆找平层 3. 涂膜厚、遍数、增强材料种类：高分子涂料二布六涂 4. 防水部位：卫生间地面、墙面（高 1.8m） 5. 防护材料种类：20mm 厚 1∶2.5 水泥砂浆保护层	m²	279.02	57.15	15945.99
23	010703003001	砂浆防潮层 1. 防水（潮）部位：－0.06m 2. 防水（潮）厚度、层数：三层水泥砂浆防潮层，防水剂厚度 30mm 3. 砂浆配合比：1∶2.5 水泥砂浆 4. 外加剂材料种类：掺 5%防水剂	m²	41.37	8.49	351.23
24	010703004001	变形缝 1. 变形缝部位：屋面 2. 嵌缝材料种类：建筑油膏 3. 止水带材料种类：氯丁橡胶片止水带 4. 盖板材料：24 号镀锌铁皮盖面	m	14.80	43.48	643.50
25	010703004002	变形缝 1. 变形缝部位：墙体 2. 嵌缝材料种类：沥青麻丝 3. 止水带材料种类：氯丁橡胶片止水带 4. 盖板材料：镀锌铁皮盖面	m	36.00	59.03	2125.08
		A.8　防腐、隔热、保温工程				
26	010803001001	保温隔热屋面 1. 保温隔热部位：屋面 2. 保温隔热方式：内保温 3. 保温隔热材料品种、规格：150 厚水泥珍珠岩块	m²	870.22	60.22	52404.65

续表

序号	项目编码	项目名称	计量单位	工程数量	金额（元）	
					综合单价	合价
		B.1　楼地面工程				
27	020101001001	水泥砂浆楼地面 1. 垫层材料种类、厚度：100mm厚C10混凝土垫层 2. 找平层厚度、砂浆配合比：水泥砂浆（中砂）1∶2.5厚度20mm 3. 面层厚度、砂浆配合比：120mmC20厚混凝土面层	m²	552.14	29.42	16243.96
28	020102002001	块料楼地面 1. 垫层材料种类、厚度：100mmC10混凝土垫层 2. 找平层厚度、砂浆配合比：水泥砂浆（中砂）1∶2.5厚度20mm 3. 粘合层厚度、砂浆配合比：20mm厚1∶2.5干硬性水泥砂浆粘合层，上洒1～2mm干水泥并洒清水适量 4. 面层材料品种、规格：普通地砖 5. 勾缝材料种类：水泥浆擦缝	m²	153.39	77.88	11946.01
29	020102002002	块料楼地面 1. 结合层：水泥砂浆结合层一道，水灰比0.4～0.5 2. 找平层厚度、砂浆配合比：水泥砂浆（中砂）1∶2.5厚度20mm 3. 粘合层厚度、砂浆配合比：20mm厚1∶2.5干硬性水泥砂浆粘合层，上洒1～2mm厚干水泥并洒清水适量 4. 面层材料品种、规格：普通地砖 5. 勾缝材料种类：水泥浆擦缝	m²	670.51	71.60	48008.52
30	020105003001	块料踢脚线 1. 踢脚线高度：100mm 2. 底层厚度、砂浆配合比：20mm厚1∶2水泥砂浆 3. 粘贴层厚度、材料种类：4mm厚纯水泥浆粘贴层（32.5级水泥中掺20%白乳胶） 4. 面层品种、规格：缸砖 5. 勾缝材料：水泥浆擦缝	m²	48.48	81.08	3930.76
31	020106002001	块料楼梯面层 1. 结合层：水泥砂浆结合层一道，水灰比0.4～0.5 2. 找平层厚度、砂浆配合比：25mm厚1∶2.5水泥砂浆找平 3. 粘合层厚度、砂浆配合比：20mm厚1∶2.5干硬性水泥砂浆粘合层，上洒1～2mm干水泥并洒清水适量 4. 面层材料品种、规格、品牌、颜色：普通地砖 5. 防滑条材料种类、规格：缸砖防滑条65mm 6. 勾缝材料种类：水泥浆勾缝	m²	35.02	105.23	3685.15

续表

序号	项目编码	项目名称	计量单位	工程数量	金额（元）	
					综合单价	合价
32	020107001001	金属扶手带栏杆、栏板 1. 扶手材料品种、规格：100×60 方钢管 2. 栏杆材料品种、规格：竖条式不锈钢管栏杆 3. 使用部位：靠墙护窗处	m	7.20	1978.74	14246.93
33	020107002001	硬木扶手带栏杆、栏板 1. 扶手材料品种、规格：硬木扶手直形 100×60 2. 栏杆材料品种、规格：竖条式不锈钢管栏杆 3. 弯头材料品种、规格：硬木弯头 100×60	m	18.79	935.40	17576.17
34	020108002001	块料台阶面 1. 结合层：水泥砂浆结合层一道，水灰比 0.4～0.5 2. 面层材料品种、规格：普通地砖 3. 勾缝材料种类：水泥浆擦缝	m^2	9.72	108.08	1050.54
		B.2　墙、柱面工程				
35	020201001001	内墙面一般抹灰 1. 墙体类型：加气混凝土砌块填充墙 2. 底层厚度、砂浆配合比：9mm 厚 1∶1∶6 水泥石灰砂浆打底扫毛 3. 中层厚度、砂浆配合比：7mm 厚 1∶1∶6 水泥石灰砂浆中层 4. 面层厚度、砂浆配合比：5mm 厚 1∶0.3∶2.5 水泥石灰砂浆罩面压光	m^2	1601.44	10.19	16318.67
36	020202001001	柱面一般抹灰 1. 柱体类型：矩形框架柱 2. 底层厚度、砂浆配合比：9mm 厚 1∶1∶6 水泥石灰砂浆打底扫毛 3. 中层厚度、砂浆配合比：7mm 厚 1∶1∶6 水泥石灰砂浆中层 4. 面层厚度、砂浆配合比：5mm 厚 1∶0.3∶2.5 水泥石灰砂浆罩面压光	m^2	199.24	10.68	2127.88
37	020204003001	块料墙面（卫生间墙裙） 1. 墙体类型：加气混凝土砌块填充墙 2. 墙裙高度：1.8m 3. 底层厚度、砂浆配合比：10mm 厚 1∶3 水泥砂浆打底扫毛 4. 中层厚度、砂浆配合比：8mm 厚 1∶0.15∶2 水泥石灰砂浆粘结层（加建筑胶适量） 5. 面层厚度、砂浆配合比：5mm 厚白瓷砖，白水泥擦缝	m^2	199.44	120.22	23976.68

续表

序号	项目编码	项 目 名 称	计量单位	工程数量	金 额（元）	
					综合单价	合 价
38	020209001001	隔断 1. 骨架材料种类、规格：木龙骨基层 2. 隔板使用部位：浴厕隔断	m^2	79.77	97.08	7744.07
		B.3　顶棚工程				
39	020301001001	顶棚抹灰 1. 基层类型：C30 钢筋混凝土 2. 抹灰厚度、材料种类：水泥砂浆抹灰 3. 装饰线条道数：三道线以内 4. 砂浆配合比：1∶2.5	m^2	1412.01	8.10	11437.28
		B.4　门窗工程				
40	020401001001	镶板木门 1. 门类型：全板镶板木门 M1、M2、M5 2. 框截面尺寸：900×2100、2100×2700、800×2100 3. 骨架材料种类：硬木 4. 面层材料品种：实心硬木板 5. 油漆品种、刷漆遍数：刷油性调和漆二遍	m^2	50.82	109.46	5562.76
41	020402005001	塑钢门 1. 门类型：塑钢门（全板）不带亮 M3、M4 2. 框外围尺寸：3600×3300、2400×3300	m^2	19.80	158.89	3146.02
42	020406007001	塑钢窗 1. 窗类型：塑钢窗（单层）C1515、C1509、C1521、C4221 2. 框外围尺寸：1500×1500、1500×900、1500×2100、4200×2100	m^2	230.13	151.18	34791.05
		B.5　油漆、涂料、裱糊工程				
43	020501001001	门油漆 1. 门类型：全板镶板木门 2. 调和漆遍数：二遍 3. 油漆种类、遍数：磁漆二遍	m^2	101.64	29.99	3048.18
44	020503001001	木扶手油漆 1. 扶手种类：硬木扶手 2. 调和漆遍数：二遍 3. 油漆种类、遍数：磁漆二遍	m	18.79	4.54	85.31
45	020507001001	刷喷涂料 1. 基层类型：加气混凝土砌块外墙 2. 涂料品种：外墙 JH801 涂料	m^2	969.30	12.33	11951.47

续表

序号	项目编码	项 目 名 称	计量单位	工程数量	金额（元）	
					综合单价	合 价
		B.6 其他工程				
46	020603001001	洗漱台 1. 材料品种、规格：大理石洗漱台 2. 支架、配件品种：大理石板、角钢固定	m^2	10.64	216.48	2303.35
47	B1	拖布池	个	6	351.64	2109.84
48	B2	屋面上人孔	个	1	582.59	582.59
		合 计				1278205.01

措施项目清单计价表 　　**表 9-15**

工程名称：重庆市××厂××综合楼（建筑、装饰工程）

序 号	项 目 名 称	金 额（元）
1	环境保护	5500.00
2	临时设施	25000.00
3	夜间施工	2000.00
4	二次搬运	3500.00
5	大型机械设备进出场及安拆	2000.00
6	混凝土、钢筋混凝土模板及支架	173623.96
7	脚手架	12726.05
8	运输密闭费	250.00
9	垂直运输机械	20638.57
	合 计	245238.58

其他项目清单计价表 　　**表 9-16**

工程名称：重庆市××厂××综合楼（建筑、装饰工程）

序 号	项 目 名 称	金 额（元）
1	招标人部分	
1.1	预留金	10000.00
1.2	材料购置费	5000.00
	小 计	15000.00
2	投标人部分	
2.1	总承包服务费	3500.00
2.2	零星工作费	5000.00
	小 计	8500.00
	合 计	23500.00

零星工作项目计价表　　表 9-17

工程名称：重庆市××厂××综合楼（建筑、装饰工程）

序号	名称	计量单位	数量	金额（元）	
				综合单价	合价
1	人工				
1.1	普工	工日	60	25.00	1500.00
1.2	技工	工日	50	40.00	2000.00
	小计				3500.00
2	材料				
2.1	散装水泥	kg	2000	0.25	500.00
	小计				500.00
3	机械				
3.1	柴油机	台班	10	100.00	1000.00
	小计				1000.00
	合计				5000.00

分部分项工程量清单综合单价分析表　　表 9-18

工程名称：重庆市××厂××综合楼（建筑、装饰工程）

序号	项目编码	项目名称及说明	单位	直接费				管理费		利润		综合单价
				人工费	材料费	机械费	小计	费率（%）	金额	利润率（%）	金额	
1	010101001001	平整场地 1. 土类别：三类土 2. 弃土运距：100m 3. 取土运距：100m	m^2	1.33	0.00	0.00	1.33	11.610	0.15	8.500	0.11	1.60
2	010101003001	挖基础土方 1. 土类别：三类土 2. 基础类型：带形基础 3. 垫层底宽：1.6～2.3m 4. 挖土深度：0.5m、2.1m、2.6m 5. 弃土运距：100m	m^3	31.44	4.40	0.00	35.84	11.610	3.65	8.500	2.67	42.16
3	010103001001	土方回填 1. 土质要求：天然黄土 2. 密实度要求：0.9 3. 夯填（碾压）：夯填	m^3	10.45	0.00	1.86	12.31	11.610	1.21	8.500	0.89	14.41
4	010302004001	填充墙 1. 砌块品种、规格：加气混凝土砌块 2. 墙体类型：填充墙 3. 墙体厚度：外墙250，内墙200 4. 勾缝要求：砂浆勾缝 5. 砂浆强度等级、配合比：M7.5混合砂浆	m^3	27.22	191.53	0.77	219.53	11.610	25.49	8.500	18.66	263.67

续表

序号	项目编码	项目名称及说明	单位	直接费				管理费		利润		综合单价
				人工费	材料费	机械费	小计	费率（%）	金额	利润率（%）	金额	
5	010302004002	填充墙 1. 砖品种、规格、强度等级：MU15 蒸压灰砂砖 2. 墙体类型：填充墙 3. 墙体厚度：250 4. 勾缝要求：砂浆勾缝 5. 砂浆强度等级、配合比：M10 水泥砂浆	m^3	47.61	137.63	2.15	187.38	11.610	21.76	8.500	15.93	225.07
6	010302004003	填充墙 1. 砖品种、规格、强度：240×115×53 MU10 页岩砖 2. 墙体类型：填充墙 3. 墙体厚度：115mm 4. 勾缝要求：砂浆勾缝 5. 砂浆强度等级、配合比：M7.5 混合砂浆	m^3	52.36	136.05	1.82	190.23	11.610	22.09	8.500	16.17	228.49
7	010401001001	带形基础 1. 垫层材料种类、厚度：C15 混凝土垫层厚 100 2. 混凝土强度等级：C25 3. 混凝土拌合料要求：特细砂低塑混凝土、碎石粒径 5～20	m^3	30.55	10.75	6.60	47.90	11.610	5.56	8.500	4.07	57.54
8	010401002001	独立基础 1. 垫层材料种类厚度 C15 混凝土垫层厚 100 2. 混凝土强度等级：C25 3. 混凝土拌合料要求：特细砂低塑混凝土、碎石粒径 5～20	m^3	27.51	17.89	7.30	52.70	11.610	6.12	8.500	4.48	63.30

续表

序号	项目编码	项目名称及说明	单位	直接费				管理费		利润		综合单价
				人工费	材料费	机械费	小计	费率（%）	金额	利润率（%）	金额	
9	010402001001	矩形框架柱 1. 柱高度：8.8m 2. 柱的截面尺寸：500mm×500mm、600mm×600mm 3. 混凝土强度等级：C30 4. 混凝土拌合料特殊要求：特细砂低塑混凝土、碎石粒径 5～40	m^3	56.26	15.60	0.00	71.86	11.610	8.34	8.500	6.11	86.32
10	010402001002	矩形构造柱 1. 柱高度：2.88m、3.88m 2. 柱的截面尺寸：200mm×300mm、250mm×300mm 3. 混凝土强度等级：C25 4. 混凝土拌合料特殊要求：特细砂低塑混凝土、碎石粒径 5～20	m^3	66.61	2.78	0.00	69.40	11.610	8.06	8.500	5.90	83.35
11	010403005001	过梁 1. 梁底标高：0.9～3.3m 2. 梁截面 200mm×240mm、250mm×240mm 3. 混凝土强度等级：C25 4. 混凝土拌合料特殊要求：特细砂低塑混凝土、碎石粒径 5～20	m^3	63.44	210.27	8.05	281.76	11.610	32.71	8.500	23.95	338.43
12	010405001001	有梁板 1. 板底标高：3.88m、6.88mm 2. 板厚度：120mm 3. 混凝土强度等级：C30 4. 混凝土拌合料要求：特细砂低塑混凝土、碎石粒径 5～40	m^3	33.98	210.48	11.80	256.26	11.610	29.75	8.500	21.78	307.79

续表

<table>
<tr><th rowspan="2">序号</th><th rowspan="2">项目编码</th><th rowspan="2">项目名称及说明</th><th rowspan="2">单位</th><th colspan="4">直接费</th><th colspan="2">管理费</th><th colspan="2">利润</th><th rowspan="2">综合单价</th></tr>
<tr><th>人工费</th><th>材料费</th><th>机械费</th><th>小计</th><th>费率（%）</th><th>金额</th><th>利润率（%）</th><th>金额</th></tr>
<tr><td>13</td><td>010405007001</td><td>挑檐板
1. 混凝土强度等级：C30
2. 混凝土拌合料要求：特细砂低塑混凝土、碎石粒径5～40</td><td>m³</td><td>64.69</td><td>209.03</td><td>18.73</td><td>292.44</td><td>11.610</td><td>33.95</td><td>8.500</td><td>24.86</td><td>351.25</td></tr>
<tr><td>14</td><td>010405008001</td><td>雨篷板
1. 混凝土强度等级：C30
2. 混凝土拌合料要求：特细砂低塑混凝土、碎石粒径5～40</td><td>m³</td><td>49.90</td><td>5.68</td><td>14.49</td><td>70.07</td><td>11.610</td><td>8.14</td><td>8.500</td><td>5.96</td><td>84.16</td></tr>
<tr><td>15</td><td>010406001001</td><td>直形楼梯
1. 混凝土强度等级：C30
2. 混凝土拌合料要求：特细砂低塑混凝土、碎石粒径5～40</td><td>m²</td><td>9.02</td><td>31.87</td><td>3.18</td><td>44.07</td><td>11.610</td><td>5.12</td><td>8.500</td><td>3.75</td><td>52.93</td></tr>
<tr><td>16</td><td>010407001001</td><td>其他构件（台阶）
1. 构件的类型：一层入口处混凝土台阶
2. 构件规格：台阶一级宽 $b=300$mm，二级宽 $b=1500$mm，每级高 $h=150$mm
3. 混凝土强度等级：C25
4. 混凝土拌合料要求：特细砂低塑混凝土、碎石粒径5～20</td><td>m²</td><td>11.15</td><td>1.40</td><td>4.53</td><td>17.07</td><td>11.610</td><td>1.98</td><td>8.500</td><td>1.45</td><td>20.50</td></tr>
<tr><td>17</td><td>010407002001</td><td>散水
1. 垫层材料种类、厚度：150厚5～40碎石灌M2.5混合砂浆
2. 面层厚度：50mm厚C20细石混凝土面层，撒1:1水泥砂子压实赶光
3. 混凝土强度等级：C20
4. 混凝土拌合料要求：特细砂低塑混凝土、碎石粒径5～40
5. 填塞材料种类：1:1沥青砂浆
6. 散水宽度、坡度：800mm、$i=4\%$</td><td>m²</td><td>8.22</td><td>14.95</td><td>1.67</td><td>24.84</td><td>11.610</td><td>2.88</td><td>8.500</td><td>2.11</td><td>29.84</td></tr>
</table>

续表

序号	项目编码	项目名称及说明	单位	直接费				管理费		利润		综合单价
				人工费	材料费	机械费	小计	费率（%）	金额	利润率（%）	金额	
18	010407002002	坡道 1. 垫层材料种类、厚度：150 厚 5～40 碎石灌 M2.5 混合砂浆 2. 面层厚度：60mm 厚混凝土面层 3. 混凝土强度等级：C25 4. 混凝土拌合料要求：特细砂低塑混凝土、碎石粒径 5～40	m²	7.49	12.82	1.94	22.25	11.610	2.58	8.500	1.89	26.72
19	010416001001	现浇混凝土钢筋 钢筋种类、规格：HPB235（Ⅰ级圆钢）ϕ10 以内	t	558.15	9924.27	206.03	10688.45	11.610	1240.93	8.500	908.52	12837.90
20	010416001002	现浇混凝土钢筋 钢筋种类、规格：HRB335（Ⅱ级）螺纹钢 ϕ10 以上	t	1013.41	18019.18	374.08	19406.67	11.610	2253.11	8.500	1649.57	23309.35
21	010702001001	屋面卷材防水 1. 找平层：20mm 厚 1∶3 水泥砂浆找平 2. 卷材品种、规格：SBS 改性沥青卷材 3. 保护层：20 厚 1∶2.5 水泥砂浆保护层 4. 嵌缝材料种类：油膏嵌缝	m²	6.55	42.71	0.37	49.63	11.610	5.76	8.500	4.22	59.62
22	010703002001	涂膜防水 1. 卷材、涂膜品种：高分子涂料 2. 找平层：25mm 厚 1∶3 水泥砂浆找平层 3. 涂膜厚、遍数、增强材料种类：高分子涂料二布六涂 4. 防水部位：卫生间地面、墙面（高 1.8m) 5. 防护材料种类：20mm 厚 1∶2.5 水泥砂浆保护层	m²	6.25	40.90	0.42	47.58	11.610	5.52	8.500	4.04	57.15

续表

序号	项目编码	项目名称及说明	单位	直接费				管理费		利润		综合单价
				人工费	材料费	机械费	小计	费率（%）	金额	利润率（%）	金额	
23	010703003001	砂浆防潮层 1. 防水（潮）部位：−0.06m 2. 防水（潮）厚度、层数：三层水泥砂浆防潮层，防水剂厚度30mm 3. 砂浆配合比：1∶2.5水泥砂浆 4. 外加剂材料种类：掺5%防水剂	m²	2.65	4.23	0.19	7.07	11.610	0.82	8.500	0.60	8.49
24	010703004001	变形缝 1. 变形缝部位：屋面 2. 嵌缝材料种类：建筑油膏 3. 止水带材料种类：氯丁橡胶片止水带 4. 盖板材料：24号镀锌铁皮盖面	m	5.29	30.91	0.00	36.20	11.610	4.20	8.500	3.08	43.48
25	010703004002	变形缝 1. 变形缝部位：墙体 2. 嵌缝材料种类：沥青麻丝 3. 止水带材料种类：氯丁橡胶片止水带 4. 盖板材料：镀锌铁皮盖面	m	6.37	42.78	0.00	49.15	11.610	5.71	8.500	4.18	59.03
26	010803001001	保温隔热屋面 1. 保温隔热部位：屋面 2. 保温隔热方式：内保温 3. 保温隔热材料品种、规格：150厚水泥珍珠岩块	m²	1.99	48.15	0.00	50.14	11.610	5.82	8.500	4.26	60.22
27	020101001001	水泥砂浆楼地面 1. 垫层材料种类、厚度：100mm厚C10混凝土垫层 2. 找平层厚度、砂浆配合比：水泥砂浆（中砂）1∶2.5厚度20mm 3. 面层厚度、砂浆配合比：120mmC20厚混凝土面层	m²	12.74	6.76	4.99	24.49	11.610	2.84	8.500	2.08	29.42

续表

序号	项目编码	项目名称及说明	单位	直接费				管理费		利润		综合单价
				人工费	材料费	机械费	小计	费率（%）	金额	利润率（%）	金额	
28	020102002001	块料楼地面 1. 垫层材料种类、厚度：100mmC10 混凝土垫层 2. 找平层厚度、砂浆配合比：水泥砂浆（中砂）1∶2.5 厚度 20mm 3. 粘合层厚度、砂浆配合比：20mm 厚 1∶2.5干硬性水泥砂浆粘合层，上洒 1～2mm 干水泥并洒清水适量 4. 面层材料品种、规格：普通地砖 5. 勾缝材料种类：水泥浆勾缝	m^2	13.61	48.96	2.27	64.84	11.610	7.53	8.500	5.51	77.88
29	020102002002	块料楼地面 1. 结合层：水泥砂浆结合层一道，水灰比 0.4～0.5 2. 找平层厚度、砂浆配合比：水泥砂浆（中砂）1∶2.5 厚度 20mm 3. 粘合层厚度、砂浆配合比：20mm 厚 1∶2.5干硬性水泥砂浆粘合层，上洒 1～2mm 厚干水泥并洒清水适量 4. 面层材料品种、规格：普通地砖	m^2	10.43	48.81	0.38	59.61	11.610	6.92	8.500	5.07	71.60
30	020105003001	块料踢脚线 1. 踢脚线高度：100mm 2. 底层厚度、砂浆配合比：20mm 厚 1∶2 水泥砂浆 3. 粘贴层厚度、材料种类：4mm 厚纯水泥浆粘贴层（32.5 级水泥中掺 20% 白乳胶） 4. 面层品种、规格：缸砖	m^2	17.16	50.22	0.12	67.50	11.610	7.84	8.500	5.74	81.08

续表

序号	项目编码	项目名称及说明	单位	直接费				管理费		利润		综合单价
				人工费	材料费	机械费	小计	费率（%）	金额	利润率（%）	金额	
31	020106002001	块料楼梯面层 1. 结合层：水泥砂浆结合层一道，水灰比0.4～0.5 2. 找平层厚度、砂浆配合比：25mm厚1∶2.5水泥砂浆找平 3. 粘合层厚度、砂浆配合比：20mm厚1∶2.5干硬性水泥砂浆粘合层，上洒1～2mm干水泥并洒清水适量 4. 面层材料品种、规格、品牌、颜色：普通地砖 5. 防滑条材料种类、规格：缸砖防滑条65mm	m^2	20.11	66.99	0.50	87.61	11.610	10.17	8.500	7.45	105.23
32	020107001001	金属扶手带栏杆、栏板 1. 扶手材料品种、规格：100×60方钢管 2. 栏杆材料品种、规格：竖条式不锈钢管栏杆 3. 使用部位：靠墙护窗处	m	124.71	1487.85	34.88	1647.44	11.610	191.27	8.500	140.03	1978.74
33	020107002001	硬木扶手带栏杆、栏板 1. 扶手材料品种、规格：硬木扶手直形100×60 2. 栏杆材料品种、规格：竖条式不锈钢管栏杆 3. 弯头材料品种、规格：硬木弯头100×60	m	58.38	706.18	14.22	778.79	11.610	90.42	8.500	66.20	935.40
34	020108002001	块料台阶面 1. 结合层：水泥砂浆结合层一道，水灰比0.4～0.5 2. 面层材料品种、规格：普通地砖 3. 勾缝材料种类：水泥浆擦缝	m^2	12.58	77.12	0.28	89.98	11.610	10.45	8.500	7.65	108.08

续表

序号	项目编码	项目名称及说明	单位	直接费				管理费		利润		综合单价
				人工费	材料费	机械费	小计	费率（%）	金额	利润率（%）	金额	
35	020201001001	内墙面一般抹灰 1. 墙体类型：加气混凝土砌块填充墙 2. 底层厚度、砂浆配合比：9mm厚1∶1∶6水泥石灰砂浆打底扫毛 3. 中层厚度、砂浆配合比：7mm厚1∶1∶6水泥石灰砂浆中层 4. 面层厚度、砂浆配合比：5mm厚1∶0.3∶2.5水泥石灰砂浆罩面压光	m^2	4.80	3.46	0.23	8.49	11.610	0.99	8.500	0.72	10.19
36	020202001001	柱面一般抹灰 1. 柱体类型：矩形框架柱 2. 底层厚度、砂浆配合比：9mm厚1∶1∶6水泥石灰砂浆打底扫毛 3. 中层厚度、砂浆配合比：7mm厚1∶1∶6水泥石灰砂浆中层 4. 面层厚度、砂浆配合比：5mm厚1∶0.3∶2.5水泥石灰砂浆罩面压光	m^2	5.38	3.30	0.21	8.89	11.610	1.03	8.500	0.76	10.68
37	020204003001	块料墙面（卫生间墙裙） 1. 墙体类型：加气混凝土砌块填充墙 2. 墙裙高度：1.8m 3. 底层厚度、砂浆配合比：10mm厚1∶3水泥砂浆打底扫毛 4. 中层厚度、砂浆配合比：8mm厚1∶0.15∶2水泥石灰砂浆粘结层（加建筑胶适量） 5. 面层厚度、砂浆配合比：5mm厚白瓷砖，白水泥擦缝	m^2	16.53	83.48	0.08	100.09	11.610	11.62	8.500	8.51	120.22
38	020209001001	隔断 1. 骨架材料种类、规格：木龙骨基层 2. 隔板使用部位：浴厕隔断	m^2	15.49	63.17	2.17	80.83	11.610	9.38	8.500	6.87	97.08

续表

序号	项目编码	项目名称及说明	单位	直接费				管理费		利润		综合单价
				人工费	材料费	机械费	小计	费率（%）	金额	利润率（%）	金额	
39	020301001001	顶棚抹灰 1. 基层类型：C30钢筋混凝土 2. 抹灰厚度、材料种类：水泥砂浆抹灰 3. 装饰线条道数：三道线以内 4. 砂浆配合比：1：2.5	m^2	3.65	2.93	0.17	6.74	11.610	0.78	8.500	0.57	8.10
40	020401001001	镶板木门 1. 门类型：全板镶板木门 M1、M2、M5 2. 框截面尺寸：900×2100、2100×2700、800×2100 3. 骨架材料种类：硬木 4. 面层材料品种：实心硬木板 5. 油漆品种、刷漆遍数：刷油性调和漆二遍	m^2	16.57	70.04	4.53	91.14	11.610	10.58	8.500	7.75	109.46
41	020402005001	塑钢门 1. 门类型：塑钢门不带亮 M3、M4 2. 框外围尺寸：3600×3300、2400×3300	m^2	16.90	115.38	0.00	132.28	11.610	15.36	8.500	11.24	158.89
42	020406007001	塑钢窗 1. 窗类型：塑钢窗（单层）C1515、C1509、C1521、C4221 2. 框外围尺寸：1500×1500、1500×900、1500×2100、4200×2100	m^2	14.56	111.31	0.00	125.87	11.610	14.61	8.500	10.70	151.18
43	020501001001	门油漆 1. 门类型：全板镶板木门 2. 调和漆遍数：二遍 3. 油漆种类、遍数：磁漆二遍	m^2	8.53	16.44	0.00	24.97	11.610	2.90	8.500	2.12	29.99

续表

序号	项目编码	项目名称及说明	单位	直接费				管理费		利润		综合单价
				人工费	材料费	机械费	小计	费率（%）	金额	利润率（%）	金额	
44	020503001001	木扶手油漆 1. 扶手种类：硬木扶手 2. 调和漆遍数：二遍 3. 油漆种类、遍数：磁漆二遍	m	2.21	1.57	0.00	3.78	11.610	0.44	8.500	0.32	4.54
45	020507001001	刷喷涂料 1. 基层类型：加气混凝土砌块外墙 2. 涂料品种：外墙JH801涂料	m^2	1.71	8.14	0.42	10.27	11.610	1.19	8.500	0.87	12.33
46	020603001001	洗漱台 1. 材料品种、规格：大理石洗漱台 2. 支架、配件品种：大理石板、角钢固定	m^2	60.40	99.15	20.69	180.24	11.610	20.93	8.500	15.32	216.48
47	B1	拖布池	个	0.00	0.00	0.00	0.00		0.00		0.00	351.64
48	B2	屋面上人孔	个	0.00	0.00	0.00	0.00		0.00		0.00	582.59

措施项目费分析表 **表 9-19**

工程名称：重庆市××厂××综合楼（建筑、装饰工程）

序号	措施项目名称	单位	数量	金额（元）					
				人工费	材料费	机械费	管理费	利润	小计
1	环境保护	项	1						5500.00
2	临时设施	项	1						25000.00
3	夜间施工	项	1						2000.00
4	二次搬运	项	1						3500.00
5	大型机械设备进出场及安拆	项	1						2000.00
6	混凝土、钢筋混凝土模板及支架	项	1	67061.76	66463.21	11029.14	16782.73	12287.10	173623.96
7	脚手架	项	1	2368.07	7793.67	433.59	1230.12	900.60	12726.05
8	运输密闭费	项	1						250.00
9	垂直运输机械	项	1			17183.06	1994.95	1460.56	20638.57
	合计								245238.58

主要材料价格表　　**表 9-20**

工程名称：重庆市××厂××综合楼（建筑、装饰工程）

序号	材料编码	材料名称	规格、型号等特殊要求	单位	单　价
1	BA01010001	水泥 32.5	普通水泥 35.2 级（袋装）	kg	0.29
2	BA04010002	标准砖 240×115×53	标准页岩砖	千块	200.00
3	BA05020001	混凝土砌块	加气混凝土轻质砌块	m^3	195.00
4	BB01010001	特细砂	渠河砂	t	30.00
5	BB02010006	碎石 5～40mm		t	33.00
6	BB02020012	砾石 5～20mm		t	26.00
7	BD01020001	锯材		m^3	1200.00
8	BD01020002	一等锯材（干）		m^3	1200.00
9	BD01020004	锯材		m^3	1200.00
10	BG02000002	钢筋	螺纹钢（定尺）	t	3950.00
11	BG02010009	钢筋 ϕ10 以内	圆钢（盘圆）	kg	4.10
12	BG03010003	组合钢模板		kg	4.00
13	BI02000019	涂料 JH801		kg	8.00
14	BK01000001	SBS 改性沥青卷材		m^2	27.50

四、工程量计算书

工程量计算书见表 9-21。

工程量计算表　　**表 9-21**

序号	分项工程名称	单位	数量	计算式
				"三线一面"基数计算
0	建筑面积	m^2	1521.50	一层：43.1×12.5＋18.5×12＝760.75 m^2 二层：43.1×12.5＋18.5×12＝760.75 m^2 合计：760.75＋760.75＝1521.50 m^2
0.1	$L_{外}$	m	118.2	$L_{外}$＝2×(43.1－0.1)＋2×24.5－5×1.2－18×0.6＝118.2m
0.2	$L_{中}$	m	117.2	$L_{中}$＝$L_{外}$－4×0.25＝118.2－4×0.25＝117.2m
0.3	$L_{内}$	m	60.35	$L_{内}$＝(18－0.4×2)＋(8.7＋0.35)×2－0.6×2＋(12－2.5)＋(6－2.5－0.05－0.35)×2＋1.8＋(2.1－0.35)＋(2×3.7－0.4)＝60.35m
				土石方工程
1	平整场地	m^2	1047.15	$L_{外边线}$＝43.1＋(18＋0.5)＋24.6＋12.5＋24.5＋12.0＝135.2m； 故：$S_{平场}$＝760.75＋2×$L_{外边线}$＋16＝760.75＋135.2×2＋16＝1047.15 m^2

续表

序号	分项工程名称	单位	数量	计 算 式
2	挖基础土方	m^3	1838.37	考虑混凝土基础施工每边需要增加300的工作面，同时采取支挡土板的方式开挖土方，故每边还得再增加100，即垫层宽两边共增加300×2+100×2=800。 (1)轴：(1.4+0.2+0.8)×(12+2×1.5+0.2)×2.6=94.85 (2)、(3)、(4)轴：3×(1.8+0.2+0.8)×(12+2×1.5+0.2)×2.6=331.97 (5)、(6)轴：(2.1+0.2+0.8)×(12+1.5+0.85+0.1)×2.6+(1.4+0.2+0.8)×(12−0.85+1.5+0.1)×2.6=196.03 (7)、(8)轴：2×(1.8+0.2+0.8)×(24+2×1.5+0.2)×2.6=396.03 (9)轴：(1.4+0.2+0.8)×(24+2×1.5+0.2)×2.6=169.73 (A)轴：(1.4+0.2+0.8)×(42.6+2×1.5−2.4−2.8×3−3.1−2.8×2−2.4+0.2)×2.6=149.14 (B)、(C)轴：2×(1.8+0.2+0.8)×(42.6+2×1.5−2.4−2.8×3−3.1−2.8×2−2.4+0.2)×2.6=347.98 (D)轴：(1.8+0.2+0.8)×(18+2×1.5−2.4−2.8×2−2.4+0.2)×2.6=78.62 (E)轴：(1.4+0.2+0.8)×(18+2×1.5−2.4−2.8×2−2.4+0.2)×2.6=67.39 挖L_1土方：2×(6−0.7)×(0.25+0.2+0.8)×0.5=6.63 合计：94.85+331.97+196.03+396.03+169.73+149.14+347.98+78.62+67.39+6.63=1838.37m^3
3	支挡土板	m^2	1280.76	挡土板长L=4×(12+3+0.2)+3×(24+3+0.2)+3×(42.6+3+0.2−2.4−2.8×3−3.1−2.8×2−2.4)+2×(18+3+0.2−2.4−2.8×2−2.4)+2×(6−0.7)=246.3m 挡土板面积$S=2\times L\times H$=2×246.3×2.6=1280.76m^2
4	土方回填	m^3	1537.77	基础回填：$V_{挖土}$−埋在室外地坪以下的基础体积❶(包括基础垫层)=1838.37−(46.49+305.5+54.63)=1431.75m^3 室内回填：主墙间净面积×回填厚度 主墙间净面积$S_{净}=S_{首}-L_{中}\times0.25-L_{内}\times0.2-35\times0.6^2$=760.75−117.2×0.25−60.35×0.2−35×0.36=706.78m^2。 室内回填=$S_{净}$×(0.3−0.15)=706.78×(0.3−0.15)=106.02m^3 合计：1431.75+106.02=1537.77m^3
5	运土外运	m^3	300.60	余土外运体积=挖土总体积−回填土总体积=1838.37−1537.77=300.60m^3
				脚 手 架 工 程
6	综合脚手架	m^2	1521.5	760.75×2=1521.5 m^2
				砌 筑 工 程
7	M10水泥砂浆砌MU15蒸压灰砂砖	m^3	8.79	$L_{中}$×0.3×0.25=117.2×0.3×0.25=8.79 m^3

❶ 基础体积、基础垫层的计算过程如本表中混凝土及钢筋混凝土分部所示。

续表

序号	分项工程名称	单位	数量	计算式
8	M7.5 混合砂浆砌 MU15 加气混凝土块	m^3	178.74	$S_{外墙}=L_{中}\times(7-2\times0.12)$－外墙窗洞口及 M3、M4 洞口面积$=117.2\times(7-2\times0.12)-(230.13+19.8)=542.34\ m^2$； $S_{内墙}=L_{内}\times(7-2\times0.12)$－内墙门洞口面积❶$=60.35\times(7-2\times0.12)-(11.34+2\times2.1\times2.7+2\times0.8\times2.1)=381.93\ m^2$； $V_{墙体}=S_{外墙}\times0.25+S_{内墙}\times0.2-V_{过梁}-V_{构造柱}=542.34\times0.25+381.93\times0.2-(10.83-2\times0.12-8\times0.035)-22.92=178.74\ m^3$
9	M7.5 混合砂浆砌 1/2 砖墙	m^3	7.56	$L=1.7\times2+2\times(0.55+0.8)+(6-0.2-0.25)=6.1+5.55=11.65m$； $V_{砖墙}=[L\times(7-2\times0.12)$－门洞面积$]\times0.12$－门过梁体积 $=[11.65\times(7-2\times0.12)-8\times1.68]\times0.12-8\times0.035=7.56m^3$
				混凝土及钢筋混凝土工程
10	C25 独立柱基	m^3	46.49	根据公式 $V=a\times b\times0.35+a_1\times b_1\times0.5+1/6\times0.15\times[ab+a_1b_1+(a+a_1)(b+b_1)]$ 即可计算出独立柱基的体积。 角部独立柱基（底部截面：1.4×1.4）（4 个）： $V_1=1.4^2\times0.35+0.7^2\times0.5+1/3\times0.15\times(1.4^2+0.7^2+1.4\times0.7)=1.10\ m^3$ 边部独立柱基（底部截面：1.8×1.4）（13 个）： $V_2=1.8\times1.4\times0.35+0.7^2\times0.5+1/6\times0.15\times[1.8\times1.4+0.7^2+(1.8+0.7)\times(1.4+0.7)]=1.33$ 中部独立柱基（底部截面：1.8×1.8）（12 个）： $V_3=1.8^2\times0.35+0.7^2\times0.5+1/3\times0.15\times(1.8^2+0.7^2+1.8\times0.7)=1.63\ m^3$ 边部独立柱基（底部截面：2.1×1.4）（1 个）： $V_4=2.1\times1.4\times0.35+0.7^2\times0.5+1/6\times0.15\times[2.1\times1.4+0.7^2+(2.1+0.7)\times(1.4+0.7)]=1.51$ 中部独立柱基（底部截面：2.1×1.8）（2 个）： $V_5=2.1\times1.8\times0.35+0.7^2\times0.5+1/6\times0.15\times[2.1\times1.8+0.7^2+(2.1+0.7)\times(1.8+0.7)]=1.85$ 合计：$V=4\times1.10+13\times1.33+12\times1.63+1\times1.51+2\times1.85=46.49\ m^3$
11	C25 带形基础	m^3	305.50	由于本工程地基梁的断面积有三种形式（底部宽度分别为 1.4、1.8、2.1）等，其相应的断面积分别为： $S_1=1.4\times0.35+1/2\times(1.4+0.7)\times0.35+0.7\times0.5=0.9975\ m^2$ $S_2=1.8\times0.35+1/2\times(1.8+0.7)\times0.35+0.7\times0.5=1.1675m^2$ $S_3=2.1\times0.35+1/2\times(2.1+1.4)\times0.35+1.4\times0.5=1.6975m^2$ 由于地基梁的断面积成梯形状，现将各地基梁的断面全部折算为矩形形状，其高度都按 1m 进行折算，相应的其平均宽度分别为： $b_1=S_1/1.0=1.0m$；$b_2=S_2/1.0=1.17m$；$b_3=S_3/1.0=1.70$ 由此，可进行 DL 体积的计算。

❶ 门窗洞口面积、过梁体积计算过程详见本表中门窗工程分部、钢筋混凝土分部所示。

续表

序号	分项工程名称	单位	数量	计　算　式
11	C25 带形基础	m^3	305.50	DL1：$V_1=0.9975\times15=14.96\ m^3$； DL2(3 个)：$V_2=1.1675\times15=17.51\ m^3$； DL3：$V_3=1.1675\times(12+0.85+1.5)+0.9975\times(12-0.85+1.5)=36.98m^3$； DL4(2 个)：$V_4=1.1675\times(24+3.0)=31.52\ m^3$； DL5：$V_5=0.9975\times(24+3.0)=26.93\ m^3$； DL6：$V_6=0.9975\times(42.6+3.0-2b_1-5b_2-b_3)=0.9975\times36.05=35.96m^3$； DL7：$V_7=1.1675\times(42.6+3.0-2b_1-5b_2-b_3)=1.1675\times36.05=42.09m^3$； DL8：$V_8=1.1675\times(42.6+3.0-2b_1-5b_2-b_3)=42.09m^3$； DL9：$V_9=1.1675\times(18+3.0-2b_1-2b_2)=1.1675\times16.66=19.45m^3$； DL10：$V_{10}=0.9975\times(18+3.0-2b_1-2b_2)=16.62m^3$； L1：$V_{11}=2\times(6-0.7)\times0.25\times0.5=1.33\ m^3$； 合计：$14.96+3\times17.51+36.98+2\times31.52+26.93+35.96+42.09+42.09+19.45+16.62+1.33=351.99\ m^3$； 由于独立柱基的体积已经包括在上面计算的总体积中，故尚需要扣除独立独立柱基的体积。 $V_{DL}=351.99-46.49=305.50m^3$。
12	C15 混凝土基础垫层	m^3	54.63	$S_{垫层}=1.6\times15.2+3\times2.0\times15.2+2.3\times(12+1.6+0.85)+1.6\times(12+1.6-0.85)+2\times2.0\times27.2+1.6\times27.2+(1.6+2.0\times2)\times(42.6+3.2-2\times1.6-5\times1.8-2.3)+(1.6+2.0)\times(18+3.2-2\times1.6-2\times2.0)+(0.25+0.2)\times10.6=546.33\ m^2$ $V_{垫层}=S_{垫层}\times h=546.33\times0.1=54.63m^3$
13	C30 矩形框架柱	m^3	99.18	本工程 KZ 的截面为变截面：基顶(−1.8m)～3.96m 为 600mm×600mm，3.96～7.0m 为 500mm×500mm，框架柱的根数为 35 根。故框架柱的体积： $V=35\times[0.6^2\times(3.96+1.80)+0.5^2\times(7.0-3.96)]=99.18\ m^3$
14	C25 构造柱	m^3	22.92	本工程构造柱的断面有两种形式，即截面为 250×300(16 个)和 200×300(20 个)。 1 层：$9\times0.25\times(0.24+0.6)\times(4-0.12)+10\times0.2\times(0.24+0.6)\times(4-0.12)=13.85\ m^3$ 2 层：$7\times0.25\times(0.24+0.6)\times(3-0.12)+10\times0.2\times(0.24+0.6)\times(3-0.12)=9.07\ m^3$ 合计：$22.92\ m^3$
15	C25 过梁	m^3	10.83	M1 过梁：$6\times(0.9+2\times0.2)\times0.2\times0.24=0.37\ m^3$ M2 过梁：$4\times(0.9+2\times0.2)\times0.2\times0.24=0.48\ m^3$ M3 过梁：$1\times(3.6+2\times0.2)\times0.25\times0.24=0.24\ m^3$ M4 过梁：$1\times(2.4+2\times0.2)\times0.25\times0.24=0.17m^3$ M5 过梁：$10\times(0.8+2\times0.2)\times0.12\times0.24=0.35m^3$ C1515 过梁：$42\times(1.5+2\times0.2)\times0.25\times0.24=4.79\ m^3$ C1509 过梁：$2\times(1.5+2\times0.2)\times0.25\times0.24=0.23\ m^3$ C1521 过梁：$3\times(1.5+2\times0.2)\times0.25\times0.24=0.34m^3$ C4221 过梁：$14\times(4.2+2\times0.2)\times0.25\times0.24=3.86\ m^3$ 合计：$10.83\ m^3$

续表

序号	分项工程名称	单位	数量	计算式
16	C30现浇有梁板	m^3	287.38	(1) 3.96m层框架梁、梁、现浇混凝土板计算如下： KL1(2根)：2×0.3×(0.66−0.12)×(12−0.35×2−0.6)＝2×0.162 m^2 ×10.7m＝3.47m^3； KL2(3根)：3×0.3×(0.6−0.12)×(12−0.35×2−0.6)＝3×0.144 m^2 ×10.7m＝4.62m^3； KL3：0.162×(24−0.7−0.6×3)＝0.162×21.5＝3.48 m^3； KL4：0.144×(24−0.7−0.6×3)＝3.10 m^3； KL5：0.162×(18−0.7−0.6×2)＝0.162×16.1＝2.61 m^3； KL6：0.144×16.1＝2.32 m^3； KL7：0.144×16.1＝2.32 m^3； KL8：0.144×16.1＝2.32 m^3； KL9：0.162×16.1＝2.61 m^3； KL10：0.162×21.5＝3.48 m^3； KL11(2根)：2×0.144×21.5＝6.19 m^3； KL12(2根)：2×0.162×21.5＝6.97 m^3； LL1(7根)：7×0.25×(0.5−0.12)×(6−0.05−0.15)＝7×0.095×5.8＝3.86 m^3； LL2(8根)：8×0.2×(0.4−0.12)×(3.5−0.125−0.05)＝8×0.056×3.325＝1.49 m^3； LL3：0.095×(24−0.05−0.05−0.3×3)＝2.19 m^3； LL4：0.056×(3.8−0.125−0.05)＝0.20 m^3； LL5：0.095×(12−0.15−0.05−0.3)＝0.095×11.5＝1.09 m^3； LL6：0.25×(0.45−0.12)×(18−2.5−0.125−0.05−0.6)＝1.21 m^3； LL7：0.095×(12−0.15−0.05−0.3)＝0.095×11.5＝1.09 m^3； LL8：0.095×(18−0.05×2−0.3×2)＝0.095×17.3＝1.64 m^3； 3.96m层现浇混凝土板： [(24＋0.5)×(12＋0.5)＋(18＋0.5)×(24＋0.5)−(LT1＋LT2)]×板厚＝(759.5−35.02)×0.12＝86.94m^3； 3.96m层现浇有梁板混凝土合计：143.20 m^3 (2)7.00m层屋面框架梁、梁、现浇混凝土板计算如下： WKL1(2根)：2×0.144×(12−0.3−0.25−0.5)＝3.15 m^3； WKL2(3根)：3×0.25×(0.6−0.12)×10.95＝0.12×10.95＝3.94 m^3； WKL3：0.144×(24−0.5−0.5×3)＝0.144×22＝3.17 m^3； WKL4：0.12×22＝2.64 m^3； WKL5：0.144×(18−0.5−0.5×2)＝0.144×16.5＝2.38 m^3； WKL6：0.12×16.5＝1.98 m^3； WKL7：0.144×16.5＝2.38 m^3； WKL8：0.144×16.5＝2.38 m^3； WKL9：0.144×16.5＝2.38 m^3； WKL10：0.144×(24−0.25×2−0.5×3)＝0.144×22＝3.17m^3；

续表

序号	分项工程名称	单位	数量	计算式
16	C30现浇有梁板	m^3	287.38	WKL11(2根):2×0.144×22=6.34 m^3; WKL12(2根):2×0.144×22=6.34 m^3; LL1(7根):7×0.095×(6−0.05−0.125)=3.87 m^3; LL2(8根):8×0.056×3.325=1.49 m^3; LL3:0.095×(24−0.05×2−0.25×3)=2.20 m^3; LL4:0.056×3.625=0.20 m^3; LL5:0.095×11.5=1.09 m^3; LL6:0.0825×(18−2.5−0.125−0.05−0.6)=1.21 m^3; LL7:0.095×11.5=1.09 m^3; LL8:0.095×(18−0.05×2−0.3×2)=1.64 m^3; 7.00m层现浇屋面板:[(24+0.5)×(12+0.5)+(18+0.5)×(24+0.5)]×0.12=759.5×0.12=91.14 m^3; 7.00m层现浇有梁板混凝土合计:144.18 m^3 3.96m层、7.00m层现浇有梁板混凝土合计:287.38 m^3
17	C30直形楼梯	m^2	35.02	LT1:(3.3+1.6+0.25)×(2×1.5+0.15)=16.22m^2; LT2:(3.3+1.6+0.25)×(2×1.75+0.15)=18.80m^2; 合计:35.02 m^2
18	C30挑檐	m^3	13.29	($L_{外边线}$+4×0.8)×0.8×0.12=(135.2+4×0.8)×0.8×0.12=13.29 m^3
19	C30雨篷	m^2	17.72	YP−1:1.5×3.65+(3.65+2×1.5)×0.25=7.14 m^2; YP−2:4.8×1.5+0.45×2.25+(4.8+2×0.45+2.25+1.5)×0.25=10.58 m^2; 合计:17.72 m^2
20	C25台阶	m^2	9.72	(4.25+0.3+0.25)×(1.5+0.3)+(1.5+0.3+0.6)×(0.3+0.4−0.25)=4.8×1.8+2.4×0.45=9.72 m^2
21	C25散水	m^2	103.32	($L_{外边线}$+4×0.8−3.65−4.8−0.4×2)×0.8=(135.2+3.2−3.65−4.8−0.8)×0.8=103.32 m^2
22	C25坡道	m^2	5.48	(3.3+0.25+0.1)×1.5=5.48m^2

续表

<table>
<tr><th>序号</th><th>分项工程名称</th><th>单位</th><th>数　量</th><th>计　算　式</th></tr>
<tr><td rowspan="2">23</td><td>现浇钢筋 φ10 以内（圆钢）</td><td>t</td><td>16.825</td><td rowspan="2">由于钢筋工程的工程量计算较为繁琐，且耗时费力。考虑到篇幅有限，在这里以 KL3、KZ3 为例，介绍钢筋工程量的计算过程。
KL3
1）上部纵筋：Φ25（4 根，均为通长筋）
l_{aE}=31d；l_{lE}=1.2l_{aE}=1.2×31d=37d；
4×[24−0.7+2×(0.4l_{aE}+15d)(考虑锚固)+2l_{lE}(考虑搭接)]=4×[24−0.7]+2×(0.4×31×0.025+15×0.025)+2×37×0.025]=106.08m；
2）2Φ25 的上部第二排纵筋（非通长，在离支座处 l_n/4 处阶段）
3×2×(2×l_n/4+b)=3×2×(2×1/4×5.4+0.6)=19.8m；
3）上部纵筋：4Φ22（仅在离端支座的 1/4l_n 区域才有）
2×4×(l_n/4+0.4l_{aE}+15d)=8×(5.35/4+0.4×31×0.022+15×0.022)=15.52m；
4）下部纵筋为全跨相同（均为 4Φ25）
4×[2×(5.35+0.4×31d+15d+31d)+2×(5.4+31d+31d)]
=4×[2×(5.35+0.4×31×0.025+15×0.025+31×0.025)+2×(5.4+31×0.025+31×0.025)]=110.08m；
5）KL 侧面纵向受扭钢筋（4Φ12）
=4×[2×(5.35+0.4×31d+15d+31d)+2×(5.4+31d+31d)]
=97.56m；
6）箍筋φ8@100/150(2)
单个箍筋长：2×[(0.3−0.025×2)+(0.66−0.025×2)+11.87×0.008]=1.91m；
箍筋个数：加密区个数：8×(1.5×0.66/0.1+1)=88 个；
非加密区个数：2×[(5.35−1.5×0.66×2)/0.15+1]+[2×(5.4−1.5×0.66×2)/0.15+1]=94 个；
箍筋总长：(94+88)×1.91=347.62m。
小计：Φ25：(106.08+19.8+110.08)m×3.85kg/m=908.45kg
Φ22：15.52m×2.980kg/m=46.25kg
Φ12：97.56m×0.888kg/m=86.63kg
φ8：347.62m×0.395kg/m=137.31kg
KZ3
1）−1.80～3.96m 角部纵筋 4Φ32
4×[3.96+1.80+(0.5l_{aE}+0.05+0.2)]=26.02m；
2）−1.80～3.96mb 边、h 边中部筋 16Φ28
16×(3.96+1.80+0.5)=100.16m；
3）3.96～73.0m 纵筋 12Φ25
12×[1.5l_{aE}+(7−0.12−3.96)+(0.5l_{aE}+12d)]=12×(1.5×31×0.025+2.92+0.5×31×0.025+12×0.025)=57.24m；
4）箍筋φ10@100、φ8@100
φ10@100：根数(3.96+1.80)/0.1=58 个
每个长 2×(0.53+0.53+11.87×0.01)=2.36m
φ8@100：根数(7−3.96−0.035)/0.1=31 个
每个长 2×(0.43+0.43+11.87×0.008)=1.91m
小计：Φ32：26.02m×6.31kg/m=164.19kg
Φ28：100.16m×4.83kg/m=483.77kg
Φ25：57.24m×3.85kg/m=220.37kg
φ10：58×2.36m×0.617kg/m=84.45kg
φ8：31×1.91m×0.395kg/m=23.39kg
限于篇幅，其他 KZ、KL、XB 的钢筋工程量的计算过程在本处就不再一一累赘叙述了。经过计算校核，本工程所有 DL、KZ、KL、XB、LT 等的钢筋工程量汇总结果为：
现浇钢筋φ10 以内(圆钢)：16.825t
现浇钢筋φ10 以上(螺纹钢)：18.436t</td></tr>
<tr><td>现浇钢筋 φ10 以上（螺纹钢）：</td><td>t</td><td>18.436</td></tr>
</table>

续表

序号	分项工程名称	单位	数量	计算式
				屋面及防水工程
24	屋面SBS卷才防水	m^2	870.22	$S_{屋面板}+S_{挑檐板}$＝[(24＋0.5)×(12＋0.5)＋(18＋0.5)×(24＋0.5)]＋($L_{外边线}$＋4×0.8)×0.8＝759.5＋(135.2＋4×0.8)×0.8＝759.5＋110.72＝870.22m^2
25	卫生间涂膜防水	m^2	279.02	卫生间1： 地面：3.4×5.8－1.8×0.2－(2.7＋2×0.8)×0.1＝18.93m^2； 墙裙面(1.8m高)：[(3.4＋5.8)×2－2×1.5－1.0]×1.8＋2×1.8×1.8＋2×1.8×(2.7＋0.8)＝45m^2； 卫生间2： 地面：5.95×3.7－3.7×0.2－(5.95－1.6－0.2)×0.1＝20.86m^2； 墙裙面(1.8m高)：[(5.95＋3.7)×2－2×1.5－2×0.8]×1.8＋2×1.8×3.7＋2×1.8×(5.95－1.6－0.2)＝54.72m^2； 合计：2×(18.93＋45＋20.86＋54.72)＝279.02m^2
26	砂浆防潮层	m^2	41.37	$L_{中}$×0.25＋$L_{内}$×0.2＝117.2×0.25＋60.35×0.2＝41.37m^2
27	屋面变形缝	m	14.8	12.5＋2×0.8＋0.7＝14.8m
28	墙体变形缝	m	36.0	2×12.0＋2×6.0＝36.0m
29	屋面保温层	m^3	130.53	0.15×[759.5＋(135.2＋4×0.8)×0.8]＝0.15×870.22＝130.53m^3
				楼地面工程
30	一层混凝土车间地面	m^2	552.14	8.6×6.05＋12.25×12＋18.5×(18－0.25)＋2.35×(12－0.25)－8×0.6^2＝552.14m^2
31	一层100厚C10混凝土垫层(所有部位)	m^3	70.55	一层室内净面积：759.5－$L_{中}$×0.25－$L_{内}$×0.2－35×0.6^2＝759.5－117.2×0.25－60.35×0.2－35×0.36＝705.53m^2 一层室内净面积×垫层厚度＝705.53×0.1＝70.55m^3
32	100厚C10混凝土垫层(车间部位)	m^3	55.21	一层车间地面积×垫层厚度＝552.14×0.1＝55.21m^3
33	卫生间普通地砖	m^2	79.58	卫生间1：3.4×5.8－1.8×0.2－(2.7＋2×0.8)×0.1＝18.93m^2； 卫生间2：5.95×3.7－3.7×0.2－(5.95－1.6－0.2)×0.1＝20.86m^2； 合计：2×(18.93＋20.86)＝79.58m^2
34	块料楼梯面层(另加25厚1∶2.5水泥砂浆找平层)	m^2	35.02	LT1：(3.3＋1.6＋0.25)×(2×1.5＋0.15)＝16.22m^2； LT2：(3.3＋1.6＋0.25)×(2×1.75＋0.15)＝18.80m^2； 合计：35.02m^2
35	块料楼地面(另加25厚1∶2.5水泥砂浆找平层)	m^2	744.32	一层室内净面积：759.5－$L_{中}$×0.25－$L_{内}$×0.2－35×0.6^2＝759.5－117.2×0.25－60.35×0.2－35×0.36＝705.53m^2 2×705.53－552.14(车间)－35.02(楼梯)－79.58(卫生间)＝744.32m^2 其中：一层块料楼地面：705.53－552.14＝153.39m^2 二层块料楼地面：705.53－35.02＝670.51m^2

续表

序号	分项工程名称	单位	数量	计算式
36	块料踢脚线	m^2	48.48	踢脚线长度：$2\times(L_{外墙外边线}+2\times L_{内})+6\times(0.24+0.2)+2\times\sqrt{3.3^2+2.0^2}=2\times(117.2-4\times0.25+2\times60.5)+2.64+2\times3.86=484.76m$ 踢脚板面积：$=484.76\times0.10=48.48m^2$
37	防滑条	m	71.5	$1.5\times11\times2+1.75\times11\times2=71.5m$
38	块料台阶面	m^2	9.72	$(4.25+0.3+0.25)\times(1.5+0.3)+(1.5+0.3+0.6)\times(0.3+0.4-0.25)=4.8\times1.8+2.4\times0.45=9.72m^2$
39	金属扶手带栏杆	m	7.20	金属扶手：$4.2+2\times1.5=7.20m$ 金属栏杆：个数：$(4.2+3.0)/0.11=66$个，每个长1.05m，$66\times1.05=69.30m$
40	硬木扶手带栏杆	m	18.79	硬木扶手：$2\times2\times\sqrt{3.3^2+2.0^2}+1.8+1.55=18.79m$ 金属栏杆：个数：$11\times2\times2+(1.8+1.55)/0.11=75$个，每个长1.05m，$75\times1.05=78.75m$
				墙柱面工程
41	内墙面抹灰	m^2	1601.44	$L_{外墙内边线}\times(7-0.12\times2)+2\times L_{内}\times(7-0.12\times2)=(117.2-4\times0.25)\times(7-0.12\times2)+2\times60.35\times(7-0.12\times2)=1601.44m^2$
42	柱面抹灰	m^2	199.24	$[0.7\times5+18\times(0.7+0.6)+3\times(0.7+0.6)+8\times0.24]\times(4-0.12)+[0.5\times5+18\times(0.5+0.5)+3\times(0.5+0.5)+8\times0.2]\times(3-0.12)=199.24m^2$
43	卫生间墙裙	m^2	99.72	卫生间1：墙裙面(1.8m高)：$[(3.4+5.8)\times2-2\times1.5-1.0]\times1.8+2\times1.8\times1.8+2\times1.8\times(2.7+0.8)=45m^2$； 卫生间2：墙裙面(1.8m高)：$[(5.95+3.7)\times2-2\times1.5-2\times0.8]\times1.8+2\times1.8\times3.7+2\times1.8\times(5.95-1.6-0.2)=54.72m^2$； 合计：$2\times(45+54.72)=99.72m^2$
44	隔　断	m^2	79.77	$[1.3\times2+(1.8-0.8)\times2+1.3\times4+(1.8-0.8)\times2]\times(7-2\times0.12)=79.77m^2$
				顶　棚　工　程
45	顶棚抹灰	m^2	1412.01	LT1：$1.6\times3.65+\sqrt{3.3^2+2.0^2}\times1.75\times2=19.35$ LT2：$1.6\times3.15+\sqrt{3.3^2+2.0^2}\times1.5\times2=16.62$ $2\times705.53-35.02+19.35+16.62=1412.01m^2$
				门　窗　工　程
46	镶板木门	m^2	50.82	M1：$6\times0.9\times2.1=11.34m^2$； M2：$4\times2.1\times2.7=22.68m^2$； M5：$10\times0.8\times2.1=16.8m^2$； 合计：$50.82m^2$
47	塑钢门	m^2	19.80	M3：$1\times3.6\times3.3=11.88m^2$； M4：$1\times2.4\times3.3=7.92m^2$； 合计：$19.80m^2$
48	塑钢窗	m^2	230.13	C1515：$42\times1.5\times1.5=94.5m^2$； C1509：$2\times1.5\times0.9=2.7m^2$； C1521：$3\times1.5\times2.1=9.45m^2$； C4221：$14\times4.2\times2.1=123.48m^2$； 合计：$230.13m^2$
				油漆涂料工程
49	镶板木门油漆	m^2	101.64	$2\times50.82=101.64m^2$

续表

序号	分项工程名称	单位	数　量	计　算　式
50	木扶手油漆	m	18.79	$2\times2\times\sqrt{3.3^2+2.0^2}+1.8+1.55=18.79$m
51	外墙喷刷JH801涂料	m²	969.30	$(L_{外边线}-0.2)\times(7+0.3-0.12)=(135.2-0.2)\times7.18=969.30$m²
				其　他　工　程
52	洗漱台	m²	10.64	$[(5.5+0.8)\times2\times0.35+1.3\times0.35\times2]\times2=10.64$m²
53	拖布池	个	6	每层有两个卫生间，共设有3个拖布池，2层×3个/层=6个
54	屋面上人孔	个	1	1个

五、附施工图纸

重庆市××厂××综合楼建筑、结构施工图纸如图9-1～图9-13所示。

（一）建筑施工图纸目录

建筑施工图纸目录见表9-22。

重庆市××厂××综合楼建筑施工图目录　　表9-22

序　号	图　号	名　　称
1	建施01	建筑设计说明
2	建施02	一层平面图
3	建施03	二层平面图
4	建施04	南、北、东立面图，A-A剖面图
5	建施05	西立面，B-B剖面图
6	建施06	Ⅰ-Ⅰ剖面图
7	建施07	屋顶排水平面图

（二）建筑设计说明

建筑设计说明

1. 本工程为重庆市××综合楼，是根据甲方提供的资料及现行规范设计而成。

2. 本设计标高以m为单位，其余尺寸以mm为单位。

3. 本工程的室内外高差为300mm，建筑面积为1521.5m²，两层，檐口高度为7.3m。

4. 楼地面：一层车间地面为100厚C10混凝土垫层，120厚C20混凝土面层；一层办公室、楼梯、二层办公室均为30厚普通地砖楼地面，水泥浆擦缝（参见西南04J312-3183a）。厕所楼地面做法参见西南04J312-3182a。

5. 内抹灰：内墙面抹灰为1∶0.3∶2.5水泥石灰砂浆刷乳胶漆（参见西南04J515-4-N05），顶棚抹灰为1∶0.3∶3水泥砂浆抹灰刷乳胶漆（参见西南04J515-13-P06）。

6. 外墙装饰：外墙涂刷JH801涂料。

7. 屋面防水等级为二级，做法为20厚1∶3水泥砂浆找平，SBS改性沥青卷材防水，20厚1∶2.5水泥砂浆保护层。卫生间地面及墙面采用涂膜防水。

8. 门窗工程：办公室、卫生间均为镶板木门，底层入口处门为外开平塑钢；外窗均为塑钢窗，中空玻璃，带纱窗。

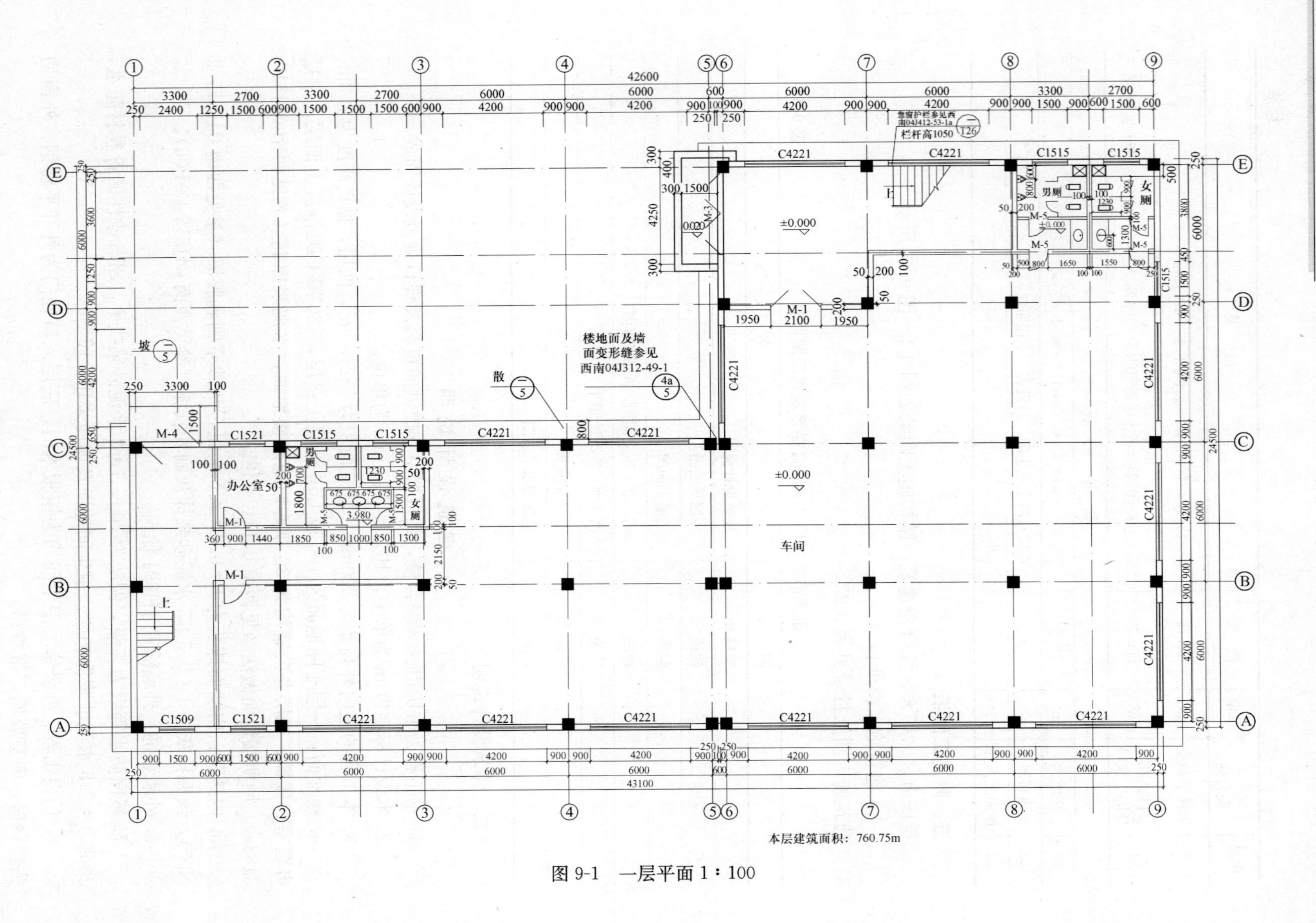

图 9-1　一层平面 1∶100

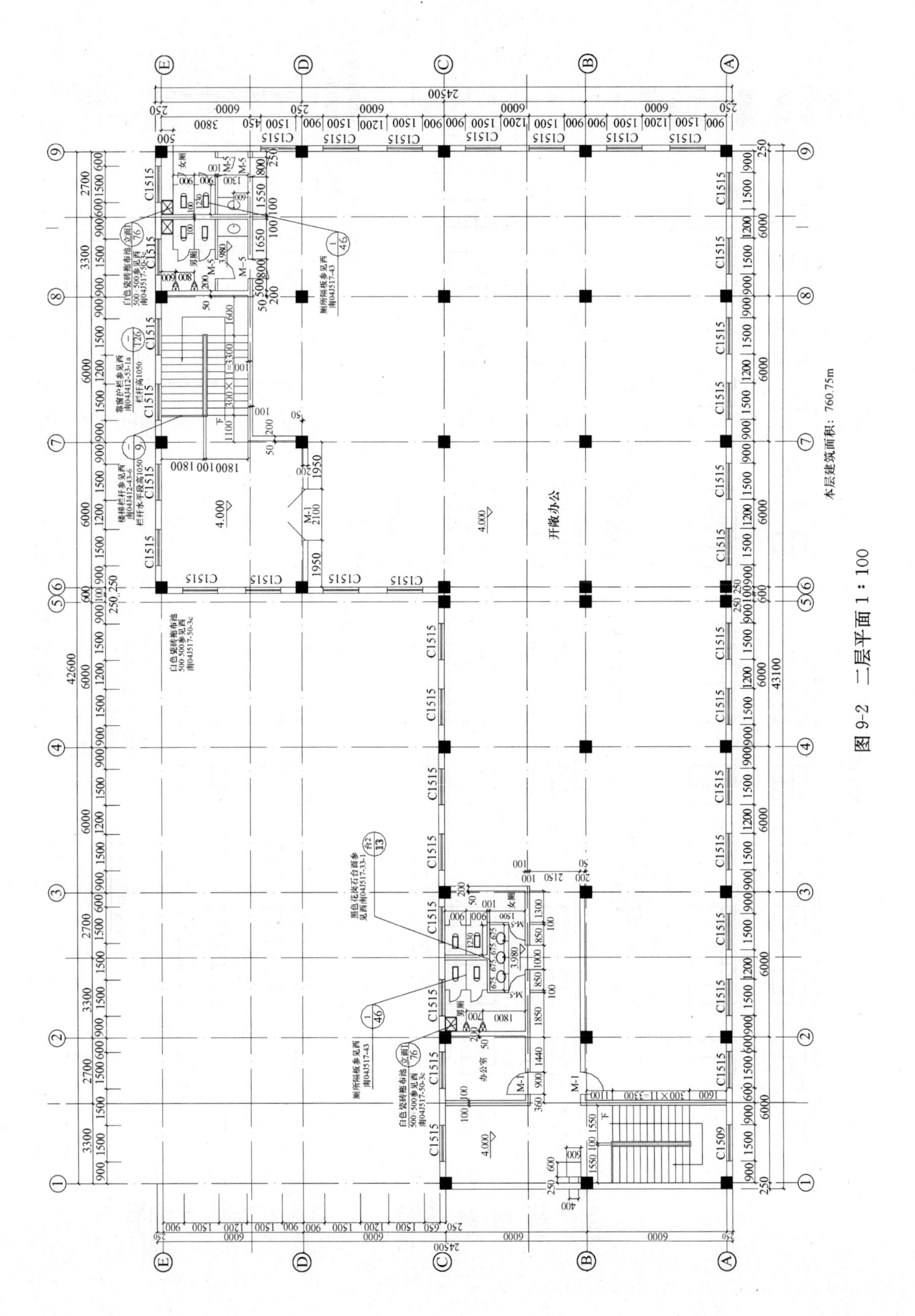

图 9-2　二层平面 1：100

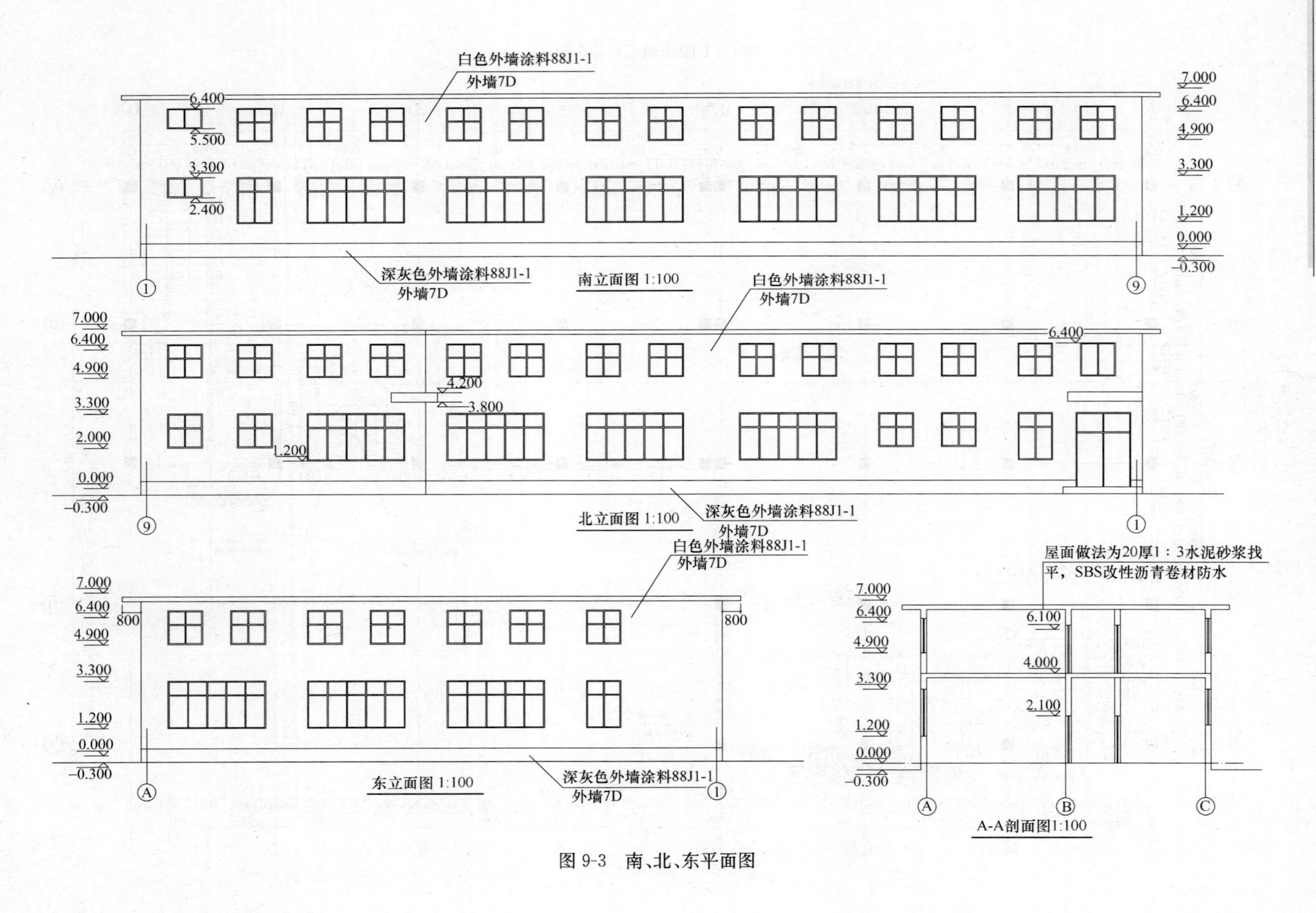

白色外墙涂料88J1-1
外墙7D
深灰色外墙涂料88J1-1
外墙7D
南立面图 1:100
北立面图 1:100
东立面图 1:100
屋面做法为20厚1：3水泥砂浆找平，SBS改性沥青卷材防水
A-A剖面图1:100
7.000
6.400
5.500
4.900
4.200
4.000
3.800
3.300
2.400
2.100
2.000
1.200
0.000
-0.300
6.100
800

图 9-3 南、北、东平面图

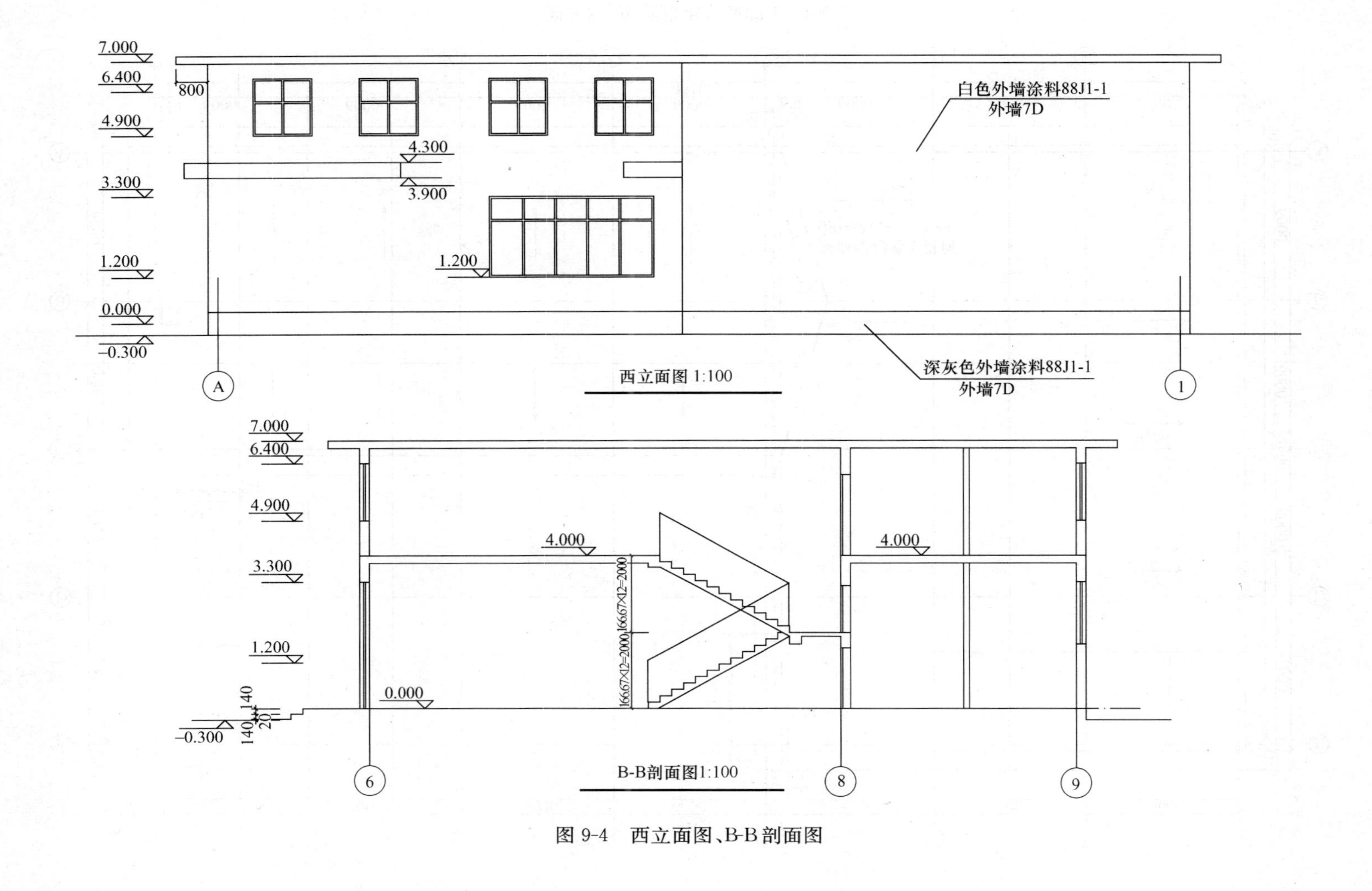

图 9-4　西立面图、B-B 剖面图

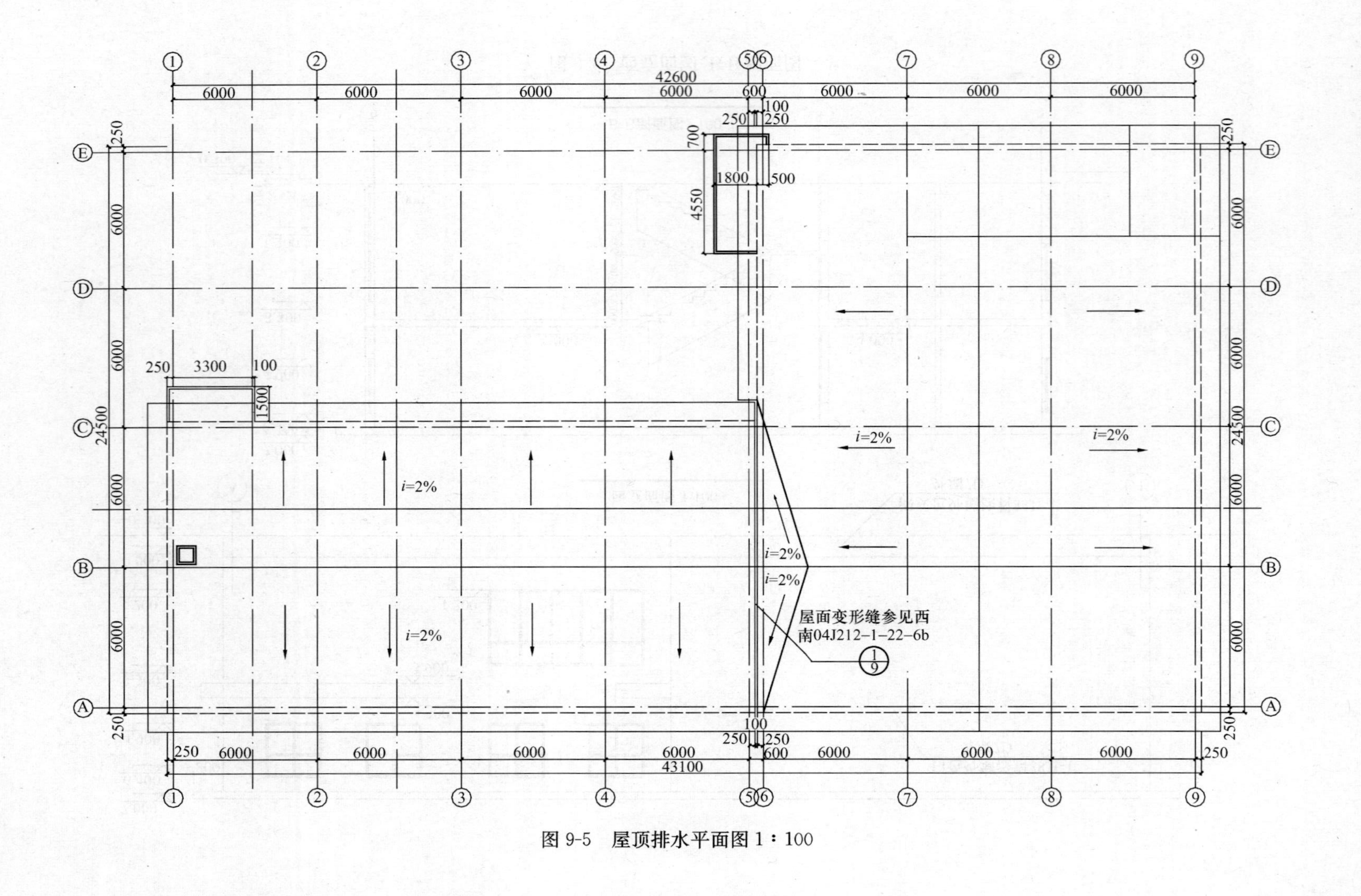

图 9-5　屋顶排水平面图 1：100

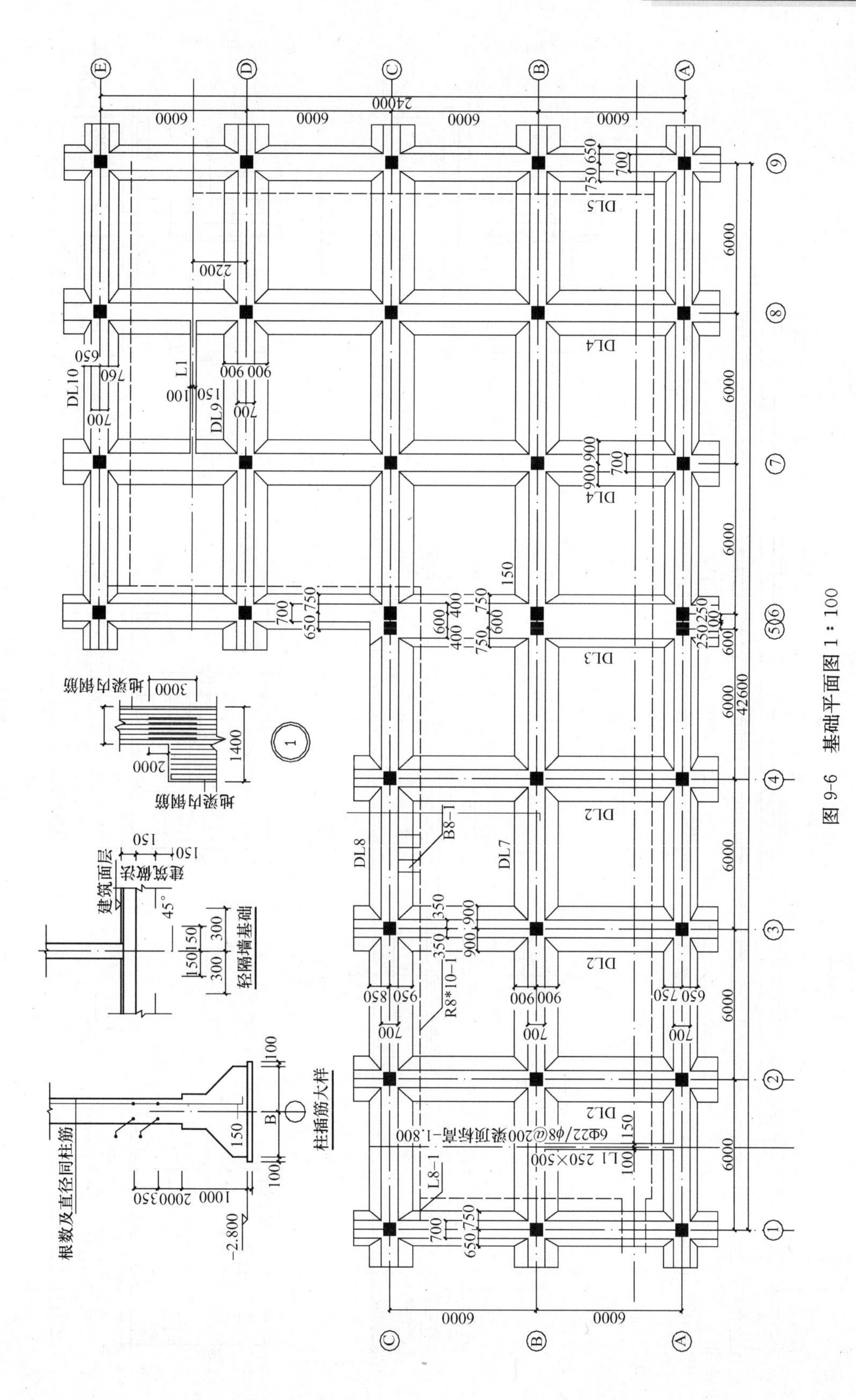

图 9-6　基础平面图 1∶100

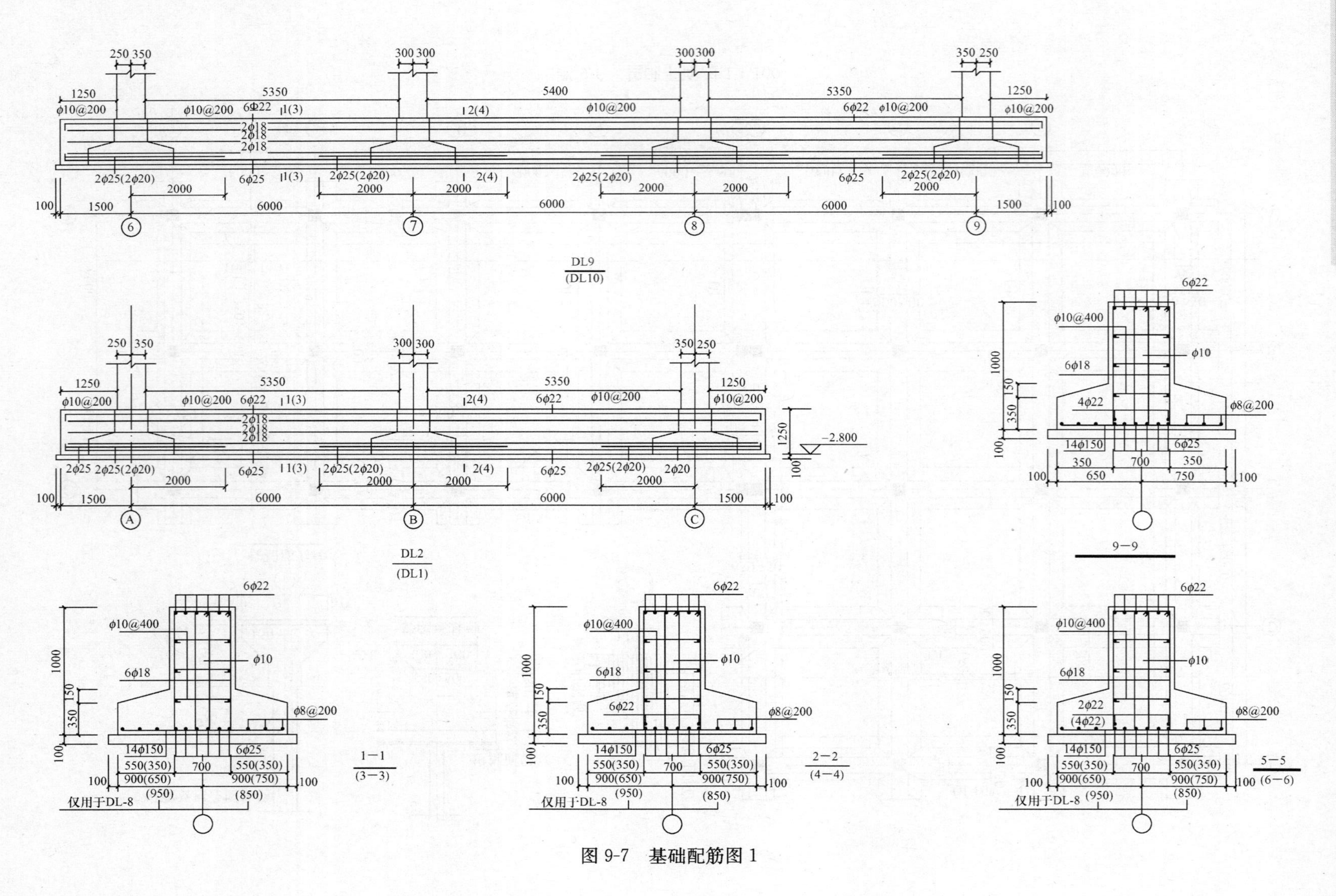

图 9-7　基础配筋图 1

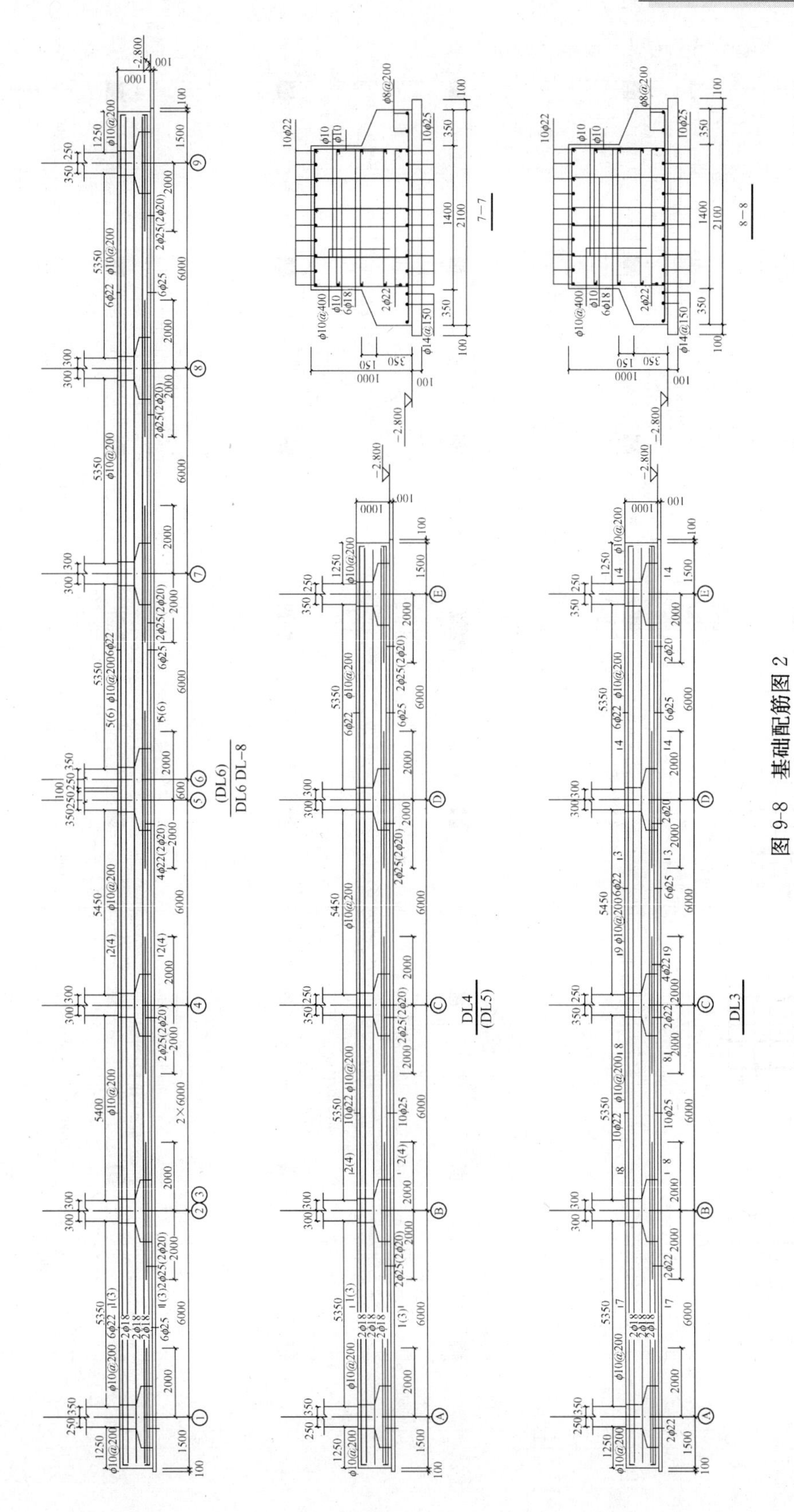
(DL6)
DL6 DL-8
DL4
(DL5)
DL3
7—7
8—8
-2.800
10φ22
φ8@200
10φ25
φ10@400
6φ18
2φ22
φ14@150

图 9-8　基础配筋图 2

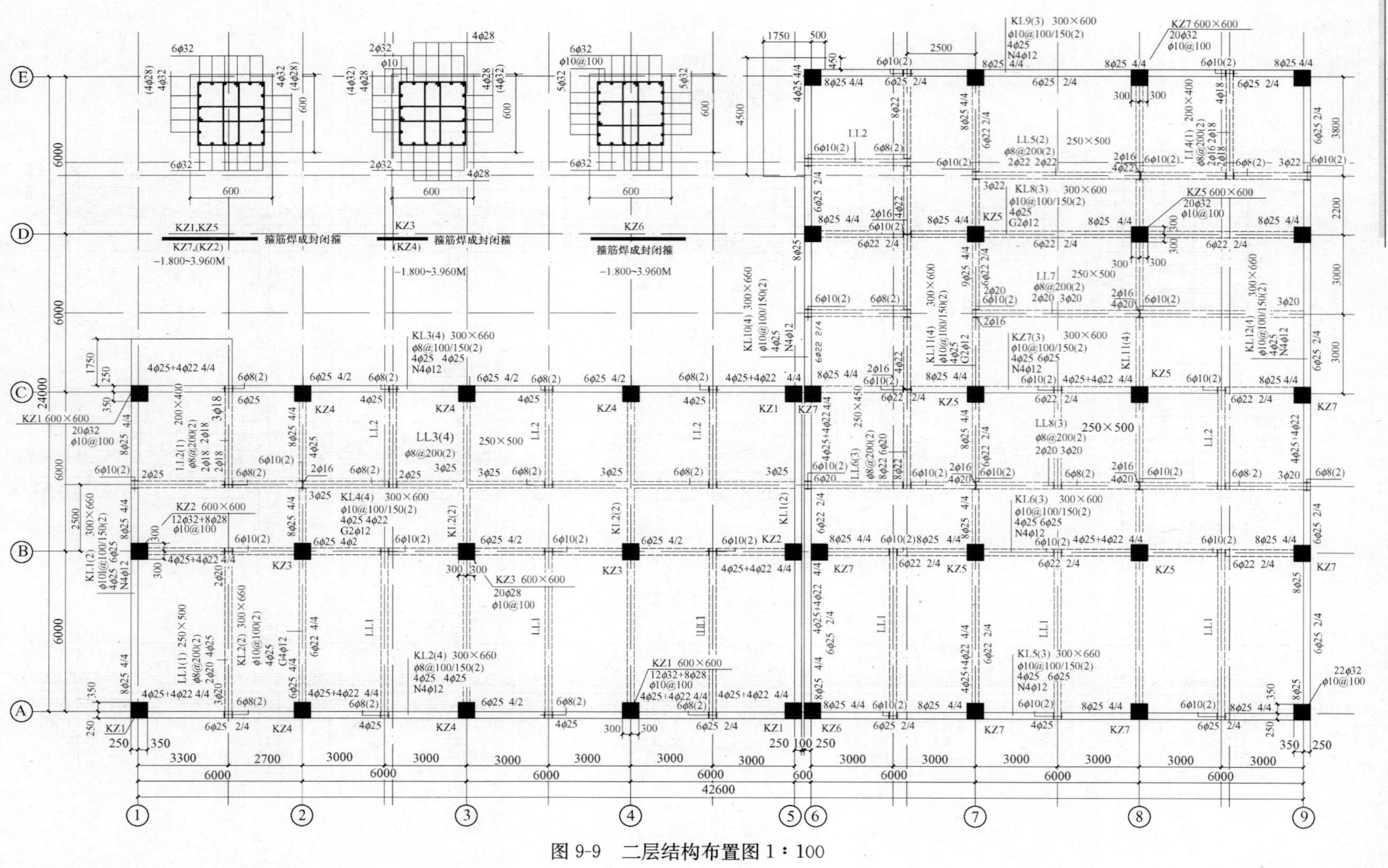

图 9-9　二层结构布置图 1：100

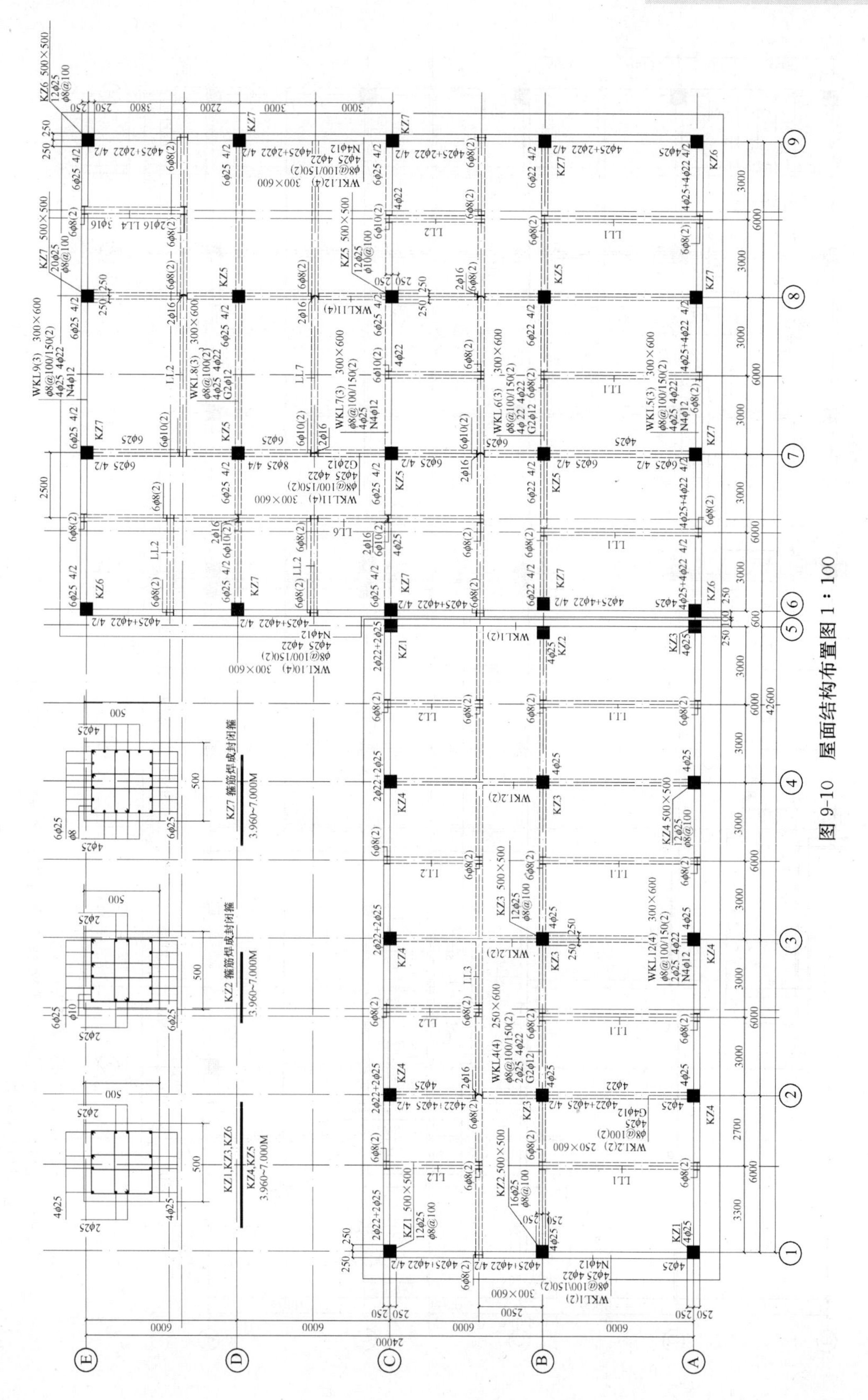

图 9-10　屋面结构布置图 1：100

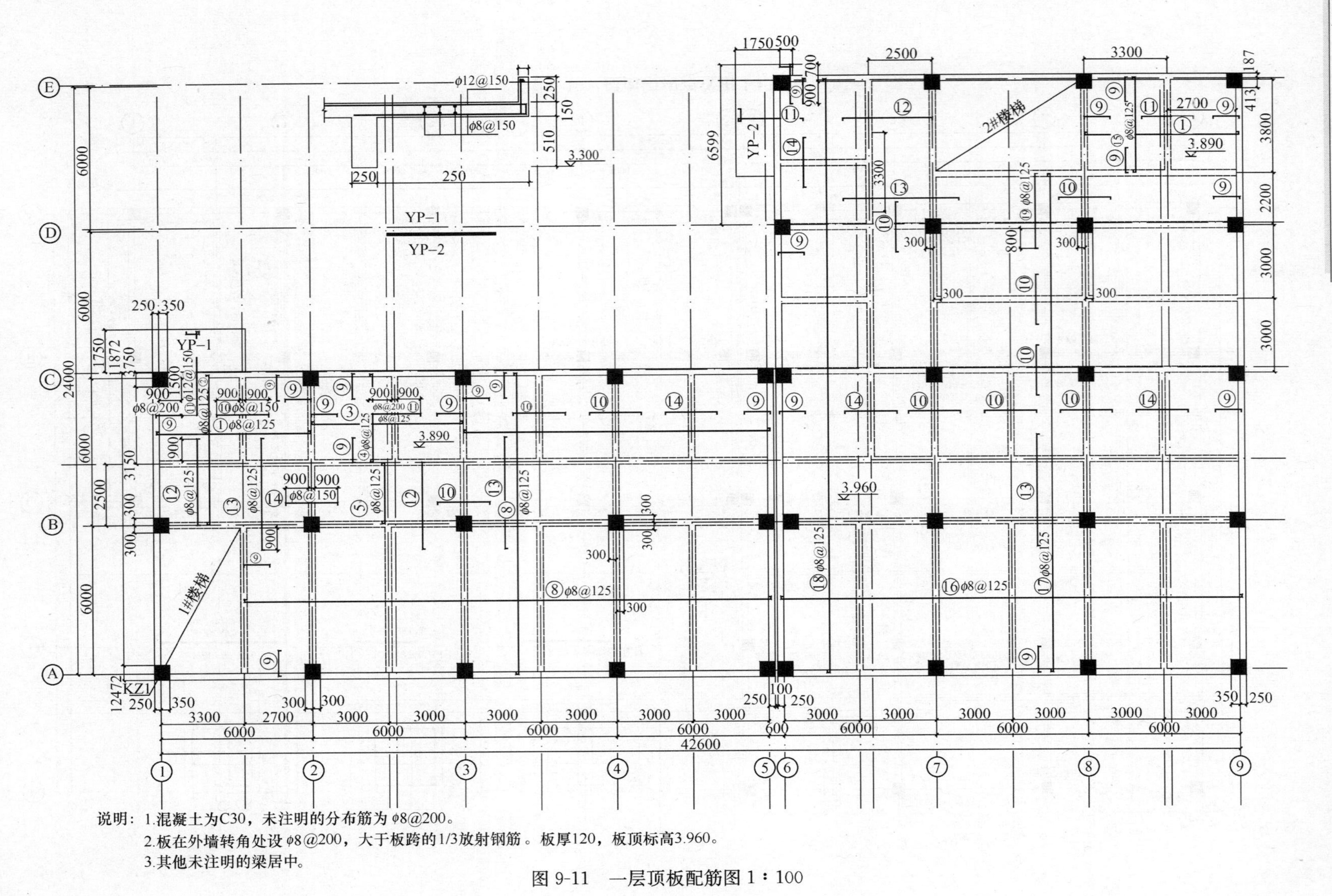

说明：1.混凝土为C30，未注明的分布筋为 φ8@200。
2.板在外墙转角处设 φ8@200，大于板跨的1/3放射钢筋。板厚120，板顶标高3.960。
3.其他未注明的梁居中。

图 9-11　一层顶板配筋图 1：100

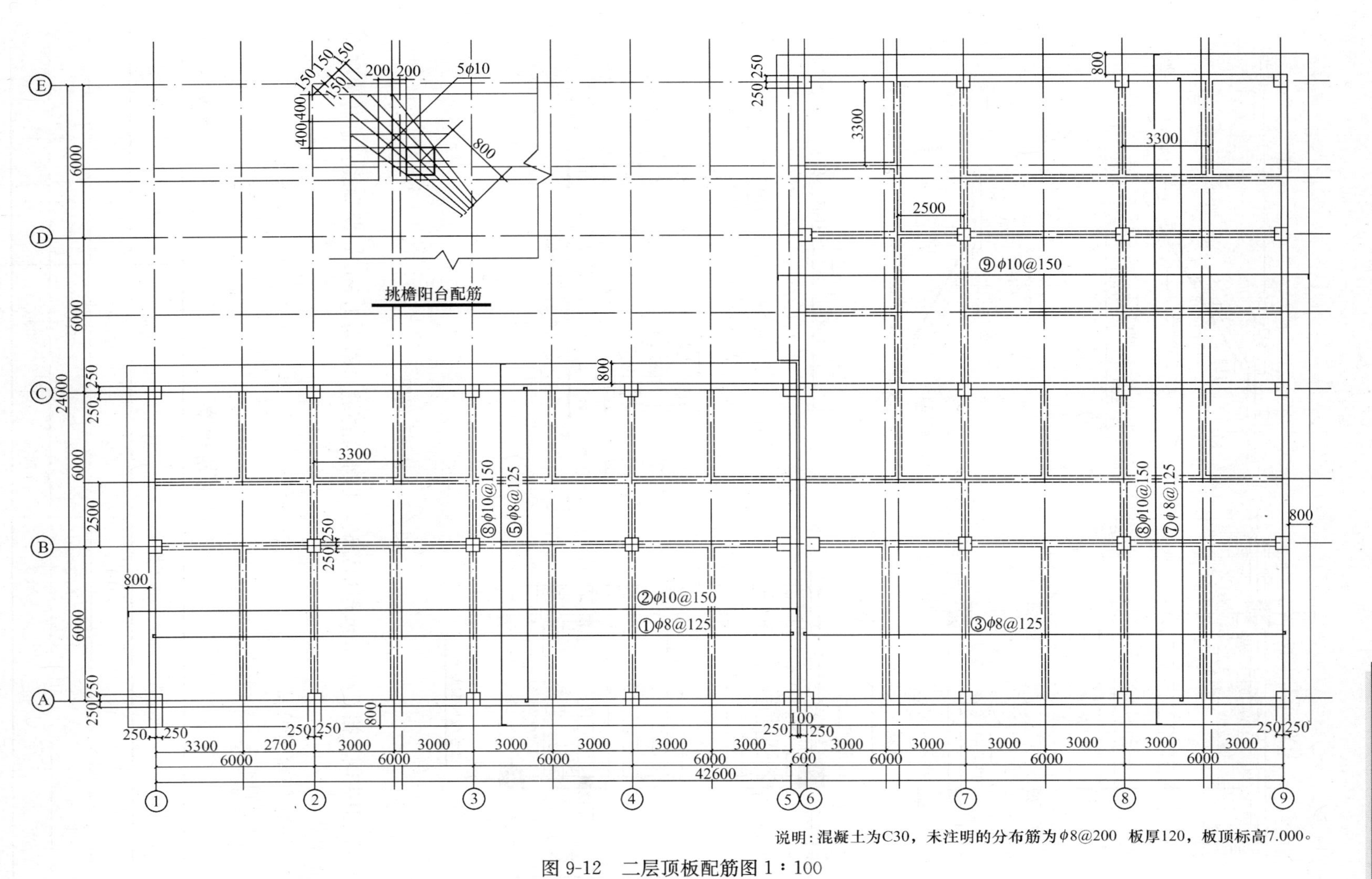

说明：混凝土为C30，未注明的分布筋为φ8@200　板厚120，板顶标高7.000。

图 9-12　二层顶板配筋图 1：100

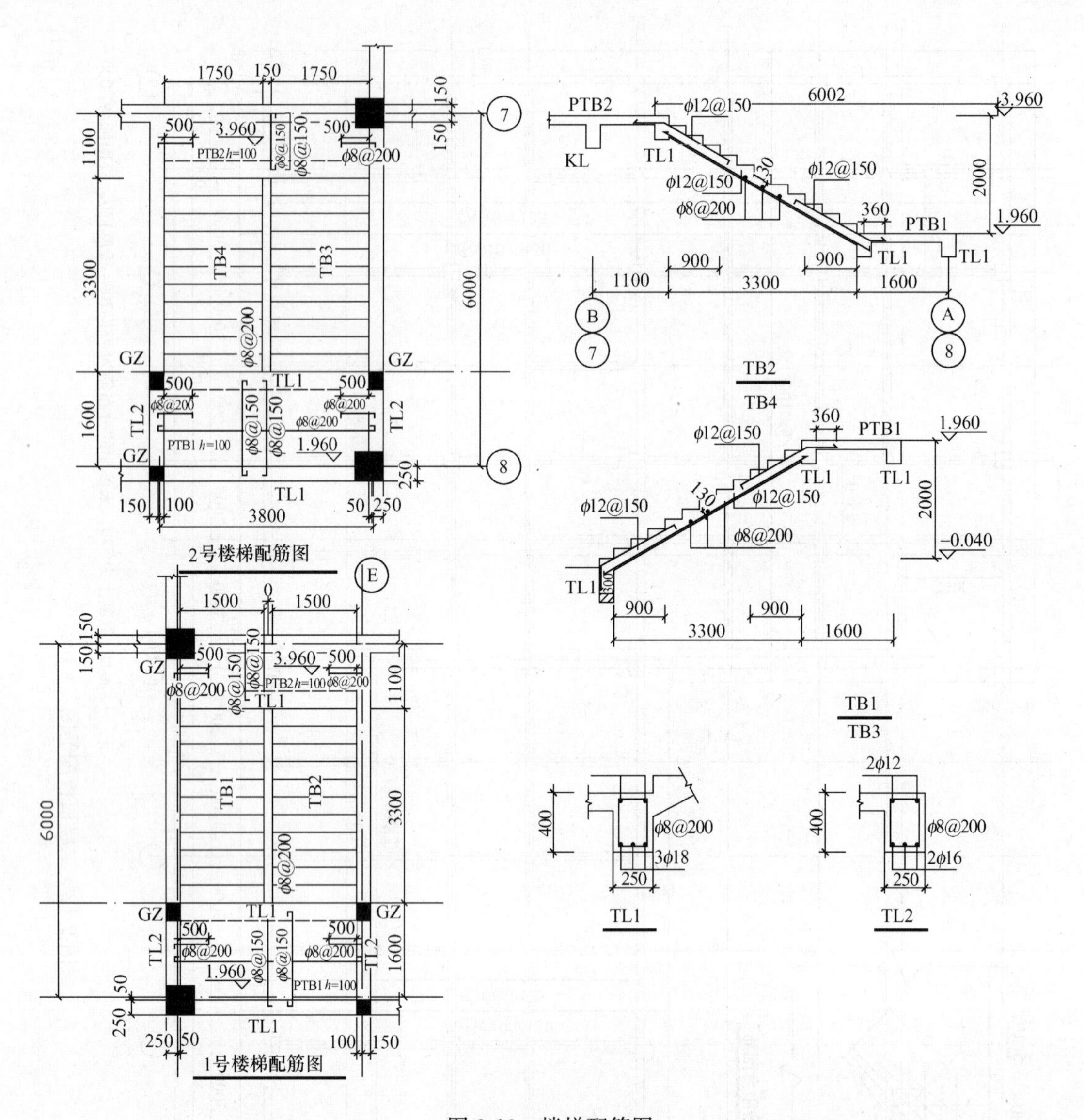

图 9-13　楼梯配筋图

9. 卫生间墙裙：贴 5mm 厚白瓷砖，白水泥擦缝（裙高 1.8m）；踢脚线：缸砖踢脚线（高 100m）。

（三）门窗明细表

门窗明细表见表 9-23。

门 窗 明 细 表　　　　**表 9-23**

序　号	类　别	门窗名称	宽　度 （mm）	高　度 （mm）	数　量	备　注
1	门	M-1	900	2100	6	
2		M-2	2100	2700	4	
3		M-3	3600	3300	1	

续表

序　号	类　别	门窗名称	宽　度(mm)	高　度(mm)	数　量	备　注
4		M-4	2400	3300	1	
5		M-5	800	2100	10	
	窗					
1		C1515	1500	1500	42	
2		C1509	1500	900	2	
3		C1521	1500	2100	3	
4		C4221	4200	2100	14	

（四）结构施工图纸目录

结构施工图纸目录见表 9-24。

重庆市××厂××综合楼结构施工图目录　　　**表 9-24**

序　号	图　号	名　　称
1	结施 01	结构设计总说明
2	结施 02	基础平面图
3	结施 03	DL1，DL2，DL9，DL10 详图
4	结施 04	DL3，DL4，DL5，DL6，DL7，DL8 详图
5	结施 05	二层结构平面布置图
6	结施 06	屋面结构平面布置图
7	结施 07	一层顶板配筋图
8	结施 08	二层顶板配筋图
9	结施 09	楼梯配筋图

结 构 设 计 总 说 明

1. 工程概况

本工程为两层综合楼，采用钢筋混凝土框架结构，柱下十字交叉钢筋混凝土条形基础。

2. 建筑结构的安全等级及设计使用年限

建筑结构的安全等级：二级

设计适用年限：50 年

建筑抗震设防类别：丙类

抗震设防烈度：6 度

3. 设计依据

《建筑结构荷载规范》　(GB 50009—2001)

《建筑地基基础设计规范》　(GB 50007—2002)

《建筑抗震设计规范》　(GB 50011—2001)

《混凝土结构设计规范》　(GB 50010—2002)
《砌体结构设计规范》　(GB 50003—2002)
《建筑地基基础设计规范》　(GB 50007—2002)
《混凝土结构施工图平面整体表示方法制图规则和构造详图》　(03G 101-1)

4. 材料

(1) 混凝土

基础垫层	C15
基础	C25
柱、梁、板	C30
砌体墙构造柱、圈梁、过梁	C25

(2) 钢筋

Φ　HPB235；Φ　HRB335

受拉钢筋的最小锚固长度 l_a，混凝土保护层厚度按 03G101-1 第 33 页执行。

梁的下部纵向钢筋接长在支座范围内接头，梁的上部纵向钢筋可选择在跨中 1/3 跨度范围内接长，禁止在支座处接长。

5. 框架填充墙

±0.000 以上采用加气混凝土砌块、M7.5 混合砂浆砌筑；

±0.000 以下采用 250 厚 MU15 蒸压灰砂砖、M10 水泥砂浆砌筑。

砌体与构造柱之间应按构造要求设置拉结筋。

(五) 统一构造要求

1. 钢筋混凝土现浇板

1) 板的底部钢筋，短跨钢筋置于下排，长跨钢筋置于上排。板底钢筋应伸至支座中心线，且≥5d。

2) 板内分布筋凡详图未注明者为Φ 6@200。

3) 板上孔洞应预留施工时，各工种必须根据各专业图纸配合土建预留全部孔洞尺寸，当孔洞尺寸不大于 300mm 时，洞边不再另加钢筋，钢筋绕过洞边不得截断；当洞口尺寸大于 300mm，并小于等于 1000mm 时，应按图纸要求，加设洞边附加钢筋。

4) 悬挑构件（雨篷、阳台等），上部受拉钢筋应严格保证有效高度，混凝土强度达到 100%后方可拆模。

2. 梁

1) 次梁上筋应置于主梁上筋之上，钢筋位置应安放准确，确保钢筋的受力高度及保护层厚度，主梁与次梁底标高标高相同时，次梁下筋应置于主梁下筋之上，次梁底标高相同时，短向次梁的钢筋位于下侧。

2) 施工图中仅画出断面的梁，其上下钢筋均应按规定锚入支座。

3) 梁跨度≥4000 按施工验收规范起拱。

3. 柱

配合建施图预留门窗过梁插筋。

4. 填充墙、隔墙

1) 填充墙、内隔墙的材料及平面位置详建施图，未经设计同意不得随意改变。

2）墙体沿框架柱或构造柱全高每隔500mm设2Φ6拉筋，拉筋沿全长贯通。

3）在墙转角处，墙端部（没有框架柱），大房间内外墙交接处以及沿墙长每隔3000mm左右设构造柱一个，$b \times h$=墙厚×300，配筋4Φ12，Φ6@200，设拉墙筋。

4）墙高超过4000mm时，在墙高的中部或门洞顶部设圈梁一道，$b \times h$=墙厚×200，配筋Φ6@200，外墙在窗台处设圈梁一道，$b \times h$=墙厚×200，配筋4Φ12，Φ6@200。未注明门窗洞口过梁断面为墙厚×240，配筋为上2Φ12，下3Φ14，Φ8@200。

5）墙长超过5000mm时，墙顶与板底或梁底应按西南05G701（一）第33页7大样连接。构造柱、填充墙、隔墙应与梁底或板底斜砌顶紧。

6）门宽≥2400的门洞两边设构造柱，$b \times h$=墙厚×300，配筋4Φ12，Φ6@200。构造柱同墙高，柱内钢筋锚入上下梁（或基础梁）或楼板内，设拉墙筋。

7）所有构造柱插筋，拉墙筋均应预留。

5.基础梁平法表示参见04G101-3。

（六）其他

配合建筑、水、暖、电各专业进行预留施工。

第三节　安装工程量清单报价编制案例

一、编制依据

依据招标文件规定的承包工程范围和业主给定的工程量清单（略）、计价规范和双方认定的综合单价（本工程采用综合单价法）以及相关合同、标准等技术经济文件。

二、工程概况及报价表格组成

工程概况见总说明，土建工程已计算为467895.03元。封面见表9-25、投标总价见表9-26、工程量清单投标报价编制总说明见表9-27、单项工程费汇总表见表9-28、建筑与安装单位工程费汇总表见表9-29、表9-30、零星工作项目计价表见表9-31、其他项目清单计价表见表9-32、措施项目清单计价表见表9-33、措施项目费分析表见表9-34、分部分项工程量清单报价表见表9-35、分部分项工程量清单综合单价分析表见表9-36、主要材料价格表见表9-37。

封　面　　**表9-25**

住宅楼　工程

工程量清单报价表

投　标　人：　兴盛建筑公司　（单位签字盖章）

法定代表人：　葛　洪　（签字盖章）

造价工程师

及注册证号：　萧　峰　（签字盖执业专用章）

编 制 时 间：　2006年　4　月　28　日

投 标 总 价 　　表 9-26

建 设 单 位：明月房地产开发公司

工 程 名 称：住 宅 楼

投标总价(小写)：467895.03

(大写)：肆拾陆万柒仟捌佰玖拾伍元零叁分

投 标 人：兴盛建筑公司　(单位签字盖章)

法 定 代 表 人：葛 洪　(签字盖章)

造价工程师及注册证号：萧 峰　(签字盖执业专用章)

编 制 时 间：2006 年 10 月 28 日

工程量清单投标报价编制总说明 　　表 9-27

工程名称：住宅楼土建水暖安装工程　　第　页共　页

1. 工程概况

1.1 编制依据：GB 50500—2003 计价规范；2003 重庆建设工程消耗量定额安装工程消耗量定额以及相应综合单价；建设单位提供的住宅楼工程土建、水、暖施工图、招标邀请书、招标答疑等一系列招标文件。

1.2 工程范围：住宅楼给排水、采暖管道安装工程。土建工程为总包单位，造价已计算为 415637.79 元。安装总承包服务费经商议计取 1588 元。

1.3 工程地点：重庆市沙坪坝区。

1.4 施工时间：2005.11 月～2006.5 月。

2. 编制说明：

2.1 经核算建设方招标书中发布的“工程量清单”中的工程数量基本无误。

2.2 我公司编制的该工程施工方案，基本与标底的施工方案相似，所以措施项目与标底采用的一致。例：按照招标文件规定，对阀门的质量要求严格遵循 GB 50242—2002 验收标准做强度以及严密性试验，对管网做水压试验。

2.3 经我公司实际进行市场调查后，建筑材料市场价格确定如下：

2.3.1 钢材：经我方掌握的市场信息，该材料价格趋上涨形势，故钢材报价在标底价的基础上上涨 1%。

2.3.2 砂、石材料因该工程在远郊，且工程附近 100m 处有一砂石场，故砂、石材料报价在标底价上下浮 10%。

3. 按我公司目前资金和技术能力、该工程各项费率取值

依据招标文件规定和本公司对该工程施工组织实施情况的要求，经公司综合详细测算，单价和各项费率综合取定如下：

3.1 主材单价见主要材料价格表。

3.2 各项费用的费率取定如下：

(环境保护、二次搬运、临时设施费取费同本案例)

(土建略)

费率名称	安全文明专项费	规 费	管理费	利 润
取费率(%)	7.0	6.0	61.70	42.73

单项工程费汇总表 　　表 9-28

工程名称：住宅楼水暖安装工程　　第　页共　页

序 号	单位工程名称	金 额(元)
1	土建工程	415637.79
2	水暖工程	52257.24
3		
	合计	467895.03

单位工程费汇总表　　**表 9-29**

工程名称：住宅楼土建工程(投标)　　第　页　共　页

序　号	项　目　名　称	金　额(元)	费　率%	备　注
1	分部分项工程量清单计价合计	282349.16		
2	措施项目清单计价合计	49032.67		
3	其他项目清单计价合计	21000.00		
4	安全文明施工专项费用	26250.00	7.5(元/m^2)	3500m^2
5	规费，(1+2+3+4)×(规定费率)	22717.91	6	
6	税前造价(1+2+3+4+5)	401349.74		
7	税金，(6)×3.56 %(规定费率)	14288.05	3.56	
8	合计(6+7)	415637.79		

单位工程费汇总表　　**表 9-30**

工程名称：住宅楼水暖安装工程(投标)　　第 1 页　共 1 页

序　号	项　目　名　称	金　额(元)	费　率%	备　注
1	分部分项工程量清单计价合计	18184.61		
2	措施项目清单计价合计	3047.06		
3	其他项目清单计价合计	28550.97		
4	安全文明施工专项费用，人工费×(规定费率)	365.18	7	5216.79 为基数
5	规费，人工费×(规定费率)	313.01	6	5216.79 为基数
6	税前造价(1+2+3+4+5)	50460.83		
7	税金，(6)×3.56 %(规定费率)	1796.41	3.56	
8	合计(6+7)(结转至单项工程费汇总表)	52257.24		

零星工作项目计价表　　**表 9-31**

工程名称：住宅楼水暖安装工程(投标)　　第 1 页　共 1 页

序　号	项目名称	计量单位	数　量	金额(元)	
				综合单价	合　价
1	人工				
1.1	辅工	工日	2.00	30	60.00
1.2	焊工	工日	2.00	40	80.00
	小　计				140.00
2	油毛毡材料	m^2	20	18.00	360.00
	小　计				360.00
3	机械				
3.1	电焊机 100kW	台班	2.00	200.00	400.00
3.2	试压泵	台班	1.00	220.00	220.00
	小　计				620.00
	合计(1+2+3，结转至单位工程费汇总表)				1120.00

其他项目清单计价表

表 9-32

工程名称：住宅楼水暖安装工程（投标）　　　　第 1 页　共 1 页

序　号	项　目　名　称	金　额(元)
1	招标人部分	
1.1	预留金	
1.2	材料购置费	25842.97
	小　计	25842.97
2	投标人部分	
2.1	总承包服务费	1588
2.2	零星工作项目计价表费用	1120
	小　计	2708.00
	合　计(1+2，结转至单位工程费汇总表)	28550.97

措施项目清单计价表

表 9-33

工程名称：住宅楼水暖安装工程（投标）　　　　第 1 页　共 1 页

序　号	项目名称	单　位	数　量	单价(元)	合价(元)
1	环境保护费	项	1	475.01	475.01
2	临时设施费	项	1	1196.21	1196.21
3	二次搬运费	项	1	277.56	277.56
4	脚手架费用	项	1	1098.28	1098.28
	合计(1+2+3+4，结转至单位工程费汇总表)			3047.06	

措施项目费分析表

表 9-34

工程名称：住宅楼水暖安装工程(投标)　　　　第 1 页　共 1 页

序号	措施项目名称	单　位	数　量	金　额(元)					
				人工费	材料费	机械费	管理费	利　润	小　计
1	环境保护费	项	1	208	13.8	35	128.34	88.88	474.02
2	临时设施	项	1	208	720	50	128.34	88.88	1195.22
3	二次搬运费	项	1	130	10.8	—	80.21	55.55	276.56
4	脚手架搭拆费	项	1	390	250	50	240.63	166.65	1097.28
	合　计								3043.08

分部分项工程量清单报价表　　表 9-35

工程名称：住宅楼水暖安装工程(投标)　　第 1 页　共 1 页

序　号	清单项目编码	项 目 名 称	计量单位	工程量	金　额(元)	
					综合单价(元)	综合价(元)
1	030801001001	给水镀锌钢管螺纹连接安装 *DN*50	m	5.14	19.70	101.26
2	030801001002	给水镀锌钢管螺纹连接安装 *DN*40	m	9.26	18.19	168.44
3	030801001003	给水镀锌钢管螺纹连接安装 *DN*32	m	36.04	15.62	562.95
4	030801001004	给水镀锌钢管螺纹连接安装 *DN*25	m	9.60	15.38	147.65
5	030801001005	给水镀锌钢管螺纹连接安装 *DN*20	m	25.79	12.66	326.50
6	030801001006	给水镀锌钢管螺纹连接安装 *DN*15	m	7.20	12.80	92.16
7	030801005001	承插塑料排水管安装(零件粘接)*DN*100	m	28.83	15.58	449.17
8	030801005002	承插塑料排水管安装(零件粘接)*DN*75	m	57.15	13.31	760.67
9	030803001001	螺纹截止阀 *DN*50	个	1	28.50	28.50
10	030803001002	螺纹截止阀 *DN*40	个	1	25.03	25.03
11	030803001003	螺纹截止阀 *DN*32	个	4	16.75	67.00
12	030803001004	螺纹截止阀 *DN*20	个	6	9.33	55.98
13	030804016001	钢质水龙头 *DN*15	个	18	1.56	28.08
14	030804019001	小便槽冲洗管镀锌钢管螺纹接 *DN*15	m	9.00	43.08	387.72
15	030804007001	钢管组成冷热水淋浴器	组	6	79.68	478.08
16	030804012001	陶瓷蹲式大便器安装	套	12	119.62	1435.44
17	030804014002	小便槽自动冲洗水箱安装	套	3	88.27	264.81
18	030804018001	塑料清扫口 *DN*100	个	3	5.29	15.87
19	030804017001	塑料地漏 *DN*75	个	12	22.52	270.24
20	030804015001	塑料排水栓带存水弯 *DN*50	组	6	18.03	108.18
21	030802001001	管道支架制作安装 L50×5	kg	6.5	11.91	77.42
22	030801002001	热水采暖焊接钢管 *DN*50	m	39.18	16.44	644.11
23	030801002003	热水采暖焊接钢管 *DN*40	m	20.00	13.77	275.40
24	010302001001	热水采暖焊接钢管 *DN*32	m	10.00	13.42	134.20
25	030801002004	热水采暖焊接钢管 *DN*25	m	10.50	12.34	129.57
26	030801002005	热水采暖焊接钢管 *DN*20	m	10.50	11.81	124.01
27	030801001007	热水采暖镀锌钢管螺纹接 *DN*15	m	222.96	12.80	2853.89
28	030805001001	四柱型铸铁散热器安装	片	392.00	17.81	6981.52
29	030803016001	集气罐 ϕ150 Ⅱ 型	个	1	86.66	86.66
30	030803001005	螺纹截止阀安装 *DN*50	个	2	28.50	57.00
31	030803001006	螺纹截止阀安装 *DN*15	个	25	8.03	200.75
32	030803005001	手动放风阀安装 *DN*15	个	1	1.61	1.61
33	030807001001	管道支架制作安装 L50×5	kg	64.50	11.91	768.20
34	030807001001	采暖工程系统调整	系统	1	376.54	376.54
	本页合计(1～34 项结转至单位工程费汇总表)					18484.61

分部分项工程量清单综合单价分析表　　　　**表 9-36**

工程名称：住宅楼水暖安装工程(投标)　　　　第 1 页共 5 页

序号	项目编码	项目名称	定额编号	工作内容	单位	工程数量	综合单价组成					综合单价
							人工费	材料费	机械费	管理费利润	综合合价	
1	030801001001	给水镀锌钢管安装 *DN*50 螺纹接	CH0096	室内管道镀锌钢管	10m	0.514	69.68	46.89	3.4	72.79	99.08	19.70
			CH0300	管道消毒、冲洗	100m	0.0514	13.52	15.15		14.12	2.20	
				小计							101.278	
2	030801001002	给水镀锌钢管安装 *DN*40 螺纹接	CH0095	室内管道镀锌钢管安装	10m	0.926	68.12	37.12	1.20	71.16	164.46	18.19
			CH0300	管道消毒、冲洗	100m	0.0926	13.52	15.15		14.12	3.96	
				小计							168.42	
3	030801001003	给水镀锌钢管安装 *DN*32 螺纹接	CH0094	室内管道镀锌钢管安装	10m	3.60	57.20	33.73	1.20	59.76	546.80	15.62
			CH0300	管道消毒、冲洗	100m	0.360	13.52	15.15		14.12	15.40	
				小计							562.20	
4	030801001004	给水镀锌钢管安装 *DN*25 螺纹接	CH0093	室内管道镀锌钢管安装	10m	0.96	57.20	31.35	1.20	59.76	143.53	15.38
			CH0300	管道消毒、冲洗	100m	0.096	13.52	15.15		14.12	4.11	
				小计							147.64	
5	030801001005	给水镀锌钢管安装 *DN*20 螺纹接	CH0092	室内管道镀锌钢管安装	10m	2.58	47.58	25.99		49.71	318.06	12.66
			CH0300	管道消毒、冲洗	100m	0.26	13.52	15.15		14.12	11.13	
				小计							329.19	
6	030801001006	给水镀锌钢管安装 *DN*15 螺纹接	CH0091	室内管道镀锌钢管安装	10m	0.72	47.58	26.45		49.71	89.09	12.80
			CH0300	管道消毒、冲洗	100m	0.072	13.52	15.15		14.12	3.08	
				小计							92.17	
7	030801005001	承插塑料排水管安装 *DN*100 零件粘接	CH0213	室内承插塑料排水管安装	10m	2.88	60.32		32.47	63.02	448.73	15.58
8	030801005002	承插塑料排水管安装 *DN*75 零件粘接	CH0212	室内承插塑料排水管安装	10m	5.72	54.08	22.08	0.47	56.50	761.50	13.31

续表

序号	项目编码	项目名称	定额编号	工作内容	单位	工程数量	综合单价组成					综合单价
							人工费	材料费	机械费	管理费利润	综合合价	
9	030803001001	截止阀螺纹接 DN50	CH0316	螺纹阀安装	个	1	6.50	15.21		6.79	28.50	28.50
10	030803001002	截止阀螺纹接 DN40	CH0315	螺纹阀安装	个	1	6.50	11.74		6.79	25.03	25.03
11	030803001003	截止阀螺纹接 DN32	CH0314	螺纹阀安装	个	4	3.90	8.78		4.07	67.00	16.75
12	030803001004	截止阀螺纹接 DN20	CH0312	螺纹阀安装	个	6	2.60	4.01		2.72	55.98	9.33
13	030804016001	钢质水龙头 DN15	CH0508	水龙头安装	10个	1.80	7.28	0.68		7.60	28.01	1.56
14	030804019001	小便槽冲洗管镀锌钢管安装 DN15 螺纹接	CH0526	小便槽冲洗管制安	10m	0.90	168.74	57.79	23.73	176.28	383.89	43.08
			CH0300	管道消毒、冲洗	100m	0.09	13.52	15.15		14.12	3.85	
				小计							387.74	
15	030804007001	钢管组装冷热水淋浴器	CH0474	淋浴器组成安装	10组	0.6	145.6	499.1		152.11	478.09	79.68
16	030804012001	陶瓷蹲式大便器安装	CH0477	蹲式大便器瓷高水箱安装	10套	1.20	251.16	682.63		262.39	1435.42	119.62
17	030804014002	小便槽自动冲洗水箱安装	CH0503	小便槽自动冲洗水箱安装	10套	0.30	101.92	674.29		106.48	264.81	88.27
18	030804018001	塑料清扫口安装 DN100	CH0523	地面扫除口 DN100	10个	0.3	25.22	1.3		26.35	15.86	5.29
19	030804017001	塑料地漏 DN75	CH0518	地漏 DN80	10个	1.2	96.98	26.85		101.32	270.18	22.52
20	030804015001	塑料排水栓带存水弯 DN50	CH0513	带存水弯 DN50	10组	0.6	49.40	79.27		51.61	108.17	18.03
21	030802001001	一般管道支架制安	CH0238	管道支架制安	100kg	0.065	263.64	193.22	365.56	275.42	71.36	11.91
			CK0010	手工除轻锈	100kg	0.065	8.84	2.60	7.49	9.24	1.83	
			CK0124	防锈漆第一遍	100kg	0.065	5.98	0.70	7.49	6.25	1.33	
			CK0127	银粉漆第一遍	100kg	0.065	5.72	3.60	7.49	5.98	1.48	
			CK0128	银粉漆第二遍	100kg	0.065	5.72	2.90	7.49	5.98	1.44	
				小计							77.44	

续表

序号	项目编码	项目名称	定额编号	工作内容	单位	工程数量	综合单价组成					综合单价
							人工费	材料费	机械费	管理费利润	综合合价	
22	030801002001	热水采暖焊接钢管 *DN*50	CH0115	焊接钢管 *DN*50 内	10m	3.92	51.74	17.39	8.67	54.05	516.85	16.44
			CH0300	管道消毒、冲洗	100m	0.39	13.52	15.15		14.12	16.70	
			CK0002	手工除轻锈	10m²	0.68	8.84	3.52		9.24	14.69	
			CK0058	防锈漆第一遍	10m²	0.68	7.02	0.98		7.33	10.42	
			CK0061	银粉漆第一遍	10m²	0.68	7.28	4.39		7.61	13.11	
			CK0062	银粉漆第二遍	10m²	0.68	7.02	3.98		7.33	12.46	
			CH0234	铁皮套管 *DN*80 内	个	9	2.34	1.94		2.44	60.48	
				小计							644.72	
23	030801002002	热水采暖焊接钢管 *DN*40	CH0114	焊接钢管 *DN*40 内	10m	2.0	47.06	9.93	7.86	49.16	228.02	13.77
			CH0300	管道消毒、冲洗	100m	0.2	13.52	15.15		14.12	8.56	
			CK0002	手工除轻锈	10m²	0.28	8.84	3.52		9.24	6.05	
			CK0058	防锈漆第一遍	10m²	0.28	7.02	0.98		7.33	4.30	
			CK0061	银粉漆第一遍	10m²	0.28	7.28	4.39		7.61	5.40	
			CK0062	银粉漆第二遍	10m²	0.28	7.02	3.98		7.33	5.13	
			CH0232	铁皮套管 *DN*50 内	个	4	1.56	1.30		1.63	17.96	
				小计							275.41	
24	030801002003	热水采暖焊接钢管 *DN*32	CH0113	焊接钢管 *DN*32 内	10m	1.0	43.16	7.97	7.04	45.09	103.26	13.42
			CH0300	管道消毒、冲洗	100m	0.1	13.52	15.15		14.12	4.28	
			CK0002	手工除轻锈	10m²	0.12	8.84	3.52		9.24	2.59	
			CK0058	防锈漆第一遍	10m²	0.12	7.02	0.98		7.33	1.84	
			CK0061	银粉漆第一遍	10m²	0.12	7.28	4.39		7.61	2.31	
			CK0062	银粉漆第二遍	10m²	0.12	7.02	3.98		7.33	2.20	
			CH0231	铁皮套管 *DN*40 内	个	4	1.56	1.30		1.63	17.72	
				小计							134.20	

续表

序号	项目编码	项目名称	定额编号	工作内容	单位	工程数量	综合单价组成					综合单价
							人工费	材料费	机械费	管理费利润	综合合价	
25	030801002004	热水采暖焊接钢管 DN25	CH0113	焊接钢管 DN32 内	10m	1.05	43.16	7.97	7.04	45.09	108.42	12.34
			CH0300	管道消毒、冲洗	100m	0.11	13.52	15.15		14.12	4.70	
			CK0002	手工除轻锈	10m²	0.10	8.84	3.52		9.24	2.16	
			CK0058	防锈漆第一遍	10m²	0.10	7.02	0.98		7.33	1.53	
			CK0061	银粉漆第一遍	10m²	0.10	7.28	4.39		7.61	1.93	
			CK0062	银粉漆第二遍	10m²	0.10	7.02	3.98		7.33	1.83	
			CH0230	铁皮套管 DN32 内	个	2	1.56	1.30		1.63	8.98	
				小计							129.56	
26	030801002005	热水采暖焊接钢管 DN20	CH0113	焊接钢管 DN32 内	10m	1.05	43.16	7.97	7.04	45.09	108.42	11.81
			CH0300	管道消毒、冲洗	100m	0.11	13.52	15.15		14.12	4.70	
			CK0002	手工除轻锈	10m²	0.08	8.84	3.52		9.24	1.73	
			CK0058	防锈漆第一遍	10m²	0.08	7.02	0.98		7.33	1.23	
			CK0061	银粉漆第一遍	10m²	0.08	7.28	4.39		7.61	1.54	
			CK0062	银粉漆第二遍	10m²	0.08	7.02	3.98		7.33	1.47	
			CH0229	铁皮套管 DN25 内	个	2	0.78	0.86		0.81	4.90	
				小计							123.99	
27	030801001007	热水采暖镀锌钢管 DN15 螺纹接	CH0091	室内管道 DN32 内	10m	22.30	47.58	26.45		49.71	2759.40	12.80
			CH0300	管道消毒冲洗 DN50 内	100m	2.23	13.52	15.15		14.12	95.42	
				小计							2854.82	
28	030805001001	四柱 813 型铸铁散热器安装	CH0561	柱型铸铁散热器安装	10 片	39.20	10.76	156.10		11.24	6981.52	17.81
				小计							6981.52	

续表

序号	项目编码	项目名称	定额编号	工作内容	单位	工程数量	综合单价组成					综合单价
							人工费	材料费	机械费	管理费利润	综合合价	
29	030803016001	集气罐φ150Ⅱ型	CF2962	集气罐制作	个	1	17.42	18.16	10.60	18.20	64.38	86.66
			CF2967	集气罐安装	个	1	7.02			7.33	14.35	
			CK0011	手工除锈一般钢结构轻锈	100kg	0.07	8.84	2.6	7.49	9.24	1.97	
			CK0124	防锈漆第一遍	100kg	0.07	5.98	0.7	7.49	6.25	1.43	
			CK0125	防锈漆第二遍	100kg	0.07	5.72	0.63	7.49	5.98	1.39	
			CK0127	银粉漆第一遍	100kg	0.07	5.72	3.60	7.49	5.98	1.60	
			CK0128	银粉漆第二遍	100kg	0.07	5.72	2.90	7.49	5.98	1.55	
				小计							86.66	
30	030803001005	截止阀安装 *DN*50	CH0316	截止阀安装螺纹接 *DN*50	个	2	6.5	15.21		6.79	57	28.50
				小计							57	
31	030803001006	截止阀安装 *DN*15	CH0311	截止阀安装螺纹接 *DN*15	个	25	2.605	3.16		2.27	200.88	8.04
				小计							200.88	
32	030803005001	手动放风阀 *DN*15	CH0372	手动放风阀 *DN*15	个	1	0.78	0.02		0.81	1.61	1.61
				小计							1.61	
33	030802001002	采暖管道支架制作安装	CH0238	一般管道支架制安	100kg	0.65	263.64	193.22	365.56	275.42	713.60	11.91
			CK0010	手工除轻锈	100kg	0.65	8.84	2.602	7.49	9.24	18.31	
			CK0124	防锈漆第一遍	100kg	0.65	5.98	0.7	7.49	6.25	13.27	
			CK0127	银粉漆第一遍	100kg	0.65	5.72	3.60	7.49	5.98	14.81	
			CK0128	银粉漆第二遍	100kg	0.65	5.72	2.90	7.49	5.98	14.36	
				小计							774.35	
34	030807001001	采暖工程[1]系统调整		系统	1.00	62.29 y	249.20 z		65.05 m	376.54		376.54

[1] 采暖工程系统调整费是以本系统各项人工费之合计的15%为计算基数(X)，其中20%为本项的人工费(Y)，80%为材料费(Z)。

本例23～33项人工费合计是由各分项工程量与其人工费之积汇总而成的，为2076.59元。

则：计算基数　$X=2076.59\times15\%=311.49$(元)

人工费　$Y=311.49\times20\%=62.29$(元)

材料费　$Z=X-Y=311.49-62.29=249.20$(元)

主要材料价格表

表 9-37

工程名称：住宅楼水暖安装工程(投标)

共 2 页

序号	编码	名称规格	单位	数量	损耗	消耗量	单价(元)	合价(元)
1		镀锌钢管 DN50	m	5.14	1.02	5.24	27	141.56
2		镀锌钢管 DN40	m	9.26	1.02	9.45	22.00	207.79
3		镀锌钢管 DN32	m	36.04	1.02	36.76	18.30	672.72
4		镀锌钢管 DN25	m	9.60	1.02	9.79	15.60	152.76
5		镀锌钢管 DN20	m	25.79	1.02	26.31	12.80	336.71
6		镀锌钢管 DN15	m	7.20	1.02	7.34	9.50	69.77
7		PVC 塑料管安装 DN100	m	28.83	0.95	27.39	19.80	542.29
8		PVC 塑料管安装 DN100 管件	m	28.83	1.14	32.87	9.00	295.80
9		PVC 塑料管安装 DN75	m	57.15	0.95	54.29	11.00	597.22
10		PVC 塑料管安装 DN75 管件	m	57.15	1.08	61.72	5.00	308.61
11		螺纹阀门 DN50	个	1	1.01	1.01	145.00	146.45
12		螺纹阀门 DN40	个	1	1.01	1.01	98.00	98.98
13		螺纹阀门 DN32	个	4	1.01	4.04	70.00	282.80
14		螺纹阀门 DN20	个	6	1.01	6.06	52.00	315.12
15		钢质水龙头 DN15	个	18	1.01	18.18	8.50	154.53
16		无缝钢管 DN15	m	9.00	1.02	9.18	43.50	399.33
17		喷头	个	6.00	1.00	6.00	135.00	810.00
18		瓷蹲式大便器	个	12	1.01	12.12	65.00	787.80
19		高水箱	个	12	1.01	12.12	48.00	581.76
20		高水箱配件	套	12	1.01	12.12	35.00	424.20
21		瓷自动冲洗水箱	个	3	1.00	3.00	56.00	168.00
22		塑料清扫口 DN100	个	3	1.00	3.00	22.00	66.00
23		塑料地漏 DN75	个	12	1.00	12.00	16.20	194.40
24		排水栓带链堵	套	6	1.00	6.00	39.00	234.00
25		型钢(综合)	kg	6.50	1.06	6.89	3.00	20.67
		给排水材料费小计						8008.97
26		焊接钢管 DN50	m	39.18	1.02	39.96	28.00	1118.98
27		焊接钢管 DN40	m	20.00	1.02	20.40	25.00	510.00
28		焊接钢管 DN32	m	10.00	1.02	10.20	22.00	224.40
29		焊接钢管 DN25	m	10.50	1.02	10.71	18.00	192.78
30		焊接钢管 DN20	m	10.50	1.02	10.71	15.00	160.65
31		镀锌钢管 DN15	m	222.96	1.02	227.42	9.50	2160.48
32		柱型铸铁散热片	片	392	0.69	270.48	35.00	9466.80
33		集气罐 φ150 Ⅱ型	个	1	1.00	1.00	2300.00	2300.00
		采暖材料费本页小计						16134.09

续表

序号	编码	名称规格	单位	数量	损耗	消耗量	单价（元）	合价（元）
34		截止阀 *DN*50 螺纹接	个	2	1.01	2.02	145.00	292.90
35		截止阀 *DN*15 螺纹接	个	25	1.01	25.25	39.00	984.75
36		手动放风阀 *DN*15 螺纹接	个	1	1.01	1.01	215.00	217.15
37		型钢(综合)	kg	64.50	1.06	68.37	3.00	205.11
		采暖材料费本页小计						1699.91
		水暖材料费合计(1～37 项)						25842.97

注：1. 招标人提供的主要材料价格表应包括详细的材料编码、材料名称、规格型号和计量单位等；
　　2. 所填写的单价必须与工程量清单计价中采用的相应材料的单价一致。

三、报价顺序

1. 主要材料价格表
2. 分部分项工程量清单综合单价分析表
3. 分部分项工程量清单计价表
4. 措施项目费分析表
5. 措施项目清单计价表
6. 其他项目清单计价表
7. 零星工作项目计价表
8. 单位工程费汇总表
9. 单项工程费汇总表
10. 工程项目总价表
11. 投标总价
12. 封面

第十章　设计概算的编制

第一节　设 计 概 算 概 述

一、设计概算的概念

设计概算是初步设计阶段，确定工程从筹建到交付使用所发生的全部建设费用的经济文件。其编制依据为初步设计（或扩大初步设计）图纸、概算定额（或概算指标）、设备清单、费用标准等技术经济资料。

二、设计概算的作用

设计概算在整个工程项目的建设过程中起着极为重要的作用，现分述如下：

1. 设计概算是编制建设项目投资计划、确定和控制建设项目投资的依据

根据国家现行规定，年度建设项目投资计划的编制，确定计划投资总额及其构成，都必须以批准的初步设计概算为依据，未经批准的建设项目初步设计及概算，不能列入年度建设项目投资计划。经批准的建设项目设计投资总额，是该建设项目投资的最高限额。

2. 设计概算是签订贷款合同的依据

建设投资人（业主）和银行，必须根据批准的设计概算和年度投资计划签订贷款合同，并严格实行监督控制，未经主管部门批准银行不得贷款。

3. 设计概算是控制施工图设计和施工图预算的依据

建设投资人（业主）和设计单位，必须按照批准的初步设计和总概算进行施工图设计，使其施工图预算不得突破设计概算，从而严格控制工程造价。

4. 设计概算是评价设计技术经济合理性和选择最佳设计方案的依据

设计概算是建设项目设计技术经济合理性的综合体现，并据此对不同设计方案进行分析比较和选择最佳设计方案的依据。

5. 设计概算是考核建设项目投资效果的依据

建设投资人（业主）通过设计概算与施工图预算和竣工决算的对比，可分析和考核建设投资效果，验证设计概算的准确性，并有利于加强设计概算的管理和工程造价的控制。

三、设计概算的组成内容

设计概算可分为单位工程概算、单项工程综合概算以及建设项目总概算三个层次。设计概算文件包括建设项目概算编制说明、总概算书、单项工程综合概算书、单位工程概算书、工程建设其他费用概算、主要材料与设备需用表等组成内容。即建设项目总概算由一个或若干个单项工程综合概算、工程建设其他费用概算、建设预备费概算等内容组成；单项工程综合概算由若干个单位建筑工程概算和若干个设备及安装工程概算等内容组成。具体组成内容分述如下：

1. 单位工程概算

单位工程概算是初步设计（或扩大初步设计）阶段，依据所达到设计深度的单位工程

设计图纸、概算定额（或概算指标）以及有关费用标准等技术经济资料编制的单位工程建设费用文件。它是单项工程综合概算的组成部分，也是编制单项工程综合概算的主要依据。单位工程概算按工程性质的不同，其内容组成分为建筑工程概算和设备及安装工程概算两大类。建筑工程概算的内容包括土建工程概算、装饰装修工程概算、给排水及采暖工程概算、通风及空调工程概算、电气照明工程概算、弱电工程概算、特殊构筑物工程概算等；设备及安装工程概算的内容包括机械设备及安装工程概算、电气设备及安装工程概算，以及工具、器具及生产家具购置费概算等。

2. 单项工程综合概算

单项工程综合概算是指确定建设项目中各单项工程所需建设费用的经济文件。单项工程综合概算是建设项目总概算的主要组成部分，由单项工程中各单位工程概算的逐个编制与汇总组成。因此，单位工程综合概算的组成内容，主要包括建筑工程概算、设备及安装工程概算和工程建设其他费用概算等（不编制总概算时列入）。

3. 建设项目总概算

建设项目总概算是指确定整个建设项目从筹建到竣工验收所需全部建设费用的经济文件。建设项目总概算的组成内容，主要由各单项工程综合概算、工程建设其他费用概算、预备费等汇总编制而成。

四、设计概算的编制原则和编制依据

1. 设计概算的编制原则

设计概算的编制原则应是严格执行国家建设方针和经济政策；完整、准确的反映设计内容；结合拟建工程实际，反映工程所在地价格水平。总之设计概算应体现技术先进、经济合理，简明、适用。概算造价要控制在投资估算范围内。

2. 设计概算的编制依据

设计概算的编制依据为经批准的可行性研究报告以及投资估算、设计图纸等资料；有关部门颁布的现行概算定额、概算指标、费用定额以及有关取费标准；人工、设备材料预算价格、造价指数等；有关合同、协议以及其他相关资料等。

第二节　单位工程设计概算的编制

一、单位工程设计概算的编制步骤

单位工程设计概算的编制步骤与施工图预算的编制步骤基本相同。其编制的具体步骤如下：

1. 熟悉设计文件、了解施工现场情况

熟悉施工图纸等设计文件、掌握工程全貌，明确工程结构形式和特点；调查了解施工现场的地形、地貌和施工作业环境。

2. 收集有关基础资料

收集和掌握的基础资料，包括建设地区的工程地质、水文气象、交通运输条件、材料设备来源地点及价格等。

3. 熟悉定额资料

设计概算一般可以利用概算定额进行编制，也可以利用概算指标进行编制，有时还可

以利用综合预算定额进行编制等。因此，概算编制人员应熟悉有关的定额资料。

4. 列出扩大分项工程项目、计算工程量

首先将单位工程划分成若干个与定额子目相对应的扩大分项工程项目，然后按照概算工程量计算规则计量。

5. 套用定额、计算直接费

将计算后的概算工程量，分别列入工程概算表内，再套用相对应的概算定额（或概算指标），然后再计算定额直接费。

6. 计算各项费用，确定工程概算造价

按照各地区制定的费用定额计算各项费用，将计算的各项费用汇总，就得到工程概算造价。

7. 概算技术经济指标的计算与分析

根据确定的设计概算造价，分别计算单方造价（元/m^2）、单方消耗量（人工、材料和机械台班）等技术经济指标，同时加以分析比较，以供需要。

二、建筑工程设计概算的编制方法

建筑工程概算的编制方法主要包括扩大单价法、概算指标法、类似工程概算法等。

1. 扩大单价法

扩大单价法的概算编制程序如下：

（1）根据初步设计图纸或扩大初步设计图纸以及概算工程量计算规则，计算工程量。

（2）根据工程量和概算定额基价，计算直接费。

（3）将直接费乘以间接费率和利润率，计算间接费（有些地区的概算规定为综合费用）和利润。

（4）将计算得到的直接费、间接费以及利润相加，就得到土建工程设计概算。

（5）将概算价值除以建筑面积，可求出单方造价指标，即：

单位工程概算的单方造价＝单位工程概算造价/单位工程建筑面积　(10-1)

（6）进行概算工料分析，并计算出人工、材料的总消耗量。此法适于初步设计达到一定深度，建筑结构较为明确时采用。

2. 概算指标法

如果设计深度不够，不能准确计量，并且工程采用的技术较为成熟、又有类似概算指标可加以利用时，可采用概算指标编制工程概算。

所谓概算指标指采用建筑面积、建筑体积或万元等单位，以整幢建筑物为对象而编制的指标。其数据来源于各种已建的建筑物预算或决算资料，也就是用已建建筑物的建筑面积或每万元除以所需的各种人工、材料获得。

因为概算指标是按照整幢建筑物的单位建筑面积表示的价值或单方消耗量，它比概算定额更为扩大、更综合，故按照概算指标编制设计概算更简化，但精确度较差。

若以单位建筑面积工料消耗量概算指标为例其计算公式如下：

每 $1m^2$ 建筑面积人工费＝指标规定的人工工日数×当地日工资标准　(10-2)

每 $1m^2$ 建筑面积主要材料费＝Σ（指标规定的主要材料消耗量×当地材料预算单价）　(10-3)

每 $1m^2$ 建筑面积直接费＝人工费＋主要材料费＋其他材料费＋机械费　(10-4)

每 $1m^2$ 建筑面积概算单价＝直接费＋间接费＋材料价差＋利润＋税金　(10-5)

则设计工程概算价值＝设计工程建筑面积×每 $1m^2$ 概算单价　(10-6)

如果初步设计的工程内容与概算指标规定的内容有某些差异，可对原概算指标进行修正，之后用修正后的概算指标编制概算。其方法是，从原指标的单位造价中减去应换出的设计中不含的结构构件单价，再加入应换入的设计中包含而原指标中不包含的结构构件单价，就可得到修正后的单位造价指标。概算指标修正公式如下：

单位建筑面积造价修正概算指标＝原造价概算指标单价－换出结构构件的数量×单价＋换入结构构件的数量×单价　(10-7)

3. 设备、人工、材料、机械台班费用的调整

$$\text{设备、工、料、机修正概算费用}=\left[\text{原概算指标的设备、工、料、机费用}\right]+\sum\left[\text{换入设备、工、料、机数量}\right]\times(\text{拟建地区相应单价})-\sum\left[\text{换出设备、工、料、机数量}\right]\times(\text{原概算指标相应单价}) \quad (10\text{-}8)$$

4. 类似工程概算法

如果工程设计对象同已建或在建工程项目类似，结构特征上亦基本相同，此时可采用类似工程预、结算资料来计算设计工程的概算价值。此方法称为类似工程概算法。

这是用类似工程的预、结算资料，根据编制概算指标的方法，求出单位工程的概算指标，再按照概算指标法编制设计工程概算。

采用此方法时，要考虑设计对象同类似工程的差异，再用修正系数加以修正。如果设计对象与类似工程的结构构件有部分不相同时，必须增减这部分的工程量，之后再求出修正后的总概算造价。

采用此法编制概算的公式如下：

工资修正系数(K_1)＝拟建工程地区人工工资标准/类似工程所在地区人工工资标准　(10-9)

$$\text{材料预算价格修正系数}(K_2)=\frac{\sum(\text{类似工程各主要材料消耗量}\times\text{拟建工程地区材料预算价格})}{\text{类似工程主要材料费用}} \quad (10\text{-}10)$$

$$\text{机械使用费修正系数}(K_3)=\frac{\sum(\text{类似工程各主要机械台班数量}\times\text{拟建工程地区机械台班单价})}{\text{类似工程主要机械台班使用费}} \quad (10\text{-}11)$$

间接费修正系数(K_4)＝拟建工程地区间接费率/类似工程地区的间接费率　(10-12)

综合修正系数(K)＝人工工资比重×K_1＋材料费比重×K_2＋机械费比重×K_3＋间接费比重×K_4　(10-13)

$$\text{工程概算总造价}=\text{拟建工程的建筑面积}\times\text{类似工程的预算单方造价}\times\text{综合修正系数}(K)\pm\text{结构增减值}\times\left[1+\text{修正后的间接费率}\right] \quad (10\text{-}14)$$

三、设备安装工程概算的编制方法

设备安装工程概算的编制方法有预算单价法、扩大单价法、设备价值百分比法和综合

吨位指标法等方法。

1. 预算单价法

当初步设计具有一定的深度，且有详细的设备清单时，可直接按照安装工程预算定额单价编制设备安装工程概算，其概算编制程序与安装工程施工图预算基本相同。

2. 扩大单价法

当初步设计深度不够时，设备材料清单亦不完备，仅有主体设备或成套设备以及主要材料时，可采用主体设备、成套设备的综合扩大安装单价来编制概算。

【例 10-1】　某厂车间变电所拟建 SLZ7—5000/35 型变压器 2 台，综合扩大单价为 95 元/kVA，计算概算投资费用为多少？

【解】　95/10000 万元/kVA×5000kVA×2＝95.00（万元）

3. 设备价值百分比法

又称为安装设备百分比法，是在设计深度不够，只有设备出厂价而无详细规格、质量时，安装费可以按照所占设备费的百分比计算。百分比即为安装费率，可由主管部门指定或由设计单位根据已完类似工程确定。此方法多用于价格波动不大的定型产品和通用设备产品，计算公式为：

设备安装费＝设备原价×安装费率（%）　　(10-15)

【例 10-2】　某厂车间一通用设备，设备无详细资料，设备原价 3 万元，安装费率为 2%，求此设备的安装费是多少？

【解】　30000 元×2%＝600（元）

4. 综合吨位指标法

当初步设计提供的设备清单有规格和设备质量时，可采用综合吨位指标编制概算，其指标可由主管部门或设计院根据已完类似工程资料确定。这种方法多用于设备价格波动较大的非标准设备和引进设备的安装工程概算。计算公式为：

设备安装费＝设备吨位×每吨设备安装费指标（元/t）　　(10-16)

【例 10-3】　某厂引进设备规格、质量有详细清单，其质量为 5t，每吨设备安装费指标为 200 元/t，求此设备的安装费是多少？

【解】　5t×200 元/t＝1000（元）

四、设备购置费概算的编制

设备购置费由设备原价和设备运杂费两项组成。

国产标准设备原价可根据设备型号、规格、性能、材质数量以及附带的配件，向制造厂家询价或向设备、材料信息部门查询或按照主管部门规定的现行价格逐项计算。非主要标准设备和工、器具、生产家具的原价可按照主要标准设备原价的百分比计算，百分比指标按照主管部门或地区有关规定执行。详细内容见工程造价的确定与控制相关教材中有关设备及工、器具购置费用的构成章节的介绍。

国产非标准设备原价在编制设计概算时可按照下列两种方法确定：

1. 非标设备台（件）估价指标法

根据非标设备的类别、质量、性能、材质等情况，以每台设备规定的估价指标计算，即：

非标准设备原价＝设备台班×每台设备估价指标（元/台）　　(10-17)

2. 非标设备吨重估价指标法

根据非标准设备的类别、性能、质量、材质等情况，以某类设备所规定吨重估价指标计算，即：非标准设备原价=设备吨位×每吨设备估价指标（元/t）　　(10-18)

设备运杂费按照有关规定的运杂费率计算，即：

设备运杂费=设备原价×设备运杂费率（%）　　(10-19)

第三节　单项工程综合概算的编制

单项工程综合概算是以其所对应的建筑工程概算表和设备安装概算表为基础汇总编制的。当建设项目只有一个单项工程时，单项工程综合概算实际上就是总概算，还应包括工程建设其他费用、建设期贷款利息、预备费等概算。

一、综合概算编制说明

编制说明是单项工程综合概算书的组成部分，包括以下内容：

（1）工程概况。说明该单项工程的建设地址；建设规模；资金来源等。

（2）编制依据。说明综合概算编制的设计文件、定额、费用计算标准等。

（3）编制范围。说明综合概算所包括以及未包括的工程和费用情况。

（4）投资分析。说明按费用构成或投资性质分析各项工程和费用占总投资的比例。

（5）编制方法。利用预算单价法、扩大单价法、设备价值百分比法等。

（6）主要材料和设备数量。说明主要建筑材料（钢材、木材、水泥）及设备的数量等。

（7）其他需要说明的问题。

二、综合概算的内容

由于综合概算（书）是反映建设项目中某一单项工程所需全部建设费用的综合性技术经济文件，因此它所包括的内容有：

1. 建筑工程概算费用：包括一般土建工程、给排水工程、暖通工程、电气照明、弱电等工程概算费用；

2. 设备及安装工程概算费用：包括工艺以及土建设备购置费、工、器具购置费和设备安装工程费用。

3. 工程建设其他费用概算：包括土地使用费、与项目建设有关的其他费用以及与未来企业生产经营有关的其他费用，详细内容见工程造价的确定与控制相关教材中有关工程建设其他费用构成章节的介绍。

4. 技术经济指标：技术经济指标是综合概算表中一项非常重要的内容，它反映出各专业新建工程单位产品的投资额。说明单位的生产和服务能力，以及设计方案的经济合理性和可行性。单项工程综合概算表见表10-1。

三、综合概算的编制

（一）编制依据

经过校审后的相应单项工程的所有单位工程概算。如果不编制总概算的建设项目，还必须编制工程建设其他费用概算。

（二）编制步骤

1. 经计算后将有关单位工程概算价值逐项填入综合概算表内；

2. 计算工程建设其他费用概算，列入综合概算表内（编总概算时，可不列此项）；

3. 将上述费用相加，可求出单项工程综合概算价值；

4. 按规定计算间接费、利润和税金等费用；

5. 将单项工程综合概算价值与其他间接费、利润和税金相加，就得到单项工程综合概算造价；

6. 计算各项技术经济指标；

7. 填写编制说明。

机械装配车间综合概算表　　**表 10-1**

序号	单位工程和费用名称	概算价值：万元					技术经济指标：元/m²			占总投资（%）
		建筑工程费	设备购置费	工、器具购置费	工程建设其他费用	合计	单位	数量	单位造价（元）	
一	建筑工程	262.00			1.75	263.75	m²	4256		61.16
1	一般土建工程	212.81			1.25	214.06	m²	4256	502.96	49.64
2	给排水工程	5.13				5.13	m²	4256	12.05	1.19
3	通风工程	21.33				21.33	m²	4256	50.12	4.95
4	工业管道工程	0.65				0.65	m²	58.50	111.11	0.15
5	设备基础工程	14.08				14.08	m²	402.25	350.03	3.26
6	电气照明工程	8.00			0.50	8.50	m²	4256	19.97	1.97
	⋮									
	⋮									
二	设备及安装工程		130.95	35.56		167.51				38.84
1	机械试备及安装		113.31	34.71		148.02	t	427.25	3464.48	34.32
2	动力设备及安装		17.64	1.85		19.49	kW	343.78	566.98	4.52
	⋮									
	⋮									
	总计	262.00	130.95	35.56	1.75	431.26				100

第四节　建设项目总概算的编制

建设项目总概算是确定建设项目全部建设费用的总文件，它包括建设项目从筹建到竣工验收交付使用的全部建设费用。其内容包括各单项工程综合概算、工程建设其他费用、建设期贷款利息、预备费、经营性项目的铺底流动资金、编制说明和总概算表的填写等。

一、总概算编制说明

编制说明的编写，主要应说明以下问题：

1. 工程概况

工程概况应说明该建设项目的生产品种、规模、公用工程及厂外工程的主要情况。并说明该建设项目总概算所包括的工程项目与费用，以及不包括的工程项目与费用。

2. 编制依据

编写时应说明建设项目总概算的编制依据。它们主要包括该建设项目中各单项工程综合概算、工程建设其他费用概算及基本预备费概算，以及该建设项目的设计任务书、初步设计图纸、概算定额或概算指标、费用定额（含各种计费费率）、材料设备价格信息等有关文件和资料。

3. 编制方法

说明该建设项目总概算采用何种方法编制。并在编制说明中表述清楚。

4. 投资分析与费用构成

主要针对各项投资的比例进行分析，并与同类建设工程比较，分析其投资情况，从而说明建设项目的设计是否经济合理。

5. 主要材料与设备的需用数量

编制说明中还应说明建筑安装工程主要材料（钢材、木材、水泥），以及主要机械设备和电气设备的需用数量。

6. 其他有关问题的说明

其他有关问题的说明，主要指有关编制文件与资料，以及其他需要说明的问题等。

二、总概算表的内容

总概算表的内容，主要由“工程费用项目”和“工程建设其他费用项目”两大部分组成。把这两大部分合计以后，再列出“预备费用项目”，最后列出“回收资金”项目，计算汇总后就可得出该建设项目总概算造价。现以工业建设项目为例，分述如下：

（一）工程费用项目

1. 主要生产项目和辅助生产项目

(1) 主要生产工程项目，根据建设项目的性质和设计要求确定；

(2) 辅助生产工程项目，如机修车间、电修车间、木工车间等。

2. 公用设施工程项目

(1) 给排水工程，如厂房、水塔、水池、及室外管道等；

(2) 供电及电信工程，如全厂变电及配电所、广播站、输电及通讯线路等；

(3) 供气和采暖工程，如全厂锅炉房、供热站及室外管道等；

(4) 总图运输工程，如全厂码头、围墙、大门、公路、铁路、通路及运输车辆等；

(5) 厂外工程，如厂外输水管道、厂外供电线路等。

3. 文化、教育工程

如子弟学校和图书馆等。

4. 生活、福利及服务性工程

如住宅、宿舍、厂部办公室、浴池和医务室等。

（二）其他工程费用项目

1. 工程建设其他费用

2. 预备费

3. 回收资金

三、建设项目总概算编制实例

（一）建设项目概况

1. 建设项目名称

××市××工业园区××总厂

2. 相关的各项数据

该总厂各单项工程概算造价等相关数据统计如下：

（1）主要生产厂房项目：7400万元，其中建筑工程概算2800万元，设备购置费概算3900万元，安装工程费700万元；

（2）辅助生产项目：4900万元，其中建筑工程费1900万元，设备购置费2600万元，安装工程费400万元；

（3）公用工程：2200万元，其中建筑工程费1320万元，设备购置费660万元，安装工程费220万元；

（4）环境保护工程项目：660万元，其中建筑工程费330万元，设备购置费220万元，安装工程费110万元；

（5）厂区道路工程项目：330万元，其中建筑工程费220万元，设备购置费110万元；

（6）服务性工程项目：建筑工程费160万元；

（7）生活福利工程项目：建筑工程费220万元；

（8）厂外工程项目：建筑工程费110万元；

（9）工程建设其他费用：400万元。

3. 各项计费费率规定

（1）基本预备费费率为10％；

（2）建设期内每年涨价预备费费率为6％；

（3）贷款年利率为6％（每半年计利息一次）；

（4）固定资产投资方向调节税税率为5％。

4. 工期及建设资金筹集

该建设项目建设工期为2年，每年建设投资相等。建设资金筹集为：第一年贷款5000万元，第二年贷款4800万元，其余为自筹资金。

（二）建设项目总概算编制要求

1. 试计算与编制该建设项目总概算（即计算该建设项目固定资产投资概算）。

2. 按照规定应计取的基本预备费、涨价预备费、建设期贷款利息和固定资产投资方向调节税，在计算后将其费用名称和计算结果填入总概算表内。

3. 完成该建设项目总概算表的填写与编制。

（三）建设项目总概算表的填写

根据上述该建设项目概况、相关的各项数据和总概算的编制要求，进行总概算的填写与编制。其总概算表填写见表10-2。

（四）预备费的计算

预备费概算包括基本预备费和建设期涨价预备费。现分别计算如下：

1. 基本预备费的计算

基本预备费指在编制概算时，不可预见的工程费用，包括初步设计增加费、地基局部处理费、预防突发事故措施费及隐蔽工程检查必要时的挖掘修复费等费用，按照国家现行规定，基本预备费的计算是以建筑安装工程费用、设备及工器具购置费用和工程建设其他费用三者之和为计取基础，乘以基本预备费费率即可得到基本预备费。其计算式如下：

基本预备费＝(7060＋7490＋1430＋400)万元×基本预备费费率

＝16380万元×10％

＝1638万元

建设项目固定资产投资总概算表（单位：万元）　　表10-2

序号	工程费用名称	概算价值					占固定资产投资比例（％）
		建筑工程费用	设备购置费用	安装工程费用	其他费用	合计	
1	工程费用	7060	7490	1430		15980	75.14
1.1	主要生产项目	2800	3900	700		7400	
1.2	辅助生产项目	1900	2600	400		4900	
1.3	公用工程项目	1320	660	220		2200	
1.4	环境保护工程项目	330	220	110		660	
1.5	总图运输工程项目	220	110			330	
1.6	服务性工程项目	160				160	
1.7	生活福利工程项目	220				220	
1.8	厂外工程项目	110				110	
2	工程建设其他费用				400	400	1.88
	小计（1+2）	7060	7490	1430	400	16380	
3	预备费				3292	3292	15.48
3.1	基本预备费				1638	1638	
3.2	涨价预备费					1654	
4	投资方向调节税				984	984	4.62
5	建设期贷款利息				612	612	2.88
6	合计	7060	7490	1430	5288	21268	

注：投资方向调节税目前国家已取消，可不计取此项费用。

2. 涨价预备费的计算

指建设项目在建设期内由于各种价格因素的变动，对工程造价影响的预测预留费，包括因人工、材料、机械、设备的价差发生，建筑安装工程费和工程建设其他费用进行调整，以及利率、汇率调整等所增加的费用。

涨价预备费的测算方法，可根据国家规定的投资综合价格指数，按估算年份价格水平的投资额为基数，采用复利方法计算。其计算公式如下：

$$PF=\sum_{t=1}^{n} I_t[(1+f)^t-1] \tag{10-20}$$

上式中 PF——涨价预备费；

n——建设期年数；

I_t——建设期内第 t 年的投资额，包括建筑安装工程费用、设备及工器具购置费、工程建设其他费用和基本预备费；

f——年投资价格上涨率。

本例：涨价预备费 =[(16380 万元+1638 万元)/2][(1+6%)^1−1]
+[(16380 万元+1638 万元)/2][(1+6%)^2−1]
=540.54 万元+1113.51 万元
=1654 万元

(注：建设期为 2 年，每年建设投资相等，故除以 2)

3. 建设预备费概算的计算

建设预备费概算=建设基本预备费概算+建设期涨价预备费概算
=1638 万元+1654 万元
=3292 万元

（五）固定资产投资方向调节税的计算

固定资产投资方向调节税概算是以建筑安装工程费用概算、设备及工器具购置费用概算、工程建设其他费用概算和建设预备费用概算之和作为计算该项税费概算的基础，乘以固定资产投资方向调节税税率就可得到固定资产投资方向调节税概算。其计算式如下：

固定资产投资方向调节税概算=(16380 万元+3292 万元)×5%
=19672 万元×5%
=984 万元

说明：固定资产投资方向调节税是因产业政策、控制投资规模、引导投资方向、调整投资结构等需收此税，并统称固定资产投资方向调节税。税率实行差别税率，按两大类建设进行征收，一是新（扩）建设项目，按 0%、5%、15%、30%4 个档次征收；二是更新改造项目，按 0%、10%两个档次征收。计费基础是以建设项目实际完成的投资额为计税依据，即以实际完成的建筑安装工程费、设备及工器具购置费、工程建设其他费用和建设预备费之和为计算基础。该项税收目前国家已暂停，今后的概算可暂不计取此项费用。

（六）建设期贷款利息的计算

建设期贷款利息，包括向国内银行和其他非银行金融机构贷款、出口信贷、外国政府贷款、国际商业银行贷款及在境内外发行的债券等在建设期间内应偿付的借款利息，实行复利计算。

1. 当贷款总额一次性贷出且利率固定时，其计算式如下：

$$F = P(1+i)^n$$

则：

$$贷款利息 = F - P \tag{10-21}$$

上式中 P——一次性贷款金额；

F——建设期还款时的本利和；

i——年利率；

n——贷款期限。

2. 当总贷款分年均衡发放时，建设期利息的计算可按当年借款在年中支用考虑，即当年贷款按半年计息，上年贷款按全年计息。计算公式如下：

$$Q_j=(P_{j-1}+1/2A_j)i \tag{10-22}$$

上式中　Q_j——建设期第 j 年应计利息；

P_{j-1}——建设期第（$j-1$）年末贷款累计金额与利息累计金额之和；

A_j——建设期第 j 年贷款金额；

i——年利率。

3. 建设期贷款利息的计算

由于该建设项目的贷款是按分年均衡发放的，故可按照上述（2）中的计算方法进行计算，具体计算如下：

年实际贷款利率$(i')=[1+(6\%/2)]^2-1=6.09\%$

则：第一年贷款利息$=1/2\times5000$ 万元$(A_j=1)\times6.09\%=152.25$ 万元

第二年贷款利息概算$=(P_1+1/2A_2)i'$

$=(5000$ 万元$+152$ 万元$+1/2\times4800$ 万元$)\times6.09\%$

$=460$ 万元

式中　P_1——第一年建设期贷款累计金额与利息累计金额之和（即 5000 万元＋152 万元＝5152 万元）

A_2——第二年贷款金额 4800 万元

故：建设期贷款利息概算＝152.25 万元＋459.91 万元

＝612.16 万元

复习思考题

1. 简述设计概算的概念与作用？
2. 简述设计概算的组成内容？
3. 何谓单位工程概算？
4. 何谓单项工程综合概算？
5. 何谓建设项目总概算？
6. 简述单位工程设计概算的编制步骤？
7. 建筑工程设计概算的编制方法有哪几种？
8. 设备安装工程概算的编制方法有哪几种？
9. 设备购置费概算的编制有哪两种方法？
10. 简述单项工程综合概算的编制说明、编制内容、编制依据和编制步骤？
11. 简述建设项目总概算的编制说明、编制内容、项目划分及其相关费税的计算？

第十一章　工程结算和竣工决算

第一节　工程竣工结算

一、工程结算

工程结算是指项目竣工后，承包方按照合同约定的条款和结算方式，向业主结清双方往来款项。工程结算在项目施工中通常需要发生多次，一直到整个项目全部竣工验收，还需要进行最终建筑产品的工程竣工结算。从而完成最终建筑产品的工程造价的确定和控制。在此主要阐述工程备料款、工程价款和完工后的结算（工程竣工结算）。

二、工程价款结算的方式

按照现行规定，我国工程价款结算根据不同情况，可以采取多种方式。

（一）按月结算

采取旬末或月中预支，月终结算，竣工后清算的办法。即每月月末由承包方提出已完工程月报表以及工程款结算清单、交现场监理工程师审查签证并经过业主确认后，办理已完工程的工程价款月终结算。跨年度竣工的工程，在年终进行工程盘点，办理年度结算。目前，我国建安工程项目中，大多采用按月结算的办法。

（二）竣工后一次结算

当建设项目或单位工程全部建安工程建设期在 12 个月以内时，或工程承包合同价值在 100 万元以下者，可采取工程价款每月月中预支，竣工后一次性结算的方式。

（三）分段结算

对当年开工，但当年不能竣工的单项工程或单位工程，可按工程形象进度，划分不同阶段进行结算。分段结算可按月预支工程款，分段划分标准由各部门、自治区、直辖市、计划单列市规定。

（四）目标结算

是在工程合同中，将承包工程内容分解成不同的控制界面，以业主验收控制界面作为支付工程价款的前提条件，换言之，是将合同中的工程内容分解为不同的验收单元，当承包商完成单元工程内容并经业主验收后，业主支付构成单元工程内容的工程价款。

在目标结算方式下，承包商要得到工程款，必须履行合同约定的质量标准完成界面内的工程内容；否则承包商会遭受损失。

目标结算方式中，对控制界面的设定应明确描述，以便量化和质量控制，同时也要适应项目资金的供应周期和支付频率。

三、工程预付款及其计算

我国目前工程承发包中，大多工程实行包工包料，即承包商必须有一定数量的备料周转金。通常在工程承包合同中，会明确规定发包方（甲方）在开工前拨付给承包方（乙方）一定数额的工程预付备料款。该预付款构成承包商为工程项目储备主要材料、构件所需要的流动资金。

我国《建筑工程施工合同示范文本》规定，甲乙双方应当在专门条款内约定甲方向乙方预付工程款的时间和数额，开工后按约定的时间和比例逐次扣回。预付时间应不迟于约定的开工日期前7天。如甲方不按约定预付，乙方在约定预付时间7天后向甲方发出要求预付的通知，甲方收到通知后仍不能按要求预付，乙方可在发出通知后7天停止施工，甲方应从约定应付之日起向乙方支付应付款的贷款利息，并承担违约责任。

建设部颁布的《招标文件范本》中明确规定，工程预付款仅用于乙方支付施工开始时与本工程有关的动员费用。如乙方滥用此款，甲方有权立即收回。在乙方向甲方提交金额等于预付款数额（甲方认可的银行开出）的银行保函后，甲方按规定的金额和规定的时间向乙方支付预付款，在甲方全部扣回预付款之前，该银行保函将一直有效。当预付款被甲方扣回时，银行保函金额相应递减。

（一）预付备料款的限额

预付备料款的限额可由以下主要因素决定：主要材料（包括外购构件）占工程造价的比重；材料储备期；施工工期。

对于施工企业常年应备的备料款限额，可按下列公式计算：

$$\text{备料款限额}=\frac{\text{年度承包工程总值}}{\text{年度施工日历天数}}\times\text{主要材料所占比重}\times\text{材料储备天数} \qquad (11\text{-}1)$$

一般情况建筑工程不得超过当年建安工作量（包括水、电、暖）的30%；安装工程按年安装工程量的10%；材料所占比重较大的安装工程按年计划产值的15%左右拨付。

实际工程中，备料款的数额，亦可根据各工程类型、合同工期、承包方式以及供应体制等不同条件来确定。如像工业项目中钢结构和管道安装所占比重较大的工程，其主要材料所占比重比一般安装工程高，故备料款的数额亦相应提高。

（二）备料款的扣回

由于发包方拨付给承包方的备料款属于预支性质，在工程进行中，随着工程所需主要材料储备的逐步减少，应以抵充工程价款的方式陆续扣回。其扣款方式有两种：

1. 可从未施工工程尚需要的主要材料以及构件的价值相当于备料款数额时起扣，从每次结算工程价款中，按材料比重扣抵工程价款，在竣工前全部扣清。备料款起扣点按以下公式计算：

$$T=P-\frac{M}{N} \qquad (11\text{-}2)$$

式中　T——起扣点，即预付备料款开始扣回时的累计完成工作量金额；

M——预付备料款的限额；

N——主材比重；

P——承包工程价款总额。

$$N(\text{主材比重})=\text{主要材料费}\div\text{工程承包合同造价}$$

2. 建设部《招标文件范本》中明确规定，在乙方完成金额累计达到合同总价的10%后。由乙方开始向甲方还款，甲方从每次应付给的金额中，扣回工程预付款，甲方至少在合同规定的完工期前三个月将工程预付款的总计金额按逐次分摊的办法扣回，当甲方一次付给乙方的余额少于规定扣回的金额时，其差额应转入下一次支付中作为债务结转。甲方不按规定支付工程预付款，乙方按《建设工程施工合同文本》第21条享有权利。

四、工程进度款的支付

建安企业在工程施工中，按照每月形象进度或者控制界面等完成的工程数量计算各项费用，向业主办理工程进度款的支付（即中间结算）。

以按月结算为例，现行的中间结算办法是，施工企业在旬末或月中向业主提出预支工程款账单，预支一旬或半月的工程款，月终再提出工程款结算账单和已完工程月报表，收取当月工程价款，并通过银行结算，按月进行结算，并对现场已完工程进行盘点，有关资料要提交监理工程师和建设单位审查签证。多数情况下是以施工企业提出的统计进度月报表为支取工程款的凭证，即工程进度款。其支付步骤如图11-1所示。

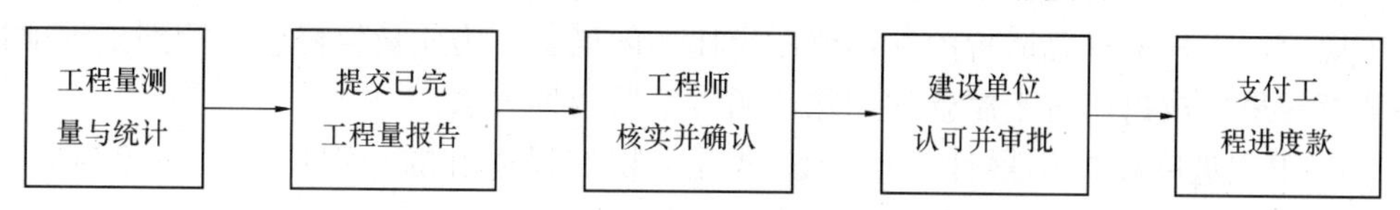

图11-1 工程进度款支付步骤

工程进度款支付过程中，需遵循如下要求：

（一）工程量的确认

参照FIDIC条款的规定，工程量的确认应做到：

1. 乙方应按约定的时间，向工程师提交已完工程量的报告。工程师接到报告后7天内按设计图纸核实已完工程量（以下称计量），并在计量前24小时通知乙方，乙方为计量提供便利条件并派人参加。乙方不参加计量，甲方自行进行，计量结果有效，作为工程价款支付的依据。

2. 工程师收到乙方报告后7天内未进行计算，从第8天起，乙方报告中开列的工程量即视为已被确认，作为工程价款支付的依据。工程师不按约定时间通知乙方，使乙方不能参加计量，计量结果无效。

3. 工程师对乙方超出设计图纸范围或因自身原因造成返工的工程量，不予计量。

（二）合同收入的组成

财政部制定的《企业会计准则——建造合同》中对合同收入的组成内容进行了解释。合同收入包括两部分内容：

1. 合同中规定的初始收入，即建造承包商与客户在双方签订的合同中最初商订的合同总金额，它构成合同收入的基本内容。

2. 因合同变更、索赔、奖励等构成的收入，这部分收入并不构成合同双方在签订合同时已在合同中商定的合同总金额，而是在执行合同过程中由于合同变更、索赔、奖励等原因而形成的追加收入。

（三）工程进度款支付

国家工商行政管理总局、建设部颁布的《建设工程施工合同文本》中对工程进度款支付作了如下规定：

1. 工程进度款在双方计量确认后14天内，甲方应向乙方支付工程进度款。同期用于工程上的甲方供应材料设备的价款以及按约定时间甲方应按比例扣回的预付款，同期结算。

2. 符合规定范围的合同价款的调整，工程变更调整的合同价款及其他条款中约定的追加合同价款，应与工程进度款同期调整支付。

3. 甲方超过约定的支付时间不付工程进度款，乙方可向甲方发出要求付款通知，甲方收到乙方通知后仍不能按要求付款，可与乙方协商签订延期付款协议，经乙方同意后可延期支付。协议须明确延期支付时间和从甲方计量签字后第 15 天起计算应付款的贷款利息。

4. 甲方不按合同约定支付工程进度款，双方又未达成延期付款协议，导致施工无法进行，乙方可停止施工，由甲方承担违约责任。

五、工程保修金（尾留款）的预留

按规定，工程项目总造价中须预留一定比例的尾款作为质量保修金，等到工程项目保修期结束时最后拨付。对于尾款的扣除，通常采取两种方法：

1. 当工程进度款拨付累计额达到该建筑安装工程造价的一定比例（一般为 95%～97%）时，停止支付，预留造价部分作为尾留款。

2. 我国颁布的《招标文件范本》中规定，尾留款（保留金）的扣除，可以从甲方向乙方第一次支付的工程进度款开始，在每次乙方应得的工程款中扣留投标书附录中规定金额作为保留金，直至保留金总额达到投标书附录中规定的限额为止。

六、工程竣工结算及其审查

（一）工程竣工结算的含义及要求

工程竣工结算指施工企业按照合同规定的内容全部完成所承包的工程，经验收质量合格，并符合合同要求之后，对照原设计施工图，根据增减变化内容，编制调整预算，作为向发包单位进行最终工程价款结算。

《建设工程施工合同文本》中对竣工结算作了如下规定：

1. 工程竣工验收报告经甲方认可后 28 天内，乙方向甲方递交竣工结算报告和完整的结算资料，甲乙双方按照协议书约定的合同价款及专用条款约定的合同价款调整内容，进行工程竣工结算。

2. 甲方收到乙方递交的竣工结算报告及结算资料后 28 天内进行核实，给予确认或提出修改意见。甲方确认竣工结算报告后通知经办银行向乙方支付工程竣工结算价款。乙方收到竣工结算价款后 14 天内将竣工工程交付甲方。

3. 甲方收到竣工结算报告及结算资料后 28 天内无正当理由不支付工程竣工结算价款，从第 29 天起按乙方同期向银行贷款利率支付拖欠工程价款的利息，并承担违约责任。

4. 甲方收到竣工结算报告及结算资料后 28 天内不支付工程竣工结算价款，乙方可以催告甲方支付结算价款。甲方在收到竣工结算报告及结算资料后 56 天内仍不支付的，乙方可以与甲方协议将该工程折价，也可以由乙方申请人民法院将该工程依法拍卖，乙方就该工程折价或者拍卖的价款优先受偿。

5. 工程竣工验收报告经甲方认可后 28 天内，乙方未能向甲方递交竣工结算报告及完整的结算资料，造成工程竣工结算不能正常进行或工程竣工结算价款不能及时支付，甲方要求交付工程的，乙方应当交付；甲方不要求交付工程的，乙方承担保管责任。

6. 甲乙双方对工程竣工结算价款发生争议时，按争议的约定处理。

对当年开工、当年竣工的工程，只需要办理一次性结算。跨年度的工程，在年终办理一次年终结算，将未完工程结转到下一年度，此时竣工结算等于各年度结算的总和。

办理工程价款竣工结算的一般公式为：

$$\text{竣工结算工程价款}=\text{预算(或概算)或合同价款}+\text{施工过程中预算或合同价款调整数额}-\text{预付及已结算工程价款} \tag{11-3}$$

（二）工程竣工结算的编制原则

1. 已具备结算条件：竣工图纸完整无误，竣工报告及所有验收资料完整无误。业主或委托工程建设监理单位对结算项目逐一核实，是否符合设计及验收规范要求，不符合不予结算，需返工的，应返工后结算。

2. 实事求是，正确确定造价。乙方要有对国家负责的态度认真编制竣工结算。

（三）工程竣工结算的作用

1. 工程竣工结算可作为考核业主投资效果，核定新增固定资产价值的依据；

2. 工程竣工结算亦可作为双方统计部门确定建安工作量和实物量完成情况的依据；

3. 工程竣工结算还可作为造价部门经建设银行终审定案，确定工程最终造价，实现双方合同约定的责任依据；

4. 工程竣工结算可作为承包商确定最终收入，进行经济核算，考核工程成本的依据。

（四）工程竣工结算的编制依据

1. 原施工图预算及其工程承包合同；

2. 竣工报告和竣工验收资料；如像基础竣工图和隐蔽资料等。

3. 经设计单位签证后的设计变更通知书、图纸会审记要、施工记录、业主委托监理工程师签证后的工程量清单；

4. 预算定额及其有关技术、经济文件。

（五）工程竣工结算的编制内容

1. 工程量增减调整。这是编制工程竣工结算的主要部分，即所谓量差，就是说所完成的实际工程量与施工图预算工程量之间的差额。量差主要表现为：

(1) 设计变更和漏项。因实际图纸修改和漏项等而产生的工程量增减，该部分可依据设计变更通知书进行调整。

(2) 现场工程更改。实际工程中施工方法出现不符、基础超深等均可根据双方签证的现场记录，按照合同或协议的规定进行调整。

(3) 施工图预算错误。在编制竣工结算前，应结合工程的验收和实际完成工程量情况，对施工图预算中存在的错误予以纠正。

2. 价差调整。工程竣工结算可按照地方预算定额或基价表的单价编制，因当地造价部门文件调整发生的人工、计价材料和机械费用的价差均可以在竣工结算时加以调整。未计价材料则可根据合同或协议的规定，按实调整价差。

3. 费用调整。属于工程数量的增减变化，需要相应调整安装工程费的计算；属于价差的因素，通常不调整安装工程费，但要计入计费程序中，换言之，该费用应反映在总造价中；属于其他费用，如像停窝工费用、大型机械进出场费用等，应根据各地区定额和文件规定，一次结清，分摊到工程项目中去。

（六）工程竣工结算的编制方式

1. 以施工图预算为基础编制竣工结算。对增减项目和费用等，经业主或业主委托的监理工程师审核签证后，编制的调整预算。

2. 包干承包结算方式编制竣工结算。这种方式实际上是按照施工图预算加系数包干编制的竣工结算。依据合同规定，若未发生包干范围以外的工程增减项目，包干造价就是最终结算造价。

3. 以房屋建筑 m^2 造价为基础编制竣工结算。这种方式是双方根据施工图和有关技术经济资料，经计算确定出每 m^2 造价，在此基础上，按实际完成的 m^2 数量进行结算。

4. 以投标的造价为基础编制竣工结算。如果工程实行招、投标时，承包方可对报价采取合理浮动。通常中标一方根据工期、质量、奖惩、双方所承担的责任签订工程合同，对工程实行造价一次性包干。合同所规定的造价就是竣工结算造价。在结算时只需将双方在合同中约定的奖惩费用和包干范围以外的增减工程项目列入，并作为“合同补充说明”进入工程竣工结算。

（七）工程价款与工程竣工结算编制实例

【例 11-1】　某施工单位承包某工程项目，甲乙双方签定的关于工程价款的合同内容如下：

（1）建筑安装工程造价为 660 万元，建筑材料及设备费占施工产值的比重达 60％；

（2）工程预付款为建筑安装工程造价的 20％。工程实施后，工程预付款从未施工工程尚需的建筑材料及设备费相当于工程预付款数额时起扣，从每次结算工程价款中按材料和设备占施工产值的比重抵扣工程预付款，竣工前全部扣清；

（3）工程进度款逐月计算；

（4）工程质量保证金为建筑安装工程造价的 3％，竣工结算月一次扣留；

（5）建筑材料和设备价差调整按当地工程造价管理部门有关规定执行（按当地工程造价管理部门有关规定上半年材料和设备价差上调 10％，在 6 月份一次调增）。

工程各月实际完成产值见表 11-1 所示。

各月实际完成产值（单位：万元）　　**表 11-1**

月　份	二月	三月	四月	五月	六月
完　成　产　值	55	110	165	220	110

问题：

1. 通常工程竣工结算的前提是什么？

2. 工程价款结算的方式有哪几种？

3. 该工程的工程预付款、起扣点为多少？

4. 该工程 2 月至 5 月每月拨付工程款为多少？累计工程款为多少？

5. 6 月份办理工程竣工结算，该工程结算造价为多少？甲方应付工程结算款为多少？

6. 该工程在保修期间发生屋面漏水，甲方多次催促乙方修理，乙方一再拖延，最后甲方另请施工单位修理，修理费 1.5 万元，该项费用如何处理？

【解】　分析要点：本实例主要考核工程结算方式、按月结算工程款的计算方法、工程预付款的起扣点的计算；要求针对本实例对工程结算方式、工程预付款和起扣点的计算、按月结算工程款的计算方法和工程竣工结算等内容进行全面、系统地学习掌握。六个问题回答如下：

（1）工程竣工结算的前提条件是承包商按照合同规定的内容全部完成所承包的工程，并符合合同要求，经相关部门联合验收质量合格。

（2）工程价款的结算方式主要包括按月结算、分段结算、竣工后一次结算和目标结算等方式。

（3）工程预付款金额为：660 万元×20%＝132 万元

起扣点：$T = P - \frac{M}{N} = 660\text{万元} - \frac{132\text{万元}}{60\%} = 440\text{万元}$

也即当累计完成产值为 440 万元时，开始扣回工程预付款。

（4）各月拨付工程款为：

2 月：甲方拨付给乙方的工程款 55 万元，累计工程款 55 万元

3 月：甲方拨付给乙方的工程款 110 万元，累计工程款＝55＋110＝165 万元

4 月：甲方拨付给乙方的工程款 165 万元，累计工程款＝165＋165＝330 万元

5 月：工程预付款应从 5 月份开始起扣，因为 5 月份累计实际完成的施工产值为

330＋220＝550 万元＞T＝440 万元。

5 月份应扣回的工程预付款＝(550 万元－440 万元)×60%＝66 万元

5 月份甲方拨付给乙方的工程款＝220 万元－66 万元＝154 万元

累计拨付工程款＝330＋154＝484 万元

(5)工程结算总造价为：

660 万元＋660 万元×60%×10%＝699.6 万元

甲方应付工程结算款为：

699.6 万元－484 万元－(699.6 万元×3%)－132 万元＝62.612 万元

(6)1.5 万元维修费应从乙方(承包商)的质量保证金中扣除。

【例 11-2】　以施工图预算为基础编制工程竣工结算实例：

某厂房电气照明、防雷工程，从项目分析表增减调整得到该单位工程人工费、计价材料费、机械费和未计价材料费汇总数据，见表 11-2。

工程结算直接费增减调整表（单位：元）　　**表 11-2**

序号	项目名称	人工费合价	计价材料费合价	机械费合价	未计价材料费合价
1	原预算审定直接费	8416.01	16901.16	2969.44	271597.19
2	结算调增直接费	3128.43	6235.62	1229.86	50056.82
3	结算调减直接费	－776.78	－1165.14	－118.73	－30225.74
Σ合计＝（1＋2＋3）		10767.66	2197.64	4080.57	291428.28

【解】　将以上数据带入计费程序表中，其计算方法同施工图预算。

（八）工程竣工结算的审查

工程竣工结算审查是竣工结算阶段的一项重要工作。审查工作通常由业主、监理公司或审计部门把关进行。审核内容通常有以下几方面：

1. 核对合同条款。主要针对工程竣工是否验收合格，竣工内容是否符合合同要求，结算方式是否按合同规定进行；套用定额、计费标准、主要材料调差等是否按约定实施。

2. 审查隐蔽资料和有关签证等是否符合规定要求。

3. 审查设计变更签证是否符合手续程序，加盖公章否。

4. 根据施工图核实工程量。

5. 审核各项费用计取是否准确。主要从费率、计算基础、价差调整、系数计算、计费程序等方面着手进行。

第二节　工程竣工决算

一、建设项目竣工决算和分类

建设项目竣工决算指在竣工验收交付使用阶段，由建设单位编制的建设项目从筹建到竣工投产或使用全过程的全部实际支出费用的经济文件。该文件是竣工验收报告的重要组成部分。

国家规定，所有新建、扩建、改建和恢复项目竣工后均要编制竣工决算。根据建设项目规模的大小，可分大、中型建设项目竣工决算和小型建设项目竣工决算两大类。

施工企业在竣工后，也要编制单位工程（或单项工程）竣工成本决算，用作预算和实际成本的核算比较，以便总结经验，提高管理水平。但两者在概念和内容上存在着不同。

二、竣工决算的作用

1. 竣工决算是国家对基本建设投资实行计划管理的重要手段

根据国家基本建设投资的规定，在批准基本建设项目计划任务书时，可依据投资估算来估计基本建设计划投资额。在确定基本建设项目设计方案时，可依据设计概算决定建设项目计划总投资最高数额。在施工图设计时，可编制施工图预算，用以确定单项工程或单位工程的计划价格，同时规定其不得超过相应的设计概算。因此，竣工决算可反映固定资产计划完成情况以及节约或超支原因，从而控制投资费用。

2. 竣工决算是竣工验收的主要依据

我国基本建设程序规定，对于批准的设计文件规定的工业项目经负荷运转和试生产，生产出合格产品，民用项目符合设计要求，能够正常使用时，应及时组织竣工验收工作，并全面考核建设项目，按照工程不同情况，由负责验收委员会或小组进行验收。

3. 竣工决算是确定建设单位新增固定资产价值的依据

竣工决算时需要详细计算建设项目所有的建筑工程费、安装工程费、设备费和其他费用等新增固定资产总额及流动资金，以作为建设管理部门向企、事业使用单位移交财产的依据。

4. 竣工决算是基本建设成果和财务情况的综合反映

建设项目竣工决算包括项目从筹建到建成投产（或使用）的全部费用。除了采用货币形式表示基本建设的实际成本和有关指标外，同时包括建设工期、工程量和资产的实物量以及技术经济指标。并综合了工程的年度财务决算，全面反映了基本建设的全部建设成果和财务状况的主要情况。

三、竣工决算的编制依据

竣工决算的编制依据主要有：

1. 建设项目计划任务书和有关文件；

2. 建设项目总概算书以及单项工程综合概算书；

3. 建设项目设计图纸以及说明，其中包括总平面图、建筑工程施工图、安装工程施工图以及相关资料；

4. 设计交底或者图纸会审纪要；

5. 招、投标标底、工程承包合同以及工程结算资料；

6. 施工记录或者施工签证以及其他工程中发生的费用记录，如像工程索赔报告和记录、停（交）工报告等；

7. 竣工图以及各种竣工验收资料；

8. 设备、材料调价文件和相关记录；

9. 历年基本建设资料和历年财务决算及其批复文件；

10. 国家和地方主管部门颁布的有关建设工程竣工决算的文件和有关资料。

四、竣工决算的内容

竣工决算的内容包括竣工财务决算说明书、竣工财务决算报表、工程竣工图和工程造价比较分析四部分。其中，前两部分又称建设项目竣工财务决算，是竣工决算的核心内容和主要组成部分。

（一）竣工决算报告说明书

竣工决算报告说明书概括了竣工工程建设成果和经验，是全面考核分析工程投资与造价的书面总结，也是竣工决算报告的重要组成部分，主要内容如下：

1. 建设项目概况及评价；

2. 会计财务的处理、财产物资情况及债权债务的清偿情况；

3. 资金节余、基建结余资金等的上交分配情况；

4. 主要财务和技术经济指标的分析、计算情况；

5. 基本建设项目管理以及决算中存在的问题与建议；

6. 需要说明的其他事项。

（二）竣工财务决算报表

根据国家财政部于 2002 年 9 月出台的财建［2002］394 号关于《印发基本建设财务管理规定》的通知以及财基字［1998］498 号文《基本建设项目竣工财务决算报表》和《基本建设项目竣工财务决算报表填表说明》的通知，建设项目竣工财务决算报表格式有建设项目竣工财务决算审批表；大、中型建设项目概况表；大、中型建设项目竣工财务决算表；大、中型建设项目交付使用资产总表；建设项目交付使用资产明细表等（略）。小型建设项目竣工财务决算报表包括建设项目竣工财务决算审批表；小型建设项目竣工财务决算总表；建设项目交付使用资产明细表等。

（三）工程竣工图

工程竣工图是真实的记录和反映各种建筑物、构筑物等情况的技术文件，它是工程交工验收、维护、改建和扩建的依据，是国家的重要技术档案。对竣工图的要求是：

1. 根据原施工图未变动的，由施工单位在原施工图上加盖“竣工图”图章标志后，即可作为竣工图。

2. 施工过程中尽管发生了一些设计变更，但可以将原施工图加以修改补充作为竣工图的，可以不重新绘制，由施工单位负责在原施工图（必须是新蓝图）上注明修改的部分，并附以设计变更通知单和施工说明，加盖“竣工图”图章标志后作为竣工图。

3. 凡结构形式改变、工艺变化、平面布置改变、项目改变以及有其他重大改变时，不宜再在原施工图上修改、补充者，应重新绘制改变后的竣工图。属设计原因造成的，由设计单位负责重新绘制；属施工原因造成的，由施工单位负责重新绘制；属其他原因造成的，由建设单位自行绘制或委托设计单位绘图，施工单位负责在新图上加盖“竣工图”图章标志。并附以记录和说明，作为竣工图。

4. 为满足竣工验收和竣工决算需要，应绘制能反映竣工工程全部内容的工程设计平面示意图。

（四）工程造价比较分析

在竣工决算报告中必须对控制工程造价所采取的措施、效果及其动态的变化进行认真地比较分析，总结经验教训。批准的概算是考核工程造价的依据，分析时，可先对比整个项目的总概算，然后将建安工程费、设备工器具费和工程建设其他费用逐一与竣工决算表中所提供的实际数据和相关资料及批准的概算、预算指标、实际的工程造价进行对比分析，以确定竣工项目造价是超支还是节约，并在对比的基础上，总结经验，找出超支和节约的具体环节及其原因，提出改进措施。实际工作中，主要分析以下内容：

1. 主要实物工程量。对于实物工程量出入比较大的情况，必须查明原因。

2. 主要材料消耗量。考核主要材料消耗量，要按照竣工决算表中所列明的三大材料实际超概算的消耗量，查明是在工程的哪个环节超出量最大，再进一步查明超耗的原因。

3. 考核建设单位管理费、措施费和间接费的取费标准。建设单位管理费、措施费和间接费的取费标准必须符合国家和各地有关规定，将竣工决算报表中所列建设单位管理费与概预算中的建设单位管理费进行对比分析，依次查明多列或漏列的费用项目，确定其费用偏差数额，并分析其原因所在。

五、竣工决算书的编制步骤和方法

1. 收集、整理和分析有关资料

收集和整理出一套较为完整、准确的相关资料，是编制竣工决算的必要条件。在工程进行的过程中应注意保存和收集资料，在竣工验收阶段则要系统地整理出所有技术资料、工程结算经济文件、施工图纸和各种变更与签证资料，分析其准确性。

2. 清理各项账务、债务和结余物资

在收集、整理和分析资料过程中，应注意建设工程从筹建到竣工投产（或使用）的全部费用的各项账务、债权和债务的清理，既要核对账目，又要查点库存实物的数量，做到账物相等、相符；对结余的各种材料、工器具和设备要逐项清点核实，妥善管理，且按照规定及时处理、收回资金；对各种往来款项要及时进行全面清理，为编制竣工决算提供准确的数据依据。

3. 填写竣工决算报表

依照建设项目竣工决算报表的内容，根据编制依据中有关资料进行统计或计算各个项目的数量，并将其结果填入相应表格栏目中，完成所有报表的填写。这是编制工程竣工决算的主要工作。

4. 编写建设工程竣工决算说明书

根据建设项目竣工决算说明的内容、要求以及编制依据材料和填写在报表中的结果编写说明。

5. 上报主管部门审查

建设项目竣工决算的文件，由建设单位负责组织人员编制，在竣工建设项目办理验收使用一个月之内完成。

以上编写的文字说明和填写的表格经核对无误，可装订成册，即可作为建设项目竣工文件。并报主管部门审查，同时把其中财务成本部分送交开户银行签证。竣工决算在上报主管部门的同时，抄送设计单位，大、中型建设项目的竣工决算还需抄送财政部、建设银行总行和省、市、自治区财政局和建设银行分行各一份。

建设项目竣工决算编制的一般程序如图 11-2 所示。

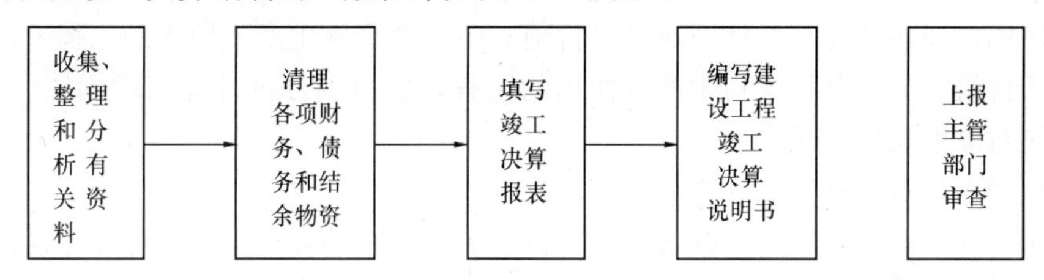

图 11-2　建设项目竣工决算编制程序

六、新增资产的确定

竣工决算作为办理交付使用财产价值的依据，因此，正确核定新增资产的价值，不但有利建设项目交付使用后的财务管理，而且还可作为建设项目经济后评价的依据。

（一）新增资产的分类

根据财务制度和企业会计准则的新规定，新增资产可按照资产的性质分为固定资产、流动资产、无形资产、递延资产和其他资产五大类。

1. 固定资产

固定资产指使用期限超过一年，单位价值在规定标准以上，并且在使用过程中保持原有物质形态的资产，包括房屋以及建筑物、机电设备、运输设备、工具器具等，不同时具备以上两个条件的资产为低值易耗品，应列入流动资产范围内，如企业自身使用的工具、器具、家具等。

2. 流动资产

流动资产指可以在一年内或超过一年的一个营业周期内变现或者运用的资产，包括现金以及各种存货、应收及预付款项等。

3. 无形资产

无形资产指企业长期使用但没有实物形态的资产，包括专利权、著作权、非专利技术、商誉等。

4. 其他资产

其他资产指具有专门用途，但不参加生产经营的经国家批准的特种物质、银行冻结存款和冻结物质、涉及诉讼的财产等。

（二）新增固定资产价值的确定

1. 新增固定资产的含义

新增固定资产亦称交付使用的固定资产，是投资项目竣工投产后所增加的固定资产价值，是以价值形态表示的固定资产投资最终成果的综合性指标。其内容包括：

（1）已经投入生产或交付使用的建筑安装工程造价；

（2）达到固定资产标准的设备工器具的购置费用；

（3）增加固定资产价值的其他费用，包括土地征用以及迁移补偿费、联合试运转费、勘察设计费、项目可行性研究费、施工机构迁移费、报废工程损失、建设单位管理费等。

2. 新增固定资产价值的核算

新增固定资产是工程建设项目最终成果的体现，核定其价值和完成情况，是加强工程造价全过程管理工作的重要方面。单项工程建成后，经过有关部门验收鉴定合格，正式移交生产或使用，即应计算其新增固定资产价值。一次性交付生产或使用的工程一次计算新增固定资产价值，分期分批交付生产或使用的工程，应分期分批计算新增固定资产价值。计算时应注意以下几种情况：

（1）新增固定资产价值的计算应以单项工程为对象；

（2）对于为提高产品质量，改善劳动条件，节约材料消耗、保护环境而建设的附属辅助工程，只要全部建成，正式验收或交付使用后就要计入新增固定资产价值；

（3）对于单项工程中不构成生产系统，但能独立发挥效益的非生产性工程，如住宅、食堂、医务所、托儿所、生活服务网点等，在建成并交付使用后，也要计算新增固定资产价值；

（4）凡购置达到固定资产标准不需要安装的设备、工器具，应在交付使用后计入新增固定资产价值；

（5）属于新增固定资产的其他投资，应随同受益工程交付使用时一并计入。

3. 交付使用财产成本计算

交付使用财产的成本应按照如下内容计算：

（1）建筑物、构筑物、管道、线路等固定资产的成本包括：建筑工程成本；应分摊的待摊投资。

（2）动力设备和生产设备等固定资产的成本包括：需要安装设备的采购成本；安装工程成本；设备基础支柱等建筑工程成本或砌筑锅炉以及各种特殊炉的建设工程成本；应分摊的待摊投资。

（3）运输设备及其他不需要安装的设备、工具、器具、家具等固定资产一般仅计算采购成本，不分摊“待摊投资”。

4. 待摊投资的分摊方法

增加固定资产的其他费用，如果是属于整个建设项目或两个以上单项工程的，在计算新增固定资产价值时，应在各单项工程中按照比例分摊。在分摊时，什么费用应由什么工程负担，又有具体的规定。一般情况下，建设单位管理费按建筑工程、安装工程、需要安装设备价值总额按比例分摊；土地征用费、勘察设计费则只按照建筑工程造价分摊。

【例 11-3】　某建设项目及其第一车间的建筑工程费、安装工程费、需安装设备费以及应摊入费用如下表所示，试计算第一车间新增固定资产价值。其相关信息见表 11-3。

建设项目及第一车间的建筑工程费、安装工程费、
需安装设备费以及应摊入费用（单位：万元）　　表 11-3

项目名称	建筑工程	安装工程	需安装设备	建设单位管理费	土地征用费	堪察设计费
建设项目竣工决算	2000	800	1200	60	120	40
第一车间竣工决算	400	200	400			

【解】　分摊费用计算过程如下：

应分摊的建设单位管理费$=\frac{400+200+400}{2000+800+1200}\times 60=15$(万元)

应分摊的土地征用费$=\frac{400}{2000}\times 120=24$(万元)

应分摊的勘察设计费$=\frac{400}{2000}\times 40=8$(万元)

因此第一车间新增固定资产价值$=(400+200+400)+(15+24+8)=1047$(万元)

（三）流动资产价值的确定

1. 货币性资金

货币资金就是现金、银行存款和其他货币资金（包括在外埠存款、还未收到的在途资金、银行汇票和本票等资金），一律按照实际入账价值核定计入流动资产。

2. 应收及预付款项

应收及预付款项包括应收票据、应收账款、其他应收款、预付货款和待摊费用。通常情况下，应收以及预付款项按企业销售商品、产品或提供劳务时的实际成交金额入账核算。

3. 各种存货应当按照取得时的实际成本计价

存货的形成，主要有外购和自制两个途径。外购的，可按照买价加运输费、装卸费、保险费、途中合理损耗、入库前加工、整理及挑选费用以及缴纳的税金等计价；自制的，可按制造过程中的各项实际支出计价。

（四）无形资产价值的确定

无形资产指企业长期使用但没有实物形态的资产，包括专利权、商标权、著作权、土地使用权、非专利技术、商誉等。无形资产的计价，原则上应按照取得时的实际成本计价。企业取得无形资产的途径不同，所发生的支出不一样，无形资产的计价也不相同。新财务制度按照如下原则来确定无形资产的价值。

1. 无形资产的计价原则

(1) 投资者将无形资产作为资本金或者合作条件投入的，按照评估确认或合同协议约定的金额计价；

(2) 购入的无形资产，按照实际支付的价款计价；

(3) 企业自创并依法申请取得的，可按照开发过程中的实际支出计价；

(4) 企业接受捐赠的无形资产按照发票账单所持金额或者同类无形资产市场价作价。

(5) 无形资产计价入账后，应在其有限使用期内分期摊销。

2. 无形资产的计价方法

（1）专利权的计价。专利权分自创和外购两类。自创专利权，其价值为开发过程中的实际支出，主要包括专利的研究开发费用、专利登记费用、专利年费和法律诉讼费等各项费用。专利转让时（包括购入和卖出），其费用主要包括转让价格和手续费。由于专利是具有专有性并能带来超额利润的生产要素，因而其转让价格不按照其成本估价，而是根据其所能带来的超额收益估价。

（2）非专利技术的计价。如该技术是自创的，通常不得作为无形资产入账，自创过程中发生的费用，新财务制度允许作当期费用处理，原因是非专利技术自创时难以确定是否成功，这样处理符合稳定性原则。购入非专利技术时，应由法定评估机构确认后再进一步估价，一般通过其生产的收益估价，其思路同专利权的计价方法。

（3）商标权的计价。若是自创的，尽管商标设计、制作注册和保护、广告宣传都花费一定的费用，但其一般不作为无形资产入账，而是直接作为销售费用计入当期损益。只有当企业购入和转让商标时，才需要对商标权计价。商标权的计价一般根据被许可方新增的收益来确定。

（4）土地使用权的计价。根据取得土地使用权的方式，计价有两种情况：一是业主向土地管理部门申请土地使用权并为之支付一笔出让金，在这种情况下，应作为无形资产进行核算；二是业主获得土地使用权是原先通过行政划拨的，此时就不能作为无形资产核算，只有在将土地使用权有偿转让、出租、抵押、作价入股和投资、按规定补交土地出让价款时，才能作为无形资产核算。

（五）递延资产价值的确定

递延资产是指不能全部计入当年损益，应在以后年度内分期摊销的各项费用，包括开办费、租入固定资产的改良支出等。

1. 开办费的计价

开办费指在筹建期间发生的费用，包括筹建期间人员工资、办公费、培训费、差旅费、印刷费、注册登记费以及不计入固定资产和无形资产构建成本的汇兑损益、利息等支出。根据新财务制度的规定，除了筹建期间不计入资产价值的汇兑净损失外，开办费从企业开始经营月份的次月起，按照不短于五年的期限平均摊入管理费用。

2. 以经营租赁方式租入的固定资产改良工程支出的计价

应在租赁有效期限内分期摊入制造费用或者管理费用中。

（六）其他资产计价

其他资产包括特准储备物资等，主要以实际入账价值核算。

复习思考题

1. 何谓工程结算？
2. 工程价款结算有哪几种方式？
3. 工程预付备料款的计算受哪些因素制约？
4. 工程备料款的起扣点如何计算？
5. 简述工程进度款的支付步骤？
6. 简述工程竣工结算的编制原则？
7. 简述工程竣工结算的作用？
8. 简述工程竣工结算的编制依据？

9. 简述工程竣工结算的含义及编制内容?
10. 简述工程竣工结算编制方式?
11. 简述建设项目竣工决算含义及分类?
12. 简述建设项目竣工决算的作用?
13. 简述建设项目竣工决算的编制依据?
14. 简述建设项目竣工决算的内容?
15. 简述建设项目竣工决算编制程序?
16. 简述新增固定资产价值是如何确定的?

第十二章　工程量清单报价中模糊数学的应用

工程量清单报价是承包商进行市场竞争，承接工程的重要环节，对承包商能够中标及中标后的盈利情况起着至关重要的作用。工程量清单报价作为工程投标的核心环节，是业主选择中标者的主要标准，同时也是业主和承包商就工程标价进行承包合同谈判的基础，对承包商的投标起着决定性作用。倘若报价过高，则可能失去中标机会；反之倘若报价过低，即使中标，也可能给工程带来亏本的风险。为此，本章运用模糊数学的原理和方法快速估算工程造价，无疑为工程量清单报价提供了一种科学、合理、快捷的报价方法。

第一节　概　　述

一、投标报价方法述评

随着我国“十一五”规划时期城市化、工业化进程的不断推进，工程承发包市场的竞争态势也愈演愈烈。而投标报价作为招投标竞争中的关键一环，进行正确的报价决策，快速制定合理而又具有竞争力的报价显得尤为重要。现有研究表明，常用的投标报价计算方法主要有两种：一种是最原始、应用最普遍的工程量计算报价法。另一种则为将相应的数学方法引入到投标报价的计算过程。

（一）工程量计算报价法

投标人根据招标文件中业主提供的工程量清单、施工图纸，及施工现场实际情况，按照企业定额，结合企业自身实力，综合考虑投标形式和企业策略进行工程量清单报价。工程量计算报价法的主要优点在于计算准确可靠，投标风险小，因而是当前普遍采用的方法。但其不足之处是计算工作量大、花费时间长，投标企业很难在短时间内准确地做出报价。

（二）投标报价计算中数学方法的应用

随着现代科学技术的迅猛发展，特别是概率论、统计学等应用数学的推广普及，使得现代数学手段在报价实践中得到了科学运用。科学的报价决策并非主观地抬高或降低标价总额，也不是简单地运用不平衡报价法来调整报价项目的单价，而是通过系统的组织、分析和整理过去的经验数据，来制定一种以相对低价中标并由此带来利润的标价和中标概率的最优组合，从而使承包商获得最大的预期利润。

投标报价问题的建模研究长期以来一直集中在对经验数据的处理和预期利润的估价方法上，投标报价决策模型的发展也一直集中在对这个方法的改进完善上。1956年，Friedman提出了第一个投标报价模型——Friedman模型，该模型基于概率论和数理统计，开创了将概率统计方法运用于报价决策模型的先河。以后有许多学者在Friedman模型的基础上提出了改进的报价模型，但他们的理论基础都是概率统计论。20世纪90年代以来，许多学者又逐渐发展出基于人工智能的报价决策模型，主要包括人工神经网络（ANN）、基于专家系统（ES）和基于案例推理（CBR）等几种类型。当前，基于博弈论的报价模型研究也是个热点，国内郝丽萍（2002）、伍智勇等根据工程投标竞争活动中的典型博弈特征，运用博弈论和概率论方法对工程竞标报价行为予以诠释。然而，这些报价预测方法都具有一定的局限性，如表12-1所示。

几种报价预测方法的局限性比较一览表　　**表12-1**

报价方法	局　限　性
直觉分析法	易受不完备信息和个人喜好影响，无法有效解决复杂问题
概率方法	需要花费大量时间精力收集数据，考虑因素较为单一
层次分析法	不适合解决复杂问题，主观性较大
博弈分析法	尚处于理论探讨阶段，考虑因素较为单一
人工神经网络	对算出的结果无法做出合理解释
基于案例推理	需要收集大量历史案例，尚处于理论探讨阶段

通过对上述报价方法的局限性进行比较，考虑到建设工程造价的复杂性、随机波动性、模糊性等特点，本章运用模糊数学方法，借助计算机，合理确定工程造价，为建设单位控制成本和承包单位投标报价提供决策依据和理论支持。

二、工程造价快速估算的意义

工程造价快速估算是指利用已建类似工程的造价资料和市场变化信息，对拟建工程投资费用所作的一种预期估计或预测。当前，国内外工程造价计价常采用概算、预算编制方法和扩大指标估算法，报价工作量大，报价工作持续时间较长。而且，尽管做出的报价虽是一个确定数值，但由于影响工程造价的因素多，各因素又面临多种不确定性因素致使工程造价计算误差大。

因此，为应对解决工程造价呈现出的随机波动性和模糊性等特点，突破工程造价估算时间长、工作量大的瓶颈制约，以现代数学——模糊数学为手段，应用概率统计推断方法，结合专家丰富的工程经验进行工程造价快速估算，已逐渐成为国际上工程造价快速估算的主流趋势。

三、工程造价快速估算的基本原理和公式推导

（一）基本原理

鉴于建设工程本身具有单件性、多样性、复杂性、地域性等特点，从根本上讲，不存在两个完全一模一样的工程，但同类工程中总会在某些方面比较类似。换言之，在许多已竣工的建设工程之间，存在着某种不同程度的相似性。工程造价快速估算的基本原理，就是建立在建设工程的相似性基础之上。

对于某个要估算的建设工程（称之为待估工程），可以从数目繁多的已知工程造价的建设工程（称之为典型工程）中找出与之最相似的若干工程。然后，利用这若干个与待估工程最相似的工程（称之为相似工程）的造价作为原始资料，在此基础上利用估价模型估算出待估工程造价。

（二）公式推导

根据指数平滑法的基本思想，可以推导出工程造价快速估算公式。

1. 指数平滑法基本思想

指数平滑法是以假定预测值同预测期相邻的若干观察期数据有密切关系为基础，它只用一个平滑系数 α，一个最接近预测期的观察期数据 X_t 和前一期的预测值 F_t 就可进行指数平滑计算。预测值 F_{t+1} 是当期实际值 X_t 和上期预测值 F_t 不同比例加权之和。其特点是首先进一步加强了观察期近期观察值对预测值的作用，对不同时间的观察值施予不同的权数，加大了近期观察值的权数，使预测值能够迅速反映市场的实际变化。其次对于观察值所赋予的权数有伸缩性，可以取不同的平滑系数 α 值以改变权数的变化速率。因此，运用指数平滑法，可以选择不同的 α 值来调节时间序列观察值的修匀程度（即趋势变化的平稳程度），应用比较广泛。其计算公式为：

$$F_{t+1}=\alpha X_t+(1-\alpha)F_t \tag{12-1}$$

式中　F_{t+1}——对 $t+1$ 期的预测值；

α——平滑系数，$0<\alpha<1$；

F_t——第 t 期的预测值；

X_t——第 t 期的实际值。

关于初始值 F_1：当历史数据相当多（$\geqslant 50$）时，可以取 $F_1=X_1$，因为初始值 X_1 的影响将被逐步平滑掉；当历史数据较少时，可取 $\overline{X}$ 作为 F_1。

2. 公式推导

令 n 个典型工程与待估工程的贴近度（相似程度）为 a_i，$i=1$，2，……，n；从大到小排成一个有序数列，记为：a_1，a_2，……，a_n，且 $1\geqslant a_1\geqslant a_2\geqslant\cdots\cdots\geqslant a_n\geqslant 0$；相应地，$n$ 个典型工程的单方造价依次为：E_1，E_2，……E_n。其含义为：与待估工程最相似的（贴近度最大）典型工程的单位造价为 E_1，次相似的为 E_2，最不相似的为 E_n，其他典型工程的单方造价依此类推。

设第 i 个相似工程的单方造价预测值为：E_i^*，第 i—1 个相似工程的单方造价预测值为：E_{i-1}^*，将 E_i^* 视作 F_t，E_i 视作 X_t，故根据指数平滑法的基本公式（12-1）可以得出：

$$E_{i-1}^*=\alpha_i E_i+(1-\alpha_i)E_i^*$$

依此类推展开，则可以得到待估工程造价的预测值为：

$$\begin{aligned}E^* &=\alpha_1 E_1+(1-\alpha_1)E_1^*\\ &=\alpha_1 E_1+(1-\alpha_1)[\alpha_2 E_2+(1-\alpha_2)E_2^*]\\ &=\cdots\cdots\\ &=\alpha_1 E_1+(1-\alpha_1)\alpha_2 E_2+(1-\alpha_1)(1-\alpha_2)\alpha_3 E_3+\cdots\cdots\\ &\quad+(1-\alpha_1)(1-\alpha_2)\cdots(1-\alpha_{n-1})\alpha_n E_{n1}+(1-\alpha_1)(1-\alpha_2)\cdots(1-\alpha_n)E_n^*\end{aligned} \tag{12-2}$$

式中　E_n^*——初始预测值，可以取 n 个典型工程单方造价的算术平均值 $\overline{E}$，也即：

$$E_n^*=\overline{E}=\frac{1}{n}\sum_{i=1}^{n}E_i \tag{12-3}$$

由于对权重的赋予不同，相似程度越大的工程对待估工程的影响也就越大，并且通过上述推导公式的观察，显而易见，公式中 E_i 的权重呈级数递减，其衰减程度亦逐渐增大。为考虑问题简便，可以近似地以权重最大的三个典型工程来估测待估工程单方造价，相应地上面所推导的待估工程造价的估算公式可以简化为：

$$E^* = \alpha_1 E_1 + \alpha_2(1-\alpha_1)E_2 + \alpha_3(1-\alpha_1)(1-\alpha_2)E_3 + \frac{1}{3}(1-\alpha_1)(1-\alpha_2)(1-\alpha_3)(E_1+E_2+E_3) \quad (12\text{-}4)$$

公式（12-4）即为建设工程造价快速估算的基本公式，可以以此公式为基础建立工程造价快速估算的模糊数学模型。

四、工程造价快速估算的数学模型

以预测技术中的预测方法——指数平滑法为理论依据，结合模糊数学的相关理论方法，可以建立工程造价快速估算的数学模型。基本方法如下：

设已知 n 个典型工程，记为：A_1，A_2，……A_i，……A_n，$i=1$，2，……，n

用 T 表示工程特征集合，此集合以概括描述工程的构造和结构特征并能充分说明问题为原则。常取：

$T=$｛结构特征，基础形式，层数层高，建筑组合，装饰材料，楼地面做法，屋面工程，……｝，设典型工程的工程特征有 m 个特征元素，则可将 T 记为：

$$T = \{t_1, t_2, \cdots\cdots, t_j \cdots\cdots t_m\}, j = 1, 2, \cdots\cdots m$$

第 i 个典型工程的模糊子集集合用查德（Zedeh）记号记为：

$$T_i = t_{i1}/t_1 + t_{i2}/t_2 + \cdots\cdots t_{ij}/t_j$$

式中 T_i——第 i 个典型工程对于集合 T 的模糊子集；

t_j——影响工程造价的特征元素名称；

t_{ij}——表示已知第 i 个典型工程影响工程造价的第 j 个特征元素所对应的隶属函数值（隶属度）。

这样，待估工程对应的工程特征的模糊子集可以记为：

$$T_0^* = t_1^*/t_1 + t_2^*/t_2 + \cdots\cdots t_j^*/t_j$$

式中 t_j^*——表示待估工程第 j 个特征元素所对应的隶属函数值（隶属度）。

隶属函数值的确定通常是根据经验或统计定出“工程项目单方造价（或工料机消耗量）统计表”，并结合工程具体情况参考主观赋予集合中各元素的模糊关系系数即隶属函数值。

根据预测技术中的指数平滑法等有关理论推导出待估工程造价估算公式为：

$$E_x = \lambda[\alpha_1 E_1 + \alpha_2(1-\alpha_1)E_2 + \alpha_3(1-\alpha_1)(1-\alpha_2)E_3 + \frac{1}{3}(1-\alpha_1)(1-\alpha_2)(1-\alpha_3)(E_1+E_2+E_3)] \quad (12\text{-}5)$$

式中 E_x——待估工程的单方造价；

α_1，α_2，α_3——待估工程与所取的三个典型工程的贴近度。根据择近原则，取贴近度大的三个典型工程为估算基础，并满足从大到小顺序，即 $\alpha_1 \geqslant \alpha_2 \geqslant \alpha_3$；

E_1，E_2，E_3——与 α_1，α_2，α_3 相对应的三个典型工程的单方造价（或工料消耗量）；

λ——调整系数。待估工程与典型工程之间只是相似，不完全相同，也就是说两者之间存在差异，这个差异不仅表现在工程特征之间的差异，而且还表现为构成工程造价的费用随时间的变化而造成的差异，因而应对预估值进行调整。通常，调整系数 λ，可由如下经验公式加以确定。

$$\lambda = 1 + \frac{1}{m}\left[1.8\left(\frac{T_{估}}{T_{\alpha1}} - 1\right) + 0.8\left(\frac{T_{估}}{T_{\alpha2}} - 1\right) + 0.4\left(\frac{T_{估}}{T_{\alpha3}} - 1\right)\right] \quad (12\text{-}6)$$

式中 m——工程模糊集合中特征元素个数；

$T_{估}$——待估工程的模糊关系系数（隶属函数值）；

$T_{\alpha1}$，$T_{\alpha2}$，$T_{\alpha3}$——与 α_1，α_2，α_3 相对应的典型工程模糊关系系数。各工程的模糊关系系数 $T_i=\Sigma t_{ij}/\max\Sigma t_{ij}$，其取值范围为[0，1]。($i=1，2，\cdots，n，n+1$；$j=1，2，\cdots，m$)。

因此，根据上述公式可以分别计算待估工程的单位造价 E_x、调整系数 λ，因而待估工程总造价的确定也就迎刃而解，即：

$$E_{TX}=M\cdot E_x \tag{12-7}$$

式中　E_{TX}——待估工程总造价的估算值；

M——待估工程规模（建筑面积）。

第二节　隶属函数值的选择与确定

一、选择的区间与方法

模糊关系系数（隶属函数值），也叫隶属度，实质上是各主要因素中不同种类、规格的“工程特征元素”对总造价的影响系数。如果把各个典型工程和待估工程看成是主要因素集上的模糊集合，则模糊关系系数就是相应的主要因素隶属于这个模糊集合的隶属度。

工程模糊集合各个特征元素的模糊关系系数（隶属函数值），通常是根据经验或者统计数据，并结合工程具体情况，由专家主观赋予。确定隶属函数值的基本原则为：越费时、费工、费料、费钱的工程特征元素，其系数就越大。

通过统计几十个工程的每平方米建筑面积直接费用，按比例在[0，1]区间内用数理统计的方法分别确定各项目（工程特征元素）系数，从而建立“单方直接费用统计表”(如表12-2所示)，因而可以将其作为确定隶属函数值的参考依据。

方法是：在选好同类型已建的4～6个典型工程中，互相轮流拟作待估工程，并在每个工程集合的相同元素找出比较的基准，通常选取较复杂的、费用较高的工程特征元素作为比较基准，取其隶属函数值为1，其他工程特征元素以此为基准，在闭区间[0，1]中参考“单方直接费用统计表，”结合工程具体情况，根据经验主观赋予元素隶属函数值，再利用估算公式（12-6），检验各已知典型工程的可靠性，从而建立“工程模糊关系系数表”。

工程项目单方直接费用统计表　　表12-2

项　目	系　数				
基础	预制柱	贯注桩	筏式基础	独立基础	砖砌基础
	1	0.65	0.5	0.4	0.2
		1	0.8	0.65	0.3
			1	0.8	0.4
墙体	有剪力墙	无剪力墙		有保温墙	无保温墙
	1	0.8		1	0.8
	全小间	全大间			
	1	0.7			

续表

项　目	系　数				
层数	框架十～十二	框架七～九	砖混六、四	砖混五	
	1	0.7	0.55	0.5	
		1	0.8	0.75	
			1	0.95	
层高	5.4m	3.6m	3.2m		
	1	0.7	0.6		
		1	0.85		
房间组合（住宅）	二室一厅	二室二厅	三室一厅		
	1	0.85	0.75		
		1	0.85		
内装饰	木楞吊顶棚	粉刷加漆	砂底纸巾面		
	1	0.6	0.4		
		1	0.7		
	墙面贴壁纸	粉刷加漆	砂底纸巾面		
	1	0.8	0.5		
		1	0.6		
外装饰	陶瓷锦砖面层	水刷石	水泥砂浆	原浆勾缝	
	1	0.25	0.15	0.05	
		1	0.55	0.3	
			1	0.6	
楼地面	现浇	空心板二浇层	空心板		
	1	0.8	0.5		
	木地板	瓷砖	水磨石	水泥砂浆加漆	水泥砂浆
	1	0.7	0.4	0.2	0.1
		1	0.6	0.3	0.15
			1	0.5	0.25
				1	0.5
屋面	增加炉渣混凝土	增加架空层	水泥砂浆二毡三油		
	1	0.65	0.55		
		1	0.85		
窗材料	钢	木			
	1	0.9			

注：1. 表内小于1的数值应按具体情况调整。
　　2. 未列项目可参照确定。

二、隶属函数值的确定

隶属函数值的确定过程，本质上说应该是客观的，但事实上还没有一个完全客观的评定标准。在许多情况下，常常是初步确定粗略的隶属函数值，然后通过“学习”和实践检验，逐步修改及完善，而实践效果正是检验和调整隶属函数值的依据。

确定隶属函数值的具体步骤为：

1. 找出同类型已建4～6个典型工程，并列出工程模糊集合中各特征元素名称。

2. 通常以较复杂、费用较高的工程特征元素作为比较基准，令其隶属函数值为1，其他各元素再分别与该基准元素相比较，在闭区间[0，1]内参考“工程项目单方直接费用统计表，”结合工程具体情况，根据经验赋予元素隶属函数值，初步建立“工程模糊关系系数表”。

3. 轮流计算各已知典型工程之间的贴近度，并从大到小依次排序，取其对应的单位工程集合中模糊关系系数 $T_{\alpha1}, T_{\alpha2}, T_{\alpha3}$ 。

4. 分别计算各典型工程的调整系数 λ。

5. 逐一检验各典型工程的可靠性，确定各特征元素的最终隶属函数值。

(1) 将任意典型工程作为待估工程，根据上述公式轮流计算各典型工程的单方直接费。

(2) 将计算出来的各典型工程单方直接费与各自对应的典型工程实际竣工决算的单方直接费进行比较，看是否满足精度要求。倘若能够满足精度要求，则认为“工程模糊关系表”的隶属函数值为最终隶属函数值，可以作为估测待估工程单方直接费的依据。反之，如果不能够满足精度要求，则认为是某工程集合中元素的模糊关系系数赋予不当，应做局部调整重算直到能满足精度要求为止。

三、工程造价快速估算的计算步骤

1. 列出工程特征元素，确定工程特征集合

首先根据各典型工程及待估工程的实际特征，列出工程集合中能够概括性地描述该工程有代表性的特征元素，确定工程特征集合。

2. 确定模糊关系系数，建立同类结构“对比工程模糊关系系数表”

参照“工程项目单方直接费用统计表”，结合工程实际情况赋予集合中各工程特征元素的模糊关系系数。之后，确定隶属函数值 (t_j)，再算出 $\sum t_j$，令 $\sum t_j$ 值最大的模糊关系系数为1，其他各工程的模糊关系系数为与最大的1相比所占的比例，在闭区间[0，1]内取值。

3. 检验“对比工程模糊关系系数表”，即检验所选典型工程的可靠性

(1) 列出各典型工程的模糊子集；

(2) 轮流计算各典型工程的贴近度；

模糊数学中可以用来度量两个模糊子集的相似程度一般有三种方法：格贴近度、海明贴近度、欧几里德贴近度。两个模糊子集的贴近度越大，说明它们之间的相似程度越好。由于每一种贴近度都有各自的偏差性，不能笼统地比较优劣，应根据具体问题做出合适选择。考虑到格贴近度计算较为简便，适合手工计算这一特点，因此本文拟用北京师范大学汪培庄教授提出的“贴近度”公式进行计算。

1）模糊子集之间的运算

设$\underset{\sim}{A}$、$\underset{\sim}{B}$是论域U上两个模糊子集，$\underset{\sim}{A}$和$\underset{\sim}{B}$的内积（$\underset{\sim}{A}\otimes\underset{\sim}{B}$）是先从两个元素的隶属度中取较小的值为运算结果，再在结果中取较大的值为最后运算结果，也即$\underset{\sim}{A}\otimes\underset{\sim}{B}$表示“最小值中的最大值”。

$\underset{\sim}{A}$和$\underset{\sim}{B}$的外积（$\underset{\sim}{A}\odot\underset{\sim}{B}$）是先从两个元素的隶属度中取较大的值为运算结果，再在结果中取较小的值为最后运算结果，也即$\underset{\sim}{A}\odot\underset{\sim}{B}$表示“最大值中的最小值”。

例如：$\underset{\sim}{A}=1/t_1+1/t_2+0.85/t_3+0.9/t_4+0.6/t_5$

$\underset{\sim}{B}=1/t_1+0.95/t_2+0.85/t_3+0.8/t_4+0.85t_5$

$\underset{\sim}{A}$和$\underset{\sim}{B}$的内积$(\underset{\sim}{A}\otimes\underset{\sim}{B})=(1\wedge 1)\vee(1\wedge 0.95)\vee(0.85\wedge 0.85)\vee(0.9\wedge 0.8)$

$\vee(0.6\wedge 0.85)$

$=1\vee 0.95\vee 0.85\vee 0.8\vee 0.6$

$=1$

$\underset{\sim}{A}$和$\underset{\sim}{B}$的外积$(\underset{\sim}{A}\odot\underset{\sim}{B})=(1\vee 1)\wedge(1\vee 0.95)\wedge(0.85\vee 0.85)\wedge(0.9\vee 0.8)$

$\wedge(0.6\vee 0.85)$

$=1\wedge 1\wedge 0.85\wedge 0.9\wedge 0.85$

$=0.85$

2）贴近度计算

设$\underset{\sim}{A}$、$\underset{\sim}{B}$是论域U上的两个模糊子集，它们的贴近度计算公式为：

$$\alpha=(\underset{\sim}{A},\underset{\sim}{B})=\frac{1}{2}[\underset{\sim}{A}\otimes\underset{\sim}{B}+(1-\underset{\sim}{A}\odot\underset{\sim}{B})] \tag{12-8}$$

对于前面的例子，可以求得贴近度

$$(\underset{\sim}{A},\underset{\sim}{B})=\frac{1}{2}[1+(1-0.85)]=0.575$$

（3）按照择近原则选取排在前面三个的贴近度α_1，α_2，α_3，且依次排序使其满足$\alpha_1\geqslant\alpha_2\geqslant\alpha_3$；以及与其相对应的三个典型工程的单方直接费$E_1$，$E_2$，$E_3$。

（4）分别计算各典型工程的调整系数λ值。

（5）第一次精度检验

分别求出各典型工程的单方造价，将求出的结果与相应的典型工程实际竣工决算的单方造价进行比较，检验估测精度是否符合要求；倘若能够符合要求，则说明典型工程各元素所定元素的隶属度可靠；如果不能够满足精度要求，则要对所定元素的隶属度作适当的局部调整，重新检验精度，直至满足精度要求为止，最后确定“对比工程模糊关系系数表”。

4. 根据最后确定的“对比工程模糊关系系数表”，用上述步骤估算待估工程的单方造价或工料消耗量

5. 第二次精度检验，也即检验待估工程的可靠性

将上述方法求得的待估工程单方造价或工料消耗量作为已知量，引入典型工程行列，分别将各典型工程的单方造价或工料消耗量作为未知量并对其进行估算，根据工程造价快速估算公式，求出各典型工程的单方造价或工料消耗量。重复上述步骤，再次检验各典型工程的精度。

工程造价快速估算的具体计算步骤如图 12-1 所示，该图清晰地反映了工程造价快速估算的基本思路和工作流程。

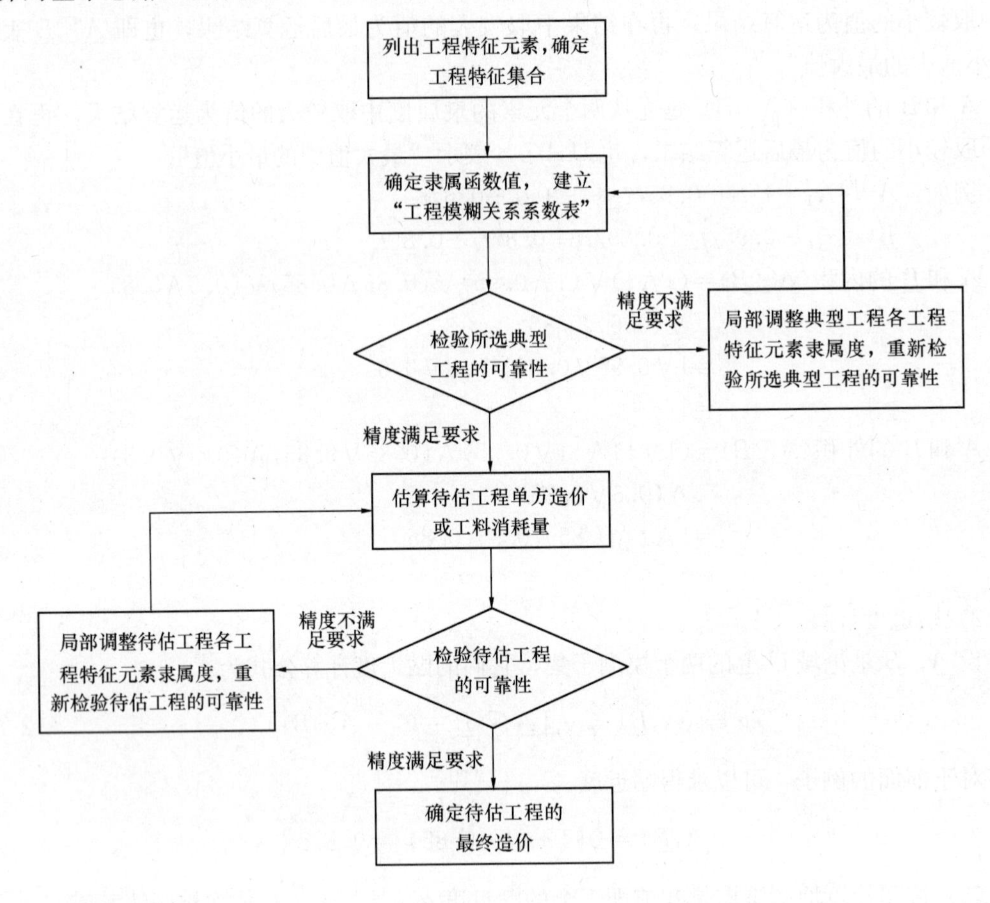

图 12-1　工程造价快速估算的计算步骤框图

第三节　工程造价快速估算应用实例分析

一、工程概况

重庆市某工程造价咨询机构受重庆某建筑公司委托，拟对重庆市沙坪坝区某公司家属住宅楼进行造价估算，以满足投标报价的需要。根据施工图纸及有关资料分析，该家属住宅楼工程为六层砖混结构，人工挖孔桩及砖砌条基，外装饰为涂料，内装饰为普通粉刷、水泥砂浆楼地面，三室一厅、双阳台的大房间，门窗为木门、塑钢窗。

由于投标报价时间紧迫，现采用本章第一节、第二节介绍的工程造价快速方法对该家属楼工程估算工程造价。根据待建工程实际情况和专家意见，选取重庆市沙坪坝区自 2001 年以来已建好的与此待建工程的工程特征相似的四栋住宅楼 A、B、C、D 作为典型工程，并以此四栋住宅楼的工程造价资料作为估算依据，结合待估工程 X 实际情况估算工程造价。A、B、C、D 四个典型工程和待估工程 X 的有关工程资料如表 12-3 所示。

砖混结构对比工程模糊关系系数表 **表 12-3**

代号	工程名称	基础		层数		内装饰		外装饰		门窗工程		房间组合		$\sum t_j$～T_i	单位造价（元/m²）	建筑面积（m²）	备注
		说明	t_1	说明	t_2	说明	t_3	说明	t_4	说明	t_5	说明	t_6				
A	住宅	砖砌条基	0.5	5层	0.95	普通粉刷水泥砂浆地面	1	贴面砖	1	木门铝合金窗	0.8	三室一厅单阳台小房间	0.9	5.15～0.88	640	2550	已建典型工程
B	住宅	下部混凝土上部砖条基	0.7	5层	0.95	普通粉刷水泥砂浆地面	1	贴面砖	1	木门铝合金窗	0.8	二室一厅单阳台	0.8	5.25～0.9	655	1950	
C	住宅	下部筏基上部砖基	0.9	6层	1	普通粉刷水泥砂浆地面	1	混合砂浆抹面	0.6	木门塑钢窗	1	三室一厅双阳台大房间	1	5.5～0.94	685	3600	
D	住宅	人工挖孔桩及砖砌条基	1	6层	1	普通粉刷水泥砂浆地面	1	建筑涂料	0.85	木门塑钢窗	1	二室一厅单阳台小房间	0.7	5.55～0.95	690	2880	
待估工程X																	
X	住宅	人工挖孔桩及砖砌条基	1	6层	1	普通粉刷水泥砂浆地面	1	建筑涂料	0.85	木门塑钢窗	1	三室一厅双阳台大房间	1	5.85～1	待求	3800	待估工程

二、列出工程特征元素，确定工程特征集合

根据典型工程和待估工程的具体工程情况，列出在工程特征集合中能够概括性地描述该工程有代表性的特征元素。本工程的工程特征集合 T 含有 6 个特征元素（$m=6$），分别为基础、层数、内装饰、外装饰、门窗工程、房间组合。工程特征集合记为：$T=$｛基础，层数，内装饰，外装饰，门窗工程，房间组合｝。

三、确定隶属函数值、建立“对比工程模糊关系系数表”

按照本章第二节介绍的隶属函数值的确定方法，确定出各工程特征元素的隶属函数值（t_j），并计算出各典型工程及待估工程的$\sum t_j$，将计算结果反映在“对比工程模糊关系系数表”上（如表 12-3 所示）。详细计算过程如下：

对于典型工程 A：$\sum_{1}^{m} t_{Aj}=0.5+0.95+1+1+0.8+0.9=5.15$

对于典型工程 B：$\sum_{1}^{m} t_{Bj}=0.7+0.95+1+1+0.8+0.8=5.25$

对于典型工程 C：$\sum_{1}^{m} t_{Cj}=0.9+1+1+0.6+1+1=5.5$

对于典型工程 D：$\sum_{1}^{m} t_{Dj} = 1+1+1+0.85+1+0.7 = 5.55$

对于待估工程 X：$\sum_{1}^{m} t_{Xj} = 1+1+1+0.85+1+1 = 5.85(\max\Sigma t_j)$

由于 $\sum_{1}^{m} t_{Xj} = 5.85$ 为 Σt_j 中的最大值，故令 $T_X=1$，则：

$$T_A = \frac{5.15}{5.85} = 0.88$$

$$T_B = \frac{5.25}{5.85} = 0.9$$

$$T_C = \frac{5.5}{5.85} = 0.94$$

$$T_D = \frac{5.55}{5.85} = 0.95$$

四、检验所选典型工程的可靠性

（一）列出各典型工程的模糊子集，用查德（Zedeh）记号记为：

$T_A = 0.5/t_1 + 0.95/t_2 + 1/t_3 + 1/t_4 + 0.8/t_5 + 0.9/t_6$

$T_B = 0.7/t_1 + 0.95/t_2 + 1/t_3 + 1/t_4 + 0.8/t_5 + 0.8/t_6$

$T_C = 0.9/t_1 + 1/t_2 + 1/t_3 + 0.6/t_4 + 1/t_5 + 1/t_6$

$T_D = 1/t_1 + 1/t_2 + 1/t_3 + 0.85/t_4 + 1/t_5 + 0.7/t_6$

（二）检验各典型工程的可靠性

1. 检验典型工程 A 的可靠性

（1）分别计算典型工程 A 与其他各典型工程 B、C、D 的贴近度：

根据贴近度计算公式$(A,B)=\frac{1}{2}[A\otimes B+(1-A\odot B)]$即可求出。

$$A\otimes B=(0.5\wedge 0.7)\vee(0.95\wedge 0.95)\vee(1\wedge 1)\vee(1\wedge 1)\vee(0.8\wedge 0.8)\vee(0.9\wedge 0.8)$$
$$=0.5\vee 0.95\vee 1\vee 1\vee 0.8\vee 0.8=1$$

$$A\odot B=(0.5\vee 0.7)\wedge(0.95\vee 0.95)\wedge(1\vee 1)\wedge(1\vee 1)\wedge(0.8\vee 0.8)\wedge(0.9\vee 0.8)$$
$$=0.7\wedge 0.95\wedge 1\wedge 1\wedge 0.8\wedge 0.9=0.7$$

$$贴近度：(A,B)=\frac{1}{2}[A\otimes B+(1-A\odot B)]$$
$$=\frac{1}{2}[1+(1-0.7)]=0.65\cdots\cdots①$$

$\because T_B=0.90$

$$A\otimes C=(0.5\wedge 0.9)\vee(0.95\wedge 1)\vee(1\wedge 1)\vee(1\wedge 0.6)\vee(0.8\wedge 1)\vee(0.9\wedge 1)$$
$$=0.5\vee 0.95\vee 1\vee 0.6\vee 0.8\vee 0.9=1$$

$$A\odot C=(0.5\vee 0.9)\wedge(0.95\vee 1)\wedge(1\vee 1)\wedge(1\vee 0.6)\wedge(0.8\vee 1)\wedge(0.9\vee 1)$$

$=0.9\wedge 1\wedge 1\wedge 1\wedge 1\wedge 1=0.9$

贴近度：$(A,C)=\frac{1}{2}[A\otimes C+(1-A\odot C)]$

$=\frac{1}{2}[1+(1-0.9)]$

$=0.55\cdots\cdots③$

$\because T_C=0.94$

$A\otimes D=(0.5\wedge 1)\vee(0.95\wedge 1)\vee(1\wedge 1)\vee(1\wedge 0.85)$
$\vee(0.8\wedge 1)\vee(0.9\wedge 0.7)$
$=0.5\vee 0.95\vee 1\vee 0.85\vee 0.8\vee 0.7=1$

$A\odot D=(0.5\vee 1)\wedge(0.95\vee 1)\wedge(1\vee 1)\wedge(1\vee 0.85)$
$\wedge(0.8\vee 1)\wedge(0.9\vee 0.7)$
$=1\wedge 1\wedge 1\wedge 1\wedge 1\wedge 0.9=0.9$

贴近度：$(A,D)=\frac{1}{2}[A\otimes D+(1-A\odot D]$

$=\frac{1}{2}[1+(1-0.9)]$

$=0.55\cdots\cdots②$

$\because T_D=0.95$

（2）对贴近度从大到小依次排序、相应的典型工程单方造价，以及α_1，α_2，α_3相对应的典型工程的模糊关系系数$T_{\alpha1}$、$T_{\alpha2}$、$T_{\alpha3}$：

$\alpha_1=0.65$，　$E_1=655$，　$T_{\alpha1}=0.9$

$\alpha_2=0.55$，　$E_2=690$，　$T_{\alpha2}=0.95$

$\alpha_3=0.55$，　$E_3=685$，　$T_{\alpha3}=0.94$

（3）计算调整系数λ值

$$\lambda=1+\frac{1}{m}\left[1.8\left(\frac{T_{估}}{T_{\alpha1}}-1\right)+0.8\left(\frac{T_{估}}{T_{\alpha2}}-1\right)+0.4\left(\frac{T_{估}}{T_{\alpha3}}-1\right)\right]$$

$$=1+\frac{1}{6}\left[1.8\left(\frac{0.88}{0.9}-1\right)+0.8\left(\frac{0.88}{0.95}-1\right)+0.4\left(\frac{0.88}{0.94}-1\right)\right]$$

$$=0.979$$

（4）估测典型工程A的单方造价

$$E_A^*=\lambda[\alpha_1E_1+\alpha_2(1-\alpha_1)E_2+\alpha_3(1-\alpha_1)(1-\alpha_2)E_3+\frac{1}{3}(1-\alpha_1)(1-\alpha_2)(1-\alpha_3)(E_1+E_2+E_3)]$$

$$=0.979\times[0.65\times 655+0.55\times(1-0.65)\times 690+0.55\times(1-0.65)\times(1-0.55)\times 685+1/3(1-0.65)(1-0.55)(1-0.55)(655+690+685)]$$

$=651.89$元$/m^2$

精度检验：$\frac{651.89-640}{640}\times 100\%=1.858\%<5\%$　（可靠）

2. 同理检验典型工程B的可靠性

（1）分别计算典型工程B与其他各典型工程A、C、D的贴近度：

贴近度：(B,A)＝(A,B)＝0.65……①

$$B\otimes C=(0.7\wedge 0.9)\vee(0.95\wedge 1)\vee(1\wedge 1)\vee(1\wedge 0.6)\vee(0.8\wedge 1)\vee(0.8\wedge 1)$$
$$=0.7\vee 0.95\vee 1\vee 0.6\vee 0.8\vee 0.8=1$$

$$B\odot C=(0.7\vee 0.9)\wedge(0.95\vee 1)\wedge(1\vee 1)\wedge(1\vee 0.6)\wedge(0.8\vee 1)\wedge(0.8\vee 1)$$
$$=0.9\wedge 1\wedge 1\wedge 1\wedge 1\wedge 1=0.9$$

贴近度：$(B,C)=\frac{1}{2}[B\otimes C+(1-B\odot C)]$

$$=\frac{1}{2}[1+(1-0.9)]$$
$$=0.55$$……③

$$B\otimes D=(0.7\wedge 1)\vee(0.95\wedge 1)\vee(1\wedge 1)\vee(1\wedge 0.85)\vee(0.8\wedge 1)\vee(0.8\wedge 0.7)$$
$$=0.7\vee 0.95\vee 1\vee 0.85\vee 0.8\vee 0.7=1$$

$$B\odot D=(0.7\vee 1)\wedge(0.95\vee 1)\wedge(1\vee 1)\wedge(1\vee 0.85)\wedge(0.8\vee 1)\wedge(0.8\vee 0.7)$$
$$=1\wedge 1\wedge 1\wedge 1\wedge 1\wedge 0.8=0.8$$

贴近度：$(B,D)=\frac{1}{2}[B\otimes D+(1-B\odot D)]$

$$=\frac{1}{2}[1+(1-0.8)]$$
$$=0.6$$…… ②

(2)依次排序

$\alpha_1=0.65$，　$E_1=640$，　$T_{\alpha 1}=0.88$

$\alpha_2=0.6$，　$E_2=690$，　$T_{\alpha 2}=0.95$

$\alpha_3=0.55$，　$E_3=685$，　$T_{\alpha 3}=0.94$

(3)计算调整系数 λ 值

$$\lambda=1+\frac{1}{6}\left[1.8\left(\frac{0.9}{0.88}-1\right)+0.8\left(\frac{0.9}{0.95}-1\right)+0.4\left(\frac{0.9}{0.94}-1\right)\right]=0.997$$

(4)估测典型工程 B 的单方造价

$$E_B^*=0.997\times[0.65\times 640+0.6\times(1-0.65)\times 690+0.55\times(1-0.65)\times(1-0.6)\times 685+1/3(1-0.65)(1-0.6)(1-0.55)(640+690+685)]$$
$$=653.99\text{ 元}/m^2$$

精度检验：　$\frac{653.99-655}{655}\times 100\%=-0.154\%<5\%$(可靠)

3. 同理检验典型工程 C 的可靠性

(1)分别计算典型工程 C 与其他各典型工程 A、B、D 的贴近度：

贴近度：(C,A)＝(A,C)＝0.55

∵ $T_A=0.88$ ……③

贴近度：(C，B) ＝ (B，C) ＝0.55

∵T_B=0.9 ……②

$$C \otimes D=(0.9\wedge 1)\vee(1\wedge 1)\vee(1\wedge 1)\vee(0.6\wedge 0.85)\vee(1\wedge 1)\vee(1\wedge 0.7)$$
$$=0.9\vee 1\vee 1\vee 0.6\vee 1\vee 0.7=1$$

$$C \odot D=(0.9\vee 1)\wedge(1\vee 1)\wedge(1\vee 1)\wedge(0.6\vee 0.85)\wedge(1\vee 1)\wedge(1\vee 0.7)$$
$$=1\wedge 1\wedge 1\wedge 0.85\wedge 1\wedge 1=0.85$$

贴近度：$(C,D)=\frac{1}{2}[1+(1-0.85)]=0.575$ …… ①

(2) 依次排序

$\alpha_1=0.575$，　$E_1=690$，　$T_{\alpha 1}=0.95$

$\alpha_2=0.55$，　$E_2=655$，　$T_{\alpha 2}=0.9$

$\alpha_3=0.55$，　$E_3=640$，　$T_{\alpha 3}=0.88$

(3) 计算调整系数λ值

$$\lambda=1+\frac{1}{6}\left[1.8\left(\frac{0.94}{0.95}-1\right)+0.8\left(\frac{0.94}{0.9}-1\right)+0.4\left(\frac{0.94}{0.88}-1\right)\right]=1.007$$

(4) 估测典型工程C的单方造价

$$E_C^*=1.007\times[0.575\times 690+0.55\times(1-0.575)\times 655+0.55\times(1-0.575)\times(1-0.55)\times 640+1/3(1-0.575)(1-0.55)(1-0.55)(690+655+640)]$$
$$=678.84\text{ 元}/m^2$$

精度检验：$\frac{678.84-685}{685}\times 100\%=-0.899\%<5\%$（可靠）

4. 同理检验典型工程D的可靠性

(1) 分别计算典型工程C与其他各典型工程A、B、D的贴近度：

贴近度：　(D,A)＝(A,D)＝0.55　……③

贴近度：　(D,B)＝(B,D)＝0.6　……①

贴近度：　(D,C)＝(C,D)＝0.575　……②

(2) 依次排序

$\alpha_1=0.6$，　$E_1=655$，　$T_{\alpha 1}=0.9$

$\alpha_2=0.575$，　$E_2=685$，　$T_{\alpha 2}=0.94$

$\alpha_3=0.55$，　$E_3=640$，　$T_{\alpha 3}=0.88$

(3) 计算调整系数λ值

$$\lambda=1+\frac{1}{6}\left[1.8\left(\frac{0.95}{0.9}-1\right)+0.8\left(\frac{0.95}{0.94}-1\right)+0.4\left(\frac{0.95}{0.88}-1\right)\right]=1.023$$

(4) 估测典型工程D的单方造价

$$E_D^*=1.023\times[0.6\times 655+0.575\times(1-0.6)\times 685+0.55\times(1-0.6)\times(1-0.575)\times 640+1/3(1-0.6)(1-0.575)(1-0.55)(655+685+640)]$$
$$=676.08\text{ 元}/m^2$$

精度检验：$\frac{676.08-690}{690}\times 100\%=-2.017\%<5\%$（可靠）

结论：通过对上述计算结果进行分析，典型工程A、B、C、D的单方造价估算精度都比较高，误差均在±5%范围以内。显然，已知典型工程的模糊关系系数完全可靠，可将其作为经验资料估算新的同类结构工程单方造价。

五、估算待估工程的单方造价

根据经过检验的典型工程模糊关系系数（见表12-3），按上述步骤和方法估算待估工程X的单方造价。

（一）列出典型工程A、B、C、D和待估工程X的模糊子集，用查德(Zedeh)记号记为：

$$\left.\begin{aligned}T_A &= 0.5/t_1 + 0.95/t_2 + 1/t_3 + 1/t_4 + 0.8/t_5 + 0.9/t_6\\ T_B &= 0.7/t_1 + 0.95/t_2 + 1/t_3 + 1/t_4 + 0.8/t_5 + 0.8/t_6\\ T_C &= 0.9/t_1 + 1/t_2 + 1/t_3 + 0.6/t_4 + 1/t_5 + 1/t_6\\ T_D &= 1/t_1 + 1/t_2 + 1/t_3 + 0.85/t_4 + 1/t_5 + 0.7/t_6\end{aligned}\right\}\text{已建典型工程}$$

$$T_X = 1/t_1 + 1/t_2 + 1/t_3 + 0.85/t_4 + 1/t_5 + 1/t_6 \quad \text{（拟建待估工程）}$$

（二）分别计算待估工程X与典型工程A、B、C、D的贴近度：

$$X \otimes A = (1 \wedge 0.5) \vee (1 \wedge 0.95) \vee (1 \wedge 1) \vee (0.85 \wedge 1) \vee (1 \wedge 0.8) \vee (1 \wedge 0.9)$$
$$= 0.5 \vee 0.95 \vee 1 \vee 0.85 \vee 0.8 \vee 0.9 = 1$$

$$X \odot A = (1 \vee 0.5) \wedge (1 \vee 0.95) \wedge (1 \vee 1) \wedge (0.85 \vee 1) \wedge (1 \vee 0.8) \wedge (1 \vee 0.9)$$
$$= 1 \wedge 1 \wedge 1 \wedge 1 \wedge 1 \wedge 1 = 1$$

贴近度：$(X,A) = \frac{1}{2}[1+(1-1)] = 0.5$

$$X \otimes B = (1 \wedge 0.7) \vee (1 \wedge 0.95) \vee (1 \wedge 1) \vee (0.85 \wedge 1) \vee (1 \wedge 0.8) \vee (1 \wedge 0.8)$$
$$= 0.7 \vee 0.95 \vee 1 \vee 0.85 \vee 0.8 \vee 0.8 = 1$$

$$X \odot B = (1 \vee 0.7) \wedge (1 \vee 0.95) \wedge (1 \vee 1) \wedge (0.85 \vee 1) \wedge (1 \vee 0.8) \wedge (1 \vee 0.8)$$
$$= 1 \wedge 1 \wedge 1 \wedge 1 \wedge 1 \wedge 1 = 1$$

贴近度：$(X,B) = \frac{1}{2}[1+(1-1)] = 0.5$

∵ $T_B = 0.9$ …… ③

$$X \otimes C = (1 \wedge 0.9) \vee (1 \wedge 1) \vee (1 \wedge 1) \vee (0.85 \wedge 0.6) \vee (1 \wedge 1) \vee (1 \wedge 1)$$
$$= 0.9 \vee 1 \vee 1 \vee 0.6 \vee 1 \vee 1 = 1$$

$$X \odot C = (1 \vee 0.9) \wedge (1 \vee 1) \wedge (1 \vee 1) \wedge (0.85 \vee 0.6) \wedge (1 \vee 1) \wedge (1 \vee 1)$$
$$= 1 \wedge 1 \wedge 1 \wedge 0.85 \wedge 1 \wedge 1 = 0.85$$

贴近度：$(X,C) = \frac{1}{2}[1+(1-0.85)] = 0.575$

∵ $T_C = 0.94$ ……②

$$X \otimes D = (1 \wedge 1) \vee (1 \wedge 1) \vee (1 \wedge 1) \vee (0.85 \wedge 0.85) \vee (1 \wedge 1) \vee (1 \wedge 0.7)$$
$$= 1 \vee 1 \vee 1 \vee 0.85 \vee 1 \vee 0.7 = 1$$

$$X \odot D = (1 \vee 1) \wedge (1 \vee 1) \wedge (1 \vee 1) \wedge (0.85 \vee 0.85) \wedge (1 \vee 1) \wedge (1 \vee 0.7)$$
$$= 1 \wedge 1 \wedge 1 \wedge 0.85 \wedge 1 \wedge 1 = 0.85$$

贴近度：$(X,D) = \frac{1}{2}[1+(1-0.85)] = 0.575$

∵ $T_D = 0.95$ …… ①

（三）依次排序

$\alpha_1=0.575$，　$E_1=690$，　$T_{\alpha1}=0.95$

$\alpha_2=0.575$，　$E_2=685$，　$T_{\alpha2}=0.94$

$\alpha_3=0.5$，　$E_3=655$，　$T_{\alpha3}=0.9$

（四）计算调整系数 λ 值

$$\lambda=1+\frac{1}{6}\left[1.8\left(\frac{1}{0.95}-1\right)+0.8\left(\frac{1}{0.94}-1\right)+0.4\left(\frac{1}{0.88}-1\right)\right]=1.033$$

（五）估测待估工程 X 的单方造价

$$E_X^*=1.033\times[0.575\times690+0.575\times(1-0.575)\times685+0.5\times(1-0.575)\times(1-0.575)\times655+1/3(1-0.575)(1-0.575)(1-0.5)(690+685+655)]=707.00\text{元}/\text{m}^2$$

六、检验待估工程的可靠性

将所求得的待估工程 X 的单方造价（$E_X^*=707.00$元/m²）作为已知量，重复上述步骤再次检验各典型工程的可靠性。

（一）再次检验典型工程 A 的可靠性

1. 分别计算典型工程 A 与其他典型工程 B、C、D 及待估工程 X 的贴近度：

贴近度：　（A，B）＝0.65　……①

贴近度：　（A，C）＝0.55　……③

贴近度：　（A，D）＝0.55　……②

贴近度：　（A，X）＝（X，A）＝0.5

2. 依次排序

$\alpha_1=0.65$，　$E_1=655$，　$T_{\alpha1}=0.9$

$\alpha_2=0.55$，　$E_2=690$，　$T_{\alpha2}=0.95$

$\alpha_3=0.55$，　$E_3=685$，　$T_{\alpha3}=0.94$

3. 计算调整系数 λ 值

$$\lambda=1+\frac{1}{6}\left[1.8\left(\frac{0.88}{0.9}-1\right)+0.8\left(\frac{0.88}{0.95}-1\right)+0.4\left(\frac{0.88}{0.94}-1\right)\right]=0.979$$

4. 估测典型工程 A 的单方造价

$$E_A^*=0.979\times[0.65\times655+0.55\times(1-0.65)\times690+0.55\times(1-0.65)\times(1-0.55)\times685+1/3(1-0.65)(1-0.55)(1-0.55)(655+690+685)]=651.89\text{元}/\text{m}^2$$

精度检验：　$\frac{651.89-640}{640}\times100\%=1.858\%<5\%$（可靠）

（二）同理再次检验典型工程 B 的可靠性

1. 分别计算典型工程 B 与其他典型工程 A、C、D 及待估工程 X 的贴近度：

贴近度：　（B，A）＝0.65　……①

贴近度：　（B，C）＝0.55　……③

贴近度：　（B，D）＝0.6　……②

贴近度：　（B，X）＝（X，B）＝0.5

2. 依次排序

$\alpha_1=0.65$，　$E_1=640$，　$T_{\alpha1}=0.88$

$\alpha_2=0.6$，　$E_2=690$，　$T_{\alpha2}=0.95$

$\alpha_3=0.55$，　$E_3=685$，　$T_{\alpha3}=0.94$

3. 计算调整系数λ值

$$\lambda=1+\frac{1}{6}\left[1.8\left(\frac{0.9}{0.88}-1\right)+0.8\left(\frac{0.9}{0.95}-1\right)+0.4\left(\frac{0.9}{0.94}-1\right)\right]=0.997$$

4. 估测典型工程B的单方造价

$$\begin{aligned}E_B^* &= 0.997\times[0.65\times640+0.6\times(1-0.65)\times690+0.55\times(1-0.65)\\&\quad\times(1-0.6)\times685+1/3(1-0.65)(1-0.6)(1-0.55)(640+690+685)]\\&=653.99\text{元}/m^2\end{aligned}$$

精度检验：$\dfrac{653.99-655}{655}\times100\%=-0.154\%<5\%$（可靠）

（三）同理再次检验典型工程C的可靠性

1. 分别计算典型工程C与其他典型工程A、B、D及待估工程X的贴近度：

贴近度：　(C，A) $=0.55$

贴近度：　(C，B) $=0.55$　　　……③

贴近度：　(C，D) $=0.575$　　　……②

贴近度：　(C，X) = (X，C) $=0.575$　……①

2. 依次排序

$\alpha_1=0.575$，　$E_1=707$，　$T_{\alpha1}=1$

$\alpha_2=0.575$，　$E_2=690$，　$T_{\alpha2}=0.95$

$\alpha_3=0.55$，　$E_3=655$，　$T_{\alpha3}=0.9$

3. 计算调整系数λ值

$$\lambda=1+\frac{1}{6}\left[1.8\left(\frac{0.94}{1}-1\right)+0.8\left(\frac{0.94}{0.95}-1\right)+0.4\left(\frac{0.94}{0.9}-1\right)\right]=0.984$$

4. 估测典型工程C的单方造价

$$\begin{aligned}E_C^* &= 0.984\times[0.575\times707+0.575\times(1-0.575)\times690+0.55\times(1-0.575)\\&\quad\times(1-0.575)\times655+1/3(1-0.575)(1-0.575)(1-0.55)(707+690+655)]\\&=684.68\text{元}/m^2\end{aligned}$$

精度检验：$\dfrac{684.68-685}{685}\times100\%=-0.047\%<5\%$（可靠）

（四）同理再次检验典型工程D的可靠性

1. 分别计算典型工程D与其他典型工程A、B、C及待估工程X的贴近度：

贴近度：　(D，A) $=0.55$

贴近度：　(D，B) $=0.6$　　　……①

贴近度：　(D，C) $=0.575$　　　……③

贴近度：　(D，X) = (X，D) $=0.575$　……②

2. 依次排序

$\alpha_1=0.6$，　$E_1=655$，　$T_{\alpha1}=0.9$

$\alpha_2=0.575$，　　$E_2=707$，　　$T_{\alpha 2}=1$

$\alpha_3=0.575$，　　$E_3=685$，　　$T_{\alpha 3}=0.94$

3. 计算调整系数 λ 值

$$\lambda=1+\frac{1}{6}\left[1.8\left(\frac{0.95}{0.9}-1\right)+0.8\left(\frac{0.95}{1}-1\right)+0.4\left(\frac{0.95}{0.94}-1\right)\right]=1.011$$

4. 估测典型工程 D 的单方造价

$$\begin{aligned}E_D^*&=1.011\times[0.6\times655+0.575\times(1-0.6)\times707+0.575\times(1-0.6)\\&\quad\times(1-0.575)\times685+1/3(1-0.6)(1-0.575)(1-0.575)(655+707+685)]\\&=679.26\text{ 元}/m^2\end{aligned}$$

精度检验：　$\frac{679.26-690}{690}\times100\%=-1.557\%<5\%$（可靠）

结论：通过将待估工程 X 的单方造价（$E_X^*=707.00$ 元/m^2）作为已知量，对典型工程的可靠性进行第二次检验，典型工程 A、B、C、D 的单方造价估算精度仍然比较高，估算误差均在±5%范围以内。显然，待估工程的单方造价（$E_X^*=707.00$ 元/m^2）具有较强的可靠性。

七、确定待估工程的最终造价

待估工程总造价的估算值：

$$E_{TX}=M\cdot E_x=3800m^2\times707.00\text{ 元}/m^2=268.66\text{ 万元}$$

综上计算分析可知，重庆市沙坪坝区某公司家属住宅楼的工程总造价估算值为268.66 万元。

复习思考题

1. 何谓工程造价快速估算？进行工程造价快速估算具有哪些意义？

2. 简述工程造价快速估算的基本原理。

3. 简述工程造价快速估算的数学模型。

4. 在计算待估工程的单方造价时，为什么要引入调整系数 λ，λ 应如何确定？

5. 隶属函数值应如何计算？在确定各特征元素的最终隶属函数值之前，为什么需要逐一检验各典型工程的可靠性？

6. 何谓典型工程的贴近度？如何计算典型工程的贴近度？

7. 在计算待估工程的单方造价之前，为什么需要进行二次精度检验？第一次精度检验与第二次精度检验主要有哪些差异？

8. 应如何对所选典型工程的贴近度进行排序？当存在两个贴近度的大小一样时，这时应如何处理？

9. 试结合本章所讲的工程造价快速估算的原理、方法，针对一个具体的工程实例进行快速估价。

第十三章　计算机在工程量清单计价中的应用

第一节　应用计算机编制工程量清单的意义

工程概预算软件的使用在我国是从20世纪70年代开始的。其程序研究和设计的背景以中、小型计算机为依托。由于当时计算机汉字系统尚未成熟，给预算软件的开发、推广乃至使用带来了相当大的困难，使得工程概预算软件经历了一段探索、研制和开发的阶段。进入80年代，计算机应用软件的研制迅速发展。尤其是微机的出现以及汉字系统的研制成果，为应用软件的开发和推广奠定了基础。随着Windows支持平台的不断改进，使工程预算软件成为"可视、智能"的工程预算或决算，且界面友好、多功能、使用和操作方便。功能键与快捷按钮同流行软件兼容，并提供同Word、Excel等Office办公软件的数据接口功能。

目前，我国已加入WTO，按照国际惯例，工程造价的管理，为同国际接轨、逐步走向建筑市场化、国际化，在招、投标过程中实行工程量清单计价模式。那么，在进行工程量清单编制与报价时，工程预算软件应采用动态费率表的形式，来解决不同的消耗量定额结合不同的费率的情况。换言之，通过智能识别进行取费，从而减轻工程造价人员的工作量。在Windows强大的功能支持下，应用计算机编制工程量清单通常具有以下几方面的现实意义。

一、计算准确率高

在程序设计准确、输入的原始数据正确无误的情况下，计算机计算的准确性是不容怀疑的。这较之人工编制工程量清单进行运算既方便又准确。工程造价行业对工程造价的工作失误允许范围有正三负五的说法，即正百分之三，负百分之五。而使用计算机编制工程量清单的准确率均高于99%的概率。

二、编制速度快

使用计算机编制工程量清单，通常比人工编制提高工作效率几倍，甚至十几倍。当原始数据按照预先设计的程序和要求输入后，在计算机强大的使用功能和友好的界面下，加之熟练的掌握一些快捷键，可方便自若的进行操作，这对当今日益竞争激烈的建筑市场，进行招、投标管理、包括工程量清单的编制和工程量清单的报价书的编制均具有深远的现实意义。

三、适应性强

在数据录入过程中，应根据不同地区定额（企业定额）特点、专业要求建立定额库和费用计算程序表格。诚然，在《建设工程工程量清单评价规范》（GB 50500—2003）颁布后，各地区原则上应按照计价规范的要求设置，包括表格、附录、工程量计算规则、工程项目编码、工程项目特征、工程内容、项目名称、计量单位、地方消耗量定额与计价规范接轨方式等。如能方便的生成分部分项工程量清单表格、其他项目清单表格、措施项目清单表格等。

建设工程预算软件目前仍处在一个研制和开发阶段，不仅涉及到计算机硬件设备、软件工程、数据结构、数据库理论、建筑工程施工技术与相关专业规范、法规等综合知识，同时，还要求相关研制和开发人员熟悉有关价格、定额、工程量清单编制程序和有关政策、价差调整或价格更新、定额套用或定额换算等的处理，以适应复杂的环境条件下，工程造价管理与工程经济的需要。

第二节　奇星预算软件的技术特点

由重庆市城乡建设技术发展中心推广多年、重庆市造价站监制、重庆升华电子研究所开发的“奇星建设图算”从20世纪80年代初至今，经过多年的探索、研究和推广，目前已较为成熟。

“奇星建设图算”——预算软件在重庆多家企事业单位，拥有较多的用户和预算软件市场占有率。迄今已形成集开发、维护、培训和推广为一体的较为完善的体系，可确保用户权益。

“奇星建设图算”——预算软件的技术特点表现如下。

一、实用性强

该预算软件操作方便，符合手工编制预、结算流程，普遍适用于施工、设计及建设单位、工程建设监理或工程造价咨询等单位。通常对工程造价人员只需要进行短期培训，即可使用“奇星建设图算”进行工程量清单的编制或计价。

二、运算速度快、效率高

该软件主要使用C及VB语言编程，模块独立性强，内部结构设计紧凑，同时，运算速度快、精度高，使用效率高。

三、用户界面友好

该软件用户界面友好，功能键操作一致，可确保工程造价人员或使用者在较短时间内熟练地使用“奇星建设图算”，同时输出十余种标准表格。

四、功能较齐全、兼有维护系统

在工程量清单编制过程中，可录入和保存计算式，具有自动计算、换算、汇总、取费，调整价格和费用等构成表格、重建定额等功能；进行动态维护、输出、打印等功能；在定额调用、材料查询等部分采用“模糊检索”，保证了数据处理准确、高效。

五、万能取费表设计简捷

在费用计算程序中，万能取费表设计简单、明确，并可修改，可保证该预算软件的通用性和可操作性，易于操作人员掌握。

同时，以万能取费表为核心的费用表设计可达到任意表格输出为该软件的特点或独到之处，它是采用所谓“坐标变量填写法”。

此外，该预算软件的专业类较之其他预算软件较全面。

第三节　奇星预算软件系统

一、系统安装

计算机安装了Windows98以上操作系统后，启动Windows，可进行“奇星建设图算”系统安装。在光盘驱动器放入“奇星建设图算”的光盘，片刻后，桌面上会出现该软件系统安装界面：如图13-1所示，即为“奇星建设图算”系统在Windows下的安装。

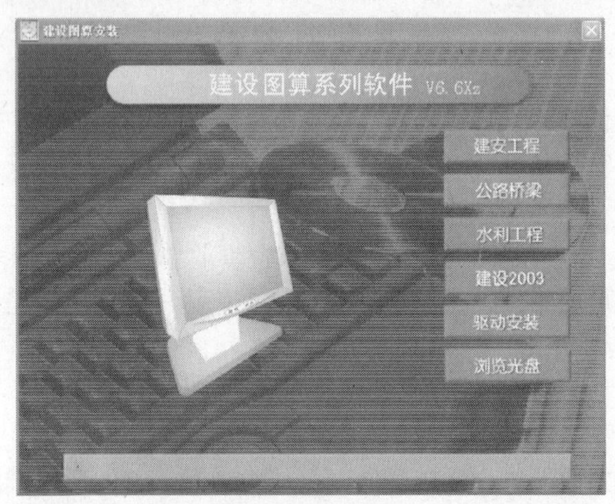

图13-1　奇星建设图算系统在Windows下的安装界面

鼠标单击界面上“建设2003”出现工程量清单系统安装界面，可按提示进行安装，安装完成后形成“建设2003”图标，图标的出现标志软件安装成功。如果还需安装“公路桥梁”等也可按照同样的方法进行。“驱动程序”部分安装在Windows98以下的版本没有要求，但是在WindowsNT、XP等NT系列的操作系统或USB加密元件中则必须安装驱动程序，否则Windows系统将无法识别加密元件。

硬件环境：配置PC486以上的主机，100M以上硬盘空间；64M以上的内存；VGA或与之兼容的TVGA、SVGA等显示卡。

二、系统启动

系统安装完成后，桌面上出现“建设2003”或“建设公路”等样式的图标，如图13-2所示为建设图算安装后的界面。

启动图13-2“建设2003”后，随即出现如图13-3所示建设2003首界面。

进入“建设2003”系统后，键盘操作使用通用编辑键，鼠标操作通常采用[单击]操作，有时可采用[拖动]进行操作。

观察首界面图13-3可看到，“建设2003”系统由[工程建立]、[项目调整]、[配合比换算]、[工料机价格]、[计算打印]等功能组成。根据不同需要，界面有几种表现形式，将除计算打印及系统设置外的各种表现形式统称“首界面”，该首界面显示的工程是前一次编辑后退出的工程。

在《建设图算》清单计价软件中，是以《计价规范》的方式作专业划分的，所以含有建筑、装饰、安装、市政及园林工程。本软件在数据处理中的突出特点是，以“万能取费

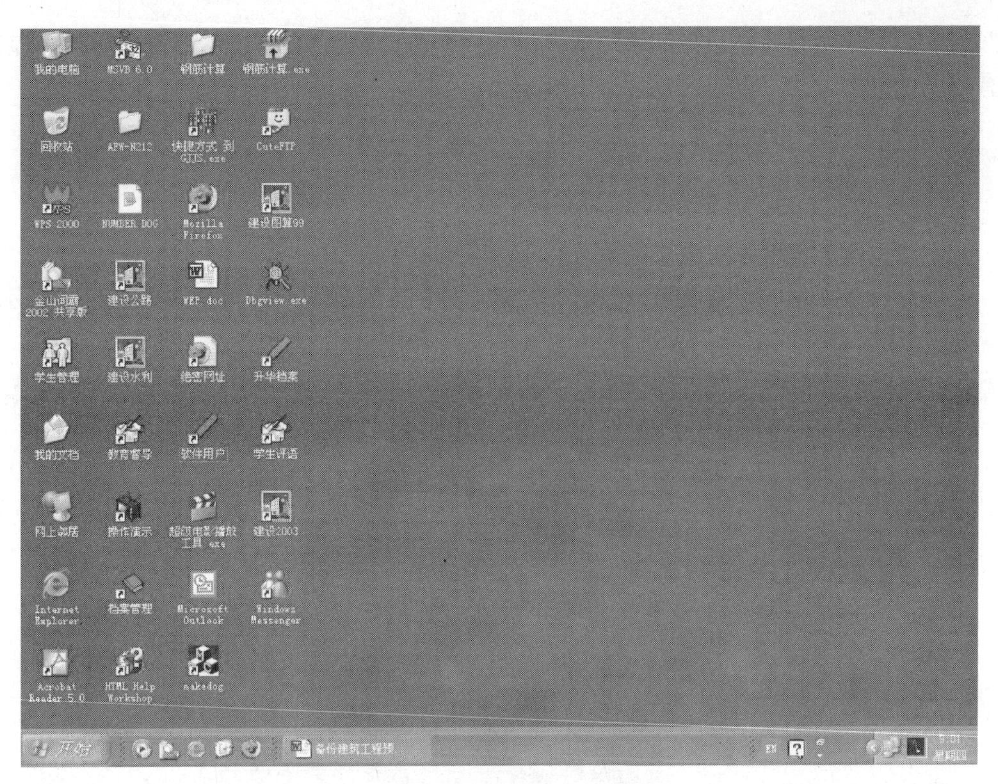

图 13-2 建设图算安装后的界面

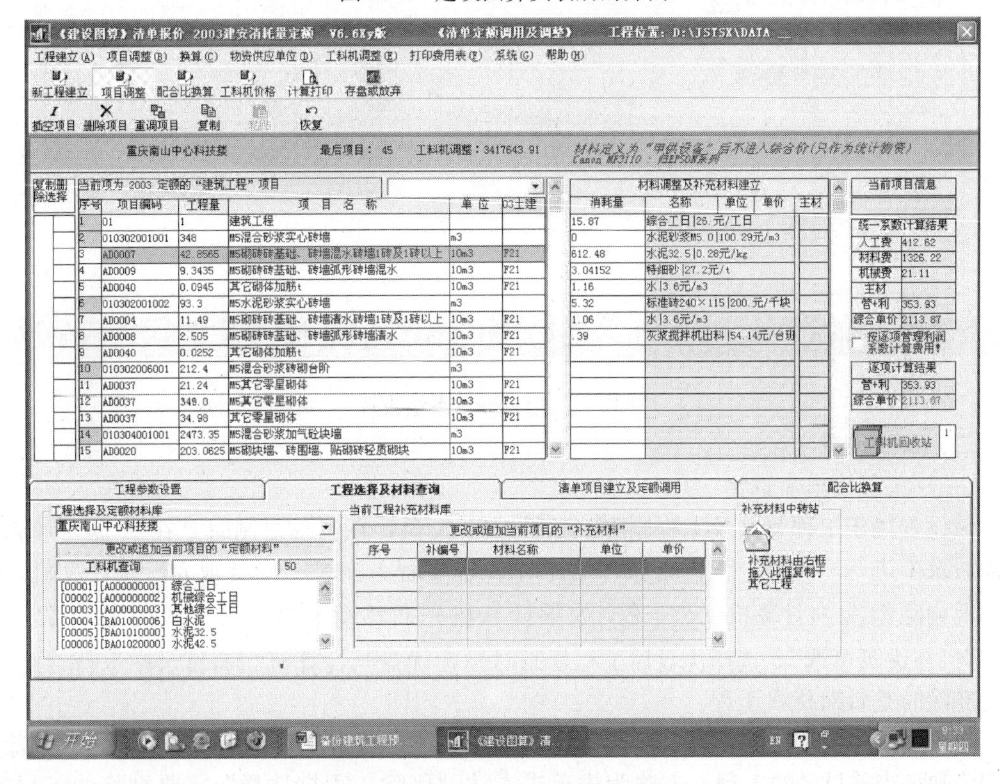

图 13-3 建设 2003 系统首界面

表”为核心，将主要表格数据的输出形式采用“坐标变量填写法”，不管属于何种工程篇，皆有相同的操作方法。以下对软件进行介绍。

第四节　建设图算程序系统设置

一、建设图算程序系统设置进入

鼠标点击主菜单的“系统”，选择“系统设置、工程复制…”，进入如图 13-4 所示建设 2003 系统设置界面。

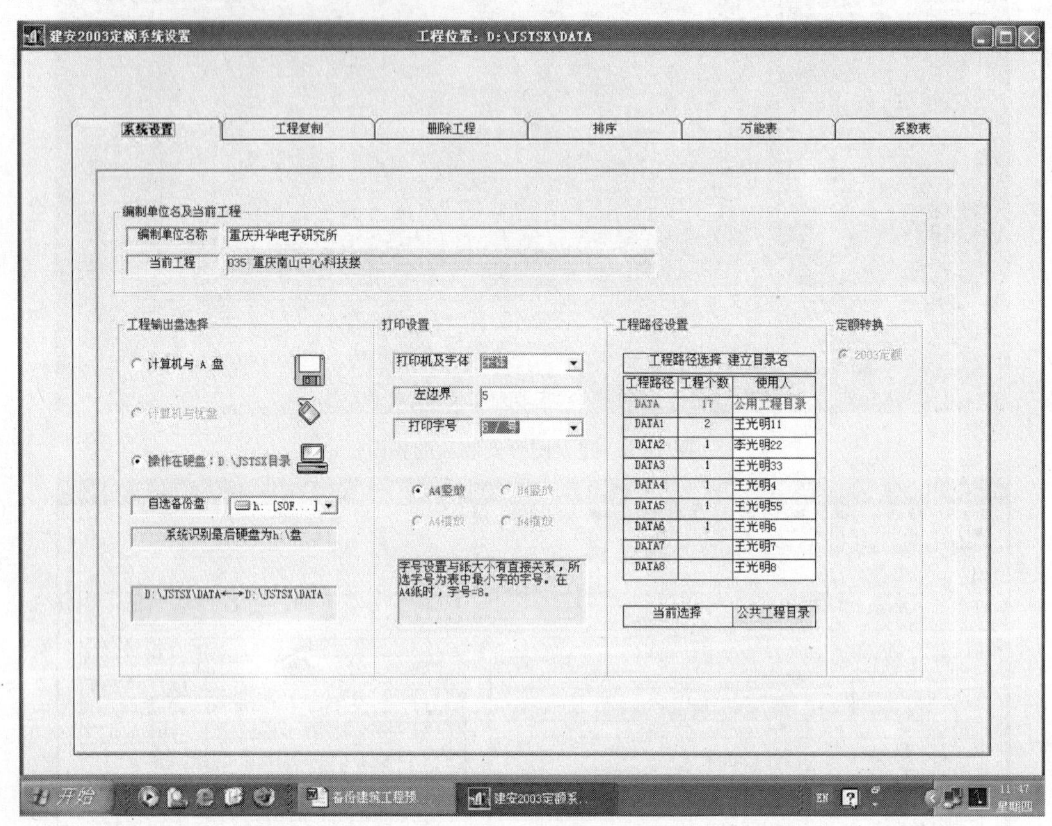

图 13-4　建设 2003 系统设置

二、系统设置

（一）工程输出盘选择

该设置用于工程复制及工程删除。如果选择 A 盘，在工程复制时是在 A 盘与计算机当前目录中进行，此时，工程删除时是针对 A 盘工程。如果不选盘则为默认计算机，其复制及删除都针对计算机硬盘工程，如果计算机先插移动硬盘后再进入图 13-4 界面则“计算机与优盘可选”，选择优盘后工程复制时是在优盘与计算机当前目录中进行，此时，工程删除时是针对优盘工程。

单击“删除工程”出现图 13-5 界面，如果在系统设置中没有作操作盘选择，则删除的工程为硬盘当前目录的工程，方法为先单击左边“删除工程框选择”需要删除的工程后，右边“删除工程项目显示”框则出现被选工程的项目，可以看清被删除工程的全貌，认定后单击“删除选中工程”并确认，或者将需要删除工程直接拖入“工程回收站”并确认。

删除工程时应小心，删除工程一旦被确认，工程则被删除，该删除是不能恢复的，其原因是，当某一工程被删除后，从被删除工程开始，其工程编号被下一个工程编号替代。

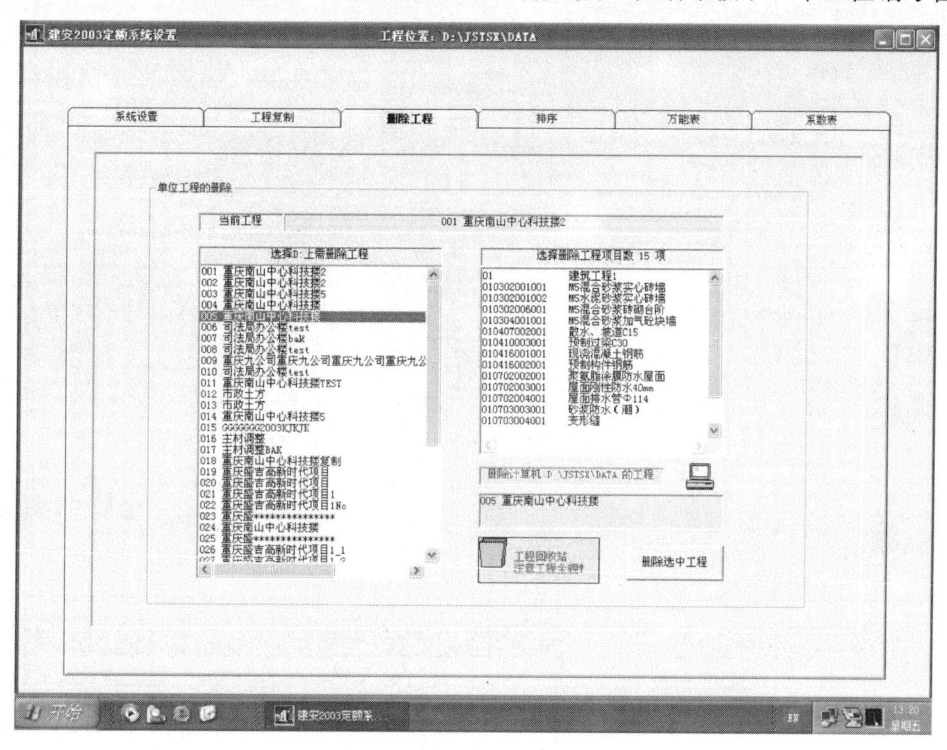

图 13-5　建设 2003 工程删除界面

（二）打印设置

它是针对打印机的设置，不针对打印预览，这里有打印字体设置，左边界设置，打印字号及打印纸等设置。至于竖放或横放，该项的系统默认值是 A4 竖放，一般不用再设置。

（三）工程路径选择

是工程所在目录设置（默认 \ JSTSX \ DATA，一般不将其改变），用鼠标单击 DATA、DATA1、DATA2…的方法可选择 9 个目录中的任意一个，选中目录为红色，每个目录皆可装入 1000 个工程。该功能主要用于一机多人使用或做工程备份。

三、工程复制

工程复制分两种情况，当预算编制盘为硬盘时，此时为硬盘上工程自身复制，当预算编制盘设为软盘时，此时为硬盘与软盘之间的工程复制，可采用鼠标拖动进行工程复制的操作，盘上工程的复制如图 13-6 所示为优盘与计算机在当前目录之间的复制。从右框拖到左框为计算机工程复制到优盘，从左边框拖到右框为优盘工程复制到计算机上。

倘若需要将工程带走，在系统设置中，操作盘必须选择 A 软盘或优盘，可将工程复制在软盘或优盘上面，便于携带（演示）。

被复制的工程列为最后工程。

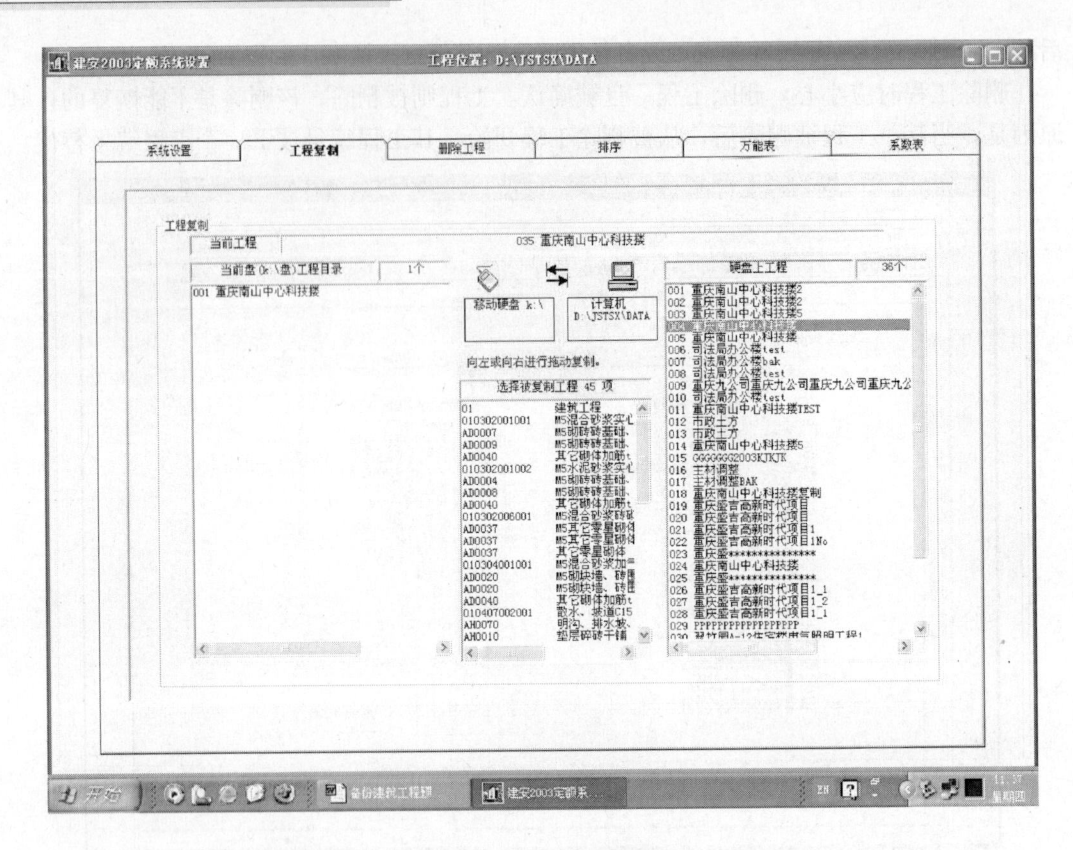

图 13-6　盘上工程的复制

第五节　工程量清单计价编制界面

一、新工程建立

（一）进入工程建立界面

鼠标点击图 13-3 首界面中“新工程建立”并确认后，进入如图 13-7 新工程建立界面。此时界面为新工程。在左下部的工程参数设置处输入工程名称等数据则新工程的架构即可建立。

（二）主界面布置

如前所述在图 13-3 首界面，点击新工程建立后出现如图 13-7 界面。对此界面进行观察，以认识主界面的形式及功能。

图 13-7 界面为首界面的一种形式。就操作第一工具条而言，界面有四种形式：新工程建立、项目调整、配合比换算、工料机价格，不管界面变化成何种形式，统称为主界面。

主界面由上部、中部及下部三段组成，中部及下部随操作而变。上部由主菜单及二层固定工具条组成，一层工具条由“新工程建立”、“项目调整”、“配合比换算”、“计算打印”、“存盘或放弃”组成；二层工具条由“插空项目”、“删除项目”、“复制”、“粘贴”、“恢复”等组成。主菜单及工具条组成操作段。程序给主菜单中的每一个子菜单设有若干

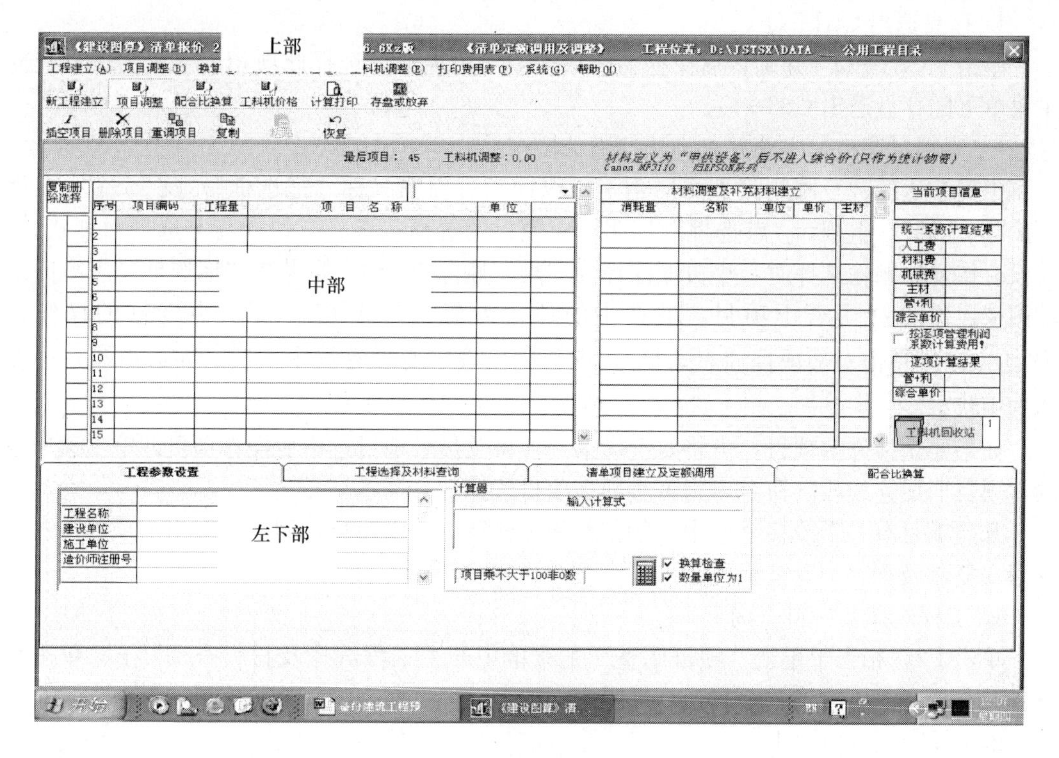

图 13-7　新工程建立界面

菜单命令，主菜单的主要菜单命令设在一层工具条，主菜单最常用功能设在二层工具条；中部有两种状态，清单项目及消耗量定额项目编辑状态及工料机价格调整状态，称为定额段；下部是配合中部的需要自动变化或进行操作，设有“工程参数设置”、“工程选择及材料查询”、“清单项目建立及定额调用”、“配合比换算”四种功能，称为功能段。可随着工程的变化和需要进行调用或进行修改处理。以下就主菜单的菜单命令一一介绍。

二、主菜单及命令

界面上部第一行为主菜单，在主菜单中的工程建立（A）、项目调整（B）等为子菜单，单击子菜单出现下拉菜单，下拉菜单中的每一项为菜单命令。

（一）工程建立：主菜单查询快捷键 Alt＋A

1. 新工程建立 F12

单击“F12”快捷键后，中部锁定在定额段的清单项目及消耗量定额项目编辑处，功能段锁定在“工程参数设置”，这时可输入工程名称等数据，则建立了新工程框架。选择此项相当于单击工程建立主菜单下的“新工程建立”F12。

2. 工程设置 Ctrl＋G

单击“Ctrl＋G”，则功能段锁定在工程参数设置处，作用是输入调整工程名称、建设单位……等内容。选择此项相当于点击工程建立主菜单下的“工程设置 Ctrl＋G”。

3. 清单项目建立 Ctrl＋X

单击“Ctrl＋X”，则功能段锁定在“清单项目建立及定额调用”处，用于建立或调整分部分项工程量清单项目及消耗量定额项目。选择此项相当于单击工程建立主菜单下的“清单项目建立 Ctrl＋X”。

4. 存盘退出 Ctrl＋Q

单击“Ctrl＋Q”并确认后保存当前数据退出主界面。选择此项相当于单击工程建立主菜单下的存盘退出 Ctrl＋Q。

（二）项目调整：主菜单查询快捷键 Alt＋B

中部左边的“复制删除选择”由一个纵向长方白框（称“拖选框”）及 15 个小白框（称“点选框”）组成。“点选框”标明对应项目的选择状态，有选择与非选择两种状态。在没有作复制删除选择时，小黄框注释为“复制删除选择”。如果在“拖选框”内纵向拖动则被连续选择了若干项目，被选中的项目为蓝色且带有“√”。点选框的操作是往复的，即单击对应项目“点选框”，项目则由选中变没有选中，反之亦可由没选中变为选中状态。

如果要选择许多项目，可将要选择第一项目及最后项目选中后操作项目调整主菜单中的“项目形成连续段”命令，则可实现多项目选择。

凡是项目有一个或多个选中，复制及删除皆针对选中项目，而不针对当前项目，选中项目在复制及删除中具有优先级。

1. 工程选择及材料查询 F2

单击 F2，相当于单击“项目调整”主菜单中的“工程选择及材料查询”子菜单进行操作。主要用于调整清单项目及消耗量定额项目。

2. 项目插空 Ctrl＋I

单击“Ctrl＋I”，是在当前项目之后插入空项目，在空项目处，可以建立补充定额项目。

本操作相当于单击“项目调整”主菜单中的“插入空项目 Ctrl＋I”子菜单进行操作。亦可直接单击第二层工具条中的“插空项目”命令。

3. 项目复制 Ctrl＋F1

项目复制分为当前项目复制和选择项目复制。其方法如下。

（1）鼠标点击方法进行复制

将鼠标选择需复制的项目，此时所选项目呈蓝色项目。点击第二层工具条中的“复制”命令，则复制成功。此时多为单项复制。

（2）单击“Ctrl＋F1”进行项目复制

若选择多项项目进行复制，在选择项目复制时，可在“复制删除选择”范围内，用鼠标点击或拖动来确定所需要复制的工程项目。如果在“复制删除选择”框中选择了若干项目后，单击“Ctrl＋F1”则被复制的为被选择的若干项目而不是针对蓝色项目，它一般用于多项目的复制。选择此项，相当于单击“项目调整”主菜单中的“项目复制 Ctrl＋F1”。

4. 项目粘贴 Ctrl＋F2

当复制被选定后，粘贴可生效。选择“项目调整”主菜单中的“项目粘贴 Ctrl＋F2”，可完成项目粘贴任务。其项目粘贴内容取决于复制选择，粘贴位置通常在蓝色项目之后。

被复制的项目包括项目的所有信息，多项项目复制可以粘贴于其它工程。

本操作相当于单击工具条中“粘贴”命令。

5. 项目删除 Ctrl＋F3

如果“复制删除选择”范围为非选择状态，单击“Ctrl＋F3”则是删除的当前项目(蓝色项目)。如果在“复制删除选择”范围选择了若干项目后，单击“项目删除 Ctrl＋F3”则被删除的为被选择的若干项目，而不是针对蓝色项目，它一般用于多项项目删除。

此操作相当于单击“项目调整”主菜单下的“项目删除 Ctrl＋F3”。

6. 补充材料复制 Shift＋F1

在消耗量定额中，材料可分为定额材料及补充材料，定额材料是定额库中的材料，而补充材料则是因为定额库中没有但消耗量定额项目中需要使用，而在材料编辑处建立的，这些材料是针对本工程的。如果这些材料需要用于其他工程，则单击“Shift＋F1”，该工程所有补充材料全部调入“补充材料中转站”。

此操作相当于单击“项目调整”主菜单下的“补充材料复制 Shift＋F1”。

以上操作亦等价于用鼠标对准“当前工程补充材料”表格中的任一材料拖入“补充材料中转站”。

7. 补充材料粘贴 Shift＋F2

当补充材料进入“补充材料中转站”，又选择了其他工程后，单击“Shift＋F2”并确认后，可将“补充材料中转站”的所有材料调入当前所选的工程，在同一工程中是不允许作这样的操作的。

此操作相当于单击“项目调整”主菜单下的“补充材料复制 Shift＋F2”。

以上操作亦等价于用鼠标对准“补充材料中转站”将其拖入“当前工程补充材料”的表格内。

8. 补充材料删除 Shift＋F3

删除当前工程补充材料库中一个被选择的材料，当该材料被任一个项目使用，则该材料不可删除。

9. 重新调用定额项目 Ctrl＋N

单击“重新调用定额项目 Ctrl＋N”，可将当前项目处的消耗定额项目按当前定额编号重新调用，本操作相当于工具条“重调项目”。（重新调用的项目来自定额库，没有补充材料等一切被更改的信息）。(如记得应修改的编号为 AE0020，但不记得工程名称，可使用)

10. 项目恢复 Ctrl＋H

只能恢复开始进入时的项目状态，注意，重新调用后不能恢复。(用于误操作、或改变现状等)

11. 取消清单项目定义 Ctrl＋W

从“清单项目建立”输入的项叫清单项目，它在界面“序号”栏为浅红色，这样的项目与消耗量定额完全不同，它不能建立材料，只作为统计用，本操作可取消其定义。

12. 保存当前状态 Ctrl＋B

相当于存盘退出后再次进入。

13. 项目形成连续段 Ctrl＋L

在项目复制的多项选择时，如果选择的项目涉及许多页，则可将需选择的第一项及最后选中项相确定，然后单击“Ctrl＋L”或选择“项目调整”主菜单中的“项目形成连续段 Ctrl＋L”，则是夹在这两项之间的项目全部被选中，被选中项目的“点选框”呈蓝色且其中有“√”，这对复制及删除的操作带来很大方便。

第六节　材料处理及换算

一、配合比换算

换算（C）：主菜单查询快捷键 Alt+C。

配合比换算 F4：单击“配合比换算 F4”进入配合比换算界面。如果当前项目中有配合比定额，则可进行此项操作。（第七节中详细介绍消耗量定额配合比换算步骤）

二、物资供应单位

（D）：主菜单查询快捷键 Alt+D。

1.（Y）乙供材料 Ctrl+F4

将当前选定材料定为施工单位所供应材料，它为默认值，汇总于取费变量 RCL。

2.（J）甲供材料 Ctrl+F5

将当前选定材料定为建设单位所供应材料，汇总于取费变量 RCLJ。

例：（1）在分项工程最后建立一项甲供补充材料；

（2）点击计算打印，出现费用总表界面，在下方的计算式税金后填写：

费用名称	说明式	计算式
工程造价	工程造价	RZ+R4+R5+R6+R7+R8
甲供补充材料	甲供补充材料	RCLJ
工程造价扣甲供补充材料	工程造价扣甲供补充材料	RZ+R4+R5+R6+R7+R8-RCLJ

（3）点击 ctrl+F5；

（4）再次单击计算打印，则会在取费表中发现，甲供补充材料已单独列在工程造价之后，且扣除甲供补充材料后的造价也列在甲供补充材料之后。这对于单位工程的成本预算和结算非常方便。甲供材料的处理如图 13-8 所示。

3.（Z）自定材料 Ctrl+F6

将当前选定材料定为自定义材料，汇总于取费变量 RCLZ。

4. 设备供应

（1）（S）甲供设备 Ctrl+F8

将当前选定设备定为甲供设备，汇总于取费变量 RSBJ。

（2）（Y）乙供设备 Ctrl+F7

将当前选定设备定为乙供设备，汇总于取费变量 RSBY。

三、工料机调整（E）

主菜单查询快捷键 Alt+E。

1. 工料机价格 F5

单击 F5 或点击工料机调整主菜单下的工料机价格 F5，进入工料机调整界面。可进行人工、材料和机械台班费用的调整。

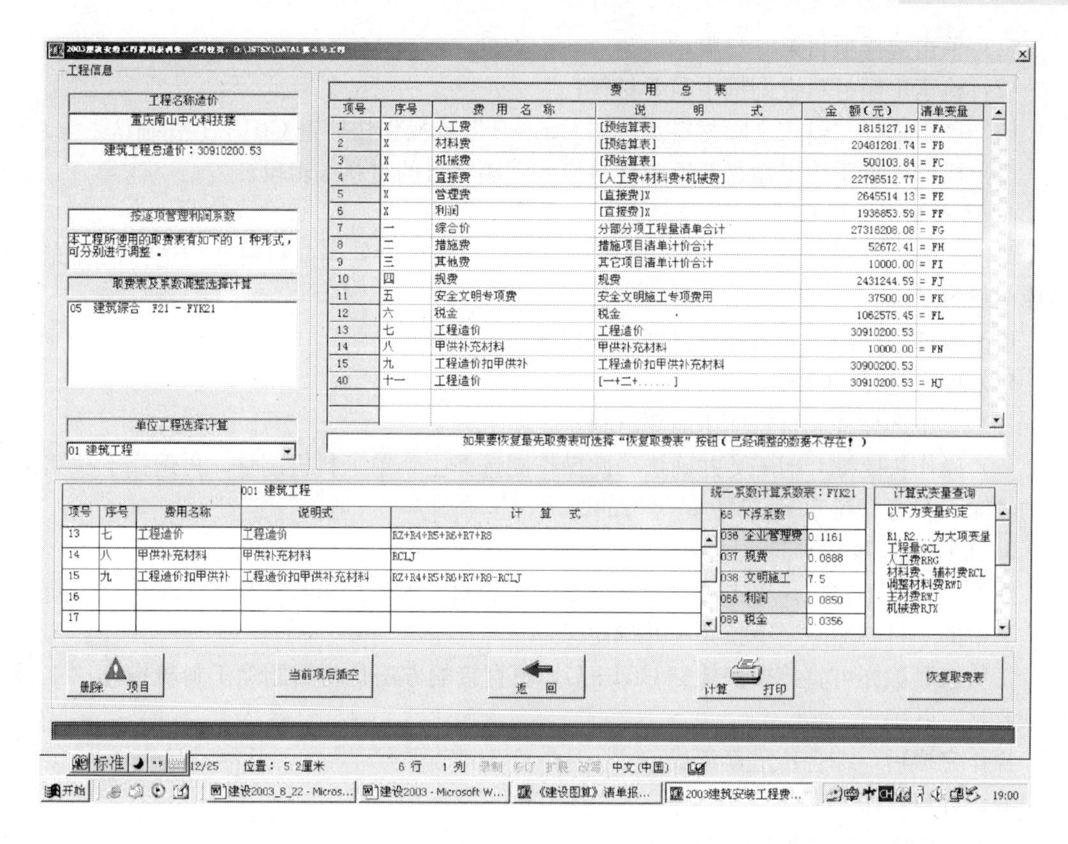

图 13-8　甲供材料的处理

2. 主辅材转换

（1）辅材 Ctrl+F

将选择材料定为辅材，也可在“主材”列的对应格中双击进行主、辅材转换。辅材汇总于取费变量 RCL，将选择材料定为辅材。

（2）主材 Ctrl+Z

将选择材料定为主材；也可在“主材”列的对应格中双击进行主辅材转换。主材汇总于取费变量 RWJ。将选择材料定为主材。

设为主材的物资可打印于“工程主材价格分析表”及“预结算表”。一般地说，对以人工费为基础的取费模式，将材料设为主材是不影响综合价的。如果以直接费为基础的取费模式，绝对不能作这样设定！因为它将从材料费中扣除 RWJ（主材），取费基数将出现错误。

3. 输入定额材料及机械 Ctrl+T

单击“输入定额材料及机械 Ctrl+T”，并确认后则将当前项目的当前材料变为选择的定额库中材料。

将选择的项目材料变为选择的定额库选中材料。（选择此项操作，注意被覆盖的原项目材料是否需要，且首先点击工程选择及材料查询后，再在工料机查询框中进行“模糊检索”）。

输入定额材料及机械的操作：操作快捷键 Ctrl+T，分以下三步操作：

(1) 单击选择项目某一材料;

(2) 检索定额材料查询框中需要材料;

(3) 单击选择"输入定额材料及机械 Ctrl+T"或操作快捷键 Ctrl+T 并确认。

以上操作等价于将定额材料库中材料拖入定额项目的材料编辑段。

4. 输入补充材料 Ctrl+Y

单击"输入补充材料 Ctrl+Y"并确认后则将当前项目的当前材料变为选择的补充材料库中材料。

更改或追加已经建立的补充材料,分以下三步操作:

(1) 单击选择项目某一材料;

(2) 单击选择补充材料库中需要材料;

(3) 操作快捷键 Ctrl+Y 并确认。此操作同选择主菜单工料机调整,再选择下拉菜单中的"输入补充材料 Ctrl+Y"是等价的。

5. 工料机删除 Ctrl+U

删除选定的工料机。单击项目中被选定的工料机,然后用鼠标选择主菜单中"工料机调整"中的"材料删除"下拉菜单并确定。

工料机删除亦可直接按快捷健 Ctrl+U,更直接的方法是将需删除工料机拖入"工料机回收站"并确定。

操作完成后,综合价重新组成。

四、计算打印

(F):主菜单查询快捷键 Alt+F

打印建筑安装工程费用 F6。

五、系统

(G):主菜单查询快捷键 Alt+G

1. 系统设置工程复制...F11

单击主菜单系统下拉菜单"系统设置工程复制...F11"或选择 F11 快捷键,完全更换界面。可进行单位工程复制、删除、输出等操作。

2. 放弃存盘 F8

单击"放弃存盘 F8"确认后则放弃本次所有项目数据更改退出界面。

3. 存盘或放弃存盘返回 F9

选择存盘或不存盘退出界面。

六、帮助

(H):主菜单查询快捷键 Alt+H。

单击"操作及定额说明 F1"进入帮助状态。

第七节 工程量清单计价编制

在上述新工程框架完成后,选择下部的"清单项目建立及定额调用"出现图 13-9 界面,界面下部形成两个小窗口,其左边为"定额调用框",目前装有重庆 2003 消耗量定额,其右边为"清单项目建立",目前装有建设部《计价规范》所规定的项目。

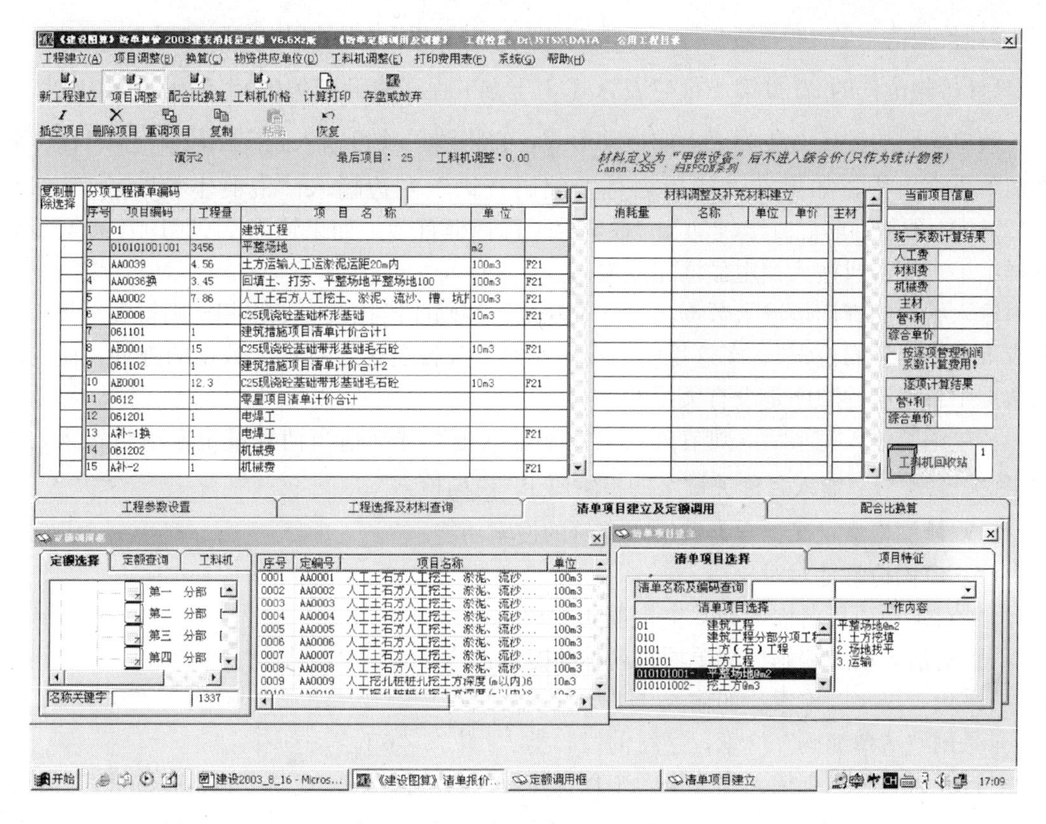

图 13-9　清单及消耗量定额输入

一、输入项目编码和消耗量定额

（一）输入工程量清单项目编码

工程量清单项目编码与《计价规范》完全一致。清单项目分项编码由9位数字组成，分部编码由4位码组成，单位工程编码由2位码组成，在所有的清单编码中，前2位是专业码：如建筑工程的编码为01、装饰装修工程的编码为02、安装工程的编码为03、市政工程的编码为04、园林工程的编码为05。因为"规范"中措施费用、零星费用及其他费用没有设置编码，为了形式统一，将06设为其前2位码，规定如下：

0611 建筑工程措施项目清单编码　0612 零星项目清单编码　0613 其他项目清单编码

0621 装饰工程措施项目清单编码　0622 零星项目清单编码　0623 其他项目清单编码

0631 安装工程措施项目清单编码　0632 零星项目清单编码　0633 其他项目清单编码

0641 市政工程措施项目清单编码　0642 零星项目清单编码　0643 其他项目清单编码

0651 园林工程措施项目清单编码　0652 零星项目清单编码　0653 其他项目清单编码

翻开《计价规范》的29页，第1行"附录A建筑工程工程量清单项目及计算规则"没有编码，第2行"A.1土（石）方工程"（分部工程）没有编码，第4行"表A.1.1土方工程（分节）编码为010101"。第30页第4行"表A.1.2石方工程（分节）编码为010102"，而34页第3行"表A.2.1混凝土桩（分节）编码为010201"，而表中项目编码为9位码……。

《计价规范》的29页第1行，（无编码）实际编码则为01。

《计价规范》的29页第2行“A.1土（石）方工程”（无编码）实际编码为0101。

《计价规范》的29页第4行“表A.1.1土方工程（编码010101）”编码为010101。

清单编码的输入方法为双击或拖动形式，它将清单项目输入到定额段蓝色项目之后。在清单小窗口中，如果在“清单名称及编码查询”右边输入“混凝土桩”，则立即将010201001 预制钢筋混凝土桩@/m/根显示于选择框首项，如果输入010201001也会得到同样结果，双击或拖入到定额框完成输入。

输入编码的查询是输入数据与《计价规范》编码前段比较，如果相同则得到结果，名称查询则为“模糊检索”，在这里所谓模糊检索是项目名称含有输入数据的查询，而与输入数据中各字符的顺序是没有关系的。

清单编码输入完毕后，则在左方“定额输入框”选择适当消耗量定额项目输入，在“名称关键字”后 输入名称关键字的检索属于“模糊检索”。

（1）模糊检索定义：含有各输入字符的搜索功能。

（2）模糊检索针对对象：

针对定额项目名称，如C30混凝土的搜索；
针对清单项目编码、清单项目名称的搜索：
采用“汉字”检索，如输入“平场”；
采用“清单编码”检索，字符前段归类“4位”、“6位”……；
针对材料名称查询：如点击“工程选择及材料查询”，出现“工料机查询框，”，输入“玻”字，可出现127项带玻字的材料名称，可选择需要的材料项目输入“材料调整及补充材料建立”一栏。

（3）模糊检索的作用：可迅速的查找并输入所需要的定额项目、清单项目或材料项目。

例：查找建筑工程定额中的“异形梁”，例：

点击“建筑工程”篇，这时显示有1337条定额。

在检索框内输入“异梁”，总共显示4条定额，查询完毕。

将需要选择的消耗量定额双击或拖入到定额框完成输入。

（二）输入工程量清单项目所对应的消耗量定额项目及工程量

工程量清单项目与下一个工程量清单项目之间一般有一项或多项消耗量定额项目，这些消耗量定额在具有数量情况下有着各自的综合价，这些综合价在打印输出时自动汇总于前一个清单项目，而工程量清单项目只作统计码控制。以下以“平整场地”为例。

清单编码为010101001，工作内容有土方挖填、场地找平、运输，假如三项工作内容皆有则其下方必有三条或四条消耗量定额，见图13-9所示，这几条消耗量定额的综合价则汇总于010101001001平整场地清单项目。从图13-9看出，清单项目单位与消耗量定额单位无直接联系，如果清单项下不止一项消耗定额，数量也不一定相等。

在图13-9中，单位后面的列为取费篇，说明如下：

F21 建筑工程，以直接费为取费基础 管理费系数：0.1161 利润系数：0.0850

F22 人工土方，以人工费为取费基础 管理费系数：0.2956 利润系数：0.1034

F23 机械土方，以直接费为取费基础 管理费系数：0.1072 利润系数：0.0571

F24 装饰工程，以人工费为取费基础 管理费系数：0.4588 利润系数：0.2786

F33 市政工程，以直接费为取费基础 管理费系数：0.1219 利润系数：0.0844

F34 市政安装，以人工费为取费基础 管理费系数：0.6656 利润系数：0.4393

F41 园林工程，以直接费为取费基础 管理费系数：0.1219 利润系数：0.0829

F51 安装工程，以人工费为取费基础 管理费系数：0.6174 利润系数：0.4273

值得注意的是工程数量的输入应对应相应的计量单位、消耗量定额。

二、取费篇编码与消耗量定额的对应关系

取费篇编码是在调出消耗量定额时以默认形式自动调入的，如果输入消耗量定额编号为CB0001，则会自动将安装取费篇定为F51。取费篇上边有下拉框可将取费篇人为地改变。

界面中部右边有“当前项目信息”，而且分有“统一系数计算结果”与“逐项系数计算结果”，开始调出的消耗定额，这两个综合价是相等的，原因是统一系数计算与逐项系数计算相等，取费方法又相同，但设定另外的取费方法后，取费方法两个皆变，但管理费及利润在定额调用时为默认值，故已经确定，所以两个综合价不等。

逐项系数计算的修改是双击取费篇后弹出编辑小窗。

三、消耗量定额的换算

（一）配合比的换算

选择“配合比换算”出现图13-10界面。

配合比换算步骤如下：

图13-10 消耗量定额配合比换算

选择“配合比换算”进入图13-10界面；

选择需换算的消耗量定额项目，该项目的原配合比显示于配合比选择框；

在配合比选择框中选择新的配合比后点击“自动换算”按钮，则换算完成。

换算完成后，项目名称中的配合比标志被改变，定额编号后加了“换”字。

右下方的配合比换算小窗口中显示有定额耗量是当前定额的混凝土或砂浆的消耗量。含有配合比的定额在调出之前，具有配合比以及消耗量，当它被调用的时候，会用其配合比定额编号查出它的配合比库相应用量参数，将配合比用量乘以配合比各材料的消耗量形成配合比具体的材料及消耗量，并将其给予调出定额后，然后将配合比用量置0。可以看出，含配合比定额一旦调出后则含有具体的配合比材料消耗量。

在图13-10界面右下方有个小计数器，它是做项目乘法用的，它将小框中填写的数乘以人工、材料及机械的用量，即得到该项目定额消耗量。

（二）系数的换算

1. 基价的换算

（1）选中需要换算的定额项目；

（2）点击工程参数设置，出现输入计算式一栏，可在输入计算式下部靠近计算器一小框中输入需要换算项目的系数；

（3）点击计算器，换算完成。

2. 基价中人工、材料或机械费用的换算

（1）选中需要换算的定额项目；

（2）点击工程参数设置，出现输入计算式一栏，可在输入计算式中输入需要换算的计算式或直接在材料调整及补充材料建立一栏中对需要换算的人工、材料或机械消耗量进行系数输入；

（3）按回车键，换算成功。

四、补充材料输入

在图13-10界面中部，显示有“材料调整及补充材料输入”，建立补充材料，只需在项目最后材料之后的“消耗量”栏输入数据等信息则建立了补充材料，接着输入补充材料名称、单位、单价即可。

建立的补充材料存于“当前工程补充材料库”，补充材料与定额材料在组成项目的综合价方面有完全相同的作用，它们不同之处是补充材料是用户建立的，名称、单位、单价用户确定，而定额材料却不能。它是定额库中的材料，是定额基价材料。

五、工料机删除

点击项目中将被删除工料机，然后用鼠标选择主菜单“工料机调整”中的“材料删除”并确定。

工料机删除有快捷健 Ctrl＋U，更直接的方法是将需删除工料机拖入“工料机回收站”并确定。

六、工、料、机价格输入

选择工具条中“工料机价格”，进入图13-11界面。

在图13-11中，界面中部当前工程的工料机汇总。前面7种工料是机械设备的消耗

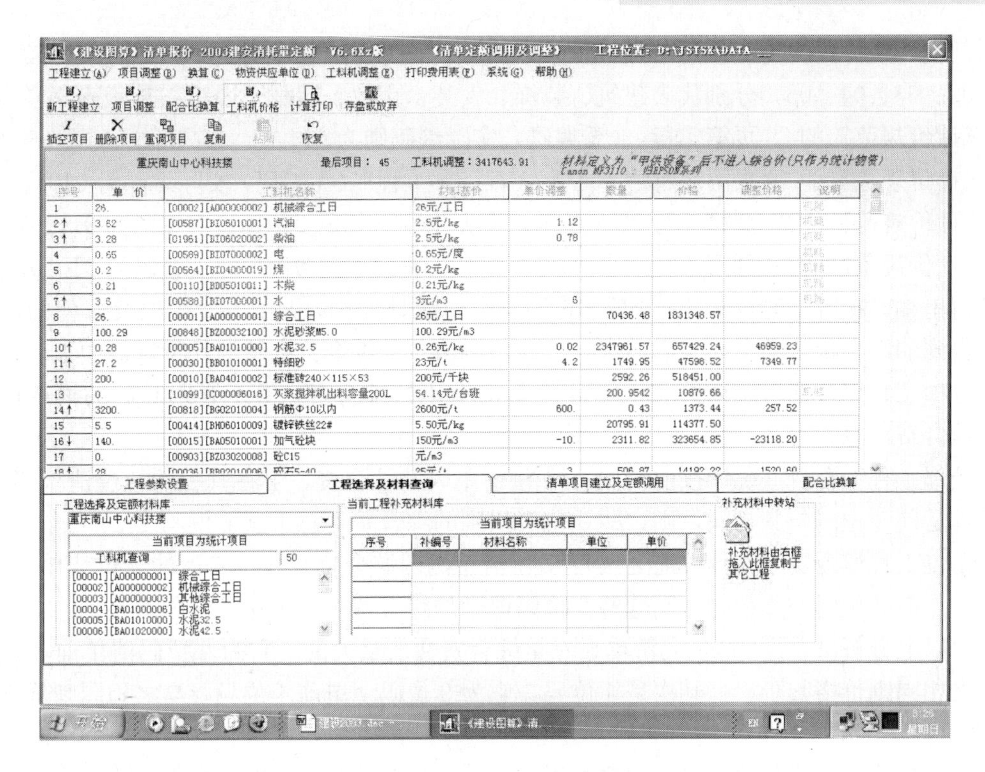

图 13-11　工、料、机价格输入

量，调整这 7 种工料，则等于按 7 种工料的价格调整了机械设备台班的可变费用。在界面中，可依颜色辨别，绿色为机械消耗量，黑色为定额材料消耗，红色为机械设备消耗，如果建有补充材料则是蓝色，在图 13-11 中，分人工、材料及机械，对于人工及材料，消耗量定额是按照界面中的"单价"计算综合价，而机械台班可以不一样。

因为"机械消耗量"被调整完毕后，机械台班已经调整，即在"材料基价"栏显示的台班单价已经为当前机耗单价下的台班价格，红色的机械项目的"单价"栏为 0，这是所谓机械台班"一次性调整"，项目的综合价按这个单价进行计算。如果在这个单价外还有另外费用发生，比如，如果需加每台班 20 元的噪声污染费，则在"单价"栏输入 20，这样，项目则以 20 元加上被机耗已经调整后的台班价计算综合价，这 20 元的输入称为二次调整。

第八节　工程量清单计价打印输出与万能取费表

一、工程量清单编码的统计与表格输出

（一）工程量清单编码统计原则

分部分项工程的清单编码由 9 位组成，后 3 位为序号码，所以在统计时最多按前面 6 位。概括地说，按前段编码相同归一原则，即清单编码归一的位数是很有规律的排列，由《计价规范》得知，清单编码是为作单位工程及分部工程、分项工程统计而设定的。清单项目分项编码由 9 位数字码组成，9 位码的后 3 位为序号码，。所以分部（中的分节）编码统计码为前 6 位。分部（中的分节）编码由 6 位码组成，6 位码的后 2 位为序号码，所

以分部编码统计码为前 4 位，单位工程编码由 2 位码组成，没有序号码，它有 5 个编码：01、02、03、04、05，分别代表建筑、装饰、安装、市政、园林。如第三节所述：

《计价规范》的 29 页第 1 行，（无编码）实际编码则为 01。

《计价规范》的 29 页第 2 行“A.1 土（石）方工程”（无编码）实际编码为 0101。

《计价规范》的 29 页第 4 行“表 A.1.1 土方工程（编码 010101）”编码为 010101。

《计价规范》的 30 页第 4 行“表 A.1.2 石方工程（编码 010102）”编码为 010102。

清单编码在统计时按 2 位、4 位、6 位及 9 位统计原则，是 2 位、4 位及 6 位的清单码所得到的综合价全部由 9 位码中来，而 9 位码清单的综合价则从消耗量定额中来。

分项工程综合费（统计按前 6 位）：9 位清单码的综合费，等于紧跟其后的消耗量定额的综合费汇总。

分部工程综合费（统计按前 4 位）：4 位清单码的综合费，含在其后的 9 位清单码中，其条件是前 4 位码与其相同，则这些 9 位码得到的综合费汇总于这 4 位码。

单位工程综合费（统计按前 2 位）：2 位清单码的综合费，含在其后的 9 位清单码中，其条件是前 2 位码与其相同，则这些 9 位码得到的综合费汇总于这 2 位码。

由以上分析可看出，2 位码清单显然是综合费数值最大的，它为 9 位码清单前 2 位只要与之相同则价格归于它；其次是 4 位码，它为 9 位码清单前 4 位只要与之相同则价格归于它。

对于措施项目或其他项目，清单编码在统计时最多按前面 6 位，是采取前 4 位相同归一原则，即以分部码统计。

这里强调指出，清单码的统计是针对万能取费表中的一切费用项，不仅仅是综合费。

以下用建筑工程为例说明：

编码	名称	计算
*01	建筑工程	=010101001+010101002+0611+0612+0613
*010101	土方（石）方工程	=010101001+010101002
*010101001001	平整场地	=Σ紧跟其后消耗量定额
*010101001002	挖土方	=Σ紧跟其后消耗量定额
*0611	建筑措施项目清单计价	=061101+061102
*061101	建筑措施项目清单计价 1	=Σ紧跟其后消耗量定额
*061102	建筑措施项目清单计价 2	=Σ紧跟其后消耗量定额
*0612	建筑其零星目清单计价	=061201+061202
*061201	建筑零星项目清单计价 1	=Σ紧跟其后消耗量定额
*061202	建筑零星项目清单计价 2	=Σ紧跟其后消耗量定额
*0613	建筑其他项目清单计价	=061301+061302+061201+061202
*061301	建筑其他项目清单计价 1	=Σ紧跟其后消耗量定额
*061302	建筑其他项目清单计价 2	=Σ紧跟其后消耗量定额

由上例所知：

分项工程项目综合费：等于紧跟其后的消耗量定额的综合费汇总；

措施工程项目综合费：等于紧跟其后的消耗量定额的综合费汇总；

零星工程项目综合费：等于紧跟其后的消耗量定额的综合费汇总；

其他工程项目综合费：等于紧跟其后的消耗量定额的综合费汇总＋零星工程综合费汇总；

分部工程项目综合费：等于前4位相同的分项工程综合费汇总；

单位工程项目综合费：等于前2位相同的分项工程综合费汇总＋措施工程综合费＋其他工程综合费。

（二）清单编码表格输出

在输出表格中，打印的“单位工程费用表”等表格是属于建筑或安装表格，其表格是按前二位码而定，不与任何汉字有关，比如，前2位码01为建筑工程，如果人为将前2位码改为02，则所有表格费用不变，但在有关工程的显示中则显示为装饰工程。

二、万能取费表及坐标变量法

（一）万能取费表

1. 表格组成

本软件取费采用“万能取费表”，万能取费表由序号、费用名称、说明式及计算式四列组成，序号及计算式确定费用。

2. 序号排列规律

序号首字符为一、二、三为万能取费表的“大项”，序号首字符为半角1、2、3为万能取费表的“小项”。万能取费表的“小项”的费用自动汇总于前“大项”。

3. 万能取费表中X等的含义

万能取费表的某项序号如果含有“X”、“系”或者“变”字，则该费用项将不打印于“单位工程费用汇总表”。

4. 万能取费表的费用名称与说明式及相应费用的关系

万能取费表的“费用名称”和“说明式”与费用无关，但“费用名称”作为关键字输出打印于“单价分析表”。

5. “说明式”尾部为半角“X”的处理

如果“说明式”尾部为半角“X”，计算式又是等式形式，（即输入的是阿拉伯数字或运算符号）且等号前面为乘法计算，则该项费用将等号前面的数乘100再加％打印于X后面（如果等号前面的数大于2，则不加％）。注意计算式的填写必须采用小括弧“（ ）”。

6. “清单报价表”及“单价分析表”采用“坐标变量填写法”

“清单报价表”是填入万能取费表的“大项”，“单价分析表”是填入“费用名称”所对应变量。

7. 工程取费表的调整

如果工程有多个取费表必须分别进行调整；单位工程人、材、机系数的调整可在费用总表下的计算式中进行调整。

8. 工程取费表费用名称的统一性

同一工程的取费表费用名称应该相同。

在同一取费表中如果需要不同取费系数，在进行所需要的调整后，必须选择逐项计算。

9. 万能取费表及取费系数的调整规定

万能取费表是取费的方法，万能取费表的文件名为：XWNB，亦可称为标准万能取费表。万能取费表数据库可以修改，但为确保输入数据的安全，一般不要随便进行修改。只要不点击“恢复”标准万能取费表，原万能取费表所定义的计算式不会改变。实际上，在建立新工程时，随机文件“XWNB”就被调入本工程。见图 13-12 界面。为叙述方便，将界面分为上下两部分，下部主要为万能取费表，上部右边表格是万能取费表的计算结果，左边“工程信息”有本单位工程名称，工程造价等数据，界面中“取费及系数调整选择计算”框内有“建筑综合 F21 — FYK21”说明该工程只有一种取费方式按建筑工程取费，单击“05 建筑工程 F21 FYK21”之后，下部的万能取费表则为 F21，系数则为 FYK21，可按需要进行调整。如果有几种取费表，则应逐个选择调整。

图 13-12　万能取费表的调整

FYK21 对应 F21；FYK22 对应 F22；FYK23 对应 F23……FYK51 对应 F51，均是来自统一系数计算表，定义为系数库中的费用系数，但是按照专业划分的。所以，在使用中注意分专业调用。

本软件为消耗量定额安排有如下取费方法。

F21、FYK21 土建工程万能取费表及系数表，按直接费基础取费。

F22、FYK22 人工土石方工程万能取费表及系数表，按人工费基础取费。

F23、FYK23 机械土石方工程万能取费表及系数表，按直接费基础取费。

F24、FYK24 装饰工程万能取费表及系数表，按人工费基础取费。

F33、FYK33 市政工程万能取费表及系数表，按直接费基础取费。

F34、FYK34 市政工程万能取费表及系数表，按人工费基础取费。

F41、FYK41 园林工程万能取费表及系数表，按直接费基础取费。

F51、FYK51 安装工程万能取费表及系数表，按人工费基础取费。

重庆 2003 消耗量定额是清单项目的综合价主要来源，它包括有分部分项、措施及其他项目综合价。如果该定额中没有个别所需要的工作内容，则可以在清单项目之后建立补充消耗量定额，程序将补充消耗量定额与重庆 2003 消耗量定额同等对待。

在重庆 2003 消耗量定额中，定额编号以“A”为首的是建筑工程，定额编号以“B”为首的是装饰工程，定额编号以“C”为首的是安装工程，定额编号以“D”为首的是市政工程，定额编号以“E”为首的是园林工程，不管用键盘输入定额编号调用或者用鼠标选择调用，在被调出定额的“取费栏”中都将出现取费方法，例如，调出了一条消耗量定额，其定额编号为“AE0001”混凝土基础，则取费方法栏自动出现“F21”的默认值，这个默认值也可在其上方的下拉框选择修改。

（二）坐标变量法

熟悉万能取费表是非常重要的，对于所需要的清单计价的全部表格，几乎都由万能取费表的“大项”或费用名称所对应的变量输出。比如，如果大项“综合价”的“清单变量”为 FG，则工程量清单表格凡是需要打印综合价的地方，必须填写变量 FG，程序在处理数据时，则按 FG 的开始坐标打印这列数据，而数据的值则是综合价，这是采用“坐标变量填写法”。

软件中根据建设部《计价规范》及消耗量定额组成造价软件输出一整套表格称为“工程量清单计价表格”，这些表格主要采用“坐标变量填写法”。这里所说的“清单报价表”及“单价分析表”是针对软件而言，与“计价规范”所要求的表格输出形式无直接联系。“清单报价表”及“单价分析表”是为了达到“计价规范”表格的输出要求而采用的方法，即“清单报价表”及“单价分析表”的“坐标变量填写法”。

1. 清单报价表的“坐标变量填写法”

“清单变量”是万能取费表的“大项”，规定为 2 位大写字母码，以“F”为首，按第一大项为 FA、第二大项为 FB、第三大项为 FC 的规则排列，由图 13-12 看出，它为 FA、FB、FJ，即人工费＝FA、材料费＝FB、机械费＝FC、利润＝FF，它们现在为默认值。

所谓“坐标变量填写法”是在打印表格时，程序将万能取费表“大项”计算的值赋给 FA、FB、FC 等清单变量后，并且记录了各对应变量的坐标，在打印表格时先打印出空表，然后按列填写各清单变量的值，即 X 坐标按清单变量首字符坐标，Y 坐标按取决于表格各行的位置，由程序自动找对应空格填入。变量一般放在第一数据行，所以“清单报价表”是一维表格。而以后要讲的“单价分析表”与“清单报价表”的输出表格的原理是一样的，不同之处后者是二维表格，程序将万能取费表按“费用名称”计算的值赋给对应“单价变量”后（比如人工费赋给 XMRG），并记录“单价变量”的 X、Y 坐标位置，然后按“单价变量”的值及被记录的坐标打印于“单价分析表”。换言之，一维表格是由“X 坐标”来控制变量打印的“位置”，而二维表格是由“X、Y 坐标”来控制变量打印“位置”。综上所述，一维表格的处理步骤如下：

① 记录坐标的 X 位置；

② 清除全部变量；

③ 向清单变量赋值或赋名称；

④ 打印空表；

⑤ 把赋值以后的变量打印在记录的坐标上。

而二维表格的处理步骤只是在①中应为记录坐标的“X、Y”位置而已。其余处理步骤均同一维表格。

以“分部分项工程量清单综合单价分析表”为例，单击计算打印→单击表格调整，出现如图 13-13 所示界面，说明如下：

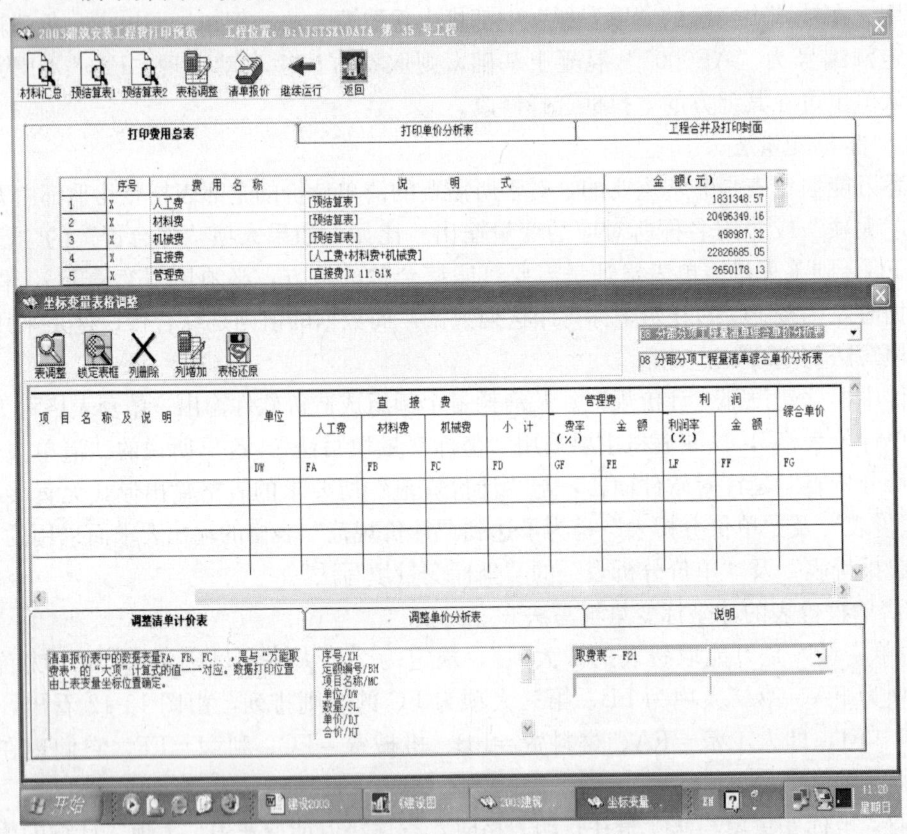

图 13-13　分部分项工程量清单综合单价分析表调整

当前形式的“万能取费表”是为了向所有输出表格提供数据，“分部分项工程量清单综合单价分析表”是其中一个表格，它需要项目名称、单位、数量、人工费、材料费等数据，所以我们的万能取费表至少要包括这些数据。

QH 连续编码，即 1、2、3 编码。

BH 项目编码，如果为清单项目则为清单编码，如果为消耗定额项目则为定额编号。

MC 清单或消耗量项目的名称。

DW 清单或消耗量项目的单位。

以上代码可在图 13-13 界面下部查询，这些码与万能取费表的设计无关，成为“固定清单码”。

以下按万能取费表的“大项”排序，称为“大项清单码”。在本例中，它们为：

FA 人工费：费用计算式 RRG=R1（将分部分项、措施、其他项目人工费之和赋给 R1）。

FB 材料费：费用计算式 RCL+RWD=R2（将分部分项、措施、其他项目材料费赋给 R2）。

FC 机械费：费用计算式 RJX=R3（将分部分项、措施、其他项目机械费赋给 R3）。

FD 直接费：费用计算式 R1+R2+R3=RZ（将分部分项、措施、其他项目直接费赋给 RZ）。

FE 管理费：费用计算式 RZ*RQG=R4（将分部分项、措施、其他项目管理费赋给 R4）。

红色为计算式变量约定码，如 RQG 为管理费系数的变量约定码。上述变量约定码可以在如图 13-12 所示万能取费表界面的右下方查找。R1、R2、R3 分别为人工费、材料费和机械费的赋值结果。RZ 为直接费的赋值结果。R4 为管理费的赋值结果。

FF 利润：费用计算式 RZ×RXJ=R5（将分部分项、措施、其他项目利润费赋给 R5）。

RXJ 为利润系数的变量约定码。

FG 综合价费用计算式：

直、管、利　措施费中人、材、机变约　其他部分人、材、机变约　　　管　利系变约

RZ+R4+R5−(CSR+CSC+CSJ+TZC+QTR+QTC+QTJ+TZQ)×(1+RQG+RXJ)。

CSR、CSC、CSJ、TZC 分别代表措施项目中人工、材料、机械费及措施项目中材料费调整部分的变量约定码。

QTR、QTC、QTJ、TZQ 分别代表其他项目中人工、材料、机械费及其他项目中材料调整部分的变量约定码。并且它包括有零星项目中的人工、材料、机械费。

从上述得知，在综合价费用计算式中，RZ 为直接费的计算结果，它包括有措施及其他项目的直接费，R4 为管理费的计算结果，它包括有措施及其他项目的管理费，R5 为利润的计算结果，它包括有措施及其他项目的利润，故 RZ+R4+R5 为整个工程的综合费，下面计算式：

(CSR+CSC+CSJ+TZC+QTR+QTC+QTJ+TZQ)×(1+RQG+RXJ) 为措施项目与其他项目综合价之和。

综合价为取费表的主要计算项目，由其计算式可知，它由直接费、管理费及利润组成。为了将分部分项工程综合价单独列出，所以它不包括措施项目、零星项目及其他项目部分的综合价，它是“分部分项工程量清单合计”（即工程项目）。综合价必须正确计算。

在所有输出表格中，惟有排名第 8 的“分部分项工程量清单综合单价分析表”是含有单价表的表，为了不至使万能取费表计算项目太多，如果它的变量属于“固定清单码”（如：项目名称 MC）的与其他表格一样，按“固定清单码”对应变量打印，如果它的变量属于“大项清单码”的则对应变量的值除以数量后打印，即打印单价。例如，FG 在第 4 表“分部分项工程量清单计价表”中为综合价，FG 在第 8 表“分部分项工程量清单综合单价分析表”中为综合单价。

所谓固定清单变量，不是直接计算的，而是在计算式中被赋值的变量，且是固定的清单变量。

FH 措施费：措施费中人、材、机变约　　　　　　　　　管　　利系

费用计算式　　　(CSR+CSC+CSJ +TZC)×(1+RQG+RXJ)。

CSR+CSC+CSJ+TZC 是措施项目部分人工费、材料费、机械费和措施项目部分材料费调整之和，RQG+RXJ 为管理费及利润系数之和，所以它为“措施项目清单计价合计”。

它是除工程直接耗用的工、料、机以外的直接费，含有脚手价搭拆、临时设施、混凝土模板支架、大型机械进出场、二次搬运等费用，本软件根据有关文件规定将安全文明施工费单列，未包括在措施费里面。

FI 其他费：其他人、材、机变约　　　　　　　　管　　利系

费用计算式(QTR+QTC+QTJ+ TZQ)×(1+RQG+RXJ)。

QTR+QTC+QTJ+TZQ 是其他项目部分人工费、材料费、机械费和其他项目部分材料费调整之和，RQG+RXJ 为管理费及利润系数之和，所以它为“其他项目清单计价合计”。

FJ 规费：费用计算式(RZ+R4+R5)×RGF=R6(将规费赋给 R6)。

RGF 为规费系数的变量约定码。

FK 安全文明专项费：费用计算式 RJM×RWM=R7（将安全文明专项费赋给 R7），这里要求将此项费用从措施费中单列出来。

RWM 为安全文明施工专项费用系数的变量约定码，RJM 为统计的建筑面积。

直　管 利　规　安

FL 税金：费用计算式（RZ+R4+R5+R6+R7）×RCC=R8（将税金赋给 R8）

RCC 为税金的费用系数的变量约定码，RZ+R4+R5+R6+R7 为税前价。

HJ 工程造价：费用计算式 RZ+R4+R5+R6+R7+R8

工程造价等于所有综合价、规费、安全文明施工费及税金之和。

上述的所有清单变量为万能取费表的“大项”的值与固定清单变量的值组成，从图 13-14 也可以看出，这些清单变量已经被设计进入了各种表格（图中表格为“分部分项工程量清单综合单价分析表”），为了使这些表格不会变动，在需要计算新的变量时，则不要插项，以避免清单变量的变动，所以可在合计之前插项。

清单变量是根据需要才计算的，例中的“分部分项工程量清单计价分析表”中需要人工、材料费等，所以要计算它，而在“单位工程汇总表”中不需要人工、材料费等项，即不打印于“单位工程汇总表”，所以人工、材料费等项的序号含有“X”。

在图 13-12 右下方有“系数调整”，它可以调整统一系数计算下的系数，有两个系数，即管理费及利润系数，有逐项调整位置，它是在“定额段”的取费表栏双击所至。所以费用计算有按统一系数计算与逐项系数计算两种，逐项系数计算必须选择并确定，且必须输入约定码“12354”。

“坐标变量填写法”是先进的方法，也是该软件的独到之处，它对软件的开发、维护起着关键作用，而它在使用中可以应付千变万化的表格，方便地对任何工程数据进行测算等。

2. 单价分析表的“坐标变量填写法”

单击“表格调整”后出现下部窗口，又单击下部窗口右上方下拉框 08 表，则出现图 13-13 界面，如果选择“11 主要清单项目工料机分析表调整”则出现图 13-14 界面。清单变量例举如下：

① GCMC 工程名称：

凡是在文本表格处填了“GCMC”则本工程的名称要按“GCMC”的首坐标打印，单一变量，不由万能取费表确定。

② DEBH 定额编号：

凡是在文本表格处填了“DEBH”则清单项目的“项目编码”要按“DEBH”的首坐标打印，单一变量，不由万能取费表确定。

③ XMDW 项目单位：

凡是在文本表格处填了“XMDW”则清单项目的“计量单位”要按“XMDW”的首坐标打印，单一变量，不由万能取费表确定。

④ XMRG 人工费：

凡是在文本表格处填了“XMRG”则清单项目的人工费总和要按“XMRG”的首坐标打印，单一变量，由万能取费表确定。即万能取费表的“费用名称”为“人工费”时，其计算式计算的值赋给变量“XMRG”，要实现这一操作，“费用名称”必须是“人工费”，比如“费用名称”假如“定额人工费”或“基价人工费”等都是不行的。

⑤ XMCL 材料费：

凡是在文本表格处填了“XMCL”则清单项目的材料费总和要按“XMCL”的首坐标打印，单一变量，由万能取费表确定。即万能取费表的“费用名称”为“材料费”时，其计算式计算的值赋给变量“XMCL”。

⑥ XMJX 机械费：

凡是在文本表格处填了“XMJX”则清单项目的机械费总和要按“XMJX”的首坐标打印，单一变量，由万能取费表确定。即万能取费表的“费用名称”为“机械费”时，其计算式计算的值赋给变量“XMJX”。

综上所述，再列出一些变量，以供使用时查阅。

CLDM 材料代码，重复变量，在材料汇总时默认。

CLMC 材料名称，重复变量，在材料汇总时默认。

CLDW 材料单位，重复变量，在材料汇总时默认。

CLSL　材料数量，重复变量，在材料汇总时默认。

CLDJ　材料单价，重复变量，在材料汇总时默认。

CLJG　材料价格，重复变量，在材料汇总时默认。

JXDM　机械代码，重复变量，在材料汇总时默认。

CLMC　机械名称，重复变量，在材料汇总时默认。

CLDW　机械单位，重复变量，在材料汇总时默认。

CLSL　机械数量，重复变量，在材料汇总时默认。

CLDJ　机械单价，重复变量，在材料汇总时默认。

CLJG　机械价格，重复变量，在材料汇总时默认。

计算式中变量的查询可在如图 13-12 万能取费表的调整右下角中找到。

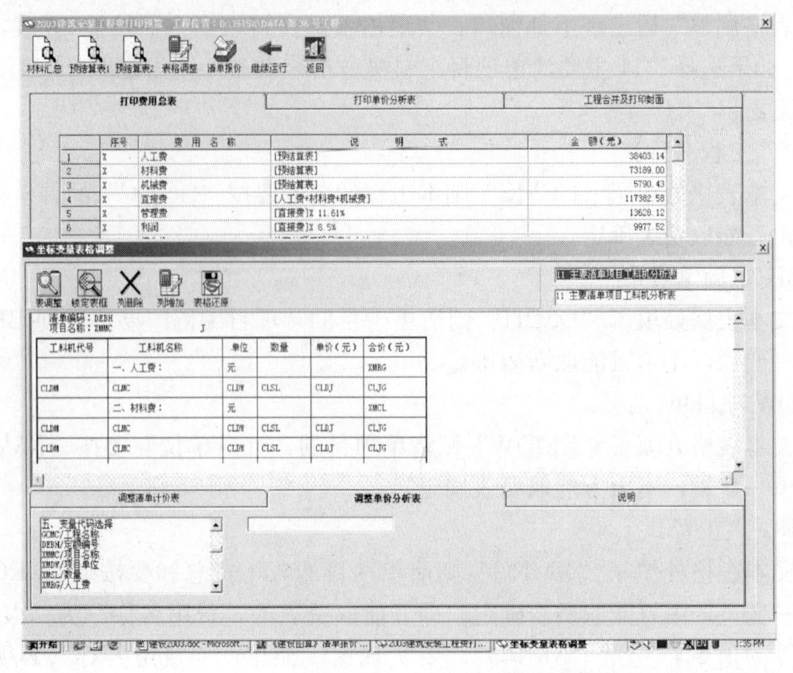

图 13-14　主要清单项目工料机分析表调整

工程量清单消耗定额的万能取费表费用变量关系如图 13-15 所示。

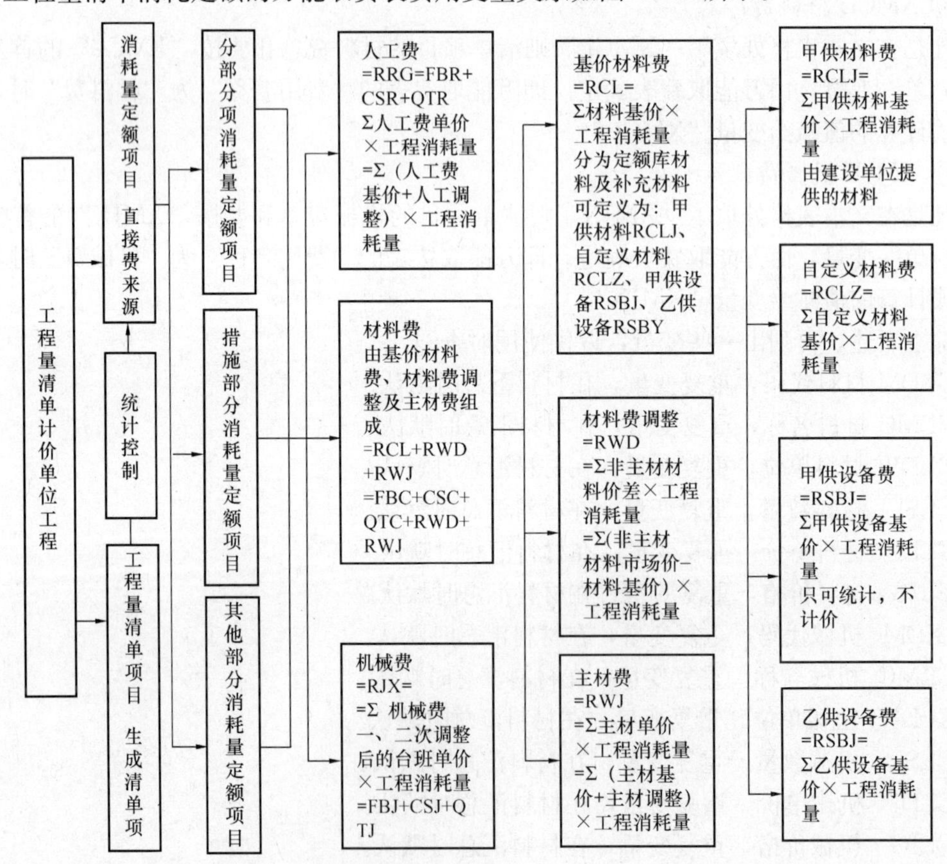

图 13-15　工程量清单消耗定额的万能取费表费用变量关系

参 考 文 献

［1］ 中华人民共和国建设部主编. 建设工程工程量清单计价规范. 北京：中国计划出版社，2003.

［2］ 建设部标准定额研究所主编.《建设工程工程量清单计价规范》宣贯辅导教材. 北京：中国计划出版社，2003.

［3］ 中华人民共和国建设部标准定额司主编. 全国统一安装工程预算工程量计算规则 GYD_{GZ}－201－2000. 北京：中国计划出版社，2000.

［4］ 谭大璐主编. 工程估价(第二版). 北京：中国建筑工业出版社，2005.

［5］ 武育秦主编. 装饰工程定额与预算. 重庆：重庆大学出版社，2002.

［6］ 何天祺主编. 供暖通风与空气调节. 重庆：重庆大学出版社，2002.

［7］ 吴心伦主编. 安装工程造价第四版. 重庆：重庆大学出版社，2006.

［8］ 袁建新等编著. 施工图预算与工程造价控制. 北京：中国建筑工业出版社，2000.

［9］ 杨光臣主编. 电气工程识图、工艺、预算第二版. 北京：中国建筑工业出版社，2006.

［10］ 任宏主编. 建设工程成本计划与控制. 北京：高等教育出版社，2004.

［11］ 景星蓉主编. 管道工程施工与预算第二版. 北京：中国建筑工业出版社，2005.

［12］ 景星蓉等编著. 建筑设备安装工程预算. 北京：中国建筑工业出版社，2004.

［13］ 齐宝库等主编. 全国造价工程师执业资格考试培训教材《工程造价案例分析》第三版. 北京：中国城市出版社，2006.

［14］ 孙震主编. 建筑工程概预算与工程量清单计价. 北京：人民交通出版社，2003.

［15］ 孙加保等主编. 建筑工程预算与工程量清单计价. 哈尔滨：黑龙江科学技术出版社，2003.

［16］ 全国造价工程师执业资格考试培训教材编审委员会主编. 工程造价计价与控制. 北京：中国计划出版社，2006.

［17］ 全国造价工程师执业资格考试培训教材编审委员会主编. 工程造价管理基础理论与相关法规. 北京：中国计划出版社，2006.

［18］ 丁士昭主编. 工程项目管理. 北京：中国建筑工业出版社，2006.

［19］ 丛培经主编. 工程项目管理. 北京：中国建筑工业出版社，2006.

［20］ 丛培经主编. 实用工程项目管理手册. 北京：中国建筑工业出版社，2005.

［21］ 成虎主编. 工程项目管理. 北京：高等教育出版社，2004.

［22］ 中国工程项目管理知识体系编委会主编. 中国工程项目管理知识体系. 北京：中国建筑工业出版社，2003.

［23］ 章先仲主编. 建设项目建设程序实务手册. 北京：知识产权出版社，2002.

［24］ 刑燕燕主编. 工程造价. 北京：中国电力出版社，2004.

［25］ 程鸿群主编. 工程造价管理. 武汉：武汉大学出版社，2004.

［26］ 郑君君主编. 工程估价. 武汉：武汉大学出版社，2004.

［27］ 许焕兴主编. 工程造价. 大连：东北财经大学出版社，2003.

［28］ 陈建国主编. 工程计量与造价管理. 上海：同济大学出版社，2001.

［29］ 中国建筑标准设计研究院主编. 综合布线系统工程设计施工图集(02X101-3). 北京：2002.

［30］ 中国建筑西南设计研究院主编. 多层砖房抗震构造图集(西南 03G601). 2003.

［31］ 中国建筑西南设计研究院主编. 钢筋混凝土过梁((西南 03G301(一)(二)). 2003.

[32] 中国建筑西南设计研究院主编. 西南地区建筑标准设计通用图. (西南J合订本(1)～(2)). 2005.

[33] 周律编著. 技术经济和造价管理. 北京：化学工业出版社，2001.

[34] 李希伦主编. 建设工程工程量清单计价编制实用手册. 北京：中国计划出版社，2003.

[35] 杜晓玲等主编. 工程量清单及报价快速编制. 北京：中国建筑工业出版社，2002.

[36] 王建明等主编. 通风空调安装工程预算一点通. 合肥、安徽科学技术出版社，2001.

[37] 刘国林编著. 综合布线系统工程设计. 北京：电子工业出版社，1998.

[38] 重庆市建设工程造价管理总站主编. 重庆市建筑工程消耗量定额. 重庆：2003.

[39] 重庆市建设工程造价管理总站主编. 重庆市装饰工程消耗量定额. 重庆：2003.

[40] 重庆市建设工程造价管理总站主编. 重庆市建设工程消耗量定额综合单价. 重庆：2003.

[41] 中华人民共和国建设部标准定额司主编. 全国统一安装工程预算工程量计算规则 GYD_{GZ}-201-2000. 北京：中国计划出版社，2000.

[42] 原电子工业部主编. 全国统一安装工程施工仪器仪表台班费用定额 GFD-201-1999. 北京：中国计划出版社，2000.

[43] 原机械工业部主编. 全国统一安装工程预算定额 GYD-201-2000～GYD-211-2000(第一册～第十一册). 北京：中国计划出版社，2000.

[44] 重庆市建设工程造价管理总站主编. 安装工程消耗量定额工程量计算规则. 重庆：2003.

[45] 重庆市建设工程造价管理总站主编. 重庆市安装工程消耗量定额一～十一册. 2003.

[46] 重庆市建设工程造价管理总站主编. 重庆市安装工程消耗量定额综合单价(上、中、下册). 2003.

[47] 中华人民共和国建设部主编. 给水排水制图标准. 北京：中国计划出版社，2002.

[48] 中华人民共和国建设部主编. 通风与空调工程施工质量验收规范. 北京：中国计划出版社，2002.

[49] 中华人民共和国建设部主编. 暖通空调制图标准. 北京：中国计划出版社，2002.

[50] 辽宁省建设厅主编. 建筑给水排水及采暖工程施工质量验收规范. 北京：中国建筑工业出版社，2002.

[51] 张志贤等主编. 管道工程施工实用手册. 北京：中国建筑工业出版社，1999.

[52] 上海市建委主编. 建筑给水排水设计规范(GBJ 15—88). 北京：中国计划出版社，1998.

[53] 王增长主编. 建筑给水排水工程. 北京：中国建筑工业出版社，1998.

[54] 连添达主编. 建筑安装工程施工图集 2 (冷库、通风空调工程). 北京：中国建筑工业出版社，1998.

[55] 张辉等主编. 建筑安装工程施工图集 4 (给水、排水、卫生、煤气工程). 北京：中国建筑工业出版社，1998.

[56] 张闻民等编著. 暖卫安装工程施工手册. 北京：中国建筑工业出版社，1997.

[57] 赵培森等编著. 建筑给水排水、暖通空调设备安装手册(上、下册). 北京：中国建筑工业出版社，1997.

[58] 给水排水标准图集合订本(S_1 上、下～S_3 上、下册). 北京：中国建筑标准设计研究所编制，1997.

[59] 暖通空调设计选用手册(上、下册). 北京：中国建筑标准设计研究所编制，1996.

[60] 中华人民共和国建设部标准定额司. 全国统一建筑工程基础定额. 北京：中国计划出版社，1999.

[61] 山西省建设厅主编. 屋面工程技术规范(GB 50345—2004). 北京：中国建筑工业出版社，2004.

[62] 谭德精等主编. 工程造价确定与控制. 重庆：重庆大学出版社，2004.

[63] 王祯显等主编. 工程造价快速估算新方法及其应用[M]. 北京：中国建筑工业出版社，1998.